PRÉCIS ÉLÉMENTAIRE

DE PHYSIQUE

EXPÉRIMENTALE.

Avec douze planches en taille-douce.

PRÉCIS ÉLÉMENTAIRE
DE PHYSIQUE
EXPÉRIMENTALE,

PAR J.-B. BIOT,

De l'Académie des Sciences, des Sociétés royales de Londres,
d'Édimbourg, des Antiquaires d'Écosse, de la Société Philomathique,
des Académies de Turin, de Munich et de Wilna.

> Qui tractaverunt scientias, aut empirici aut dogmatici
> fuerunt. Empirici, formicæ more, congerunt tantum et
> utuntur : rationales, aranearum more, telas ex se
> conficiunt Apis verò ratio media est, quæ materiam
> ex floribus horti et agri elicit, sed tamen eam, propriâ
> facultate, vertit ac digerit.
>
> BACON, *Nov. Org.* Lib. I. XCIV.

OUVRAGE DESTINÉ A L'ENSEIGNEMENT PUBLIC,
par Arrêté de la Commission de l'Instruction publique, en date du 22 février 1817.

TOME II.

A PARIS,

Chez DETERVILLE, LIBRAIRE, RUE HAUTEFEUILLE.

1817.

TABLE

DES LIVRES ET DES CHAPITRES

CONTENUS DANS CE VOLUME.

LIVRE V.

Du Magnétisme.

LIVRE VI.

De la Lumière.

CATOPTRIQUE.

DIOPTRIQUE.

ANALYSE DE LA LUMIÈRE.

LIVRE VII.

De la Polarisation de la Lumière.

LIVRE VIII.

Du Calorique, soit rayonnant, soit latent.

ERRATA DU TOME II.

Page 16, ligne dernière, *élé*, lisez *élémens*.

Page 35, ligne 21, $A'B''$, lisez $A'A''$.

Page 44, ligne première, *se contrariaient*, lisez *se contrarieraient*.

Page 46, ligne 3, en remontant. Aux parallélipipèdes de fer doux employés par Coulomb, j'ai substitué avec avantage des lames de fer doux qui se réunissent à l'extrémité des aimans en une masse commune terminée par une pyramide tronquée. Cette disposition, qui fait mieux conspirer les forces, est représentée fig. 32. On y voit aussi la manière dont les systèmes de barreaux doivent être assemblés avec leurs contacts, et opposés par leurs pôles, pour conserver leur magnétisme.

Page 94, ligne 21, *mene*, lisez *mené*.

Page 117, ligne 5, $I\,O$, lisez $I'O$.

Page 141, ligne 2 en remontant, SS, lisez SS'.

Page 181, ligne 3, *Fig* 70, lisez *Fig.* 76.

Page 191, ligne 10 en remontant, I, lisez I'.

Page 197, ligne 15, *Fig.* 92, lisez *Fig.* 91.

Page 198, ligne 17, $I'O'i''$, lisez $I'O\,i''$.

Page 198, ligne 21, ABC, lisez ABA'.

Page 201, ligne 5, FC, lisez Fc.

Page 201, ligne 5 en remontant, *Fig.* 99, lisez *Fig.* 96.

Page 272. A la description du procédé de M. Arago, pour les mesures de grossissement, ajoutez que l'épaisseur de son double prisme est très-petite, et n'excède guère un millimètre.

Page 325, ligne 4, *0,7032*, lisez *0.7632*; après *0,8255*, ajoutez *0,8855*.

Page 404, ligne 23, au lieu de LA', lisez IR'.

Page 565, ligne 20, $S'S''$, lisez S,S'.

Idem., ligne 22, S', lisez S_l.

Tome I, page 90, ligne 8, en remontant. Ce que l'on appelle ordinairement *la contraction*, n'est pas le rapport de l'aire de l'orifice à celle de la section contraire, mais l'excès de la première sur la seconde, divisée par l'aire de l'orifice.

PRÉCIS ÉLÉMENTAIRE

DE PHYSIQUE.

LIVRE CINQUIEME.

DU MAGNÉTISME.

CHAPITRE PREMIER.

Phénomènes généraux des Attractions et Répulsions magnétiques.

PRESQUE tous les morceaux de mines de fer dans lequels ce métal est peu oxidé, possèdent, lorsqu'on les retire de la terre, la singulière propriété d'attirer le fer par une force invisible. Souvent cette attraction est si faible, qu'il faut employer des procédés très-délicats pour la découvrir ; mais quelquefois elle est tellement énergique, qu'elle soulève des poids considérables. Alors le minéral prend le nom d'*aimant*, en grec μαγνης ; d'où est venu le mot *magnétisme*, pour désigner les phénomènes d'attraction que l'aimant produit.

Si l'on roule un morceau d'aimant dans de la limaille de fer, et qu'ensuite on l'en retire, on remarque qu'elle ne s'attache pas également à tous les points de sa surface. Elle s'accumule principalement en deux parties opposées N S, fig. 1, où elle se tient hérissée. Ces parties se nomment les *pôles* de l'aimant. Pour en observer plus aisément les propriétés, je supposerai que l'on y taille deux faces planes et parallèles A B, fig. 2 ; dans un sens à peu près perpendiculaire à celui de la plus grande attraction. Alors on observe les phénomènes suivans :

Chaque pôle, présenté de loin à la limaille de fer, l'attire *à distance*, comme ferait un bâton de cire d'Espagne frotté que l'on présenterait à des corps légers. Si l'on suspend horizontalement une petite aiguille de fer ou d'acier à un fil de lin, de soie ou de toute autre matière flexible quelconque, de manière qu'elle ait une pleine liberté dans ses mouvemens, chaque pôle de l'aimant l'attirera de même, et pourra la faire pirouetter autour de son centre. Cette faculté s'exerce indifféremment à travers les substances qui conduisent ou ne conduisent pas l'électricité. L'eau, le verre, le papier, la flamme n'interceptent pas son action. L'isolement ne lui est pas non plus nécessaire, et l'aimant ne perd rien pour être touché.

Si l'on met la surface polaire A d'un aimant, successivement en contact avec les surfaces A′ et B′ d'un autre aimant, on trouve qu'elle attire l'une d'elles, B′ par exemple, et repousse A′. Réciproquement la surface polaire B, du premier aimant, attire A′ et repousse B′. La tendance mutuelle des faces qui s'attirent, se manifeste, non-seulement par l'adhérence qu'elles contractent quand elles se touchent, mais encore par l'effort qu'elles font sentir lorsqu'elles sont près de se toucher. La répulsion serait moins aisée à reconnaître de cette manière ; mais on la rend sensible, en posant l'un des deux aimans sur une petite planchette que l'on fait flotter sur l'eau ; car alors, étant libre de se mouvoir, si on lui présente l'autre aimant, il s'approche ou s'éloigne, selon qu'il est attiré ou repoussé. Ces phénomènes nous apprennent qu'il y a deux sortes de magnétisme, comme deux sortes d'électricité ; et chacun d'eux domine dans un des pôles de l'aimant, de même que les deux espèces d'électricité dans chacun des pôles d'une pile électrique.

En examinant les aigrettes de limaille qui s'attachent aux pôles des aimans, on remarque que leurs rayons sont composés de plusieurs parcelles de limaille, adhérentes bout-à-bout les unes aux autres. Ce phénomène est très-digne d'attention ; car il nous apprend que le fer, mis en contact avec l'aimant, devient lui-même magnétique, comme un corps isolé devient électrique, quand il est tenu en présence d'un corps électrisé.

Pour mettre cette propriété en évidence, il faut prendre plusieurs barreaux de fer *doux*, c'est-à-dire, ductile et malléable, tel, par exemple, que celui dont les serruriers se servent pour fabriquer des clefs. Après s'être assuré qu'aucun de ces barreaux ne possède un magnétisme sensible, on suspend l'un d'eux, *a b*, fig. 3, à l'un des pôles B d'un aimant; aussitôt le bout inférieur *b* de ce barreau acquiert toutes les propriétés magnétiques. Si on le plonge dans la limaille de fer, elle s'y attache. On peut même y suspendre un second barreau, à celui-ci un troisième, et ainsi de suite, comme le représente la fig. 3; ils adhéreront tous les uns aux autres jusqu'à ce que leur poids total excède celui que l'aimant peut supporter. Alors le premier barreau *a b* se détachant, ils tomberont tous en se séparant les uns des autres; et, si on essaie de les réunir, ils ne seront plus capables de se soutenir mutuellement. Cependant ils conserveront encore, pour l'ordinaire, quelques faibles restes de magnétisme qui deviendront sensibles, si on les plonge dans de la limaille de fer, ou si on les présente à des aiguilles de fer librement suspendues. Cette communication passagère du magnétisme s'opère encore, si le premier barreau, sans toucher l'aimant, en est approché de fort près. Mais alors le poids total, soutenu ainsi à distance, est moindre que dans le contact; ce qui montre que l'attraction magnétique décroît avec la distance.

Si, au lieu de fer doux, on emploie des barreaux d'acier, ou de fer écroui au marteau, l'adhérence de ces barreaux les uns aux autres s'établit moins aisément et moins promptement, mais elle est plus durable; et les barreaux, séparés de l'aimant, gardent le magnétisme qu'ils avaient acquis dans le contact, soit entre eux, soit avec l'aimant.

Le fer doux d'une part, et l'acier de l'autre, se comportent dans ces expériences comme le feraient une tige de métal et un bâton de cire d'Espagne, soumis l'un et l'autre à l'influence d'un corps électrisé. Dans le métal, la décomposition des électricités naturelles est subite, mais leur recomposition l'est également; et elle s'opère dès que le métal est soustrait à l'influence du corps électrisé. Dans la résine, au contraire, les électricités naturelles sont difficilement séparées; mais une fois qu'elles le sont, elles éprouvent la même difficulté à se réunir, et l'état électrique persiste après que le corps électrisé n'agit plus.

On peut encore communiquer le magnétisme à un barreau d'acier d'une manière plus prompte et plus énergique, avec deux aimans qu'avec un seul, en mettant à la fois ses deux extrémités en contact avec les pôles par lesquels les aimans l'attirent. Les mêmes aimans peuvent ainsi successivement rendre magnétiques un nombre de barreaux quelconque sans rien perdre de leur vertu première; ce qui prouve qu'ils ne transmettent rien aux barreaux, mais qu'ils y développent seulement, par leur influence, quelque principe qui s'y trouvait dissimulé. C'est ainsi qu'un bâton de cire d'Espagne frotté ne perd rien de son électricité par les décompositions que son influence opère, à distance, dans les électricités naturelles des autres corps.

Si, après avoir aimanté de cette manière un barreau ou un fil d'acier, on le suspend horizontalement à un appareil dont la torsion soit insensible, ou si on le fait flotter sur l'eau, en le posant sur une petite planchette de bois ou de liége, il ne se tourne pas indifféremment vers tous les points de l'espace; mais il prend une direction déterminée, laquelle est à-peu-près nord et sud. Je dis à-peu-près, car dans certains lieux de la terre, l'extrémité nord du barreau s'écarte du méridien à l'ouest, dans d'autres à l'est, et dans d'autres enfin elle coïncide avec le méridien même. Cet écart se nomme *la déclinaison de l'aiguille aimantée.* Il est constant au même instant en chaque endroit; et tous les barreaux aimantés suspendus ainsi librement, y prennent des directions exactement parallèles. Mais cette direction commune varie avec le temps, selon des lois que nous exposerons plus tard, d'après l'observation. Le plan vertical suivant lequel l'aiguille aimantée se dirige, dans chaque lieu, s'appelle *le méridien magnétique,* parce qu'en général il s'écarte peu du méridien astronomique.

Lorsque plusieurs fils aimantés sont ainsi librement suspendus, dans une situation horizontale, celles de leurs extrémités qui se tournent vers un même pôle terrestre, sont celles qui, dans l'aimantation, ont été en contact avec un même pôle magnétique, et qui ont par conséquent reçu un magnétisme de même nature. Si l'on approche ces extrémités les unes des autres, on voit qu'elles se repoussent mutuellement. Au contraire, en approchant les extrémités qui ont reçu des magnétismes de différente nature, on voit qu'elles s'attirent. En cela, les deux magnétismes se comportent encore comme les deux électricités.

Lorsqu'on présente de loin l'un des pôles d'un aimant à une aiguille aimantée, suspendue par son centre et équilibrée de manière à rester horizontale, les deux pôles de l'aimant agissent à la fois sur l'aiguille ; mais l'action du pôle le plus voisin est toujours la plus forte. L'aiguille tourne donc vers l'aimant celui de ses pôles qui est attiré, et en éloigne celui qui est repoussé. Après qu'elle a pris ainsi une position d'équilibre, si on l'en détourne tant soit peu, elle y revient par une suite d'oscillations, de même qu'un pendule écarté de la verticale y revient par l'effort de la pesanteur. On observe des mouvemens absolument pareils dans les aiguilles aimantées, librement suspendues, lorsqu'on les écarte tant soit peu de leur méridien magnétique. Ainsi, en cela, comme par la direction constante qu'il leur donne, le globe terrestre agit sur elles comme ferait un véritable aimant ; soit qu'il doive cette faculté à la multitude des mines de fer qu'il renferme, soit qu'il la tienne de quelqu'autre cause encore plus générale. Ceci nous fournit une excellente dénomination pour distinguer l'une de l'autre les deux sortes de magnétisme, en appelant *boréal* celui qui domine dans la partie boréale du globe, et *austral* celui qui domine dans l'hémisphère austral : alors, pour conserver l'analogie des attractions et des répulsions, il faudra regarder l'extrémité des barreaux, qui se dirige vers le nord, comme leur pôle austral, et l'extrémité qui se dirige vers le sud, comme leur pôle boréal.

Les expériences précédentes ne nous indiquent que la direction du plan vertical suivant lequel s'exerce en chaque lieu la résultante de toutes les forces magnétiques du globe terrestre : mais quelle est la direction absolue de cette résultante dans ce plan ? Pour le savoir, fabriquons une aiguille d'acier bien cylindrique *ab*, fig. 4, et plaçons au milieu de sa longueur un axe qui lui soit perpendiculaire ; puis suspendons-la ainsi par son centre sur des plans bien polis, et équilibrons-la avant de l'aimanter, de manière qu'elle soit parfaitement horizontale. Si ensuite nous venons à lui communiquer le magnétisme, et que nous la replacions sur ses supports, en la dirigeant dans le méridien magnétique, elle ne se tiendra plus horizontalement. Celle de ses deux extrémités qui possède le magnétisme austral, s'inclinera vers l'horizon, du moins dans nos climats, et après quelques oscillations, elle s'arrêtera en formant, avec la verticale, un certain angle fixe. Cet angle se nomme l'*inclinaison magnétique ;* il est différent selon les lieux. Il y a une zône près de l'équateur, où l'aiguille aimantée est horizontale. Au sud de cette zône, l'aiguille incline vers la surface terrestre celle de ses extrémités qui possède le magnétisme boréal, ce qui indique deux sortes de forces, les unes australes, les autres boréales, dirigées de part et d'autre de l'équateur terrestre. Nous étudierons plus tard, avec détail, les lois particulières de ce phénomène. Je me borne ici à l'indiquer comme un fait que l'on a découvert par l'observation.

Pour mesurer exactement l'inclinaison magnétique, on place l'axe de suspension de l'aiguille au centre d'un cercle vertical de cuivre M M, fig. 5, dont le limbe, divisé en degrés, tourne autour d'un axe pareillement vertical V V, de manière à pouvoir être amené dans tous les azimuts. L'axe V V lui-même est placé au centre d'un autre cercle horizontal, également divisé, qui sert à déterminer la direction dans laquelle on a tourné le premier cercle M M. Cet appareil s'appelle une *boussole d'inclinaison.* Il y a plusieurs précautions importantes à observer dans la manière d'aimanter l'aiguille, de la suspendre, et même de mesurer l'inclinaison ; mais nous ne pouvons en parler qu'après avoir établi les lois du magnétisme.

Lorsque l'on connaît ainsi, dans un lieu, la direction de la résultante des forces magnétiques exercées par le globe terrestre, on peut en manifester instantanément l'action par une expérience frappante. Suspendez, fig. 6, une aiguille aimantée *a b* par son centre, avec un assemblage de fils de soie non tordue, en l'équilibrant par un petit contrepoids placé sur sa branche sud, de sorte qu'elle ait toute liberté de se mouvoir dans un plan horizontal; puis, lorsqu'elle se sera naturellement dirigée dans le méridien magnétique, et qu'elle y sera en repos, prenez une barre de fer doux, non aimantée, A′ B′, d'environ un mètre et demi de longueur, et d'un ou deux centimètres d'équarrissage ; et inclinant cette barre à-peu-près dans la direction de l'inclinaison magnétique, approchez son bout inférieur A′ de l'extrémité de l'aiguille qui est tournée vers le nord : il y aura répulsion. Approchez au contraire le bout supérieur B′ en descendant la barre parallèlement à elle-même, fig. 7 ; il y aura attraction. Vous voyez donc que, dans cet état d'inclinaison, la barre se trouve subitement aimantée par l'influence magnétique du globe terrestre, comme elle l'aurait été par l'influence de tout autre aimant auquel on l'aurait présentée ; sa moitié inférieure, la plus voisine de la terre, prenant un magnétisme contraire à celui qui domine dans notre hémisphère, c'est-à-dire le magnétisme austral; et la moitié supérieure acquérant l'autre espèce de magnétisme, c'est-à-dire le boréal. Les deux bouts A′ B′ de la barre se sont donc trouvés dans le même état que les deux bouts *a b* de l'aiguille, qui étaient dirigés vers les mêmes pôles terrestres ; et c'est pourquoi, à l'approche de *a* et de A′ il y a eu répulsion, et à l'approche de *a* et B′, attraction. Pour montrer qu'en effet ces phénomènes dépendent d'une aimantation subitement imprimée à la barre, en vertu de la position où on la place, vous n'avez qu'à la retourner bout pour bout, son inclinaison restant la même : chacune des extrémités, inférieure et supérieure, produira encore les mêmes phénomènes que nous venons de décrire ; et par conséquent, ces phénomènes seront opposés à ceux que le même bout produisait auparavant. Les pôles magnétiques de la barre auront donc été subitement intervertis par ce renversement ; et c'est pour que la chose puisse se faire ainsi d'une manière instantanée, qu'il faut employer une barre de fer doux, et non d'acier ou de fer dur.

La propriété directrice de l'aimant est une des plus belles découvertes que les hommes aient jamais faites ; elle a donné aux navigateurs un moyen sûr de reconnaître la direction de leur route à travers l'immensité des mers, au milieu des nuits les plus obscures, et lorsque les brumes ou les tempêtes leur dérobent entièrement la vue des cieux. Une aiguille aimantée, suspendue en équilibre sur un pivot, leur montre le nord et le sud aussi bien que l'observation des astres. Cette invention, si utile et si simple, ne remonte guères qu'au 12ᵉ siècle. Jusqu'alors, les navigateurs ne pouvaient se hasarder à s'éloigner des côtes. La découverte de la *boussole* leur a donné le moyen de s'élancer dans la haute mer, et d'aller chercher des terres nouvelles, ignorées des plus puissantes nations de l'antiquité.

Tels sont les principaux phénomènes des attractions et des répulsions magnétiques. Avant de les réduire en théorie, je vais faire connaître quelques autres faits de détail dont je n'ai pas parlé plus tôt, afin de ne pas interrompre la série des raisonnemens.

On a cru long-temps que le fer et l'acier étaient les seules substances qui pussent prendre le magnétisme ; on a reconnu, dans ces derniers temps, que le nickel et le cobalt jouissent de la même propriété.

Pour que ces métaux deviennent magnétiques, il n'est pas indispensablement nécessaire qu'ils aient été soumis à l'influence d'un aimant. Les barres de fer qui ont été long-temps élevées dans l'atmosphère finissent par acquérir la vertu magnétique. C'est ce que Gassendi a observé le premier sur la croix du clocher de Saint-Jean d'Aix, en Provence, et on a retrouvé depuis la même propriété dans la croix du clocher de Chartres. A la vérité, on peut supposer qu'elle est développée par l'action prolongée de l'aimant terrestre ; mais divers moyens mécaniques, tels que le choc, la pression, la torsion, une décharge électrique produisent aussi le même effet instantanément.

On prend un fil de fer commun, de deux ou trois lignes de diamètre, et de douze à quinze pouces de longueur; ou l'écrase par un de ses bouts sur un plan de fer, ou bien on le fait passer par une ouverture pratiquée dans une plaque de fer un peu épaisse; puis on le plie et on le tord en divers sens, jusqu'à ce qu'il se brise. A la suite de ces mouvemens, il se trouve avoir acquis la vertu magnétique; car il attire la limaille de fer; et si son bout tordu est présenté à une aiguille aimantée suspendue librement, il attire un des pôles de cette aiguille, et repousse l'autre.

On produit le même phénomène sur une verge de fer dur, en la tenant verticale, et frappant légèrement son extrémité supérieure à coups de marteau. Pour que le phénomène soit bien sensible, il faut qu'elle ait deux ou trois pieds de longueur. Si ensuite on la renverse, et qu'on recommence à la frapper sur son autre bout, on détruit peu-à-peu le magnétisme qu'on lui avait imprimé, et on finit par lui en donner un autre contraire; de sorte que ses pôles sont renversés. On produit encore le même effet en la laissant tomber verticalement sur un corps dur. Les outils dont se servent les serruriers sont ainsi presque toujours aimantés par les chocs réitérés qu'ils éprouvent. Les ciseaux, les couteaux et tous les corps tranchans le sont plus ou moins, sur-tout s'ils ont coupé du fer. Les décharges électriques, agissant comme un choc, développent aussi le magnétisme dans les fils de fer qu'on leur fait traverser; et la foudre produit le même effet sur les boussoles des navires dont elle change quelquefois les pôles.

D'après cela, on pourrait se demander si l'aimantation ne consiste pas dans un certain mode de déplacement, opéré parmi les molécules qui composent un barreau de fer ou d'acier. Pour le savoir, M. Gay-Lussac a cherché si ces métaux éprouvaient quelque changement de dimension en devenant magnétiques. Il a pris un tube de fer creux A B, fig. 8, fermé par les deux bouts; et, à l'un de ces bouts, il a adapté un tube de verre extrêmement fin , divisé en parties égales. Il a fait entrer de l'eau dans cet appareil, jusqu'à ce que le tube de verre fût rempli en partie; ensuite ayant attendu un certain temps pour que la température du liquide fût devenue bien stable , il a aimanté le tube de fer. Le niveau de l'eau , dans le petit tube, n'a éprouvé aucun déplacement; ainsi , ce changement d'état n'avait produit dans le fer aucun changement appréciable de volume.

La contiguïté plus ou moins parfaite qu'ont entre elles les particules d'un morceau de fer ou de nickel, influe extrêmement sur la facilité que l'on éprouve à les aimanter. Ces métaux, lorsqu'ils sont purs et parfaitement ductiles, ne gardent point le magnétisme ; ils le prennent et le perdent instantanément. Mais on les rend capables de le conserver, soit par des moyens mécaniques , tels que la pression , la torsion, le laminage, soit, comme l'a observé M. Gay-Lussac, en les combinant chimiquement avec des substances non magnétiques , comme le charbon, le phosphore, l'arsénic , l'étain. A mesure que la proportion de ces substances augmente , le magnétisme devient plus difficile à imprimer, et il dure aussi davantage ; mais enfin il arrive un terme où l'on ne peut plus le développer en aucune manière , et la combinaison cesse d'être attirable à l'aimant. D'après cela , il est naturel de penser que les phénomènes magnétiques doivent être modifiés par la chaleur qui influe sur la cohésion d'une manière si puissante et si immédiate. Aussi a-t-on depuis long-temps observé que les barreaux aimantés perdent tout leur magnétisme, quand ils sont chauffés jusqu'à rougir. M. Gay-Lussac a trouvé la même chose pour le nickel, et il a de plus remarqué que ces métaux cessent aussi alors d'être attirables à l'aimant.

C'est encore ici le lieu d'indiquer l'influence de la trempe sur le magnétisme. Pour cela , il faut rappeler en quoi consiste cette opération. Lorsqu'un barreau de fer ou d'acier a été chauffé jusqu'à rougir, si on le laisse refroidir avec lenteur dans l'air, ses particules, en se rapprochant peu-à-peu les unes des autres, prennent les distances et les positions d'équilibre stable où elles se trouvent graduellement ame-

nées par l'effet lent et progressif de leurs attractions réciproques. Mais, si l'on plonge brusquement le barreau rouge
dans un liquide qui refroidisse subitement sa surface, les
particules de cette surface prennent d'abord les arrangemens
précipités auxquels ce changement imprévu les oblige; et
devenues dès-lors immobiles, elles forment une sorte de
vase, où les molécules de l'intérieur de la masse sont aussi
contraintes de s'arranger avec rapidité, à mesure que le refroidissement les gagne. De là résulte donc une espèce de
cristallisation différente de l'équilibre stable, comme on
l'observe dans les larmes bataviques, qui ne sont autre chose
que du verre trempé. Quand on fait subir cette opération au
fer, à l'acier, au nickel, au cobalt, on trouve, comme nous
l'avons déjà remarqué ailleurs, que ces métaux en deviennent plus durs, moins flexibles, plus fragiles, et tout cela à
un degré d'autant plus marqué, que le refroidissement a été
plus subit; on doit bien s'attendre qu'un changement pareil
influera sur les propriétés magnétiques; c'est aussi ce qui a
lieu. Les métaux magnétiques s'aimantent plus difficilement
quand ils sont trempés que lorsqu'ils ne le sont pas; le développement du magnétisme y est aussi beaucoup plus durable.
La difficulté de l'aimantation augmente avec la dureté de la
trempe, et cette dureté influe encore sur l'intensité de l'état
magnétique que les barreaux peuvent acquérir.

L'effet de la trempe dépendant de la différence des températures dans lesquelles on transporte subitement le métal,
il faut chercher des moyens pour les évaluer : la chose est facile pour le liquide dans lequel la trempe s'opère; elle l'est
beaucoup moins pour le métal, dont le degré de chaleur
s'élève alors fort au-dessus de tous nos procédés thermométriques. Dans la pratique ordinaire, on emploie, comme
une indication constante, la couleur qu'acquiert le métal;
et l'on dit qu'il est trempé rouge-blanc, rouge, rouge-ce-
rise, cerise-clair, selon celle de ces teintes qu'il possède à
l'instant où on le plonge dans le liquide destiné à le refroidir.
Quoique cette indication soit nécessairement assez imparfaite,
elle suffit cependant presque toujours pour les expériences magnétiques, où les divers degrés de trempe n'ont d'influence sen-

sible que jusqu'à un certain degré de température. Les degrés
plus élevés ne changent absolument rien à l'intensité du
magnétisme que les barreaux peuvent acquérir.

CHAPITRE II.

Considérations générales sur le développement du Magné-
tisme dans les barreaux aimantés ; leur analogie avec
les piles électriques.

LES phénomènes que nous venons de décrire ont un rapport si frappant avec ceux de la tourmaline et des piles électriques isolées, qu'ils semblent devoir se ramener à une théorie tout-à-fait semblable. C'est aussi ce dont nous allons nous
convaincre par leur rapprochement.

Nous reconnaissons d'abord deux principes magnétiques
distincts, dont chacun se repousse lui-même et attire l'autre.
Ces deux principes existent primitivement dans chaque
morceau de fer avant qu'il soit aimanté, puisqu'il n'y a rien
de transmis dans l'aimantation, et que rien n'entre dans le
fer, ni n'en sort par le contact. Ils sont donc alors combinés ensemble et dissimulés l'un par l'autre, comme le sont les
électricités naturelles des corps, et c'est pour cela que leur
action à distance est nulle. Mais elle devient sensible lorsqu'ils sont séparés par une influence extérieure qui agit
inégalement sur chacun d'eux, de même que les électricités
naturelles des corps montrent leurs propriétés attractives et
répulsives quand elles ont été décomposées par l'influence
d'un corps électrisé. Je dis, de plus, qu'ils existent ainsi et
sont ainsi développés séparément dans chaque particule de
fer, sans qu'il se fasse aucune transmission de magnétisme
d'une particule à l'autre. Car lorsqu'un barreau a été aimanté, si on le rompt en deux ou trois, ou en un nombre
quelconque de parties, chacune de ces parties montre spon-
tanément deux pôles, comme les fragmens de tourmaline
ou les divisions des piles électriques ; et les pôles de noms
contraires se forment dans les extrémités des particules qui

étaient précédemment contiguës, de même que cela a lieu aussi dans les tourmalines et les piles. Or, la séparation en plusieurs fragmens, ne peut avoir aucune influence pour produire ces pôles; elle ne peut que les mettre en évidence, en les soustrayant à l'attraction des particules contiguës, par laquelle ils étaient dissimulés dans la colonne magnétique entière, comme les pôles électriques contigus le sont dans les élémens d'une tourmaline. Si l'on veut confirmer ceci synthétiquement, il n'y a qu'à réunir bout à bout plusieurs petits barreaux, et les aimanter tous à la fois comme un barreau unique, soit en mettant les deux extrémités de la chaîne en contact avec les pôles opposés de deux aimans, soit en promenant sur toute sa longueur un des pôles d'un seul aimant. Quel que soit le procédé que l'on emploie, la série des barreaux s'aimantera comme ferait un barreau continu, des mêmes dimensions, sur lequel on agirait de la même manière. Si l'on a employé, par exemple, de petits bouts de fil d'acier recuit, ayant un ou deux millimètres de diamètre, et dont l'ensemble forme une longueur de deux ou trois décimètres seulement, on trouvera, pour l'ordinaire, qu'une moitié de la chaîne exerce le magnétisme austral, et l'autre moitié le magnétisme boréal; mais si l'on défait la chaîne, chaque bout de fil, dégagé de l'influence des autres, montrera aussitôt deux pôles, et exercera de même le magnétisme boréal dans une moitié de sa longueur, le magnétisme austral dans l'autre moitié. Diminuez les dimensions de ces fils jusqu'à les réduire à une simple particule, vous aurez une représentation exacte de l'état des particules ferrugineuses dans les barreaux aimantés; et vous concevrez ainsi comment le système de toutes ces petites forces peut, selon les proportions de celles qui se suivent, donner des résultats opposés aux deux extrémités du barreau, ou même quelquefois plusieurs résultats, alternativement contraires, sur divers points de sa longueur.

Maintenant, lorsque les deux magnétismes ont été séparés dans les particules d'un morceau de fer dur ou d'acier, l'expérience prouve qu'ils ne se recomposent qu'avec une extrême lenteur. Il faut donc qu'une cause quelconque s'oppose à leur attraction mutuelle. Quelle que soit cette cause, on peut l'assimiler à la résistance que l'électricité éprouve pour se mouvoir à la surface et dans l'intérieur des corps résineux. Plus elle sera forte, plus l'état magnétique sera difficile à imprimer et lent à se perdre. C'est le cas de l'acier très-dur. Si au contraire cette résistance était nulle, les deux magnétismes se sépareraient dans chaque particule par la plus faible influence, et se rejoindraient aussitôt que cette influence cesserait d'agir. C'est le cas du fer, du cobalt et du nickel, quand ils ont une ductilité parfaite. Mais, dans ce cas même, il ne doit s'opérer aucune transmission de magnétisme d'une particule à une autre. Tout le jeu des compositions et des décompositions se passe dans l'intérieur de chaque particule; et il y a de l'une à l'autre une imperméabilité absolue. C'est précisément ainsi que, dans les piles électriques formées par des plaques de verre armées de métal, les décompositions et les recompositions d'électricités naturelles s'opèrent avec une facilité parfaite, entre les surfaces métalliques qui se regardent et qui communiquent ensemble, sans qu'il se transmette rien à travers les plaques isolantes qui les séparent du reste de la chaîne.

Les rapprochemens que nous venons de faire me semblent de nature à mettre dans la plus parfaite évidence la constitution intime des aimans et des barreaux aimantés. Il nous reste à déterminer par l'expérience quelle est la nature et la quantité de magnétisme libre dans chaque point de ces corps, et quelle loi chaque espèce de magnétisme suit dans ses attractions et répulsions. Cette seconde question que nous avions d'abord attaquée dans les expériences électriques, ne peut être ici traitée qu'après l'autre, parce que ne pouvant pas isoler l'un des deux magnétismes, nous sommes forcés d'étudier les phénomènes composés qui résultent de leur coexistence dans des corps où leur distribution nous est connue.

Quand nous avons étudié la distribution de l'électricité en équilibre, dans les corps conducteurs, nous avons vu qu'elle était assujettie à une condition unique, savoir que l'électricité libre n'exerçât aucune action, soit attractive, soit répulsive, sur les points de l'intérieur de ces corps. Dans le magnétisme, il n'est pas nécessaire, pour l'équilibre, que l'action intérieure soit nulle; il suffit qu'elle soit inférieure à la résistance que la force coërcitive du métal oppose à la séparation des magnétismes naturels, ou à leur réunion. Or, cela peut avoir lieu d'une infinité de manières, et même avec des discontinuités dans le développement du magnétisme sur les divers points de la longueur d'une barre; en sorte que, sous ce point de vue général, la question est absolument indéterminée.

Cependant, il existe un cas qui mérite d'être considéré en particulier, parce qu'il offre la limite de tous les cas possibles, et qu'il est aussi le plus utile de tous : c'est celui où la quantité de magnétisme libre est telle que la somme de toutes les forces attractives et répulsives, qui en résultent pour chaque point de la lame, égale précisément la résistance que la force coërcitive oppose à la réunion des magnétismes naturels. Lorsqu'une lame est dans cet état, il est évident qu'elle a, en chacun de ses points, la plus grande quantité de magnétisme libre qu'elle puisse admettre; aussi dit-on qu'elle est *aimantée à saturation*.

Le moyen le plus simple et le plus sûr pour y parvenir, c'est de soumettre la lame qu'on veut aimanter à des influences tellement énergiques, qu'il s'opère momentanément, dans ses particules, une décomposition des magnétismes naturels plus grande que celle qui peut y subsister, d'après la seule résistance de la force coërcitive; car alors, en la soustrayant à ces influences, la première limite qui s'offrira à la recomposition des magnétismes décomposés, sera celle qui constitue l'aimantation à saturation.

Nous chercherons bientôt à réaliser cette idée par l'expérience; mais auparavant il nous faut démontrer les lois précises suivant lesquelles l'aimant terrestre agit sur les barreaux aimantés librement suspendus; car cette action, pouvant s'exercer à la fois, sans diminution sensible sur tous ceux qu'on lui présente, elle nous offrira un excellent moyen pour apprécier l'intensité du magnétisme que nous y aurons développé.

CHAPITRE III.

Détermination et mesure des forces directrices exercées par le globe terrestre sur les aiguilles aimantées.

Lorsqu'une aiguille aimantée, librement suspendue par son centre, est successivement transportée en différens lieux peu éloignés les uns des autres, comparativement aux dimensions du globe terrestre, les directions qu'elle prend en vertu de l'action magnétique de ce globe, sont sensiblement parallèles, et ce n'est qu'en s'éloignant à de grandes distances, à plusieurs lieues, par exemple, qu'on commence à pouvoir y découvrir quelque légère déviation. Il en est de même lorsqu'on s'élève au-dessus de la surface de la terre, ou lorsqu'on descend dans des cavités profondes, pourvu toutefois que l'on écarte les corps ferrugineux qui pourraient agir immédiatement sur l'aiguille et la détourner. Ce phénomène, qui a lieu également pour les plus petites aiguilles et pour les plus grandes, prouve que la force magnétique du globe terrestre peut, comme celle de la pesanteur, être censée agir suivant des directions parallèles, quand on la compare à elle-même dans des lieux peu éloignés. Ainsi toutes les considérations de mécanique par lesquelles on calcule l'équilibre des corps pesans, peuvent s'appliquer également aux corps magnétiques; il faut seulement faire attention qu'ils sont pesans et magnétiques à la fois. Examinons les conséquences qui résultent de ce principe.

Soit *a b*, fig. 9, une aiguille aimantée, de figure quelconque, suspendue librement par son centre de gravité C. L'effort de la gravité sera détruit par la résistance du point de suspension. Ainsi, l'on pourra considérer l'aiguille comme non pesante, et comme uniquement sollicitée par les forces magnétiques du globe terrestre.

Pour analyser clairement les effets qu'elle en éprouve, suivons la même marche que dans les phénomènes de la pesanteur; décomposons par la pensée la masse de l'aiguille en élé-

assez petits pour que, dans chacun d'eux, l'état magnétique puisse être censé uniforme, quoiqu'il varie d'un élément à l'autre : puis choisissant à volonté un de ces élémens tel que M, où, pour fixer les idées, nous supposerons qu'il y ait une certaine quantité de magnétisme austral libre, déterminons les actions qui le sollicitent. Il sera évidemment attiré par les forces boréales de la terre et repoussé par les forces australes. Supposons que la résultante des premières soit dirigée suivant M B, celle des dernières suivant M A, et représentons par ces longueurs mêmes, les efforts de l'une et de l'autre, quand elles agissent sur une certaine quantité de magnétisme austral ou boréal, que nous prendrons pour unité de masse magnétique. Alors, en achevant le parallélogramme M A R B M, nous composerons nos deux résultantes partielles en une seule M R, équivalente à leur ensemble ; et le point M pourra être considéré comme sollicité par cette résultante unique, avec une énergie proportionnelle à la masse magnétique qu'il possède ; de même que les divers élémens d'un corps pesant sont sollicités par la pesanteur, proportionnellement à leur densité. Dans nos climats, où la force boréale est prédominante, la résultante M R attirera vers la terre les élémens chargés de magnétisme austral libre, et repoussera ceux qui seront chargés de magnétisme boréal ; si donc nous la désignons, dans le premier cas, par M R, il faudra, dans le second, la représenter par une longueur M′ R′ égale et parallèle à la précédente, mais dirigée en sens opposé.

Maintenant, tous les points de l'aiguille étant sollicités par l'une ou l'autre de ces deux forces, avec une intensité proportionnelle à leur masse magnétique, il en résulte que l'on peut appliquer ici tout ce qui a été dit dans le 1er livre, p. 25, sur l'équilibre des systèmes de forme invariable sollicités par des forces parallèles. Le cas est absolument le même que serait celui des corps pesans d'une densité variable, s'il y avait deux pesanteurs, l'une attractive pour certains points du corps, l'autre répulsive pour les autres points. De là découlent tout de suite plusieurs conséquences importantes, qu'il suffit d'énoncer pour en comprendre la vérité par analogie.

1°. Toutes les forces attractives, étant multipliées chacune par la masse magnétique australe de l'élément auquel elles s'appliquent, pourront être composées en une résultante unique G N, égale à leur somme, parallèle à leur direction, et passant par un certain point G de l'aiguille, qui sera, relativement à ces forces, ce qu'est le centre de gravité relativement à la pesanteur.

2°. Les forces répulsives étant multipliées de même par les masses magnétiques boréales des élémens qu'elles sollicitent, se composeront de même en une résultante unique G′ S, égale à leur somme, parallèle à leur direction, et par conséquent à celle des forces attractives. Cette résultante aura aussi son centre particulier d'application G′, dont la position, dépendant du mode de distribution des forces composantes, devra être en général différente de G.

3°. L'état magnétique de l'aiguille étant uniquement produit par le développement de ses magnétismes naturels, sans aucune perte ni introduction étrangère, et les quantités de ces magnétismes étant telles que leurs efforts se neutralisaient mutuellement en chaque point avant leur séparation, il s'ensuit que la même égalité devra encore avoir lieu en somme dans l'état magnétique, qui n'est qu'une distribution différente des mêmes efforts. Ainsi, la résultante totale attractive G N devra être égale à la résultante totale répulsive G′ S; et leur somme sera nulle, de sorte qu'elles ne pourront donner à l'aiguille aucun mouvement de translation dans l'espace. Mais si l'on mène un plan N G G′ S qui les contienne, elles tendront à faire pirouetter l'aiguille autour du point C′ situé au milieu de la droite G G′ qui joint leurs points d'application; et cet effet se produira réellement, à moins que l'on ne place d'abord la droite G G′, suivant leur direction même, fig. 10; car alors elles n'auraient plus aucune tendance à l'en détourner. Telle est donc aussi la position qu'il faut donner à l'aiguille autour de sa suspension C, pour qu'elle demeure en équilibre. Dans ce cas, le plan vertical, mené parallèlement à la direction S N des forces magnétiques, se nomme le *méridien magnétique du lieu*, et la droite G G′ se nomme l'*axe magnétique de l'aiguille*. Lorsque celle-ci peut être assimilée à un simple fil rectiligne, f. 11, il coïncide toujours avec la direction de sa longueur.

4°. Puisque les forces G N, G′S, ne peuvent produire aucun mouvement de translation, l'aiguille n'a pas besoin d'être assurée contre elles, mais seulement contre l'effort vertical de la pesanteur. Il suffira donc, pour cette partie de son équilibre, que son centre de gravité soit soutenu verticalement, par exemple, par un fil vertical inextensible, dont le bout supérieur serait attaché à un obstacle fixe. La verticalité de ce fil ne sera nullement troublée par les forces magnétiques. Ce résultat est conforme à l'expérience, mais il est difficile à vérifier directement. Au lieu de l'essayer, concevez, fig. 12, que la résultante totale G″ R″ des forces magnétiques, si elle n'est pas nulle, soit décomposée en deux forces, l'une verticale, G″ V″, l'autre G″ H″ horizontale, et dirigée dans le méridien magnétique. Si la première de ces composantes n'est pas nulle, elle devra s'ajouter à la pesanteur ou la combattre, et par conséquent augmenter ou diminuer le poids des aiguilles, ce qui n'arrive point; car ce poids, mesuré avec les balances les plus exactes, est exactement le même avant et après l'aimantation. Maintenant, pour éprouver la composante horizontale, suspendez à un fil de soie non tordu C Z, fig. 13, une bande de carton A B, sur une des extrémités de laquelle, perpendiculairement à sa direction, vous ajusterez une aiguille aimantée ab, en l'équilibrant du côté opposé par un petit poids M, de manière que la bande soit horizontale. Puis tournez le système de manière que ab se trouve exactement sur la direction du méridien magnétique, déterminé par l'observation d'une autre aiguille, suspendue horizontalement par son centre de gravité. Vous verrez que A B reste aussi en équilibre dans cette position. Or, cela ne saurait avoir lieu, si la force magnétique horizontale, dirigée suivant ab, n'était pas absolument nulle; puisqu'autrement elle tendrait à faire tourner le levier C A autour de son point de suspension C. Cette force est donc nulle ainsi que la composante verticale; donc la résultante totale est nulle aussi, comme nous l'avaient indiqué les considérations mécaniques fondées sur le mode même de développement qui constitue l'aimantation, mode qui se trouve ainsi prouvé d'une manière rigoureuse.

Connaissant la manière dont les forces magnétiques se

composent, dans leur action sur une aiguille suspendue par son centre de gravité, rien n'est plus facile que de trouver des méthodes expérimentales pour déterminer, en chaque lieu, tous les élémens du magnétisme terrestre, avec la dernière précision.

A cet effet, concevons la résultante attractive G N, fig 14, et la résultante répulsive G′ S, décomposées comme tout-à-l'heure chacune en deux autres, l'une verticale G V, G′ V′, l'autre G H, G′ H′, horizontale et dirigée dans le méridien magnétique; pour abréger, nommons V V′ les forces verticales résultantes de cette décomposition, et H H′ les forces horizontales.

Prenons maintenant une aiguille aimantée $a\,b$, fig. 15, dans laquelle nous supposerons d'abord que l'on connaît la direction G G′ de l'axe magnétique. Nous verrons bientôt comment on peut la déterminer. Suspendons cette aiguille par son centre de gravité C, à un assemblage de fil de soie non tordue, et équilibrons-la par un petit contre-poids placé sur sa branche sud, de manière que l'axe G G′ devienne horizontal. Alors l'effet des forces verticales V se trouvera détruit, et il ne restera que les forces horizontales H H′, dont l'effort tendra à ramener l'axe GG′ dans la direction du méridien magnétique auquel elles sont parallèles, de sorte qu'elles ne lui imprimeront aucun mouvement s'il s'y trouve déjà amené; mais pour peu qu'il en soit écarté, elles l'y rappelleront par une suite d'oscillations, de même qu'un pendule écarté de la verticale est mis en oscillation autour d'elle par la pesanteur, liv. I, p. 75. Tout se réduit donc à chercher cette direction, où l'aiguille, rendue horizontale, peut rester en repos. C'est ce que l'on peut faire en la tournant successivement vers les diverses parties de l'espace. Mais on y peut aussi parvenir, quand elle est dans une position quelconque, d'après les limites de son mouvement oscillatoire, puisque le méridien magnétique est le milieu des arcs qu'elle décrit. Ainsi, quand cette condition l'aura fait à peu près reconnaître, on en rapprochera l'aiguille, et la résistance de l'air anéantissant peu à peu ses mouvemens, elle finira par s'y fixer. Quand elle sera tranquille, on mesurera l'angle compris entre sa direction et celle de la méridienne céleste, ce qui se fera par l'opération que les marins

et les astronomes appellent un relevement. Alors on connaîtra le méridien magnétique, et la déclinaison de l'aiguille
dans le lieu où l'on aura observé.

L'énergie avec laquelle l'aiguille est ramenée au méridien magnétique, dépend de l'intensité absolue des forces
attractives et répulsives $G\,H$, $G'\,H'$ qui agissent sur elle;
mais elle dépend aussi de la position de leurs points d'application $G\,G'$; car l'axe magnétique peut être assimilé à un
levier qui serait sollicité simultanément par ces deux forces.
Par exemple, si les points d'application $G\,G'$ se trouvaient
tous deux du même côté de l'axe vertical de suspension, il
est clair que les actions rotatoires des deux forces se contrarieraient; et l'action réelle serait égale à la différence de
leurs momens statiques, calculés par rapport à cet axe. Au
contraire, si les points d'application $G\,G'$ sont situés d'un
côté et de l'autre de l'axe de suspension, les forces rotatoires
conspireront, et produiront un effort égal à la somme des
momens statiques des deux forces : cette disposition sera
donc beaucoup plus avantageuse pour vaincre les frottemens
et l'inertie des suspensions, lorsque l'aiguille sera portée sur
des pivots; et par conséquent il faudra chercher les moyens
d'obtenir cette distribution de magnétisme. C'est ce que nous
ferons plus tard; et nous verrons que, par un procédé d'aimantation appelé la *double touche*, on peut parvenir à obtenir les points $G\,G'$ à égale distance, de part et d'autre du
centre de gravité de l'aiguille, de manière que l'axe $G\,G'$
passe par le centre de la figure C. Alors les forces rotatoires deviennent égales entr'elles, et leurs effets sont les
mêmes que si l'aiguille était sollicitée par une seule force
double des précédentes, et appliquée à l'un des deux points
G, ou G', d'un seul côté de l'axe de suspension.

En général, la force directrice horizontale se mesure
aisément à l'aide de la balance de torsion, fig. 16 : pour
cela, on suspend au bas du fil métallique C Z, un petit étrier,
fig. 17, fait d'une feuille de cuivre très-légère, dans l'intérieur duquel on étend une couche de cire d'Espagne, sur
laquelle on prend l'empreinte de l'aiguille, pour pouvoir
toujours l'y replacer semblablement. Pour arrêter promptement ses oscillations, on adapte sous l'étrier un volant très-

mince, V V, que l'on plonge entièrement dans un vase plein d'eau ou d'huile. Pour mesurer la force directrice, on donne au fil de suspension différens degrés de torsion connus; et l'on observe combien chaque torsion écarte l'aiguille du méridien magnétique, quand elle est parvenue au repos. J'ai déjà annoncé que la direction du méridien magnétique n'est pas constante dans un même lieu. Pour observer ses variations, on peut, comme l'a fait M. de Prony, placer une lunette sur une aiguille horizontale, suspendue à des fils de soie non tordue. Coulomb employait un appareil plus simple encore, qui est représenté *fig.* 18. C'est une boîte de bois vitrée par-dessus, portant à ses deux bouts deux microscopes verticaux, ayant des fils en croix dans l'intérieur, et mobiles le long d'une division en cuivre établie sur la boîte. L'aiguille, suspendue à des fils de soie non tordue, et rendue horizontale par un contre-poids, a une longueur suffisante pour que ses extrémités arrivent sous les microscopes, et qu'on les y voie osciller. Un trait extrêmement fin est tracé sur chacune d'elles, et sert de repère. On tourne d'abord la boîte de manière que ses longs côtés se trouvent à peu près dans le méridien magnétique, afin que l'aiguille se dirige à peu près au milieu des divisions. Quand elle est fixée, on fait mouvoir doucement les microscopes par leurs vis de rappel, jusqu'à ce que la croix de leurs fils coïncide exactement avec le trait tracé sur l'aiguille; et on note l'heure de l'observation. On va de nouveau visiter les microscopes à une autre heure; et si l'aiguille s'est déplacée, on le voit; on ramène de nouveau les fils sur le trait; et la marche des microscopes, mesurée sur la division qui les porte, fait connaître le déplacement que l'aiguille a éprouvé.

Enfin, on peut déterminer encore la direction du méridien magnétique avec la boussole d'inclinaison que nous avons décrite page 6, et qui est représentée *fig.* 5. Dans cet instrument, l'aiguille ne peut que tourner verticalement autour de son axe horizontal, sans sortir du plan vertical où l'on dirige le cercle dans lequel elle oscille. Concevez donc que ce cercle soit dirigé perpendiculairement au méridien magnétique, fig. 19 : alors les forces horizontales H, H′, parallèles à ce plan, seront complétement détruites par les pivots de la suspension ; et ainsi, les forces verticales V V′, restant seules agissantes, tendront à diriger l'axe magnétique dans leur sens, c'est-à-dire à le rendre vertical ; de sorte que si on le place dans cette position, il restera en repos. Voilà donc un caractère pour reconnaître la direction perpendiculaire au méridien magnétique ; on tournera le cercle vertical qui porte l'aiguille jusqu'à ce que cette condition soit satisfaite ; et ayant lu sur la division horizontale le point où il faut l'arrêter, on le ramènera à 90° de ce point, il se trouvera dans le méridien magnétique.

Dans cette nouvelle position, si l'on observe sur le cercle vertical, le point de la division où l'axe magnétique s'arrête, l'arc compris entre cette division et le point vertical inférieur du même cercle, donnera *l'inclinaison magnétique* comptée de la verticale du lieu. Pour que cette observation et la précédente soient exactes, il faut avoir bien soin de vérifier l'horizontalité du cercle azimuthal sur lequel l'instrument repose, et qui est, à cet effet, muni de deux niveaux dirigés dans des sens rectangulaires. Si l'horizontalité n'est pas parfaite, il faut la rétablir en haussant ou baissant les vis qui servent de pied à l'instrument.

L'aiguille d'inclinaison étant dirigée dans le méridien magnétique, et son axe magnétique étant en équilibre sur la direction des forces qui la tirent, si, sans la sortir du même plan vertical, on l'écarte tant soit peu de sa direction d'équilibre, il est clair que les forces magnétiques tendront à l'y ramener par une suite d'oscillations, dont les lois seraient absolument les mêmes que celles d'un pendule qui oscille par l'effet de la pesanteur. Supposant donc que l'on connaisse la distribution du magnétisme en chaque point de l'aiguille, on pourra déterminer son centre d'oscillation, comme on déterminerait celui d'un corps pesant hétérogène ; après quoi, observant le nombre d'oscillations qu'elle exécute en un temps donné, on pourra les comparer, par le calcul, à celles que ferait, dans le même temps, un pendule simple, de même forme et de même masse, où le magnétisme austral ou boréal serait remplacé par la pesanteur terrestre prise positivement d'un côté et négativement de l'autre ; ce qui donnera le rapport d'in-

tensité de la force magnétique et de la pesanteur. Ce rapport
dépendra de la quantité absolue de magnétisme développée
dans l'aiguille, et de sa distribution ; il changera donc avec
ces deux élémens, mais il restera constant pour la même aiguille, si elle conserve toujours son même état magnétique, ou si, l'ayant perdu, elle est réaimantée de la même
manière et au même degré. Ainsi, en transportant une
telle aiguille en différentes parties de la terre, et comptant le nombre d'oscillations qu'elle y exécute dans le méridien magnétique, en un même nombre de secondes, on
pourra comparer les intensités de la force magnétique du
globe sur ces divers points ; comme on y compare les intensités de la pesanteur en y faisant osciller un même pendule ; et,
pour la pesanteur comme pour le magnétisme, les intensités
seront proportionnelles aux carrés des nombres d'oscillation.

Par exemple, M. de Humboldt ayant porté la même aiguille d'inclinaison de Paris au Pérou, et du Pérou à Paris,
trouva, qu'avant et après son retour, elle faisait, dans le premier de ces points, 245 oscillations en 10′ de temps, au lieu
qu'au Pérou elle n'en faisait que 211. L'intensité des forces
magnétiques à Paris est donc, à cette intensité au Pérou,
comme le carré de 245 est à celui de 211, c'est-à-dire comme
60025 est à 44521, ou 135 à 100. Nous étudierons plus loin
les lois de ces variations ; je me borne ici à un seul exemple.

Le mode d'observation que nous venons d'expliquer a
toujours quelque inexactitude, à cause des frottemens inévitables de la suspension. C'est pourquoi on peut, avec avantage, y substituer l'observation des oscillations horizontales,
combinée avec celle de l'inclinaison magnétique. Concevez
en effet qu'on ait compté les oscillations d'une aiguille horizontale suspendue à un assemblage de fils de soie plate, qui
puissent être censés n'avoir aucune torsion ; il sera facile
d'en conclure le nombre d'oscillations qu'aurait exécuté la
même aiguille autour de la direction de l'inclinaison magnétique si elle eût été librement suspendue ; car les forces horizontales H, H′ ne sont que les forces totales G N, G′ S, fig. 14,
décomposées horizontalement dans le plan du méridien ma-

gnétique ; et ainsi, on peut en déduire ces dernières par la règle du parallélogramme des forces, lorsque l'inclinaison des
unes aux autres est connue. Après quoi les nombres d'oscillations produites en temps égal par ces deux genres de forces
seront proportionnels aux racines carrées de leurs intensités.
Conséquemment, si l'on observe les oscillations horizontales
d'une même aiguille en différens points de la terre, et qu'on
détermine en même temps, par une observation directe, l'inclinaison en chacun de ces points, on pourra en conclure
les intensités des forces absolues correspondantes, plus sûrement qu'avec les boussoles d'inclinaison. Seulement il ne faudra pas déterminer l'horizontalité de l'aiguille par un contre-
poids, qui devenant variable à diverses latitudes, changerait
le moment statique de la masse à mouvoir. Il suffira d'attacher
au fil de suspension une petite chape de papier horizontale ,
où l'on placera l'aiguille , et dont la rigidité l'empêchera de
s'incliner.

Jusqu'ici toutes nos observations de direction se rapportent à l'axe magnétique des aiguilles. Il faut donc ou savoir
déterminer cet axe , ou pouvoir suppléer à sa détermination.
C'est à quoi l'on parvient de la manière suivante :

Considérons, fig. 20, une aiguille aimantée , équilibrée de
manière à rester horizontale et suspendue par un fil dont la pro-
longation passe par son centre de gravité C. Quand cette aiguille sera en équilibre, son axe magnétique G G′ se trouvera
dirigé dans le méridien magnétique du lieu. Cela ne suffit pas
encore pour le reconnaître, puisque sa trace dans l'aiguille n'est
qu'idéale ; mais, d'après les propriétés que nous avons reconnues au centre des forces parallèles, on sait que quelque position que l'on donne à l'aiguille, cet axe doit y demeurer fixe,
et conserver invariablement la même position relativement
aux surfaces qui limitent sa masse. Observons donc, sur quelque objet terrestre, la direction d'un des côtés A B de l'aiguille, lorsqu'elle est en équilibre ; puis retournons-la sens
dessus dessous, et suspendons-la de nouveau par le même
point C , en passant le fil de suspension dans un petit trou que
nous aurons pratiqué exprès. L'axe magnétique G G′ reviendra se placer dans la direction du méridien magnétique :

mais les côtés de l'aiguille, ayant tourné circulairement autour de cet axe, ne se retrouveront plus sur les mêmes directions qu'auparavant; et, ce qui est le point capital, ils s'écarteront du méridien autant qu'ils s'en écartaient d'abord, mais dans le sens opposé; comme le montre la figure, où les lignes ponctuées A′ B′ C′ D′ représentent les positions des surfaces après le retournement. Si donc on a observé, comme nous l'avons dit, la direction d'un des côtés de l'aiguille dans la première situation, et qu'on en fasse autant dans la seconde, la direction véritable du méridien magnétique sera exactement intermédiaire entre elles; on pourra ainsi l'observer et la tracer sur la lame, ou remarquer à quels points de l'espace elle répond par son prolongement.

Il faut faire une opération pareille sur les aiguilles d'inclinaison pour déterminer la valeur véritable de l'inclinaison magnétique. Supposons, fig 21, qu'une pareille aiguille soit exactement suspendue par son centre de gravité, et qu'on ait observé le point du cercle vertical où elle s'arrête, lorsqu'une de ses faces, que je désignerai par E, est tournée à l'est du méridien magnétique. Alors l'axe magnétique G G′ se trouvera dirigé dans le sens des deux résultantes, G N, G′ S, et l'angle formé par cet axe avec la verticale sera l'inclinaison cherchée. Mais la ligne idéale G G′ ne peut pas s'observer. Retournez donc l'instrument de manière que la face E de l'aiguille, tout à l'heure tournée à l'est, le soit maintenant à l'ouest; la ligne G G′ se replacera invariablement dans la même position. Donc, si elle n'est pas symétriquement dirigée par rapport aux côtés rectilignes de l'aiguille, ceux-ci répondront à des points différens de la division circulaire; et en prenant une moyenne entre leurs indications, on aura l'inclinaison véritable. Dans ce raisonnement nous avons supposé que l'axe de suspension passait exactement par le centre de gravité de l'aiguille. Si cette condition n'était pas observée, l'inclinaison déterminée par le procédé que nous venons de décrire serait inexacte. Mais nous donnerons tout à l'heure le moyen de la corriger.

Les artistes ont souvent coutume de construire les aiguilles de boussole en forme de flèche, tant pour la déclinaison que pour l'inclinaison. Cela est en effet plus commode pour déterminer les points des divisions auxquels leurs extrémités répondent, et même cette forme a encore l'avantage de donner, à poids égal, une force directrice sensiblement plus considérable, comme on le verra plus loin. Mais cela n'empêche pas qu'il ne faille faire aussi pour ces aiguilles toutes les mêmes opérations de retournement que nous venons d'indiquer ; car il n'est jamais certain que le point d'application de la résultante magnétique se trouve sur l'axe de l'aiguille, c'est-à-dire sur la ligne droite qui joint ses deux pointes ; et il n'y a que les seules observations que nous venons de décrire qui puissent en déterminer la véritable direction.

Enfin il y a encore, dans les observations d'inclinaison, une dernière précaution à prendre pour en assurer tout-à-fait l'exactitude. Nous avons jusqu'ici supposé que l'aiguille était exactement suspendue par son centre de gravité C ; cela nous dispensait d'avoir égard à l'action de la pesanteur terrestre, qui, en effet, n'a alors aucune influence pour la faire tourner. Mais, dans la pratique expérimentale, il est difficile, pour ne pas dire presque impossible, que cette condition soit remplie à la rigueur ; et si elle ne l'est pas, il en résulte un inconvénient considérable : car une des moitiés de l'aiguille, ayant alors plus de tendance que l'autre à tomber vers la terre, s'abaisse plus qu'elle ne le ferait par la seule action du magnétisme terrestre, ce qui, selon l'espèce de magnétisme que cette moitié possède, augmente ou diminue l'inclinaison véritable ; et il en résulte aussi une erreur dans les observations d'intensité, parce que les oscillations ne s'exécutent plus autour de la direction GN, $G'S$, de la résultante des seules forces magnétiques. Mais cette alternative même nous indique un moyen de corriger le défaut de centrage qui en est la cause, du moins lorsqu'on sait qu'il est fort petit. Il suffit, pour cela, d'aimanter successivement l'aiguille en deux sens opposés, de manière à intervertir ses pôles, et d'observer l'inclinaison et l'intensité qu'elle indique, après chacune de ces opérations. S'il y a quelque petit défaut de centrage, l'un des résultats sera trop fort, l'autre trop faible ; et la moyenne donnera, à fort peu de chose près, les véritables valeurs de l'inclinaison et de l'intensité ; du moins si les deux

branches de l'aiguille sont bien symétriques, et que la distribution du magnétisme y soit la même dans les deux opérations.

Les considérations que-nous venons d'exposer dans ce chapitre sont communes à toutes les aiguilles, et indépendantes
de la manière dont le magnétisme libre y est distribué. Elles
supposent seulement que l'état magnétique de chaque aiguille
ne change pas dans les diverses situations où on la place.
Maintenant, si nous comparons les actions qu'une même aiguille éprouve de la part de l'aimant terrestre, selon la manière dont on l'aimante, nous pourrons apprécier par-là le
développement opéré dans les magnétismes naturels, et reconnaître les procédés les plus avantageux pour le déterminer. Ce sera l'objet du chapitre suivant.

CHAPITRE IV.

Sur les différentes manières d'aimanter.

De toutes les manières de communiquer le magnétisme, la
plus simple est celle que nous avons exposée dans le chapitre
premier. Elle consiste à approcher l'extrémité *b* d'un barreau
d'acier ou de fer dur à quelque distance, ou même jusqu'au
contact du pôle A austral ou boréal d'un aimant A B, fig. 22.
Alors les magnétismes libres, en A et B, agissent l'un et l'autre
sur les magnétismes naturels du barreau *a b;* mais A étant plus
voisin, son action l'emporte ; et la décomposition s'opère dans
chaque particule métallique de *a b.* Le magnétisme de nom
contraire à A est attiré ; celui de même nom est repoussé, et
par suite de cette séparation, l'extrémité *b* du barreau acquiert un pôle de nature contraire à A.

Pour vous en assurer, formez, avec un fil d'acier, une petite
aiguille *α β* qui n'ait que 5 ou 6 millimètres de longueur.
Aimantez-la, en la frottant à plusieurs reprises sur le pôle A,
toujours dans le même sens ; puis suspendez-la par son milieu
à un fil de soie d'un seul brin, et approchez-la du pôle A.
Une de ses extrémités *β* par exemple, sera attirée, et se dirigera vers ce pôle. Présentez maintenant cette même aiguille

à l'extrémité *b* du barreau qui a été en contact avec A, vous la verrez aussitôt pirouetter sur elle-même. Son extrémité *β*, qui était attirée par A, sera repoussée par *b*, et au contraire, *α* sera attirée.

Continuez à présenter ainsi cette aiguille aux divers points du barreau *b a*, en partant de l'extrémité *b*; vous trouverez que, sur une certaine longueur *b c*, le magnétisme est de même nature qu'en *b*; mais vous verrez ensuite succéder un magnétisme contraire; car l'aiguille tournera sur elle-même, et présentera son autre pointe au barreau. Si le barreau est court, et si l'aimant est fort, ce nouvel état se soutiendra sans interruption jusqu'à l'extrémité *a*; alors, le barreau aura, dans sa seconde partie *a c*, un magnétisme de même nature que A, et dans sa première partie *b c* un magnétisme contraire.

Lorsque le barreau est fort long, il arrive souvent que le second état ne s'étend point jusqu'à son extrémité, mais seulement jusqu'à une certaine distance *a'*, *fig.* 23. Alors succède un autre magnétisme qui est de nouveau contraire à A; et à celui-ci, quelquefois, succède même un quatrième qui lui est de nouveau semblable, et ainsi de suite. Ce barreau possède alors autant de pôles différens, dans sa longueur. L'aiguille d'épreuve indique ces alternatives par les inversions qu'elle éprouve chaque fois que la nature du magnétisme change; et les points du barreau, où cela arrive, s'appellent des *points conséquens*.

Si l'on suspend un pareil barreau pour chercher à déterminer sa force directrice, il est clair que les parties situées du même côté du centre de suspension, qui auront des magnétismes de nature contraire, se contrarieront aussi dans leurs efforts, les unes tendant à ramener cette extrémité du barreau vers le pôle austral, les autres vers le pôle boréal. La force directrice totale du barreau sera donc généralement plus faible que si chacune de ces moitiés possédait dans toute sa longueur une seule espèce de magnétisme. C'est pourquoi il est de la plus grande importance d'éviter les points conséquens dans la formation des aiguilles de boussole; et même, en général, il faut toujours chercher à s'en préserver : car un barreau ne produit jamais tout l'effet que l'on en pourrait obtenir, si ces alternatives n'existaient pas. En effet, quel que soit le genre d'expérience auquel on l'emploie, les pôles de nom contraire agiront toujours en même temps, et leurs actions se contrarieront d'autant plus, qu'ils seront eux-mêmes plus rapprochés les uns des autres, parce que leurs distances aux points attirés ou repoussés seront alors moins différentes. L'aimantation la plus favorable sera donc celle où chaque espèce de magnétisme dominera seule dans une des moitiés du barreau; et ainsi, ce mode de séparation, porté au plus haut degré d'énergie, doit être l'unique but de tous nos efforts.

Lorsqu'on aimante un barreau $a\,b$, comme nous le supposions tout-à-l'heure, en mettant une de ses extrémités b en contact avec l'un des pôles A d'un aimant, plus le métal de ce barreau est dur, soit par sa nature, soit par sa trempe, plus il acquiert aisément des points conséquens. La raison en est évidente : l'action de l'aimant A B décroissant avec la distance, il y a toujours un certain point du barreau où elle est seulement égale à la force coercitive. Ainsi tous les points situés au-delà de cette limite n'éprouveraient aucune décomposition dans leurs magnétismes naturels, s'ils étaient seulement soumis à l'influence de l'aimant A B. Mais la première partie du barreau $a\,b$, où il s'est déjà opéré un développement de magnétisme, agit aussi sur ces points, et tend à y produire un développement de magnétisme contraire. Comme la résultante de cette action part de plus près que celle de l'aimant A B, il doit y avoir un terme où elle l'emporte, et c'est alors que la première alternative doit se produire. Or cela doit arriver d'autant plus près du point b, que la force coercitive est plus considérable; puisque, si elle était infinie, l'aimant A B ne pourrait évidemment développer de magnétisme que dans le seul point b, qui est en contact avec son pôle A. Le même raisonnement peut s'appliquer à la comparaison des actions exercées sur le reste du barreau par la première alternative $b\,a'$, et par la seconde. La prédominance de celle-ci sur les points suivans, en raison de sa proximité, deviendra d'autant plus sensible, que la force coercitive sera plus grande, et elle en aura d'autant plus de facilité pour y faire naître une troisième alternative. D'après cette manière d'envisager le phénomène, l'énergie des pôles successifs doit aller en s'affaiblissant graduellement, à mesure qu'ils s'éloignent de la première extrémité b, où le développement du magnétisme est le plus énergique ; et c'est aussi ce que l'on peut vérifier par l'expérience, en comparant les poids qui peuvent adhérer à ces différentes parties du barreau, ou par d'autres procédés plus exacts que nous indiquerons bientôt. S'il pouvait encore rester quelque difficulté sur cette théorie, elle disparaîtrait toute entière par l'expérience suivante, dans laquelle on voit les mêmes effets que nous venons de décrire, exactement produits par l'électricité.

Prenez un tube de verre poli, de quelques pieds de longueur ; suspendez-le à des cordons de soie, et touchez pendant quelques instans une de ses extrémités avec un tube de cire d'Espagne frotté. Si vous examinez ensuite l'état du tube de verre, vous trouverez que sur une certaine longueur, à partir de l'extrémité touchée, il a la même électricité que la cire d'Espagne. A cette partie succède une autre, où règne une électricité contraire, mais plus faible ; au-delà vous en trouverez une autre où règne de nouveau l'électricité de la cire plus faiblement encore, et ainsi de suite par des alternatives plus ou moins étendues, plus ou moins nombreuses, selon la force de l'électricité employée. Voilà précisément les points conséquens de l'aimant ; la seule différence, c'est que l'électricité de la cire passe d'abord sur le verre, et s'y étend dans une certaine longueur, parce que ni l'un ni l'autre de ces corps ne résiste d'une manière invincible à la transmission directe de l'électricité : au lieu que les particules du fer sont rigoureusement imperméables à la transmission du magnétisme. C'est pourquoi, dans les barreaux aimantés, la première alternative acquiert toujours un magnétisme contraire à celui du pôle de l'aimant qu'elle a touché ; au lieu que la première alternative d'électricité est de même nature sur le verre que sur la cire.

Généralement tous les phénomènes de composition et de décomposition que nous ont offerts les deux électricités, peuvent se reproduire par les deux magnétismes, avec les seules modifications qui résultent d'une imperméabilité absolue. Comme cette comparaison est très-propre à faire sentir la certitude de la théorie, j'en donnerai quelques exemples.

Placez un aimant A.B dans une situation horizontale, fig. 24; et, au-dessus de son pôle A, suspendez verticalement, à quelque distance, un fil de fer mince et très-doux ab, qui ait trois ou quatre centimètres de longueur. Puis, prenant un autre fil semblable $a'b'$, et le tenant horizontalement, présentez son bout b', d'abord à l'extrémité inférieure b du premier fil, il y aura répulsion; ensuite à l'extrémité supérieure a, il y aura attraction. La raison en est simple : les magnétismes naturels du fil de fer doux $a\,b$ sont instantanément décomposés par l'influence du pôle A, où domine un des deux magnétismes. Ce fil acquiert ainsi deux pôles, l'un b contraire à A, l'autre a de même nature. Pareille chose arrive au second fil $a'b'$; alors, quand on approche b' de b, on présente l'un à l'autre deux magnétismes de même nom; la répulsion doit donc s'ensuivre. Au contraire, quand on présente b' à a, les magnétismes sont différens, et il doit y avoir attraction. Voilà une représentation exacte des influences électriques; toute la différence, c'est qu'il ne se fait aucune transmission de magnétisme dans les différentes parties du fil $a\,b$, mais simplement une décomposition locale dans chaque particule; décomposition en vertu de laquelle une des deux espèces de magnétisme devient libre en b, l'autre en a, tandis que le magnétisme contraire s'y trouve dissimulé.

Prenez maintenant deux lames d'acier A B, A' B', fig. 25, d'égale longueur et très-minces; de celles qui servent, par exemple, pour faire des ressorts de montre; aimantez-les toutes deux de la même manière, en les mettant en contact avec le même pôle d'un même aimant, ou en les frottant dans le même sens sur sa surface. Puis, ayant éprouvé quel poids l'une d'entre elles, A B par exemple, peut soutenir par son pôle A, suspendez-y un fil de fer doux ba dont le poids soit cinquante ou cent fois moindre. Cela fait, approchez peu à peu la seconde lame A' B' de la première, comme si vous vouliez les superposer par les pôles de noms différens. Lorsque ces deux lames seront en contact, l'adhérence du fil $b\,a$ sera entièrement ou presque entièrement détruite ; de façon que le système des deux aimans, ainsi superposés, ne pourra soutenir qu'une infiniment petite partie du poids que chacun d'eux aurait soutenu séparément. Cette expérience est tout-à-fait analogue à celle que nous avons faite, dans le 4ᵉ livre, sur le contact de deux plaques de verre électrisées diversement par leur frottement mutuel ; et l'explication en est la même, en appliquant à chacun des magnétismes libres en A, ou en B, ce que nous disions alors de chacune des deux électricités.

J'ai supposé les deux lames très-minces, afin que leurs distances aux différens points du fil $a\,b$ fussent presque égales lorsqu'elles sont superposées. En effet, pour la seconde lame, cette distance est inévitablement plus grande de toute l'épaisseur de la première ; et c'est pourquoi les actions de deux lames égales, ainsi superposées, ne peuvent pas rigoureusement s'entre-détruire. Mais s'il ne dépend pas de nous de détruire cette inégalité, nous pouvons au moins l'affaiblir en amincissant les lames. On pourrait y suppléer en prenant une seconde lame A′ B′, plus énergique que A B. Alors le fil $a\,b$ tomberait de lui-même quand l'action de cette lame A′ B′, affaiblie par l'excès de la distance, ne serait plus qu'égale à l'action de A B ; ce qui arriverait, soit dans le contact des deux lames, soit auparavant. Dans ce dernier cas, si la distance des deux lames diminuait davantage, l'action de la seconde finirait par devenir prépondérante, et le fil $a\,b$ reviendrait de nouveau s'attacher au pôle A, mais par un magnétisme contraire à celui qu'il avait d'abord. On sent qu'il serait facile de varier beaucoup ces phénomènes ; mais les deux expériences que nous venons de décrire suffisent pour indiquer toutes les autres que l'on pourrait imaginer.

Nous avons déjà remarqué qu'un aimant ne perd rien de sa force par l'aimantation qu'il donne à un nombre quelconque de barreaux ; mais, ce que nous ne pouvions pas prévoir alors, l'effet de cette répétition, bien loin de l'affaiblir, doit plutôt augmenter son énergie. En effet, lorsque le pôle B

d'un aimant, fig. 27 , touche l'extrémité *a* d'un barreau , et
y développe un magnétisme contraire à celui qu'il possède ,
ce magnétisme , à son tour , agit sur le magnétisme naturel
de l'aimant qui l'a produit, et tend à y exciter une nouvelle
décomposition qui augmente le magnétisme libre de B. Cette
augmentation produit dans le barreau *a b* une décomposition
nouvelle , qui réagit encore sur le pôle B ; de sorte que l'un
et l'autre , par cette mutuelle réaction, acquièrent un magnétisme plus intense qu'ils ne feraient par l'action directe de B.
Ceci est tout-à-fait analogue aux accroissemens de charge
que reçoit le plateau supérieur d'un condensateur, par l'action
de l'électricité dissimulée dans le plateau inférieur. Mais l'é-
quilibre électrique s'établit instantanément dans ces plateaux,
parce qu'ils sont composés de matières propres à transmettre
l'électricité avec une facilité extrême ; au lieu que le maximum de charge d'un aimant, et des barreaux qui le touchent,
ne s'établit qu'avec une extrême lenteur. Car , d'une part, si
les barreaux sont d'acier ou de fer dur , leur force coercitive
s'oppose à une prompte décomposition de leurs·magnétis-
mes naturels ; et d'une autre part , la substance de l'aimant
oppose à l'accroissement de son magnétisme une résistance
pareille. On peut bien détruire le premier obstacle en formant les barreaux avec un fer très-doux, mais le second
est inévitable ; et il en résulte que , dans ce cas même , il
faut encore beaucoup de temps pour que le système atteigne
tout le développement de magnétisme qu'il peut acquérir.

Cette remarque explique plusieurs phénomènes importans.
Si l'on suspend à un aimant naturel ou artificiel toute la quantité de fer doux qu'il peut supporter, et qu'on l'y laisse suspendue, on trouvera qu'on peut de jour en jour l'augmenter d'une
petite quantité. Mais si, au bout de quelques semaines ou de
quelques mois, on détache forcément tout ce fer, et qu'on es-
saye aussitôt de le remettre, on trouve que l'aimant n'est plus
capable de le soutenir ; il a perdu instantanément tout l'excès de force qu'il avait acquis par l'influence du fer. En effet,
sous cette influence, ses deux magnétismes, en partie dissimulés par ceux du fer, pouvaient exister dans un état de
décomposition que la force coercitive seule ne suffit plus

pour maintenir : l'aimant, abandonné à lui-même, doit donc revenir au maximum de force magnétique que lui permet la nature de sa substance, c'est-à-dire à l'état de saturation ; et, ce qu'il importe beaucoup de remarquer, il paraît que cette restitution s'opère instantanément.

On a fait une application utile de ce résultat pour augmenter la force des aimans, soit naturels, soit artificiels, en y adaptant ce que l'on appelle des *armatures*. Ce sont des morceaux de fer très-doux que l'on applique sur les surfaces polaires de l'aimant, et qui, devenant eux-mêmes magnétiques par influence, augmentent avec le temps son énergie. Considérons, par exemple, un aimant d'une forme carrée, tel que AA BB, fig. 26, dont A A soit le pôle austral, BB le pôle boréal. Supposons d'abord que l'on applique au premier de ces pôles une armature en fer doux A′ A″ A‴ de la forme indiquée par la figure. Les magnétismes naturels de cette lame seront aussitôt décomposés ; son magnétisme boréal sera attiré par le magnétisme austral qui domine en A A, et son magnétisme austral sera repoussé ; de sorte que ce dernier dominera sur toute la surface extérieure A′A″A‴ de la plaque de fer, et principalement dans son extrémité la plus éloignée A′ B″, que l'on appelle *le pied de l'armature*. Enveloppons d'une armature semblable l'autre pôle de l'aimant B B, il s'y opérera une décomposition pareille, et le pied B′ B″ acquerra le magnétisme boréal. Au bout de quelque temps, l'influence de ces armatures aura augmenté sensiblement la décomposition du magnétisme dans les particules de l'aimant qu'elle enveloppe, et celui-ci sera considérablement plus fort. Il ne faut pas que ces enveloppes soient trop minces ; car, toutes choses égales d'ailleurs, le développement de magnétisme qui peut s'opérer dans un morceau de fer dépend de sa masse ; et il ne faut pas non plus qu'elles soient trop épaisses, afin que la plus grande énergie de leur action ne réside pas sur leur surface latérale, mais dans leurs pieds A′ A″, B′ B″ ; on verra plus loin en quoi cette circonstance est avantageuse. Au reste, l'expérience seule peut indiquer l'épaisseur la plus convenable à donner aux armatures de chaque aimant. Il est toutefois évident que ces armatures doivent être toujours faites en fer doux, comme nous venons de le dire, afin de faciliter la décomposition du magnétisme. L'acier et le fer dur seraient tout-à-fait mauvais pour cet usage, quoique quelques auteurs aient conseillé de les employer.

L'addition des armatures n'augmente pas seulement la force de l'aimant par le nouveau dégagement de magnétisme qu'elle y excite; elle l'augmente encore en donnant aux forces magnétiques une meilleure direction. Je suppose, par exemple, que l'aimant A A B B étant nu, on veuille s'en servir pour aimanter le barreau *ab*, fig. 27, en présentant une des extrémités de celui-ci à sa face boréale B B. Il est évident, à l'inspection seule de la figure, que la plus grande partie des points de cette face et des points ultérieurs agiront fort obliquement sur le barreau, et par conséquent auront peu d'influence pour décomposer, par leurs attractions, le magnétisme de ses particules dans le sens de sa longueur. En outre, la surface australe A A, qui se trouve parallèle à la première, contrariera cet effet par son inflence opposée; et quoique son action soit plus faible, parce qu'elle agit de plus loin, on voit qu'elle a de l'avantage sous le rapport de sa direction, qui formé des angles moins grands avec la longueur du barreau. Lorsqu'au contraire l'énergie de chaque pôle est détournée et transportée en grande partie dans le pied de chaque armature, si l'on présente le barreau *ab* dans le prolongement d'un de ces pieds, comme le représente la fig. 26, on voit d'abord que l'action de ce pôle rassemblée, concentrée pour ainsi dire dans le pied seul, agira beaucoup moins obliquement sur les particules du barreau que ne faisait d'abord la large surface de l'aimant B B; et au contraire, l'action de l'autre pôle, transportée de même dans le pied correspondant, agira beaucoup plus obliquement sur le barreau qu'elle ne faisait dans le cas du parallélisme. Celle-ci aura par conséquent beaucoup moins d'influence pour contrarier l'action immédiate du pied auquel le barreau est appliqué. Aussi parvient-on par ce moyen à donner au barreau un magnétisme beaucoup plus intense qu'on ne ferait avec le même aimant non armé. C'est ce dont il est facile de s'assurer, en éprouvant la force directrice des barreaux ; ou, ce qui suffit pour une pareille épreuve, en comparant les poids qu'ils peuvent supporter.

Voilà tout ce que l'on peut produire de plus fort au moyen de l'aimantation par simple contact ; mais la nécessité de donner aux boussoles toute l'énergie possible a fait essayer aux physiciens plusieurs autres procédés.

Dans la première méthode, qui a été long-temps presque la seule en usage, on faisait glisser à angles droits la lame ou le barreau que l'on voulait aimanter sur un des pôles d'un aimant, soit naturel, soit artificiel. Pour évaluer l'effet de cette méthode, considérons d'abord la lame $a\,b$, fig. 28, lorsque son extrémité b commence à être appliquée sur le pôle A de l'aimant A B ; et pour fixer les idées, supposons que A soit le pôle austral de cet aimant. Dans ce cas, l'action australe de la partie C A l'emportant sur l'action boréale de la portion C B, il se fera en b une décomposition des magnétismes naturels de la lame. Le magnétisme austral de chaque particule sera repoussé vers a, le magnétisme boréal sera attiré vers b, et il se formera en b un pôle boréal. Mais lorsque le pôle A quittera l'extrémité b, et commencera à glisser sur les points suivans de la lame, il produira successivement, sur chacun d'eux, un effet exactement pareil, c'est-à-dire qu'il attirera le fluide boréal de chaque particule vers l'endroit où il se trouvera alors, et en repoussera le fluide austral. Il détruira donc, par cette répulsion, la première décomposition de magnétisme qu'il avait excitée, par son contact, à l'extrémité b; et à mesure qu'il s'avancera sur la lame, il détruira de même successivement, par son influence, les effets qu'il avait produits par son contact sur les points qu'il a successivement touchés. Mais, à la dernière extrémité b, cette destruction n'aura pas lieu; et en la quittant, il la laissera à l'état de magnétisme boréal. C'est donc à peu près à ce dernier effet que se borne l'action de cette méthode ; et par conséquent on n'en doit guère attendre un plus grand succès que du simple contact dont nous avons déjà fait usage. C'est ce que l'expérience confirme ; car, en comparant les résultats obtenus par cette méthode, avec

ceux que donnent les autres procédés que nous allons décrire, on voit qu'elle ne peut aimanter à saturation que des
aiguilles d'une très-petite épaisseur.

Elle a en outre le désavantage de donner souvent, et facilement, des points conséquens, de même que le simple contact ; sur-tout si la lame que l'on veut aimanter est longue,
d'un acier dur, et que l'aimant que l'on emploie soit tenu,
sur quelques-uns de ses points, beaucoup plus long-temps
que sur d'autres. Cette dernière circonstance seule suffit
même certainement pour en produire ; car si l'on prend
une lame d'acier déjà aimantée régulièrement, c'est-à-dire,
qui n'ait, en chacune de ses moitiés, qu'une même espèce
de magnétisme, et qu'on y applique le pôle d'un aimant
en quelque partie de sa longueur, on fera naître, en ce
point, un pôle de nom contraire à celui de l'aimant qu'on
aura appliqué ; du moins si cet aimant est plus énergique
que la lame. Même, s'il est très-énergique et la lame peu
épaisse, il suffit de l'appliquer au milieu de sa longueur pour
faire naître en ce point un pôle, et deux pôles contraires aux
deux extrémités, comme on peut le vérifier par l'aiguille
d'épreuve $\alpha\beta$, fig. 22.

La méthode d'aimantation que nous venons de décrire
présente un phénomène très-remarquable. Lorsque la lame ab
a été ainsi glissée sur un des pôles d'un aimant très-fort, par
exemple sur son pôle boréal, et qu'elle a reçu par conséquent un magnétisme assez énergique, si on la fait glisser de
même, suivant toute sa longueur et dans le même sens, sur
le pôle homologue d'un aimant plus faible, on est porté à
croire que cette opération, faite dans le même sens que la
première, ne pourra qu'augmenter l'état magnétique de la
lame, ou, tout au plus, le laissera tel qu'il était auparavant.
Au lieu de cela, on trouve qu'elle le diminue, et qu'elle le
réduit précisément au même point que si la lame avait été
uniquement aimantée par le faible aimant. Pour concevoir
ce phénomène, il faut faire attention que le second aimant,
en touchant ainsi successivement chaque point de la première
moitié de la lame, y fait naître momentanément, par son contact, un magnétisme contraire à celui que le premier aimant y

avait laissé ; du moins en supposant ce second aimant formé lui-même d'un fer assez dur pour que son magnétisme propre ne puisse pas être détruit par celui de la lame. Cette inversion s'opère toujours, quoique le second aimant soit plus faible que l'autre, parce qu'il agit successivement en chaque point, par son contact immédiat ; au lieu que le premier aimant n'avait produit le magnétisme définitif que par son influence à distance. Ainsi, à mesure que le second aimant glisse sur la première moitié de la lame, par son pôle boréal, chacun des points qu'il touche est d'abord ramené à l'état naturel , puis passe à l'état austral, et reçoit ensuite, par influence à distance, le degré définitif de magnétisme boréal que cet aimant peut lui donner. Mais ces changemens successifs de magnétisme libre ne peuvent se faire dans la première moitié de la lame, sans en nécessiter aussitôt de correspondans sur l'autre moitié. On voit donc, qu'après avoir éprouvé cette action perturbatrice sur toute sa longueur, la lame doit se trouver ramenée, précisément , au même degré de magnétisme définitif que si elle avait été seulement touchée par le second aimant. Mais on voit aussi que cette réduction n'aurait pas lieu , si le pôle boréal du second aimant ne touchait la lame que dans sa moitié australe ; car alors le magnétisme de celle-ci en serait plutôt augmenté que diminué. Par la même raison , il n'y aurait pas non plus d'affaiblissement, si le magnétisme de la lame était assez fort pour détruire celui du second aimant et intervertir ses pôles. Le cas extrême de cette supposition arriverait, si cet aimant était composé d'un fer très-doux, dans lequel la décomposition et la recomposition des magnétismes naturels pût s'opérer avec une extrême facilité ; car alors, à mesure que ce fer passerait sur les différens points de la lame, il acquerrait momentanément dans le contact un magnétisme contraire à celui du point qu'il toucherait ; et conséquemment, par sa réaction , il tendrait à augmenter l'espèce de magnétisme que ce point posséderait déjà. Ce serait comme une armure mobile qui s'appliquerait, tour à tour, aux différens points de la lame ; et il ne me paraît pas douteux que ces frictions réitérées , au lieu de diminuer le magnétisme de la lame, le porteraient bientôt à son maximum.

Après beaucoup d'efforts inutiles pour modifier et perfectionner l'aimantation par simple contact, le premier pas vers des méthodes mieux combinées et plus avantageuses, fut fait, en 1745, par le physicien anglais Knight. Il plaçait, bout à bout, deux barreaux fortement aimantés, en joignant le pôle nord de l'un avec le pôle sud de l'autre. Il posait ensuite sur ces gros barreaux, et dans le sens de leur longueur, un petit barreau d'acier trempé cerise-clair, dont le milieu répondait au point de jonction des deux gros barreaux; alors séparant ceux-ci, il les faisait glisser, chacun de leur côté, jusqu'aux extrémités du petit barreau, qui, par ce procédé, se trouvait acquérir une force magnétique plus grande qu'on ne l'avait obtenue jusqu'alors.

Dans cette disposition, chaque aimant agit sur la moitié du petit barreau qu'il parcourt, comme il le faisait dans la première méthode. Mais, dans celle-ci, l'influence du même aimant agissait seule, sur toute l'étendue de la lame, pour y développer les deux magnétismes; au lieu qu'ici cette décomposition est favorisée par la présence de l'autre aimant; car dans tous les points qui les séparent, leurs influences conspirent, et l'espèce de magnétisme qui est attiré par l'un d'eux vers une des extrémités du barreau, est en même temps poussée par l'autre vers cette extrémité. Aussi, en employant cette méthode, et se servant de gros barreaux fortement aimantés, on trouve que les petits barreaux, lorsqu'ils sont très-courts et peu épais, acquièrent à peu près le maximum de magnétisme; mais il est impossible d'aimanter à saturation un barreau un peu long par ce procédé.

Les petits barreaux de Knight, qui se répandirent dans tous les cabinets de physique, engagèrent, à cette époque, plusieurs physiciens à chercher d'autres moyens pour obtenir le même degré de magnétisme, dans des barreaux plus grands. Duhamel, membre de l'Académie des sciences, s'étant réuni pour cette recherche avec Antheaume, y parvint par le moyen suivant :

Il plaça parallèlement l'un à l'autre deux barreaux d'acier d'égale longueur, AB, A′B′, fig. 29, en joignant leurs extrémités par de petits parallélipipèdes de fer très-doux

F F', de manière à former un parallélogramme rectangle. Prenant ensuite deux faisceaux de barreaux *ab*, *a' b'*, déjà aimantés, il réunit les pôles de différens noms vers le milieu d'un des barreaux d'acier ; inclinant ensuite ces faisceaux, comme la figure le représente, il les fit glisser, chacun de leur côté, jusqu'à l'extrémité du barreau ; et, en répétant ces frictions successivement sur les deux barreaux d'acier, il obtiut un degré de magnétisme considérable. Dans cette disposition, chaque faisceau aimanté agit encore sur la moitié de la lame qu'il parcourt, comme dans la première méthode. L'emploi des deux faisceaux, au lieu d'un seul, a aussi le même avantage qu'offre la méthode de Knight ; mais de plus, l'application des petits barreaux de fer doux, à l'extrémité de ceux que l'on veut aimanter, est une innovation très-importante. Car, du moment où les barreaux d'acier ont acquis quelque degré de magnétisme, ces petits barreaux de fer doux s'aimantent aussi par influence ; ils agissent sur les barreaux d'acier comme de véritables armures ; ils fixent à chacune de leurs extrémités le magnétisme déjà développé, ils le dissimulent, et donnent ainsi aux faisceaux glissans plus de facilité pour opérer une nouvelle décomposition de magnétisme, par une nouvelle friction. Il n'y avait qu'un pas à faire pour donner à cette méthode tout le degré de perfectionnement dont elle était susceptible ; il ne fallait que substituer, aux petits barreaux de fer doux, de forts aimants opposés par leurs pôles, qui retinssent et dissimulassent plus fortement encore le magnétisme déjà décomposé par les faisceaux glissans ; c'est ce qu'Æpinus a fait, comme nous le verrons tout-à-l'heure. Mais déjà, à défaut de gros aimant, la méthode de Duhamel est la meilleure que l'on puisse employer pour aimanter les aiguilles des boussoles et les lames qui n'ont pas plus de 2 ou 3 millimètres d'épaisseur ; pourvu que les faisceaux glissans dont on se sert soient fortement aimantés.

A peu près dans le même temps que M. Duhamel s'occupait à Paris de cette recherche, MM. Michel et Canton suivaient le même objet en Angleterre.

M. Michel se servait de deux faisceaux de barreaux fortement aimantés, liés parallèlement entre eux ; les pôles de différens noms étant réunis à chaque extrémité, de manière cependant qu'il restât entre eux un intervalle de 7 à 8 millimètres. Il plaçait ensuite plusieurs barreaux égaux, en ligne droite, et il faisait glisser à angles droits une des extrémités du double faisceau, le long de la ligne formée par les barreaux qu'il voulait aimanter. Il trouvait, par cette méthode, que les barreaux intermédiaires dans la chaîne prenaient une grande force magnétique; ce qui est vrai, quoique ce degré de magnétisme ne donne jamais le maximum possible de saturation.

Les divers barreaux mis en contact par leurs extrémités font ici le même effet que les petits barreaux de fer doux employés par Duhamel : ce sont de véritables armures; seulement, comme la nature de leur substance n'y permet pas le libre développement du magnétisme, ils ne s'aimantent, et ils n'agissent, qu'autant qu'ils ont été touchés par les faisceaux glissans. On conçoit par-là pourquoi les barreaux intermédiaires dans la série, sont les seuls qui se trouvent fortement aimantés; c'est que ce sont les seuls qui aient des armures. En cela, le procédé de Michel revient à celui de Duhamel, et lui est peut-être inférieur. Mais il offre une autre modification qui mérite d'être examinée; c'est l'emploi de deux faisceaux parallèles, approchés à une distance constante par leurs pôles contraires, et glissant simultanément sur toute l'étendue des barreaux. Pour concevoir nettement l'effet de cette disposition, représentons ces deux faisceaux par AB, $B'A'$, fig. 3o; supposons qu'on promène leurs pôles sur la barre d'acier $\alpha\beta$, et analysons leur action sur les points, compris en dedans, ou en dehors, de l'intervalle qu'ils comprennent.

Considérons d'abord le faisceau AB, que je supposerai, pour plus de simplicité, n'avoir pas de points conséquens; en sorte que sa moitié CB, la plus éloignée de la barre, possède le magnétisme boréal, et la partie CA la plus voisine, le magnétisme austral. Soit m une molécule quelconque de la barre; tous les points du faisceau AB exerceront sur les magnétismes naturels de cette particule une action boréale ou australe, et tendront à les séparer chacun dans leur sens. Mais si les deux moitiés de ce faisceau possèdent un degré à peu près égal de magnétisme, comme il faut que cela soit, si le point d'indifférence tombe à peu près au milieu de sa longueur, il est évident que les actions australes devront l'emporter sur les autres, parce que les points qui les exercent sont plus voisins de la molécule m; de sorte qu'en définitif, l'action totale du faisceau A B aura pour résultante une force australe dirigée suivant une certaine ligne $o\,m$, laquelle coupera A B, dans sa partie australe, à peu de distance de son extrémité. Car dans les aimans qui n'ont pas de points conséquens, la quantité de magnétisme libre est la plus grande possible aux extrémités mêmes, et de là va en décroissant vers le centre avec une extrême rapidité, de même que l'électricité libre dans les tourmalines et les piles électriques isolées.

Si nous considérons maintenant l'action de l'autre faisceau A′ B′ sur la même particule, nous verrons pareillement qu'il en résultera une force boréale unique dont la direction $m\,o'$ coupera ce faisceau dans sa partie boréale, à peu de distance de son extrémité.

Pour avoir l'effet que produisent ces deux forces, dans le sens de la longueur du barreau $\alpha\,\beta$, il faut les décomposer suivant cette longueur. Alors, en les représentant par $m\,r$ et $m\,r'$, chacune d'elles donnera une force $m\,f$, $m\,f'$ perpendiculaire à la direction du barreau, et une force $m\,s$ ou $m\,n$, boréale ou australe, dirigée dans le sens de sa longueur. Ces dernières forces sont les seules qu'il nous importe de considérer, puisqu'elles seules déterminent la décomposition longitudinale du magnétisme. Or, à la seule inspection de la figure, on voit que, si la molécule m est située entre les faisceaux, les deux forces dont nous parlons conspirent à la décomposition de ses magnétismes naturels, et tendent l'une et l'autre à porter son magnétisme boréal vers l'extrémité β de la barre, son magnétisme austral vers l'extrémité α. Il est évident encore que cet effet aura lieu de même sur toutes les autres parties de la barre où l'on transportera l'assemblage des deux faisceaux. Si, au contraire, la molécule que nous considérons était située hors de l'intervalle qu'ils comprennent, par exemple en m', les actions longitudinales des faisceaux se contrariaient au lieu de conspirer, et l'action du faisceau le plus voisin, de A′ B′ par exemple, l'emportant par sa proximité, il en résulterait une décomposition de magnétisme $a'\,b'$, contraire à celle qui s'opère dans la molécule m, et contraire aussi à l'état définitif du magnétisme de la barre. Mais cette décomposition, produite par la différence des forces, sera toujours plus faible que la première, qui est produite par leur somme; elle le sera sur-tout si les faisceaux glissans sont placés à peu de distance l'un de l'autre; car alors leurs influences contraires deviendront presque égales sur les points de la barre qui seront tant soit peu éloignés d'eux. Ainsi, le faible développement de magnétisme qui en résultera en m', ne pourra pas résister à l'action conspirante des deux barreaux, lorsqu'on transportera leur assemblage sur le point m', et que ce point se trouvera compris entre eux. Réciproquement, ils ne pourront pas alors détruire dans le point m, tout le développement de magnétisme qu'ils y avaient d'abord produit, lorsqu'ils agissaient sur lui par des actions conspirantes. Des frictions de ce genre plusieurs fois réitérées d'un bout à l'autre de la barre tendent donc toujours à y exciter un développement croissant de magnétisme; et en effet, l'expérience prouve qu'en les réitérant, ce développement devient fort considérable. Pour qu'il soit égal dans les deux moitiés de la barre, on applique d'abord l'assemblage des faisceaux à son centre, et l'on fait un nombre de frictions égal sur chacune de ses deux moitiés. Puis, les faisceaux étant revenus au centre, on les enlève perpendiculairement pour ne point troubler l'effet latéral précédemment produit. Ce procédé, appelé par son inventeur *la double touche*, a eu beaucoup de célébrité.

Canton essaya d'y faire une modification qui n'était nouvelle qu'en apparence; il formait d'abord, comme Duhamel, un parallélogramme rectangle, en unissant, par des morceaux de fer doux, les extrémités de deux barreaux d'acier. Puis il touchait ces barreaux avec deux faisceaux parallèles, réunis selon la méthode de Michel; et enfin séparant ces faisceaux et les inclinant de part et d'autre sur les barres, il les faisait glisser, l'un d'un côté, l'autre de l'autre, jusqu'aux extrémités. Mais, d'après ce que nous avons vu plus haut sur l'effet des frictions réitérées, avec des aimans d'inégale force, il est clair que la dernière opération, avec les lames inclinées, était la seule qui déterminât définitivement l'état magnétique de la lame; car elle donne plus de magnétisme que l'autre, comme on va le voir. Ainsi l'emploi précédent de la double touche était tout-à-fait inutile; et l'opération, dépouillée de cet accessoire superflu, n'était plus identiquement que la méthode de Duhamel.

Æpinus fit, à la double touche, une modification beaucoup plus heureuse et mieux calculée. Il laissa les pôles des deux faisceaux glissans à une petite distance l'un de l'autre, sans jamais les séparer; mais il inclina les faisceaux en sens contraire, comme l'avait fait Duhamel, et comme le représente la fig. 51. Par ce moyen, la résultante de leurs actions sur chaque molécule m devenait plus oblique sur la surface de la barre, et par conséquent la partie de cette résultante, qui se décomposait dans le sens longitudinal, devenait plus considérable. Il est vrai qu'en même temps l'action propre de chaque point du faisceau s'affaiblit, parce que sa distance à la molécule m devient plus grande; de sorte qu'on ne doit pas augmenter l'inclinaison indéfiniment. L'expérience seule peut indiquer quelle est en cela la limite la plus favorable : Æpinus se décida pour une inclinaison de 15 ou 20 degrés sur la surface de la barre; et c'est en effet la valeur qui semble le mieux convenir, quoique, d'après la nature du maximum, une petite variation dans l'angle ne change point sensiblement le résultat. Æpinus joignit à cette modification l'emploi des armures de fer doux de Duhamel, auxquelles il substitua, avec avantage, deux forts aimans opposés par leurs pôles, comme nous l'avons déjà indiqué. La combinaison de ces deux procédés compose la méthode à laquelle on a donné son nom. En éprouvant les résultats qu'elle produit, on trouve qu'elle a de l'avantage sur tous les autres procédés, lorsqu'avec des faisceaux faibles de magnétisme l'on veut aimanter de très-gros barreaux; mais elle a quelques inconvéniens inévitables qu'il importe de remarquer. Le premier, c'est de ne jamais produire un développement de magnétisme parfaitement égal dans les barreaux auxquels on l'applique. En effet, si, après l'aimantation, on place ces barreaux horizontalement sous une feuille de papier sur laquelle on a répandu de la limaille de fer très-fine, on voit, par la manière dont elle se groupe, que le point d'indifférence ne tombe pas exactement au milieu du barreau, mais se trouve rapproché de quelques millimètres de l'extrémité qui a été aimantée la dernière. Cette observation est de Coulomb.

En second lieu, il paraît que la méthode d'Æpinus produit plus facilement des points conséquens, dans les lames très-longues, que celle de Duhamel. A la vérité, ces alternatives ont toujours peu d'énergie ; mais pourtant elles diminuent la force directrice ; et cela devient un inconvénient très-grand dans la construction des aiguilles de boussole. On en doit dire autant de la petite inégalité, que nous venons d'indiquer, dans la distribution du magnétisme. En conséquence, il vaut mieux, pour l'aimantation des aiguilles de boussole, employer la méthode de Duhamel, qui est complètement exempte de ces deux défauts, et l'on réservera la méthode d'Æpinus pour les gros barreaux auxquels on voudra donner une force magnétique considérable, parce qu'alors il importe peu que leur centre magnétique ne soit pas exactement placé au milieu de leur longueur.

En prenant ainsi dans chacun de ces procédés ce qu'ils ont de plus avantageux, et apportant dans l'exécution toutes les connaissances qui peuvent résulter d'une longue pratique, Coulomb s'est arrêté aux dispositions suivantes :

Pour former les faisceaux fixes, il emploie dans chacun, dix barreaux d'acier trempés cerise-clair, ayant 5 ou 6 décimètres de longueur, 15 millimètres de largeur, et 5 d'épaisseur. Il les aimante d'abord autant qu'il le peut avec un aimant naturel ou artificiel ; puis, les réunissant par leurs pôles du même nom, il en forme deux couches de cinq barreaux chacune, séparées par de petits parallélipipèdes rectangles de fer très-doux qui leur servent comme d'armure commune, et qui saillent un peu au-delà de leurs extrémités. Voyez fig. 32.

Les faisceaux glissans sont ordinairement composés de quatre barreaux aussi trempés cerise-clair, et ayant 400 millimètres de longueur, 5 d'épaisseur, et 15 de largeur. Après les avoir aimantés autant que possible, il en réunit deux sur la largeur, deux sur l'épaisseur; ce qui donne à chaque faisceau 30 millimètres de largeur, et 10 d'épaisseur.

Ces faisceaux, soit fixes, soit mobiles, sont composés d'un acier très-répandu dans le commerce, où il est connu sous le nom d'acier timbré à sept étoiles. Sa qualité est médiocre; mais Coulomb a observé, comme on l'avait déjà fait avant lui, que toutes les espèces d'acier, à moins qu'elles ne soient d'une très-mauvaise qualité, prennent à peu de chose près le même degré de magnétisme. Je remarquerai seulement que, comme les barreaux se courbent toujours dans la trempe, on peut les tremper d'abord aussi roide que possible, puis les faire recuire seulement jusqu'à la première nuance de jaune. Ce recuit leur donne assez de malléabilité pour pouvoir être redressés, en leur laissant assez de force coercitive pour conserver le magnétisme.

Pour aimanter une barre au moyen de cet appareil, on place les gros faisceaux sur une même ligne droite, de manière que leurs pôles nord et sud se regardent et soient éloignés l'un de l'autre d'une distance égale à la longueur de cette barre, puis on place chacun de ses bouts sur une de leurs armures, de manière qu'elle n'y empiète que de 4 ou 5 millimètres. Après cela, on pose les faisceaux glissans à son centre, en les inclinant de chaque côté en sens contraire, de manière qu'ils forment, avec elle, un angle de 20 ou 30°. Puis, si l'on veut employer la méthode de Duhamel, on fait glisser chaque faisceau du côté où il se trouve, jusqu'à l'extrémité correspondante de la barre; mais si on veut employer celle d'Æpinus, on ne les sépare point; on place seulement entr'eux un petit morceau de bois ou de cuivre qui maintienne leurs pôles opposés à une distance de 5 ou 6 millimètres; et les tenant ainsi, sous la même inclinaison que dans l'autre méthode, on les promène successivement du centre vers chaque extrémité tour à tour, de manière que les frictions sur chaque moitié soient égales. Après la dernière qui les ramène au centre de la barre, on les retire perpendiculairement à sa longueur, et l'on répète la même opération sur chacune de ses deux surfaces.

Si les barres qui forment les faisceaux n'ont pas d'abord pu être aimantées à saturation, ce qui devra ordinairement arriver quand on n'aura pas encore eu à sa disposition un appareil de ce genre, leur assemblage produira, dans les barres soumises à leur action, un magnétisme plus fort que celui qu'elles possèdent elles-mêmes. Alors on se servira de ces nouvelles barres pour former d'autres faisceaux plus forts que les premiers; puis on défera ceux-ci, et en les soumettant à l'action des nouveaux faisceaux, on augmentera encore leur magnétisme. Si l'on n'a pas encore atteint le maximum d'énergie, on répétera l'opération une troisième fois, une quatrième, et l'on obtiendra enfin des faisceaux aussi forts qu'on puisse le désirer.

Nous avons dit que chaque faisceau glissant n'était composé que de quatre barreaux. Cependant, lorsqu'on veut aimanter de très-grosses barres, il faut les réunir en plus grand nombre, en les disposant par gradins en retraite de 10 ou 12 millimètres dans le sens de l'épaisseur, comme le représente la fig. 33. Cette disposition est fondée sur ce que le plus grand développement de magnétisme a toujours lieu vers l'extrémité des barreaux. Alors le barreau le plus voisin du barreau central tend à maintenir, et même à augmenter dans son extrémité le développement du magnétisme qui y domine déjà. Le troisième barreau fait le même effet sur le second, et ainsi de suite.

Toutes les considérations théoriques que nous venons d'exposer ont été vérifiées par Coulomb, à l'aide d'expériences très-précises, dans lesquelles il a appliqué les méthodes d'aimantation diverses à des barreaux de même dimension et de même nature, dont il évaluait ensuite les intensités de charge magnétique, par la méthode des oscillations horizontales, expliquée page 25.

Ces expériences, rapprochées dans le Traité général, montrent que les méthodes de Duhamel et d'Æpinus sont supérieures à toutes les autres, en ce qu'elles donnent un degré de magnétisme égal avec un beaucoup plus petit nombre de barreaux glissans ; on y voit de plus que ces deux méthodes sont également bonnes, tant qu'on les applique à des lames qui n'ont pas plus d'un ou deux millimètres d'épaisseur ; mais en les appliquant à des épaisseurs plus fortes, celle d'Æpinus prend décidément l'avantage. Au reste, il serait peu utile de chercher à augmenter au-delà de 9 ou 10 millimètres l'épaisseur des barreaux dans les appareils magnétiques ; car l'expérience prouve que l'on obtient beaucoup plus de force en formant un gros faisceau avec la réunion de plusieurs barreaux plus petits, aimantés séparément avant d'être rassemblés ; et cela provient sans doute de ce que l'on peut donner à chacun de ces barreaux, en particulier, un magnétisme beaucoup plus énergique qu'on ne pourrait faire s'il fallait agir sur lui, tandis qu'il serait placé au centre d'un barreau plus épais.

CHAPITRE V.

Distribution générale du Magnétisme libre dans les fils aimantés par la méthode de la double touche. Lois des attractions et des répulsions magnétiques.

Lorsqu'on a aimanté par la méthode de Duhamel et d'Æpinus un fil d'acier d'une ou deux lignes de diamètre, et de 15 ou 20 pouces de longeur, si l'on essaie les poids qu'il peut supporter en divers points par son attraction, on trouve que ces poids vont en augmentant depuis les extrémités jusqu'à une distance de 4 ou 5 lignes : après quoi ils diminuent rapidement ; de sorte qu'ils sont presque insensibles au-delà de 2 ou 3 pouces. On trouve de plus que ces poids sont égaux vers chaque bout du fil. Cela prouve, comme nous l'avions prévu, que les quantités les plus intenses de magnétisme libre sont distribuées vers les deux extrémités du fil, à une petite distance, et y sont sensiblement égales, distribution par-

faitement analogue à celle de l'électricité libre, dans les tourmalines et les piles.

Ce résultat important se prouve encore mieux à l'aide
de la torsion. Dans l'étrier de la balance magnétique, on
place une aiguille d'acier bien aimantée, par la méthode de
Duhamel ou d'Æpinus. Sur la direction du méridien magnétique de cette aiguille, qui doit aussi répondre au zéro
de torsion, l'on fixe une règle verticale de bois ou de cuivre
d'une ou deux lignes d'épaisseur, de manière que l'extrémité
de l'aiguille vienne s'y appliquer, lorsqu'elle est ramenée à
son méridien par la torsion. Puis, de l'autre côté de cette règle,
on fait glisser verticalement un fil d'acier aimanté tel que nous
l'avons supposé plus haut, en commençant, par exemple, par
son pôle homologue à celui de l'aiguille. Celle-ci est d'abord
chassée par la répulsion qui s'opère entre les magnétismes
de même nature ; mais on la ramène par force en contact
avec la règle, en tordant le fil de suspension ; de manière
qu'il ne reste que l'épaisseur de la règle, ou deux lignes de
distance, entre les points du fil et de l'aiguille les plus rapprochés. Or, comme le fil d'acier que nous plaçons derrière
la règle est vertical, tandis que l'aiguille est horizontale,
tous les points qui se trouvent, de part et d'autre, à 4 ou 5
lignes de distance du recroisement, ne contribuent que très-
peu à la répulsion, à cause de leur distance et de l'obliquité
avec laquelle ils agissent; en sorte que la force de torsion
qu'il faut employer, pour maintenir le contact, doit sur-tout
dépendre des quantités de magnétisme libre qui existent
sur chaque aiguille, depuis le point de contact jusqu'à une
distance de 2 ou 3 lignes de part et d'autre de ce point.
Ainsi, en faisant glisser verticalement le fil d'acier le long
de la règle, et présentant successivement tous ses points à
cette petite distance de 2 lignes de l'aiguille, dont l'action
reste constante, les forces de torsion qu'il faudra employer
pour maintenir le contact seront, dans chaque essai, une mesure très-approchée de l'intensité du magnétisme libre dans
le point du fil qui forme le recroisement. Or, quand on fait
cette expérience, on trouve que, s'il faut une torsion de huit
cercles lorsque le point de recoupement est à 2 lignes de

l'extrémité du fil, il ne faut que deux ou trois cercles de torsion à 2 pouces; et lorsque l'extrémité du fil dépasse de 3 pouces le plan horizontal de l'aiguille, la répulsion est presque
nulle. Le magnétisme libre est donc réuni, presqu'en totalité,
sur ces 3 premiers pouces, à partir de l'extrémité. On trouve
la même chose pour l'attraction des pôles de nom contraire;
et si le fil vertical a été régulièrement aimanté par la méthode de la double touche, on trouve que les attractions de ce
pôle sont sensiblement égales aux répulsions de l'autre. Mais il
faut avertir que, pour pouvoir compter sur les résultats d'une
pareille expérience, il ne faut employer que des aiguilles et
des fils d'excellent acier, fortement trempés, et encore ne
pas leur donner un très-fort degré de magnétisme. Car, sans
ces précautions, les points de recroisement n'étant qu'à deux
lignes de distance l'un de l'autre, les influences réciproques
de l'aiguille et du fil pourraient y développer de nouvelles
quantités de magnétisme; de sorte que les résultats de leurs
attractions ne seraient plus comparables entre eux.

Supposez maintenant que, dans cette expérience, au lieu
d'une aiguille et d'un fil, on emploie deux fils pareils de 2¼
pouces de longueur, disposés de manière que le point de recoupement se trouve à peu près à 10 ou 12 lignes de distance de l'extrémité de chacun d'eux, et joignons-les ainsi
d'abord par les pôles homologues; il y aura répulsion. Or,
cette répulsion sera presque entièrement produite par les
2 ou 3 pouces de longueur sur lesquels le magnétisme est le
plus développé, et les pôles qui se regardent seront presque
les seuls qui y contribueront. Car l'action des autres sera
extrêmement affaiblie, à cause de la longueur que nous supposons ici aux deux fils; et elle le sera aussi par sa direction,
qui sera très-oblique, si les deux extrémités qui se regardent
ne s'écartent l'une de l'autre qu'à de très-petites distances.
Ces extrémités se trouveront donc alors disposées, de la manière la plus favorable, pour mesurer la loi de leurs répulsions à des distances diverses; car leur recoupement étant
placé aux points où la répulsion est la plus forte, les autres
portions de magnétisme libre, qui sont situées très-près de ces
points, auront sur la répulsion presque le même effet que

si elles y étaient toutes concentrées ; de sorte que le phénomène reviendra, à peu de chose près, à l'action réciproque
de deux points chargés l'un et l'autre d'une quantité constante
et donnée de magnétisme de même nature.

Dans cette expérience, lorsque l'aiguille mobile se sera
écartée de l'aiguille fixe, et elle sera sollicitée vers celle-ci,
non seulement par la torsion, mais encore par l'attraction
de l'aimant terrestre, qui tend à la ramener vers son méridien magnétique; il faudra donc commencer par mesurer
séparément cette force directrice pour diverses distances,
après quoi on l'ajoutera à la torsion observée, pour avoir
l'effet total de la répulsion des deux fils.

En opérant de cette manière avec tous les soins nécessaires pour obtenir une grande exactittude, Coulomb a
trouvé que l'attraction et la répulsion magnétique s'exer-
çaient l'une et l'autre réciproquement au carré de la distance, de même que l'attraction céleste, de même aussi que
les attractions et les répulsions produites par l'électricité.
On peut voir le détail de ces expériences dans le Traité
général.

CHAPITRE VI.

*Recherches de l'intensité du Magnétisme libre en chaque
point d'une aiguille aimantée à saturation par la méthode de la double touche.*

Ayant trouvé des procédés sûrs pour produire dans les barreaux de fer ou d'acier tout le développement de magnétisme qu'ils peuvent acquérir et conserver d'une manière durable, nous allons chercher, d'après l'expérience, quel est
alors l'état magnétique de chacun de leurs points.

Pour plus de simplicité, commençons par considérer un fil
d'acier cylindrique A B, fig. 34, d'un très-petit diamètre,
et régulièrement aimanté par la méthode de la double touche.
Alors le développement du magnétisme sera sensiblement

égal, mais de nature contraire dans chacune de ses deux moitiés; et il décroîtra rapidement sur chacune d'elles, en allant des extrémités vers le centre. Si donc nous élevons en divers points du fil des ordonnées perpendiculaires pour représenter l'intensité du magnétisme libre, soit boréal, soit austral, ces ordonnées commenceront par être nulles au centre; de là elles iront en croissant également, et avec lenteur, de part et d'autre de l'axe jusqu'à une certaine distance. Après quoi elles croîtront rapidement jusqu'aux extrémités du fil, où elles atteindront leur maximum. Voilà tout ce que nos expériences précédentes nous permettent de conjecturer.

Pour déterminer maintenant les valeurs de ces ordonnées, suspendons à un fil de soie d'un seul brin une petite aiguille d'épreuve *a b*, fig. 35, déjà aimantée; et, après l'avoir laissée se diriger dans le méridien magnétique, présentons-lui, dans ce même méridien, le fil A B, que nous tiendrons verticalement à une petite distance du pôle *a*. Cette opération ne changera point la direction de l'aiguille *a b* : mais, si nous l'écartons un peu de son méridien, elle y reviendra plus rapidement que quand le fil n'agissait point sur elle, parce qu'elle s'y trouvera ramenée par les actions combinées de la terre et du fil. La première de ces forces peut s'évaluer aisément, en faisant d'abord osciller l'aiguille isolément par la seule influence de l'aimant terrestre; elle sera proportionnelle au carré du nombre d'oscillations qu'elle fera alors dans un temps donné, par exemple, dans une minute de temps. Si l'on observe de même le nombre d'oscillations que fait l'aiguille quand elle est à la fois sollicitée par cette force et par l'action du fil, on connaîtra de même, par le carré de ce nombre, l'action totale qu'elle éprouve alors, et en retranchant le premier carré dépendant du magnétisme terrestre, on aura séparément la mesure de l'action exercée par le fil. Or, dans ce cas, le point M, situé à la hauteur de l'aiguille, sera celui dont l'action se fera sentir davantage; d'abord, parce qu'il est le plus voisin de l'aiguille; ensuite, parce qu'il l'attire directement dans le plan horizontal où elle oscille; au lieu que les autres points, situés au-dessus ou au-dessous, agissent de plus loin et plus obliquement. A la vérité, l'influence de ces deux causes est très-faible sur les points du fil qui environnent M ; mais, si l'action d'un de ces points est plus forte que celle de M, celle du point situé de l'autre côté, à la même distance, sera plus faible d'une quantité à peu près égale; car, quelle que soit la nature de la courbe A′ C B′, fig. 34, qui lie les différentes ordonnées, on peut toujours, lorsqu'on n'en considère qu'une très-petite étendue, lui substituer la ligne droite qui la toucherait. Ainsi, en vertu de cette substitution, la demi-somme des actions équidistantes, exercée par les points voisins de M, sera encore très-peu différente de celle de M. Il suit de là que, dans chaque expérience, la partie du fil dont l'action sera la plus énergique, exercera une force totale presque exactement proportionnelle à celle du point M, et, par conséquent, à la quantité de magnétisme qui s'y trouve dans l'état de liberté. Seulement il ne faudra pas étendre cette proportionnalité jusqu'à l'extrémité du fil, ni même à une très-petite distance de cette extrémité; car alors les points situés au-delà du fil devenant assez voisins pour que leur absence fût sensible, l'action éprouvée par l'aiguille ne serait pas la même que si le fil était continué. Par exemple, lorsqu'elle oscille devant l'extrémité même, la force qui la sollicite n'est que la moitié de celle qui agirait sur elle, s'il y avait dans le prolongement du fil un autre fil égal ; et, par conséquent, les forces observées alors seront à peu de chose près la moitié de celles que l'on devrait obtenir, si le fil était continué avec la loi de magnétisme qu'il possède. Ainsi, pour que les résultats observés, dans cette circonstance, soient comparables à ceux que l'aiguille présente quand elle oscille devant les autres points, où le fil la sollicite par-dessus et par-dessous, il faudra y doubler le nombre qui représente le carré des oscillations. C'est ce que faisait Coulomb, et je me suis assuré par un calcul exact que cette correction est fort approchée de la vérité.

Je dois prévenir une objection qui pourrait se présenter ici naturellement. Lorsque nous avons cherché la loi des répulsions et des attractions magnétiques à diverses distances, nous avons considéré à la fois tout le magnétisme d'un même pôle, comme s'il agissait tout entier dans le plan horizontal de l'aiguille mobile, et qu'il y fût concentré en un seul point ; tandis qu'à présent nous disons que l'action des différens points de ce pôle, qui sont au-dessus et au-dessous du plan de l'aiguille, sera fort affaiblie par l'obliquité. Mais c'est que, dans les deux cas, la distance de l'aiguille mobile au fil fixe est bien différente. Dans nos premières expériences, le pôle de l'aiguille mobile était toujours éloigné de l'aiguille fixe à une distance considérable, comparativement à l'espace sur lequel le magnétisme libre était distribué. A présent, au contraire, cet espace est considérable, relativement à la distance de la petite aiguille. Cette modification rend l'influence de l'obliquité beaucoup plus grande. L'action des points situés au-dessus et au-dessous du plan de l'aiguille décroît en conséquence avec beaucoup plus de rapidité, et l'action totale est toujours à peu près la même que si le fil était continué indéfiniment de part et d'autre du plan de l'aiguille avec la même intensité magnétique que possède le point qui se trouve actuellement devant elle. Voilà pourquoi cette action, ainsi observée, est sensiblement proportionnelle à la quantité de magnétisme libre qui existe en ce point.

Il faut apporter à ces expériences deux précautions importantes ; la première, c'est d'employer des fils assez longs pour qu'en observant l'action d'une de leurs extrémités sur l'aiguille, on n'ait pas besoin d'avoir égard à l'action de l'autre extrémité ; la seconde, c'est que l'aiguille, quoique petite et facilement mobile, soit cependant assez forte et faite d'un acier assez dur pour que son magnétisme ne soit pas sensiblement modifié par l'action du fil ; car si cela avait lieu, les expériences faites devant divers points ne seraient plus comparables, puisque la partie de l'action qui dépend de l'aiguille varierait. C'est ce qui est arrivé à Coulomb dans ses premières expériences, où il employait une petite aiguille de deux lignes de longueur, placée à trois lignes de distance du fil. Cette aiguille, abandonnée à la seule action de l'aimant terrestre, donnait des signes de magnétisme très-faibles; mais dès qu'elle était placée devant le fil, à trois lignes de distance, son état magnétique augmentait considérablement; et en la présentant à l'une ou à l'autre extrémité du fil, elle changeait subitement de pôle.

Averti par ces phénomènes, Coulomb employa une aiguille plus forte, qui avait trois lignes de diamètre, et six lignes de longueur; le diamètre du fil aimanté était de deux lignes, et sa longueur vingt-sept pouces; il pesait 865 grains le pied. De peur qu'il n'opérât quelque changement dans le magnétisme de l'aiguille, il la lui présenta de plus loin, à 8 lignes de distance, et il mesura le nombre d'oscillations qu'elle faisait en une minute de temps, lorsqu'elle se trouvait ainsi devant différens points. Il avait de plus observé précédemment le nombre d'oscillations qu'elle faisait, dans le même temps, par la seule action du magnétisme terrestre; la différence des carrés de ces nombres exprimait donc dans chaque expérience l'action réciproque de l'aiguille et du fil, action qui, comme nous l'avons dit plus haut, devait être, à peu de chose près, proportionnelle à l'intensité du magnétisme libre dans le point du fil devant lequel l'aiguille avait oscillé. Portant donc ces résultats sur les abcisses correspondantes, Coulomb obtint la courbe d'intensités représentée fig. 36.

La forme ascendante de cette courbe, nous offre la confirmation de tout ce que les expériences précédentes nous avait fait prévoir, relativement à la distribution du magnétisme libre, et à la grande intensité de son développement vers les extrémités.

Colomb recommença l'expérience avec le même fil, en changeant seulement sa longueur, toutes les autres circonstances restant les mêmes. Il trouva alors que, quelque fût cette longueur, pouvu qu'elle excédât six ou sept pouces, les trois premiers pouces et les trois derniers donnaient toujours presque exactement les mêmes résultats que dans le fil de 27 pouces de longueur; de sorte que l'intensité du magnétisme libre était sensiblement la même depuis les extrémités de ces fils jusqu'à 3 pouces de distance; après

quoi elle devenait également faible et insensible sur les
uns comme sur les autres ; ou, en d'autres termes, la courbe
des intensités ne faisait que se transporter aux bouts des fils,
sans changer de forme dans cette partie ; et ce n'était qu'a-
près s'être fort abaissée vers l'axe que ses ordonnées se sou-
tenaient plus ou moins long-temps, de manière à n'être exactement nulles qu'au centre du fil. Cette constance des ordonnées
extrêmes, pour tous les fils de même nature, et de même grosseur, indique avec évidence que le magnétisme libre a reçu,
dans cette partie, un degré de développement qu'il ne peut
dépasser ; et ce résultat est parfaitement conforme à l'idée que
nous nous étions faite de l'état de saturation. Coulomb
trouva moins de constance dans les petites ordonnées de la
courbe, près du milieu des fils ; et il reconnut même que ,
dans les fils très-longs, ces ordonnées varient accidentellement,
quelquefois jusqu'à passer du positif au négatif ; résultat tout
simple, si l'on considère que toutes ces inversions constituent
autant d'états d'équilibres possibles, et que les circonstances
les plus légères, comme un contact un peu inégalement prolongé dans l'aimantation, ou même l'action propre des
pôles du fil sur son centre, suffisent pour les développer.

En considérant la courbe des intensités, tracée par Coulomb, il est facile de reconnaître qu'elle résulte de la combinaison de deux courbes du genre de celles que les géomè-
tres nomment logarithmiques ; lesquelles partant de chacune
des extrémités du fil, auraient leurs ordonnées égales, mais
de sens contraire, fig. 37 ; en effet, la variation des intensités,
calculée ainsi pour diverses distances du centre de l'aiguille,
se trouve parfaitement conforme aux observations. Cette loi,
considérée analytiquement, indique une distribution de magnétisme libre exactement pareille à celle des deux électricités
dans les piles électriques isolées, lorsque l'action absorbante de
l'air a égalisé les tensions de leurs pôles ; et c'est en effet à quoi
l'on devait s'attendre d'après l'analogie parfaite que nous avons
plus haut remarquée entre ces piles et les aimans. Les formules
conclues de ce rapprochement, permettent de suivre les variations de la charge magnétique dans les fils de même gros-

seur et de longueur inégale, ou de longueur égale et d'inégale grosseur, ou enfin de grosseur et de longueur quelconque, en les supposant toujours aimantés par la méthode
de la double touche. Mais ces conséquences résultantes de
la comparaison des observations et du calcul, ne sauraient
être exposées ici, et on pourra les consulter dans le Traité
général.

Les expériences de Coulomb, sur lesquelles ces calculs
portent, offrent toutes une distribution de magnétisme égale
et contraire dans les deux moitiés de l'aiguille; distribution
qui est en effet la plus avantageuse pour obtenir des forces
directrices considérables, et à laquelle on doit, par conséquent, toujours s'efforcer d'arriver. Mais l'expérience apprend
que cela devient impossible dans les aiguilles trempées,
lorsque leur longueur est très-grande, comparativement au
diamètre de la section transversale. Alors, quelque méthode
d'aimantation que l'on emploie, il se forme dans ces aiguilles
plusieurs centres, dont le développement est très-proba-
blement dû à la réaction des pôles de la lame sur les parties
voisines de son centre. Dans ce cas, la courbe des intensités
n'est plus située, pour chaque moitié de l'aiguille, d'un seul
côté de l'axe; elle ondule nécessairement au-dessus et au-
dessous, comme le représente la fig. 38, et par conséquent sa
forme ne peut plus être représentée par la même expression
analytique que précédemment. Heureusement divers motifs
font croire que cette limitation est peu à regretter. D'abord
elle n'a pas lieu dans les aiguilles recuites, si ce n'est peut-être
à des longueurs beaucoup plus grandes que celles dont on
se sert ordinairement; et quant aux aiguilles trempées, si
l'on n'est pas astreint par quelque motif impérieux à les
rendre extrêmement légères, il y aura toujours de l'avantage
à leur donner une épaisseur suffisante pour que le magnétisme libre soit de même nature sur chacune de leurs
moitiés; car, à égalité de force coercitive, le développement des nouveaux centres affaiblit le moment statique des
forces directrices pour chaque moitié de l'aiguille, et rend
aussi l'action moins énergique à égale distance des pôles.

En général, on conçoit que la distribution du magnétisme dans une aiguille, et le degré absolu de saturation dont
elle est susceptible, dépendent non seulement de ses dimensions, mais aussi de la trempe plus ou moins roide qu'on
lui donne. Coulomb a étudié l'influence de cette dernière
circonstance, dans une suite d'expériences que j'ai rapportées dans le Traité général. Il en résulte qu'il faut toujours
commencer par tremper l'aiguille à blanc, quelles que soient
ses dimensions; puis, si la longueur est moindre que 30 fois
son épaisseur, on peut lui laisser toute cette trempe; mais si
elle excède cette proportion, il faut la recuire jusqu'à l'état
de rouge-obscur, afin d'éviter les centres multiples que sa
grande longueur déterminerait.

CHAPITRE VII.

De la meilleure forme à donner aux Aiguilles des boussoles.

Les résultats établis dans les précédens chapitres doivent
servir de guides dans la construction des aiguilles de boussoles. Quoique cette application soit facile, elle est assez
importante pour que je croie devoir m'y arrêter particulièrement; et je le ferai d'autant plus volontiers, que nous
aurons encore Coulomb pour guide.

Les boussoles dont les marins se servent en général, soit
à la mer, soit à terre, sont formées par des aiguilles aimantées, munies à leurs centres d'une chape qui repose
sur un pivot de métal non magnétique. Un petit contre-
poids, placé sur un des bras de l'aiguille, la rend horizontale. Il faut le changer de place ou de grosseur, lorsqu'on
passe dans des latitudes fort distantes, où le moment des
forces verticales du magnétisme terrestre est très-différent.

Quelle que soit la forme de l'aiguille, il est facile de déterminer, sur sa surface, la direction horizontale de la
résultante des forces magnétiques, au moyen de la mé-

thode de retournement que nous avons expliquée page 25. Si l'aiguille se mouvait sur son pivot avec une liberté parfaite, elle se dirigerait naturellement, de manière que la ligne ainsi tracée coïncidât exactement avec le méridien magnétique; et, en conséquence, elle indiquerait toujours exactement ce méridien. Mais le frottement du pivot contre le fond de la chape s'oppose à cette tendance, et forme ainsi un obstacle que la force directrice de l'aiguille doit surmonter; d'où l'on voit que la meilleure construction sera celle dans laquelle le frottement sera le moindre possible, et la force directrice la plus grande.

En supposant des pivots et des chapes de même forme, de même nature, et travaillés avec une exactitude égale, le frottement ne dépend que du poids de l'aiguille. On peut le déterminer, par expérience, en présentant de loin, à l'aiguille suspendue sur son pivot, un aimant qui la détourne de son méridien magnétique, et observant avec quel degré d'approximation elle y revient quand elle est ensuite abandonnée à elle-même. Il est, en effet, évident que les amplitudes des arcs auxquels elle s'arrête indifféremment, de part et d'autre de ce plan, dans un grand nombre d'expériences, devront être proportionnelles à l'énergie du frottement. Coulomb, par des observations de ce genre, a trouvé que, pour des pivots très-pointus et des chapes formées d'une matière assez dure pour n'être point altérée, le frottement était à peu près proportionnel à la puissance $\frac{3}{2}$ des pressions. Mais lorsque, par un long usage, la pointe des pivots s'est émoussée, et s'est, pour ainsi dire, accommodée au fond de la chape, ce qui est le cas le plus ordinaire, il a trouvé que le frottement devenait simplement proportionnel aux pressions. C'est là la première donnée dont nous devons faire usage.

Concevons maintenant une aiguille aimantée, de forme et de grosseur quelconque, placée sur un pareil pivot; et, sans rien changer à ses dimensions longitudinales, doublons seulement son épaisseur, ou, ce qui revient au même, posons sur elle une autre lame aimantée absolument pareille : la pression sur le pivot sera doublée, ainsi que le frottement; mais

la force directrice ne le sera pas. Car le raisonnement indique et l'expérience prouve qu'elle croît dans un moindre
rapport que les épaisseurs, parce que la réaction des pôles
homologues l'un sur l'autre détruit une partie du magnétisme libre que chacun d'eux possédait. Le système des
deux lames superposées déterminera donc la direction du
méridien magnétique, moins exactement que la première
aiguille toute seule; et de là on voit, qu'en général,
toutes choses d'ailleurs égales, il y a de l'avantage à employer, dans la construction des boussoles, des aiguilles
très-peu épaisses : il suffit de borner l'épaisseur au degré nécessaire pour que l'aiguille ne se courbe pas par la flexion.

Passons maintenant aux longueurs, et considérons d'abord
le cas où l'aiguille, par ses dimensions et son état physique,
ne possède qu'une seule espèce de magnétisme libre sur chacune de ses moitiés. Alors la loi analytique des intensités,
obtenue plus haut, montre qu'à moins que les aiguilles ne
soient excessivement courtes, leurs forces directrices à diamètre égal sont proportionnelles à leur longueur, du moins
en supposant leur section transversale partout la même. Or,
dans ce cas, le poids, et par conséquent le frottement qui en
résulte, sont l'un et l'autre proportionnels aux longueurs.
Ainsi, lorsqu'on sera parvenu à cette limite, toutes les aiguilles, quelles que soient leurs longueurs, auront à peu
près une exactitude égale. Mais pour que cette théorie continue d'être applicable, il faudra se restreindre à des longueurs telles que, comparées à l'épaisseur, il n'en résulte
pas plusieurs centres magnétiques; et l'épaisseur, ainsi que
l'état de recuit ou de trempe, devront être employés de manière que cette condition soit satisfaite d'après les indications
données par l'expérience dans le chapitre précédent. Si la
longueur de l'aiguille est moindre que 3o fois son épaisseur, il faudra la tremper à blanc avant de l'aimanter. Si,
au contraire, sa longueur excède cette proportion, il faudra, après l'avoir trempée à blanc, la faire recuire jusqu'au rouge-obscur. Dans le passage d'une de ces limites à
l'autre, il est à peu près indifférent d'employer l'un ou
l'autre procédé.

Tout ceci suppose que les aiguilles ne doivent avoir qu'un seul centre magnétique ; mais si l'on veut en admettre qui aient plusieurs centres, on pourra quelquefois y trouver de l'avantage, l'affaiblissement produit par la multiplicité des centres, pouvant être compensé par l'accroissement qui résulte d'une force coercitive plus considérable et d'un plus grand développement du magnétisme. Alors il faudra chercher les degrés de trempe ou de recuit qui conviendront le mieux aux proportions que l'on aura doptées. Il paraît que Coulomb avait fait sur ces différens points une longue série d'expériences, qu'il se proposait de distribuer en tableaux, où l'on aurait vu d'avance, pour chaque forme de lames, quelles étaient les circonstances les plus favorables. Mais je n'ai malheureusement rien trouvé, dans ses manuscrits, qui fût assez en ordre pour que l'on pût reconstruire ce travail important, et c'est un sujet de recherches à proposer aux physiciens.

Il nous reste enfin à déterminer, parmi toutes les formes que l'on peut donner aux aiguilles, quelle est la plus favorable. Celles qui sont les plus usitées sont en parallélogrammes, en cylindres ou en flèches. Coulomb a trouvé, par expérience, qu'à poids égal, les aiguilles en flèches avaient une force directrice plus grande ; et il était facile de le prévoir, d'après la même raison qui l'avait déterminé à composer ses faisceaux magnétiques de plusieurs lames disposées par gradins en retraite, comme je l'ai expliqué page 48. On voit encore, par la même raison, qu'il y aurait du désavantage à donner aux extrémités des aiguilles une forme contraire à la flèche, c'est-à-dire, élargie vers le bout ; et cette forme, que l'on a voulu quelquefois introduire, doit être sévèrement rejetée.

Les considérations que nous venons d'exposer sont également applicables aux aiguilles d'inclinaison. Il faut, de plus, leur appliquer aussi les procédés de correction par retournement, que nous avons expliqués pages 26 et 27.

CHAPITRE VIII.

De l'action des Aimans sur tous les corps naturels.

Nous avons dit que le fer, l'acier, le nickel et le cobalt étaient les seuls métaux magnétiques jusqu'à présent connus. Ce sont en effet les seuls qui puissent acquérir un état magnétique énergique et durable. Néanmoins, lorsqu'on forme, avec toutes les substances quelconques, de petites aiguilles de sept ou huit millimètres de longueur sur environ un demi-millimètre d'épaisseur, et qu'on les suspend à un fil de cocon, entre les pôles opposés de deux forts aimans, fig. 39, on voit qu'elles se dirigent constamment dans le sens de ces pôles; et si on les fait osciller autour de leur direction d'équilibre, leurs oscillations en présence des aimans sont plus rapides que lorsqu'elles sont isolément suspendues dans l'espace. Ces petites aiguilles sont donc sensibles à l'influence des aimans. On peut faire également l'expérience avec des aiguilles d'or, d'argent, de verre, de bois, et de toutes les substances quelconques organiques ou inorganiques. Ces phénomènes remarquables ont été découverts par Coulomb, et annoncés par lui à l'Institut en mai 1812, et je les ai exposés en détail, dans le Traité général, avec le calcul des forces qu'elles supposent.

Il ne se présente au premier coup d'œil que deux manières de les expliquer : ou toutes les substances de la nature sont susceptibles de magnétisme, ou elles contiennent toutes des parcelles de fer et des autres métaux magnétiques qui leur communiquent cette propriété. Mais l'alternative n'est pas aussi inévitable qu'elle le semble d'abord ; car elle suppose que l'action éprouvée par les aiguilles est réellement magnétique, et c'est ce qu'on ne saurait entièrement affirmer. Lorsque nous voyons le simple contact des corps hétérogènes développer des forces électriques sensibles, dont pendant long-temps on n'a pas même soupçonné l'existence, ne devons-nous pas regarder comme possible que d'autres circonstances développent des forces semblables ou seulement analogues, dont les effets extrêmement faibles ne pourraient être aperçus qu'avec des appareils très-subtils; et l'action éprouvée par les petites aiguilles dont Coulomb a fait usage, ne serait-elle pas due à quelque petite force de ce genre qui nous serait encore inconnue? c'est ce qu'il est impossible de décider dans l'état actuel de la science.

Il paraît impossible d'attribuer à une semblable cause la faculté magnétique du cobalt et du nickel. J'ai possédé une aiguille de nickel qui avait été purifiée avec tout le soin possible par M. Thénard. Elle avait de longueur $212^{mm},7$, de largeur 6^{mm}, et pesait en grammes $5^{g},178$. J'ai fait construire une aiguille d'acier de dimensions exactement pareilles; elle pesait $4^{g},586$. Après les avoir aimantées toutes deux à saturation, je les ai fait osciller horizontalement dans le méridien magnétique. Le temps de 10 oscillations a été, pour l'aiguille de nickel, $87''$, pour celle d'acier, $45'',5$. Les figures étant égales, les momens des forces directrices sont entre eux en raison directe des poids et inverse des carrés de ces nombres, ou comme 0,3088 à 1; c'est-à-dire que la force directrice de l'aiguille de nickel était presque le tiers de celle que possédait l'acier. La proportion du fer qu'il faudrait admettre dans le nickel pour produire un pareil effet, surpasse beaucoup celle qu'on peut y supposer avec quelque vraisemblance.

CHAPITRE IX.

Lois du magnétisme terrestre à différentes latitudes.

Nous avons annoncé, dans le chapitre III, que l'inclinaison, la déclinaison et l'intensité des forces magnétiques n'étaient pas les mêmes pour toute la terre. Nous avons maintenant les procédés nécessaires pour fixer exactement l'état actuel de ces phénomènes: il ne faut que transporter successivement en divers lieux une même aiguille aimantée

ou des aiguilles comparables, et y observer les trois élémens
que nous venons de désigner. Une expérience de ce genre
a été entreprise vers l'an 1700, par le célèbre astronome
Halley, auquel le gouvernement anglais confia un vaisseau
uniquement destiné à le transporter successivement, avec ses
instrumens, dans les diverses parties du globe. Mais les recherches de Halley ayant pour objet principal la détermination des longitudes d'après les déclinaisons de la boussole,
il s'attacha sur-tout à observer cet élément, qui, malheureusement, paraît être le plus variable. De sorte que, lorsqu'on veut décrire aujourd'hui l'état du magnétisme terrestre, on est obligé de recourir aux observations isolées des
navigateurs plus modernes. Mais les aiguilles dont ils ont
fait usage n'étant point comparées les unes aux autres, et
leurs manières d'observer n'étant pas les mêmes, on conçoit
que ces différences doivent jeter beaucoup d'anomalies apparentes dans les résultats; de sorte qu'on peut tout au plus
espérer d'y reconnaître les circonstances les plus générales
des phénomènes, sans pouvoir les mesurer dans leurs détails.
Enfin, ce qui augmente encore les difficultés, on manque
tout-à-fait d'observations dans une grande partie du globe,
où elles seraient d'autant plus nécessaires, que l'ensemble
des faits semble y indiquer l'action de causes locales extrêmement remarquables, dont il est impossible de se faire une
idée autrement que par l'expérience même. C'est pourquoi je
me bornerai ici à indiquer ce que l'on peut jusqu'à présent
reconnaître sur la marche générale des phénomènes, sans en-
treprendre de les lier par des calculs dont les données les plus
nécessaires nous manqueraient. Cela suffira pour indiquer
aux voyageurs les points du globe sur lesquels il serait principalement utile de diriger leurs efforts, et de multiplier
leurs observations.

Je considérerai d'abord les inégalités de l'inclinaison magnétique dans les divers climats de la terre, parce que ce
phénomène paraît varier avec le temps beaucoup moins que
la déclinaison. Pour y découvrir quelque loi, la première
chose à faire, ce doit être de déterminer les points du globe
où l'inclinaison est nulle; en sorte qu'une aiguille qui, avant

d'être aimantée, s'y tient horizontale, y demeure encore horizontale après l'aimantation. La suite de ces points forme sur la terre une ligne courbe que lon nomme l'*équateur magnétique*, et que tous les auteurs ont jusqu'ici regardée comme un grand cercle incliné sur l'équateur terrestre d'environ 12º. C'est en effet ce qu'indiquent toutes les observations faites sur une étendue de plus de 180º de longitude, dans l'Océan Atlantique, la mer des Indes et la partie de la mer du Sud qui baigne les côtes de l'Amérique méridionale. Le nœud occidental de ce grand cercle, c'est-à-dire son intersection la plus occidentale avec l'équateur, se trouve situé vers 115º 34′ de longitude à l'occident de Paris, c'est-à-dire dans la mer du Sud, près l'île Gallego, à neuf cents lieues des côtes du Pérou; ce qui place le nœud opposé à 295º 34′ de longitude également occidentale. Telle a été en effet jusqu'ici l'opinion générale. Mais, chose étonnante! ces élémens sont totalement en défaut dans toutes les parties de la mer du Sud située au-delà du nœud occidental, entre 115 et 270º de longitude, ce qui comprend presque un hémisphère entier de mer. En effet, en discutant des observations faites avec le plus grand soin par William Bayly et Cook, sur deux bâtimens différens qui naviguaient de concert dans la mer du Sud en 1777, je trouve qu'ils ont *l'un et l'autre*, rencontré l'équateur magnétique à 158º 50′ 9″ de longitude occidentale, et à 3º 13′ 40″ *de latitude australe;* tandis qu'en prolongeant le grand cercle que donnent les observations faites dans le reste du globe, cet équateur aurait dû alors se trouver à une latitude *boréale* de 8º 56′ 30″. Ceci nous montre donc que l'équateur magnétique, après avoir rencontré l'équateur terrestre vers 115º de longitude occidentale, redescend dans la partie australe du globe; et comme les observations de Bayly, confirmées en cela par celles de Dalrymple, montrent de nouveau la ligne sans inclinaison vers 7º de latitude *boréale* dans les mers de la Chine, à 256º de longitude occidentale, il en faut conclure qu'entre cette longitude et celle de 158º 50′, déterminée par l'observation de Cook, l'équateur magnétique et l'équateur terrestre ont au moins encore une intersection, indépendamment du nœud oriental, situé dans les mers de l'Inde vers 295° de longitude, et dépendant de la partie circulaire. Il y aura donc en tout au moins trois nœuds, et peut-être quatre, si l'équateur magnétique, près de son nœud occidental, s'élève un peu vers le nord avant de redescendre dans le sud vers l'archipel des îles de la Société. On a représenté, dans la fig. 40, la série de ces inflexions, dont nous trouverons encore bientôt des confirmations frappantes dans les effets qui en dérivent.

Lorsqu'on examine les inclinaisons magnétiques observées de part et d'autre de la ligne que nous venons de tracer, on trouve qu'elles augmentent à mesure qu'on s'en éloigne. Si l'on se borne à considérer la moitié du globe pour laquelle l'équateur magnétique semble être exactement circulaire, ce qui comprend l'Europe, l'Afrique, l'Océan Atlantique, et les côtes orientales des deux Amériques, on voit. l'inclinaison rester à-peu-près constante sur les parallèles situés à distances égales de part et d'autre de cet équateur ; en sorte qu'en suivant toujours la même loi, le maximum d'inclinaison aurait lieu dans deux points opposés de la terre, dont l'un, situé vers le nord, se trouverait vers 25° de longitude occidentale, et 90° — 12°, ou 78° de latitude boréale ; tandis que l'autre, diamétralement opposé, aurait 205° de longitude occidentale, et 78° de latitude sud. Ce seraient donc là les *pôles* de l'équateur magnétique ; et telles sont en effet approximativement les positions que les physiciens leur ont assignées. Mais, quand on se borne à cette moitié de la terre, où les lois de l'inclinaison semblent être les plus simples, on peut aller beaucoup au-delà de ces indications générales, car on peut représenter à très-peu de chose près les inclinaisons en nombres, en supposant au centre de la terre un aimant très-petit, ou, ce qui revient au même, deux centres magnétiques infiniment voisins, dont les actions s'exercent sur tous les points de la surface du globe selon les lois ordinaires des forces magnétiques, c'est-à-dire en raison inverse du carré de la distance. Ce résultat se trouve établi, d'après l'observation, dans un mémoire publié par M. de Humboldt et moi, sur les variations du magnétisme terrestre à différentes latitudes. Si l'on rapporte les points de la terre, par longitude et latitude, à l'équateur magnétique, considéré comme un grand cercle de la terre, le calcul montre que, pour toutes les zônes où cette circularité peut être admise, la tangente de l'inclinaison est double de la tangente de la latitude magnétique (1). Mais malheureusement, cette loi simple ne s'étend pas, sans modification, aux parties de la terre qui se ressentent des influences par lesquelles l'équateur magnétique est infléchi. Si l'on essaie d'appliquer le rapport des tangentes à quelques-unes des îles australes de la mer du Sud, à Otaïti, par exemple, où Cook a si souvent observé, on trouve des inclinaisons australes beaucoup trop fortes ; et au contraire, pour les pays situés au nord de l'Amérique vers la même longitude, les inclinaisons calculées sont beaucoup trop faibles. Ces écarts résultent nécessairement de l'inflexion qui, dans cette partie du globe, ramène l'équateur magnétique vers le pôle austral, et elles en donnent une confirmation frappante.   •

Il faut donc, pour satisfaire à ces phénomènes, supposer vers les archipels de la mer du Sud, quelque cause perturbatrice locale, telle qu'un centre particulier de forces magnétiques qui influe sur-tout dans cet hémisphère et y modifie l'action centrale. En effet, cette supposition permet d'accorder tous les résultats, et même elle n'exige dans le centre secondaire qu'une force très-faible, qui tienne presque uniquement son énergie de sa proximité. Mais avant de chercher à la définir et à la mesurer, il faut étudier les variations que la déclinaison de la boussole et l'intensité des forces magnétiques éprouvent à différentes latitudes. Car ces phénomènes, étant aussi des résultats de l'action magnétique du globe, doivent être pris en considération, quand on veut la représenter complétement.

---

* Je n'avais pas d'abord énoncé le rapport de l'inclinaison à la latitude magnétique sous cette forme, mais sous une autre plus composée. M. Kraft, en discutant mes calculs dans les mémoires de Pétersbourg, pour 1809, a cherché si les observations seules, considérées empiriquement, ne conduisaient pas à quelqu'autre loi plus simple ; il est tombé ainsi sur celle que je viens de rapporter. Mais ensuite il s'est aperçu qu'elle n'était qu'une simple transformation de la mienne, et j'ai profité de cette heureuse remarque.

De même que, pour étudier les inclinaisons, nous avons commencé par chercher la série des lieux où elles étaient nulles ; de même, pour discuter les phénomènes que la déclinaison présente, il faut commencer par fixer sur le globe les points où elle est nulle, et dont la série forme ce que l'on appelle les *lignes sans déclinaison* (1). Ces lignes ne suivent pas les méridiens géographiques ; elles leur sont au contraire fort obliques, et elles offrent des inflexions très-irrégulières. D'après les observations les plus récentes, il existe à présent une ligne sans déclinaison dans l'océan Atlantique, entre l'ancien et le nouveau monde. Elle coupe le méridien de Paris vers une latitude australe d'environ 65° ; de là elle remonte au nord-ouest jusque vers 35° de longitude, où elle se trouve à la hauteur des côtes du Paraguay ; après quoi, redevenant presque nord et sud, elle longe les côtes du Brésil, et va ainsi jusqu'à la latitude de Cayenne. Mais alors, se tournant tout-à-coup au nord-ouest, elle se dirige aux États-Unis, et de là vers les autres parties septentrionales du continent d'Amérique, qu'elle traverse en suivant toujours la même direction.

La position de cette ligne n'est pas fixe sur le globe, du moins depuis un siècle et demi ; elle s'est déplacée considérablement de l'est à l'ouest. Elle passait à Londres en 1657, et à Paris en 1664. Ainsi, d'après sa direction actuelle, elle a parcouru sur ce parallèle près de 80° de longitude en 150 ans. Mais il n'y a nul doute que ce déplacement n'est point uniforme ; il est même fort inégal sur les différens parallèles ; car, à la Jamaïque, par exemple, la déclinaison n'a pas éprouvé de changement sensible depuis 140 ans. En général, d'après la lenteur actuelle de ce mouvement, il n'est pas du tout certain qu'il soit constamment progressif, ni qu'il doive se continuer dans un sens quelconque. Ce sont des choses que le temps seul peut nous apprendre.

Des observations très-précises de l'inclinaison, faites à diverses époques, par Gilpins et Cavendish à Londres,

---

* Les élémens essentiels de cette discussion m'ont été fournis par M. de Humboldt.

ont prouvé que cet élément est pareillement variable, quoique beaucoup moins que la déclinaison. L'inclinaison à Londres était, en 1775, 72° 30′; en 1805, 70° 21′. Ce résultat a été confirmé en France par les expériences de M. de Humboldt.

Il existe une autre bande sans déclinaison, à peu près opposée à la précédente; celle-ci, se dirigeant constamment au nord-ouest, prend naissance dans le grand Océan austral, coupe la pointe occidentale de la Nouvelle-Hollande, traverse la mer des Indes, entre sur le continent d'Asie au cap Comorin, et de là, passant à travers la Perse et la Sibérie occidentale, s'élève vers la Laponie. Mais ce qui est bien remarquable, cette ligne se bifurque près du grand archipel d'Asie, et elle donne naissance à une autre branche qui, se dirigeant presque tout-à-fait du sud au nord, passe cet archipel, traverse la Chine et ressort dans la partie orientale de la Sibérie. Les deux branches qui composent cette ligne, ou ne se déplacent point, ou se meuvent avec beaucoup de lenteur. Il est certain que la déclinaison n'a point varié depuis 140 ans à la Nouvelle-Hollande.

On trouve encore des indices d'une quatrième ligne sans déclinaison, observée par Cook dans la mer du Sud, vers le point de la plus grande inflexion de l'équateur magnétique. Cette ligne n'a pas été suivie dans le nord par les navigateurs; mais il est extrêmement probable qu'elle s'y continue; car, selon une remarque très-juste de M. de Humboldt, puisque, des deux côtés de chaque ligne sans déclinaison, la déclinaison change de signe, et devient d'orientale occidentale, il faut nécessairement que, sur le contour entier du globe, le nombre des lignes sans déclinaison soit pair, afin que l'on retombe sur le même signe, après toutes les alternatives de plus et de moins.

Ayant déterminé la direction des lignes sans déclinaison, il faut, pour fixer l'autre limite des phénomènes, tracer la suite des lieux où la déclinaison est la plus grande. On trouve ainsi des lignes tout aussi irrégulières, qui s'interposent entre les premières. La plus grande de toutes les déclinaisens observées dans l'hémisphère austral, l'a été par Cook à 60° 49′ de latitude, et 93° 45′ de longitude occidentale, comptée du méridien de Paris ; elle était de 43° 45′. La plus grande de toutes celles que l'on a observées dans l'hémisphère nord l'a été aussi par Cook à 70° 19′ de latitude, et 161° 1′ de longitude orientale ; elle était de 36° 19′ à l'est.

Après avoir ainsi exposé tout ce que l'on sait jusqu'à présent sur la direction des forces magnétiques dans les diverses parties de la terre, il nous reste à considérer leur intensité absolue ; elle a été beaucoup moins étudiée que la déclinaison et l'inclinaison ; ce qui vient sans doute de ce qu'elle est plus difficile à mesurer avec exactitude. Je ne connais à cet égard d'observations précises que celles que M. de Humboldt a faites dans son grand voyage, et celles de M. de Rossel dans l'expédition de l'amiral d'Entre-casteaux.

Les recherches de M. de Humboldt, sur cet objet, découvrent un phénomène très-remarquable ; c'est l'accroissement général de l'intensité en allant de l'équateur magnétique vers les pôles.

En effet, la même boussole qui, lors du départ de M. de Humboldt, donnait à Paris 245 oscillations en 10 minutes de temps, n'en a plus donné au Pérou que 211, et elle a constamment varié dans le même sens ; c'est-à-dire, que le nombre des oscillations a toujours diminué en approchant de l'équateur magnétique, et toujours augmenté en s'en éloignant vers le nord. On ne peut pas attribuer ces différences à une diminution de forces magnétiques de la boussole, ni supposer qu'elle se serait affaiblie par l'effet du temps et de la chaleur ; car, après trois années de séjour dans les pays les plus chauds de la terre, cette boussole a de nouveau donné, au Mexique, des oscillations aussi rapides qu'à Paris. Enfin, M. de Humboldt n'a rien négligé dans ses observations pour en assurer l'exactitude ; et elles se trouvent encore confirmées par les résultats qu'il a trouvés en faisant successivement osciller son aiguille dans le méridien magnétique et dans le plan rectangulaire, car l'inclinaison con-

clue de ces données est généralement d'accord avec celle
qu'il a obtenue par l'expérience seule, quoiqu'il ne connût
pas alors la liaison de ces élémens que M. Laplace a depuis
indiquée. La justesse de ces observations ne pouvant pas être
révoquée en doute, il faut accorder aussi la vérité de la
conséquence qui en dérive, et qui est l'accroissement de la
force magnétique terrestre en allant de l'équateur magnétique vers les pôles. Les expériences faites par M. de Rossel
à Brest et à la Nouvelle-Hollande, conduisent aussi à la
même conclusion.

L'exposé que nous venons de faire de nos connaissances
sur le magnétisme du globe montre assez combien elles sont
encore imparfaites. Dans cette ignorance où nous sommes
d'une foule de données essentielles, principalement pour
les déclinaisons, nous ne pouvons pas espérer de remonter
aux véritables causes. Il ne nous reste donc qu'à chercher
des lois empiriques qui, embrassant le plus grand nombre
de faits possibles, mettent en évidence leurs relations numériques, et indiquent les élémens principaux sur lesquels il
faut appeler l'observation.

J'ai déjà annoncé qu'une grande partie des inclinaisons
observées, sur-tout dans les parties du globe pour lesquelles
l'équateur magnétique est circulaire, pouvaient se représenter fort exactement par l'action de deux centres magué-
tiques placés à une très-petite distance l'un de l'autre, près
du centre de la terre. Nous avions été conduits à ce résultat,
M. de Humboldt et moi, dans le travail dont j'ai parlé plus
haut, et notre mémoire était déjà publié, lorsque j'appris
que le célèbre astronome Mayer était aussi arrivé à la même
conséquence, en discutant les inclinaisons connues de son
temps; et qu'il s'en était même servi pour représenter les déclinaisons, dans un mémoire lu à la société de Gottingue,
mais non imprimé. Le fils de ce grand astronome ayant
bien voulu m'en envoyer un extrait, j'ai pu me convaincre
de cette identité, comme aussi j'ai reconnu que Mayer
avait découvert, de son côté, d'une manière expérimentale, la loi des attractions magnétiques réciproque au carré
de la distance.

Cette conséquence commune, déduite d'élémens si divers, paraît indiquer quelque chose de plus qu'une loi purement empirique. Il est donc nécessaire de l'examiner de plus près. D'abord, il est facile de voir qu'un seul aimant, placé au centre même de la terre, ne peut pas satisfaire aux phénomènes; car alors l'équateur magnétique devrait être un grand cercle, perpendiculaire à la ligne droite menée par les deux centres d'action, et il n'en résulterait pas l'inflexion que nous avons observée dans la mer du Sud. D'ailleurs, un pareil aimant, de quelque manière qu'on le place, donnerait nécessairement des phénomènes symétriques, de part et d'autre du plan mené par ses deux centres d'action et par le centre de la terre, symétrie qui n'est nullement conforme aux faits observés, principalement dans la mer du Sud et le continent d'Asie.

Ne pouvant donc adopter cette idée simple, cherchons à nous en écarter le moins possible; et puisque nous avons trouvé qu'elle représente assez bien les observations faites en Europe et dans l'océan Atlantique, essayons d'y faire une modification telle, qu'elle soit peu sensible dans cette partie du globe, et qu'elle le devienne beaucoup dans la partie opposée où l'équateur magnétique éprouve tout à coup son inflexion. C'est à quoi l'on parviendra en plaçant près de ce point un second aimant excentrique, dont on déterminera la position et l'énergie relative, de manière à satisfaire aux observations. Or, en effectuant ce calcul, on trouve qu'il suffit de donner à cet aimant une très-petite force pour faire disparaître les anomalies qui ont lieu de ce côté du globe, et pour accorder les faibles inclinaisons observées dans la partie australe de la mer du Sud avec les grandes inclinaisons qui ont lieu dans le nord de l'Amérique. En répartissant ainsi quelques autres centres secondaires dans les points du globe où les irrégularités des déclinaisons semblent les plus bizarres, il est vraisemblable qu'on finirait par les représenter toutes avec exactitude, aussi-bien que les inclinaisons et les intensités. C'est ainsi que, dans le système du monde, le mouvement principal, produit par l'action du soleil, est modifié par les perturbations que les petites masses des planètes produisent. Mais, de même qu'il faut connaître le lieu de ces masses pour calculer leur influence, de même il faut que des observations plus précises nous aient indiqué la position des divers centres magnétiques secondaires, avant que nous puissions en calculer les effets.

L'action magnétique centrale, indiquée par ces phénomènes avec beaucoup de vraisemblance, est-elle réellement produite par un noyau magnétique renfermé dans l'intérieur du globe terrestre, ou n'est-elle que la résultante principale de toutes les particules magnétiques disséminées dans sa substance ? Nous l'ignorons : néanmoins, la dernière supposition paraît la plus vraisemblable. Les centres secondaires seraient alors déterminés par quelques attractions locales devenues prépondérantes. Et, en effet, les observations montrent, d'une manière non douteuse, que le système général des inclinaisons, des déclinaisons et des intensités magnétiques est modifié très-sensiblement, et quelquefois d'une façon tout-à-fait subite et irrégulière, par le voisinage des grandes chaînes de montagnes. Cela semble également confirmé par la singulière inflexion qu'éprouve l'équateur magnétique vers les nombreux archipels de la mer du Sud. On sait, en effet, que les îles dont cette mer est semée ne sont que les sommets de très-hautes montagnes qui s'élèvent absolument à pic du sein d'un océan où l'on ne trouve pas de fond. Si les madrépores, dont elles paraissent composées, n'y formaient qu'une couche peu épaisse, et si, comme l'ont pensé de très-habiles naturalistes, le reste de leur masse avait été produit ou travaillé par l'action des feux souterrains, le système de ces îles formerait la chaîne volcanique la plus étendue qui soit sur la surface du globe. Alors toutes les irrégularités produites par ce système, dans les lois générales du magnétisme terrestre, n'auraient rien que de simple et de conforme à ce que l'on observe dans les pays volcanisés. Car l'action des feux souterrains a dû nécessairement changer l'état chimique et l'arrangement naturel des parties ferrugineuses, dans les lieux où elle s'est exercée, changemens qui n'ont pu se faire sans troubler la direction de l'aiguille aimantée, et modifier, dans ces points, l'action générale du globe. On a même plusieurs exemples de ces variations qui sont arrivées subitement ; et M. de Humboldt en a observé de semblables au Pérou, après un grand tremblement de terre. Il serait donc possible que le centre magnétique particulier à la mer du Sud, soit dû à de pareilles causes. Sans doute il en existe d'analogues dans d'autres pays ; et alors ne serait-ce pas leurs variations qui auraient produit, depuis deux cents ans, les changemens de déclinaison de la boussole, changemens si bizarres et si irréguliers, qu'il a été jusqu'à présent impossible d'y trouver aucune loi, mais qui, par cette irrégularité même, semblent annoncer qu'ils ne sont pas l'effet d'une cause uniforme et constante ? Dans cette idée, rien ne nécessiterait, pour l'Europe, le retour de la boussole vers l'est ; et en effet, depuis qu'elle a cessé de décliner à l'ouest, on n'a pas observé qu'elle ait rétrogradé d'une quantité sensible ; en sorte que, d'après les seules observations faites jusqu'à présent, il est impossible de décider si elle reviendra.

L'action magnétique du globe terrestre n'est pas bornée à son intérieur ou à sa surface ; elle s'étend aussi dans l'espace, comme nous l'avons contaté, M. Gay-Lussac et moi, dans une ascension aérostatique. Il paraît même, d'après nos observations, que l'intensité de cette action décroît lentement à mesure que l'on s'éloigne de la surface terrestre ; car nous n'y avons pas trouvé de diminution sensible à la hauteur à laquelle nous nous sommes élevés. Probablement sa diminution suit la loi générale des attractions magnétiques, c'est-à-dire, la raison inverse du carré de la distance ; et ainsi elle doit s'étendre indéfiniment dans l'espace. L'analogie porte à penser que la lune, le soleil et les autres corps célestes sont doués d'actions pareilles, d'autant plus que la composition des aérolithes, tombés sur notre globe, nous indique que les astres contiennent pareillement des substances magnétiques, telles que du nickel et du fer. Les actions magnétiques de tous ces corps doivent donc, selon leurs positions et leurs distances, influer ici-bas sur la direction de l'aiguille aimantée, aussi-bien que sur l'intensité absolue de la force directrice ; et comme ces positions et ces distances changent sans cesse par l'effet des mouvemens de la terre et de toutes les planètes, il en doit résulter aussi, dans les forces magnétiques, de perpétuelles variations. Par exemple, si l'action magnétique du soleil et de la lune est sensible, le mouvement de rotation de la terre sur elle-même, et son mouvement de révolution autour du soleil, doivent produire, dans l'aiguille aimantée, des oscillations diurnes et des oscillations annuelles. Or, non-seulement de tels mouvemens existent, mais leurs périodes, constatées par de longues suites d'observations, s'accordent avec la cause que nous venons d'indiquer. A Paris, d'après M. de Cassini, le maximum de la déclinaison diurne paraît avoir lieu entre midi et trois heures du soir ; alors l'aiguille est stationnaire ; elle se rapproche ensuite du méridien terrestre jusque vers huit heures du soir, puis elle s'arrête et reste stationnaire pendant toute la nuit. Mais le lendemain, vers huit heures du matin, elle recommence de nouveau à s'éloigner du méridien. Si ce second mouvement l'écarte plus que la veille, il en résulte que la déclinaison est croissante d'un jour à l'autre ; dans le cas contraire, elle est décroissante. Les plus grandes variations diurnes ont généralement lieu pendant les mois d'avril, mai, juin, juillet ; c'est-à-dire, entre les deux équinoxes de printemps et d'automne. Elles sont, à Paris, de 13′ à 16′. Les plus petites sont de 8′ à 10′ ; elles ont lieu dans le reste de l'année. Maintenant, si l'on compare les positions analogues de l'aiguille à différens jours, mais aux mêmes heures, pour avoir sa marche générale, on trouve que, depuis l'équinoxe du printemps jusqu'au solstice d'été qui suit, la déclinaison est décroissante, et qu'elle est croissante dans tout le reste de l'année, c'est-à-dire, depuis le solstice d'été jusqu'à l'équinoxe du printemps suivant ; c'est ce que représente la fig. 38. On doit la connaissance de ces périodes à M. de Cassini, qui les a établies par huit années d'observations faites à l'Observatoire de Paris.

Enfin des observations multipliées prouvent encore que l'aiguille aimantée est sujette à des variations brusques et accidentelles qui coïncident avec les apparitions du météore lumineux que l'on appelle *aurore boréale*. On ignore absolument la cause de cette correspondance, aussi-bien que celle de l'aurore boréale elle-même. L'influence de ce météore sur l'aiguille est ordinairement passagère ; alors, après s'être vivement agitée pendant qu'il se manifeste, elle revient à sa position ordinaire, et reprend l'ordre de ses mouvemens accoutumés ; mais il arrive aussi parfois qu'elle éprouve un déplacement durable ; car M. de Cassini en a observé des exemples.

Pour mesurer les variations, soit diurnes, soit annuelles, on peut employer l'appareil à microscope de Coulomb, ou la lunette mobile de M. de Prony, que j'ai décrits plus haut, page 22.

Il serait important, pour les progrès futurs de la physique, que l'on déterminât, avec exactitude, l'intensité actuelle du magnétisme terrestre, comme on a fixé le poids de l'atmosphère et la température actuelle des différens climats. En répétant la même observation dans quelques siècles, on saurait si les forces magnétiques varient d'énergie, comme il est sûr qu'elles ont varié dans leur direction.

Le premier moyen qui se présente à l'esprit serait d'observer aujourd'hui la déclinaison, l'inclinaison et l'intensité, au moyen de trois aiguilles appropriées à cet usage, et que l'on conserverait ensuite soigneusement pour les essayer de nouveau de siècle en siècle. Comme dans cet intervalle elles pourraient perdre de leur magnétisme, on le leur rendrait au même degré par une nouvelle aimantation, en se servant pour cela de barreaux très-forts combinés suivant la méthode de la double-touche. En effet, dans l'application de ce procédé, les aiguilles, par l'influence des barreaux extrêmes, sont amenées momentanément à un degré de magnétisme beaucoup plus fort que celui qu'elles peuvent conserver quand elles sont abandonnées à elles-mêmes ; de sorte que, si leur constitution intime reste la même, le degré d'aimantation où elles se fixent doit rester le même aussi, ou du moins ne doit éprouver de variation que celle qui proviendrait d'un changement d'intensité dans la force magnétique du globe. On pourrait rendre cette méthode beaucoup plus sûre en conservant ainsi un certain nombre d'aiguilles bien éprouvées, dont on aurait déterminé séparément les effets absolus à une première époque. Car si, en les éprouvant de nouveau à une autre époque, on trouvait qu'elles ont conservé entre elles leurs premiers rapports, on pourrait en conclure, avec assurance, qu'elles n'ont point été altérées dans leur constitution, et par conséquent l'observation de leurs énergies absolues ferait connaître l'état réel de la force magnétique.

Mais l'emploi de cette méthode exige la conservation des aiguilles et l'assurance de leur identité. On s'exempterait de ce soin, si l'on trouvait un moyen de fabriquer en tout temps deux aiguilles parfaitement comparables. Pour cela, il ne faut pas songer à employer l'acier, qui, étant un alliage de charbon et de fer, est nécessairement variable dans ses proportions. Mais on y suppléera si l'on parvient à se procurer, par des moyens chimiques, des fils de fer doux parfaitement purs. Car, d'après les expériences de Coulomb, la torsion donne au fer un degré d'écrouissage tel qu'il prend le magnétisme presque aussi bien que l'acier, et le retient avec une égale constance; il ne s'agirait donc que de régulariser cette torsion. Or, cela serait facile en prenant des fils d'une longueur et d'une grosseur assignées, et mesurant, par le moyen d'un micromètre, le nombre de tours dont on les tordrait. Ensuite on aimanterait chacun de ces fils à saturation, et on les assemblerait en nombre déterminé, de manière à en former des faisceaux dont on mesurerait la force directrice, soit à la balance magnétique, soit par la méthode des oscillations. Toute la difficulté de la question se trouve ainsi réduite à se procurer du fer pur, et cette difficulté appartient uniquement à la chimie.

FIN DU LIVRE CINQUIÈME.

LIVRE SIXIEME.

DE LA LUMIÈRE.

CONSIDÉRATIONS GÉNÉRALES.

Lorsque le soleil, d'abord caché sous l'horizon, se lève, et paraît tout à coup à nos yeux, on conçoit qu'il existe nécessairement, entre cet astre et nous, un certain mode de communication qui nous avertit de son existence, sans que nous ayons besoin de le toucher. Ce mode de communication, qui s'exerce ainsi à distance, et se transmet par les yeux, constitue ce que l'on appelle la lumière. Les corps qui peuvent l'exciter immédiatement, et nous manifester ainsi leur existence, se nomment des corps lumineux *par eux-mêmes*, tels sont le soleil, les étoiles. Généralement toutes les substances matérielles deviennent lumineuses par elles-mêmes, lorsque leur température est suffisamment élevée; et elles perdent cette faculté en se refroidissant. Néanmoins, quand elles ont cessé d'en jouir, si elles sont éclairées par un corps lumineux, elles peuvent encore nous renvoyer sa lumière, comme si elle leur était propre, et alors elles deviennent visibles pour nous *par réflexion*. C'est ainsi que nous apercevons les objets qui nous environnent pendant que le soleil est sur l'horizon, et que tout devient obscur et invisible quand cet astre s'abaisse au-dessous.

Dans tous les cas, lorsqu'un objet nous transmet la sensation de son existence par le moyen de la lumière, cette transmission se fait en ligne droite; car si l'on dispose des fils de soie ou de métal très-fins, parallèlement les uns aux autres, et dans un même plan, un point lumineux placé sur le prolongement de cette direction, au-delà des fils, sera éclipsé ; mais pour peu qu'on l'en écarte, il sera transmis. De même, si l'on prend deux plans de métal bien dressés, et qu'on les approche peu à peu l'un de l'autre en regardant la lumière des nuées à travers l'espace qui les sépare, on l'apercevra toujours, à quelque petite distance que les plans se trouvent l'un de l'autre, jusqu'à ce qu'ils se touchent ; mais pour peu que l'un d'eux soit concave et l'autre convexe, la vision cesse d'avoir lieu avant le contact. Une foule d'autres expériences journalières confirment cette vérité : comme elle est d'un usage continuel, il faut lui donner un énoncé simple. Pour cela, chaque ligne droite, menée d'un point quelconque d'un corps lumineux à l'œil, se désigne par une dénomination particulière ; on la nomme un *rayon lumineux*, et l'on conçoit la vision directe, comme s'opérant suivant ces rayons. Cette abstraction peut même être employée, dans un sens physique, pour distinguer les parties composantes d'un faisceau lumineux, du moins jusqu'aux dernières limites de division que nos sens puissent atteindre. Car, quelque délié que soit un trait de lumière, tant qu'il est sensible à nos organes, on lui trouve toujours identiquement les mêmes propriétés que possèdent les faisceaux les plus volumineux.

Les observations astronomiques prouvent que la communication établie par la lumière entre les corps lumineux et nous n'est pas instantanée. Lorsque le soleil se trouve à un des points de son orbite, nous n'avons la sensation de sa présence en ce point que 8′ 13″ après qu'il y est arrivé. Lorsque les satellites de Jupiter, qui sont autant de petites lunes éclairées par le soleil, s'éclipsent derrière le corps de leur planète, et se dégagent ensuite de son ombre, il s'écoule un certain temps depuis l'instant physique où ils se dégagent, jusqu'à celui où nous commençons à les apercevoir. Le retard est plus ou moins long, suivant que la terre est plus ou moins loin de Jupiter, et il est exactement proportionnel à sa distance. De là on a conclu que la vitesse de la communication de la lumière est absolument uniforme dans toute l'étendue de l'orbe terrestre, et même de l'orbe de Jupiter.

Il résulte encore de ces phénomènes qu'à l'instant physique où les satellites de Jupiter entrent dans l'ombre de cette planète, nous les voyons encore au-dehors, parce que la sensation que nous en avons est due à leur présence antérieure dans le lieu de leur orbite où ils se trouvaient quelques momens auparavant; et de même, au moment où ils nous semblent disparaître, ils ont en effet déjà depuis long-temps disparu. Ainsi la communication résultante de leur présence en un lieu, continue de se propager et de se transmettre, même après qu'ils l'ont déjà quitté. Il faut donc que cette communication se fasse, ou par des pulsations à travers un fluide élastique qui les transmette depuis les corps lumineux jusqu'à nous, comme le son se transmet dans l'air, ou par une émanation réelle des corpuscules matériels lancés par les corps lumineux. Dans tous les cas, puisque la sensation de la vision s'opère à travers la masse même de certains corps que l'on nomme *transparens* ou *diaphanes*, il faudra que les pulsations du fluide élastique continuent de se propager à travers les pores de ces substances, ou que les corpuscules lumineux continuent à s'y mouvoir, et puissent même les traverser.

Chacune de ces opinions a ses partisans. Ceux qui penchent pour l'idée d'un fluide élastique, allèguent la facilité que cette conception donne pour la transmission rapide et uniforme. Ils regardent comme improbable une émanation réelle de corpuscules doués d'une vitesse pareille à celles que les molécules de la lumière devraient avoir, et qui devraient être en même temps d'une ténuité telle, qu'ils pussent aisément traverser les corps transparens. Sur cela, c'est aux phénomènes à nous instruire, car il n'y a rien en soi de lent ou de rapide, non plus que de grand ou de petit. La vitesse d'un boulet de canon nous paraît si rapide que nos yeux ne peuvent la suivre; pourtant elle est très-lente, comparativement à la vitesse de rotation de la terre; celle-ci à son tour est très-lente par rapport à celle du mouvement annuel; et enfin, cette dernière est beaucoup moindre que la vitesse de transmis-

sion de la lumière. Il est sans doute plus difficile pour nous
d'imprimer à un corps une grande vitesse qu'une petite,
parce que nos forces sont limitées ; mais qu'y a-t-il de commun et de comparable entre cette limitation et l'étendue ou
l'espèce des forces qui agissent dans la nature ? Rien, absolument rien. Maintenant, si l'on met à part ce préjugé, et
si l'on consulte les phénomènes, on verra que tous se passent d'une manière exactement conforme à l'idée des émanations. Lorsque la lumière traverse les corps diaphanes, sa
marche y est précisément telle qu'elle devrait être, si elle
était composée de corpuscules attirables par les molécules
du corps. Si l'on observe ses mouvemens dans des substances
gazeuses ou liquides de nature diverse, et qu'ensuite on mêle
ces substances, que nous supposerons telles qu'elles n'aient
point d'action chimique les unes sur les autres, le mouvement
de la lumière à travers le mélange peut encore se calculer
d'après les lois des attractions des substances composantes
précédemment connues ; et le résultat de ce calcul est exactement conforme à l'observation. Qui peut dire comment
devraient se composer alors des ondulations ? et, sans pouvoir le dire, ne voit-on pas qu'elles se composeraient suivant des lois excessivement compliquées ? Enfin d'autres phénomènes montrent que les rayons lumineux peuvent être
modifiés et préparés de manière que leurs différens côtés
présentent des propriétés physiques diverses ; ce qui peut
très-bien convenir à une série de particules, mais nullement
à une série de pulsations ; et par le développement de ces
propriétés, on est parvenu à y reconnaître encore d'autres
modifications telles que seraient des mouvemens de ces particules autour de leur centre de gravité. L'ensemble de ces
phénomènes semble donc mettre aujourd'hui hors de doute
le système de l'émanation, si l'on peut appeler système ce
qui est une conséquence si naturelle des faits, et ce qui sert
à les reproduire avec tant d'exactitude et de facilité.

Jusqu'ici nous avons considéré la vision comme propa-
gée de l'objet à l'œil ; mais ce n'est pas à la surface extérieure de cet organe que la sensation s'opère ; c'est dans son
intérieur, et, à ce que l'on croit, sur une membrane nerveuse

qui en tapisse le fond, et qui se nomme la *rétine*. En effet, lorsque les divers liquides qui composent le reste de l'organe viennent à se durcir ou à se troubler par des maladies, de sorte que la lumière ne puisse plus parvenir à la rétine, on perd la faculté de voir, et on la recouvre dès qu'on enlève les parties de l'organe qui sont devenues opaques. Chacune de ces parties peut être ainsi enlevée séparément, sans que la sensation de la vue soit totalement détruite ; mais si la rétine est altérée, la vision est détruite aussitôt. On sait de plus que c'est à la rétine qu'aboutissent deux gros nerfs émanés du cerveau, qui s'épanouissent sur sa surface postérieure, et s'y ramifient d'une infinité de manières ; ou, pour mieux dire, la rétine elle-même n'est que l'extension et la dilatation de ces nerfs. Or, on sait que, dans tous les autres organes, c'est par les nerfs que se produit la sensation. Cette analogie confirme donc encore que c'est sur la rétine même que la sensation de la vision doit s'opérer, soit par les pulsations propagées du fluide élastique, si la lumière se transmet par ondulations, soit par l'impression directe des globules lumineux, si, comme nous le croyons, la lumière est une matière. J'entrerai dans plus de détails sur la construction intérieure de l'œil, quand nous aurons étudié les instrumens d'optique ; car l'œil lui-même est un instrument d'optique, mais si parfait et si admirable, que la théorie la plus savante peut à peine en apprécier toute la merveille, et que l'art le plus parfait ne saurait l'imiter. Jusque-là ces notions préliminaires nous suffiront, et nous nous bornerons à considérer le fond de l'œil comme le centre de l'organe par lequel se fait la vision.

Quand nous regardons un objet d'une grandeur sensible, les rayons, partis de ses bords opposés, arrivent à l'œil suivant des directions différentes, et se croisent par conséquent sous un certain angle, à leur incidence au-devant de la pupille. Cet angle se nomme *l'angle visuel* ou le *diamètre apparent* des objets, parce qu'en effet nous jugeons de leur grandeur absolue, d'après la grandeur de l'angle visuel qu'ils soustendent ainsi dans notre œil, combinée avec l'idée de la distance où nous les supposons placés.

Lorsque la lumière se propage d'un corps lumineux vers nous, elle nous parvient toujours à travers différens milieux, tels que l'air, l'eau ou d'autres corps diaphanes qui lui permettent le passage. Les rayons, en entrant dans ces corps, y poursuivent quelquefois leur route en ligne droite; mais, le plus ordinairement, ils se dévient de leur chemin, et ce phénomène se nomme *réfraction*. De plus, la lumière ainsi transmise ne nous parvient pas toujours directement. Il arrive souvent qu'elle rencontre des surfaces polies qui la renvoient, *la réfléchissent*, et qui nous font voir les objets par cette voie indirecte, lorsque nous nous trouvons sur le chemin que suivent les rayons ainsi renvoyés. La réfraction et la réflexion de la lumière vont donc nous occuper successivement. Il semble que nous devrions commencer par le premier de ces deux phénomènes, puisqu'étant nous-mêmes plongés dans un fluide matériel qui est l'air, la vision ne peut pas s'opérer sans que l'air agisse sur les rayons lumineux; mais comme son action est très-faible, et qu'il les détourne à peine de leur direction naturelle, nous en ferons abstraction d'abord, et nous commencerons par étudier les lois du phénomène de la réflexion, qui sont d'ailleurs beaucoup plus simples. Leur ensemble constitue une première branche de la science de l'optique, que l'on a nommée *catoptrique*.

CATOPTRIQUE.

CHAPITRE PREMIER.

Lois générales de la Réflexion de la Lumière.

Pour que la surface d'un corps réfléchisse régulièrement la lumière, et donne une image distincte des points lumineux par lesquels elle est éclairée, il faut la polir, c'est-à-dire, user soigneusement, autant qu'il est possible, toutes ses plus petites inégalités. Tel est l'état où l'art amène le verre, les cristaux, les métaux. Nous considérons d'abord les phénomènes que présentent les surfaces ainsi préparées; nous

tâcherons ensuite d'examiner en quoi le poli contribue à
leur effet.

Pour étudier les lois de la réflexion avec méthode, nous
commencerons par les déterminer relativement aux surfaces
planes. Il sera facile ensuite de les étendre aux surfaces
courbes. Car, dans toutes les modifications que nous pouvons imprimer à la lumière, en faisant agir sur elle des
corps d'une étendue sensible, les rayons lumineux se comportent, au moins pour nos sens, exactement comme feraient
des lignes droites mathématiques; de sorte, par exemple, que
la réflexion, sur chaque point d'une surface, s'opère exactement de même que sur le plan qui la toucherait en ce
point; et, comme on peut toujours calculer la position du
plan tangent, relativement à tous les points d'une surface
donnée, il s'ensuit que la réflexion de la lumière sur des
surfaces quelconques ne sera qu'un simple objet de calcul,
quand on saura comment elle s'opère sur les surfaces planes.

Pour cette recherche, et en général pour toutes les expériences d'optique, il est indispensable de pouvoir opérer
dans une chambre qui reçoive les rayons du soleil, au moins
pendant un certain temps de la journée, et dont les fenêtres
soient fermées par des volets bien joints, qui permettent d'y
produire une obscurité complète. Alors on pratique, dans ces
volets, une ouverture plus ou moins large, où l'on ajuste une
plaque métallique percée de divers trous d'inégale largeur,
que l'on puisse ouvrir et fermer à volonté. En ouvrant un
seul de ces trous, lorsque le soleil éclairera le volet de la
fenêtre, la lumière de cet astre entrera dans la chambre,
sous la forme d'un trait délié, qui deviendra sensible par
l'illumination des petites poussières qui voltigent toujours
dans l'air. Nous composerons plus tard des appareils plus
savans et plus commodes; pour le moment celui-là suffit.

Maintenant, si l'on fait tomber ce trait de lumière solaire
sur la première surface d'une lame de verre horizontale,
polie, transparente et oblique sur sa direction, on remarque les phénomènes suivans :

1°. Le trait lumineux ne se transmet pas tout entier à
travers la surface. Une partie est réfléchie, en haut, sous

une direction dépendante de son obliquité. Si l'on place l'œil sur cette direction, on voit une image du soleil, vive et brillante, qui semble venir de dessous la glace du côté du plancher.

2°. Le point où le rayon rencontre la lame polie est visible de tous les points de la chambre, hors de la direction du rayon réfléchi; mais il paraît ainsi incomparablement moins lumineux que si on le regarde sur cette direction même; et elle est la seule qui donne une image régulière du soleil.

3°. Une portion de la lumière incidente échappe à la réflexion sur la première surface de la lame, et pénètre dans son intérieur. Parvenue à la seconde surface, elle y éprouve encore une réflexion partielle, et le reste ressort dans l'air par-dessous la glace.

En nous arrêtant aux phénomènes que présente la première surface, on voit qu'il se passe ici trois opérations distinctes. Une partie de la lumière incidente est réfléchie régulièrement, suivant une direction spéciale; une autre partie est réfléchie indifféremment de toutes parts, et disséminée, comme si le corps n'était pas poli; enfin le reste passe sans se réfléchir.

Si l'on substitue à la lame de verre un plan métallique poli, les deux premiers phénomènes auront encore lieu, mais le troisième ne se produira pas. Ainsi le métal poli réfléchit régulièrement une première portion de la lumière incidente, en dissémine irrégulièrement une seconde partie, et absorbe le reste : ce reste est analogue à ce que le corps transparent transmet.

Maintenant, la direction du rayon incident, relativement à la surface réfléchissante, étant donnée, examinons quelle est la direction suivie par la portion de lumière qui est réfléchie régulièrement. Nous pourrons y parvenir à l'aide de l'appareil représenté fig. 1. Cet appareil, qui va bientôt nous servir à beaucoup d'autres usages, a été imaginé par M. Cauchoix. Il se compose d'abord d'un plan circulaire A Z B, disposé verticalement sur un pied solide, susceptible d'être calé. La circonférence A Z B est divisée, et porte deux curseurs métalliques S, O, concentriques avec elle, qui sont

chacun percés d'un petit trou à égales distances du plan du
cercle. Au-devant du centre C, on dispose une glace polie,
GG, que l'on cale par des vis de rappel, de façon qu'elle soit
perpendiculaire à ce même plan, par conséquent horizontale lorsqu'il est vertical; ce que l'on peut vérifier en posant
un niveau sur la surface supérieure de la glace, et voyant s'il
demeure immobile, lorsque le plan du cercle est dirigé sur
quelque objet vertical, comme les montans d'une fenêtre
ou les arêtes latérales d'un édifice. Enfin, au-dessus de cette
glace et au-devant du centre même, on fixe, à demeure, une
lame métallique plane, dont le bord rectiligne CL, taillé en
biseau tranchant, figure une ligne droite partant du centre C,
perpendiculairement au plan du cercle; et l'on fait encore,
sur cette ligne, un trait C′, à la distance juste où sont percés les
trous des curseurs, de sorte que les trois points SOC′,
se trouvent toujours dans un même plan, parallèle au cercle
divisé. Ces dispositions faites, on place l'appareil au-devant
d'une fenêtre ouverte, de sorte que la lumière des nuées
puisse entrer par le trou S, et parvenir à la glace, sous divers angles. Puis, on fait marcher le curseur O jusqu'à ce
qu'en regardant à travers, on aperçoive l'image du trou S,
précisément sur le bord de l'arête CL de la lame centrale.
L'expérience fait voir que cette condition peut toujours être
remplie; et, quand elle l'est, on trouve toujours que le
point d'incidence tombe exactement sur le trait C′; donc le
*rayon incident et le rayon réfléchi sont compris dans un
même plan perpendiculaire à la surface réfléchissante.* C'est
la première loi fondamentale de la réflexion. En outre, ces
deux rayons se réunissant sur l'axe CC′ du cercle divisé,
leurs inclinaisons sur la surface sont mesurées par les arcs
BS, AO, que l'on peut lire sur la division même, à partir
du diamètre horizontal AB. En effectuant cette lecture, pour
toutes les positions possibles des curseurs, on trouve que *le
rayon incident et le rayon réfléchi forment toujours, avec
la surface réfléchissante, des angles égaux.* C'est la seconde
loi générale de la réflexion; et, réunie à la précédente, elle
détermine complètement toutes les circonstances de ce phénomène.

Par le point d'incidence C, concevons une ligne CZ

normale à la surface réfléchissante; l'angle S C Z formé,
par le rayon incident S C, avec cette normale, s'appelle
communément l'*angle d'incidence*, ou simplement l'*incidence*, et O C Z s'appelle l'*angle de réflexion*. Cela posé,
la seconde loi générale de la réflexion, qui se déduit des
observations précédentes, *c'est que l'angle de réflexion et
l'angle d'incidence sont égaux entre eux.*

CHAPITRE II.

Du Miroir plan.

Les lois de la réflexion étant connues, nous pouvons en
déduire toutes les apparences qui doivent s'observer lorsque
la surface réfléchissante est plane.

Soit, fig. 2, S un point rayonnant, O l'œil, et A B le
plan réflecteur que je supposerai d'abord indéfini. Parmi tous
les rayons lumineux qui émanent de S, il y en aura un, tel
que S I, qui, après s'être réfléchi sur le miroir, ira rencontrer l'œil en O, suivant la direction I O. Alors, pour ce
rayon, les angles S I A, O I B seront égaux entre eux. La
nécessité de cette condition suffit pour le déterminer, et voici
pour cela une règle que la géométrie démontre. Menez, du
point rayonnant S, une perpendiculaire S A qui rencontre
en A la surface réfléchissante; prolongez cette perpendiculaire vers l'autre côté du miroir, d'une quantité A D égale
à S A. Puis, du point D, menez la ligne D O dirigée vers l'œil;
D O sera la direction du rayon réfléchi, et le point I où elle
coupe la surface du miroir sera le point d'incidence. De plus,
si l'objet lumineux et l'œil sont supposés des points mathématiques sans étendue sensible, le rayon déterminé par la
règle précédente, est le seul qui puisse être réfléchi vers l'œil.

Mais l'ouverture de la pupille, qui admet les rayons dans
l'œil, n'est pas un point mathématique; c'est un espace qui,
dans l'homme, a environ deux millimètres de diamètre, et
que nous pouvons représenter par LL, fig. 3. Tous les rayons
réfléchis qui pourront entrer dans cette ouverture, parviendront donc jusqu'à la rétine, et contribueront à la vision.
Or chacun d'eux se détermine par la même construction

que nous venons d'employer tout-à-l'heure ; de là il est évident qu'ils formeront un cône à base circulaire, dont la pointe sera D, et la base L L. Il est de fait que l'œil, lorsqu'il peut apprécier librement la distance des points lumineux, les suppose placés au point d'où divergent les rayons qu'ils lui envoient. Ainsi, l'œil étant placé en O, le point lumineux, vu par réflexion, paraîtra en D, c'est-à-dire, autant derrière le miroir qu'il est réellement en avant.

Si l'objet rayonnant a une certain étendue, chacun des points rayonnans qui le composent fera son image à part, suivant les lois que nous venons d'expliquer, et l'ensemble de ces images composera l'image de l'objet. Supposons, par exemple, que celui-ci soit une flèche S S', fig. 4 ; la base S de la flèche fera son image en D, la pointe S' fera la sienne en D', et les points intermédiaires donneront la leur sur la droite D D'. Ainsi l'image entière sera comprise entre les pinceaux réfléchis extrêmes D O, D' O ; sa grandeur absolue D D' sera égale à S S', c'est-à-dire, à celle de l'objet lui-même ; mais elle paraîtra renversée de droite à gauche.

D'après ce que nous avons dit tout-à-l'heure, fig. 3, chaque point de cette image est jugé par l'œil au lieu où il est réellement fixé par notre construction géométrique. Si donc, à sa place, on substituait un objet réel et semblable, c'est-à-dire, une flèche toute pareille à S S', que l'on posât sa pointe en D', sa base en D, et qu'on la regardât du point O, en supprimant le miroir, on la verrait précisément comme on voit l'image D D', avec la même grandeur, les mêmes angles visuels et le même degré de clarté, puisque tous les points lumineux qui composeraient l'objet réel, enverraient à l'œil des cônes de rayons lumineux exactement semblables à ceux que lui envoie l'image. Il suit de là que les objets sont vus dans le miroir plan avec les mêmes formes, la même clarté, et à la même distance que si on les voyait dans l'air, pourvu qu'ils fussent seulement éclairés par la portion de lumière réfléchie qui compose l'image ; car il faut faire abstraction de celle qui est transmise, si le corps est diaphane, ou qui est absorbée, s'il est opaque.

Ce qui précède suffit pour résoudre toutes les questions

que l'on peut se proposer, relativement à la réflexion de la
lumière et à la vision des objets par des miroirs plans.

La réflexion de la lumière, s'opérant, avec une rigueur
mathématique, suivant la loi que nous venons de démontrer,
on peut l'employer avec un extrême avantage pour mesurer les angles formés par deux surfaces planes et polies.
Comme cette mesure est nécessaire pour une infinité de
recherches de physique, et que tous les autres moyens par
lesquels on peut tenter de l'obtenir sont excessivement grossiers, quand on les compare à la réflexion de la lumière,
je vais donner quelques exemples simples de ce procédé.

D'abord, quand on opère sur des corps dont les faces ont
quelque étendue, par exemple sur des prismes taillés et polis
par l'art, comme sont ceux qui servent aux expériences de
physique, on peut y employer l'appareil qui nous a servi
pour reconnaître les lois de la réflexion, fig. 1. Pour cela,
au lieu d'amener la glace G L en contact avec l'arête C L,
on l'en tiendra à une distance de deux ou trois millimètres,
en l'assujettissant toujours à rester perpendiculaire au plan
du cercle, ce qui sera facile au moyen des vis de rappel
qui la font mouvoir. Si l'on veut juger commodément de
cette condition sans autre secours que l'instrument même, on
amenera le curseur O, fig. 5, à peu près au plus haut point du
cercle; puis plaçant l'œil derrière, on regardera la glace, et on
la réglera de telle sorte que l'image réfléchie du trou O′ et
de l'œil vienne repasser par ce trou même, en rasant le repère
fixe C′, tracé sur l'arête C L. Quand cela aura lieu, on sera sûr
que le rayon O′ C′, qui est parallèle au cercle, est en même
temps perpendiculaire à la glace, d'où réciproquement il résulte que celle-ci sera perpendiculaire au plan du cercle. Cette
vérification faite, on posera sur la glace une des deux faces
prismatiques dont on veut mesurer l'angle dièdre. On glissera
le tranchant du prisme sous l'arête C L, fig. 6, en le tournant
de telle sorte que sa face supérieure soit aussi perpendiculaire au plan du cercle; ce qui aura lieu lorsqu'en plaçant
le curseur S en un point quelconque de la circonférence, son
image réfléchie sur cette face pourra être aperçue, à travers
l'autre curseur, sur le bord du trait fixe C′. Soit O la posi-

tion du second curseur qui remplit cette condition lorsque
S est le lieu du premier. Alors le point N, milieu de l'arc
O S, et qui peut se lire sur le limbe, indiquera la direction de la normale menée du centre C sur la surface réfléchissante du prisme. De plus, C Z est la normale à l'autre
face ; donc l'angle Z C N, mesuré par l'arc Z N, est celui
que les deux surfaces prismatiques comprennent, et qu'il
s'agissait de déterminer. Cette disposition ingénieuse, imaginée par M. Cauchoix, est rapide dans son usage et très-pré-
cise dans ses résultats.

Le même principe, diversement appliqué, a fait naître
beaucoup d'autres instrumens analogues que l'on a nommés
goniomètres, c'est-à-dire mesureurs d'angles. On les comprendra sans peine, d'après ce qui précède, car les moyens
d'observation et de vérification y sont toujours les mêmes au
fond que dans le précédent. Je dois toutefois décrire ici spécialement celui qu'a imaginé M. Wollaston, parce qu'il est
particulièrement applicable à la minéralogie.

Cet appareil, représenté fig. 7, se compose d'un cercle
vertical de cuivre, gradué sur son bord, et tournant autour
d'un axe horizontal A A, lequel est lui-même porté sur un pied
vertical C P. L'axe A A est percé dans toute sa longueur,
pour laisser passer un autre axe intérieur aa, dont l'extrémité saillante porte plusieurs pièces à mouvemens rectangulaires, sur lesquelles on fixe avec une petite pince le
cristal dont on veut mesurer les angles. Pour se servir de
cet instrument, il faut se placer en face de quelque édifice
qui offre plusieurs lignes horizontales parallèles les unes aux
autres. Alors on pose sa base sur quelque plan horizontal, de
manière que son limbe devienne vertical, et perpendiculaire, ou à peu près perpendiculaire aux lignes qui doivent
servir de mire. Puis, plaçant l'œil tout près du cristal, et regardant l'édifice par réflexion sur une de ses faces, on tourne
celle-ci de manière qu'une des lignes horizontales les plus
hautes, étant ainsi aperçue, coïncide avec une des lignes inférieures vue directement. Je dirai tout-à-l'heure comment
on peut arriver à cette condition. Quand on l'a obtenue,
on fait tourner de nouveau l'axe intérieur aa jusqu'à ce

que la même coïncidence s'observe de même sur l'autre face dont on veut mesurer l'angle dièdre avec la première; c'est à quoi l'on parvient également par quelques essais. Or, lorsque cette coïncidence peut ainsi s'obtenir successivement sur les deux faces sans changer la place de l'œil, sans toucher au cristal, et par la seule rotation de l'axe aa, on est sûr que l'intersection des deux surfaces est elle-même exactement horizontale, et par conséquent parallèle à l'axe aa; dès-lors on ne touche plus au cristal; mais, partant d'une des positions dans lesquelles la réflexion s'observe sur une des deux surfaces, on tourne le limbe jusqu'à ce que la réflexion et la coïncidence des mêmes lignes s'observe de même sur l'autre. Ce mouvement s'opère au moyen du grand axe AA, qui fait tourner avec lui l'axe aa, le cristal et le limbe. L'arc dont celui-ci a tourné est mesuré par la division tracée sur le limbe, et il est évidemment égal au supplément de l'angle dièdre formé par les deux surfaces. Mais la division tracée sur le limbe est écrite de manière à indiquer l'angle même, du moins quand on a d'abord mis l'index sur le point zéro.

Pour que l'application de ce procédé soit facile et sûre, il faut que les dimensions du cristal et sa distance à l'œil puissent être considérées comme infiniment petites, comparativement à l'éloignement des objets qui servent de mire. Car, si cela a lieu, la fixité de l'œil n'est plus une condition nécessaire, pas plus qu'elle ne l'est dans les observations que l'on fait en mer avec les instrumens de réflexion. Ainsi, en plaçant l'œil tout près du cristal, le rapprochement des lignes de mire pourra, en quelque sorte, être indéfini. On pourra donc, comme le fait M. Wollaston, se borner à placer l'instrument dans une chambre, à quelque distance d'une fenêtre, dont les barreaux serviront de ligne de mire, et dont les montans régleront la verticalité du plan du limbe, en le tournant sur leur direction. Alors, pour rendre la première face du cristal perpendiculaire au limbe, on dirigera d'abord la queue to parallèlement à sa surface, fig. 8; puis, sans la sortir de cette direction, on la tournera sur son axe, jusqu'à ce que l'image réfléchie d'un des barreaux devienne parallèle à l'image directe, et puisse lui être rendue coïncidente par le mouvement de l'axe aa. Cela fait, on essaiera si la même condition est remplie pour l'autre face du cristal; et comme en général elle ne se trouvera pas satisfaite, on la remplira en tournant la branche bc autour du point c, sans toucher à la tige to; ce mouvement étant perpendiculaire au plan du limbe, ne devra pas altérer la perpendicularité de la première face; mais pour plus de sûreté, on tournera l'axe aa, pour la ramener à la coïncidence; et si elle avait subi quelque déviation, on la corrigera par le seul mouvement rotatoire de la tige to sur son axe propre. Après une ou deux vérifications de ce genre, les coïncidences sur les deux faces s'opéreront exactement, et leur angle dièdre pourra être observé. Un des avantages particuliers à ce goniomètre, c'est de pouvoir servir à mesurer les angles des plus petits fragmens de cristaux, auxquels même seul il est applicable exactement; et cela est d'autant plus heureux, que les petits cristaux paraissent être les seuls dans lesquels on doive chercher une parfaite régularité.

CHAPITRE III.

Des Miroirs courbes.

Pour découvrir et déterminer en général le lieu apparent, la forme et la grandeur des images que réfléchissent les miroirs courbes, quelle que soit leur figure, il suffit de concevoir la réflexion de chaque rayon lumineux comme se faisant sur le plan tangent à la surface au point d'incidence. Alors on peut, par le calcul, étendre à toutes les surfaces les déterminations que nous avons obtenues pour le miroir plan. Mais, dans les usages pratiques, il est inutile de s'élever à cette généralité, car on n'y emploie jamais que des miroirs sphériques concaves ou convexes, les seuls que l'on puisse travailler et polir avec exactitude. Même on n'en obtient d'images nettes, que dans le cas où les rayons lumineux tombent presque perpendiculairement sur leur surface. Aussi ce cas sera le seul que nous devrons examiner.

Pour en fixer les circonstances avec exactitude, concevons, dans l'espace, un point lumineux lançant ses rayons sur les

diverses parties d'une surface sphérique quelconque, concave ou convexe; et, isolant un d'entre eux, cherchons à
déterminer la direction du rayon réfléchi qui en résultera.
Pour cela, rappelons-nous que la réflexion s'opère toujours
dans le plan mené par le point lumineux et par la normale
au point d'incidence. Ici, cette normale est le rayon même de
la sphère; ainsi la réflexion s'opérera dans le plan du grand
cercle mené par le point d'incidence et par le point lumineux.

Soit, M A M', fig. 9, l'intersection du miroir par ce
plan. Plaçons-y en S le point lumineux, et désignons par S I
le rayon incident que nous avons particulièrement considéré. Du point I au centre de la sphère, menons la normale
I C, et prenant l'angle C I R égal à C I S, I R sera la
direction du rayon réfléchi.

Puisque nous voulons nous borner aux incidences,
presque perpendiculaires, il faudra que les angles C I R,
C I S soient forts petits, même pour les rayons incidens
qui vont rencontrer le miroir à ses bords. Cela exige deux
choses : 1°. que la surface du miroir ne comprenne qu'un
petit nombre de degrés de la sphère sur laquelle il est travaillé; 2°. que le rayon incident S A mène du point rayonnant S au centre de figure A du miroir, fasse un très-
petit angle S A C avec la normale centrale A C, que l'on
appelle l'axe du miroir.

Ces deux conditions étant supposées satisfaites, si l'on
répète pour tous les rayons incidens émanés de S, la construction que nous venons d'appliquer à S I, on trouve,
par le tracé comme par le calcul, que les rayons réfléchis
vont passer très-près les uns des autres, dans un petit
espace f, que l'on peut, en quelque sorte, considérer
comme un simple point, de sorte que, si ce point se trouve au-
devant du miroir, il doit s'y former une concentration de
lumière qui y donne l'image du point S. C'est en effet ce que
l'expérience confirme, comme nous le verrons tout-à-l'heure,
mais auparavant il faut savoir où doit être situé ce *foyer f*
pour chaque position donnée du point lumineux.

Pour cela, commençons par considérer le cas où ce point
serait situé sur le prolongement même de l'axe central A C,

à une si grande distance, que tous les rayons qui en émanent puissent, dans l'étendue que le miroir embrasse, être censés parallèles à cet axe, fig. 10 et 11. Alors on trouve que le foyer F est situé précisément au milieu du rayon de courbure A C du miroir, à moitié chemin entre sa surface et son centre. L'intervalle A F, ainsi déterminé, s'appelle la *distance focale principale* du miroir, et le point F se nomme *foyer principal.* Lorsque le miroir est concave vers le point rayonnant, fig. 10, le foyer principal est situé du côté de ce point en avant du miroir, et il s'y fait une concentration réelle de lumière. Mais si le miroir est convexe, fig. 11, le foyer principal tombe au-delà de sa surface ; les rayons réfléchis ne peuvent donc pas traverser le miroir pour y parvenir, et ainsi le foyer F n'indique alors que le point de concours idéal de leurs prolongemens.

Ce cas étant résolu d'une manière générale, rien n'est plus facile que de trouver le lieu du foyer dans toutes les autres positions possibles du point rayonnant. En effet, soit S ce point, fig. 12 et 13. Parmi tous les rayons qui en émanent, menons S I parallèle à l'axe C A du miroir. S I, en se réfléchissant, viendra passer au foyer des rayons parallèles, situé en F, milieu de C A ; de sorte que le rayon réfléchi sera I F. Menons encore S A dirigé au centre de figure du miroir, S A se réfléchira évidemment de l'autre côté de l'axe C A, en formant avec lui un angle égal ; de sorte que le rayon réfléchi sera A f. Prolongeons I F et A f jusqu'à ce qu'ils se coupent, le point f sera leur foyer, et ce sera aussi le foyer de tous les autres rayons émanés de S. Cette construction étant traduite en analyse, donne une formule générale qui détermine toutes les valeurs successives des distances focales, pour toutes les courbures possibles du miroir, et pour toutes les distances des points rayonnans à sa surface. De là on peut conclure aisément le lieu, la position et la forme des images données par un objet d'une étendue sensible ; car chaque point de l'objet envoie au miroir un cône de rayons lumineux qui forme son foyer à l'endroit prescrit par la formule, et l'ensemble de tous ces foyers forme l'image de l'objet.

Pour vérifier ces indications par l'expérience, il faut choisir pour objet un corps d'une petite dimension, afin qu'étant approché, même assez près, du miroir, les inclinaisons des rayons qui en émanent ne sortent pas des limites que nos approximations supposent. Il faut aussi que ce petit objet soit bien lumineux, et d'une forme telle, qu'on puisse aisément reconnaitre si son image est droite ou renversée. Rien ne remplit mieux toutes ces conditions, que la flamme d'une bougie tenue à peu près sur l'axe du miroir et présentée successivement à diverses distances de sa surface.

Commençons par supposer le miroir concave, fig. 14, et plaçons d'abord la bougie S S' à une distance considérable, relativement au diamètre de sa concavité. Alors les rayons incidens pouvant être considérés comme sensiblement parallèles, l'image ff' se formera à-peu-près au foyer principal du miroir, à moitié chemin entre son centre de courbure et sa surface. Pour rendre ce phénomène sensible, il ne faut pas placer la flamme tout-à-fait sur l'axe, mais un peu à droite ou à gauche, fig. 15, afin que l'image se forme du côté de l'axe qui lui est opposé. Alors, si l'on place au foyer un verre dépoli que l'on y a regarder par derrière, on voit en effet s'y peindre une petite image de la bougie fort lumineuse et de plus renversée, circonstance que le calcul et le tracé graphique, indiquent également comme une suite de la réflexion des rayons dans la position que nous avons supposée à l'objet. On peut aussi supprimer le verre dépoli et regarder cette image à la vue simple en se plaçant sur le prolongement des faisceaux qui en émanent, à la même distance où il faudrait se mettre pour voir nettement un objet réel. Cette observation faite, si l'on rapproche peu à peu l'objet du miroir, la distance focale s'allonge; l'image se rapproche du centre de courbure et grandit en restant toujours renversée; lorsque l'objet arrive au centre de courbure, elle le rejoint et coïncide avec lui dans toutes ses parties; s'il continue à s'approcher, elle le dépasse et s'éloigne davantage en grandissant toujours, et conservant toujours son inversion, ce que l'on peut encore constater, comme tout-à-l'heure, en allant la regarder à l'œil nu ou à travers le verre dépoli. Ces apparences se soutiennent jusqu'à ce que l'objet arrive au foyer principal F; alors l'image est renvoyée à une distance infinie du miroir, et elle est infiniment grande, de sorte qu'il devient impossible de se mettre dans les conditions nécessaires pour la voir. Mais si l'objet continue à se rapprocher toujours de la surface du miroir, elle reparaît de nouveau au-delà de cette surface, du côté opposé à l'observateur, fig. 16. On la voit d'abord ainsi fort grande et droite; à mesure que l'objet se rapproche, elle se rappetisse sans se renverser; et enfin, quand il touche la surface du miroir, elle lui devient égale et se forme sur cette surface même. Dans cette seconde série, où elle paraît toujours au-delà du miroir, l'image n'est plus une réunion réelle de lumière; c'est le lieu idéal d'où les rayons réfléchis divergeraient s'ils étaient prolongés par la pensée au-delà du miroir, chacun selon la direction que la réflexion lui assigne, ainsi que le représente la figure.

Les apparences produites par les miroirs convexes sont beaucoup moins variées. Alors l'image est toujours idéale et se forme au-delà du miroir, de sorte qu'on peut simplement la voir à l'œil nu, mais non la réaliser sur un verre dépoli. D'abord, quand l'objet est placé à une très-grande distance du miroir, elle paraît droite, et semble se former au foyer principal du miroir, fig. 17; elle paraît alors plus petite que l'objet ne paraîtrait à pareille distance. A mesure que l'objet se rapproche de la surface du miroir, elle s'en rapproche aussi, en restant toujours droite et augmentant de dimension, jusqu'à ce qu'enfin elle arrive à coïncider avec l'objet sur cette surface même.

Lorsqu'on veut se servir de miroirs sphériques pour des recherches qui demandent de l'exactitude, il faut savoir déterminer leur foyer. Si le miroir est concave, on le place dans une chambre peu éclairée, à quelque distance d'une fenêtre, d'où l'on puisse apercevoir divers objets suffisamment éloignés. On tourne sa concavité vers la fenêtre, en l'inclinant un peu à droite ou à gauche, comme on le voit fig. 15; de manière que le foyer des rayons réfléchis se projette dans la partie obscure de la chambre. Alors on présente, dans cette direction, un verre poli, ou un morceau de carton blanc ff', que l'on rapproche ou que l'on éloigne du miroir, jusqu'à ce que les images des objets viennent s'y peindre avec netteté. Quand on a trouvé le point convenable pour cet effet, on mesure sa distance au centre de figure du miroir, et cette distance étant doublée, donne le rayon de sa courbure. Mais cette méthode exige, conformément à nos conventions, que la surface du miroir n'occupe qu'une très-petite portion de la sphère sur laquelle il est travaillé; sans quoi la réunion des rayons en un seul foyer n'est plus rigoureuse, et les approximations dont nous avons fait usage ne seraient plus applicables.

Si le miroir est convexe, l'opération est plus difficile. Il faut alors coller sur un de ses diamètres une bande de papier noir D O, fig. 18, en deux points de laquelle on pratique de petites ouvertures circulaires, à égales distances du centre de figure. On fait ensuite tomber sur le miroir la lumière du soleil. Les rayons lumineux réfléchis par les deux ouvertures divergent à partir d'un même point, qui est le foyer des rayons parallèles. On mesure donc leur écartement à diverses distances de la surface du miroir, et l'on en conclut le point de leur concours, dont la distance à la surface doit être la moitié du rayon de la sphère. Cette méthode est nécessairement susceptible de peu d'exactitude; mais si l'on avait besoin de mesures très-précises, ce qui est fort rare avec cette espèce de miroir, on pourrait les obtenir à l'aide du sphéromètre que j'ai décrit page 108 du 1er livre.

Quand on voudra seulement vérifier par l'observation les divers résultats que nous avons déduits des formules, il sera à peu près indifférent d'employer des miroirs métalliques ou des miroirs de verre. Il faut néanmoins remarquer qu'avec ces derniers, on a toujours deux images, l'une réfléchie par la première surface, l'autre réfléchie par la seconde. Celle-ci même est ordinairement la plus lumineuse, parce que, pour augmenter l'intensité de la réflexion, l'on applique sur la surface postérieure du verre un enduit métallique, formé par un amalgame d'étain et de mercure que l'on nomme le *tain;* de sorte qu'à proprement parler, un pareil miroir est réelle-

·ment composé d'un miroir antérieur de glace, et d'un miroir postérieur métallique. Cette duplication d'images n'a point d'inconvénient grave, lorsqu'on veut simplement observer les résultats généraux de la réflexion; mais elle serait intolérable dans des observations précises, sur-tout si l'on voulait grossir les images par des loupes placées près de l'œil, comme il est nécessaire de le faire pour l'astronomie. Aussi les miroirs de métal sont-ils alors les seuls dont on fasse usage. On verra dans un des chapitres suivans, la manière dont ils doivent être employés pour former ces instrumens que l'on appelle des *télescopes catoptriques.*

CHAPITRE IV.

De l'Héliostat.

La plupart des expériences d'optique, principalement celles qui ont pour objet l'étude des propriétés physiques de la lumière, se font sur des rayons solaires que l'on introduit dans une chambre obscure par une ouverture très-petite, percée dans le volet d'une fenêtre. Mais cette manière d'opérer présente deux inconvéniens : le premier est l'obliquité des rayons sur l'horizon, le second est le mouvement continuel du soleil.

L'obliquité des rayons fait qu'après être entrés dans la chambre obscure, ils se dirigent vers le plancher, de sorte qu'on ne peut opérer sur eux que dans une longueur ordinairement fort petite. Il en résulte encore que le rayon ne peut être ainsi introduit que pendant un petit nombre d'heures, ce qui limite la durée et la facilité des expériences. Enfin le mouvement continuel du soleil fait que la direction des rayons change sans cesse ; de sorte qu'il faut, à chaque instant, déplacer les corps qu'on veut leur présenter.

On évite cet inconvénient au moyen d'une machine inventée par S'gravesande, et nommée par lui *héliostat,* parce qu'elle permet de diriger et de fixer à volonté le rayon solaire dans telle direction que l'on veut choisir.

Cette machine, représentée fig. 19, est composée de deux

pièces principales, d'un miroir plan métallique M M, et d'une horloge qui fait mouvoir ce miroir de telle sorte que le rayon solaire réfléchi reste parfaitement immobile, et conserve toujours la même direction.

On fait le miroir en métal, et non pas en glace, afin d'éviter les doubles réflexions. Pour qu'il puisse prendre librement toutes les positions, on le monte de manière qu'il ait deux mouvemens de rotation rectangulaires, l'un autour d'un axe horizontal A A, l'autre autour d'un axe vertical C P, qui lui sert de support.

Pour que l'horloge puisse le conduire, on adapte derrière sa surface une tige perpendiculaire C Q, que l'on nomme *la queue du miroir,* et dont l'extrémité Q est menée par l'aiguille C' R du cadran, au moyen d'une pièce F F, qui est représentée séparément, fig. 20. Cette pièce, qui a la forme d'une fourche, porte à sa base une queue cylindrique *q q,* qui entre librement dans un tuyau percé à l'extrémité R de l'aiguille, perpendiculairement à sa direction ; de sorte qu'en vertu de cette disposition, la fourche F F peut déjà tourner autour de l'axe *q q.* Entre les branches de cette fourche est suspendu un petit tuyau cylindrique *t t,* qui tourne librement autour d'un axe de rotation *a a,* perpendiculaire à leur longueur ; de sorte qu'en combinant ce mouvement avec celui de la fourche elle-même autour de sa tige *q q,* on voit que le petit tuyau peut prendre dans l'espace toutes les directions imaginables. Cela posé, quand on veut attacher la queue du miroir à l'horloge, on enlève la fourche F F, on fait passer l'extrémité Q de la queue C Q dans le petit tuyau *t t,* qui a justement le même diamètre ; on replace la queue de la fourche sur l'extrémité de l'aiguille ; alors le mouvement de cette aiguille se communique au miroir. Mais pour que la marche de celui-ci soit telle que le rayon réfléchi reste fixe, il faut que le cadran de l'horloge soit dirigé dans le plan de l'équateur, et qu'il y ait entre la position du miroir et de l'horloge certains rapports de distance que l'on ne peut déterminer ou même expliquer qu'à l'aide de calcul, et qu'il faudra par cette raison chercher dans le Traité général.

CHAPITRE V.

Considérations générales sur les forces qui produisent la réflexion de la lumière à la surface des corps.

Lorsqu'on a trouvé les lois expérimentales des phénomènes, il faut tâcher de les ramener à des causes mécaniques, c'est-à-dire d'assigner des systèmes de forces capables de produire les mêmes effets. Car si l'on peut y parvenir, on se trouve élevé à la source même de tous les phénomènes, on en connaît les rapports naturels et nécessaires ; et au lieu de s'embarrasser dans leurs détails, on n'a plus qu'à les envisager dans leurs principes, ce qui est incomparablement plus simple. Essayons d'atteindre ce but dans les phénomènes de la réflexion.

Ces phénomènes, au premier coup-d'œil, semblent n'être que de simples résultats de l'élasticité qui force les molécules lumineuses de se réfléchir à la surface des corps polis , comme une bille d'ivoire se réfléchit sur un plan de marbre, en formant l'angle de réflexion égal à l'angle d'incidence. Mais cette idée, qui se présente la première, et qui a été aussi la première adoptée, ne saurait soutenir l'examen.

Sans connaître les dimensions absolues des molécules lumineuses, nous pouvons aisément comprendre qu'elles doivent être d'une petitesse excessive, et telle que les meilleurs microscopes ne pourraient jamais les agrandir assez pour les faire tomber sous nos sens : s'il en était autrement, comment pourraient-elles traverser, ainsi qu'elles le font, de grandes masses d'eau, de verre, et d'autres substances diaphanes ? Comment pourraient-elles trouver un si libre passage à travers les pores de ces substances, que non-seulement leur vitesse n'en soit pas affaiblie, mais au contraire, puisse y devenir plus grande , comme nous le prouverons bientôt ? Et enfin, quand, avec cette énorme vitesse, elles viennent à chaque instant, par millions, frapper les membranes si délicates de nos yeux, comment ne les déchireraient-elles pas en mille pièces, et ne nous feraient-elles pas éprouver mille douleurs, si leur excessive ténuité ne rendait leur choc presque insensible? et quelle ne doit pas être cette ténuité pour qu'elle soit insensible en effet! Mais, d'après cela, je demande quelle proportion il peut y avoir entre la petitesse de ces corpuscules et les dimensions des aspérités qui restent encore à la surface des corps polis par notre art. Je demande si, sous ce rapport, il y a quelque différence entre ceux que nous appelons polis et ceux qui ne le sont pas. Car pour polir les corps, nous ne faisons que les frotter et les ratisser avec de petites poussières dures qui abattent leurs aspérités les plus fortes, en les sillonnant dans tous les sens. Mais les particules de ces poussières, que nous pouvons aisément apercevoir au microscope, ou même découvrir avec nos yeux, ne sont-elles pas des masses immenses, comparativement aux dimensions des particules de la lumière ? et les sillons qu'elles laissent sur les corps ne doivent-ils pas être aussi d'une immense profondeur ? Si donc la lumière se réfléchissait à la manière des corps élastiques, en frappant contre la surface même des corps, les petites particules qui la composent devraient se détourner dans tous les sens sur les élévations des corps, ou se perdre dans leurs profondes cavités; et la réflexion sur les corps les mieux polis par notre art ne devrait guère être moins grossière que sur les corps les plus raboteux. Mais puisqu'au contraire, elle y est incomparablement plus abondante, plus régulière et plus parfaite, c'est une preuve que les choses ne se passent point comme dans la réflexion mécanique des corps élastiques, et que les particules lumineuses qui se réfléchissent n'arrivent pas jusqu'au contact des corps.

La force qui les repousse agit donc hors de cette surface à distance. De plus, elle agit en général d'une manière inégale sur les diverses molécules d'un même rayon. Car, dans la plupart des cas où la réflexion a lieu, une portion de la lumière incidente est refléchie, et l'autre transmise, soit que la force répulsive éprouve réellement, dans son action, des intermittences qui la rendent tantôt plus énergique et tantôt plus faible; soit, ce qui paraît plus probable, que toutes les molécules lumineuses qui se suivent sur un même rayon ne se trouvent pas, au moment de leur incidence, dans les mêmes circonstances physiques, et également susceptibles d'être repoussées.

Quant à la nature même de la force réfléchissante, elle nous est tout-à-fait inconnue. Nous ne savons pas si elle appartient réellement aux particules des corps, ou à celles de la lumière; si elle s'exerce réellement par répulsion ou par attraction; et, à ne considérer que ses effets généraux, on pourrait imaginer une foule de conceptions mécaniques propres à la représenter. Mais, sans rien prononcer sur ce sujet, nous pouvons toujours l'assimiler à une force répulsive qui s'exerce à partir de la surface d'incidence, et qui tend à repousser un certain nombre des particules dont se composent les rayons incidens.

Figurons-nous donc que la ligne onduleuse A B, fig. 21, représente la surface plane d'un corps hérissé de ses asperités naturelles ou de celles que ne peut lui ôter l'art, et concevons que tous les points de cette surface, ou, plus généralement, que toutes les molécules des deux milieux contigus qui la composent, exercent à distance une force répulsive sur les molécules lumineuses qui s'en approchent. Cette force devra être très-énergique à la distance où la réflexion s'opère, puisqu'elle est alors capable de détruire l'énorme vitesse dont les molécules lumineuses sont animées, et de leur faire ensuite rebrousser chemin en sens contraire; mais, comme toutes les autres forces chimiques, elle devra s'affaiblir rapidement, à mesure que la distance augmentera. Car, si l'on diminue l'épaisseur du corps réflecteur, en usant peu-à-peu sa seconde surface A' B' sans toucher à la première, la régularité de la réflexion et la quantité de lumière réfléchie ne sont nullement altérées, à moins qu'on ne réduise le corps à un degré de ténuité extrême, et tel qu'il est presque impossible à l'art de l'atteindre. Ainsi toutes les molécules situées à une profondeur plus grande que cette limite ne peuvent pas étendre leur influence répulsive jusqu'à la surface réfléchissante, ou du moins jusqu'à la distance de cette surface où se fait la

réflexion ; et, puisque la force qu'elles exercent, si énergique dans les petites distances, s'affaiblit de cette manière
jusqu'à devenir insensible à une petite profondeur, il en
résulte nécessairement qu'elle décroît, par l'effet de la distance, avec une extrême rapidité.

Concevons, maintenant, qu'un faisceau de rayons lumineux parallèles S M, S M' arrive dans une direction quelconque sur la surface réfléchissante A B, supposée d'une étendue
indéfinie, et considérons ce qui arrive aux particules lumineuses M, M', quand elles en sont assez voisines pour commencer à éprouver l'action répulsive des particules du corps.
Si la surface est parfaitement plane, comme A B, fig. 22, ou,
ce qui revient au même, si ses inégalités sont insensibles par
rapport à la distance à laquelle s'étend la force répulsive, l'é-
nergie de cette force sera la même dans toutes les parties de la
surface, et par conséquent la réflexion s'opérera de la même
manière sur toutes celles des particules lumineuses M M',
dont les directions, les vitesses et les dispositions seront
égales. Voilà le cas des corps polis ; mais si la surface réfléchissante est hérissée de très-grandes élévations, comme
E E' E'', fig. 23, séparées par des cavités profondes F F',
l'intensité de la force répulsive ne pourra pas être égale dans
tous ces points. On devra concevoir, par exemple, que les
molécules lumineuses qui pénètrent dans les cavités ne se
réfléchissent pas dans la même direction que celles qui arrivent sur le flanc incliné des élévations, ni celles qui arrivent
sur les flancs, comme celles qui rencontrent les sommets.
Bien plus, il pourra encore se faire que celles qui s'enga-
gent dans les cavités ne puissent plus se réfléchir au-dehors,
étant repoussées en dedans par les répulsions émanées des
sommets. Un tel arrangement ne peut donc produire qu'une
réflexion faible et irrégulière, comme celle qui s'opère à la
surface des corps non polis ; et pour que cela arrive, il n'est
pas nécessaire que les inégalités de la surface soient assez
grossières pour être aperçues au tact, ou pour porter des
ombres sensibles les unes sur les autres ; il suffit que leurs
dimensions soient sensibles, comparativement à la distance
à laquelle les forces répulsives s'étendent. Telle est l'idée

que nous devons avoir, par exemple, des verres plans qui n'ont pas encore reçu le poli. Ils sont plans, si l'on ne considère que la direction générale de leur surface, et l'on ne pourrait ni mesurer la hauteur de leurs aspérités, ni trouver des pointes assez fines pour les enfoncer dans les cavités qui les sillonnent; mais ces inégalités sont encore trop fortes pour la lumière; et les oppositions qui en résultent dans la direction des forces répulsives affaiblissent la répulsion générale de la surface, en même temps qu'elles la rendent irrégulière. Pour remédier à cet inconvénient, on tâche d'abattre ces inégalités, ou au moins de les adoucir, en frottant la surface du verre avec des corps dont les aspérités propres puissent aisément être détruites, comme le papier ou le taffetas tendus et rendus lisses par le frottement; mais on arriverait encore au même but, si l'on diminuait la vitesse des molécules lumineuses que la répulsion de la surface est obligée de vaincre pour opérer la réflexion. Or c'est à quoi l'on parvient en rendant la direction des rayons plus oblique sur la surface réfléchissante, de manière qu'ils forment un plus petit angle avec sa direction. Car si l'on conçoit la vitesse des molécules lumineuses décomposée en deux directions rectangulaires, dont l'une soit parallèle à la surface réfléchissante, et l'autre lui soit normale, il est évident que celle-ci sera la seule que la répulsion de la surface doive surmonter, et il sera facile de voir qu'elle diminue à mesure que les rayons incidens deviennent plus obliques. En cela donc l'obliquité doit favoriser la réflexion; mais elle la facilite encore en ce que les molécules lumineuses pénètrent moins directement dans les cavités de la surface du corps réflecteur, et sont au contraire plus exposées à l'action de ses sommets; lesquels, formant une surface sensiblement plane, puisque le corps a été ainsi travaillé, produisent une force répulsive uniforme dans toute l'étendue de sa superficie. Aussi éprouve-t-on, par expérience, que la réflexion s'opère sur les verres dépolis comme sur les autres, lorsqu'on y reçoit les rayons lumineux sous de grandes inclinaisons. Pour bien faire cette expérience, il faut regarder ainsi, par réflexion, la flamme d'une bougie.

Quand le verre réflecteur est bien poli, la réflexion régulière s'opère sous toutes les incidences ; s'il est imparfaitement
poli, elle est faible, ou même nulle sous l'incidence perpendiculaire ; mais elle augmente peu à peu à mesure que les
rayons deviennent plus obliques, et elle devient bientôt
aussi forte que sur tout autre verre poli. Enfin, si la surface a été simplement *doucie*, mais nullement polie, on
n'aperçoit point du tout de réflexion régulière depuis l'incidence perpendiculaire jusqu'à un certain degré d'obliquité ;
alors on commence à voir, par réflexion, des images régulières
d'une intensité très-faible. Cette intensité s'augmente avec
l'obliquité, et la réflexion finit par devenir aussi parfaite que
sur les verres du plus beau poli.

La condition de la réflexion que nous venons d'établir sur
la destruction de la partie de la vitesse, qui est perpendiculaire à la surface, pourrait donner lieu à un doute qu'il est
nécessaire de prévenir. Car cette vitesse normale, étant nulle
d'elle-même pour toutes les molécules lumineuses, quand
les rayons incidens sont parallèles à la surface du corps, il
semble qu'alors toute la lumière incidente devrait être réfléchie ; tandis qu'au contraire on sait par l'expérience que,
dans ce cas même, une très-grande partie est attirée par le
corps, et réfractée, s'il est diaphane, ou absorbée, s'il est
opaque. Pour concilier ces deux résultats, en apparence
contradictoires, il faut avoir égard à une particularité que
nous avons déjà indiquée plus haut, et que nous établirons
rigoureusement par la suite ; c'est que toutes les molécules
qui composent un rayon de lumière rectiligne, quoique
ayant une vitesse de translation égale, ne sont pas également disposées à subir la réflexion ; parce qu'elles éprouvent, dans leurs propriétés physiques elles-mêmes, des
intermittences périodiquement réglées, qui, comme des
aimantations passagères, tantôt les rendent plus propres à
être attirées par les surfaces des corps, et tantôt les dispo-
sent à en être repoussées. Or, tout ce que nous avons
exposé sur les effets de la répulsion ne doit être appliqué
qu'aux particules lumineuses qui se trouvent actuellement
dans ce dernier état, et qui subissent effectivement la ré-

flexion. Car pour les autres, ou elles échappent entièrement
à l'action des forces répulsives, en vertu de la disposition
où elles se trouvent, ou elles en sont successivement déviées
en deux sens contraires, avant et après leur passage à travers la surface réfringente ; car leur direction définitive ,
dans le milieu qu'elles pénétrent, n'en est nullement affectée,
comme nous le prouverons également.

En bornant donc nos considérations aux seules molécules
qui sont actuellement réfléchies, essayons de fixer géométriquement les circonstances générales de leur marche ,
d'après la seule condition de l'existence d'une force répulsive ; et pour simplifier la question, supposons la surface
réfléchissante plane. Soit alors M, fig. 24 , la position d'une
particule lumineuse qui, se mouvant dans le vide, arrive
vers la surface, suivant la direction S I, et commence à en
éprouver la force répulsive : représentons la vitesse propre de
cette particule par I M, et décomposons-là, comme nous l'a-
vons dit tout-à-l'heure, en deux autres rectangulaires , dont
l'une I N soit normale à la surface réfléchissante A B, et l'autre
M N lui soit parallèle. Puisque la surface réfléchissante est
supposée parfaitement plane, il est clair que la résultante des
forces répulsives qui en émanent sera toujours dirigée perpendiculairement à sa direction , et par conséquent perpendiculaire à M N ; car, à cause de la petite distance à laquelle
cette force est sensible, on peut, comme dans la théorie
de l'action capillaire, supposer qu'elle émane d'un plan
indéfiniment étendu, et alors il n'y a aucune raison pour
qu'elle soit inclinée sur le plan plutôt d'un côté que de
l'autre ; elle lui sera donc perpendiculaire, et il n'y aura
d'exception à cela que sur les dernières extrémités des bords
où la surface se termine ; lesquels forment une étendue infiniment petite , qui devra être considérée à part. Or ,
puisque dans tout le reste de la surface la force répulsive est perpendiculaire à M N, il s'ensuit que, pendant
tout le trajet des particules lumineuses, la portion M N de
la vitesse qui est parallèle à la surface subsistera toute entière, sans éprouver ni accroissement, ni diminution. Mais
il n'en sera pas de même de la vitesse I N qui est normale

à la surface. Celle-ci est directement opposée à la force répulsive, et elle en sera immédiatement combattue, d'abord faiblement, lorsque la distance sera telle que la force répulsive commence d'agir; mais ensuite avec une intensité croissante, jusqu'à ce qu'enfin tout le mouvement de la particule lumineuse, dans ce sens, soit entièrement détruit. Quánd cela aura lieu, la particule lumineuse ne pourra pas aller plus avant, et la force répulsive, agissant désormais seule sur elle, l'obligera de rétrograder, et lui rendra progressivement, de distance en distance, tous les degrés de vitesse qu'elle lui avait ôtés d'abord, jusqu'à ce qu'enfin la particule, se trouvant assez éloignée de la surface pour que l'action de la force répulsive sur elle soit désormais insensible, continue pour toujours son mouvement en ligne droite avec les vitesses qu'elle a recouvrées.

Ainsi, depuis le premier instant où la particule lumineuse commence à sentir l'action de la force répulsive, jusqu'à l'instant où elle parvient à la plus petite distance de la surface réfléchissante, elle est sollicitée par deux vitesses, dont l'une M N est constante et parallèle à la surface, tandis que l'autre, perpendiculaire à cette même surface, est égale à l'excès de N I, sur l'intensité de la force répulsive à la distance où la particule se trouve. Si cette force n'éprouve point d'intermittences dans son mode d'action, la vitesse I N sera perpétuellement retardée. Alors, d'après les principes de la mécanique, la molécule lumineuse décrira une première branche de courbe, convexe vers la surface, laquelle aura d'abord pour tangente la direction primitive de la particule, et se terminera au point *s*, où la vitesse perpendiculaire à la surface est entièrement détruite. Mais si la force répulsive éprouve, dans son mode d'action, des intermittences qui la rendent plus faible à certaines distances plus petites, ce qui n'est pas sans quelque probabilité, la trajectoire décrite par la molécule lumineuse devra être onduleuse, comme le représente la fig. 25, jusqu'à ce qu'enfin son mouvement devienne parallèle à la surface en *s*, où elle n'est plus sollicitée que par la vitesse constante M N. Après cette époque, la molécule, toujours repoussée, commencera à s'éloigner de la surface avec une vitesse continuellement ou périodiquement accélérée ; et comme sa vitesse, parallèlement à la surface, est toujours constante, il s'ensuit qu'elle décrira une seconde branche de courbe, convexe ou onduleuse vers la surface comme la première, mais toujours symétrique avec elle, puisque les forces qui sollicitent la particule sont les mêmes à égales distances de la surface, de part et d'autre du point s. D'après la symétrie de la courbe, la dernière tangente $R'\,T'$ fera avec la surface réfléchissante le même angle que la première ; et, comme la distance à laquelle la force répulsive commence et finit d'être sensible est extrêmement petite, la portion curviligne de la trajectoire, qui est aussi renfermée dans les mêmes limites, sera fort petite également ; de sorte que la réflexion semblera s'opérer brusquement en un point s, à l'intersection commune du rayon incident avec le rayon réfléchi.

Jusqu'ici, nous avons considéré le corps réflecteur comme existant seul et isolé dans le vide. Ainsi nous avons pu attribuer toute la réflexion à la seule puissance répulsive de ses particules. Mais, si nous le supposons environné d'air ou d'eau, ou de tout autre milieu matériel, nous devrons pareillement concevoir que les particules de ce milieu exercent sur la lumière des actions analogues. Alors que devrat-il arriver ? Pour le savoir, considérons une particule lumineuse parvenue dans le premier milieu, à une certaine distance de la surface commune. Nous pourrons toujours décomposer, par la pensée, l'action, soit attractive, soit répulsive, des molécules du second milieu, en deux parties M et $M' - M$, dont l'une M soit égale à celle qu'exercent à pareille distance les molécules du premier milieu, et dont l'autre $M' - M$ soit l'excès de l'action du second milieu sur celle du premier. Or, si le second milieu ne possédait que la force M, il arriverait la même chose que s'il ne se faisait pas de changement de milieu ; et les molécules lumineuses, également sollicitées dans tous les sens, continueraient leur route avec la vitesse qu'elles auraient précédemment acquise. C'est le cas des milieux homogènes, comme l'eau ou le verre, dans l'intérieur desquels il ne s'opère en effet aucune réflexion. L'effet de cette première partie se détruit donc toujours de lui-même, et il ne reste plus à considérer que l'excès de l'action du second milieu, ce qui rentre dans le cas que nous avons d'abord examiné.

Quant à la valeur plus ou moins considérable de cette différence, l'expérience prouve qu'elle ne dépend par de la densité seule; car nous verrons bientôt des milieux aussi denses que d'autres, ou même moins denses, et qui agissent sur la lumière avec plus d'énergie. Tout cela est conforme au cours ordinaire des phénomènes; car si l'action des corps sur la lumière, et de la lumière sur les corps, est analogue aux affinités chimiques, il est naturel quelle dépende de la nature chimique des particules, et même de leur forme.

D'après ce que nous venons de dire, on conçoit qu'il doit être possible de former artificiellement des milieux hétérogènes dans l'intérieur desquels il ne se produise pourtant aucune réflexion. C'est ce qui a lieu, par exemple, quand on colle l'un à l'autre deux morceaux de verre au moyen d'une couche d'huile de thérébentine épaissie; car, si la jonction est bien faite, on n'aperçoit point du tout la surface de séparation des deux verres, et il ne s'y fait aucune réflexion. L'huile de thérébentine agit donc dans cette circonstance comme le verre lui-même; aussi est-il indifférent que les surfaces par lesquelles les verres se regardent soient polies ou dépolies. Dans ce dernier cas, le liquide, remplissant toutes leurs cavités, y remplace les particules de verre qui manquent, et leur donnent un poli plus parfait que celui de l'art. On a un autre exemple de cette propriété, en jetant dans de l'huile d'olive des morceaux irréguliers de borax; car ces morceaux, à cause de leurs inégalités et du défaut de poli de leur surface, ne transmettent pas régulièrement la lumière lorsqu'ils sont plongés dans l'air; mais ils deviennent parfaitement limpides quand ils sont plongés dans l'huile d'olive, parce qu'elle compense toutes leurs inégalités; et il se fait si peu de réflexion à la surface commune de ces deux substances, qu'on a peine à distinguer les limites de leur séparation.

On conçoit donc qu'un corps transparent par lui-même pourrait l'être beaucoup moins, et même devenir opaque, si l'on éloignait ses particules les unes des autres, et qu'on insinuât entre leurs interstices un milieu dont l'action sur la lumière fût très-différente. C'est ce qui arrive, par exemple, dans les liquides diaphanes que l'on fait mousser en y introduisant de l'air; car il n'y a aucun doute que l'action de l'air et de ces liquides sur la lumière est très-différente; puisque, quand leur surface est recouverte d'air, il s'y produit encore une vive réflexion. Ainsi, en insérant cet air entre les particules du liquide, on produit autant de réflexions successives que l'on forme de vacuoles qui troublent la continuité du liquide; et ces réflexions, repoussant enfin toute la lumière incidente, ou la disséminant dans l'intérieur du corps, il cesse d'être transparent et devient opaque; mais il redeviendrait transparent de nouveau, si on rétablissait la contiguité de ses parties; et c'est ce qui arrive à l'écume, lorsqu'en perdant son air, elle repasse à l'état d'eau. Cela se voit encore dans une pierre poreuse, nommée *hydrophane*, qui, lorsqu'elle est sèche, est parfaitement opaque; mais qui devient translucide quand elle est imbibée d'eau, parce que son action sur la lumière approche plus de celle de l'eau que de celle de l'air : d'où l'on voit que la transparence et l'opacité des corps ne sont point des qualités propres à la matière même des corps, mais dépendent uniquement de l'arrangement de leurs particules. C'est ce qui sera confirmé d'une manière encore plus frappante quand nous étudierons, par l'expérience, la manière dont la force répulsive naît et s'augmente avec l'épaisseur des corps, jusqu'à la limite à laquelle l'addition de nouvelles couches cesse d'avoir une influence sensible sur la répulsion.

DIOPTRIQUE.

CHAPITRE PREMIER.

Lois générales de la réfraction simple.

Nous venons d'examiner ce qui arrive à la portion de lumière incidente qui se réfléchit sur la première surface des corps. Suivons maintenant celle qui pénètre dans leur intérieur.

Celle-ci, lorsque l'incidence est oblique, ne continue pas sa route en ligne droite ; elle se dévie de sa direction, et ce phénomène s'appelle *la réfraction de la lumière.*

Dans tous les corps non cristallisés, le rayon réfracté est simple, et suit le prolongement du plan d'incidence. Quant à l'étendue de la déviation, elle dépend de la différence qui existe entre la densité et la nature du milieu que la lumière quitte, et de celui où elle entre,

Si les deux milieux sont homogènes et de densité égale, la réfraction est nulle, et le rayon continue sa route en ligne droite. S'ils sont de même nature, mais différens par la densité, le rayon lumineux, en entrant dans le plus dense, s'approche de la normale à leur surface commune. Enfin, si la nature et la densité des milieux diffèrent, ces deux élémens concourent au phénomène, et le rayon se rapproche de la normale dans le milieu dont l'action sur la lumière est la plus forte. Etablissons d'abord ces faits par l'expérience.

Lorsque l'on place une pièce de monnaie M au fond d'un vase AB, fig. 26, dont les parois sont opaques, on ne peut apercevoir cette pièce que lorsqu'on se place dans le cône de rayons directs R R′ qui en émane, et qui est limité en A et B par les bords du vase. Mais si l'on remplit le vase de liquide, la pièce M devient visible dans un cône beaucoup plus ouvert, tel, par exemple, que O S O′. Cependant, le

cône de rayons qui émane du point M est toujours le même
que précédemment. Ces rayons se courbent donc en dehors
du vase en entrant dans l'air ; par conséquent ils s'éloignent
de la normale A N menée à la surface commune du liquide
et de l'air ; mais ils restent toujours dans le même plan vertical qui contient le rayon incident A M et la normale A N.

Voici un autre exemple non moins familier. Lorsque l'on
plonge obliquement un bâton droit T T', dans une eau tranquille dont la surface est A B, fig. 27 , ce bâton paraît brisé
au point I, où il pénètre le liquide ; et la partie plongée,
quoique comprise dans le même plan vertical que celle qui
est au-dehors, semble se rapprocher davantage de l'horizontalité. Pour développer les conséquences de cette observation, supposons que l'œil soit placé au point T, c'est-à-dire
à l'extrémité même du bâton dans l'air. Si les rayons qui
partent du liquide lui parvenaient en ligne droite, il devrait voir l'autre bout T' sur le prolongement de T ; au lieu
qu'il le voit relevé, par exemple, en T''. Or, nous avons
déjà remarqué que nous rapportons les objets sur le prolongement des rayons lumineux qu'ils nous envoient ; puis
donc que nous voyons le point T' plus haut qu'il n'est réellement, il faut que le rayon T' I' qui nous le rend visible
passe au-dessus de T' I, et suive une direction brisée telle
que T' I' T. Par conséquent, si l'on mène du point d'incidence I' la normale N' I' N, à la surface A B, on voit que le
rayon lumineux T' I', en sortant du liquide pour entrer dans
l'air, s'est éloigné de cette normale comme dans l'exemple
précédent ; mais il est resté dans le même plan vertical qui
contenait l'angle d'incidence.

La déviation aurait lieu en sens contraire, si le rayon
passait de l'air dans l'eau ; alors il se rapprocherait de la normale. Pour le prouver, prenez une cuve de forme rectangulaire, dont les parois soient en verre, et dont A B C D,
fig. 28, représente une coupe horizontale ; puis, après l'avoir
remplie d'eau, faites tomber obliquement, sur la paroi A B,
un rayon de lumière horizontal S I dirigé par un héliostat.
Alors, si vous fermez les volets pour rendre la chambre
obscure, il vous sera facile de trouver la direction du rayon

réfracté I R. Car il suffit pour cela de promener sur la paroi C D , opposée au point d'incidence, un petit cercle de carton ou de verre dépoli, jusqu'à ce que vous interceptiez le rayon émergent. Quand vous aurez trouvé ce point R , si vous menez R I au point d'incidence, ce sera la direction du rayon réfracté ; et, en la comparant à celle du rayon incident S I , vous verrez aussitôt que la réfraction l'a rapproché de la perpendiculaire N' I N , menée du point I à la surface d'incidence A B.

Le phénomène étant ainsi bien constaté, il importe de savoir quel rapport existe, pour chaque incidence, entre l'obliquité du rayon incident sur la normale et celle du rayon réfracté , afin que l'on puisse calculer l'une de ces directions, l'autre étant connue. Pour cela , il faut nécessairement mesurer les angles dont il s'agit. C'est ce que l'on peut faire en appliquant un demi-cercle gradué en dedans de la cuve, un autre en dehors, et les ajustant sur les directions des deux rayons, de manière que leur centre se trouve au point I où la réfraction s'opère. Alors, en observant la route du rayon incident S I sur le cercle extérieur, on connaîtra l'angle S I N qu'il forme avec la normale commune à la surface des deux milieux, et qu'ici, comme dans la réflexion, l'on appelle *l'angle d'incidence.* On mesurera de même l'angle R I N', formé dans l'intérieur du liquide par le prolongement de la même normale avec le rayon réfracté I R ; et l'on reconnaîtra ainsi les deux lois suivantes découvertes par Descartes : 1°. *Le rayon incident et le rayon réfracté sont toujours compris dans un même plan, normal à la surface commune des deux milieux.* 2°. *Le sinus de l'angle de réfraction est au sinus de l'angle d'incidence dans un rapport constant sous toutes les incidences pour les mêmes milieux* (1). Ce rapport se nomme en physique, *rapport de réfraction.*

____

(1) On appelle en géométrie, *sinus d'un arc* , la perpendiculaire P M, fig. 29, menée d'une des extrémités M de cet arc sur le demi-diamètre C A , qui passe par son autre extrémité. La distance C P du centre du cercle au pied du sinus se nomme le *cosinus* de l'arc, et la portion A T de tangente comprise entre le point de contact A et le prolongement du rayon C M , s'appelle la *tangente trigonométrique* de l'arc A M.

Cette belle loi est le principe fondamental de toute la
dioptrique. En effet, lorsque la direction des rayons incidens sera donnée, ainsi que la position de la surface réfringente, on en pourra toujours déduire la direction des rayons
réfractés, soit immédiatement si la surface est plane, soit,
lorsqu'elle sera courbe, en considérant l'incidence comme
ayant lieu sur son plan tangent. Après quoi, si la forme du
milieu réfringent est donnée, on pourra, en suivant le rayon
dans son intérieur, déterminer le point où il se présentera
pour en sortir, ainsi que l'angle qu'il formera alors avec le
plan tangent : d'où l'on conclura de nouveau l'angle d'émergence et la direction du rayon après sa sortie.

La fécondité de ce principe exige donc que nous cher-
chions à le constater avec la dernière exactitude; nous allons
en donner les moyens tout-à-l'heure. Mais auparavant, nous
devons signaler un phénomène remarquable qui accompagne
toujours l'acte de la réfraction.

Ce phénomène consiste en ce que le rayon réfracté se dilate
dans le plan de réfraction, et s'y *disperse* dans un espace
angulaire dont le sommet est au point d'incidence. Cet angle
est alors rempli de rayons de diverses couleurs; car, en y plaçant un carton blanc ou un verre dépoli, qui intercepte toute
la lumière réfractée, on voit se peindre sur leur surface un
spectre oblong, où l'on distingue principalement le violet et
le rouge sur les extrémités, le vert et le jaune au milieu, de
même que dans les iris qui se forment sur les nuées. Les
rayons violets subissent la plus grande réfraction, les rouges
la plus petite, et les verts une réfraction intermédiaire. Pour
abréger, je désigne ici ces rayons par les couleurs dont ils
teignent les corps. Il est évident d'ailleurs qu'ils ne sont en
eux-mêmes ni violets, ni verts, ni rouges, et que ces dénominations expriment seulement les impressions particulières
qu'ils produisent en nous.

Ce phénomène se nomme *la dispersion de la lumière;*
il est d'autant plus sensible dans un même milieu, que
l'angle de réfraction y est plus grand; et, dans les différens
milieux, il est d'autant plus grand, à incidence égale, que
la réfraction y est plus forte. On ne peut pas faire d'expé-

rience sur la réfraction, sans qu'il se produise, et c'est pourquoi j'ai voulu dès-à-présent l'indiquer. Mais nous remettrons plus loin à l'étudier en détail ; et, dans tout ce qui va suivre, je supposerai que l'on se borne à observer la réfraction des rayons jaunes ou des rayons verts, qui sont à peu près intermédiaires entre tous les autres.

Je dois aussi annoncer qu'il existe des substances dans lesquelles la lumière ne se réfracte pas en un seul faisceau, mais en deux, dont un seul suit la loi découverte par Descartes. La marche de l'autre faisceau est assujétie à une loi beaucoup plus compliquée, qui a été déterminée par Huyghens : nous l'exposerons plus tard. Pour le moment, nous nous bornerons à considérer la première espèce de réfraction qui s'opère dans tous les corps, et que l'on nomme *réfraction ordinaire*. L'autre, que l'on appelle *réfraction extraordinaire*, ne s'observe que dans les corps cristalisés, et encore dans ceux dont la forme primitive n'est ni un octaèdre régulier, ni un cube.

Détermination exacte du rapport de Réfraction dans les substances solides.

La manière dont nous avons, tout-à-l'heure, mesuré le rapport de réfraction et reconnu sa constance, ne peut être considérée que comme une approximation propre à indiquer la loi générale du phénomène. Il faut maintenant l'établir avec exactitude. Le moyen le plus simple d'y parvenir, c'est de construire un prisme droit, triangulaire, avec la substance diaphane que l'on veut observer, de mesurer ensuite les déviations qu'un rayon lumineux éprouve en traversant ce prisme sous diverses incidences, et de voir si elles peuvent toutes se calculer d'après un rapport constant de réfraction.

Soit A B C, fig. 30, une section faite dans le prisme par un plan perpendiculaire à ses arêtes. Dans ce plan, concevons un rayon lumineux S I qui tombe sur la surface du prisme au point I, et se réfracte suivant I I'. D'après la première loi de la réfraction, les deux droites S I, I I' doivent être dans un même plan normal à la surface réfringente ; elles resteront donc dans le plan de la section A B C qui remplit ces conditions. Le rayon réfracté, après avoir traversé la substance du prisme, rencontrera en I′ la seconde surface, et s'y réfractera de nouveau en repassant dans l'air suivant une direction I O, qui sera encore comprise dans le plan de la section A B C. Alors un observateur qui serait placé sur un point quelconque de cette direction, tel que O, recevrait à-la-fois le rayon réfracté I′ O, et le rayon direct O S venu immédiatement de l'objet lumineux. Si la lumière n'éprouvait aucune déviation en traversant le prisme, ces deux rayons se confondraient en un seul. Leur écart S O I′ est donc causé par la réfraction que le premier a éprouvée ; ainsi, dans chaque position donnée de l'objet lumineux, du prisme, et de l'observateur, la déviation S O I′ dépendra directement de la loi de la réfraction ; de sorte que, pour éprouver celle qu'a indiquée Descartes, il n'y a qu'à l'employer pour le calcul, et en comparer les résultats à l'observation. On peut en effet déterminer ainsi l'angle d'émergence C I′ O, quand on connaît l'angle d'incidence B I S et le rapport de réfraction ; ou, réciproquement, on peut déterminer le rapport de réfraction quand on connaît ces deux angles. Le calcul de ce rapport, sous des incidences diverses, peut donc prouver s'il est vrai qu'il soit constant, comme l'a énoncé Descartes : or, c'est en effet ce que l'on trouve avec la dernière présicion.

Cette vérité une fois établie, une seule mesure de la déviation I′ O S, opérée par un prisme d'un angle donné, sous une incidence connue, suffit pour qu'on puisse calculer le rapport de réfraction de la substance qui le compose. L'observation peut se faire de beaucoup de manières. Par exemple, s'agit-il d'une substance solide, il n'y a qu'à en former un prisme et l'appliquer sur le goniomètre circulaire qui nous a servi pour mesurer les angles dièdres, fig. 31, en employant toutes les dispositions et vérifications que nous avons indiquées pour rendre le tranchant des deux faces coïncidant avec l'axe central du cercle ; et y ajoutant de plus, que la glace centrale employée comme support soit mince, et ait ses deux faces bien parallèles. Alors, ayant placé le curseur S, par lequel la lumière entre, dans une des positions où elle puisse être réfractée par le prisme, on fera mouvoir l'autre curseur O, jusqu'à ce que l'œil, placé derrière, aperçoive l'image de S par réfraction. Quand cela aura lieu, la division circulaire donnera la mesure des angles que les rayons incidens et réfractés S C, O C forment avec les deux surfaces du prisme dont la position et l'inclinaison sont connues. Avec ces données le calcul déterminera le rapport de réfraction pour la substance dont le prisme est fait.

Si la lumière des nuées, admise par le petit trou du curseur S, se trouvait trop affaiblie après la réfraction pour donner, en O, une image bien sensible, on pourrait renverser la marche des rayons, en plaçant au-dessous de O, la flamme d'une bougie, d'une lampe à courant d'air ou toute autre lumière vive, et plaçant l'œil en S, derrière l'autre curseur, que l'on ferait mouvoir jusqu'à ce que l'on aperçût, par réfraction, le trait lumineux.

J'ai recommandé que la glace centrale qui sert de support eût ses deux surfaces bien parallèles. En effet, si elle était prismatique, elle donnerait aux rayons lumineux une déviation que l'on attribuerait faussement à la substance sur laquelle on veut faire l'expérience ; au lieu que si les deux faces de la glace sont parallèles, le rayon, après l'avoir traversée, reprendra, s'il rentre dans l'air, la même direction qu'il avait avant son incidence ; ou, s'il pénètre le prisme superposé, la direction qu'il y prendra sera la même que s'il y fût entré directement. Ces propriétés résultent de la constance du rapport de réfraction : le calcul les en déduit, et l'expérience les confirme.

Il faudra de plus que la glace soit mince, et que la réfraction se fasse près du bord du prisme, afin que les rayons incidens et réfractés pussent être censés partir exactement du centre de la division circulaire. Au reste, si l'on veut atteindre une extrême exactitude, il sera facile de corriger, par le calcul, le petit défaut de leur centralité. Je me borne à indiquer ici ce moyen d'observation, parce qu'il nous a déjà servi pour la réflexion ; mais on peut en employer d'autres, que j'ai expliqués dans le Traité général.

Dans ces expériences, la dispersion éprouvée par le faisceau réfracté le divise en une infinité de nuances, parmi lesquelles on peut en distinguer sept plus tranchées que les autres, qui sont le rouge, l'orangé, le jaune, le vert, le bleu, l'indigo et le violet. Puisque ces couleurs sont séparées dans le rayon émergent, il est évident que les parties du rayon incident qui les produisent ont alors des réfrangibilités inégales, et qui peuvent être appréciées par l'étendue de leurs déviations. On trouve ainsi que la plus petite réfrangibilité a lieu dans le rouge, et qu'elle va de là en croissant jusqu'au violet. On trouve même, en variant les incidences, que le rapport du sinus de réfraction au sinus d'incidence est constant pour chaque couleur, quoique différent de l'une à l'autre ; mais cette constance est difficile à constater par la seule observation des déviations absolues, parce que l'on n'est jamais sûr de ramener l'œil exactement sur la même nuance dans les diverses expériences. C'est pourquoi je me borne à énoncer ici la constance du rapport de réfraction comme une chose très-vraisemblable, et nous chercherons plus tard d'autres moyens pour l'établir rigoureusement.

Néanmoins, la seule connaissance de l'inégale réfrangibilité des différentes couleurs nous fournira, dès à présent, une remarque très-essentielle sur la manière dont elles doivent paraître distribuées quand on regarde un point lumineux à travers un prisme réfringent. Soit, fig. 32, S I, un rayon blanc infiniment mince, parti d'un objet infiniment éloigné S, et réfracté par le prisme A B C. Après sa sortie, il se divisera en un faisceau V I′ R dont l'extrémité la plus réfractée I′ V sera violette, tandis que l'extrémité la moins réfractée I′ R sera rouge, les autres nuances se distribuant entre ces deux-là. Or, si un observateur place son œil quelque part en O, sur le prolongement du rayon rouge, il est évident qu'il ne recevra aucun des autres rayons colorés contenus dans le faisceau R I′ V. Mais si, par le point O, vous menez une ligne O i′ parallèle à I′ V, l'observateur recevra, suivant cette direction, un rayon violet provenant d'un autre rayon incident S i venu également de l'objet S ; et, de même que le premier faisceau émané de S I ne lui envoyait qu'un rayon rouge I′ R, de même le faisceau émané de S i ne lui enverra que le seul rayon violet i′ O. Mais d'autres rayons incidens compris entre S I et S i lui enverront les nuances intermédiaires, et il aura ainsi la sensation de toutes les couleurs du spectre, comme s'il avait reçu, sur un carton blanc, tout le faisceau réfracté R I′ V. Seulement les rayons les plus réfrangibles seront toujours ceux qui lui paraîtront les plus déviés de leur direction primitive, par conséquent les plus éloignés de la base B C du prisme ; et ce caractère, qui réglera pour lui la distribution des couleurs, sera aussi un indice de leur plus grande ou de leur moindre réfrangibilité.

Cette remarque, quoique fort simple, est cependant très-essentielle à retenir ; car elle sert dans une infinité de circonstances où il faut conclure, de l'ordre des couleurs, la réfraction plus ou moins grande qu'elles ont subie.

Détermination du rapport de réfraction dans les liquides.

La méthode que je viens d'exposer s'appliquerait également aux substances liquides, si l'on pouvait en construire des prismes. Or, c'est ce qui est très-facile en les contenant dans des vases prismatiques dont les parois soient formées de glaces planes et parallèles ; car de pareilles glaces ne changeant point les directions définitives des rayons qui les traversent, la réfraction qui se produit, et que l'on observe, est occasionnée entièrement par le liquide. Aussi de pareils vases, lorsqu'ils sont vides, ne déplacent pas sensiblement les images des objets, du moins si les glaces sont bien exécutées, et que le point lumineux soit très-éloigné, comparativement à leur épaisseur.

Mais pour ajuster ces glaces ensemble, et former un vase susceptible de contenir des liquides, il faut les attacher ou les luter. Si l'on se borne à les attacher avec des vis, il est difficile que le liquide ne s'échappe pas. Si on les lute, le lut pourra être attaqué par le liquide, et la réfraction s'en trouvera influencée. L'inconvénient augmente, si l'on veut observer des liquides volatils, tels que l'ammoniaque, les huiles essentielles, et la plupart des acides. Heureusement, on peut éluder toutes ces difficultés par un procédé que nous avons imaginé, M. Cauchoix et moi, et qui est de la plus grande simplicité.

On commence par prendre une plaque de verre rectangulaire, épaisse d'environ un centimètre, et large de 4 ou 5. Peu importe que le verre soit pur ou impur, opaque ou transparent. On perce la plaque à son centre, et on y pratique un canal cylindrique d'environ deux centimètres de diamètre; ensuite on achève de la tailler en prisme, comme le représente la fig. 33, et l'on a soin que ses deux faces soient bien planes et bien polies. Alors, quand on pose sur ces faces des glaces également planes, avec une légère pression, elles s'y attachent et y adhèrent d'elles-mêmes, par l'effet de ces attractions à petite distance dont nous avons développé le principe en parlant de la capillarité. On forme donc ainsi un véritable prisme de verre creux, et sans lut, où l'on peut enfermer tous les liquides possibles, sans qu'ils y éprouvent aucune altération.

Pour les y introduire avec facilité, et sans être obligé de détacher à chaque fois les glaces, on pratique, dans l'épaisseur du prisme, un canal latéral $a\,b$, qui se ferme par un bouchon de verre usé à l'émeri; et enfin, pour que l'adhérence des glaces soit plus parfaite, et qu'elles ne glissent pas sur les faces solides du prisme par les mouvemens qu'on est obligé de lui donner, on les contient par des branches de cuivre triangulaires qui se serrent à vis contre leurs surfaces avec une légère pression.

En supposant que les glaces employées soient bien parallèles, il est évident que cet appareil offre un véritable prisme à liquides, à travers lequel on peut observer la réfraction de ces substances, comme si elles étaient solides, sans craindre qu'elles y éprouvent aucune altération. On le pose sur le goniomètre, fig. 31, ou, en général, on l'applique aux appareils qui servent à mesurer la réfraction, et on y observe la déviation des rayons lumineux comme dans un prisme solide, en prenant soin seulement qu'ils passent à travers la cavité où le liquide est renfermé.

Détermination du rapport de réfraction dans les substances aériformes.

La réfraction des gaz s'observe comme celle des liquides, en les introduisant dans des vases prismatiques dont les faces sont fermées par des glaces parallèles; mais il faut y joindre quelques modifications dépendantes de la constitution de ces substances.

Les gaz ont beaucoup moins de densité que les solides et les liquides : leur réfraction est beaucoup plus faible à angle égal. Il faut donc, pour la rendre sensible, agrandir considérablement l'angle réfringent du prisme où on les observe. Borda en avait fait construire un dont l'angle était de 143° 7′ 28″. C'est celui que nous avons employé, M. Arago et moi, pour faire, sur les réfractions des gaz, une suite d'expériences dont j'ai donné l'extrait dans le Traité général. Il est construit avec un gros tube de verre cylindrique et creux, dont les deux bouts sont taillés en prisme, et fermés par des glaces à faces parallèles que l'on a soigneusement lutées, fig. 34. Le tube est percé en dessous, et muni d'un robinet R qui peut s'ajuster sur une machine pneumatique ou sur des récipiens; ce qui permet de faire le vide dans le prisme, et d'y introduire les gaz que l'on veut observer. J'ai déjà annoncé que, pour une même substance, la réfraction n'était pas la même quand la densité changeait; or, la densité des gaz varie dans des proportions considérables par les changemens de pression et de température. Pour réduire toutes les expériences à des termes comparables, il faut observer ces deux élémens.

Pour mesurer la pression, on adapte au prisme un tube vertical T V, qui communique à son intérieur, et qui renferme un baromètre à siphon, dont la branche ouverte est assez longue pour que le mercure puisse s'y élever jusqu'au niveau, lorsque l'on fait le vide dans le prisme. La hauteur à laquelle le mercure de ce baromètre est soutenu par le gaz intérieur, détermine la pression. Pour connaître la température, on pourrait insérer aussi dans le prisme un petit thermomètre; mais il faudrait le placer au milieu de sa capacité, ce qui intercepterait la vision; il vaut mieux suspendre deux thermomètres très-sensibles à l'extérieur du prisme, et tout près de ses faces, ou même en contact avec elles. La température de ces faces, indiquée par le thermomètre, peut, sans erreur sensible, être prise pour celle du gaz et de l'air qui les touche en dedans et en dehors; car on sait avec quelle facilité extrême les gaz se mettent à la température des corps environnans. On prend d'ailleurs toutes sortes de précautions pour que la température varie peu dans le lieu de l'expérience, et sur-tout n'y puisse varier que lentement.

Ce prisme est monté sur un pied perpendiculaire à sa longueur, et qui le tient dans une situation horizontale. Le lieu de l'observation, et l'objet qui sert de signal, doivent être choisis de manière que cet objet se trouve dans le même plan horizontal qui passe par le centre du prisme. On observe la déviation avec un cercle répétiteur, dont on dispose aussi le limbe dans le même plan, d'abord par approximation, ensuite exactement, par la condition que la lunette supérieure de son limbe étant transportée de l'objet direct à l'image réfractée, l'un et l'autre se trouvent toujours sur le même fil horizontal, tendu dans l'intérieur du tuyau. Pour vérifier cette horizontalité des fils, il est bon que le signal soit placé à une des faces de quelque grand édifice, qui puisse offrir dans sa construction de grandes lignes de niveau sur lesquelles on puisse se régler. Alors la meilleure de toutes les mires est un paratonnerre vertical qui se projette, comme une ligne noire, sur la voûte du ciel.

Ici, comme pour les solides et les liquides, le mode d'observation consiste toujours à diriger la lunette supérieure du cercle alternativement sur l'objet direct et sur l'image réfractée, afin de mesurer la déviation. Mais, comme la déviation produite par les substances gazeuses est toujours extrêmement petite, même avec le grand prisme dont nous faisions usage, il s'ensuit que, pour avoir sa valeur avec exactitude, il faut multiplier les observations, et trouver le moyen d'en ajouter les résultats consécutivement les uns aux autres, afin que leurs erreurs intermédiaires se compensent. C'est à quoi l'on parvient par une méthode de répétition que j'ai exposée dans le Traité général, et qui est principalement fondée sur le retournement alternatif du prisme, de droite à gauche, et de gauche à droite, de manière à observer successivement avec la même lunette dans ces deux positions, comme le représente la fig. 35.

La première observation qui se présente à faire, est celle de la réfraction de l'air atmosphérique. Dans ce cas, on extrait l'air du prisme au moyen de la machine pneumatique : cette opération ne procure pas un vide absolument parfait ; mais, quand la densité de l'air intérieur est extrêmement réduite, de manière à ne plus soutenir la colonne barométrique qu'à une hauteur de quelques millimètres, on l'observe, et on en tient compte dans le calcul. On a donc ainsi un prisme vide, ou presque vide d'air, plongé dans l'air atmosphérique : les rayons lumineux, en y pénétrant, doivent par conséquent éprouver une déviation déterminée par l'excès de force réfringente de l'air extérieur ; c'est en effet ce qui arrive. Si la lunette supérieure du cercle est d'abord dirigée immédiatement sur le signal, à travers l'air, lorsqu'ensuite on vient à interposer le prisme, elle se trouve considérablement déviée ; c'est l'effet de la réfraction de l'air. Si l'on replace la lunette sur la mire, en faisant mouvoir le limbe, et qu'on retourne le prisme point pour point, la déviation est doublée, ainsi que le déplacement du signal. Par exemple, dans nos expériences, le prisme était placé dans une des chambres du Luxembourg, en face de l'Observatoire, dont les paratonnerres nous servaient de point de mire. Le retournement du prisme transportait le fil de la lunette d'un bout de cet édifice à l'autre, ou, pour parler plus exactement, la lunette restant immobile, l'édifice semblait se déplacer, à droite et à gauche du fil, de toute cette quantité. Du reste, on n'y apercevait aucune dispersion sensible, quoique sans doute il s'en produisît une, mais trop petite pour être aperçue.

Si l'on veut observer la réfraction de l'air à diverses densités, le procédé est le même; il faut seulement n'épuiser l'air que jusqu'à la limite que l'on choisit, et qui est indiquée par le baromètre intérieur.

Quand on veut observer d'autres gaz que l'air, il faut d'abord faire le vide dans le prisme, observer la densité de l'air qui y reste, et y introduire ensuite le gaz. On fait cette introduction sur une cuve pneumatochimique à l'eau, ou au mercure, si le gaz est susceptible de se dissoudre dans l'eau. Il faut que le prisme et la cloche qui contient le gaz soient unis l'un à l'autre par un double robinet, comme dans la pesée des gaz, afin d'éviter les bulles d'eau qui pourraient être lancées dans le col de l'instrument.

Si l'on voulait obtenir dans le prisme le vide sec, ou des gazs secs, il faudrait déposer dans le tube de verre qui le surmonte une certaine quantité de potasse caustique, propre à absorber toute humidité. Quand ces substances agissent dans le vide, leur action est rapide, et l'absorption instantanée; mais dans l'air ou dans un gaz, il faut un certain temps pour que les vapeurs se précipitent et se combinent avec l'alcali. Si l'on voulait, au contraire, observer la réfraction des vapeurs aqueuses, il faudrait employer tous les moyens pour humecter l'air dans le lieu où l'on observe, en y répandant de l'eau, y suspendant des draps mouillés, et sur-tout en y élevant la température ; mais on devrait se garder d'introduire de ces vapeurs dans le prisme ; car, en se déposant sur ses faces, elles altéreraient la vision.

Dans tout ce que nous avons dit jusqu'à présent, nous avons supposé que les glaces qui forment les faces du prisme avaient leurs deux surfaces exactement parallèles. Il est probable que cette condition sera très-approchée, si l'on a travaillé les glaces avec soin ; mais il est très-peu vraisemblable qu'elle soit rigoureusement satisfaite. Or, comme la réfraction du verre est très-énergique, tandis que celle de l'air est très-faible, on conçoit qu'une erreur de ce genre doit être fort à redouter, par la grande influence qu'elle aurait sur les résultats. Pour la connaître, on ouvrira le robinet du prisme ; ou même on détachera le tube de verre qui le surmonte, afin d'y donner un libre accès à l'air extérieur. Puis on observera la déviation dans ces circonstances, comme on le ferait avec le prisme vide ou rempli d'un gaz. Si les surfaces des glaces sont exactement parallèles, il ne devra se produire aucun déplacement dans le signal par le retournement, puisque l'air intérieur et l'air extérieur au prisme seront exactement homogènes et de densités égales; mais si l'on trouve une déviation, elle sera nécessairement l'effet d'un défaut de parallélisme; et cette quantité devra être ajoutée, avec son signe, à toutes les autres observations; car il en est ici comme de toutes les quantités fort petites, dont les effets partiels ne font que s'ajouter les uns aux autres dans l'effet total.

Ayant achevé d'expliquer tout ce qui concerne la disposition des appareils et la manière de faire les observations, il ne reste qu'à en déduire les rapports de réfraction de l'air et des gaz : ceci n'est plus qu'une simple affaire de calcul. J'ai exposé, dans le Traité général, les formules nécessaires pour cet objet.

CHAPITRE II.

Des Lentilles sphériques.

Les méthodes que nous avons employées pour calculer les déviations que les rayons lumineux subissent en traversant des prismes terminés par des faces planes, peuvent s'appliquer au cas général où le milieu réfringent est terminé par des surfaces courbes quelconques. Car ici, comme dans la réflexion de la lumière, on peut assimiler les rayons à des lignes droites mathématiques, dont la réfraction, sur chaque point d'une surface, s'opère exactement de la même manière qu'elle se ferait sur le plan tangent. Il suffit donc de calculer la position de ce plan, à chaque point d'incidence, pour déterminer la déviation que le rayon lumineux doit éprouver; et ce calcul est toujours possible, quand la forme de la surface est donnée.

Dans les applications usuelles de l'optique, il n'est nulle-ment nécessaire de s'élever à cette généralité ; car on n'y emploie jamais que des verres sphériques, parce que ce sont les seuls qui puissent s'exécuter avec exactitude et facilité ; il suffit donc d'analyser et de calculer les réfractions qu'ils produisent. Pour le faire avec toute la simplicité possible, et même pour bien comprendre les résultats que l'analyse peut indiquer, il faut prendre d'abord une connaissance générale de cette espèce de verres, et se mettre au fait de leurs propriétés principales.

Si l'on conçoit une ligne droite, ou *axe*, menée par les centres des deux surfaces sphériques qui terminent un pareil verre, et qu'ensuite on dirige un plan coupant suivant cet axe, on aura le *profil* du verre, qui, selon la direction des courbures que l'on peut donner aux deux surfaces, aura nécessairement l'une des formes représentées dans les fig. 36, 37, 38, 39, 40, 41. On distingue ces diverses formes par des dénominations qui sont adoptées généralement :

1°. Verre doublement convexe, fig. 36. La ressemblance de cette espèce de verre avec une lentille lui en a fait donner le nom, qui s'est étendu ensuite à tous les autres verres sphériques.

2°. Plan convexe, fig. 37. La concavité et la convexité est toujours considérée relativement aux objets situés hors du verre.

3°. Concave, convexe, fig. 38 et 39. Ces deux formes diffèrent l'une de l'autre en ce que la première est plus mince au bord qu'au centre, et que la seconde, au con-traire, est plus mince au centre qu'au bord. Nous verrons bientôt les particularités qui résultent de cette dissemblance dans la construction.

4°. Plan concave, fig. 40.

5°. Doublement concave, fig. 41.

Toutes ces formes de verres s'accordent en ce point, que les plans tangens aux deux surfaces sphériques qui les terminent sont d'abord parallèles entre eux aux points A, A, où la lentille est percée par son axe ; de là jusqu'aux bords du verre, l'angle des deux plans tangens va toujours en augmentant de plus en plus, et symétriquement de chaque côté de l'axe. Un rayon lumineux, qui traverse un pareil verre, se réfracte précisément comme il ferait dans un prisme qui serait formé par les deux plans tangens aux points d'incidence et d'émergence. Une lentille sphérique, quelle que soit sa forme, peut donc être considérée comme un assemblage de pareils prismes, ou comme un prisme d'ouverture variable, dont l'angle réfringent, d'abord nul sur l'axe $A_1 A_2$ de la lentille, va ensuite en augmentant jusqu'à ses bords.

D'après cela, toutes les formes de verres sphériques que nous avons décrites peuvent se partager en deux classes, selon que la base ou la pointe des prismes réfringens est tournée vers l'axe $A_1 A_2$ de la lentille. La première classe comprendra les fig. 56, 57, 58; la seconde, les fig. 39, 40, 41.

Il est facile de concevoir l'influence de cette différente disposition des prismes sur la marche des rayons lumineux. Car si l'on imagine un faisceau de rayons incidens parallèles entre eux et à l'axe $A_1 A_2$ des lentilles, il est évident que toutes celles de la première classe réfracteront ces rayons vers l'axe $A_1 A_2$, tandis que celles de la seconde classe, au contraire, les en écarteront. Ainsi les premières feront converger la lumière du faisceau incident, et les autres la feront diverger; aussi a-t-on donné à ces deux classes de lentilles le nom de *verres convergens* et *verres divergens*.

Examinons de plus près la manière dont ces phénomènes se produisent, et commençons par la première espèce de lentille dont le type général est représenté par la fig. 42. Dans le nombre des rayons qui composent le faisceau incident parallèle à l'axe $A_1 A_2$, il en est un S A, qui coïncide avec cet axe lui-même. Celui-là traverse la lentille aux points où les deux surfaces qui la terminent sont parallèles. De plus, son incidence et son émergence se fait perpendiculairement à ces deux surfaces. Il n'en éprouve donc absolument aucune déviation, et il passe en conservant sa direction primitive $S A_1 A_2 F$. Mais il n'en est plus ainsi pour les rayons incidens situés à une petite distance de l'axe.

Ceux-ci éprouvent une réfraction à la vérité fort petite ; parce que l'angle réfringent du prisme qui les courbe est peu considérable. Ils vont donc couper le premier rayon quelque part en F. À mesure que les rayons incidens s'éloignent de l'axe, la déviation qu'ils subissent est plus forte ; ils se coupent donc successivement les uns les autres en F, F² ....., et l'ensemble de toutes ces intersections, supposées infiniment rapprochées les unes des autres, forme, en général, deux branches de courbe qui commencent au point F, où se coupent les rayons très - voisins de l'axe, et se terminent en F_2 sur le prolongement du dernier rayon qui traverse la lentille à ses bords. Ces courbes se nomment des *caustiques*. Mais lorsque les surfaces de la lentille ne comprennent qu'un très-petit nombre de degrés sur les sphères suivant lesquelles elles sont travaillées, l'expérience montre qu'il se rassemble beaucoup plus de rayons au point F qu'en tout autre : de sorte que la courbe $F F_1 F_2$, s'y concentre alors presque entièrement ; aussi donne-t-on à ce point le nom de *foyer principal*. Sa distance est sensiblement la même pour chaque lentille, quelle que soit celle des faces que l'on présente aux rayons incidens.

En raisonnant de même sur les lentilles divergentes dont le type général est représenté par la fig. 45, on concevra de même qu'elles doivent former deux branches de courbe $F F_1 F_2$, également symétriques au-dessus et au-dessous de l'axe ; mais le *foyer principal* F des rayons voisins de l'axe tombe du même côté de la lentille que les rayons incidens ; de sorte qu'il ne se fait pas une concentration réelle de lumière en ce point, non plus que sur tout autre point de la courbe des intersections. Alors cette courbe indique seulement le lieu où concourent les directions des rayons émergens, idéalement prolongées.

Dans toutes les figures que nous avons jusqu'ici considérées, les lentilles sont représentées comme parfaitement symétriques autour de l'axe $A_1 A_2$; en sorte que cet axe contient aussi le centre de figure de leur contour extérieur. Quand cela a lieu, on dit que le verre est *exactement centré ;* et cette condition est très-importante pour les usages optiques, comme on le concevra bientôt. Lorsqu'elle n'est pas satisfaite, l'épaisseur de la lentille à ses bords est nécessairement inégale, comme le montre la fig. 44, dans laquelle $A_1 A_2$ est réellement l'axe commun des deux surfaces sphériques, tandis que $B_1 B_2$ est l'axe apparent mené par les centres des deux cercles qui forment le contour extérieur du verre.

Il suit de là que les lentilles convergentes sont nécessairement centrées, lorsqu'elles sont tranchantes par les bords; car leurs épaisseurs sur ces bords étant nulles sont égales partout. Au reste, lorsque nous aurons appris à reconnaître par expérience la position des foyers, nous verrons qu'on peut s'en servir avec beaucoup d'exactitude pour vérifier le centrage dans toute espèce de lentille.

D'après ce que nous avons dit plus haut sur la formation des caustiques, on doit comprendre que, pour les verres comme pour les miroirs, la concentration des rayons se fera toujours d'autant plus exactement, qu'ils passeront plus près de l'axe des lentilles qu'ils traversent : aussi, dans les instrumens d'optique, est-on souvent obligé de couvrir les bords des lentilles et une portion de leurs surfaces avec des anneaux circulaires opaques, que l'on nomme *diaphragmes*. Les rayons lumineux ne tombent plus alors que sur la portion circulaire et centrale de la surface de la lentille qui n'a point été couverte. Le diamètre de cette portion restante se nomme *l'ouverture du verre*.

En général, dans les usages optiques qui demandent de l'exactitude, on ne donne jamais aux lentilles que des ouvertures très-petites, comparativement aux rayons de leurs courbures, et l'on n'y admet que des faisceaux lumineux très-peu inclinés sur l'axe qui joint les centres de leurs surfaces; ce sont là les seuls moyens d'obtenir de la netteté dans la vision. Il en résulte que, soit dans leur incidence, soit dans leur émergence, les faisceaux rencontrent toujours les surfaces de la lentille presque perpendiculairement; ce qui affaiblit les déviations qu'ils éprouvent, et facilite singulièrement les calculs par lesquels on peut les déterminer.

Pour fixer les circonstances de cette disposition d'une manière géométrique, considérons d'abord un seul point rayonnant S, fig. 45 , placé au-devant de la première surface d'un verre sphérique. Par ce point et l'axe du verre , menons un plan qui coupera la lentille suivant un de ses profils $A, A_2 M M$. Nous devrons toujours supposer que les rayons émanés du point S sont, pendant toute leur route, très-peu inclinés sur l'axe $A, A_2 X$, et que leurs points d'incidence et d'émergence I, I_2 sont très-peu éloignés de cet axe, comparativement aux rayons des deux sphères dont le verre est formé.

Si plusieurs lentilles sphériques sont placées sur le même axe que la première, et que le faisceau émané du point S les traverse successivement, il est évident que ceux des rayons incidens qui sont compris dans le plan de la figure y resteront toujours , puisqu'il est normal à toutes les surfaces qu'ils traversent. Mais les rayons qui s'en écartent au-dessus ou au-dessous passeront successivement dans différens plans d'incidence et de réfraction; ce qui semble devoir rendre leur marche plus difficile à calculer. Heureusement ce calcul n'est nullement nécessaire , lorsque les incidences et les émergences sont très-petites , comme on doit toujours le supposer dans les instrumens d'optique; car ces rayons sont alors ramenés sensiblement aux mêmes foyers que les autres ; de sorte qu'il suffit de suivre les premiers pour trouver le lieu où se forme l'image de chaque point rayonnant ; d'après cela , nous n'aurons plus à considérer que la marche des rayons compris dans le plan mené par le point rayonnant et l'axe commun de toutes les lentilles.

Ici, comme pour les miroirs sphériques, toutes les déterminations peuvent se déduire de la distance focale principale, et la méthode est la même. C'est donc cette distance qu'il faut d'abord obtenir; on y parvient aisément lorsque l'on connaît les rayons des deux surfaces de la lentille et le rapport de réfraction qui convient à sa substance. La distance focale est égale au produit de ces deux rayons, divisé par leur différence, et par le rapport de réfraction diminué de l'unité. Ceci suppose les courbures tournées dans le même sens , fig. 38 et 39. Si elles sont de sens contraires, fig. 36 et 41 , il faut prendre la somme des rayons au lieu de leur différence.

Avec cette donnée on peut aisément trouver le foyer d'un point rayonnant quelconque situé dans l'axe ou hors de l'axe. En effet, soit S ce point, fig. 46 et 47, et M A A' M le profil de la lentille, que je représente par une simple ligne, pour indiquer qu'elle est supposée très-mince. Par le point S, menons d'abord le rayon incident S I parallèle à l'axe A A, X; ce rayon, après les deux réfractions, viendra passer au foyer principal F; de sorte que I F sera la direction du rayon émergent qui en résulte. Menons maintenant un autre rayon incident S A, dirigé au centre de figure de la lentille; celui-ci la traversera sans se dévier, puisque l'épaisseur étant supposée infiniment petite, et les deux surfaces en A A, parallèles, la lentille fait en cette partie l'effet d'un verre plan infiniment mince. Il ne reste donc qu'à prolonger S A en ligne droite, jusqu'à ce qu'il coupe le premier rayon émergent en f; le point f sera le foyer commun de ces deux rayons; et il le sera aussi de tous ceux qui émanent du même point rayonnant S. La fig. 46 représente l'effet de cette construction pour une lentille convergente, et la fig. 47 pour une lentille divergente. En traduisant l'opération en analyse, on obtient une formule générale qui détermine la longueur de la distance focale, et la position du foyer, pour toutes les courbures possibles des surfaces et toutes les situations du point rayonnant. De là, il est facile de conclure les images des objets qui ont une dimension finie; car il n'y a qu'à appliquer la même construction à tous les cônes de rayons émanés des divers points qui les composent; on trouvera ainsi les foyers de chacun de ces cônes, et leur ensemble sera l'image de l'objet.

Détermination des images données par des lentilles divergentes. Usage de ces lentilles pour corriger les vues trop courtes.

Appliquons d'abord cette méthode aux lentilles divergentes. Soit, fig. 48, M A M, une pareille lentille, dont A soit le centre de figure, et plaçons l'objet S S' au-devant de sa surface, à une distance quelconque, mais pourtant telle,

relativement à sa grandeur, que les limites d'incidence sur
la lentille soient comprises dans nos approximations. Si de
l'extrémité S de l'objet, nous menons la ligne S A au centre
de figure de la lentille, le cône des rayons incidens émané
du point S aura pour axe S A, et son foyer se trouvera
quelque part sur cette droite du même côté de la lentille,
puisqu'elle est divergente, par exemple en f. Le foyer de S′
se trouvera de même sur S′ A, par exemple, en f''; et ces deux
foyers comprenant entre eux tous les autres, ff' sera l'image
de l'objet; elle sera toujours droite, et plus petite que lui, puisqu'elle est comprise entre les mêmes branches de l'angle S A S′
et plus rapprochée de son sommet A. En outre, la valeur absolue de sa distance à la lentille sera toujours moindre que
la distance focale principale A F, et d'autant moindre que
l'objet lui-même sera plus près du verre.

D'après cette construction, lorsque les rayons lumineux
partis du même point S ou S′ de l'objet ont traversé la lentille, leur marche est exactement la même que s'ils émanaient réellement du point f ou f' qui leur correspond dans
l'image. Donc, si un spectateur avait l'œil placé en O O, de
l'autre côté de la lentille, de manière à recevoir tous ces
rayons ou seulement une partie d'entre eux, il ne verrait
pas les points S, S′ ni leurs intermédiaires, mais leurs images
ff'; et son organe serait affecté comme si l'objet, devenu plus
petit, était réellement transporté à l'endroit où les foyers se
forment. Il verra donc cet objet fantastique droit, rapetissé
et rapproché. Mais quoique ce soient là en effet les seuls
élémens de la sensation qui s'opère dans son œil, le jugement
qu'il portera de la distance de l'objet et de sa grandeur
pourra être fort différent de ce qu'ils indiquent; parce que
son entendement pourra être en même temps affecté par
d'autres motifs, tout-à-fait indépendans de la direction des
rayons lumineux.

Pour vous convaincre de ce singulier résultat, prenez
un verre divergent quelconque, par exemple, l'oculaire
d'une lunette de spectacle, qui est d'ordinaire doublement concave; et regardez à travers ce verre des objets que je supposerai d'abord fort éloignés, comparative-

ment à sa distance focale. Lorsque votre œil sera placé à une juste distance de la surface postérieure, vous verrez une image très-nette de ces objets. Elle sera droite comme eux, et vous paraîtra plus petite; mais au lieu de la supposer près du verre et dans le foyer ff', où elle se forme réellement, elle vous semblera plus éloignée que l'objet lui-même. Cette circonstance tient à ce que la sensation de l'angle visuel, et celle de la divergence plus ou moins grande des rayons lumineux qui nous arrivent, ne sont pas les seules indications qui nous servent pour apprécier les distances. Nous y joignons encore, sans nous en rendre compte, les notions que nous pouvons avoir d'ailleurs sur les déterminations absolues des objets. Un homme que nous regardons successivement à vingt mètres, puis à quarante, puis à soixante, nous paraît toujours d'une même grandeur absolue. Cependant les faisceaux de rayons qui le rendent visible à ces diverses distances se croisent en entrant dans notre œil sous des angles bien différens, puisqu'ils sont entre eux, à très-peu près comme les nombres 1, $\frac{1}{2}$, $\frac{1}{3}$; de sorte que, si nous jugions d'après les seules ouvertures de ces angles, les grandeurs apparentes nous paraîtraient décroître dans le même rapport.

Cette habitude où nous sommes de combiner l'idée de la grandeur absolue avec la sensation de l'angle visuel pour juger de la distance des corps nous a été donnée par l'expérience constante de toute notre vie, et elle est devenue aussi rapide que la sensation même ; ou plutôt, la sensation qui se transmet à notre entendement quand nous regardons un objet extérieur est le résultat composé de ces deux sortes de données ; mais l'application involontaire que nous en faisons nous trompe quand nous regardons à travers une lentille divergente ; car alors, des objets que nous venons de voir à l'œil nu, et dont nous avons pu conséquemment estimer à peu près la distance et la grandeur, se présentant tout-à-coup à notre œil avec des dimensions beaucoup plus petites, nous n'en concluons pas simplement que leurs images ont diminué, nous voulons encore qu'ils se soient éloignés de nous; et aucun raisonnement ne peut redresser cette conclusion, même quand nous en connaissons théoriquement l'erreur.

A cette circonstance près, dont nos sens sont de mauvais juges, l'observation confirme parfaitement tous les résultats indiqués par la théorie ; et c'est ce que l'on peut vérifier, non-seulement quand l'objet sera très-éloigné, comme nous venons de le supposer tout-à-l'heure, mais encore quand il se rapproche peu à peu. Si toutefois il se trouvait extrême-ment près de la lentille, il faudrait qu'il fût fort petit, et que les surfaces réfringentes fussent tenues presque perpen-diculairement aux rayons qui en émanent, sans quoi on sor-tirait des limites d'incidence et d'émergence qu'embrassent nos approximations.

En faisant ces expériences, on trouve que, pour voir net-tement l'image, il faut placer l'œil à une certaine distance de la lentille, qui est différente pour les différentes vues. Si l'on approche l'œil davantage, l'image se trouble et devient con-fuse. Si au contraire on l'éloigne, elle devient plus petite et plus difficile à voir distinctement. C'est qu'en effet, et ceci en donne une preuve évidente, l'œil lui-même est un ins-trument d'optique qui ne peut concentrer les rayons avec une suffisante exactitude que lorsqu'ils tombent sur sa sur-face entre certaines limites d'incidence. Supposons, par exemple, que le point lumineux S formant son image en F, fig. 49, cette image paraisse distincte lorsque l'œil est placé en OO : alors la vision s'opère par un cône de rayons FOO qui a pour base la surface OO de la pu-pille, et pour sommet, le point F. L'œil s'approche-t-il da-vantage de la lentille, par exemple jusqu'en O'O', alors la pupille intercepte un cône plus ouvert, et par conséquent les rayons tels que F O', qui forment le contour extérieur de ce cône, tomberont sur sa surface avec une incidence plus con-sidérable. Si cette incidence devient assez grande pour que tous les rayons ne puissent plus être suffisamment concen-trés par l'œil sur la rétine, la vision devient nécessairement confuse ; aussi éprouve-t-on que cela arrive lorsqu'on ap-proche l'œil trop près de la lentille, par conséquent du foyer F, centre commun des rayons émergens. Si, au con-traire, après avoir trouvé le point où la vision est la plus nette, on éloigne l'œil de la lentille, l'image, qui reste toujours à la même place, se trouve plus distante de l'œil. Elle doit donc paraître plus petite et moins distincte dans ses détails, comme cela arrive en général à tout objet dont on s'éloigne; et c'est encore ce qui arrive.

Cette limite de distance à laquelle chaque spectateur est obligé de placer son œil, pour voir de la manière la plus distincte, est inégale selon les différentes vues. Les personnes qui ont ce qu'on appelle *la vue courte* sont obligées de s'approcher davantage du foyer F; celles qui ont la vue longue sont forcées de s'en tenir plus éloignées. Tout cela s'explique très-aisément, en se rappelant toujours que ce foyer, à partir duquel les rayons divergent, fait réellement l'office d'un objet qui existerait en F. Alors chacun, pour le voir distinctement, est obligé de placer son œil à la distance où il le met ordinairement quand il veut apercevoir un objet de la manière la plus nette. Cette distance est communément de huit à dix pouces (210 à 260 millimètres), quand il s'agit de distinguer les détails des petits objets; mais elle s'alonge bien davantage pour certaines personnes, qui ne distinguent pas du tout les objets placés à une si petite distance, et au contraire elle s'accourcit quelquefois jusqu'à deux ou trois pouces (50 ou 80 millimètres) pour les personnes qui ont la vue très-basse. Celles-ci se nomment des *myopes*, et les autres des *presbytes*.

Ce n'est pas que la faculté de voir soit, pour chaque organe, rigoureusement bornée à une seule limite de distance. Au contraire, l'œil est doué d'une sorte de flexibilité, qui lui permet de s'accommoder, jusqu'à un certain point, aux diverses distances des objets. Mais si on l'emploie au-delà des limites qu'il peut atteindre, les images se troublent, et la vision devient imparfaite. Ainsi, les personnes qui ont la vue la plus longue cessent, comme les autres, de distinguer les détails des objets placés à une trop grande distance. Mais ces détails disparaissent déjà pour les personnes qui ont la vue courte, quand même les objets sont beaucoup plus rapprochés.

On peut corriger ce défaut, en se servant d'une lentille

divergente que l'on place entre les objets et l'œil, comme le représente la fig. 49. Car une pareille lentille, substituant aux objets réels, les images qui se forment à son foyer, il n'y a qu'à lui donner une distance focale égale à celle de la vision distincte pour l'organe auquel on la destine; alors, en plaçant cette lentille tout près de l'œil, le myope verra les objets éloignés aussi distinctement que s'ils étaient placés tout près de lui; quoique sa pensée continue de les reporter aux distances véritables où il doit juger qu'ils existent. Mais il ne faudra pas qu'il emploie les mêmes verres, au moins en les plaçant tout près de l'œil, pour voir des objets très-voisins; parce que les foyers des rayons qui en émanent se formant plus près du verre, leurs images se trouveraient trop rapprochées de l'œil pour être aperçues distinctement sans fatiguer cet organe. Il faudra donc, pour ces objets, employer des lentilles d'un foyer plus long; ou plutôt il vaudra mieux s'en passer tout-à-fait, puisque ces objets très-rapprochés sont ceux que les myopes aperçoivent le plus distinctement à la vue simple, et réserver le secours des lentilles divergentes pour les objets éloignés. Il sera même utile que la distance focale principale de ces lentilles excède un peu celle à laquelle les petits objets sont vus le plus distinctement ; car les yeux se trouveraient bientôt fatigués par une si grande proximité des images. Tel est le but et l'effet des *lunettes* ou *besicles* par le moyen desquelles on supplée à l'imperfection des vues trop basses.

On conçoit que de pareils verres seraient au contraire désavantageux pour des presbytes qui déjà ne peuvent pas voir distinctement les objets voisins, parce qu'ils sont trop près de leur œil; car le foyer des lentilles divergentes étant toujours plus rapproché que l'objet même, la difficulté de voir ces objets n'en deviendrait que plus grande par l'interposition de pareilles lentilles. Il faut au contraire, dans ce cas, trouver le moyen d'éloigner les images au-delà de l'objet qui les forme, et c'est à quoi l'on parvient à l'aide des lentilles convergentes, comme nous le verrons tout-à-l'heure quand nous aurons étudié leurs propriétés.

Détermination des images données par les lentilles conver-
gentes. Usage de ces lentilles pour corriger les vues trop
longues.

Soit, M A M , fig. 5o, la lentille que nous prendrons maintenant convergente; et S S′ l'objet, que je supposerai d'abord
placé au-delà de la distance focale des rayons parallèles. Par
son extrémité supérieure S, menez un rayon S A , au centre
de la lentille. Ce sera l'axe du faisceau lumineux qui émane
du point S; et, en supposant la lentille très-mince, le foyer
de ce faisceau se formera quelque part sur le prolongement
de S A, au-delà de la lentille, par exemple en f, comme le
montre la construction générale. Alors tous les rayons émergens partis de S se réuniront en ce point, et divergeront
ensuite, comme ils feraient en partant d'un objet réel qui y
serait situé. Si l'on répète la même construction pour l'autre
extrémité S′, on trouvera de même son foyer f', sur le prolongement de l'axe S′ A ; et l'on aura pareillement tous les
foyers des points intermédiaires; de là résultera en ff',
une image renversée de l'objet. On voit que le renversement
tient à ce que les foyers se forment au-delà du point de croisement des axes des pinceaux.

Cette image deviendra sensible, si l'on reçoit les rayons
émergens sur un carton blanc ou sur un verre dépoli placé
en ff'; on pourra même l'apercevoir à la simple vue, en plaçant l'œil au-delà de ce point, à la distance convenable
pour voir distinctement un objet réel qui y serait situé.

Si l'objet lumineux S S′, dont on regarde ainsi l'image,
est placé à une très-grande distance, l'image tombera de
l'autre côté de la lentille, presqu'au foyer principal F, Ceci
donne donc un moyen expérimental pour déterminer la
distance focale des verres convergens. A mesure que l'objet
se rapprochera du verre, l'image s'éloignera en devenant
plus grande. Quand l'objet ne sera plus éloigné que d'une
quantité double de la distance focale principale, fig.51, l'image
l'égalera en grandeur; s'il continue à se rapprocher, elle continuera de s'éloigner et de s'agrandir; enfin, lorsqu'il arri-

vera à l'extrémité de la distance focale principale, fig. 52, elle s'éloignera à l'infini. Ce résultat était facile à prévoir, puisque l'objet et l'image peuvent toujours échanger leurs positions; si l'objet, placé à une distance infinie de la lentille, donne son image dans le foyer principal F, réciproquement l'objet placé à ce foyer doit envoyer l'image à l'infini. Entre ces deux limites, l'image reste toujours renversée.

L'objet, continuant de se rapprocher, arrive entre le foyer principal et la surface de la lentille, fig. 53. Alors l'image, toujours déterminée selon notre construction générale, passe du même côté que lui. Elle est plus grande, plus éloignée et droite; à mesure que l'objet se rapproche du verre elle s'en rapproche aussi en diminuant de grandeur; enfin, lorsque l'objet touche le verre, elle le touche aussi et coïncide avec lui dans tous ses points.

Voilà les indications de la théorie, et l'expérience y est parfaitement conforme. Pour vous en convaincre, prenez une lentille convergente quelconque, par exemple l'objectif d'une lunette de spectacle; et regardez, à travers cette lentille, des objets que je supposerai d'abord très-éloignés, comparativement à sa distance focale, fig. 50. Alors, en plaçant convenablement l'œil on voit une image renversée de ces objets, que l'on peut encore, comme nous l'avons dit, rendre sensible en la recevant sur un carton ou sur une glace dépolie. Mais quoique cette image se forme réellement du côté de la lentille où se trouve l'observateur, il ne la juge pas en cet endroit. Il la suppose du même côté que l'objet, et plus loin que lui, ou plus près, selon les autres motifs dont son entendement est affecté.

Quand on est ainsi placé dans la position où l'image se voit de la manière la plus distincte, si l'on mesure la distance de l'œil à la lentille, on trouve qu'elle est égale à la distance focale des rayons parallèles, plus la distance où s'opère habituellement la vision distincte. Cela nous prouve encore qu'en effet l'œil se place pour regarder l'image comme pour voir un véritable objet, et en reçoit des impressions pareilles. Tout confirme ce résultat; car si l'on s'éloigne davantage du verre, l'image paraît plus petite et ses détails deviennent plus difficiles à saisir, comme ceux d'un objet dont on s'éloigne. Si, au contraire, on s'approche, l'image se trouble et devient confuse comme celle d'un objet que l'on regarde de trop près. Dans ce dernier cas, sa grandeur semble aussi augmenter comme celle d'un objet dont on s'approche, et l'on est porté à la croire moins éloignée. Enfin elle devient tout-à-fait confuse et indistincte quand l'œil arrive dans le foyer même. Mais, ce qui est bien remarquable, en approchant l'œil du verre encore davantage, on la voit se reformer de nouveau ; alors elle est droite et fort trouble. Sa direction ne change plus à mesure que la distance de l'œil au verre devient moindre ; mais sa confusion diminue ; et l'on finit par voir passablement bien l'objet, avec ses contours et ses dimensions naturelles, quand l'œil vient se placer sur la surface même du verre, surtout si l'on rétrécit l'ouverture de la pupille, en regardant à travers un petit trou percé dans une carte.

Dans ces dernières expériences, les rayons arrivent en convergeant sur l'œil ; et puisque l'image est encore aperçue, c'est une preuve que la vision peut aussi s'opérer de cette manière, quoiqu'avec une netteté incomparablement moindre que lorsqu'elle se fait par des rayons divergens.

Mais ici on peut se demander pourquoi l'image paraît droite, et pourquoi elle devient moins confuse à mesure qu'on approche l'œil du verre. Pour résoudre clairement ces diverses questions, il faut étudier d'abord le cas simple où l'objet rayonnant se réduit à un point lumineux très-éloigné. C'est ce qui a lieu, par exemple, si l'on regarde à travers une lentille convergente, Vénus ou quelque étoile fort brillante. Dans ce cas, que j'ai représenté fig. 54, si l'œil est d'abord placé en O O, au-delà du foyer des rayons parallèles, et à une distance de ce point convenable pour la vision distincte, on voit une image de l'étoile très-nette et bien terminée. Cette sensation est produite par un cône de rayons divergens qui a son sommet au foyer F, et pour base l'ouverture O O de la pupille. A mesure qu'on se rapproche du verre, la base de ce cône, qui reste toujours de la même grandeur, intercepte un plus grand nombre de rayons et

des rayons plus divergens, c'est-à-dire, qui forment entre
eux un plus grand angle. L'œil, à cause de cette divergence
même, ne peut plus les réunir tous, sur la rétine, en un
même foyer, et par conséquent ils forment, sur cette membrane, une petite empreinte circulaire telle que la produirait un petit cercle lumineux placé au dehors de l'œil.
Aussi voit-on l'image de l'étoile s'élargir et former un disque
dont la grandeur augmente à mesure que l'œil s'approche
du foyer. Enfin, quand il arrive au foyer même, c'est-à-
dire, en $O'\,O'$, ce disque égale en grandeur la lentille
même, parce qu'alors l'ouverture de la rétine admet tous
les rayons que la lentille a réfractés. Mais, en continuant
à se rapprocher davantage du verre, il arrive de nouveau
que l'œil perd un certain nombre de rayons; et ceux qui
lui échappent d'abord étant ceux qui s'écartent le plus de
l'axe de la lentille, sont aussi les plus convergens. De là, il
résulte que, lorsque l'œil est tout près du verre, les seuls
rayons qui peuvent entrer dans la pupille n'ont plus qu'une
très-faible convergence, et c'est pourquoi on recommence
à voir l'image moins confusément. Ceci étant appliqué successivement à tous les points d'un objet étendu, fait concevoir pourquoi il paraît moins confus à mesure que l'œil
s'approche du verre. Quand à sa situation directe, elle
tient à ce qu'alors les axes des pinceaux ne se croisent plus
avant d'arriver à l'œil.

Ayant ainsi complétement vérifié les phénomènes que la
théorie indique pour des objets très-éloignés, il faut en
regarder qui soient placés à une moindre distance. Alors,
on y vérifie également toutes les autres indications de la
théorie; et on les observe de même, quelle que soit la
face de la lentille qui se présente la première aux rayons
incidens.

Il est maintenant facile de concevoir l'utilité dont les lentilles convergentes peuvent être pour les presbytes, qui
voient confusément les objets voisins. Car si, par exemple,
l'objet $S\,S$, fig. 55, est trop près de l'œil $O\,O$ pour que celui-ci puisse faire converger sur la rétine les rayons qui en

émanent, il n'y a qu'à réfracter ces rayons par une lentille convergente M A M , placée assez près de l'objet S S′ pour que celui-ci se trouve en deça de la distance focale A F des rayons parallèles, et dont la courbure soit telle que les images des points S S′ soient rejettées aux foyers ff' , précisément à la distance fO, $f'O$ à laquelle l'œil voit le plus distinctement. Aussi emploie-t-on de pareils verres pour faire voir aux presbytes les objets voisins qu'ils ont besoin d'apercevoir nettement; tels sont les verres dont se servent les personnes âgées, qui sont ordinairement presbytes. A l'aide de cette utile invention, elles peuvent lire, écrire, coudre, et exécuter en général tous les ouvrages qui doivent être placés à peu de distance de l'œil, de même que si le foyer de leur vue ne s'était pas allongé en vieillissant. Mais elles sont obligées de quitter ces verres pour voir nettement les objets éloignés, parce qu'alors il font converger les rayons du côté de l'œil, ce qui est une condition essentiellement contraire à la netteté de la vision, comme nous l'avons expliqué plus haut.

Des loupes et des microscopes simples.

Le même artifice sert aussi aux horlogers et en général aux personnes qui ont besoin de travailler avec beaucoup de soin sur de petits objets. Mais alors, ce n'est pas dans le dessein de corriger les défauts de leur vue qui peut être excellente, c'est afin de grossir les images des objets et d'en mieux apercevoir les détails. Pour concevoir cette utile application, soit fig. 56 O O l'œil, et SS′ l'objet qu'il s'agit de voir distinctement avec de grandes dimensions. Si cette dernière condition était seule prescrite, on pourrait la remplir en mettant l'objet tout près de l'œil, car l'angle visuel que sous-tend l'image d'un objet augmente à mesure qu'il s'approche de nous. Mais alors cette image deviendrait confuse, parce que l'objet se trouverait en deça des limites auxquelles la vision distincte peut naturellement s'opérer. Que faut-il donc faire pour corriger cet inconvénient ? il n'y a qu'à placer tout près de l'œil une lentille convergente, et mettre l'objet en

deça de la distance focale de cette lentille, précisément
autant qu'il le faut pour que son image ff' se trouve rejetée à la distance Of, Of', à laquelle s'opère naturellement la vision parfaite. Cela est toujours possible. Car
l'éloignement de l'image au verre peut varier depuis zéro
jusqu'à l'infini, selon la distance de l'objet. Quand on aura
trouvé, par quelques essais, cette distance convenable, l'image
ff' sera vue distinctement; et en outre l'angle visuel fAf',
qu'elle sous-tend, dans l'œil placé contre le verre, sera égal à
l'angle SAS', sous lequel l'objet paraîtrait à la vue simple,
si on pouvait le voir distinctement d'aussi près que AP. On
obtiendra donc ainsi le double avantage de voir parfaitement, et sous un angle plus grand qu'à l'ordinaire. Mais, par
cela même qu'il ne nous sera jamais arrivé de voir ainsi
l'objet que nous observons, l'idée que nous nous formerons
de sa grandeur réelle ne sera modifiée par aucune expérience préalable sur les rapports des distances avec les angles visuels; et, comme nous le verrons sous un angle extraordinairement plus grand qu'à la vue simple, quoiqu'avec la
même netteté et à la même distance où nous chercherions à
le placer pour l'apercevoir distinctement, nous jugerons
qu'il est en effet grossi dans toutes ses dimensions. C'est aussi
ce que l'on éprouve constamment. Les lentilles convergentes destinées à produire cet effet se nomment des *loupes*.

La proportion du grossissement est évidemment mesurée
par le rapport des grandeurs absolues de l'image et de l'objet;
rapport qui, par la construction de la figure, est aussi le
même que celui de leurs distances au verre, puisque l'un
et l'autre sont compris entre les branches du même angle
fAf'. Ainsi le grossissement tient à ce que l'image se forme
plus loin du verre que l'objet, et du même côté. Ces deux
conditions ne peuvent être remplies qu'avec les lentilles
convergentes.

Nous avons supposé l'œil placé tout contre la surface des
verres. Cette position est en effet celle qui offre les considérations les plus simples, et qui donne le plus de *champ*, c'est-à-
dire qui permet d'embrasser, avec le même verre, une plus

grande étendue d'objets. Mais, d'après la discussion précédente, on conçoit que cette condition n'est pas indispensable
pour obtenir des images grossies. En effet, toutes les fois que
l'image, quoique plus grande et plus distante que l'objet, sera
plus rapprochée du verre qu'il ne faut pour la vision distincte,
on pourra toujours, en s'en éloignant, trouver le point juste
où il convient de se mettre pour l'apercevoir avec netteté.

Les vieillards emploient quelquefois ainsi de larges loupes
qu'ils placent à quelque distance de leurs deux yeux, et qui
leur servent pour lire. On en fait aussi usage pour étudier des
cartes de géographie très-détaillées. On conçoit que ces loupes
doivent être fort larges, pour que les deux yeux puissent voir
à la fois à travers. Il faut aussi que leur distance focale soit
assez longue pour que les axes des faisceaux lumineux, dirigés d'un même objet vers chaque œil, ne fassent pas de trop
grands angles avec l'axe commun des deux surfaces. Le grossissement produit par ces loupes, varie nécessairement avec
la distance où on les tient de l'objet qu'on regarde, comme
cela se voit par les considérations précédentes, et leur effet
est d'autant moins défectueux qu'elles en sont plus près ; parce
qu'alors, en supposant que l'on regarde par le centre de la
loupe, les pinceaux lumineux qui entrent dans la pupille de
chaque œil traversent la loupe sous de petites incidences, conformément à ce que nos approximations supposent. Mais, en
général, la condition de voir des deux yeux oblige d'incliner
les pinceaux sur l'axe de la lentille, plus que si on regardait
avec un seul ; et cette circonstance, jointe à la facilité qu'on a
d'augmenter à volonté le grossissement en faisant varier la
distance de l'objet à la lentille et de la lentille à l'œil, rend
cet instrument dangereux pour la vue. Aussi l'emploie-t-on
rarement aujourd'hui, et on lui préfère avec raison les verres
séparés qui s'appliquent isolément contre chaque œil.

Généralement, c'est avec un seul œil que l'on emploie
les loupes et les autres instrumens d'optique où l'on cherche
à obtenir un grossissement notable avec le plus de netteté
possible. Alors aussi, l'expérience prouve que la position la
plus avantageuse est de mettre l'œil tout près du verre. Il ne

reste donc qu'à placer l'objet en-deçà du foyer principal, à une distance telle que l'image se trouve rejetée à l'éloignement juste qui convient pour la vision distincte ; on y parvient, dans l'expérience, par des essais. Le calcul donne aussi des règles pour déterminer cette position relativement à chaque lentille et à chaque portée de la vue, comme aussi il apprend à calculer le grossissement qui en résulte. On parvient ainsi à cette règle simple. Pour former une loupe qui grossisse un nombre quelconque de fois m, étant appliquée contre l'œil, il faut lui donner une distance focale égale à la distance de la vision parfaite divisée par le grossissement diminué de l'unité, c'est-à-dire par $m-1$. Par exemple, si l'on prend pour distance moyenne de la vision parfaite 8 pouces ou 96 lignes, ce qui est la portée de vue ordinaire, et que l'on demande une loupe qui grossisse 50 fois, sa distance focale devra être $\frac{96}{49}$ ou un $1^l,96$; si on voulait qu'elle grossît 100 fois, ce serait $\frac{96}{99}$ ou $0^l 9697$: ce qui, en supposant le même genre de courbure, exigerait que l'on fît chaque surface d'un rayon plus court. En général, les rayons des surfaces se raccourcissent à mesure que le grossissement augmente. Ceci fait un obstacle pour pousser les grossissemens très-loin avec une simple lentille. On voit aussi que la distance focale diminuerait encore si la portée de la vue était moindre que 96 lignes ; c'est pour cela, qu'en général, la même loupe grossit moins pour des vues courtes que pour des vues longues.

Voilà à peu près tout ce que l'on peut obtenir de plus fort avec une seule lentille microscopique. Mais, en les combinant avec d'autres lentilles moins courbes, on obtient des effets beaucoup plus considérables. On parvient aussi, par des combinaisons analogues de grands verres, ou de miroirs, et de loupes, à former des systèmes qui rapprochent et agrandissent les images des objets éloignés. Ce sont les *lunettes* et les *télescopes catoptriques*. Nous ferons connaître les principaux de ces instrumens quand nous aurons appris à corriger la coloration que produisent les lentilles simples, en décomposant la lumière, coloration qui limiterait leur emploi d'une manière intolérable si on la laissait subsister.

Un moyen bien simple pour se procurer un assez fort microscope, c'est de percer avec une épingle un petit trou circulaire dans une plaque mince de métal, et d'y introduire une goutte d'eau. Cette goutte, s'arrangeant dans le trou, comme dans un cylindre capillaire très-étroit et très-court, forme, des deux côtés de la surface de la plaque, deux convexités sensiblement sphériques, et dont le diamètre est le même que celui du trou. Alors les rayons, en traversant ce globule d'eau, s'y réfractent comme dans une loupe convergente d'un très-court foyer. Aussi, en mettant l'œil très-près du trou, et regardant de petits objets placés de l'autre côté de la plaque, à très-peu de distance, on trouve un point où on les voit très-nettement et très-agrandis.

Dans ces diverses applications de la théorie, on suppose que les lentilles dont on fait usage concentrent les rayons parallèles qui tombent sur leur surface, sensiblement en un seul foyer. Mais cette condition ne peut être remplie qu'autant que l'épaisseur des lentilles et leur ouverture sont petites, comparativement aux rayons de leurs surfaces, et c'est aussi, comme on l'a vu plus haut, le seul cas qu'embrassent nos approximations théoriques. On conçoit que, dans la pratique, il faut, pour que les images soient nettes, se conformer à ces conditions, et l'expérience montre bien vite dans quelles limites il faut rester. On peut toutefois, par un choix heureux de courbures, accroître l'étendue que les verres admettent, en diminuant les aberrations du foyer. On peut même détruire presqu'entièrement ces aberrations, en formant des lentilles composées de plusieurs verres; mais les dispositions qui produisent cet avantage ne peuvent se découvrir sans le secours du calcul. Ici, il nous suffira de dire qu'elles tendent en général à diminuer les incidences et les émergences des rayons, sur les diverses surfaces qu'on leur fait successivement traverser.

CHAPITRE III.

Théorie physique de la Réfraction.

Les méthodes que nous venons d'exposer déterminent le rapport de réfraction qui convient à chaque substance dans l'état où on l'observe. Mais nous avons déjà remarqué que ce rapport change, pour une même substance, en même temps que sa densité. La variation est peu sensible pour les solides et les liquides, parce que les dilatations et les condensations qu'ils peuvent subir sont peu considérables; mais il en est tout autrement dans les substances aériformes, où l'on peut faire varier la densité dans toutes sortes de proportions par le changement de pression et de température. Tant que nous n'aurons pas découvert la liaison qui existe entre la densité d'une substance et la réfraction qu'elle produit sur la lumière, nous ne pourrons pas ramener les observations faites sur chaque substance à des termes comparables; elles seront toutes isolées les unes des autres, puisque les circonstances ne seront pas pareilles. Il en sera de même, si nous voulons comparer entre elles les réfractions exercées par diverses substances, et nous ne saurons pas davantage y démêler ce qui tient à la densité et à la nature chimique des particules, ou à leur arrangement.

On voit donc que, pour pénétrer plus intimement dans ces phénomènes, il faut, d'après les mouvemens du rayon lumineux, découvrir les forces qui agissent sur lui, et chercher ensuite, par le calcul, comment ces forces déterminent les résultats particuliers.

Soit A B, fig. 57, la première surface d'un corps ou milieu réfringent de nature quelconque. Considérons un rayon lumineux S I qui, se mouvant d'abord dans le vide suivant une direction presque parallèle à la surface du milieu, vienne enfin la rencontrer au point I: dès-lors ce rayon ne continuera pas sa route en ligne droite; il se réfractera suivant une certaine direction I R, qui dépendra du rapport de réfraction pour le milieu que l'on considère.

Pour l'eau, par exemple, l'angle B I R formé par le rayon réfracté avec la surface réfringente, sera de 41° 18′ 36″, de sorte que le rayon incident se trouvera dévié de toute cette quantité. Or, comme un corps qui se meut ne peut être dévié de sa route que par une force inclinée sur sa direction, nous devons en conclure que les molécules lumineuses, en approchant de la surface du milieu, sont sollicitées par des forces qui tendent à les y faire entrer ; et ces forces sont dirigées perpendiculairement à la surface ; car le cas de l'incidence perpendiculaire est le seul dans lequel elles ne changent pas la direction du rayon.

Il est évident que ces forces ne doivent être sensibles qu'à de très-petites distances de la surface, tant en dedans qu'en dehors. Car le rayon lumineux doit commencer à se courber du moment où elles commencent à agir sur lui, et il doit reprendre une direction constante et rectiligne, quand elles cessent de le solliciter ; or, l'espace dans lequel cette inflexion s'opère est si petit, qu'il n'est pas appréciable à nos sens, et que le rayon semble se briser brusquement au point d'incidence : l'action des forces réfringentes n'est donc pas sensible plus loin.

Tous ces résultats concourent à nous montrer que la réfraction des rayons lumineux est produite par l'affinité des molécules des corps pour les molécules de la lumière ; affinité analogue à l'action capillaire, et qui, comme elle, ne devient sensible qu'à des distances très-petites. Cette conclusion, à laquelle nous conduisent les phénomènes, semble, au premier coup-d'œil, contradictoire avec celle que nous avons déduite des expériences sur la réflexion. Car alors les molécules lumineuses semblaient être repoussées par le corps réflecteur, au lieu d'en être attirées, comme nous le voulons ici. Mais il faut remarquer que les molécules qui se réfléchissent ne sont peut-être pas dans le même état physique, ou dans les mêmes circonstances de mouvement que celles qui se réfractent ; or, il suffit que cette différence soit possible pour qu'il n'y ait point de contradiction nécessaire dans les deux conséquences opposées que nous tirons des phénomènes relativement à ces deux états des particules ; car quand un corps A agit sur un corps B d'une manière quelconque, cette action ne dépend pas seulement de l'état de A et de sa nature, mais encore de l'état et de la nature de B. Nous verrons plus tard cette différence d'état des molécules lumineuses confirmée par une foule de preuves, et nous connaitrons en quoi elle consiste.

Fixons maintenant, d'après les phénomènes, les conditions auxquelles les forces attractives sont assujéties ; considérons une molécule lumineuse M, fig. 58, placée à une distance quelconque hors d'un milieu réfringent homogène, et modifiée de manière qu'elle échappe à l'action répulsive des forces réfléchissantes. Alors cette molécule ne sera plus sensible qu'à l'attraction du milieu, qui la sollicitera perpendiculairement à la surface A B, comme nous l'avons démontré tout-à-l'heure. Mais, de plus, elle sera ainsi sollicitée avec la même intensité à distances égales, quelle que soit la partie de la surface au-devant de laquelle elle se trouve, que ce soit en M, ou en m, ou en μ. Car, comme ce genre d'action n'est sensible qu'à des distances très-petites, chacune des molécules M, m, μ, qui ne se trouve pas infiniment près des extrémités A et B du milieu, est attirée par lui avec autant de force que s'il était indéfiniment étendu ; et les intensités de ces attractions doivent être partout égales, puisqu'on suppose le milieu homogène. Même, afin de n'avoir à considérer dans son action que des variations progressives dépendantes de la distance, supposons-le non cristalisé, en sorte que les modifications de force attractive qui pourraient dépendre de la figure de ses particules se compensent dans la confusion de leur arrangement. Alors, en supposant que la distance a A soit celle à laquelle l'attraction du milieu commence à dévier les molécules lumineuses, la ligne $a\,b$, parallèle à A B, figurera la limite extérieure à laquelle le rayon lumineux commence à se courber. Il est clair qu'il ne faut pas regarder cette limite comme rigoureuse et mathématique ; car, mathématiquement parlant, l'action attractive du milieu doit s'étendre à toute distance ; mais comme, au-delà d'une très-petite distance, elle devient si excessivement faible, que son effet est insensible, nous exprimons graphiquement cette circonstance en fixant près de la surface une certaine distance très-petite, comme la limite à laquelle le rayon commence à se courber sensiblement.

Supposons maintenant que la particule lumineuse M, ayant dépassé cette limite, s'approche davantage du milieu, alors elle en sera plus fortement attirée, et l'attraction augmentera ainsi jusqu'à ce que la molécule lumineuse arrive à la surface même du corps.

Mais, lorsqu'elle aura traversé cette surface, l'attraction du milieu commencera à diminuer, et diminuera ainsi progressivement à mesure que la particule s'enfoncera dans l'intérieur du milieu. En effet, supposons-la parvenue à une profondeur quelconque, par exemple, en M'. Pour connaître le degré de force qui la sollicite alors, menons par le point M' la ligne $c'\,d'$ parallèle à la surface A B, et au-dessous de cette ligne, menons une autre parallèle A' B' qui soit aussi éloignée de M' que la surface A B elle-même. Alors les deux portions égales du milieu, qui sont limitées par la ligne $c'\,d'$, et par A B, A' B', attireront la molécule M' en sens contraire, et l'attireront également. Ces deux parties se feront donc mutuellement équilibre, et la molécule ne se trouvera plus sollicitée que par la portion excédente du milieu, qui est située au-delà de A' B', et qui est éloignée d'elle d'une quantité c' A' égale à c' A. Si l'épaisseur de ce reste excède la limite à laquelle les forces attractives sont sensibles, l'intensité de l'attraction sera la même que lorsque la molécule se trouvait hors du milieu, et aussi éloignée de lui qu'elle y est maintenant enfoncée. Car, à cause de la petite distance à laquelle l'attraction est sensible, la portion du milieu, qui est retranchée par le plan A' B', est toujours infiniment mince, et le reste du milieu, dès qu'il excède la sphère d'activité des forces, peut être considéré comme indéfini.

Il résulte de ce raisonnement, que les limites des attractions intérieures et extérieures sont également éloignées de la surface. Lorsque la molécule lumineuse se trouve parvenue à cette profondeur, si l'on retranche du milieu les portions qui se font mutuellement équilibre au-dessus et au-dessous d'elle, le reste du milieu est trop éloigné pour pouvoir l'attirer sensiblement.

En résumant les résultats auxquels nous venons de parvenir, on voit que le rayon incident S I conserve sa direction rectiligne jusqu'à la première limite $a\,b$, où les forces attractives commencent à être sensibles; à partir de ce terme, l'action naissante des forces commence à le plier suivant une ligne courbe, tangente en I à sa direction primitive, et dont la concavité est tournée vers l'intérieur du milieu, comme le représente la figure. Cette courbe se continue ainsi jusqu'à la limite intérieure $a_{\iota}\,b_{\iota}$, où la variabilité des forces attractives devient de nouveau insensible. Alors le rayon prend la direction rectiligne qui lui est définitivement donnée par la réfraction, et qui est le prolongement de la dernière tangente de la courbe qu'il a décrite. L'étendue de cette courbe est trop petite pour être appréciable à nos sens, mais la pensée l'agrandit; et il est nécessaire de la considérer pour lier la direction du rayon incident avec celle du rayon réfracté.

Pour le faire d'une manière complète, il faudrait connaître la loi suivant laquelle la force attractive augmente à mesure que les molécules lumineuses s'approchent de la surface réfringente. Nous ne savons rien de cette loi, sinon qu'elle produit un accroissement très-rapide, et égal à distances égales sur toute l'étendue de la surface. Heureusement ces données générales suffisent pour arriver aux résultats qu'il nous importe le plus d'obtenir.

Pour représenter l'accroissement de la force attractive de la manière la plus générale, partageons l'espace où elle est sensible en une infinité de zones très-minces, par des lignes $c\,d$, $e\,f$, $g\,h$, etc., parallèles à la surface du milieu et à la première limite $a\,b$, fig. 59. Puis supposons que, dans chacune de ces zones, l'intensité de la force attractive soit sensiblement constante, en sorte qu'elle ne croisse qu'en passant de chaque zone à la suivante. Continuons cette construction dans l'intérieur même du milieu jusqu'à la seconde limite, où la force attractive cesse d'être sensible. Cela posé, si nous n'établissons absolument aucune relation entre les valeurs successives de la force pour ces diverses zones, il n'y aura point de loi si générale qui ne puisse être ainsi représentée ; la similitude sera d'autant plus parfaite, que l'on multipliera davantage les zones, et on la rendrait tout-à-fait exacte, en supposant leur nombre infini. Nous pourrons donc employer cette fiction pour représenter les progrès des forces attractives ; et, si nous en déduisons des résultats qui soient indépendans du nombre des zones, nous pouvons être certains qu'ils appartiennent aussi aux forces attractives elles-mêmes, quelle que soit leur loi.

Tout se réduit donc à considérer ce qui arrive lorsqu'une molécule infiniment petite, lancée dans le vide avec une certaine direction et une certaine vitesse, traverse une zone comprise entre deux plans parallèles, entre lesquels elle est sollicitée par une force accélératrice constante. Car, si nous résolvons ce problème pour la première zone, nous saurons calculer la direction que la molécule lumineuse y aura acquise, aussi-bien que l'accroissement de sa vitesse. Nous n'aurons donc qu'à recommencer le calcul avec ces données pour la seconde zone, de là à la troisième, et ainsi de suite, dans toute l'épaisseur où les forces attractives sont sensibles.

Ce problème est précisément celui du mouvement des projectiles dans le vide, en les supposant animés par la seule pesanteur. En le résolvant, on trouve que, pour une même substance, le rapport du sinus d'incidence au sinus de réfraction est constant sous toutes les inclinaisons possibles, comme l'expérience nous l'avait fait découvrir. On trouve de plus que ce rapport est le même que celui des vitesses de la lumière, après qu'elle a pénétré dans le corps à une profondeur sensible, et avant d'y pénétrer. Cette vitesse initiale est toujours plus faible que l'autre, si le rayon passe du vide dans une substance matérielle, de sorte qu'il s'accélère en s'y réfractant.

Enfin l'analyse, en mettant à découvert toutes les particularités du phénomène, nous apprend à tirer des expériences, sinon la valeur absolue de la force attractive, du moins une quantité proportionnelle à son intensité dans chaque corps.

Cette quantité est le carré du rapport de réfraction diminué de l'unité, et divisé par la densité de la substance réfringente. Newton lui a donné le nom de *pouvoir réfringent*. Son évaluation suppose que les particules matérielles, qui composent un corps d'une étendue sensible, agissent sur la lumière dans cet état de réunion, comme elles feraient dans l'état d'isolement; ainsi l'application du résultat ne peut être légitime qu'autant que cette condition peut être admise. Nous examinerons bientôt, par l'expérience, quels sont les cas où cela a lieu.

Considérons maintenant ce qui arrive à la molécule lumineuse lorsqu'elle approche de la seconde surface du milieu, que, pour plus de simplicité, nous supposerons d'abord parallèle à la première : fig. 60. Les forces attractives exercées par le corps, près de ces deux surfaces, auront la même étendue d'action. Ainsi nous représenterons de même par les parallèles $a_2 b_2$, $a_3 b_3$, les limites tant intérieures qu'extérieures où elles cessent d'être sensibles. Cela posé, tant que la molécule lumineuse n'atteindra pas la limite intérieure $a_2 b_2$, elle continuera de se mouvoir en ligne droite avec la vitesse constante qu'elle a acquise en se réfractant; mais quand elle aura dépassé cette limite, elle commencera à être rappelée de nouveau vers l'intérieur du corps réfringent par des forces variables, selon les zones successives qu'elle traversera. Pour calculer les effets que ces forces produiront sur elle, il n'y a qu'à décomposer sa vitesse en deux autres, l'une parallèle à la surface d'émergence $A_2 B_2$, l'autre qui lui soit perpendiculaire. Maintenant il est clair que l'action des forces attractives ne changera rien à la première vitesse qui est perpendiculaire à leur direction ; mais elles tendront sans cesse à diminuer la vitesse normale, à laquelle elles sont parallèles et opposées, puisque cette vitesse tend à faire sortir la molécule lumineuse hors du corps, tandis que les forces attractives tendent à l'y faire rentrer.

En conséquence, depuis l'instant où l'action de ces forces commencera à se faire sentir, la trajectoire de la molécule lumineuse se courbera en devenant convexe vers la surface de sortie; mais, à cause de la symétrie de position que nous avons supposée entre cette surface et la surface d'entrée, les actions que la molécule y éprouvera seront exactement égales; de sorte qu'elle ne perdra, en s'approchant de la seconde, que ce qu'elle avait acquis en s'éloignant de la première. Elle arrivera donc ainsi en $A_2 B_2$ avec la même vitesse qu'elle avait en AB; ensuite dépassant cette limite, elle continuera d'être sollicitée par l'action du milieu qui la retardera encore, et tendra à la rappeler au-dedans, mais avec une énergie continuellement décroissante à mesure qu'elle s'éloigne, jusqu'à ce qu'enfin cette action cesse tout-à-fait d'être sensible lorsque la molécule sera arrivée en $a_3 b_3$ sur la limite extérieure des forces attractives, après avoir graduellement perdu tous les accroissemens de vitesse qu'elle avait acquis à son entrée dans ce corps. Dès-lors la molécule n'étant plus influencée par l'attraction du milieu, continuera à se mouvoir avec sa vitesse primitive, suivant une ligne droite tangente au dernier élément de la courbe qu'elle vient de décrire; et cette tangente, à cause du parallélisme des deux surfaces, se trouvera parallèle à la direction primitive que suivait la molécule, avant de pénétrer dans le milieu réfringent.

Considérons maintenant le cas où la surface d'émergence, au lieu d'être parallèle à la première, lui serait inclinée d'un certain angle fig. 61. Alors les limites où s'étend l'action du milieu seront encore les mêmes près de cette surface, et nous pourrons également les représenter par des droites $a_2 b_2$, $a_3 b_3$, menées à la même distance que tout-à-l'heure. De plus la succession des actions exercées par le milieu, à divers éloignemens de la surface d'émergence, sera aussi la même; mais les vitesses normales que ces actions auront à combattre seront différentes; car, en répétant ici la décomposition qui produit ces vitesses, on voit qu'elles seront d'autant plus faibles que la direction du rayon se rapprochera davantage de la surface d'émergence. Si leur valeur est encore telle, que les forces attractives ne suffisent pas pour la détruire, la molécule lumineuse traversera toutes les zones où ces forces sont sensibles, dépassera leur limite extérieure, et ayant repris toute sa vitesse primitive, s'éloignera en ligne droite de manière que le sinus de son émergence soit au sinus de son incidence intérieure en raison constante. Mais il se

pourra aussi que la molécule lumineuse arrive vers la surface d'émergence sous une inclinaison telle que sa vitesse
normale , qui seule tend à la faire sortir, soit détruite entièrement par l'attraction croissante et continue du milieu ,
avant qu'elle ait dépassé cette surface ; ou bien encore il se
pourra qu'il lui reste assez de vitesse pour la dépasser,
et que le reste soit détruit par l'action retardatrice du milieu avant qu'elle ait atteint la limite extérieure $a_3 b_3$, où
cette action cesse d'être sensible. Dans l'un et l'autre cas, à
mesure que la vitesse normale s'affaiblit , la molécule lumineuse cédera davantage à l'action de l'autre composante dont
l'intensité n'éprouve aucune atteinte ; de sorte que la tra-
jection s'infléchira de plus en plus vers la surface d'émergence à laquelle cette composante est parallèle. Enfin au moment où celle-ci restera seule, la vitesse normale étant détruite, elle fera décrire à la molécule lumineuse un petit
élément rectiligne, parallèle à la surface d'émergence, après
quoi l'action attractive du milieu n'éprouvant plus d'obstacle, infléchira ce mouvement, rappellera en dedans la molécule lumineuse par une route symétrique à celle qu'elle
avait suivie en s'approchant de la surface d'émergence, et
continuera à lui rendre , en sens contraire, les mêmes degrés
de vitesse normale qu'elle lui avait enlevés, jusqu'à ce qu'enfin
la particule étant revenue à la limite intérieure $a_2 b_2$, où les
forces attractives cessent d'être sensibles, y continue sa route
en ligne droite avec la même vitesse qu'elle avait avant d'entrer dans les couches d'attraction variable, et suivant une
direction symétrique , de sorte que les angles de réflexion et
d'incidence soient égaux.

On conçoit , d'après cette analyse, d'où provient le changement de la réfraction en réflexion qui s'observe en effet dans
certaines circonstances à la seconde surface des corps ; et l'on
voit de plus que ce changement n'est pas limité à une seule
incidence , mais qu'on y peut distinguer trois degrés divers ,
1º. celui où la réflexion s'opère dans la substance du milieu , entre la limite intérieure des forces attractives et la
surface d'émergence ; 2º. celui où elle s'opère à la surface
d'émergence même ; 3º. enfin celui où elle a lieu , entre

cette surface et la limite extérieure des forces attractives, la molécule lumineuse sortant d'abord du milieu, et y rentrant après. Ce dernier cas est celui où l'angle d'émergence, calculé d'après la loi de Descartes, devient égal à 90°; c'est aussi celui qui détermine l'incidence la plus voisine de la normale où la réflexion totale s'opère. Nous verrons, au reste, que ces diverses limites deviennent très-appréciables à l'observation; quoique les épaisseurs mêmes où elles sont comprises soient tout-à-fait insensibles; de sorte que l'inflexion du rayon semble toujours se faire brusquement, et au même point, dans ces différens cas.

Dans tout ceci, nous avons considéré les corps soumis à l'expérience comme contigus au vide : nous allons maintenant examiner ce qui arrive lorsque la lumière passe d'un milieu réfringent dans un autre contigu au premier. Il est d'ailleurs facile de lier ces deux phénomènes; car il suffit de remarquer qu'alors la molécule lumineuse n'est plus seulement attirée par le milieu d'où elle va sortir, mais aussi par celui où elle va entrer.

Soit, fig. 62, M, le premier milieu, M' le second, et A′B′ leur surface commune. Tant que la molécule se trouve en M, assez loin de cette surface, pour que l'attraction du premier milieu sur elle soit égale de toutes parts, et que celle du second milieu soit encore insensible, elle se mouvra en ligne droite, avec la vitesse constante que l'action du premier milieu lui a imprimée. Mais, lorsqu'elle sera entrée dans les limites de variations des forces, elle commencera à ressentir l'action simultanée des deux milieux, qui la solliciteront en sens contraire, celle du milieu qu'elle quitte tendant à la retarder, et celle du milieu vers lequel elle se dirige, tendant à l'accélérer. Ainsi, en définitif, elle ne sera influencée que par la différence de ces actions, qui sont dirigées toutes deux perpendiculairement à la surface commune A′B′. D'après cela, on voit que, si le milieu où elle va entrer agit le plus fortement sur elle, elle y pénétrera toujours, passera au-delà de la limite intérieure $a_1 b_1$ des forces attractives, en décrivant une courbe, et poursuivra enfin sa route en ligne droite avec une vitesse constante. Mais si, au contraire, le premier milieu agit plus fortement sur la lumière que le second, on pourra considérer la molécule lumineuse comme se mouvant dans un milieu dont l'action serait simplement la différence des actions des deux milieux et par conséquent retardatrice, $A'\,B'$ devenant la surface d'émergence. Alors on retrouvera tous les cas d'émergence et de réflexion intérieure que nous avons reconnus précédemment; ainsi, selon l'incidence, il se pourra que la molécule lumineuse soit réfractée, et se meuve ensuite en ligne droite dans le second milieu; mais il se pourra aussi que la réfraction se change en réflexion, et ici, comme lorsque la molécule sortait dans le vide, cette réflexion pourra se faire, soit à l'intérieur du premier milieu, entre la limite intérieure $a_1\,b_1$ des forces attractives et la surface d'émergence, soit à la surface d'émergence même; ou bien encore dans l'intérieur du second milieu jusqu'à la seconde limite $a_3\,b_3$ des forces attractives. Mais généralement, lorsque le rayon passera d'un milieu dans l'autre, quelque soit le milieu qui agisse plus fortement sur la lumière, le rapport du sinus d'incidence au sinus de réfraction sera constant et réciproque au rapport des vitesses dans les deux milieux.

Il nous faut maintenant chercher à réaliser ces résultats par l'expérience, et voir si leurs détails sont conformes aux indications de la théorie. D'abord, pour la constance du rapport de réfraction et sa valeur, quand la lumière passe d'un milieu dans un autre, elle est bien facile à vérifier; il n'y a qu'à placer un prisme verticalement dans une cuve rectangulaire dont les parois soient des glaces à faces parallèles, fig. 65, puis mesurer la déviation opérée sur les rayons lumineux par le prisme, lorsque la cuve est pleine d'air, et lorsqu'elle est remplie d'un liquide transparent quelconque dont le rapport de réfraction est connu; car les changemens de ces déviations seront tels que le suppose la constance du rapport de réfraction. Ou bien encore, ayant mesuré la déviation opérée par un prisme sous une incidence déterminée des rayons lumineux, étendez sur une de ses surfaces une couche de quelque substance transparente que vous rendrez partout d'égale épaisseur en la pressant avec une glace polie, ou en l'usant elle-même, et la polissant à son tour. Vous trouverez que l'addition de cette couche au prisme ne change rien à la déviation observée, l'incidence restant la même ; ainsi le rapport de réfraction que la lumière éprouve en pénétrant dans la couche est exactement compensé par celui qui s'établit à sa seconde surface où elle touche le verre, de façon qu'elle pénètre celui-ci comme si elle y était entrée directement ; ce qui est à la fois une conséquence et une preuve des propriétés annoncées.

Maintenant, pour observer l'effet progressif de l'incidence sur la réflexion intérieure, construisez une cuve prismatique A A B B, fig. 64, dont les faces antérieures et postérieures, construites en glace, puissent s'incliner graduellement l'une à l'autre en restant exactement comprises entre deux plans de cuivre parallèles, de manière à former un vase prismatique d'angle variable ; puis, ayant rempli ce vase d'eau ou de tout autre liquide, disposez verticalement la face antérieure B B et dirigez perpendiculairement sur elle un rayon horizontal fixe S I, réfléchi par un héliostat. Le rayon, pénétrant ainsi le liquide sous l'incidence perpendiculaire, y continuera sa route en ligne droite jusqu'à la seconde surface du prisme, où il éprouvera en général une réflexion partielle qui en renverra une partie dans l'intérieur du liquide, et de là au dehors, en O″, à travers la surface horizontale. Le reste, éprouvant l'action des forces réfringentes, sortira en se réfractant suivant I′ O, si l'émergence est possible, ou, dans le cas contraire, sera ramené aussi dans l'intérieur en faisant l'angle de réflexion égal à l'angle d'incidence, et ira se joindre en O″ à la portion partiellement réfléchie. Pour suivre tous les progrès du phénomène, rendez d'abord la face AA verticale comme la première B B : vous formerez alors une plaque liquide à faces parallèles, et vous verrez le rayon passer sans aucune déviation quelconque, comme s'il n'y avait point du tout de prisme interposé. Mais pour peu que vous ouvriez l'angle, la réfraction se fera sentir, et rejettera en haut le rayon émergent ; cette déviation augmentera à mesure que vous ouvrirez l'angle davantage, ce qui rendra l'incidence intérieure plus rapprochée de la seconde surface ; enfin, il arrivera un terme où cette obliquité sera telle que l'émergence deviendra à peine possible, le rayon à sa sortie rasant la surface de la seconde glace, fig. 65. Au-delà de ce terme, il ne sortira plus du tout, et sera tout entier réfléchi intérieurement, fig. 66. Ceci commencera à arriver quand le sinus de l'incidence intérieure, comptée de la normale, sera égal à l'unité divisée par le rapport de réfraction. Dès-lors la réflexion intérieure continuera de s'opérer sous toute autre ouverture plus grande du prisme, qui rendrait l'incidence intérieure plus rapprochée de la seconde surface. Ces détails sont minutieusement conformes aux indications que nous avait données la théorie, d'après la considération des forces attractives.

Je dois insister sur une particularité qui nous sera utile dans la suite : c'est qu'au moment où l'émergence est sur le point de devenir impossible, fig 65, elle ne cesse pas tout d'un coup pour tout le rayon à la fois ; mais la partie de ce rayon, qui produit la sensation du rouge, est la dernière à disparaître. Cela doit être en effet, si, comme nous l'avons déjà remarqué, cette portion est composée de rayons moins réfrangibles que les autres, et dont, par conséquent, le rapport de réfraction diffère moins de l'unité.

On pourrait se demander aussi comment il se fait qu'un certain nombre de molécules soient réfléchies intérieurement sous toutes les incidences, même lorsque leurs vitesses de translation, décomposées perpendiculairement à la surface réfringente, sont suffisantes pour les faire sortir. C'est qu'outre leur mouvement de translation, auquel nous avons eu ici seulement égard, ces molécules sont encore affectées de circonstances physiques particulières que nous définirons par la suite ; et qui favorisent l'action exercée sur elles par les forces réfléchissantes de la seconde surface, action à laquelle échappent les autres particules qui ne sont pas aussi bien préparées à y obéir.

A défaut du prisme à angle variable que nous venons de décrire, on peut observer l'effet de la réflexion intérieure d'une manière fort simple, en plaçant un prisme triangulaire A B C, fig. 67, entre la lumière et l'œil, de façon que les rayons incidens S I, entrés par la première face A B, se réfléchissent sur la base B C et sortent ensuite par la seconde surface A C. Si l'on veut suivre toutes les gradations du phénomène, il faut d'abord placer l'œil assez haut pour voir par réfraction les objets situés au-dessous de la base B C. Dans cette position, les rayons S I I', qui viennent des objets extérieurs, se réfractent aussi en I', et sortent dans l'air. Mais en abaissant un peu plus l'œil, il vient un terme où les objets, placés au-dessous de B C, cessent d'être visibles par réfraction ; et, au contraire, les objets extérieurs situés au-delà de A B se peignent sur la base B C, comme sur un miroir. C'est qu'alors les rayons réfractés I I', devenant trop obliques sur B C pour pouvoir sortir dans l'air, sont réfléchis intérieurement ; et comme aucun rayon venu des objets situés sous B C ne peut, en se réfractant dans le prisme, s'écarter autant de la normale I' N', aucun d'eux ne peut plus parvenir à l'œil. Aussi une fois que cette réflexion totale a commencé à s'opérer, elle continue d'avoir lieu dans toutes les obliquités plus grandes.

Pour fixer les limites exactes de cette disparition, concevons que N' I' I'' soit le plus grand angle de réfraction possible pour les rayons qui entrent dans le prisme par la base B C ; et menons le rayon émergent I'' O qui en résulte après la seconde réfraction, à travers la face A C. Si, par le sommet de l'angle C, on mène C O' parallèle à I'' O, il est clair qu'aucun rayon entré par la face B C ne pourra pénétrer dans l'angle O' C C', compris entre cette droite et le prolongement de la base du prisme. Ainsi, tant que l'œil sera situé dans cet espace, tous les objets situés au-dessous de B C lui seront invisibles par réfraction.

Il est utile de remarquer que les phénomènes de la réflexion intérieure ne peuvent jamais être observés en regardant à travers la même face du prisme par laquelle entrent les rayons incidens, comme le représentent les fig. 68 et 69. Car si le prisme est tourné comme dans la première de ces figures, le rayon réfracté I I' ne pourra jamais se réfléchir totalement sur la seconde surface, et si, au contraire, le prisme est tourné comme dans la fig. 69, le rayon réfléchi I' I'' cessera de pouvoir ressortir par la première

surface, avant que sa réflexion totale, sur la seconde, commence à avoir lieu.

Reprenons maintenant le mode d'observation que nous
avons employé tout-à-l'heure, fig. 67 ; mais au lieu de
laisser toute la base B C du prisme en contact avec l'air,
déposez une goutte d'eau en l'un de ses points tel que E,
fig. 70 : alors, en tournant lentement le prisme autour de
son axe, et plaçant l'œil en O de manière à recevoir les
rayons réfléchis S I I′ venus des nuées, vous remarquerez
que la réflexion totale commence à s'opérer sur toute la
partie de la base B C, qui est contiguë à l'air, avant d'avoir
lieu au point E où la goutte d'eau se trouve ; de façon que
celle-ci reste encore long-temps visible à travers l'épaisseur
du prisme, au moyen des rayons qui en émanent directement. Peu à peu, en abaissant l'œil vers la base B C, pour
rendre les rayons plus obliques, la réflexion totale s'opère
même au point E, et la goutte E disparaît.

Tous ces phénomènes sont des conséquences nécessaires
de la théorie. Lorsque les rayons réfractés I E tombent
sur la base B C avec une incidence voisine de la perpendiculaire, ils ne sont point réfléchis intérieurement, même
dans les points de la base qui sont contigus à l'air. Réciproquement, tout rayon venu des objets extérieurs situés
au-dessous de la base du prisme, et qui se présente sous
cette incidence, le pénètre, et parvient à l'œil. Mais,
lorsqu'en abaissant l'œil, les rayons réfractés deviennent
plus obliques sur la base B C, il arrive un terme où l'action
de l'air, en contact avec cette base, n'est plus assez forte
pour les obliger à se transmettre ; ils se réfléchissent donc
totalement, après être sortis du prisme, jusqu'à la limite extérieure des forces attractives du verre et de l'air ; mais l'incidence à laquelle ce phénomène arrive, est différente pour le
point E où la goutte liquide est adhérente, parce que l'action
attractive de l'eau, pour la lumière, est beaucoup plus énergique que celle de l'air, ce qui rend les forces normales qui
tendent à faire sortir les particules lumineuses beaucoup plus
puissantes : aussi faut-il abaisser l'œil davantage pour que la
réflexion intérieure s'opère au point E, où se trouve la goutte

liquide ; et c'est seulement quand on est parvenu à cette inclinaison, que la goutte disparaît entièrement. A cet instant, il y
a un certain nombre de rayons S I, émanés des objets extérieurs, qui traversent la goutte à une distance infiniment petite de la base du prisme, et qui ensuite parviennent à l'œil,
étant ramenés dans l'intérieur du prisme par la réfraction.
Lorsque la goutte est formée d'un liquide diaphane, ces
rayons, dans leur court trajet à travers sa substance, n'é-
prouvent qu'un affaiblissement insensible. Alors leur éclat
empêche de distinguer la faible lumière qui est encore
envoyée à l'œil par la couche liquide infiniment mince que
les forces attractives embrassent. C'est pour cela que la
goutte disparaît.

La limite serait évidemment différente si la substance
appliquée sur la base du prisme était opaque, quoique
ayant d'ailleurs la même force réfringente que l'eau. Car
alors les rayons S I qui, pour se réfléchir, seraient obligés
de la pénétrer, se trouveraient arrêtés par son opacité et
ne pourraient pas parvenir à l'œil. On ne commencerait
donc à voir la réflexion totale qu'à l'instant où les rayons S I
se réfléchiraient sur la limite même des deux milieux, ce
qui exige une incidence intérieure plus rapprochée de cette
surface. Quoique la différence d'épaisseur qui sépare ce
cas de réflexion du précédent, soit en quelque sorte infiniment petite, et du moins tout-à-fait inappréciable à nos
sens, son influence sur les angles d'incidence et de réflexion
est très-notable ; par exemple, si la substance appliquée sur
le prisme est de la cire d'abeilles que l'on peut successivement rendre diaphane ou opaque, en la faisant fondre par
la flamme d'une bougie, et la laissant ensuite se congeler,
on trouve que la réflexion totale, dans ce dernier cas,
commence à une incidence plus rapprochée de la surface
réfléchissante, que dans l'autre, au moins de huit degrés.
C'est M. Laplace qui, le premier, a indiqué cette différence de limite par la réflexion intérieure sur les corps
diaphanes ou opaques ; il a donné le moyen de calculer les
incidences, pour l'un et l'autre cas, d'après la théorie
des forces attractives ; et Malus a réalisé ces résultats par

l'expérience que nous venons de citer, en y joignant des
mesures exactes d'angles qui prouvent que les limites d'incidence, données par l'observation, s'accordent parfaitement avec la théorie. Cet accord, et la constance du rapport
de réfraction, sont deux inductions puissantes en faveur du
système d'émission de la lumière, sur-tout quand on considère par quels nœuds secrets ces deux résultats sont liés.

Malus faisait encore une autre expérience qui, sans être
susceptible de mesures, donnait un exemple frappant du
jeu des forces réfringentes dans l'acte de la réflexion totale.
Il déposait sur la base d'un prisme de crown glass, une
goutte d'encre liquide, qui, d'abord transparente, permettait la réflexion totale sous de certaines inclinaisons. Mais,
peu à peu, cette goutte augmentant de densité par la des-
sication, exigeait des obliquités de plus en plus grandes, et
enfin devenant tout-à-fait opaque, rendait le phénomène
impossible, à cause de la grande force réfringente des particules métalliques dont elle était composée. Si l'on eût employé un prisme d'un verre plus réfringent, peut-être que la
réflexion eût été encore possible, et alors l'incidence où elle
aurait eu lieu aurait déterminé le rapport de réfraction de
l'encre, quoique devenue imperméable à la lumière. En général, on conçoit qu'on peut, d'après cette méthode, déterminer
le rapport de réfraction des corps mêmes opaques, quand
on peut les appliquer à la surface d'un prisme diaphane plus
réfringent qu'eux. Mais il faut alors avoir soin de calculer
la réflexion totale, comme commençant à naître sur la surface
commune du corps et du prisme. Ce procédé ingénieux a été
indiqué et mis en usage par M. Wollaston, mais c'est Malus
qui a remarqué la nécessité de calculer différemment les résultats de l'expérience, selon que le corps appliqué est
opaque ou transparent, ce qu'il a fait d'après les formules
des deux réflexions que M. Laplace avait données.

Ayant ainsi donné le moyen de déterminer par l'expérience les pouvoirs réfringens de tous les corps diaphanes,
et même ceux des corps opaques, quand on peut les mettre
en contact avec un corps diaphane plus réfringent qu'eux,
il faut rapprocher ces résultats observés dans différentes

classes de substances, afin de chercher si l'on peut découvrir quelque rapport entre leur force réfringente et leur composition chimique; tel est l'objet du tableau suivant, qui a été formé par Newton :

NATURE des substances réfringentes.	RAPPORT du sinus d'incidence au sinus de réfract. pour la lumière jaune .. n.	VALEURS de la quantité $n'-1$.	DENSITÉ de la substance réfringente. ϱ	SON pouvoir réfr. $\dfrac{n^a-1.\ *\ *}{\varrho}$
Une fausse topaze (baryte sulfatée)	25 à 14	1,699	4,27	3979
L'air.	5201 à 5200	0,000625	0,0012	5208
Le verre d'antimoine. . . .	17 à 9	2,568	5,28	4864
Une sélénite (chaux sulf.).	61 à 41	1,213	2,252	5386
Le verre commun.	31 à 20	1,4025	2,58	5436
Le cristal de roche.	25 à 16	1,445	2,65	5450
Le cristal d'Islande. . . .	5 à 3	1,778	2,72	6536
Le sel gemme (soude mur.)	17 à 11	1,388	2,143	6477
L'alun (potasse sulfatée). .	35 à 24	1,1267	1,714	6570
Le borax (soude boratée).	22 à 15	1,1511	1,714	6716
Le nitre (potasse nitrat.). .	32 à 21	1,345	1,9	7079
Le vitriol de Dantzick (fer sulfaté).	303 à 200	1,295	1,715	7551
L'huile de vitriol (acide hydro-sulfurique). . . .	10 à 7	1,041	1,7	6124
L'eau de pluie.	529 à 396	0,7845	1	7845
La gomme arabique. . . .	31 à 21	1,179	1,375	8574
L'esprit-de-vin bien rectifié.	100 à 73	0,8765	0,866	10121
Le camphre. . , ...	3 à 2	1,25	0,996	12551
L'huile d'olive.	22 à 15	1,1511	0,913	12607
L'huile de lin.	40 à 27	1,1948	0,932	12819
L'esprit de térébenthine.	25 à 17	1,1626	0,874	13222
L'ambre.	14 à 9	1,42	1,04	13654
Le diamant.	100 à 41	4,949	3,4	14556

* Tous les nombres contenus dans cette dernière colonne ont été multipliés par 10000, afin de ne point avoir de décimales. Dans la première colonne, j'ai joint les dénominations actuelles à celles dont s'est servi Newton. La grande pesanteur de la pierre qu'il appelle *fausse topaze* indique, sans aucun doute, le sulfate de baryte

En jetant les yeux sur ce tableau, on voit que des substances
de densité très-diverses peuvent avoir des forces réfringentes
égales, et l'on voit même qu'une substance moins dense qu'une
autre peut cependant posséder un pouvoir réfringent plus fort.
Ainsi, comme nous l'avions déjà annoncé plus haut, l'action
des corps sur la lumière ne dépend pas seulement de leur
densité, mais encore de la nature chimique de leurs particules.
On remarque de plus que les substances dont la force réfringente est la plus énergique, sont en général des résines et des
huiles; et comme celle de l'eau distillée ne leur est guère inférieure, il est naturel d'en conclure qu'il doit y avoir dans
l'eau quelque principe inflammable analogue à celui dont les
résines et les huiles sont composées; et la même conclusion doit s'étendre aussi au diamant, dont la force réfringente est beaucoup plus considérable encore. Ces aperçus
hardis n'avaient point échappé à la sagacité de Newton, et
il n'hésita pas à les indiquer ; car ce grand homme, qui
mettait la plus grande sévérité dans ses expériences, et la
plus grande réserve dans ses conjectures, n'hésitait jamais
à suivre les conséquences d'une vérité, aussi loin qu'elle
pouvait le conduire.

Quel est donc ce principe commun aux huiles et aux résines, qui leur donne une si grande action sur la lumière ?
Pour le découvrir, il n'y a pas de meilleur moyen que de
déterminer les pouvoirs réfringens des substances gazeuses,
car presque tous les corps dont il s'agit étant composés de
pareilles substances combinées ensemble, on aura ainsi
l'avantage de les étudier dans leurs élémens les plus généraux; c'est ce que nous avons fait, M. Arago et moi, dans
notre mémoire cité plus haut.

J'ai déjà dit comment nos observations étaient faites, et
quels en étaient les résultats immédiats; il me faut maintenant faire connaître les pouvoirs réfringens qui s'en déduisent.

Pouvoirs réfringens des gaz pour la température o et la pression 0ᵐ,76, déduits de l'ensemble des Observations.

NATURE DU GAZ.	Densité du gaz celle de l'air atmosphérique étant l'unité.	VALEUR de $n^2 - 1$.	POUVOIRS réfringens des gaz, celui de l'air étant 1.
Air atmosphérique	1,00000	0,000589171	1,00000
Oxigène.	1,10359	0,000560204	0,86161
Azote.	0,96913	0,000590436	1,03498
Hydrogène.	0,07321	0,000285315	6,61436
Ammoniaque. . . .	0,59669	0,000762349	2,16851
Acide carbonique.	1,51961	0,000899573	1,00476
Hydrog. carburé. .	0,57072	0,000703669	2,09270
Hydr. plus carburé que le précédent.	0,58825	0,000630300	1,81860
Gaz hydrochloriq.	1,24740	0,000879066	1,19625

Toutes les densités rapportées dans ce tableau sont celles qui résultent de nos propres expériences.

En jetant les yeux sur ce tableau, on voit que la force réfringente du gaz hydrogène surpasse beaucoup celle de tous les autres gaz, et même celle de toutes les autres substances observées jusqu'à présent. Ce principe existe en grande abondance dans les résines, les huiles et les gommes, où il est uni au charbon et à l'oxigène; c'est donc lui sur-tout qui donne à ces substances cette grande force réfringente que Newton avait si bien observée. Cette influence de l'hydrogène se retrouve éminemment dans l'ammoniaque qui est composé d'hydrogène et d'azote. Le pouvoir réfringent de ce gaz est double de celui de l'air, et surpasse celui de l'eau.

Mais allons plus loin : puisque chaque substance paraît porter dans ses combinaisons le caractère qui lui est propre, et même y conserver jusqu'à un certain point le degré de force avec lequel elle agissait sur la lumière, essayons de calculer, sous ce point de vue, l'influence des principes constituans qui entrent dans un mélange ou dans une combinaison donnée.

Si nous tentions de découvrir ces rapports pour toute autre substance que la lumière, nous serions bientôt arrêtés par des

obstacles invincibles qui naîtraient de la combinaison même,
et du degré de condensation des principes constituans ; car,
bien que l'action chimique ne s'exerce qu'à de très-petites
distances, ces distances sont cependant comparables entre
elles ; ainsi l'éloignement plus ou moins grand des particules
ne peut manquer de faire varier son intensité. Ces variations,
encore modifiées par la figure des particules, doivent com-
pliquer extrêmement les rapports des composés avec leurs
principes ; et, sans pouvoir en calculer les effets, on voit bien
que c'est pour cela que les uns et les autres n'ont pas les
mêmes propriétés. Mais d'après les idées les plus vraisem-
blables que nous puissions nous former de la lumière, cette
influence de la condensation doit être beaucoup moindre
dans les actions que les corps exercent sur elle ; car la petitesse extrême de ses particules, comparativement aux distances qui séparent les molécules des corps, doit rendre
moins sensibles sur elles de faibles changemens dans ces
distances. Par conséquent, les pouvoirs réfringens des corps
doivent différer peu de ceux des principes qui les composent,
à moins que ces principes n'aient éprouvé des condensations
très-considérables.

Maintenant, pour déterminer quelle doit être l'influence
de chaque principe, il faut savoir que le pouvoir réfringent d'un corps est une quantité proportionnelle à la somme
des forces attractives qu'il exerce sur la lumière, à diverses
distances, sous une densité égale à 1, cette somme étant
faite depuis l'instant où la molécule lumineuse commence à
être attirée sensiblement par le corps, jusqu'à l'instant où
elle arrive sur sa surface. Or, si l'on suppose que l'action
propre de chaque principe n'est point altérée dans leur
combinaison, il s'ensuivra qu'à chaque distance prise entre
ces limites, l'attraction totale éprouvée par la molécule lumineuse sera la somme de celles qu'exercent sur elles les divers principes qui composent le corps attirant ; et la partie
de l'effet, due à chaque principe, sera proportionnelle au
produit de son pouvoir réfringent propre par sa masse,
c'est-à-dire par la quantité pondérale de ce principe qui
entre dans la combinaison.

Commençons par éprouver cette loi sur des cas simples, dans lesquels il n'y ait que peu ou point de condensation ; l'air atmosphérique nous en offrira un exemple. On sait que cet air, quand il est sec, contient 0,21 de gaz oxigène en volume ; le reste est un mélange d'azote, d'acide carbonique, et peut-être de quelques autres gaz dans des proportions imperceptibles. Pour plus de simplicité, nous n'aurons égard qu'à l'azote et à l'acide carbonique, et nous supposerons 0,784 du premier, et 0,006 du second, ces quantités étant toujours comptées en volume. J'adopte ces proportions, parce qu'elles s'accordent très-bien avec les analyses de l'air atmosphérique, et qu'elles satisfont aussi, comme on va le voir, aux valeurs des densités déterminées par nos expériences. Maintenant, pour obtenir les quantités pondérales de chaque principe, qui entrent dans le volume 1, il faut multiplier chaque fraction de ce volume par la densité du gaz dont elle est formée, on aura ainsi

$$
\begin{aligned}
\text{oxigène} &\ldots\ldots\ 0{,}210{.}1{,}10359 = 0{,}231754 \\
\text{azote.} &\ldots\ldots\ 0{,}784{.}0{,}96913 = 0{,}759798 \\
\text{acide carbonique.} &\ 0{,}006{.}1{,}51901 = 0{,}009114 \\
\hline
&\qquad\qquad\qquad\quad 1{,}000666
\end{aligned}
$$

On voit que la somme est presque égale à l'unité ; et en effet, cela doit être, car elle doit exprimer la pesanteur spécifique du mélange, c'est-à-dire celle de l'air atmosphérique, que nous avons prise en effet pour unité. L'erreur est de l'ordre de celles dont on ne peut répondre dans les observations. En la négligeant, les résultats que nous venons de calculer seront précisément les quantités pondérales de trois principes qui composent une masse d'air atmosphérique égale à l'unité : il ne restera donc qu'à multiplier chacune d'elles par le pouvoir réfringent qui correspond à sa nature, et l'on trouvera

$$
\begin{aligned}
\text{oxigène.} &\ldots\ldots\ldots\ 0{,}199682 \\
\text{azote} &\ldots\ldots\ldots\ 0{,}785693 \\
\text{acide carbonique.} &\ldots\ 0{,}009157 \\
\hline
\text{pouvoir réfringent du composé} &\quad 0{,}994532
\end{aligned}
$$

La somme de ces nombres exprime le pouvoir réfringent de

l'air atmosphérique, déduit de ses principes constituans ; elle devrait se trouver égale à l'unité pour être parfaitement exacte : l'erreur est donc égale à 0,005468, ou environ 5 millièmes de la valeur totale ; elle ne produirait pas trois dixièmes de seconde sur la hauteur du pôle à Paris ; et cette différence peut provenir des erreurs presqu'inévitables des expériences ; car le résultat précédent dépendant de la pesanteur spécifique des gaz, de leur pureté et des réfractions qu'ils produisent, se trouve lié à un grand nombre d'opérations où les erreurs peuvent s'accumuler.

Des analyses précises et multipliées de l'air atmosphérique, faites dans les divers climats de la terre, et dans les circonstances les plus variées, ont prouvé que ses principes pondérables sont partout les mêmes, et qu'ils y existent toujours dans les mêmes proportions. Il suit de là que le pouvoir réfringent de l'air atmosphérique est aussi le même par toute la terre, puisqu'il est déterminé par les pouvoirs réfringens partiels de ses principes constituans ; par conséquent, les tables de réfractions, calculées pour une latitude, peuvent être employées dans tous les climats, en ayant seulement égard aux variations de densité produites par les changemens de pression et de température. Quant aux différences qui pourraient dépendre de l'humidité répandue dans l'atmosphère, nous prouverons plus tard qu'elles sont sensiblement nulles, et qu'il est inutile d'y avoir égard.

Considérons maintenant des cas dans lesquels les principes constituans soient unis par une combinaison véritable ; et pour procéder graduellement, cherchons d'abord des affinités qui ne soient pas très-énergiques. Nous en trouverons un exemple très-convenable dans le gaz ammoniaque, composé d'hydrogène et d'azote auxquels leur combinaison n'empêche pas de conserver l'état gazeux. En calculant ici, comme tout-à-l'heure, d'après l'analyse de l'ammoniaque que M. Berthollet a donnée, l'exactitude est telle, que si cette substance n'eût pas été analysée, mais qu'on eût seulement connu la nature de ses principes, son pouvoir réfringent eût indiqué exactement sa composition.

Pour passer enfin à des combinaisons beaucoup plus intimes, calculons de la même manière le pouvoir réfringent
de l'eau, d'après ses principes constituans, qui sont l'hydrogène et l'oxigène. Selon des expériences très-précises faites
par MM. Gay-Lussac et Humboldt, l'eau est formée de
deux parties d'hydrogène en volume contre une d'oxigène ;
ce qui, réduit en poids, donne sur 1000 parties, 117 du
premier de ces principes contre 883 du second. Chacune de
ces quantités étant multipliée par la valeur du pouvoir réfringent qui lui correspond, la somme donne 1,53545 pour
le pouvoir réfringent de l'eau, calculé et rapporté à celui
de l'air pris pour unité. Le pouvoir réfringent réellement
observé par Newton étant réduit de même, se trouve plus
fort d'environ $\frac{1}{9}$ de sa valeur totale. Ainsi le gaz oxigène et
le gaz hydrogène, étant condensés en eau, exercent sur la
lumière une action sensiblement plus énergique qu'ils ne
faisaient dans l'état de simple mélange. La même épreuve,
tentée sur d'autres substances solides, donne des résultats
semblables, c'est-à-dire que le passage de l'état gazeux à
l'état solide produit toujours une augmentation sensible d'affinité. Mais cela est sur-tout frappant dans le diamant,
qui, d'après l'expérience, a un pouvoir réfringent considérable, quoique la chimie la plus précise le trouve entièrc-
ment composé de charbon, substance qui, à l'état de gaz,
n'exerce sur la lumière qu'une action assez faible, du moins
à en juger par celle de l'acide carbonique, dont elle est un
des principes constituans.

Néanmoins, d'après ces épreuves mêmes, le pouvoir réfringent, conclu de la composition chimique, ne sera que fort
peu ou point du tout en erreur, quand l'état des corps n'é-
prouvera que de faibles changemens. Je me suis assuré, en
effet, que l'on peut l'employer avec sûreté dans le mélange
des liquides, même de ceux qui exercent déjà une action
notable les uns sur les autres, comme l'eau et l'alcool. Nous
avons vu que les mélanges des gaz nous ont aussi offert le
même accord.

D'après cela, il est probable que le pouvoir réfringent
de l'eau en vapeur différera très-peu de celui de l'eau li-

quide; ce qui permet de calculer l'influence que sa présence
dans l'air peut avoir sur les réfractions atmosphériques. On
trouve ainsi que l'excès de force réfringente de cette vapeur
sur l'air est presque exactement compensée par l'infériorité
de sa densité; de sorte qu'au total la réfraction produite
par une masse d'air sèche ou humide est sensiblement la
même, la pression et la température étant d'ailleurs supposées égales. J'ai en effet vérifié cette égalité par l'expérience,
et je l'ai trouvée si exacte, qu'il m'a été impossible d'y apercevoir un écart sensible. Il en résulte cette conséquence
importante pour les astronomes, que leurs observations sont
indépendantes de l'état hygrométique de l'air, qui, s'il avait
eu quelque influence appréciable, aurait fort compliqué
leurs résultats. Toutefois, par un mode d'observation encore
plus délicat que celui dont j'avais fait usage, M. Arago a
reconnu que la vapeur d'eau avait un pouvoir réfringent un
peu moindre que l'eau liquide, et il a trouvé qu'il y avait
une différence dans ce sens pour toutes les autres vapeurs,
comparées aux liquides dont elles émanent. Heureusement cette différence est si faible pour l'eau, que, si la
rigueur porte à l'admettre, l'expérience permet de la né-
gliger.

Je me suis assuré, de la même manière, que le changement de température n'apportait pas de changemens appréciables dans le pouvoir réfringent des gaz et de l'air : car
les déviations observées dans l'été, et dans une chambre où
je faisais varier artificiellement l'humidité et la température, se sont parfaitement accordées avec ce que le calcul
indiquait, d'après les pouvoirs réfringens conclus des observations d'hiver. Il est cependant présumable que l'on finirait par trouver à cet égard des différences, si l'on pouvait
opérer à des degrés de froid tels que l'acion réciproque des
molécules gazeuses devînt sensible par leur rapprochement;
de même il est possible que, dans un liquide que le froid
condense, les attractions résultantes de la configuration des
particules, modifient sensiblement l'action qu'elles exercent
sur la lumière. Ne serait-ce pas à cela qu'il faudrait attribuer ce curieux résultat observé par M. Arago, que la ré-

fraction de l'eau liquide augmente à mesure qu'elle se refroidit, même lorsque sa densité diminue par la dilatation
qu'elle éprouve au-dessous de la température de 4°.

Jusqu'ici nous avons considéré le mouvement de la lumière dans des milieux homogènes; mais on peut aussi concevoir des milieux composés de couches diverses et de composition variable, et l'on peut se proposer de découvrir ce
qui arrive à un rayon de lumière qui les traverse. Ce problème se résout par les mêmes considérations que nous avons
exposées en calculant la marche des molécules lumineuses,
lorsqu'elles approchent de la surface des corps, ou lorsqu'elles
pénètrent leur substance jusqu'à une petite profondeur. On
partage le milieu que la lumière traverse en un assez grand
nombre de couches, pour que la densité ou la composition
de chacune d'elles puisse être supposée constante. Alors,
dans chacune de ces couches, la trajectoire des molécules
lumineuses peut être considérée comme une parabole dont
on détermine la direction d'après l'intensité actuelle de la
force réfringente; et, en continuant ce calcul de couche en
couche, on connaît successivement la marche que chaque
molécule lumineuse peut décrire, suivant la direction dans
laquelle elle est lancée.

Concevons un pareil milieu $ABCD$, fig. 71, composé
de couches horizontales, dont le rapport de réfraction soit
d'abord constant jusqu'à une certaine hauteur, puis, de là,
aille en décroissant peu à peu par des nuances insensibles,
jusqu'à ce qu'enfin il redevienne constant de nouveau, mais
moindre que précédemment. On aura l'exemple d'un pareil
milieu, si l'on met d'abord, au fond d'un vase, de l'acide
sulfurique concentré, sur lequel on verse ensuite peu à peu
de l'eau pure, en la faisant couler lentement le long d'une
petite lame de plomb inclinée, afin de ralentir la rapidité
de sa chute. Cette eau, se répandant ainsi sur la surface
de l'acide sulfurique, et ayant pour lui beaucoup d'affinité,
tend à se combiner avec lui; et la combinaison s'opère en
effet dans les couches les plus basses de l'eau, qui reposent
immédiatement sur l'acide. Mais, à cause de leur figure
plane, l'attraction qu'elles exercent sur elles-mêmes, ainsi

que les différences de leur pesanteur spécifique, les préser-
vent de se diviser; et, les couches qui sont en contact étant
toujours les mêmes, la combinaison ne peut se propager
de l'une à l'autre qu'avec beaucoup de lenteur. Aussi, malgré
la grande affinité de l'eau et de l'acide sulfurique, si l'on
n'opère pas dans un vase très-large, on trouve souvent
qu'après une journée toute entière, les couches supérieures
de l'eau ne sont pas encore mélangées d'acide. Voilà donc
un milieu composé de couches parallèles, hétérogènes, de
réfractions diverses, et décroissantes avec la hauteur. Car
le rapport de réfraction de l'acide sulfurique concentré
excède celui de l'eau pure, et il porte cette propriété dans
les couches où il entre en combinaison. Supposons maintenant que l'expérience se fasse dans un vase rectangulaire
de verre mince, afin que ses parois verticales offrent des
surfaces diaphanes parallèles qui ne changent point la régularité ou la marche des rayons lumineux. Puis concevons un point rayonnant situé en A, sur une des parois du
vase, à une hauteur telle que les couches d'acide qui y répondent ne soient pas encore sensiblement mêlées d'eau;
alors ce point pourra envoyer à travers l'acide un rayon
horizontal qui traversera directement l'épaisseur du vase,
et qui pourra être reçu par un œil situé de l'autre côté en O.
Mais il pourra arriver aussi en O un autre rayon qui, partant du même point que le premier, se dirigera d'abord
vers les couches supérieures, dans lesquelles l'eau est mêlée à l'acide sulfurique. Car, rencontrant dans ces couches
une puissance réfringente successivement décroissante, l'attraction des couches inférieures le rappellera sans cesse et le
pliera vers elles; et si l'inclinaison est convenablement choisie, cette attraction pourra aller jusqu'à le courber entièrement, et l'obliger de se réfléchir vers le bas, de manière
à traverser de nouveau les mêmes couches en sens contraire,
et à redescendre vers le point O où s'étoit dirigé le premier
rayon. Cet effet ressemble absolument à ce qui se passe au
contact de deux milieux de force réfringente diverse, si ce
n'est que, dans ce dernier cas, la réflexion intérieure s'opère
dans un très-petit espace, et est rapidement déterminée par

la diminution que les forces attractives éprouvent à partir
de la surface commune , tandis que, dans le mélange d'eau
et d'acide , le décroissement des forces attractives est rendu
très-lent par les proportions graduelles de la combinaison.
Mais il en résulte également que l'on pourra , du point O ,
sous de certaines limites d'inclinaison , apercevoir deux
images du point rayonnant, l'une inférieure par une trajectoire directe, l'autre supérieure par une trajectoire curviligne. Pour réaliser ces conséquences, collez à l'une des
parois du vase , un peu au-dessous des couches qui se mêlent, une petite bande de papier horizontale , sur laquelle
vous aurez tracé des lettres. Alors, en plaçant votre œil de
l'autre côté du vase , à une hauteur à peu près égale, et cherchant à lire ces lettres, vous en verrez deux images distinctes : l'une inférieure, qui sera droite ; l'autre supérieure,
qui sera renve sée. Cette manière ingénieuse de faire l'expérience a été imaginée par M. Wollaston.

On apercevra un phénomène pareil si , pendant l'été, on
place son œil à l'extrémité d'une barre de fer ou de bois horizontale et noircie, qui soit exposée au soleil , et dans le
prolongement de laquelle se trouvent de petits objets distincts qui en soient éloignés de cent ou de deux cents pas.
Car les rayons du soleil échauffant considérablement cette
surface noircie , elle communique sa température aux couches d'air qui la touchent immédiatement, elle les dilate ,
et leur donne une force élastique suffisante pour soutenir
le poids des couches supérieures avec une densité moindre.
Or, nous avons vu que le rapport de réfraction de l'air dépend
uniquement de sa densité ; par conséquent les couches qui
reposent immédiatement sur la barre réfracteront la lumière
avec moins d'énergie que celles qui se trouvent au-dessus
d'elles, et celles-ci, à leur tour , réfracteront moins que
celles qui les suivent, jusqu'à ce que, par une dégradation
progressive, mais rapide, on s'élève à des couches assez éloignées de la barre pour ne ressentir plus l'influence de sa température , et alors le rapport de réfraction y deviendra sensiblement constant. D'après cela , on conçoit que si, dans un
pareil milieu , on regarde horizontalement des objets éloi-

gnés situés dans la direction de la barre et à une petite
hauteur au-dessus d'elle, on en pourra voir deux images,
l'une supérieure et droite à travers la couche de densité
constante, l'autre à travers les couches de densité variable,
qui sera inférieure et renversée. C'est encore à M. Wollaston
que l'on doit cette observation curieuse, ainsi qu'un grand
nombre d'autres relatives au même sujet.

Le même effet se produit quelquefois plus en grand dans
les couches d'air contiguës à un sol aride et sablonneux que
l'ardeur du soleil échauffe fortement. Alors la densité de
l'air va en croissant depuis la surface du sol jusqu'à une
certaine distance, ordinairement fort petite, après quoi
elle devient sensiblement constante, et enfin elle décroît
avec une très-grande lenteur, conformément à la constitution habituelle de l'atmosphère. Si l'on conçoit un observateur placé dans la couche de densité moyenne, et regardant un objet éloigné, situé aussi dans cette couche, il le
verra de deux manières; directement à travers la couche
d'air de densité uniforme qui les sépare, et indirectement
par des rayons réfléchis dans la couche inférieure. Ces
rayons, d'abord dirigés de l'objet vers la surface terrestre
sous une certaine inclinaison, entrent dans les couches de
moindre densité, s'y réfractent en prenant une direction
plus approchante de l'horizontale, puis se relèvent, et, rentrant dans les couches supérieures dont la densité les attire,
reviennent passer par l'œil de l'observateur. Il y aura alors
deux images de l'objet, l'une droite par vision directe,
l'autre renversée par la réflexion. Si l'objet se détache sur
le fond du ciel, l'image renversée du ciel entourera aussi
son image réfléchie, absolument comme lorsque les objets
se peignent par réflexion sur la surface des eaux.

Telle est la cause d'un phénomène très-curieux qui est
connu des marins, sous le nom de *mirage*, et que l'armée
française a eu plusieurs fois l'occasion d'observer dans l'expédition d'Egypte. Le terrain de la Basse-Egypte est une
vaste plaine parfaitement horizontale; son uniformité n'est
interrompue que par quelques éminences sur lesquelles sont
situés les villages qui, par ce moyen, se trouvent à l'abri

de l'inondation du Nil. Le soir et le matin, l'aspect du pays est tel que le comportent la disposition réelle des objets et leur éloignement; mais lorsque la surface du sol s'est échauffée par la présence du soleil, le terrain semble terminé à une certaine distance par une inondation générale; les villages qui se trouvent au-delà paraissent comme des îles situées au milieu d'un grand lac. Sous chaque village, on voit son image renversée, comme elle paraîtrait effectivement dans l'eau. A mesure que l'on approche, les limites de cette inondation apparente s'éloignent, le lac imaginaire qui semblait entourer le village se retire; enfin il disparaît entièrement, et l'illusion se reproduit pour un autre village plus éloigné. Ainsi, comme le remarque M. Monge, de qui j'emprunte cette description, tout concourt à compléter une illusion qui est quelquefois cruelle, surtout dans le désert, parce qu'elle présente vainement l'image de l'eau dans le temps même où l'on en aurait le plus grand besoin.

On observe à peu près la même chose à la mer, dans des temps très-calmes. Un navire, vu dans le lointain et à l'horizon, offre quelquefois deux images, l'une directe, l'autre renversée : celle-ci est absolument pareille à l'autre, souvent égale en intensité, en un mot, parfaitement semblable à l'effet de la réflexion dans un miroir. De là est venu le nom de *mirage* que les marins ont donné à ce phénomène. Comme il est produit par la différence des températures de l'eau et de l'air, il se montre ordinairement dans les changemens subits de température, la densité de la mer ne permettant pas à sa surface de partager ces variations aussi vite que l'atmosphère. Mais, d'un autre côté, la température des eaux, et l'évaporation qui se fait continuellement à leur surface, s'opposent à ce qu'elles prennent une température aussi élevée que la surface sablonneuse d'un terrain aride. Par ces raisons, le phénomène des doubles images se montre plus rarement à la mer, et y dure peu; au lieu qu'il est journalier en Egypte, et sur quelques plaines sablonneuses, où les mêmes circonstances se reproduisent presque tous les jours aux mêmes hauteurs du soleil.

Nous avons observé, M. Mathieu et moi, un grand nombre de phénomènes de ce genre à Dunkerque, sur le bord
de la mer, et j'en ai donné la théorie mathématique dans
les Mémoires de l'Institut, pour 1809. J'ai prouvé que les
trajectoires consécutives qui partent de l'œil de l'observateur, se coupent sur leurs secondes branches, de manière à
former une caustique au-dessous de laquelle aucun point
ne peut être aperçu. Dans la fig. 72, la courbe L T représente cette caustique, et D M S est la trajectoire limite,
menée de l'œil de l'observateur, tangentiellement au sol.
Je la nomme trajectoire limite, parce qu'elle limite la hauteur où se fait le renversement. Dans la figure citée, tous
les points situés au-dessus de cette trajectoire ne peuvent
envoyer à l'observateur qu'une seule image ; ceux qui sont
dans l'espace S L T lui en envoient deux, l'une supérieure
qui est droite, l'autre inférieure qui est renversée. Enfin,
les points situés au-dessous de la caustique, dans l'espace
M L T, ne pouvant en envoyer aucune, sont invisibles ; de
sorte qu'un objet mobile, un homme, par exemple, qui
s'éloigne successivement à diverses distances, présente les
apparences successives rapportées fig. 73.

La théorie et l'expérience prouvent également que, pour
que ces apparences se produisent, il n'est pas besoin d'une
différence considérable de température ; un ou deux degrés
du thermomètre centésimal suffisent, quand l'observation est
faite sur un sol uni et étendu qui permet aux rayons lumineux de se prolonger sans obstacle et de manifester ainsi
la courbure de la trajectoire qu'ils décrivent. Telle était la
station que nous avions trouvée à Dunkerque, sur une
plage sablonneuse située dans les dunes, près du fort du
Risban ; et les observations y étaient encore favorisées par
l'existence d'un grand nombre d'objets très-éloignés, tels
que des clochers, des arbres, des cabanes, qui, s'élevant
comme autant de signaux au-dessus de cette plage aride,
manifestaient la marche des rayons par les apparences
qu'ils présentaient. Aussi le phénomène du doublement et
du renversement des images était-il alors sensible presque
tous les jours et par des différences de température qui

n'excédaient pas deux degrés du thermomètre centésimal.

Il arrive aussi, quelquefois, que des objets éloignés paraissent seulement suspendus dans l'air; alors leur image est simple, droite, et n'est, au moins en apparence, accompagnée d'aucune image renversée. On a donné à ce phénomène le nom de *suspension*. J'ai fait voir, dans le mémoire cité, que, dans cette circonstance même, la seconde image renversée existe, mais elle est infiniment amincie; alors on n'aperçoit que l'image directe qui se détache sur l'image renversée du ciel.

Lorsque la vision se fait ainsi par des trajectoires convexes vers la terre ou vers la mer, la réfraction est négative; l'horizon apparent est beaucoup plus abaissé qu'il ne devrait l'être relativement à la hauteur où l'on observe. Les marins doivent donc se défier de ce phénomène, qui tendrait à leur donner des erreurs considérables dans leur latitude; car je trouve, par expérience, que ces erreurs peuvent souvent aller à 4 et 5 minutes. L'horizon apparent sera ainsi abaissé, quand la mer sera plus chaude que l'air. Au contraire, si elle est plus froide, le décroissement des densités se fait de bas en haut, comme à l'ordinaire, mais suivant une loi beaucoup plus rapide, et l'horizon apparent s'élève à une hauteur très-considérable. On éviterait ces erreurs en n'observant pas les hauteurs des astres au-dessus de l'horizon de la mer, mais au-dessus d'un horizon artificiel placé hors des couches inférieures où se fait toujours la variation extraordinaire de la densité. Mais ce moyen n'est pas toujours facile, et à bord des vaisseaux il est tout-à-fait impraticable, à cause du mouvement de la mer. Dans ce cas, on corrigera l'erreur en prenant, s'il est possible, la distance des deux horizons opposés de la mer; l'excès de cette somme sur deux angles droits donnera le double de la dépression apparente de l'horizon qu'il faudra employer dans le calcul. Ainsi on connaîtra cette dépression en prenant la moitié du résultat. Malheureusement cette observation des deux horizons, qui a été indiquée par M. Wollaston, paraît très-difficile à faire avec exactitude; mais s'il n'est pas en notre pouvoir de rectifier l'erreur qui se produit dans ces circonstances, il est du moins utile d'être prévenu de son existence et du sens dans lequel elle peut agir, afin de pouvoir s'en défier ; c'est pourquoi j'ai cru devoir dire deux mots des résultats précédens.

CHAPITRE IV.

De la double Réfraction.

Nous avons déjà annoncé que les rayons lumineux, en traversant la plupart des corps cristallisés, s'y divisent généralement en deux faisceaux, dont l'un, que l'on nomme *faisceau ordinaire*, suit la loi ordinaire de réfraction assignée par Descartes, tandis que l'autre, que l'on nomme *faisceau extraordinaire*, obéit à des lois très-différentes.

Ce phénomène se produit dans tous les cristaux transparens dont la forme primitive n'est ni un cube, ni un octaèdre régulier. La division du rayon est plus ou moins forte, selon la nature du cristal et le sens dans lequel on le taille ; mais de toutes les substances connues, celle qui produit ce phénomène de la manière la plus énergique, est la chaux carbonatée rhomboïdale, vulgairement appelée *spath d'Islande*. Comme d'ailleurs elle se rencontre fréquemment dans le commerce et dans les collections des naturalistes, nous l'emploierons la première pour reconnaître et déterminer la marche des rayons.

Les cristaux de cette substance ont, comme leur nom l'indique, la forme d'un rhomboïde, représenté fig. 74. Ce rhomboïde a six angles solides aigus, et deux obtus : ces derniers sont formés de trois angles plans égaux, et également inclinés : dans les angles dièdres aigus, l'inclinaison des faces est de 74° 55′, et elle est, par conséquent, de 105° 5′ dans les autres. Malus a mesuré ces inclinaisons par la réflexion de la lumière. M. Wollaston était aussi parvenu, de son côté, au même résultat.

Si l'on pose un pareil rhomboïde sur les caractères d'un livre imprimé, ou sur un papier où l'on ait tracé des lignes et des points, et que l'on regarde ensuite à travers son épaisseur, tout paraît doublé; en sorte que chaque point rayonnant placé sous le cristal envoie deux images à l'œil, et par conséquent lui fait parvenir deux rayons. Ceci indique donc que chaque rayon simple se divise en deux faisceaux, en traversant le rhomboïde; et c'est en effet ce que l'on peut constater en rompant ainsi un trait de lumière solaire, dirigé par un héliostat; car on obtient alors deux rayons émergens distincts. Maintenant, pour mesurer l'écartement de ces rayons, et déterminer leur route, voici un moyen très-simple indiqué par Malus: sur le papier où vous posez le rhomboïde, tracez avec de l'encre bien noire un triangle rectangle A B C, fig. 75, dont le petit côté B C soit, par exemple, un dixième de A C. En regardant ce triangle à travers le rhomboïde, vous le verrez double, de quelque manière que vous placiez l'œil; et pour chaque position, il se trouvera un point F, dans lequel la ligne A' C', image extraordinaire de A C, coupera la ligne A B, que je suppose appartenir à l'image ordinaire. Prenez donc, sur le triangle même, une longueur A F' égale à A' F, le point F' sera celui dont l'image extraordinaire coïncide avec l'image ordinaire du point F. Le rayon ordinaire parti de F, et le rayon extraordinaire parti de F' se confondent donc après leur sortie, et ne donnent qu'un seul rayon émergent dirigé vers l'œil : ainsi réciproquement, un rayon naturel qui partirait, suivant cette dernière direction, du lieu où est l'œil, et qui se dirigerait vers le cristal, s'y réfracterait en deux faisceaux, dont l'un irait aboutir au point F, et l'autre au point F' du triangle tracé sous la base du rhomboïde. C'est en effet ce que l'on peut confirmer par des expériences directes faites avec l'héliostat. D'après cela, si les lignes A B, A C sont divisées chacune, je suppose, en mille parties égales, avec les nombres de divisions marqués de dix en dix, l'inspection de ces nombres indiquera toujours quels sont les points de A B et de A C, dont les images ordinaires et extraordinaires coïncident; par conséquent, si la position de ces lignes et celle du triangle est connue, relativement aux arêtes de la base du rhomboïde, on saura toujours, dans chaque cas, à quel endroit de cette base répond le point F, à quel autre répond le point F'. Ainsi, pour construire les rayons réfractés, il ne restera plus qu'à déterminer, sur la surface supérieure, la position de leur point commun d'émergence, fig. 70. On y parviendrait en cherchant et marquant sur cette surface le point I où se croisent les images des côtés A B, A C du triangle qui sert de mire; mais comme il est utile aussi de connaître la direction du rayon émergent qui en résulte, il vaut mieux faire cette observation avec un cercle gradué, dont on maintient le limbe vertical, et dirigé dans le plan d'émergence I O V. On dirige la lunette de ce cercle sur le point d'émergence I où le croisement s'opère; et si l'on a pris le soin de rendre la base du rhomboïde horizontale au moyen d'un niveau, la même observation détermine à la fois l'angle d'émergence I O V ou N I O, compté de la normale, et la position du point d'émergence I sur le rhomboïde. On connaît aussi *à priori* les positions des deux points F F', dont les images coïncident; on pourra donc construire les directions des rayons réfractés ordinaire, extraordinaire, F I, F' I, correspondans à la direction observée du rayon émergent; sur quoi il faut remarquer que, dans beaucoup de cas, le rayon F' I, qui subit la réfraction extraordinaire, ne se trouve pas compris dans le prolongement du plan d'émergence N I O. Tel est le moyen qu'a employé Malus. En l'admettant, nous pouvons admettre toutes ses observations, et les regarder comme des données auxquelles il faut satisfaire.

Parmi toutes les positions que l'on peut donner au rhomboïde sur son plan, il en est une qui mérite sur-tout d'être remarquée, parce que la réfraction extraordinaire s'exerce alors, comme la réfraction ordinaire, dans le plan d'émergence même. Pour la découvrir, il faut, par l'un des côtés du triangle divisé A B C, tel que B C, par exemple, concevoir un plan perpendiculaire aux surfaces supérieure et inférieure du rhomboïde, puis placer l'œil dans ce plan, et tourner peu à peu le cristal sur sa base, jusqu'à ce que les deux images de la ligne droite B C se superposent; alors, comme on sait que l'image ordinaire reste toujours dans le plan d'émergence, l'image extraordinaire qui coïncide avec elle, s'y trouve aussi. Cela arrive lorsque la droite B C, qui sert de mire, di-

vise en deux parties égales un des angles plans obtus du rhomboïde, ou est parallèle à la direction qui jouit de cette propriété. Alors l'écart des deux images, perpendiculairement
au plan d'incidence, devient nul ; et par conséquent, quelles
que soient les forces qui produisent la réfraction extraordinaire, il est sûr que leur résultante est comprise toute entière
dans ce plan. Aussi lui a-t-on donné un nom particulier ;
on l'appelle la *section principale du rhomboïde*. Si l'on suppose que le cristal sur lequel on fait ces expériences a précisément la forme primitive qui convient à la chaux carbonatée, les bases du rhomboïde seront des rhombes parfaits ;
et alors la section principale contiendra les deux diagonales
menées sur chaque base par les sommets des angles obtus.
Le plan de cette section coupera donc le rhomboïde suivant
un parallélogramme A B, A′B′, fig. 77, dans lequel les
côtés A B, A′ B′ sont les diagonales elles-mêmes, et
A B′, A′ B les arêtes qui les joignent dans le rhomboïde.
La ligne A A′ menée par les deux angles solides obtus
A, A′, s'appelle l'*axe du cristal* ; elle est également inclinée sur toutes les faces, et forme avec elle un angle de
45° 23′ 25″. C'est à elle que se rapportent tous les phénomènes de la réfraction extraordinaire.

Examinons d'abord comment s'opère cette réfraction dans
le plan de la section principale. On en voit tous les phénomènes généraux dans la fig. 78, où S I représente le
rayon incident, I O le rayon réfracté ordinaire, et I E le
rayon réfracté extraordinaire. I N est la direction de la
normale au point d'incidence. Lorsque l'incidence est perpendiculaire, le rayon ordinaire se confond avec le prolongement de la normale, et traverse le cristal sans se réfracter ;
mais le rayon extraordinaire se brise au point d'incidence, et
est plus ou moins rejeté en E, vers le petit angle solide B′. Cet
effet est général sous toutes les autres incidences, comme le
représente la figure, et il détermine toujours la situation du
rayon extraordinaire par rapport à l'autre.

La conséquence que nous en devons déduire, c'est qu'il
existe dans le cristal une force particulière, qui enlève au
rayon ordinaire une partie de ses molécules, et les repousse

vers B′. Mais quelle est cette force ? Nous verrons bientôt
qu'elle émane de l'axe même du cristal, c'est-à-dire que,
si par chaque point d'incidence on mène une ligne I A′ parallèle à cet axe, et représentant sa position dans les premières couches où le rayon se divise, tous les phénomènes
se passent, comme s'il émanait de cette ligne une force *répulsive*, qui agirait seulement sur un certain nombre de
particules lumineuses, et tendrait à les écarter de sa direction. Cette force rejette toujours les rayons vers B′, parce
qu'ils se trouvent toujours de ce côté de l'axe, sous quelque
incidence qu'ils soient entrés.

Suivons cette idée, qui ne répugne point au peu d'observations que nous avons faites; et, pour la vérifier par
une épreuve directe, coupons le cristal par deux plans perpendiculaires à son axe, fig. 79, de manière à former ainsi
deux nouvelles faces *a b c*, *a′b′c′*, parallèles entr'elles. Maintenant, si nous dirigeons un rayon S I, perpendiculairement
à ces faces, il pénétrera leurs couches parallèlement à l'axe
du cristal primitif. Ainsi, en supposant que la force répulsive
émane de cet axe, elle se trouvera nulle, et le rayon ne devra pas se diviser. C'est en effet ce qui a lieu, et l'on n'observe ainsi qu'une seule image.

On trouve même, en faisant l'expérience, que l'image
reste simple lorsque la seconde face de la plaque est inclinée sur l'axe, la première étant toujours perpendiculaire à
cet axe et au rayon incident. Cela arriverait, par exemple, si l'on n'enlevait que le premier angle solide A du
rhomboïde primitif. Le rayon incident S I continuerait sa
route parallèlement à l'axe, comme tout-à-l'heure, et en
sortant par la seconde face, il se réfracterait dans l'air en
une seule direction, suivant la loi de la réfraction ordinaire, c'est-à-dire, suivant la proportion constante des sinus.
De là, on doit conclure que, réciproquement, un rayon
incident R′ I′ qui passerait, avec le même angle d'incidence,
de l'air dans un pareil prisme, s'y réfracterait parallèlement à
l'axe en un seul rayon, et en sortirait en I de la même manière.
C'est aussi ce que l'expérience confirme. Si, ayant taillé un
pareil prisme, on met contre l'œil sa face perpendiculaire à

l'axe, de manière à ne recevoir que les rayons qui arrivent dans cette direction ; toutes les images des objets extérieurs sont simples ; elles éprouvent seulement sur leurs bords cette d'llusion que j'ai indiquée, et qui tient au phénomène général de la décomposition de la lumière par des prismes.

Mais si la force répulsive qui produit la réfraction extraordinaire émane réellement de l'axe, comme les phénomènes l'annoncent, elle ne peut devenir nulle que lorsque le rayon réfracté lui est parallèle. La coupe que nous venons de déterminer est donc la seule dans laquelle un prisme cristallisé puisse donner des images simples; c'est aussi ce que l'expérience confirme, et on se sert de ce moyen pour reconnaître l'axe des cristaux.

Reprenons notre plaque à faces parallèles, taillées perpendiculairement à l'axe. Nous avons vu que le rayon ne s'y divise point sous l'incidence perpendiculaire, mais, sous les incidences obliques, il doit se diviser, puisqu'alors il forme un certain angle avec l'axe duquel la force répulsive émane. C'est, en effet, ce qui a lieu ; et de plus, à incidence égale, la réfraction extraordinaire est la même tout autour de l'axe; ce qui nous montre que la force répulsive agit, à partir de l'axe, de tous les côtés également.

Dans tout cristal doué de la double réfraction, il existe une direction qui donne des phénomènes semblables, c'est-à-dire, que les rayons qui traversent le cristal dans ce sens ne se divisent point, même lorsqu'ils sortent par une face prismatique. Nous devons donc, par analogie, appeler cette direction *l'axe de réfraction extraordinaire*. En effet, c'est *toujours* de cet axe qu'émane la force qui divise les rayons; mais elle n'est pas toujours répulsive. J'ai découvert qu'il existe des cristaux où le rayon extraordinaire est attiré vers l'axe, au lieu d'être repoussé. Ce fait exige que nous divisions les cristaux doués de la double réfraction en deux classes, les cristaux à *double réfraction attractive* et à *double réfraction répulsive*.

Si, dans un cristal de l'une ou de l'autre de ces classes, on taille dans un sens quelconque une plaque à faces parallèles, on trouvera que cette plaque possède aussi une section dans laquelle les deux réfractions ne sortent pas du plan d'incidence ; et ici, comme dans le rhomboïde de spath d'Islande, cette section est celle qui est faite par l'axe du cristal perpendiculairement aux deux faces. En généralisant cette idée, on appelle *section principale d'une face quelconque,* le plan mené, par l'axe du cristal, perpendiculairement à cette face-là.

Ayant reconnu ainsi les circonstances générales de ce mode d'action, il faut en mesurer les effets, et tâcher d'en découvrir les lois. Pour cela, il n'y a pas d'autre parti à prendre que de tailler des plaques dans divers sens relativement à l'axe, d'y observer les réfractions extraordinaires sous diverses incidences, d'en chercher les lois particulières, et de tâcher de les composer en une seule loi générale ; c'est ce que Huyghens a fait pour le spath d'Islande. La loi expérimentale qu'il avait déduite a été vérifiée depuis par M. Wollaston, et ensuite par Malus, à l'aide d'expériences directes qui en confirment l'exactitude. En la traduisant en analyse, on a obtenu des formules qui permettent de calculer, pour une face quelconque, naturelle ou artificielle, la direction du rayon ordinaire et celle du rayon extraordinaire qui dérivent de chaque rayon incident donné ; et, chose remarquable, cette loi, déterminée par l'observation d'un seul cristal, s'est trouvée applicable à tous les cristaux, tant attractifs que repulsifs, sans autre modification qu'un simple changement de constante. Enfin, en l'admettant comme un fait, M. Laplace a remonté, par le calcul, jusqu'aux rapports de vitesse qu'elle indiquait entre le rayon ordinaire et le rayon extraordinaire. Il résulte de ces formules, que la vitesse du rayon extraordinaire est généralement plus grande que celle du rayon ordinaire dans les cristaux à double réfraction attractive, et moindre dans les cristaux à double réfraction répulsive. Le rapport absolu de ces deux vitesses ne dépend point du tout des faces naturelles ou artificielles par lesquelles les rayons pénètrent le cristal, mais des angles qu'ils forment avec son axe après leur réfraction. Si le rayon extraordinaire coïncide avec l'axe, l'influence des forces qui produisent la double réfraction est nulle sur lui, et il se meut avec la même vitesse que le rayon ordinaire. Mais si son trajet se fait hors de l'axe, sa vitesse s'accélère lorsque le cristal est attractif, et se rallentit lorsqu'il est répulsif. Ces variations vont en croissant à mesure que l'angle du rayon avec l'axe augmente, et elles sont à leur *maximum* quand cet angle est droit. Mais ces changemens n'ont aucune influence sur le rayon ordinaire, qui se réfracte invariablement selon la loi de Descartes, et toujours dans le prolongement de son plan d'incidence; au lieu que le rayon extraordinaire s'écarte de ce plan d'un côté ou de l'autre, quand l'action des forces émanées de l'axe tend à l'en faire sortir; et c'est pourquoi il ne reste dans ce plan que lorsque l'incidence se fait dans la section principale de la face d'incidence, parce que cette section contenant l'axe, la force qui produit la réfraction extraordinaire s'exerce aussi dans le même plan.

J'ai exposé dans le Traité général les calculs et les formules que je viens d'indiquer; on conçoit qu'ils ne pourraient être expliqués ici; je me bornerai donc à en tirer quelques conséquences qui ont des applications utiles. En les exposant, je m'attacherai à faire voir comment elles se lient à l'idée d'une force répulsive ou attractive émanée de l'axe, et l'on pourra voir comment la seule connaissance de cette force et du sens suivant lequel elle s'exerce, détermine, dans tous les cas, le sens de la déviation du rayon extraordinaire par rapport à l'autre.

Pour commencer par un exemple simple, considérons, fig. 80, une plaque taillée en forme de parallélipipède rectangle, dont une des arêtes AA′ serait dirigée suivant l'axe même du cristal, et mesurons-y les deux réfractions dans les deux sens rectangulaires A B, A A′, en rendant d'abord le plan d'incidence perpendiculaire et ensuite parallèle à l'axe A A′. On peut y parvenir à l'aide de l'appareil de Malus, expliqué plus haut, et aussi par divers autres procédés analogues qu'il est facile d'imaginer. Cela posé, voici les résultats que l'expérience fournit.

Dans la première position, où l'incidence s'opère dans le plan A B *a b*, les deux rayons réfractés, l'ordinaire et l'extraordinaire ne sortent pas de ce plan; et l'un et l'autre s'y réfractent suivant la loi de Descartes, de manière que le sinus de réfraction et le sinus d'incidence, comptés de la normale I N, sont entre eux dans un rapport constant ; mais ce rapport n'est pas le même pour les deux réfractions : par exemple, dans le spath d'Islande et dans tous les cristaux à double réfraction répulsive, le rayon ordinaire est, à incidence égale, plus rapproché de la normale que le rayon extraordinaire, comme le montre la figure 81 , où l'on a représenté à part la réfraction dans la face A B *a b*. C'est le contraire dans les cristaux à double réfraction attractive, fig. 82 : le rayon extraordinaire s'y trouve plus réfracté et plus rapproché de la normale que l'autre.

Ce résultat peut se conclure de l'écartement que les deux faisceaux réfractés éprouvent en traversant notre plaque dans le sens que nous venons d'assigner ; mais il vaut mieux tout de suite le constater par la conséquence qui en découle immédiatement ; et cette conséquence est que, si la réfraction extraordinaire, suivant cette direction, est réellement soumise à une proportion constante de sinus , on peut déterminer cette constante comme celle de la réfraction ordinaire, en taillant un prisme A D B A′ B′ D′, fig. 83 , dont les arêtes soient parallèles à l'axe, et observant la déviation qu'il produit entre les deux images. De plus, puisque le sens de la coupe est indifférent pour la réfraction ordinaire, on voit que ce seul prisme pourra servir à trouver les constantes des deux réfractions. Pour l'une comme pour l'autre , la constance des rapports sera démontrée , si toutes les incidences lui assignent la même valeur. Ce résultat remarquable s'étend à tous les cristaux jusqu'à présent observés.

En l'appliquant au spath d'Islande, Malus a trouvé que si le sinus d'incidence , compté de la normale , est représenté par 1, le sinus de la réfraction ordinaire, l'est par 0,6044871, et le sinus de la réfraction extraordinaire par 0,6741717. On voit par-là que cette dernière réfraction produit une déviation moindre que l'autre, comme j'ai annoncé que cela avait lieu pour tous les cristaux à double réfraction répulsive dans le sens de coupe et d'incidence que nous supposons ; et ce résultat se lie très-bien à l'idée d'une force répulsive émanée de l'axe ; car dans le cas de notre observation, le rayon réfracté extraordinairement, dans toute l'étendue de son trajet à travers le cristal, reste perpendiculaire à cet axe ; et ainsi la force répulsive qui en émane, n'a aucune tendance à l'écarter du plan d'incidence ; elle ne fait que s'opposer au mouvement des molécules lumineuses, et retarder leur vitesse à mesure qu'elles commencent à pénétrer le cristal. Son action dans ce sens est donc directement opposée à celle des forces attractives ordinaires qui tendent à accélérer la vitesse des particules. Ainsi, l'effet qui en résulte sur ces particules doit être le même que si la force réfringente du cristal était diminuée ; c'est-à-dire que la déviation éprouvée par le rayon doit être moindre, comme le montre aussi l'observation. Au contraire, dans les cristaux attractifs, la force attractive émanée de l'axe se joint à la force réfringente du milieu pour augmenter la vitesse des particules lumineuses, et la déviation augmente ; de sorte que le rayon extraordinaire se rapproche de la normale plus que le rayon ordinaire.

Reprenons maintenant notre plaque rectangulaire, fig. 80, et mettons le plan d'incidence dans la face $A A' a a'$. La force émanée de l'axe $A A'$ s'exerce encore dans ce plan ; ainsi elle ne tendra pas à en faire sortir le rayon extraordinaire : aussi trouve-t-on qu'il y reste compris. Mais, de plus, il est aisé de prévoir s'il sera plus ou moins dévié que le rayon ordinaire ; car si nous figurons à part la section de notre plaque par le nouveau plan d'incidence, fig. 84 et 85, $A A'$ étant l'axe, $S I$ le rayon incident, et $I O$ le rayon ordinaire, on voit que la force émanée de l'axe tendra à augmenter l'angle $A I O$, si le cristal est répulsif, fig. 84, et à le diminuer s'il est attractif, fig. 85 ; de sorte que le rayon extraordinaire $I E$ devra, dans le premier cas, se rapprocher de la normale plus que l'autre, et dans le second s'en approcher moins ; ce qui est en effet conforme à l'observation.

Pour fixer les idées, je joins ici les valeurs des deux rapports de réfraction pour divers cristaux, avec l'indication de la nature de la force ; il faut se rappeler que ces rapports sont observés conformément aux indications précédentes ; c'est-à-dire la face d'incidence et le plan d'incidence étant, l'une parallèle, l'autre perpendiculaire à l'axe du cristal.

DÉSIGNATION des Substances.	RAPPORT du sinus de réfraction au sinus d'incidence.		NATURE de la double réfraction.	DIRECTION de L'AXE.
	ordinaire.	extraordinaire.		
Spath d'Islande. . .	0,604487	0,674172	répulsive.	parall. à la petite diag du rhomb. primitif
Aragonite.	0,590620	0,651550	répulsive.	parall. aux aiguilles.
Quartz.	0,645813	0,641776	attractive.	parall. aux aiguilles.
Baryte sulfatée. . .	0,611530	0,607223	attractive.	parall. à la petite diag. de la base des prism.
Chaux phosphatée.	. . . . . .	. . . . . .	répulsive.	
Béril.	. . . . . .	. . . . . .	répulsive.	parallèle aux arêtes des prismes.
Tourmaline. . . .	. . . . . .	. . . . . .	répulsive.	parall. aux aiguilles.
Topaze.	. . . . . .	. . . . . .	attractive.	parall. aux aiguilles.
Chaux sulfatée. . .	0,645813	0,641776	attractive.	dans le plan des lames.

Tous les cristaux ci-dessus désignés n'ont qu'un seul axe, duquel émanent des forces attractives ou répulsives ; mais on pourrait concevoir également des forces émanées de plusieurs axes. C'est ce qui a lieu dans le mica, où j'ai découvert qu'il existe deux axes répulsifs, l'un situé dans le plan des lames, l'autre perpendiculaire à ce plan. Malheureusement les cristaux transparens de cette substance ne sont ni assez gros, ni assez communs pour qu'on puisse y étudier la marche des rayons, et je n'y ai reconnu l'existence de deux genres de forces que par un autre mode d'observation, dont je parlerai plus tard. Cet exemple est, jusqu'à présent, le seul où l'on ait reconnu plusieurs axes. Dans toutes les autres où il n'en existe qu'un seul, la loi de Huyghens a toujours paru s'appliquer exactement.

De la Réflexion à la seconde surface des cristaux.

La théorie que nous venons d'exposer n'est pas bornée

aux rayons réfractés extraordinairement par les cristaux; elle s'applique aussi à ceux qui sont réfléchis intérieurement à leur seconde surface. Mais avant d'entrer dans le détail des conséquences qu'elle indique, il faut établir par l'expérience les principaux caractères de ce genre de phénomènes.

Lorsqu'un rayon de lumière tombe sur la première surface d'un cristal en sortant du vide, ou de tout autre milieu non cristallisé, il se réfléchit partiellement en un seul faisceau, de manière que l'angle de réflexion, compté de la normale, est égal à l'angle d'incidence. La force attractive ou répulsive qui émane de l'axe du cristal n'a absolument aucune influence sur ce phénomène; car on peut tourner le cristal sur son plan dans toutes les directions possibles, sans que l'intensité ou la direction du rayon réfléchi en soit altérée. Mais il n'en est pas ainsi dans la réflexion intérieure qui s'opère à la seconde surface du cristal. Chaque rayon, en se réfléchissant sur cette surface, se divise généralement en deux faisceaux qui reviennent dans le cristal, en subissant, l'un la réfraction ordinaire, l'autre l'extraordinaire.

Pour concevoir la cause de cette division, il faut savoir que les rayons réfractés, soit ordinairement, soit extraordinairement par un cristal, lorsqu'ils ont pénétré dans son intérieur, à une profondeur sensible, ont acquis un certain mode d'arrangement de leurs particules, tel qu'en continuant leur route dans ce même cristal, ils ne peuvent plus se diviser; et l'expérience prouve qu'ils ne se diviseraient pas davantage en traversant un second cristal contigu au premier, et qui aurait sa section principale dirigée dans le prolongement de la sienne. Ce mode particulier d'arrangement constitue ce que Malus a appelé la *polarisation* de la lumière. Nous l'établirons bientôt par l'expérience : pour le moment, je me borne à l'annoncer comme un fait. Maintenant, lorsque les molécules qui composent un même rayon réfracté, soit ordinaire, soit extraordinaire, s'approchent de la seconde surface d'un cristal, à une distance assez petite pour ressentir l'influence des forces réfléchissantes qui en émanent, il arrive, en général, qu'un certain nombre de molécules sont tournées par ces forces dans des directions différentes de celles que la réfraction leur avait données; de sorte qu'en revenant dans le cristal, par l'effet de la réflexion partielle ou totale, elles deviennent de nouveau susceptibles de se diviser entre les deux réfractions, ordinaire, extraordinaire. Je dis que cela a lieu en général; car il y a certaines positions particulières dans lesquelles les forces réfléchissantes ne troublent pas l'arrangement primitivement imprimé par la réfraction aux molécules lumineuses; et alors le rayon se réfléchit sans se diviser, ou même il échappe entièrement à la réflexion. Nous examinerons plus loin avec détail toutes ces particularités; mais nous en pouvons faire abstraction ici, car elles influent seulement sur l'intensité du faisceau réfléchi, et non pas sur la direction qu'il prend en se réfléchissant. Un rayon qui se réfléchit simple, ou même qui sort du cristal sans se réfléchir, subirait la réflexion double, si les molécules qui le composent étaient disposées autrement, et par conséquent la direction de la réflexion est d'abord la première chose qu'il nous est nécessaire de déterminer.

Or, elle est évidemment indiquée par cette remarque, que le rayon réfléchi, en rentrant dans le cristal, se comporte comme ferait un rayon venu du dehors. Soit, fig. 86, I' le point d'incidence intérieure, et $O'I'$ le rayon incident. S'il a subi la réfraction ordinaire, construisez le rayon réfléchi ordinaire $I'O''$, qui fait l'angle de réflexion égal à l'angle d'incidence, de l'autre côté de la normale $I'N'$; puis calculez, par les formules de la théorie, la direction du rayon extraordinaire $I'E''$ qui lui correspond en partant du point de réflexion I, c'est-à-dire qui serait provenu d'un même rayon incident extérieur; vous aurez ainsi les deux rayons réfléchis qui résultent de la division du rayon incident $O'I'$ après la réflexion. Au contraire, ce rayon est-il extraordinaire, fig. 87, conduisez-le jusqu'au point d'incidence I'; puis calculez, par les formules théoriques, le rayon ordinaire $I'O'$ qui lui correspond du même côté de la normale, et celui-ci étant donné, recommencez le calcul comme précédemment; vous aurez les deux rayons réfléchis $I'O''$, $I'E''$, dans lesquels se divisera le rayon donné. Générale-

ment voici la règle : un rayon ordinaire et un rayon extraordinaire qui s'accompagnent dans leur incidence intérieure
s'accompagnent encore après la réflexion.

Ce sont là les lois générales de la réflexion dans l'intérieur
des cristaux, soit qu'une partie seulement des molécules lumineuses se réfléchisse intérieurement, et que le reste se
réfracte au-dehors ; soit que l'attraction intérieure étant
plus forte, toutes les molécules incidentes soient ramenées
en dedans par les forces qui produisent la réfraction.

Ici, comme pour la réfraction ordinaire, l'incidence où cette
réflexion totale commence à se produire, sauf chaque cristal,
dépend de sa nature plus ou moins réfringente, et de celle du
milieu extérieur; mais nous ne pouvons pas de même en calculer la limite par la théorie, parce que nous ignorons comment la force attractive ou répulsive, qui émane de l'axe du
cristal, varie près de sa surface. Il faut donc recourir à l'expérience, et déterminer le commencement de la réflexion totale
par l'impossibilité d'obtenir un rayon émergent. J'ai exposé
le détail de ce calcul dans le Traité général, et j'ai développé les conséquences remarquables qui en résultent relativement aux variations que les forces émanées de l'axe
éprouvent près de la surface extérieure des cristaux.

Passage de la lumière à travers plusieurs corps contigus
doués de la double réfraction.

Toutes les expériences précédentes ont été supposées
faites dans le vide ou dans l'air, dont l'action propre sur la
lumière est si faible qu'elle peut être négligée. Mais il faut
maintenant examiner ce qui doit arriver lorsque les rayons
qui pénètrent dans un cristal doué de la double réfraction
sortent, non pas du vide, mais d'un milieu matériel ayant
la réfraction double ou simple.

Commençons par ce dernier cas, qui est le moins compliqué. Soit, A B, fig. 88, la surface commune du milieu et du
cristal, S I, le rayon incident. Calculez ou construisez par
les formules théoriques le rayon réfracté ordinaire I O qui
en dérive, d'après les rapports ordinaires de réfraction des
deux substances, et précisément comme si le second milieu

n'était pas cristallisé. Puis connaissant I O, cherchez par les formules théoriques le rayon extraordinaire I E qui l'accompagne, lequel ne dépend absolument que de la position de I O relativement à l'axe du cristal ; les deux rayons I O, I E seront ceux dans lesquels se résoudra le rayon incident S I.

Maintenant si le premier milieu est lui-même cristallisé, le rayon incident S I qui vous est donné, pourra être soumis, dans ce milieu, à la réfraction ordinaire ou à la réfraction extraordinaire. Si le premier cas a lieu, vous pouvez opérer, comme tout-à-l'heure, en employant le rapport de réfraction ordinaire du premier milieu, et achevant le calcul, comme s'il n'était pas cristallisé. Mais si le rayon donné S I est lui-même soumis à la réfraction extraordinaire, fig. 89, commencez par calculer dans le premier milieu, par les formules théoriques, la direction du rayon ordinaire S' I qui l'accompagne. Quand ce rayon sera connu, servez-vous-en, comme nous l'avons dit tout-à-l'heure, pour calculer les deux rayons I O, I E, qui en dérivent dans le second cristal. Ce seront les deux directions cherchées.

On voit, d'après cette analyse, que, hors les cas d'exception résultans d'une trop grande force attractive du premier milieu, ces constructions donnent toujours dans le second cristal deux rayons, l'un ordinaire, l'autre extraordinaire : cependant l'expérience semble contredire ce résultat, du moins lorsque le premier milieu est cristallisé, et doué de la double réfraction. Car alors la subdivision des rayons qui en sortent, aussi bien que l'espèce de réfraction ordinaire ou extraordinaire qu'ils subissent, dépend de la position de la section principale du second cristal, par rapport à la section principale du premier. Si ces sections sont parallèles, chaque rayon, soit ordinaire, soit extraordinaire du premier cristal, reste simple en passant dans le second cristal, et y prend la même espèce de réfraction qu'il avait subie dans le premier ; si les sections principales sont rectangulaires, chaque rayon du premier cristal reste encore simple ; mais il change de réfraction, devenant extraordinaire dans le second cristal, si dans le premier il était ordinaire, et

réciproquement. Entre ces deux limites de position, chaque
rayon, soit ordinaire, soit extraordinaire, sortant du premier cristal, se divise en deux, lorsqu'il entre dans le second, et les faisceaux qu'il donne suivent les lois indiquées
par les constructions précédentes. Mais l'intensité de chaque faisceau dépend encore de l'angle des deux sections
principales, augmentant ou diminuant avec cet angle, selon que le mouvement des sections principales éloigne
le faisceau, ou le rapproche, de la limite où il doit s'évanouir. De là il faut conclure que la formation ou la non
formation des deux faisceaux, dans le second cristal, dépend
des modifications physiques que les molécules ont acquises
dans le premier cristal, modifications qui les rendent plus
aptes à subir l'une ou l'autre réfraction dans le second, suivant le sens par lequel leurs faces se présentent relativement à son axe ; ce qui n'empêche point que la théorie n'indique avec exactitude les *directions de translation* que ces
particules devraient prendre, si leur état physique leur permettait de se partager entre les deux réfractions. Déjà la
réflexion à la seconde surface des cristaux nous a présenté des
cas pareils, parce qu'en effet un rayon réfléchi intérieurement à la seconde surface d'un cristal, éprouve les mêmes
influences que s'il sortait tout-à-fait du cristal pour rentrer
dans un autre ou dans celui-là.

CHAPITRE V.

*Distinction des Cristaux attractifs et répulsifs. Construc-
tion des Micromètres à doubles images.*

M. Rochon a fait servir la double réfraction des cristaux
à la mesure des petits angles, d'une manière trop utile à l'astronomie et à la physique, pour qu'elle ne trouve pas place
ici ; d'autant plus que la même disposition d'appareil nous
offrira un moyen simple pour reconnaître si la double réfraction opérée par un cristal donné est attractive ou répulsive.

Concevons deux prismes, A, B, fig. 90 et 91, formés
d'un même cristal, et taillés de manière que, dans le premier A, la face extérieure A B soit perpendiculaire à l'axe
A A' du cristal, tandis que, dans le second B, cet axe est
l'intersection commune des deux faces A'B, A'B'. Supposons les deux prismes égaux entr'eux pour les dimensions
de leurs parties et les grandeurs de leurs angles. Enfin,
mettons-les en contact parfait l'un avec l'autre, en opposant leurs angles réfringens, comme le représente la figure,
de manière que leur assemblage forme une plaque à faces
extérieures parallèles. Puis considérons un rayon incident
L I, dirigé perpendiculairement à la surface du premier
prisme, et voyons ce qui lui arrivera.

D'abord, dans tout l'intérieur du premier prisme, le
rayon continuera sa route en ligne droite, sans se diviser.
Il ne sera point brisé par la première surface, puisqu'il lui
est perpendiculaire ; il ne se divisera point dans le prisme,
puisqu'il est parallèle à l'axe du cristal, et qu'ainsi la force,
soit répulsive, soit attractive, est nulle pour lui.

Le rayon arrivé en I', à la surface commune des deux
prismes, que nous supposons contigus l'un à l'autre, se
divisera en deux faisceaux, en entrant dans le second prisme.
Le faisceau ordinaire ne sera point dévié, puisqu'il passe
d'un milieu dans un autre de même force réfringente ; il
continuera sa route en ligne droite, et sortira perpendiculairement par la seconde face A' B'. Il se retrouvera ainsi
sur le prolongement de sa direction primitive; mais il n'en
sera pas de même du faisceau extraordinaire ; car celui-ci,
à son entrée dans le second prisme, ressentant, outre l'action réfringente ordinaire, celle de la force attractive ou
répulsive qui émane de l'axe, éprouve la nouvelle réfraction qui en résulte, laquelle s'opère, comme l'autre, suivant la loi simple de Descartes, d'après la manière dont
nos prismes sont taillés. Si le cristal dont ils sont formés
est répulsif, fig. 90, cette seconde réfraction sera plus faible
que la première, et le rayon extraordinaire I' I'', en traversant le second prisme, s'éloignera de la normale N'N'',
à la surface commune, plus que le rayon ordinaire I'O;

ce qui le rejettera vers la pointe de ce prisme après son émergence dans l'air. L'inverse aura lieu dans les cristaux attractifs, fig. 91 : la réfraction extraordinaire dans le second prisme, étant plus forte que la réfraction ordinaire dans le premier, le rayon extraordinaire $I'I''$, en s'y réfractant, s'écartera de la normale moins que le rayon ordinaire; et par suite il se trouvera rejeté vers la base de ce prisme, après son émergence dans l'air.

Nous avons supposé les deux prismes immédiatement contigus entr'eux; mais comme ce contact parfait ne pourrait jamais s'obtenir dans la pratique, on colle les deux surfaces l'une à l'autre, au moyen d'une couche d'huile de térébenthine épaissie, ou de mastic en larmes, substances transparentes, dont la force réfringente est à peu près égale à celle du crownglass. Comme on fait cette couche très-mince, en pressant le plus possible les deux prismes l'un contre l'autre, on peut supposer qu'elle a ses deux surfaces parallèles. Alors le rayon ordinaire $11'$, en la traversant, éprouve, à son entrée et à sa sortie, des réfractions égales et exactement contraires; de sorte qu'il reprend sa direction primitive quand il a pénétré dans le second prisme; par conséquent le rayon extraordinaire qui en dérive, prend, aussi dans ce prisme, la même direction que s'il y avait pénétré immédiatement. La couche intermédiaire n'a proprement d'autre effet que de déterminer, par sa force attractive, la sortie des rayons du premier prisme, et leur entrée dans le second, sous des incidences où ces phénomènes seraient impossibles, s'il fallait que le rayon, pour aller d'un prisme à l'autre, commençât par ressortir dans l'air.

Puisque le rayon ordinaire, après sa sortie du second prisme, conserve sa direction primitive, tandis que l'autre s'en est écarté, il est évident qu'un œil placé en O, fig. 90 et 91, sur le prolongement du premier de ces rayons, ne pourrait pas recevoir le second en même temps; mais si par le point O l'on mène une ligne Oi'' parallèle au rayon émergent extraordinaire $E I''$; et si l'on conduit cette ligne à travers les deux prismes, selon les lois de la réfraction extraordinaire, ce qui donnera un rayon émergent perpendiculaire à la surface

du premier prisme, il est évident que cette ligne indiquera
la direction d'un rayon incident parallèle au premier que
nous avons considéré, et tel que le rayon extraordinaire
qui en dérivera viendra passer par le point O, où l'observateur se trouve, tandis que le rayon ordinaire qui l'accompagne n'y parviendra pas; donc, si l'objet L est assez éloigné
pour envoyer ainsi deux rayons incidens parallèles, ou seulement sensiblement parallèles entr'eux, l'observateur placé en
O verra deux images, l'une ordinaire, l'autre extraordinaire,
mais provenant de faisceaux incidens divers. Si les prismes
sont formés d'un cristal répulsif, fig. 90, l'image extraordinaire sera moins réfractée que l'autre par le second prisme,
et elle paraîtra conséquemment rejetée vers sa base BB'; au
contraire, si les prismes sont formés d'un cristal attractif,
fig. 92, cette image extraordinaire sera plus réfractée que
l'image ordinaire, et elle paraîtra plus éloignée de la base
du second prisme. Ainsi, lorsque l'on aura construit un assemblage de deux prismes pareils, faits avec un cristal quelconque, on reconnaîtra à ce caractère si le cristal est attractif ou répulsif. Je donnerai bientôt d'autres moyens plus
simples, mais moins directs, pour parvenir au même but.

Mais comment distinguer, entre les deux images, celle
qui est ordinaire, celle qui est extraordinaire ? Pour le savoir, il n'y a qu'à appliquer la première surface A B sur
une glace verticale, par exemple, sur un des carreaux d'une
fenêtre, et chercher dans les environs quelque objet terminé par une arête rectiligne, tellement située, que les
rayons qui en émanent arrivent à la vitre presque perpendiculairement. Une arête de toit, parallèle à la fenêtre où
l'on opère, et située à peu près à la même hauteur, remplit
très-bien cette condition; alors, en la regardant à travers le
double prisme, vous la verrez doublée ; mais si les deux
prismes sont d'un angle bien égal, comme tous nos raisonnemens le supposent, une des deux images se trouvera toujours
située exactement sur le prolongement de l'image directe,
vue à travers la vitre seule. Ce sera donc là l'image ordinaire ; car les rayons émergens ordinaires peuvent seuls,
après leur émergence, redevenir parallèles aux rayons inci-

dens. L'autre image qui sera déviée, sera donc extraordinaire ; pour déterminer le sens de sa déviation, on tournera le double prisme sur la vitre, jusqu'à ce qu'elle devienne aussi parallèle à l'image directe, et l'on observera si elle paraît rejetée vers la base ou le tranchant du second prisme. Dans le premier cas, le cristal sera répulsif ; dans le second, attractif. Une autre propriété caractérise aussi l'image ordinaire ; c'est d'être parfaitement *achromatique*, c'est-à-dire, exempte de coloration ; en effet, les rayons qui la forment n'éprouvent pas plus de décomposition à travers le double prisme, que s'ils avaient traversé une plaque à faces parallèles. Il n'en est pas de même des rayons extraordinaires. Ceux-ci éprouvent une décomposition de couleurs, parce que leurs réfractions successives ne sont pas compensées l'une par l'autre, et ainsi l'image extraordinaire n'est pas achromatique.

Dans les observations précédentes, l'écartement angulaire des deux images est mesuré par l'angle $I'\,O'\,i''$, sous lequel la direction des rayons extraordinaires coupe celle des rayons ordinaires, après leur émergence. Cet angle varie avec la nature du cristal dont sont faits les deux prismes, et avec l'ouverture angulaire ABC qu'on leur a donnée. On peut aisément le calculer quand on connaît cette ouverture et les deux rapports de réfractions ; on trouve ainsi qu'il augmente à mesure que les deux prismes s'ouvrent et que les rapports des deux réfractions diffèrent davantage entr'eux. C'est pourquoi, de toutes les substances connues, le spath d'Islande est celle qui, à ouverture égale des prismes, donne les déviations les plus fortes, comme étant aussi celle dont la double réfraction est la plus énergique ; et l'écart que l'on peut obtenir avec les doubles prismes formés de cette substance, peut aller jusqu'à $43^o\,26'\,50''$. On avait cru longtemps que les doubles prismes de cristal de roche ne pouvaient donner qu'un écart de $30'$, ou au plus de $40'$. Malus avait fixé pour limite $28'$; mais cela venait de ce que l'on supposait toujours les prismes séparés par une couche d'air. Cette couche n'influait pas sur la direction que les rayons pouvaient prendre une fois qu'ils étaient entrés dans le second prisme ; mais son peu de force réfringente mettait un obstacle à leur sortie du prisme antérieur, et le calcul donnait, pour limite de l'angle, celle qui permettait au rayon de sortir de ce prisme dans l'air. Le raisonnement et l'expérience m'ont fait voir que cette limitation n'était pas fondée. L'écart, avec les doubles prismes de cristal de roche, pourrait aller jusqu'à plus de 10 degrés.

Supposons, en général, qu'ayant assemblé ainsi deux prismes d'un cristal quelconque, on ait déterminé par l'expérience, ou par le calcul, l'angle constant formé par les deux rayons émergens ordinaire, extraordinaire, qui proviennent d'un même rayon incident perpendiculaire à la première surface. Si l'on prolonge ces deux rayons jusqu'à leur rencontre commune, en un certain point c, fig. 92, on pourra les considérer comme les branches d'un compas dont l'ouverture est déterminée et le sommet c connu. Si l'on a un disque circulaire dont on veuille connaître le diamètre, il suffira de le placer entre ces deux branches, et de l'y faire glisser jusqu'à ce qu'il les touche; alors on pourra calculer son diamètre d'après sa distance au sommet de l'angle. L'opération sera d'autant plus exacte, que l'angle sera plus petit; car alors une très-petite différence dans le diamètre du disque en produira de fort grandes dans le lieu du contact.

M. Rochon a fait une application très-ingénieuse de ce procédé à la mesure des diamètres apparens des corps célestes. Pour cela, il introduit le système des deux prismes dans l'intérieur d'une lunette astronomique. Soit, fig. 93, A l'objectif de cette lunette, A F son axe, F son foyer, S S′ un objet très-éloigné, dont je suppose que le premier bord S se trouve précisément sur le prolongement de l'axe A F. Le pinceau des rayons émanés de S, et qui couvre la surface de l'objectif, est concentré par lui au foyer F, sur l'axe même de ce pinceau, et y donne une image lumineuse du point S. Le pinceau émané de S′, étant rassemblé de même sur le prolongement A F′ de son axe, donne en F′ une petite image du point S′; et un effet pareil s'opérant sur tous les autres pinceaux qui émanent des points rayonnans intermédiaires, la série des foyers forme en F F′ une petite image de l'objet. De plus, si l'angle $F\,A\,F'$ ou $S\,A\,S'$, sous-tendu par l'objet, est fort petit, et si l'objet lui-même est très-éloigné, tous les points de l'image se trouvent sensiblement à la même distance de l'objectif A; de sorte qu'on peut la considérer dans la figure comme une petite ligne droite $F\,F'$ perpendiculaire à l'axe $A\,F$ de l'objectif. Alors l'angle $F\,A\,F'$, ou son égal $S\,A\,S'$, sera le diamètre apparent de l'objet, vu du point A. Ceci bien entendu, plaçons entre l'objectif A et son foyer notre appareil à double image, de manière que sa première surface soit perpendiculaire à l'axe $A\,F$, fig. 94. Cela ne changera pas sensiblement la grandeur de l'image $F\,F'$, du moins si les surfaces extérieures de l'appareil sont bien parallèles. Mais il est évident qu'il en résultera deux images au foyer. En effet, chaque rayon incident $A\,F$, $A\,F'$ se divisera en entrant dans le second prisme, et donnera un rayon émergent extraordinaire $c\,f$, $c'f'$, lequel prendra la direction d'émergence assignée par la double réfraction. De plus, en se bornant à considérer les axes des faisceaux, les points c, c', où s'opère la divergence pour les axes de chaque pinceau, seront fixes dans l'appareil prismatique, à quelque distance de l'objectif qu'on le place, et les angles de déviation $F\,c\,f$, $F'\,c'f'$ le seront également. De là il résulte que, si l'on éloigne l'appareil prismatique du foyer de l'objectif, l'image extraordinaire ff', qui reste toujours dans le plan $F\,F'$, s'écartera de l'image ordinaire, et au contraire elle s'en rapprochera, si l'on rapproche l'appareil prismatique du foyer. Enfin, lorsque ce mouvement ira jusqu'à amener les points $c\,c'$, sur la ligne $F\,F'$, dans le foyer même, les rayons émergens, soit ordinaires, soit extraordinaires, provenant d'un même pinceau, divergeront ensemble à partir du même point, et ne produiront sur l'œil que l'effet d'un seul point rayonnant; de sorte que les deux images coïncideront exactement dans toutes leurs parties.

En partant de cette position, si l'angle constant de déviation $F\,c\,f$ surpasse $F\,A\,F'$, c'est-à-dire le diamètre apparent du disque, il y aura une situation de l'appareil, comprise entre A et F, pour laquelle les deux images $F\,F'$, ff' se-

ront exactement en contact, fig. 95. Dans ce cas, l'image
ordinaire F F′ se trouvera exactement comprise entre les deux
branches de l'angle F c f, qui exprime la déviation constante produite par la réfraction extraordinaire ; ainsi, en
mesurant sa distance F C au sommet de l'angle, comme
nous verrons tout-à-l'heure qu'on peut le faire, on connaîtra sa grandeur absolue F F′; et comme on connait aussi
la distance A F, qui est égale à la longueur focale de l'objectif, on pourra calculer l'angle F A F′ qu'elle sous-tend au
point A; ce sera le diamètre apparent de l'objet. Si ce diamètre n'embrasse qu'un très-petit angle, le calcul fait voir
qu'il est proportionnel à la distance F c, du moins en se servant toujours du même objectif et du même double prisme.

La distance F c peut se mesurer par le moyen d'une division longitudinale de parties égales, tracée sur le dehors du
tuyau de la lunette. Ce tuyau est fendu dans le sens de sa
longueur, pour qu'on puisse, à volonté, faire marcher le
système des deux prismes dans toute la longueur focale A F.
On commence d'abord par déterminer sa position dans le foyer.
Pour cela, on dirige la lunette sur l'objet, et l'on amène les
prismes vers l'œil, jusqu'à ce que les deux images formées au
foyer se superposent, et coïncident exactement ensemble. On
lit alors le point de la division latérale auquel répond l'index
que l'appareil prismatique entraîne avec lui; ce point est le
zéro, à partir duquel les distances F c doivent être comptées.
Supposons, par exemple, qu'il réponde sur la division au numéro 50; lorsqu'ensuite on observe un objet quelconque, et
qu'on a amené les images au contact, on observe de nouveau
le point de la division où répond l'index de l'appareil prismatique. Je suppose que ce soit au numéro 125; alors, *pour cette
valeur du diamètre apparent*, F c sera évidemment égal à
125—50 ou 75 parties de la division; maintenant pour connaître une fois pour toutes le rapport de ce nombre au diamètre apparent, on emploie, fig. 99, une mire circulaire ou
sphérique S S′, d'un diamètre connu, placée à une distance A C que l'on mesure directement, ou que l'on détermine par une opération trigonométrique. De là, on
peut conclure, par le calcul, le diamètre apparent S A S′

que sous-tend cette mire vue de la distance A S. Cela fait,
on observe la même mire à travers la lunette prismatique,
en plaçant l'objectif au même point A, et lorsqu'on a amené
les deux images au contact par le mouvement des prismes,
on mesure sur la division latérale la distance F c. Alors le
rapport de cette distance au diamètre apparent S A S' est
connu pour toujours, et on peut l'employer dans toutes les
autres observations. Ou bien encore, on peut s'en servir
pour calculer d'avance les diamètres apparens qui répondent à un certain nombre de valeurs de F c, et les graver
sur le tuyau même, à côté de chaque distance. C'est ce que
l'on a coutume de faire dans les instrumens usuels. Mais au
lieu d'y exprimer les diamètres apparens en minutes et secondes, on y indique le rapport de la distance de l'objet à
sa grandeur, ce qui permet de déduire l'un de ces élémens
de l'autre. Ainsi, d'après la taille moyenne des hommes qui
composent un corps de troupes, on peut évaluer son éloignement; on peut faire la même chose à la mer, pour un navire,
d'après la hauteur supposée de sa mâture. Toutefois, ces résultats sont d'autant plus sujets à l'erreur, que la distance
est plus grande, et l'objet moindre; de sorte qu'il ne faudrait
pas songer, par exemple, à s'en servir pour déterminer la
distance des astres.

Dans tout ce qui précède, nous avons supposé que le premier bord F de l'image ordinaire FF' se trouvait précisément
sur l'axe de l'objectif, à l'instant où l'on observe le contact.
Cette condition est indispensable pour que le rayon incident A I, qui, après sa division embrasse l'image ordinaire,
traverse l'appareil prismatique perpendiculairement à ses
surfaces extérieures, seul cas que nous ayons considéré jusqu'à présent. Mais si l'objet observé est un astre auquel son
mouvement fasse successivement parcourir tout le champ de
la lunette, que devra-t-il en résulter ? C'est qu'alors, mathématiquement parlant, la valeur de l'angle F c f ne sera plus
constante dans les diverses périodes de son passage. Si ces
variations sont insensibles, ce qui arrive lorque les angles
réfringens des prismes sont fort petits, on pourra établir le
contact des deux images dès que l'astre entrera dans le

champ de la lunette, et il subsistera dans toute l'étendue
du champ; mais, en augmentant beaucoup l'ouverture des
prismes et la déviation qui en est la conséquence, l'angle $F\,cf$
commencera à varier sensiblement pour les diverses incidences que permet le champ de la lunette, et les images,
une fois mises en contact, se sépareront en le traversant.
Pour éviter cet inconvénient, M. Rochon a imaginé de
substituer aux doubles prismes d'un grand angle un assemblage de plusieurs prismes pareils, mais chacun d'un très-
petit angle, et collés les uns aux autres de manière que toutes
les sections principales coïncident exactement sur la même
direction. En effet, dans un pareil système, la séparation
des rayons augmente avec le nombre des doubles prismes, et
l'influence de la variation des incidences sur l'écart des images
est beaucoup moins sensible que dans un seul double prisme
qui donnerait un écart égal : c'est ce dont il est aisé de se
rendre raison par la théorie. Mais il faut le plus grand soin
pour que la superposition soit faite exactement suivant les
sections principales, afin que les images ne se multiplient
pas au-delà de deux ; et il faut aussi prendre certaines précautions dans la taille des prismes, pour qu'elles ne soient
pas colorées. C'est ce que nous expliquerons par la suite.

Dans tout ce qui précède, nous avons raisonné comme si
l'on observait à l'œil nu les images FF', ff' que l'objectif
forme à son foyer. Généralement, on regarde ces images à
travers une loupe, ou un système de loupes disposé de manière à les agrandir sans cesser de les faire voir nettement.
Ce système se nomme l'*oculaire*, parce qu'on le place près
de l'œil, de même que le premier verre de la lunette s'appelle l'*objectif*, parce qu'il se place du côté des objets. Mais,
par cela même que l'action de l'oculaire est postérieure à
la formation des doubles images, on comprend qu'il ne peut
influer en rien sur l'existence ou la non-existence de leur
contact, dont il permet seulement de juger avec plus de
précision. Ainsi tous les raisonnemens que nous avons faits,
en supposant l'œil nu, s'appliquent également à l'œil armé
d'un oculaire ; et c'est pourquoi nous n'avons pas tenu compte
de cette modification dans l'exposé des résultats.

De quelques apparences singulières produites par la double réfraction.

Lorsqu'on regarde de petits objets à travers un rhomboïde de spath d'Islande, la disposition des deux images présente quelques singularités qui sont autant de conséquences de la théorie. Elles n'avaient pas échappé à Huyghens, qui les a toutes discutées. Comme elles pourraient embarrasser les personnes peu habituées à ce genre de considérations, je crois devoir les indiquer brièvement.

Soit, fig. 97, L le point rayonnant, S l'œil que, pour plus de simplicité, je supposerai dans le plan de la section principale $AB A' B'$ du rhomboïde, cherchons dans ces circonstances comment la vision pourra s'opérer.

D'abord, ici comme à travers tout autre corps diaphane, à faces parallèles, il y aura un rayon ordinaire qui pourra parvenir à l'œil. Soit LII' ce rayon; à son entrée en I par la première face du rhomboïde, il produira un rayon extraordinaire $II_{,}'$: mais celui-là ne pourra pas parvenir à l'œil. Pour s'en assurer, il n'y a qu'à mener par le point d'incidence I la ligne IA, parallèle à l'axe du rhomboïde. La force émanée de cet axe repoussant les molécules lumineuses, il faut bien que celles qui lui cèdent s'éloignent au-delà du rayon ordinaire, et qu'elles prennent, par exemple, la route $II_{,}'$. Mais arrivées en $I_{,}'$, à la seconde surface, elles doivent sortir parallèlement à leur direction primitive LI : il en résultera donc un rayon $I_{,}'S'$, qui, étant parallèle à $I'S$, ne peut passer par le point S où est placé l'œil. A plus forte raison démontrerait-on la même chose de tout autre rayon extraordinaire provenant de rayons incidens qui s'approcheraient davantage de l'angle obtus A'.

L'image extraordinaire sera donc donnée par des rayons incidens qui s'écarteront de LI dans le sens contraire, c'est-à-dire en se rapprochant de l'angle solide B'. Parmi ceux-ci, il s'en trouvera un, tel que Li, dont le faisceau ordinaire ne pourra pas parvenir à l'œil, mais dont le faisceau extraordinaire ii' pourra y parvenir après son émergence; de sorte que l'œil recevra deux images, l'une ordinaire sui-

vant S I′, l'autre extraordinaire suivant S i′ ; et la première
paraîtra toujours plus voisine que l'autre du petit angle solide B′. Si l'on se donnait les positions de l'œil et du point
rayonnant relativement au rhomboïde, on pourrait aisément
calculer les directions de ces deux rayons, en prenant pour
inconnues les angles d'incidence et d'émergence qu'ils forment avec les deux faces d'entrée et de sortie. Car, pour
chaque rayon, soit ordinaire, soit extraordinaire, ces angles doivent être égaux entre eux. Mais le résultat étant de
pure curiosité, il nous suffira d'avoir indiqué la marche
générale. On peut confirmer le croisement de ces rayons
dans l'intérieur du rhomboïde par une expérience fort
simple que M. Monge a imaginée. Les choses étant disposées comme le représente la figure précédente, passez lentement une carte sur la face A′B′, située du côté du point
rayonnant ; quand elle sera parvenue à i, elle interceptera
le rayon incident L i, qui donne l'image extraordinaire.
Vous verrez donc alors disparaître le rayon émergent S i′,
quoique, selon la direction dont il semble provenir, on
s'attende à voir disparaître d'abord le rayon S I′. Afin que
cette antériorité soit bien marquée, il faut placer l'œil tout
près du rhomboïde, ce qui agrandit l'angle S ; et pour
avoir un objet lumineux d'un petit diamètre, on peut regarder la lumière des nuées à travers un petit trou percé
dans une carte, ou bien encore un point noir marqué sur
un papier blanc. En tous cas, il faudra s'en éloigner à quelque
distance. Car, plus le point rayonnant L s'approche de la surface du rhomboïde, plus le point K, où les rayons se croisent,
s'approche aussi de cette surface ; mais quelque près qu'on suppose L, pourvu qu'il soit hors du cristal, de manière que
les formules d'Huyghens s'appliquent aux rayons lumineux
qui en émanent, l'intersection des deux rayons s'opère dans
l'intérieur du rhomboïde ; et par conséquent le phénomène
que nous venons de décrire continue d'avoir lieu, quoique
avec des écarts divers. La fig. 98 représente le cas où le
point rayonnant et l'œil sont situés sur une même ligne
droite perpendiculaire aux faces du rhomboïde.

Lorsqu'on regarde ainsi les deux images d'un point lu-

mineux à travers un rhomboïde, quelque position qu'on lui
donne d'ailleurs, l'image ordinaire paraît toujours plus rapprochée de l'œil que l'image extraordinaire ; c'est encore une
conséquence de la théorie.

Pour en sentir la raison, considérons la fig. 99, où L est
toujours le point rayonnant, S le centre de l'œil, et S I′ le
rayon ordinaire que la réfraction y amène en passant à travers le milieu A B A′ B′, dont les faces opposées sont parallèles. Si l'œil n'était qu'un point mathématique, le rayon
I′ S serait le seul de son espèce qui pût lui être amené ;
mais comme la pupille a une certaine étendue, on conçoit
qu'elle devra recevoir encore un certain nombre d'autres
rayons ordinaires voisins de S I′, et qui seront conséquemment donnés par des rayons incidens voisins de LI. Ces
rayons, en partant de L, forment un cône qui a son sommet en L ; ils en forment un autre en se réfractant dans la
substance, et un autre encore en sortant de nouveau par
la seconde face A B. Or, en cherchant par le calcul la distance S L″ de l'œil au sommet de ce dernier cône, quelle
que soit la nature de la plaque interposée, qu'elle soit cristallisée, ou qu'elle ne le soit pas, on trouve que le point L″
est toujours plus rapproché de l'œil que le point L, et d'autant plus rapproché, que le milieu interposé réfracte davantage, parce que sa réfraction augmente la divergence des
rayons émergens. Or, c'est précisément cette divergence
qui, en général, nous fait juger de la distance des points lumineux et de leurs images : ainsi l'image réfractée doit toujours
paraître plus voisine de l'œil que l'image directe. Maintenant, dans le rhomboïde de cristal d'Islande, il se fait ainsi
deux réfractions, dont la plus forte est toujours la réfraction ordinaire, puisque la vitesse que celle-ci imprime à la
lumière est diminuée dans l'autre par la force répulsive.
Les images ordinaires devront donc toujours paraître les
plus voisines de l'œil, du moins tant que la réfraction s'opérera à travers des faces planes, comme nous l'avons supposé : le contraire aurait lieu dans un rhomboïde qui serait
formé d'un cristal attractif, parce que la réfraction extraordinaire y serait plus forte que la réfraction ordinaire.

Lorsque nous avons étudié la marche des deux réfractions dans le plan de la section principale d'un rhomboïde
de spath d'Islande, nous avons vu que le rayon extraordinaire est toujours rejeté vers le petit angle solide de la seconde face. Dans ce cas, si le rayon incident est aussi dirigé vers cet angle, fig. 100, il existe une incidence sous
laquelle la répulsion produite par l'axe I A′ compense exactement l'effet que les forces ordinaires tendent à produire,
et le rayon extraordinaire ne se brise pas en se réfractant.
Le calcul détermine l'incidence à laquelle ce phénomène
s'opère, et on la trouve de 16° 45′. Il ne se produit que
du côté de la normale que nous avons considéré ; car, de
l'autre, la force répulsive agit dans le même sens que les
forces réfringentes ordinaires, et augmente la déviation ordinaire du rayon. Mais si le cristal était attractif, ce serait
de ce côté que le phénomène aurait lieu.

ANALYSE DE LA LUMIÈRE.

CHAPITRE PREMIER.

De la dispersion de la Lumière produite par la réfraction.

Jusqu'ici nous n'avons considéré, pour ainsi dire, que
les axes des faisceaux lumineux réfractés ; nous n'avons point
eu égard à la *dispersion* qu'ils éprouvent en traversant les
substances réfringentes. Nous allons maintenant nous occuper de ces phénomènes, dont l'analyse exacte et complète
forme un des plus beaux travaux de Newton.

Lorsqu'on regarde les objets à travers un prisme réfringent, on sait que leurs images ne paraissent point à leur véritable place ; elles sont déviées vers le sommet de l'angle
réfringent du prisme. Soit, fig. 101, O l'œil de l'observateur, A C B la section faite dans le prisme par un plan perpendiculaire à ses arêtes, et passant par le point O ; enfin
S S′ l'objet situé dans ce plan. L'image *s s′* se trouvera élevée vers l'angle C, parce qu'elle est vue sur la direction OR,
OR′, suivant laquelle les rayons lumineux sortent du prisme

après avoir subi deux réfractions successives sur les faces AC, BC. Nous avons suffisamment étudié les lois de cette déviation dans les chapitres précédens, et nous avons donné les moyens de calculer la marche du rayon, soit dans le prisme, soit au-dehors.

Mais nous avons dès-lors remarqué que les contours de l'image n'étaient pas tranchés et arrêtés comme ceux de l'objet; cette image s'allonge dans le sens ss' perpendiculairement aux arêtes du prisme, et se teint des couleurs de l'arc-en-ciel. C'est cette coloration que nous allons examiner.

Pour fixer les idées, supposons que les arêtes du prisme soient disposées horizontalement, ce qui rend la ligne Ss verticale; admettons de plus que le sommet de l'angle réfringent du prisme soit tourné vers le haut, comme le représente la figure. Enfin, plaçons au-delà de l'objet un drap noir, afin d'éviter que ses rayons soient mêlés de lumière étrangère; dans ce cas, le bord inférieur de l'image paraît constamment bordé en rouge, le bord supérieur est bordé de bleu et de violet.

Si l'on observe ainsi un corps blanc très-mince, par exemple, une épingle blanche, un fil d'argent ou de soie blanche, une bande de papier blanc très-étroite, fig. 102, placés, sur un fond noir, parallèlement aux arêtes du prisme, et si celui-ci est suffisamment réfringent, on n'aperçoit plus du tout de blanc dans l'image ss'; mais elle se trouve entièrement divisée en zônes parallèles de couleurs différentes, parmi lesquelles on distingue sur-tout facilement trois teintes distinctes, le rouge en bas, le bleu en haut, et le vert au milieu (1). Quelle que soit la nature des substances dont on observe ainsi les images, pourvu que ces

______

(1) Pour bien faire cette expérience, il faut se servir d'un prisme de flintglass, dont l'angle réfringent soit au moins de 60°. Alors les zônes sont parfaitement colorées, tranchées et distinctes. A défaut d'un pareil prisme, on pourrait en former un avec deux glaces inclinées l'une à l'autre, d'environ 60° ou davantage, et entre lesquelles on verserait de l'eau pure ou saturée d'acétate de plomb, afin d'augmenter sa force réfringente.

substances soient blanches, elles donnent, étant vues à travers le prisme, exactement les mêmes séries de couleurs; et si leurs dimensions sont égales, il est absolument impossible de les distinguer.

Cherchons à analyser ce phénomène, et à voir les conséquences auxquelles il conduit. D'abord la première circonstance que nous devons remarquer, c'est la dilatation que l'image éprouve dans le sens de sa hauteur. En effet, si l'objet S S' était une ligne droite mathématique parallèle aux arêtes du prisme, et si tous les rayons lumineux qui en émanent se réfractaient suivant la même proportion du sinus de réfraction au sinus d'incidence, la figure de l'image réfractée S S' devrait être aussi une ligne droite sans largeur; et quoiqu'on ne puisse pas rigoureusement amincir assez l'objet pour l'amener à ce terme, il est cependant aisé de voir que, lorsqu'il est très-mince, comme une épingle, par exemple, on a beau l'amincir encore; on ne change pas sensiblement la largeur de l'image observée. Il y a plus, quelle que soit la longueur S S' de l'objet, fig. 101, si tous les rayons qu'il envoie se réfractaient à travers le prisme suivant la même proportion du sinus de réfraction au sinus d'incidence, le calcul montre que l'on pourrait toujours trouver une position telle, que l'angle R O R', compris entre les deux rayons émergens venus de ses extrémités, serait précisément égal à l'angle S K S' compris entre les deux rayons incidens dont ils dérivent, c'est-à-dire au diamètre apparent lui-même, du moins en supposant l'objet suffisamment éloigné pour que la distance de l'observateur au prisme puisse être regardée comme nulle. La position dont nous parlons est celle dans laquelle l'angle S I A égale l'angle O R' E. Or, la chose est loin de se passer ainsi dans la nature; car quelque position que l'on donne au prisme, quelque inclinaison qu'on lui fasse prendre relativement aux rayons incidens, on ne peut jamais parvenir à rendre ainsi l'image réfractée égale en minceur à l'image directe, et la différence est d'autant plus sensible, que la largeur même de l'objet est moindre. Ce résultat, qui se trouvera confirmé et généralisé par toutes les expériences qui vont suivre, nous force donc nécessairement à conclure *que tous les rayons lumineux émanés des objets terrestres ne suivent pas, en se réfractant, le même rapport du sinus d'incidence au sinus de réfraction.*

D'ailleurs nous avons vu que l'image de l'épingle, du fil de soie, etc., est composée de bandes parallèles dont les teintes sont différentes; nous devons donc en conclure que la réfraction est inégale pour les rayons qui produisent la sensation de ces diverses teintes; en sorte que la dilatation de l'image est produite par la diverse réfrangibilité des rayons qui produisent ces couleurs.

En outre, puisque la lumière de l'épingle qui produit toutes ces couleurs, paraissait blanche quand l'œil la recevait directement avant qu'elle eût été séparée par le prisme, on voit que ce que nous appelons la blancheur, ne doit être que la réunion d'un certain nombre de rayons qui, considérés isolément, produisent la sensation de couleurs diverses, mais qui, réunis, produisent la sensation du blanc. C'est ce qu'il est facile de vérifier; car il suffit pour cela de tourner l'épingle, ou la bande de papier blanc, de manière que sa direction devienne perpendiculaire aux arêtes du prisme réfringent, au lieu de leur être parallèle. Alors l'extrémité supérieure de l'image paraît violette, et l'extrémité opposée paraît rouge ; mais si l'objet est d'une grosseur égale dans toute sa longueur, ce sont là les deux seules portions de l'image qui paraissent colorées, et tout l'intérieur est blanc, comme s'il était vu directement. Or, il est clair qu'en tournant sur elle-même l'épingle ou la bande de papier, on ne change rien à la manière dont la lumière en émane. Ainsi les rayons qui partent de chacun des points de ces objets subissent encore dans le prisme les mêmes modifications qu'auparavant, c'est-à-dire que les rayons rouges sont les moins réfractés, et que les bleus et les violets le sont le plus. Si donc on ne distingue pas ces décompositions dans le milieu de l'image, c'est une preuve que les rayons venus des divers points consécutifs recomposent du blanc par leur superposition, et reproduisent ainsi, par leur ensemble, la blancheur que la réfraction avait détruite pour chacun

d'eux. C'est aussi par cette raison que l'épingle ou la bande
de papier doivent être partout d'un diamètre égal, pour
que l'expérience réussisse.

Nous n'avons jusqu'à présent observé que la lumière réfléchie; celle qui émane immédiatement des corps enflammés présente aussi des phénomènes semblables, comme on
peut s'en assurer aisément en regardant la flamme d'une
bougie à travers un prisme. L'image de cette flamme, comme
celle de tout autre objet, est bordée de rouge et de bleu à ses
deux extrémités opposées. Mais pour observer ces phénomènes
dans toute leur beauté, il faut analyser ainsi par le prisme
la lumière du soleil même.

Pour le faire de la manière à la fois la plus commode et
la plus exacte, il faut faire réfléchir la lumière de cet astre
sur le miroir d'un héliostat, l'introduire ensuite, par un
très-petit trou, dans une chambre parfaitement obscure, qui
ait sept ou huit mètres de longueur, et la recevoir sur un
carton blanc perpendiculaire au trou réfléchi. Cette image,
parfaitement immobile, brillante de la plus vive lumière et
de la lumière la plus pure, offre pour les expériences toutes
les conditions les plus favorables que l'on puisse désirer. En
l'observant attentivement, on remarquera que l'éclat de la
lumière n'y sera pas égal dans tous ses points; elle sera la plus
vive dans l'intérieur de l'image, et de là elle ira en se dégradant sur les bords, où son intensité s'affaiblira jusqu'à
devenir enfin tout-à-fait insensible. Il est nécessaire de se
rendre compte de toutes ces circonstances avec exactitude,
avant de soumettre cette lumière aux expériences de la réfraction. Soit donc, fig. 105, S S′ le diamètre du disque du
soleil supposé sphérique, F F′ le diamètre du trou que nous
supposons circulaire, et T T′ le plan du tableau sur lequel
on reçoit l'image lumineuse. Nous sommes obligés ici
de dénaturer extrêmement toutes les proportions de ces
grandeurs, pour les rendre sensibles dans la figure; mais
cela ne fait rien au raisonnement. Pour voir maintenant
comment se forme et se distribue l'image du soleil transmise
à travers l'ouverture, concevons, par chacune des extrémités
S, S′, du diamètre de cet astre, deux droites tangentes aux

bords F F′ de l'ouverture. Nous formerons ainsi les deux cônes T V T′, *t v t′*, dont l'un aura son sommet en dehors de la chambre, et l'autre en dedans. Le premier de ces cônes limite l'espace dans lequel les rayons solaires peuvent pénétrer ; et par conséquent son intersection avec le plan du tableau limite la grandeur de l'image, dont l'étendue totale sera ainsi égale à T T′ ; mais toute cette étendue ne sera pas également éclairée. En effet, si l'on considère un point quelconque M, compris entre *t* et *t′*, c'est-à-dire, dans le cône intérieur, un œil placé à ce point verrait l'image du trou se projeter toute entière sur le disque du soleil, puisque si du point M on conçoit deux droites tangentes aux bords F F′, ces droites iront rencontrer la droite S S′ entre les points S et S′. Mais si l'œil était placé hors du cône intérieur, par exemple, en N ou en N′, il ne verrait qu'une portion du disque solaire à travers le trou, et cette portion diminuerait de plus en plus, à mesure qu'il s'approcherait des extrémités T T′. D'après cela, on voit que l'image pure, éclairée par la totalité du disque du soleil, est renfermée entre les points *t t′*, et est environnée d'une pénombre annulaire dont la largeur est T *t′*, ou T′*t*. Il est facile de calculer les dimensions exactes de tous ces élémens, quand on connaît le diamètre FF′ de l'ouverture, sa distance C C′ au carton, et l'angle S V S′ sous-tendu par le disque du soleil, c'est-à-dire, son diamètre apparent, lequel est le même pour les points V, *v*, F, F′, sans aucune différence appréciable. On trouve ainsi que le diamètre total T T′ de l'espace illuminé est égal au diamètre T *t* ou T′ *t′* de l'image solaire vue de l'ouverture sur le carton, plus le diamètre T *t′* ou T′ *t* de l'ouverture ; en supposant toutefois que les rayons lumineux arrivent librement au carton, sans se dévier de la ligne droite, et sans traverser d'autre milieu que l'air.

Tout cela étant connu et déterminé, examinons les modifications que l'interposition d'un prisme fait éprouver à cette image. A cet effet, il convient de se procurer un prisme A B C, fig. 104, d'un verre bien pur, dont l'angle réfringent soit au moins de 60°, et qui soit monté sur un pied à mouvement, de manière à pouvoir être tourné autour de son axe. Pour fixer

les idées, supposons le trait solaire F S horizontal. On y placera le prisme tout près du trou, afin qu'il reçoive toute la lumière introduite, et on disposera ses arêtes verticalement, ce
qui déviera le rayon dans un plan parallèle à l'horizon; sur
le prolongement du faisceau réfracté, on placera le tableau,
qui doit être fait de beau papier blanc, et porté sur un pied
mobile, afin qu'on puisse l'avancer ou le reculer, comme
aussi l'élever plus haut ou plus bas. Pour que le spectre
formé par le prisme soit bien distinct et les couleurs bien
séparées, il faut placer le tableau à la distance de cinq ou
six mètres. Quand tout est ainsi disposé, on fait de nouveau
tourner lentement le prisme sur son axe, et alternativement
de gauche à droite, ou de droite à gauche. On trouve ainsi
qu'après avoir fait marcher de plus en plus l'image V R,
dans un même sens, il arrive un certain terme, ou si
l'on continue à tourner encore, elle retourne en sens contraire; en sorte qu'entre ces deux mouvemens opposés,
elle reste un moment stationnaire. Quand on a trouvé
ce point d'équilibre, on y fixe le prisme, et le calcul
montre qu'il se trouve alors, à fort peu près, placé dans
la situation indiquée, c'est-à-dire que les angles d'incidence sont égaux en somme aux angles d'émergence. Cette
position offre donc de très-grands avantages; car non-seulement on connaît directement, par le calcul, les angles
d'incidence et d'émergence qui y répondent, ce qui dis-
pense de les mesurer, mais encore on sait que, si tous les
rayons qui composent la lumière incidente suivent le même
rapport du sinus de réfraction au sinus d'incidence, ils doivent, après la réfraction, former une image de l'objet égale
à l'objet lui-même; c'est-à-dire, dans le cas actuel, une
image ronde égale en grandeur au diamètre apparent du
disque du soleil, vu du point F, et augmenté d'une pénombre
égale au diamètre de l'ouverture où les rayons se croisent.

Or, en disposant l'expérience, comme nous venons de le
dire, l'image réfractée V R est bien loin d'être circulaire;
elle forme, sur le tableau blanc où elle se projette, un spectre
coloré oblong, terminé latéralement par deux droites horizontales, et à ses deux bouts par des demi-cercles. L'extrémité

la moins déviée R est teinte d'un rouge foncé; l'autre extrémité V où la réfraction est la plus forte, est teinte d'un violet sombre; entre ces deux extrèmes, on découvre une infinité de nuances. Cet allongement de l'image n'est pas dû à une imperfection du prisme, par exemple, à des impuretés de sa substance, ou à des inégalités dans son poli; car tous les prismes diaphanes, de quelque matière qu'ils soient, même les prismes creux et remplis des liquides les plus limpides, produisent des effets analogues; il n'y a de différence que dans la longueur absolue du spectre, qui est plus ou moins considérable, suivant la substance réfringente et la grandeur de l'angle réfringent. L'allongement de l'image réfractée est donc un phénomène constant qui tient à la nature de la réfraction, et par conséquent, on est forcé d'en conclure que tous les rayons qui composent la lumière du soleil ne sont pas également réfrangibles; car s'ils l'étaient, l'image ne serait pas allongée, mais circulaire, dans la position où notre prisme est placé.

Newton répéta encore cette expérience d'une autre manière : il regarda à travers le prisme l'image du soleil venue par le trou, comme nous avons fait plus haut l'image de l'épingle, et il y reconnut la même coloration et la même disposition de couleurs.

Il chercha encore à vérifier cette importante vérité dans toutes les conséquences qui s'en pouvaient déduire. Si la dilatation produite par le prisme provient d'une inégale réfrangibilité des rayons lumineux, ceux de ces rayons qui se trouvent ainsi déviés également par la réfraction sont donc également réfrangibles. Ainsi, en supposant que, dans la fig. 105, S représente le centre de l'image solaire directe, et V R l'image oblongue et colorée, produite par la réfraction verticale d'un prisme dont les arêtes soient horizontales, si l'on trace dans cette image des lignes horizontales, telles que I I, B B, V V, ces droites désigneront des limites d'égale réfrangibilité. Par conséquent, si l'on fait subir de nouveau à l'image R V une seconde réfraction latérale par un prisme dont les arêtes soient dirigées verticalement, les rayons contenus dans chacune des lignes I I, B B... etc., étant également réfrangibles, ne devront plus

être séparés par la réfraction. Si de plus le second prisme
est identiquement égal au premier, et incliné sur la lumière
incidente de la même manière, son effet sur chacun des
rayons contenus dans ces lignes sera aussi égal à ce qu'il
était d'abord (1). Par conséquent l'extrémité inférieure R'
de la seconde image sera autant écartée de l'extrémité inférieure R de la première, que celle-ci l'était elle-même de
l'image directe S, dans la première réfraction. Et comme on
en peut dire autant de tous les autres points de la première
image VR, il s'ensuit qu'en prolongeant les lignes horizontales II, BB, VV..., on doit, après la seconde réfraction, trouver RR' égal à SR, VV' égal à SV, BB' égal
à SB, et ainsi de suite ; d'où il résulte que la seconde image
doit encore être comprise entre les mêmes lignes horizontales que la première, sans être aucunement dilatée en largeur. La partie inférieure de la première image qui souf-
frait la moindre réfraction et paraissait rouge doit encore
former la partie inférieure de la seconde image, et y subir
aussi la moindre réfraction. Le même rapport doit subsister
pour l'extrémité opposée qui paraît violette. De plus, la
nouvelle image doit être terminée latéralement par deux
droites inclinées de $45°$ sur la verticale VS ; et enfin son
axe $V'R'$ doit, étant prolongé, passer par le centre S de
l'image directe. Or, en faisant l'expérience, on trouve que
toutes ces conséquences y sont exactement conformes, ainsi
que Newton s'en est assuré. Cet accord confirme donc, de
la manière la moins douteuse, l'inégale réfrangibilité des
rayons lumineux, et il montre que cette propriété des rayons
n'est point accidentelle, mais qu'elle est inhérente à leur
nature, puisque chacun d'eux la conserve invariablement
après la première réfraction, et même après une seconde
et une troisième, comme Newton s'en est également assuré.

Nous avons déjà remarqué que la largeur du trou par

____

(1) Nous supposons le second prisme amené, comme le premier, dans
la position où les angles d'émergence et d'incidence sont égaux. Car c'est
dans cette position seulement qu'une image formée de rayons également
réfrangibles n'est ni dilatée ni contractée par la réfraction.

lequel passent les rayons, doit produire, même dans l'image directe du soleil, une pénombre qui fait que les bords de cette image se dégradent insensiblement, depuis la lumière la plus vive jusqu'à une complète obscurité. Or, la faible lumière qui forme cette pénombre étant absolument de même nature que le reste de l'image, doit être modifiée par la réfraction de la même manière, et par conséquent elle doit se retrouver sur les côtés rectilignes de l'image oblongue dont elle altère ainsi la netteté. C'est en effet ce que l'expérience confirme. Pour éviter l'indétermination qui en résulte, Newton fixa au-devant du trou de la fenêtre une lentille de verre qui, par sa réfraction, rassemblait en un seul foyer tous les rayons envoyés par chaque point du disque du soleil, d'où résultait une image de cet astre, blanche, circulaire, et absolument exempte de pénombre. Cela fait, il reçut le faisceau de rayons sur un prisme placé derrière la lentille, et l'image oblongue formée par la réfraction se trouva pareillement exempte de toute pénombre sur ses côtés rectilignes; de sorte que ces côtés paraissaient aussi distinctement terminés que l'image directe elle-même que la lentille projetait.

Dans l'expérience de réfraction latérale que nous avons décrite tout-à-l'heure, Newton avait trouvé le moyen d'opérer en quelque sorte isolément sur chacun des rayons d'égale réfrangibilité; voici une autre manière d'arriver au même but qu'il a également employée:

Soit S F un trait de lumière solaire introduit dans la chambre obscure par l'ouverture F, fig. 106. Près de cette ouverture, plaçons un prisme A B C qui, réfractant inégalement les rayons inégalement réfrangibles que ce faisceau contient, formera sur un plan TT l'image oblongue et colorée que nous avons observée dans les expériences précédentes. Pour étudier séparément les rayons inégalement réfrangibles dont cette image se compose, perçons dans le tableau une très-petite ouverture circulaire O qui réponde à un des points de sa longueur. Alors il passera par cette ouverture un petit cône de rayons sensiblement homogènes, qui, en tombant sur un autre plan T'T' parallèle au premier, y formera une petite image circulaire de l'ouverture O. Cette image sera d'une seule teinte , rouge, par exemple , si l'ouverture O répond aux rayons de la première image qui produisent la sensation du rouge ; verte, si elle répond aux rayons verts, et ainsi de suite. Maintenant donc que cette lumière homogène est séparée du reste du spectre, nous pouvons l'étudier à notre aise. Pour cela, perçons en O' un petit trou dans le second tableau, de manière à laisser passer par ce trou un petit faisceau de notre lumière homogène, et faisons passer ce faisceau à travers un second prisme *a b c*. Alors, si l'inégale réfrangibilité des rayons contenus dans la lumière naturelle est la seule cause de l'allongement des images et de leur coloration par la réfraction, il ne doit plus se produire ici rien de pareil. Le faisceau homogène étant réfracté par le prisme, ne doit pas changer de couleur; et si l'inclinaison du prisme est telle, que les incidences et les émergences soient égales, l'image formée par ce faisceau sur la muraille doit être ronde comme l'ouverture elle-même. C'est aussi ce que l'expérience confirme, comme l'a observé Newton , et comme tous les physiciens l'ont aussi observé d'après lui.

Maintenant, si l'on tourne lentement le premier prisme autour de son axe, les rayons qui produisent la sensation des couleurs diverses, passeront successivement par le trou O, et arriveront aussi successivement au second prisme *a b c* , précisément suivant la même direction O O' , et par conséquent avec la même incidence. On verra donc ainsi se former tour-à-tour, sur la muraille, des images rouges, jaunes, vertes, etc. , selon que les rayons qui passeront alors par l'ouverture O se trouveront être ceux qui donnent la sensation du rouge , du jaune, du vert, etc. Si donc il est vrai que ces rayons soient inégalement réfrangibles, et que cette propriété leur soit inhérente , ils doivent éprouver, dans le second prisme , des réfractions inégales, plus fortes pour les violets, moindres pour les rouges, et intermédiaires pour les rayons qui produisent les couleurs intermédiaires; ce dont on s'apercevra aisément par l'inégale hauteur des images, et par leur mouvement pour monter ou pour descendre , à mesure que l'on tournera le premier prisme : toutes ces conséquences se trouvent encore parfaitement confirmées par les faits.

Cette inégale réfrangibilité des rayons lumineux doit nécessairement produire son effet quand la lumière est réfractée par des lentilles sphériques. Car que sont des lentilles, sinon un assemblage circulaire d'une infinité de prismes inégalement ouverts ? Il en doit donc résulter pour chaque rayon des distances focales différentes, les rayons les plus réfrangibles formant leur foyer plus près de la lentille, et les autres plus loin. Ce résultat n'est que trop bien confirmé par l'expérience ; car la dispersion des foyers qui en résulte a été pendant long-temps un obstacle au perfectionnement des lunettes. Newton, qui en fit la découverte, rendit le phénomène sensible directement par une expérience dont le succès devient facile à l'aide de l'héliostat, et que j'ai décrite dans le Traité général.

Jusqu'ici nous avons uniquement examiné les propriétés des rayons dépendantes de leur inégale réfrangibilité. Nous allons maintenant étudier une autre propriété découverte également par Newton; c'est que leur facilité pour se réfléchir intérieurement par réfraction est pareillement inégale, et d'autant plus grande qu'ils sont plus réfrangibles. Voici comment il fut conduit à cette découverte.

Ayant pris un prisme A B C, fig. 107, dont les deux angles B et C étaient de 45°, le troisième angle A étant droit, il fit tomber sur A C un trait de lumière F M, introduit par l'ouverture F dans sa chambre obscure. Le rayon réfracté sortant en M, alla former au-dessous du prisme une image colorée V R, comme dans les expériences précédentes. En tournant lentement ce prisme autour de son axe, dans le sens A B C, les rayons réfractés deviennent de plus en plus obliques sur la base B C, et les rayons émergens sortent aussi de plus en plus obliquement en se rapprochant de cette base. De là il résulte qu'en augmentant toujours l'obliquité, les rayons réfractés finissent par ne plus pouvoir sortir, et sont totalement ramenés en dedans par la réfraction, comme nous l'avons expliqué p. 155 et suiv. Dans le verre ordinaire, ce phénomène arrive lorsque les rayons, dans leur incidence inté-

rieure, font avec la base B C un angle d'environ 48°. Donc si
l'angle réfringent C est de 45°, comme le faisait Newton, les
rayons incidens se trouvent alors presque perpendiculaires à la
première face A C du prisme, et par conséquent la dispersion que la première réfraction leur fait éprouver est presque nulle ; de sorte que leurs incidences intérieures sur B C
sont sensiblement égales. Or, malgré cette égalité, leur réflexion intérieure est progressive ; car si, pendant le mouvement du prisme, on observe l'image colorée V R, on voit
que c'est d'abord le violet qui disparaît de cette image,
tandis que les autres couleurs restent. Après le violet, le
bleu s'en va , puis le vert, le jaune, et enfin le rouge, qui
disparaît le dernier ; c'est alors seulement que la réflexion
intérieure est totale. Ces rayons , successivement réfléchis ,
sortent par le côté B A du prisme, auquel il se trouvera
aussi presque perpendiculaire. S'ils étaient les seuls qui
suivissent cette direction, ce serait un moyen très-simple de
les séparer des autres ; mais il n'en est pas ainsi ; car le faisceau réfracté éprouve toujours en M une réflexion partielle
qui, s'exerçant indistinctement sur toute la lumière incidente, en renvoie directement une certaine proportion vers
la face A B du prisme ; en sorte que les parties du faisceau
V R, qu'on détermine ensuite à se réfléchir, ne font que
s'ajouter à celles-là. Cependant on peut encore y reconnaître
leur influence. Pour cela, mettons d'abord le prisme A B C
dans une position telle, que le faisceau réfracté V R sorte
tout entier ; puis, sur la direction M N du faisceau émergent produit par la réflexion partielle, plaçons un second
prisme A′ B′ C′, qui, le réfractant, forme sur le tableau
T T une autre image oblongue et colorée R′ V′. Remarquons avec attention l'intensité de cette image ; cela posé,
si nous faisons tourner lentement le premier prisme A B C
autour de son axe, de manière à augmenter l'obliquité des
rayons réfractés sur sa base, nous verrons qu'à l'instant où
les rayons violets ne pourront plus sortir par B C, la partie
violette de l'image R′ V′ prendra un accroissement d'intensité très-sensible, comparativement aux autres teintes qui
la composent. Ensuite ce sera le bleu qui augmentera, puis

le vert, le jaune, et enfin le rouge, lorsque, par la continuation du mouvement du prisme, la réflexion deviendra
totale en M. Newton a varié cette expérience de plusieurs
manières, qui reviennent toutes, pour le fond, à celle-ci.

Dans toute cette variété d'expériences faites sur la lumière
réfléchie par les corps naturels, ou sur la lumière réfléchie
par des surfaces spéculaires, ou enfin sur la lumière réfractée, nous trouvons toujours des rayons qui, à incidences
égales sur le même milieu, souffrent des réfractions inégales, quoiqu'il ne se produise aucune dispersion dans chaque
rayon simple. Nous voyons, de plus, que ce phénomène
n'est point produit accidentellement par des imperfections
des substances réfringentes; mais qu'il suit des lois régulières dépendantes de la position des prismes réfringens, de
leurs angles, et de leur nature. De tout cela il résulte donc
incontestablement que *la lumière du soleil, comme toutes
les autres espèces de lumières que nous pouvons soumettre
à ces mêmes expériences, est un mélange de rayons hétérogènes, dont les uns sont constamment plus réfrangibles que les autres, et qui, pris à part, sont susceptibles
de produire sur nos organes la sensation de diverses couleurs.* De plus, puisque les rayons violets sont ramenés en
dedans du prisme, sous des incidences intérieures auxquelles
les autres sortent, nous pouvons ajouter que *ces rayons diffèrent aussi en réflexibilité, et que les plus réfrangibles
sont aussi les plus susceptibles d'être réfléchis intérieurement par réfraction.* D'après la théorie des forces attractives, ceci est une conséquence de la réfrangibilité inégale.

Une autre conséquence de cette inégalité, c'est que le
spectre solaire, donné par un prisme, n'est réellement que
la succession d'une multitude de petits cercles, superposés
en partie les uns sur les autres en nombre infini, et ayant
chacun une couleur simple, depuis la fin du violet jusqu'au
rouge extrême. C'est ce que représente la fig. 108, dans laquelle il faut seulement supposer qu'il y a un nombre infini
de cercles qui se suivent, depuis le violet jusqu'au rouge
extrême, au lieu d'un petit nombre seulement que l'on a
tracés.

Si l'image ainsi dispersée est celle du soleil, dont le diamètre apparent est d'environ un demi-degré, chacun de
ces différens cercles, vu du centre de l'ouverture circulaire
supposée infiniment petite, sous-tendra aussi un angle d'environ un demi-degré. Car chaque espèce de rayons simples
venus des bords opposés du soleil forme, en passant par
l'ouverture, un cône dont l'angle au centre est égal au
diamètre apparent du disque de cet astre ; et, en se rompant dans le prisme avec des angles égaux d'incidence et
d'émergence, le cône réfracté a sensiblement la même ouverture que le cône direct. La grandeur de ces images consécutives les faisant empiéter nécessairement les unes sur les
autres, il en résulte qu'à la rigueur la lumière n'est nulle
part absolument homogène, si ce n'est tout près des côtés
rectilignes de l'image où les cercles se détachent les uns des
autres.

Le moyen de la simplifier est donc d'atténuer les diamètres de ces cercles pour les séparer davantage, en conservant la même distance entre leurs centres. C'est à quoi
l'on parvient en rétrécissant beaucoup l'ouverture, ou en
lui substituant des fentes très-fines, dont le petit diamètre
se trouve dirigé dans le sens de la réfraction. On peut voir
dans le Traité général les précautions multipliées que Newton
a prises pour obtenir cette séparation. Une des plus sûres est
de concentrer le trait par une lentille avant de le faire
tomber sur le prisme. Il faut encore y joindre le soin de
placer en dehors de l'ouverture, dans la direction du trait
solaire, un tuyau étroit et noirci, afin d'éviter la lumière
étrangère, qui, venant des parties latérales du ciel à une
grande distance, formerait dans la chambre obscure de
larges cônes, et donnerait par conséquent après la réfraction de grands cercles, qui, en se mêlant entr'eux, et à
l'image principale V R, altéreraient la pureté de ses couleurs.

C'est sur la lumière ainsi épurée qu'il faut faire l'expérience décisive rapportée page 217, sur l'immutabilité de la
couleur. Cette propriété remarquable se conserve alors non-
seulement pour une réfraction, mais pour toutes les réfractions successives que l'on peut faire subir au trait de lumière

homogène. Elle n'est pas non plus détruite par la réflexion ; car si l'on place dans cette lumière des mouches ou d'autres petits objets, et qu'on les regarde ensuite à travers un prisme, même à travers un prisme très-réfringent, on les voit tout aussi nettement qu'à la vue simple et de la seule couleur qui les éclaire ; au lieu qu'on ne peut nullement les distinguer si on les regarde de cette manière, lorsqu'ils sont éclairés par la lumière composée du soleil, les images de leurs diverses parties s'allongeant et se déformant en vertu de la réfrangibilité inégale des différens rayons qui en émanent. On peut faire la même épreuve avec un livre imprimé. S'il est éclairé par une lumière homogène, quelque fine qu'en soit l'impression, les caractères se lisent parfaitement à travers un prisme, tandis que, lorsqu'ils sont éclairés avec la lumière composée, on ne peut nullement les distinguer après la réfraction.

En considérant la marche des faisceaux lumineux, lorsqu'ils sont ainsi épurés par une même surface réfringente sous des incidences diverses, on trouve, comme je l'ai déjà annoncé, que le sinus de réfraction est toujours en rapport constant avec le sinus d'incidence. Nous verrons encore plus loin des preuves plus délicates de ce fait, qui, au reste, dans le système de l'émission, devient une conséquence nécessaire de l'affinité exercée sur les molécules lumineuses par les corps réfringens.

Quant à la cause qui fait que certaines particules lumineuses sont plus déviées par la réfraction, et que d'autres le sont moins, à égale incidence, on ne saurait l'assigner avec certitude. On serait tenté de croire que cette inégalité tient à une différence de masse ou de vitesse ; mais alors les corps qui réfractent également une même classe de rayons devraient réfracter aussi également tous les autres. Or, c'est ce qui n'a pas lieu, et nous le prouverons bientôt par des expériences positives. Par exemple, il y a des corps qui réfractent les rayons verts autant et même moins que d'autres corps, tandis qu'ils réfractent davantage les rayons violets. Il faut donc croire que la nature chimique des molécules de la lumière, et peut-être leur forme, a aussi part à ce phénomène, et fait qu'en traversant différens corps, leurs affinités ne conservent pas entr'elles des rapports constans.

Nous avons vu que certains corps cristallisés avaient la
propriété singulière de diviser en deux les faisceaux lumineux qui les traversent, et nous.avons nommé ce phénomène *la double réfraction*. Dans ce cas, chacun des deux
rayons réfractés se trouve aussi dispersé. La loi générale de
cette dispersion pour le rayon ordinaire est la même que
dans les corps qui réfractent simplement la lumière. Quant
au rayon extraordinaire, la loi de sa dispersion est plus
composée, parce qu'il éprouve à la fois les forces réfringentes ordinaires et les forces répulsives ou attractives qui
émanent de l'axe du cristal. Celles-ci, de même que les
précédentes, s'exercent inégalement sur les diverses molécules, et plus énergiquement sur les plus réfrangibles,
comme je m'en suis assuré. Ainsi, selon que leur action
conspire avec la réfraction ordinaire ou lui est contraire,
elles augmentent ou diminuent la dispersion du rayon réfracté extraordinairement. Par exemple, lorsqu'un rayon
blanc tombe perpendiculairement sur les faces d'un rhomboïde de spath d'Islande, fig. 78, les forces réfringentes ordinaires ne tendent pas à le disperser; mais la force répulsive qui
le rejette vers le petit angle solide B′ de la seconde face, le
disperse de manière que les rayons violets s'écartent plus de la
normale que les rayons rouges. Incline-t-on le rayon incident
vers l'angle B, de manière que la réfraction ordinaire contrarie
la force répulsive, la dispersion diminue tellement, que, sous
une certaine incidence, le rayon extraordinaire est brisé, mais
non dispersé. Au contraire, incline-t-on le rayon incident vers
l'angle A, de l'autre côté de la normale, la force réfringente
ordinaire conspire avec la force répulsive, et la dispersion
du rayon extraordinaire devient plus forte que celle du
rayon ordinaire, avec un même ordre de couleurs. Du reste,
la réfrangibilité propre de chaque rayon et sa couleur ne
sont point altérées ni changées par l'action des cristaux.

Puisque chaque espèce de teinte est ainsi invariablement
attachée à chaque espèce de rayons d'une réfrangibilité particulière, nous pouvons, pour abréger, désigner chaque

rayon par l'espèce de couleur dont il nous donne la sensation ; et ainsi nous nommerons rayons rouges ceux qui sont
les moins réfrangibles, et qui produisent la sensation du
rouge ; rayons jaunes ceux qui produisent la sensation du
jaune ; et enfin rayons violets ceux qui produisent la sensation du violet ; non pas que nous entendions par là que ces
rayons sont réellement rouges, violets ou jaunes, ni qu'ils
renferment en eux la couleur, pas plus que les corps sonores
ne renferment le son ; mais seulement pour exprimer la sensation qu'ils sont capables d'exciter, et qu'ils excitent constamment sur les yeux bien organisés.

Il serait toutefois impraticable d'assigner ainsi à tous les
rayons des dénominations particulières ; car chaque rayon,
doué d'une réfrangibilité différente, produisant sur nos
organes la sensation d'une couleur propre, le nombre des
nuances qui se suivent dans le spectre doit être infini comme
celui des rayons qui les produisent. Mais comme l'œil le
plus exercé ne pourrait avoir la sensation distincte d'autant
de teintes si peu différentes, il suffit d'établir parmi elles
un certain nombre de divisions qui, comprenant toutes les
nuances dans leurs intervalles, permettent de fixer leur
place et leur caractère avec une exactitude proportionnée
à celle de nos sens. C'est ce qu'a fait Newton ; il a déterminé dans le spectre sept lignes de séparation principales,
depuis les rayons qui sont les plus réfrangibles, jusqu'à ceux
qui le sont le moins. En définissant chacune de ces divisions
par l'espèce de la teinte qui lui est propre, elles offrent
les couleurs suivantes :

VIOLET, INDIGO, BLEU, VERT, JAUNE, ORANGÉ, ROUGE.

Dénominations d'autant plus aisées à retenir, que, rangées
dans cet ordre, elles forment un vers alexandrin.

Non-seulement chacun des rayons homogènes, compris
entre ces diverses limites, a son degré propre et invariable
de réfrangibilité et de couleur qu'il porte et conserve,
quelque réfraction qu'on lui fasse subir ; mais, ce qui n'est
pas moins remarquable, ces couleurs ne sont pas non plus
altérées par les réflexions sur les corps naturels. « Car, dit
Newton, tout corps blanc, gris, rouge, vert, bleu, violet,

comme le papier, les cendres, la mine de plomb rouge, l'orpiment, l'indigo, la cendre bleue, l'or, l'argent, le cuivre, l'herbe, les fleurs bleues, les violettes, les bulles d'eau teintes de différentes couleurs, les plumes de paon, la teinture du bois de Brésil, et autres choses telles; tout cela, exposé à une lumière homogène rouge, paraissait entièrement rouge; à une lumière homogène bleue, paraissait entièrement bleu; à une lumière verte, entièrement vert, et ainsi du reste. » En un mot, dans la lumière homogène, de quelque couleur que ce fût, tous les corps paraissaient uniquement de la couleur de cette lumière; avec la seule différence que quelques-uns la réfléchissaient d'une manière plus forte, et d'autres d'une manière plus faible. « Mais, ajoute-t-il, je n'ai point encore vu de corps qui, en réfléchissant une lumière homogène, pût en changer sensiblement la couleur ». On sent que ceci ne s'applique qu'à la lumière parfaitement homogène; et par conséquent, pour répéter ces expériences, il faut avoir épuré l'image solaire avec beaucoup de soin par les procédés que nous avons décrits; car parmi les corps de la nature qui brillent des plus vives couleurs, il n'en est aucun qui réfléchisse des couleurs absolument simples et homogènes, comme ces expériences mêmes le prouvent, et comme on peut s'en assurer, puisque toutes ces couleurs peuvent être décomposées par le prisme, et se laissent résoudre en un spectre où l'on reconnaît plusieurs espèces de nuances. Si donc différens corps éclairés par une même lumière blanche nous paraissent avoir des couleurs déterminées, c'est uniquement parce qu'ils réfléchissent plus abondamment les rayons qui produisent la sensation de cette espèce de couleur. Alors, quand on les expose à une lumière bien homogène, où ils n'ont plus à réfléchir que les rayons d'une seule espèce, il faut bien qu'ils paraissent tous de la couleur propre à ces rayons, et il n'y a de différence entr'eux que dans la quantité qu'ils peuvent en réfléchir. Mais si on les expose à une lumière mal séparée, alors ils choisissent dans les rayons qui les frappent ceux qu'ils sont les plus aptes à réfléchir; et ces rayons, étant ainsi en plus grande proportion dans la lumière réfléchie que dans la lumière incidente, altèrent sensiblement la teinte de celle-ci : au lieu que cet effet n'arrive jamais quand on expose les corps à une lumière bien homogène.

On peut répéter cette épreuve d'une manière en quelque sorte inverse. Si l'on prend deux corps de couleur diverse et qu'on les éclaire par une même lumière, de laquelle on ait ôté ces couleurs-là, ils paraîtront l'un et l'autre de la même teinte. Par exemple, la couleur de l'or est un jaune presque pur, et celle de l'argent est le blanc, qui renferme toutes les couleurs. Éclairez de l'argent et de l'or par une même lumière naturelle dont vous aurez ôté le jaune, ils paraîtront de la même teinte.

Pour donner de la rigueur à ces définitions, il faut fixer sur le spectre l'étendue comparative que chacune de ces couleurs occupe ; c'est ce que fit Newton ; mais les proportions qu'il a obtenues sont nécessairement particulières à l'espèce de verre dont il faisait usage, et ne peuvent, relativement à d'autres substances, donner qu'une indication générale du mode de distribution des couleurs. En bornant ainsi l'usage de ses résultats, concevons la longueur totale du spectre divisée en 360 parties égales, alors les intervalles que les diverses couleurs occupent auront, d'après Newton, les valeurs suivantes :

$$
\begin{aligned}
\text{pour le violet.} &\dots\dots\dots\dots\dots\dots\dots\dots 80\\
\text{l'indigo.} &\dots\dots\dots\dots\dots\dots\dots\dots\dots 40\\
\text{le bleu.} &\dots\dots\dots\dots\dots\dots\dots\dots\dots 60\\
\text{le vert.} &\dots\dots\dots\dots\dots\dots\dots\dots\dots 60\\
\text{le jaune.} &\dots\dots\dots\dots\dots\dots\dots\dots\dots 48\\
\text{l'orangé.} &\dots\dots\dots\dots\dots\dots\dots\dots\dots 27\\
\text{le rouge.} &\dots\dots\dots\dots\dots\dots\dots\dots\dots 45
\end{aligned}
$$

Nous donnerons plus loin un procédé très-sûr pour comparer ces intervalles dans les substances réfringentes diverses. Newton a cru que leur proportion était toujours constante ; et cette erreur, fondée sur une si grande auto-

rité, a retardé pendant long-temps la découverte des lunettes achromatiques.

Recomposition des couleurs.

Nous avons vu que la réfrangibilité et la couleur de
chaque rayon homogène ne sont changées ni par la réfraction, ni par la réflexion. Nous allons maintenant faire voir
que ces propriétés ne sont pas altérées non plus par le mélange des rayons de diverses couleurs ; mais que chacun
d'eux les conserve dans le mélange, et les transporte invariablement avec lui. Cette importante vérité est prouvée
par les expériences suivantes de Newton :

On introduit un trait de lumière solaire dans la chambre
obscure, et après l'avoir brisé par un prisme, fig. 109, on
reçoit le spectre V R sur une lentille L, placée verticalement à une distance du prisme égale au double de sa distance focale ; alors cette lentille réunit les rayons en un
foyer, qui se trouve placé de l'autre côté de sa surface, à
une distance égale à celle du point P, à partir duquel divergent les rayons réfractés. Ceci a été démontré page 138.
Au-delà du foyer F, les rayons divergent de nouveau, et
vont former sur le tableau blanc T un autre spectre V' R',
inverse du premier V R, parce que l'interposition de la lentille a renversé les couleurs. L'appareil étant ainsi disposé, examinons les diverses modifications que les rayons
y subissent. D'abord nous les voyons dispersés en R V par
une première réfraction ; cette dispersion subsiste encore
après qu'ils ont traversé la lentille, et les couleurs qui appartiennent à chaque rayon ne sont pas changées ; car si
l'on place un papier blanc près de la surface postérieure de
la lentille L, on y voit encore un spectre pareil à R V, et
dans lequel l'ordre des couleurs est le même. A mesure
que l'on s'éloigne de la lentille, ce spectre devient plus
petit, parce que les rayons qu'elle a rendus convergens se
rapprochent de plus en plus les uns des autres ; enfin ils se
réunissent au foyer F, et y forment sur le papier une
image blanche et circulaire. Néanmoins, après cette rencontre, ils se séparent de nouveau avec leurs propriétés ori-

ginelles; car ils portent ces propriétés dans la formation de l'image R'V', sur laquelle on peut faire toutes les mêmes expériences que l'on ferait sur un autre spectre qui n'aurait point traversé la lentille L, et dont les rayons ne se seraient pas croisés au foyer F; d'où l'on voit que leur rencontre à ce point n'a nullement altéré leur réfrangibilité ni leurs couleurs, comme cela serait arrivé si, en se croisant, ils eussent exercé quelque action les uns sur les autres.

Revenons maintenant à l'image qui se forme au foyer F; elle est le résultat de l'impression simultanée que produisent sur notre œil tous les différens rayons qui se réunissent dans cet espace. Ainsi cette réunion est la condition nécessaire pour exciter la sensation de la blancheur; et les rayons sont encore capables de l'exciter après avoir été dispersés par le prisme P, et réunis par la lentille L, tout aussi bien que lorsqu'ils étaient réunis primitivement dans le faisceau incident.

A la vérité, nous avons déjà remarqué que les rayons de diverses couleurs ne sont pas rigoureusement réunis dans un même foyer par la lentille, mais qu'ils forment, à partir de sa seconde surface, des cônes d'inégales longueurs, ce qui doit rendre leur mélange moins parfait que dans le faisceau incident. Mais cette réunion, qui n'a pas lieu dans le concours des rayons mêmes, est complétée par l'action du tableau blanc sur lequel ils tombent; car ce tableau, en les réfléchissant de toutes parts, comme ferait un rayonnement direct, les mêle aussi bien qu'ils l'étaient dans la lumière incidente. Aussi n'aperçoit-on alors aucune coloration, excepté sur les bords extérieurs de l'image, où les cônes formés par les rayons les plus réfrangibles débordent toujours un peu.

D'après l'idée que cette expérience nous donne sur la cause de la blancheur, il est présumable que cette sensation sera modifiée, si l'on soustrait quelques-uns des rayons qui concourent à la produire. C'est en effet ce qui a lieu; car ayant fixé le tableau au foyer F, où se forme l'image blanche et circulaire, si l'on intercepte sur la lentille quelques-uns des rayons colorés qui concourent à la produire, en couvrant l'espace sur lequel ils tombent avec une règle noire placée transversalement sur le spectre, aussitôt l'image formée au foyer cesse d'être blanche, et la couleur qu'elle prend est celle que doit donner le mélange des couleurs restantes. Mais si l'on ôte la règle, et qu'on laisse passer de nouveau les couleurs interceptées, de manière qu'elles tombent sur cette couleur composée, elles redonneront le blanc. Par exemple, si le violet, le bleu et le vert sont interceptés, le jaune, l'orangé et le rouge qui restent composeront une espèce d'orangé sur le tableau ; mais si, après cela, on laisse de nouveau passer les couleurs interceptées, en se mêlant avec cet orangé, elles reproduiront le blanc. De même, si le rouge et le violet sont interceptés, le jaune, le vert et le bleu qui restent composeront une espèce de vert sur le tableau ; après quoi, si on laisse passer de nouveau le rouge et le violet, en se mêlant avec ce vert, ils reproduiront du blanc. On peut répéter ces décompositions et ces recompositions aussi souvent qu'on le veut ; elles se feront toujours de la même manière ; elles reproduiront toujours de semblables alternatives, pourvu toutefois que l'œil ait le temps de les apprécier séparément. Car si l'on fait mouvoir très-rapidement la règle sur le spectre R V, il arrive un terme où l'œil ne peut plus saisir la variété des teintes qui se succèdent, et qui sont interrompues par des intervalles de blancheur ; et alors on voit toujours du blanc. Cette expérience réussit encore mieux en substituant à la règle un carton noir, C C, dans lequel on a découpé plusieurs bandes pleines et parallèles, séparées par des bandes vides.

Nous avons prouvé que les propriétés colorifiques des rayons lumineux homogènes ne sont pas altérées par les forces réfléchissantes ; nous devons donc présumer que ces forces ne détruiront pas non plus la propriété qu'ils ont de former de la blancheur par leur mélange, quand ils ont été séparés. C'est en effet ce que prouve l'expérience. Soit S I un rayon blanc introduit dans la chambre obscure, fig. 110 ; brisons-le par un prisme A B C, qui, en le dispersant, produise le spectre R V sur un tableau blanc placé au fond de la chambre, à une distance de 5 ou 6 mètres. Supposons maintenant qu'un observateur placé en O, tout près du premier prisme, tienne devant ses yeux un prisme semblable, A'B'C', formé de la même substance, et ayant le même angle réfringent. Si l'observateur place ce second prisme parallèlement au premier, les rayons des diverses couleurs, émanés des différens points du spectre R V, rencontreront le prisme A'B'C' précisément sous les mêmes angles qu'ils formaient à leur émergence avec les surfaces du premier; et puisque nous avons prouvé d'ailleurs que leur réfrangibilité n'est point changée par la réflexion, ils se conduiront encore ici comme dans le premier prisme, y subiront les mêmes réfractions dans un ordre contraire, et enfin formeront à leur sortie en O un faisceau de rayons émergens parallèles, comme ils en formaient un à leur incidence en I. L'observateur, en recevant tous ces rayons ensemble, doit donc éprouver encore la sensation de blancheur, si toutefois la faculté de produire cette sensation n'est point altérée par la réflexion : c'est en effet ce que l'expérience confirme ; mais, pour la faire avec exactitude, il faut employer diverses précautions dont on peut voir le détail dans le Traité général.

Cette recomposition de couleurs par des réfractions égales et inverses peut encore se produire avec un seul prisme, au moyen de réflexions intérieures. C'est à cela que sont dues les images blanches multiples que l'on voit sortir après plusieurs réflexions par les diverses faces des prismes exposés à un trait solaire ; images dont la lumière gêne souvent pour l'exactitude des expériences. La manière dont la recomposition de ces images s'opère est exposée dans le Traité général.

C'est ici le lieu de rapporter une expérience qui semble, au premier coup d'œil, montrer que les propriétés colorifiques des rayons peuvent être altérées par la réflexion, quoiqu'en effet elle éprouve réellement le contraire. Pour cela il faut reprendre l'appareil dont nous avons fait usage tout-à-l'heure, et dans lequel les rayons réfractés étaient réunis par une lentille, fig. 109. Si l'on place au foyer F un papier blanc perpendiculaire à l'axe du faisceau lumineux, la lumière qui tombe sur le papier paraîtra blanche; mais si on y substitue un plan métallique poli, qui réfléchisse la lumière dans quelque point de la chambre, elle paraîtra colorée. Il semble donc que les propriétés qu'avaient les rayons, en tombant sur le miroir, se trouvent ici altérées par la réflexion; mais cette opinion est détruite par un examen attentif. Les rayons lumineux tombent, à la vérité, à très-peu près sur le même point du plan métallique, mais non pas sous les mêmes inclinaisons. Comme ils se réfléchissent en formant l'angle de réflexion égal à l'angle d'incidence, il faut nécessairement que la réflexion les sépare; en sorte qu'ils ne font que suivre au-delà du miroir la divergence qu'ils avaient en parvenant à sa surface; et c'est ainsi qu'ils auraient divergé au-delà du foyer F, même si on leur eût laissé continuer directement leur chemin. Lorsque les rayons tombaient ensemble et perpendiculairement sur le papier, leur réflexion ne se faisait pas de cette manière, parce que le papier n'est pas un corps poli; chacun d'eux se trouvait alors disséminé dans tous les sens indifféremment, à partir du point d'incidence; et chaque point du papier disséminant ainsi à la fois tous les rayons qui tombaient sur lui, il s'ensuit que ces rayons parvenaient ensemble à l'œil. Mais, même dans cette circonstance, la séparation des couleurs se fait encore sentir quand le papier est fort incliné aux rayons, parce que, bien qu'il ne soit pas poli, il n'est pas tout-à-fait mat, et qu'il réfléchit régulièrement une partie de la lumière incidente, principalement lorsque les rayons incidens font de petits angles avec sa surface. Cette propriété est commune à tous les corps, et même au verre dont on a exprès ôté le poli en usant sa surface avec du sable, ainsi que nous l'avons déjà remarqué en parlant de la réflexion.

Dans les expériences précédentes, on a produit du blanc en réunissant les rayons hétérogènes dispersés par la réfraction d'un premier prisme, mais on peut en produire également en réunissant les couleurs différentes données par différens prismes, et cela explique la décomposition progressive qu'un même faisceau d'une grosseur sensible, éprouve dans ses diverses parties à mesure qu'il s'éloigne du prisme où il a été réfracté. Voyez sur cela le Traité général.

Des Teintes composées, produites par les mélanges des couleurs simples,

Les expériences que nous venons de rapporter prouvent, de la manière la plus rigoureuse, que chaque rayon porte en soi sa faculté colorifique, qui ne peut être changée ni altérée par aucun moyen, non plus que sa réfrangibilité. Mais ce qui est fort remarquable, cette faculté colorifique ne leur est pas particulière ; car on peut composer des mélanges artificiels de couleurs qui produisent sur nos organes la même sensation qu'une couleur homogène. Ceci peut se faire de bien des manières : une des plus simples consiste à employer l'appareil de la page 227, fig. 109, où les rayons dispersés par un prisme sont réunis par une lentille en un foyer incolore. Supposons qu'en avant de la lentille on place un carton noir TT, fig. 111, au milieu duquel on ait percé plusieurs ouvertures rectangulaires VV, II, fermées par des coulisses que l'on puisse ouvrir et fermer à volonté. Si l'on place le carton de manière que le spectre tombe sur ces ouvertures, on pourra laisser passer seulement telle ou telle espèce de rayons, en proportion donnée, lesquels allant toujours se réunir au foyer de la lentille, y peindront, sur un carton blanc, la teinte particulière qui résulte de leur mélange. On trouve d'abord, de cette manière, que chaque couleur peut être imitée par le mélange des deux couleurs qui l'avoisinent. Ainsi le mélange de l'orangé et du jaune verdâtre donne le jaune ; le mélange du jaune verdâtre et du vert bleuâtre donne le vert vif. On le fait aussi, mais moins bien, avec le jaune et le bleu. On imite le bleu par le mélange du vert bleuâtre et de l'indigo. Enfin, ce qui est bien remarquable, on imite le violet lui-même, en mêlant du bleu avec du rouge. Mais tous ces mélanges étant regardés à travers un prisme, se résolvent dans leurs élémens, qui sont séparés par la réfraction, au lieu que les couleurs produites par les

rayons homogènes n'en sont point altérées, et c'est là le caractère essentiel qui les distingue.

On peut aussi imiter plus ou moins parfaitement les couleurs simples, en mélangeant les unes avec les autres des
poudres diversement colorées, et c'est ainsi que les peintres
composent leurs couleurs; mais ces mélanges n'approchent
jamais de la vivacité des couleurs de la lumière, et le prisme
prouve aussi leur composition en les séparant.

On peut même, par de pareils mélanges, imiter aussi la
blancheur, mais encore d'une manière imparfaite; car les
poudres colorées dont on fait usage pour cela absorbent toujours une grande partie de la lumière qui tombe sur elles,
et c'est même parce qu'elles en absorbent ainsi une partie
qu'elles paraissent colorées de la couleur complémentaire à
celle-là. Aussi ne peut-on communément, avec de pareils mélanges, composer qu'un blanc grisâtre et sale, tel qu'il résulterait d'un mélange d'une poudre parfaitement blanche avec
une poudre noire; mais en augmentant l'intensité de la lumière dont on les éclaire, on parvient à augmenter leur éclat
et à l'égaler à celui des corps les plus blancs, du papier,
par exemple, mais du papier peu éclairé, et placé dans
un jour défavorable.

Ces mélanges variés à l'infini peuvent donner lieu à une
infinité de nuances diverses qui ne font point partie des couleurs simples du spectre; mais il n'est aucune de ces nuances
que l'on ne puisse reproduire par un mélange convenable
de couleurs simples, avec l'avantage d'un éclat infiniment
plus beau. En considérant les diverses portions de lumière
simple qui composent le spectre comme autant de forces qui
agissent sur l'organe, et mesurant l'influence de ces forces
dans les divers mélanges que l'on peut former avec les couleurs prismatiques rassemblées au foyer d'une lentille, suivant
le procédé indiqué tout-à-l'heure, Newton est parvenu à
une règle empirique avec laquelle on peut d'avance calculer
l'espèce de teinte que produira un mélange de rayons simples dont l'espèce et les proportions sont données.

Ayant décrit du centre C, fig. 112, un cercle d'un rayon

égal à l'unité de longueur, divisez sa circonférence en sept parties proportionnelles aux nombres $\frac{1}{9}$, $\frac{1}{16}$, $\frac{1}{10}$, $\frac{1}{9}$, $\frac{1}{10}$, $\frac{1}{16}$, $\frac{1}{9}$; de sorte qu'en évaluant ces parties en degrés, vous ayez (1)

$$
\begin{aligned}
RO &= 60°\ 45'\ 34'' \\
OJ &= 34\ \ \ 10\ \ \ 38 \\
JV &= 54\ \ \ 41\ \ \ \ 1 \\
VB &= 60\ \ \ 45\ \ \ 34 \\
BI &= 54\ \ \ 41\ \ \ \ 1 \\
IU &= 34\ \ \ 10\ \ \ 38 \\
UR &= 60\ \ \ 45\ \ \ 34
\end{aligned}
$$

Considérez maintenant ces différens arcs dans l'ordre où ils se suivent, comme représentant les sept couleurs principales de la lumière simple qui composent le spectre; en sorte que la circonférence entière représente toute la série des nuances par lesquelles cette lumière passe depuis les premiers rayons rouges jusqu'aux derniers rayons violets. Puis ayant déterminé les centres de gravité de tous ces arcs successifs en *r o j v b i u*, placez en chacun d'eux un poids proportionnel à l'arc total qui y correspond, et considérez ces poids comme autant de forces qui tendent à tirer à elles le centre C, et l'œil qu'on y suppose placé. Dans la supposition présente, il est évident que l'œil restera en repos comme placé au centre de gravité de tous les poids, et ce repos répondra à la blancheur parfaite que produit en lui la sensation simultanée de toutes les nuances de la lumière simple, lorsqu'elles sont mélangées selon les proportions où elles se trouvent naturellement dans le spectre. Mais maintenant supposez ces proportions altérées, comme elles le sont toujours dans un mélange coloré qui diffère de la blancheur; alors il faudra placer sur chaque centre de gravité partiel, non plus le poids total de l'arc correspondant, mais la moi-

---

(1) Cette division n'exige qu'une simple règle de société. Comme la somme de toutes les fractions est à 360°, ainsi une des fractions est à l'arc qui lui correspond. La somme des fractions est $\frac{1}{9} + \frac{1}{10} + \frac{1}{16}$, ou $\frac{7}{120}$. Si l'on veut, par exemple, l'arc qui correspond à la fraction $\frac{1}{10}$, sa valeur sera

$$
\frac{\frac{1}{10} \cdot 360°}{\frac{7}{120}}, \quad \text{ou} \quad 54°\ 41'\ 1''.
$$

tié ou le tiers, ou en général le n^e de ce poids, selon que le
mélange donné contiendra la moitié ou le tiers, ou le quart,
ou en général la n^e partie de toute la lumière qui compose
cette couleur dans le spectre. Cela fait, si vous prenez le
centre de gravité commun de tous ces poids partiels, il ne
coïncidera plus en général avec le centre du cercle total.
Cependant, s'il y coïncide, la couleur du mélange sera
encore la blancheur; si, au contraire, il s'approche beaucoup d'un des centres partiels, le mélange offrira la teinte
dominante qui appartient à ce centre. Enfin, quelque part
qu'il tombe, en G, par exemple, il n'y aura qu'à mener du
centre à ce point la ligne CG; alors la direction de cette
ligne indiquera la teinte dominante du mélange, et sa longueur ou la distance du point G au centre indiquera sa vivacité. Par exemple, si CG se trouve exactement intermédiaire entre CV et CJ, la couleur composée sera le meilleur jaune; mais si CG s'approche davantage de CJ ou de
CV, ce jaune tirera davantage sur l'orangé ou sur le vert.
Dans la première supposition, si le point G tombe très-près
de la circonférence, la couleur sera forte et vive au plus
haut degré; s'il tombe à moitié chemin entre la circonférence et le centre, la couleur sera moitié moins forte, telle
que serait un mélange du jaune le plus vif avec une égale
quantité de blanc. En général, si l'on représente la distance
CG par Δ, le rayon du cercle étant 1, 1 — Δ exprimera
très-approximativement la proportion de blanc qui entre
dans la couleur composée, et Δ exprimera la proportion
excédente que cette couleur contient de la couleur simple
vers laquelle CG se dirige. On connaîtra donc ainsi la
nature de la teinte et son intensité. Néanmoins, on doit
ajouter cette restriction, que, si le point G tombe sur la
ligne CR, ou très-près de cette ligne, le rouge et le violet
étant alors les principaux élémens de la teinte composée,
elle ne pourra plus répondre à aucune des couleurs prismatiques, mais elle formera un pourpre tirant sur le rouge
ou sur le violet, selon que le point G s'écartera de la ligne
CR vers l'une ou vers l'autre de ces couleurs; et dans ces
deux cas, le pourpre ou violet composé aura plus de feu et

d'éclat que le simple. En général, on remarque la plus grande analogie entre les effets du violet et du rouge ; jusque-là, par exemple, qu'avec du bleu et du rouge on forme des mélanges qui produisent sur l'œil la sensation d'un beau violet ; et c'est cette espèce de retour des teintes sur elles-mêmes, tout-à-fait analogue à la consonnance des octaves, qui a porté Newton à rapprocher, comme il l'a fait souvent, les impressions des couleurs diverses de celles que produisent les intervalles musicaux.

D'après l'étendue que sa règle assigne aux arcs représentatifs des sept nuances principales du spectre, il ne s'en trouve pas deux dont les centres de gravité soient opposés diamétralement. Ainsi, en quelque proportion que deux de ces nuances soient mêlées, leur centre de gravité commun ne pourra jamais tomber au centre même de la circonférence ; ce qui indique qu'elles ne pourront pas former du blanc, mais seulement une teinte pâle fort approchante du blanc. C'est en effet ce que l'expérience confirme : « Car, dit Newton, en mêlant seulement deux couleurs primitives, je n'ai pas encore pu faire un vrai blanc. J'ignore même si on pourrait y parvenir avec trois couleurs ; mais ce sont là des curiosités qui ne servent que peu ou point du tout à l'intelligence des phénomènes naturels ; car, dans tous les blancs que produit la nature, il y a ordinairement un mélange de toutes les couleurs primitives, et par conséquent une composition de toutes les couleurs ; ce qui rend la méthode applicable. »

Il ne nous reste plus qu'à réduire cette méthode en formule analytique. C'est ce que j'ai fait dans le Traité général, où j'en ai montré aussi l'application. On peut se servir de la règle de Newton pour réaliser la sensation de la blancheur par une succession rapide de papiers diversement colorés. Il ne faut que diviser un cercle de carton suivant les proportions indiquées page 234, puis le peindre des couleurs les plus pures que l'on puisse obtenir, et le faire tourner rapidement autour de son centre.

CHAPITRE II.

*Influence de l'inégale réfrangibilité des rayons sur la vision
à travers des surfaces réfringentes.*

Dès que le phénomène de la dispersion s'est offert à nous
dans les expériences de réfraction, page 115, nous avons
prévu les effets généraux qui devaient en résulter sur la
vision à travers les prismes triangulaires. Les connaissances
que nous avons maintenant acquises sur les propriétés individuelles des rayons simples, et sur la constance de leurs
propriétés colorifiques, confirment pleinement ces premiers
aperçus, et permettent de les énoncer avec plus de précision.

Lorsqu'un point lumineux infiniment petit est vu par réfraction à travers un prisme triangulaire, chaque espèce de
rayon simple qui émane de ce point en donne une image
colorée de sa teinte particulière. L'inégale réfrangibilité des
rayons de diverses espèces fait que ces images sont séparées
et placées à côté les unes des autres dans l'ordre que leurs
couleurs occupent sur le spectre, celles qui sont formées de
rayons les plus réfrangibles étant les plus déviées. Maintenant si, au lieu d'un seul point radieux infiniment petit,
on regarde plusieurs points disposés à côté les uns des autres, chacun d'eux produit encore un spectre pareil ; mais
ces spectres peuvent se superposer en partie, de manière à
produire du blanc dans le lieu de leur mélange ; c'est ce
qui arrive en général quand on regarde ainsi des objets
d'une dimension sensible. Aussi quand la surface de ces objets est blanche et également lumineuse, les parties intérieures de l'image réfractée paraissent blanches, et la coloration de l'image ne se fait sentir qu'aux extrémités, dans
le sens général de la réfraction.

Newton a rapporté un fait facile à observer, et qui, au
premier coup d'œil, paraît ne pouvoir pas rentrer dans cette
théorie, quoique réellement il n'en soit qu'une conséquence.
Ayant disposé horizontalement la base d'un prisme A B C,

fig. 113, devant une fenêtre ouverte, placez votre œil en O
de manière à recevoir la lumière des nuées réfléchie intérieurement sur sa base ; alors, quand les rayons réfléchis
formeront avec cette base un angle d'environ 50°, vous y
verrez paraître un arc de couleur bleue d'une certaine largeur S S', qui s'étendra dans toute la longueur du prisme,
en tournant sa concavité vers l'œil ; et la partie de la base
S B, située au-delà de cet arc, paraîtra beaucoup plus brillante que la partie S' A qui se trouve en deçà. Pour rendre
raison de cette singulière apparence, concevez que l'angle
de réflexion N S I qui répond à la partie convexe de l'arc
soit le plus petit angle auquel la réflexion totale commence pour les rayons rouges les moins réfrangibles, en
sorte qu'ils ne puissent se réfléchir totalement sous une incidence plus rapprochée de la normale S N. Supposez
de même que N' S' I' soit le plus petit angle de réflexion
totale pour les derniers rayons violets : alors, depuis B jusqu'en S, il pourra y avoir des rayons de toute espèce qui
subiront la réflexion totale, et parviendront ensuite à l'œil ;
mais en deçà de S, l'incidence intérieure devenant trop voisine de la perpendiculaire, aucun rayon rouge extrême ne
pourra être aperçu ainsi. De même, à mesure que le point
d'incidence intérieure se rapprochera de A, la possibilité
de la réflexion totale vers l'œil cessera successivement pour
les différens rayons, les uns après les autres, jusqu'en S',
où cette possibilité cessera même pour les derniers rayons
violets ; de sorte qu'entre S' et A, la réflexion totale n'aura
lieu pour aucun rayon. Ainsi, en résumant ces résultats,
on voit que depuis B jusqu'en S, la réflexion sera vive et
brillante, parce qu'elle sera totale et qu'elle comprendra
les rayons de toutes les couleurs. Depuis S jusqu'en S', la
réflexion totale ira de plus en plus en s'affaiblissant et en
se limitant aux rayons les plus réfrangibles, ce qui doit
produire une zone où les couleurs de ces rayons domine-
ront ; enfin, depuis S' jusqu'à tout autre point plus rapproché de l'œil, la réflexion ne sera plus totale pour aucun
rayon. L'œil ne recevra donc de cet espace que la faible
portion de lumière produite par la réflexion partielle ; et

par conséquent il devra lui paraître obscur, comparativement à l'intensité brillante de B S. On peut, à l'aide du calcul, fixer toutes les limites de ce phénomène. C'est ce que j'ai fait dans le Traité général.

On voit aussi que le complément de cet arc S S', par les rayons qui sortent au-dessous du prisme, doit produire, après l'émergence, un arc où domine le rouge, à peu près comme dans l'expérience de Newton, rapportée pages 159 et 219.

Cette théorie donne également l'explication et la mesure des phénomènes de l'arc-en-ciel. On sait que ce météore offre l'aspect d'un et quelquefois de deux arcs, colorés de toutes les couleurs du spectre. Il ne se produit que lorsqu'il pleut, et qu'en même temps le soleil luit; mais la réunion de ces circonstances ne suffit pas pour le faire paraître; il exige certaines positions des nuées, de l'observateur, et du soleil; un de ses caractères, c'est que le centre de l'arc se trouve toujours diamétralement opposé à cet astre. Ces rapports ont fait depuis long-temps penser que l'arc-en-ciel était produit par la réfraction de la lumière dans les gouttes de pluie; et en effet, on le voit se produire également dans l'espèce de pluie artificielle que répandent les jets d'eau et les cascades, sur-tout lorsque le vent les agite. Pour concevoir comment cette réfraction peut disperser la lumière, considérons un globule d'eau sphérique sur lequel tombe un rayon solaire infiniment mince SI, fig. 114, et suivons la marche de ce rayon. Il subira d'abord en I une première réfraction qui le dirigera vers I'; là une partie de sa lumière se réfractera de nouveau, et sortira dans l'air suivant $I' R'$; mais le reste se réfléchira dans l'intérieur du globule vers I'', où il se produira un effet pareil, c'est-à-dire qu'une partie du rayon sortira dans l'air, tandis que le reste sera réfléchi intérieurement vers I''', où le même partage s'opérera encore, et ainsi de suite indéfiniment. On peut réaliser cette conception par l'expérience, en faisant entrer dans une chambre obscure un rayon solaire très-mince, réfléchi par un héliostat, et le dirigeant à travers un cylindre de verre rempli d'eau. La marche du rayon dans l'intérieur de l'eau deviendra parfaitement visible par

la réflexion partielle de lumière que les molécules de
l'eau opèrent, et les émergences successives deviendront
également sensibles, en plaçant l'œil sur la direction des
rayons émergens. On reconnaît ainsi que ces rayons sont
dispersés, et donnent la série des couleurs prismatiques;
leur intensité s'affaiblit à mesure qu'on les observe après un
plus grand nombre de partages, et enfin ils deviennent trop
faibles pour être aperçus.

Le phénomène de l'arc-en-ciel est produit par les spectres
colorés qui sortent ainsi de différentes gouttes d'eau après
deux réfractions, séparées par une ou deux réflexions intermédiaires; mais comment la superposition de ces spectres
partiels compose-t-elle les couleurs de l'arc et déterminent-
elles sa largeur? c'est ce qu'il nous faut examiner.

Pour le faire simplement, considérons d'abord un seul
rayon incident de couleur simple, par exemple rouge; s'il
arrive que ce rayon, après s'être réfracté dans le globule,
se réfléchisse une ou plusieurs fois à sa seconde surface, et
ressorte ensuite dans l'air, on conçoit qu'il fera, en général, après son émergence, un certain angle avec sa direction primitive. Cet angle sera constant pour tous les rayons
de même nature, qui pénétreront le globule sous la même
incidence; mais l'incidence changeant il changera. Pour
avoir une idée nette de ces variations, considérons d'abord
le cas particulier où le rayon ne subit qu'une réflexion intérieure; après quoi il ressort du globule dans l'air, fig. 115.
Alors, si l'on calcule numériquement la valeur de la déviation pour plusieurs rayons incidens parallèles, répartis sur
la surface du globule à de petites distances, on trouve que
la déviation commence à être nulle sous l'incidence perpendiculaire où le rayon traverse le globule à son centre;
ensuite la déviation augmente progressivement, jusqu'à une
certaine limite d'incidence, qui est d'environ $59°\frac{1}{2}$ pour les
rayons rouges, de façon qu'un petit pinceau de ces rayons,
entrant parallèlement dans le globule en I, sous cette incidence, et s'étant réfléchi une fois à son fond, en sort également parallèle en I″, quoique la direction générale du pinceau soit déviée de $42°$; mais pour des incidences plus con-

sidérables, la déviation diminue comme elle avait augmenté, et cette diminution continue jusqu'aux derniers
rayons tangens au globule. Or, si l'on reçoit tous les rayons
émergens à une assez grande distance du globule, pour que
celui-ci puisse être considéré comme un point, il est clair
que tous ceux qui répondront à des déviations inégales iront
en s'écartant les uns des autres, à mesure qu'ils s'éloigneront
du globule ; de sorte qu'ils se trouveront enfin trop affaiblis
pour donner la sensation du globule à un œil placé sur leur
route ; au lieu que cet œil pourra encore être affecté par
les rayons émergens qui répondent au maximum de la déviation, puisqu'étant parallèles entr'eux, ils se transmettent
à toute distance sans se séparer. Leur effet sera même d'autant plus vif, que, s'ils sont d'une densité uniforme dans leur
incidence, ils se pressent et se condensent quand ils sortent
à cette émergence-là. Supposez maintenant une file de pareils globules disposés circulairement à côté les uns des autres, de manière que les rayons réfractés qui en émanent,
et que je suppose de la même couleur, puissent ainsi parvenir à l'œil ; ils donneront la sensation d'une ligne lumineuse ; et plusieurs rangées pareilles, placées à côté les unes
des autres, produiront, à cause de l'ouverture sensible de la
pupille, une bande colorée qui lui sera égale en largeur.

Les mêmes considérations s'appliquent également aux cas
où les réflexions et les réfractions sont plus nombreuses ; il y
a toujours pour chacun d'eux une certaine limite d'incidence,
à laquelle les rayons émergens très-voisins, provenant d'un
même pinceau, sortent sensiblement parallèles, et peuvent
se transmettre au loin sans s'affaiblir.

Maintenant, pour développer les conséquences de ces
résultats, supposez qu'un observateur placé en O, fig. 116,
regarde une vaste nuée qui soit composée d'une multitude
de globules sphériques d'eau. Menons par son œil au centre
du soleil, la ligne SOC, pour désigner la direction des
rayons incidens que nous supposerons d'abord exactement
parallèles, ce qui revient à considérer le soleil comme un point
infiniment éloigné. Cela posé, il se fera d'abord, à la première
surface des globules, une réflexion partielle de toutes les cou-

leurs qui composent la lumière incidente, ce qui formera une teinte blanchâtre plus ou moins sombre, répandue sur toute la surface de la nuée; mais, en outre, si elle est suffisamment étendue, on y verra deux arcs concentriques colorés de toutes les couleurs du spectre. Car si, par l'œil O, on mène la droite O V, formant avec O C un angle de 40° 17', et qu'on la fasse tourner autour de O C, en décrivant une surface conique, tous les globules d'eau qui se trouveront sur le prolongement de cette surface auront précisément la position requise pour que les rayons violets les plus réfrangibles, après y avoir subi deux réfractions et une réflexion intermédiaire, en sortent parallèles et arrivent à l'œil en O; et cela n'aura lieu ainsi dans aucun autre endroit de la nuée, de sorte qu'en vertu de ces seuls rayons, le spectateur verra sur la nuée un arc violet dont O C sera l'axe, et C sera le centre. Mais, en outre, il y verra de même une infinité d'autres arcs concentriques et extérieurs au précédent, dont chacun sera formé par une seule espèce de rayons simples, et à mesure que ces rayons seront moins réfrangibles, leurs arcs seront d'un plus grand diamètre; de sorte que le plus large, composé du rouge extrême, sous-tendra un angle R O C de 42° 2'. Ainsi la largeur totale de la bande colorée sera 42° 2' — 40° 17' ou 1° 45'; et le rouge y sera en dehors, le violet en dedans.

Ce sera le contraire après deux réflexions. En effet, si l'on mène par l'œil les lignes O R', O V' formant avec O C des angles de 50° 59', et 54° 9', puis qu'on les fasse tourner toutes deux sous ces inclinaisons autour de O C, comme axe, la première rencontrera tous les globules qui, après avoir fait subir aux rayons rouges extrêmes deux réfractions, séparées par deux réflexions intermédiaires, peuvent les renvoyer à l'œil parallèles entr'eux; et la seconde donnera la limite analogue pour les rayons violets extrêmes. Entre ces deux arcs, il y en aura d'autres de toutes les couleurs intermédiaires du prisme; et leur ensemble formera une seconde bande colorée, ayant pour largeur 54° 9' — 50° 59' ou 3° 10'. Cette bande aura ses couleurs dans un ordre inverse de la première, c'est-à-dire que le rouge y sera en dedans, le

violet en dehors, et la distance des deux arcs rouges sera
50° 59' — 42° 2' ou 8° 57'.

Telles devraient donc être les dimensions et les distances
des deux arcs-en-ciel qui paraissent sur les nuées, si le soleil
n'était qu'un point. Mais cet astre a un diamètre apparent
sensible, dont la valeur moyenne peut être supposée d'environ 30'. D'après cela, si l'on considère les arcs que nous
venons de déterminer comme produits par des rayons émanés
du centre du disque, les rayons émanés des bords ou de l'intérieur formeront autant d'arcs pareils et de même grandeur,
mais qui auront chacun pour axe la ligne menée de l'observateur au point du disque d'où ils seront émanés. Par conséquent,
si du point C on décrit une circonférence de cercle C'C''C''',
égale au diamètre apparent du soleil, vu du point O, il
ne se formera pas seulement autour de ce centre un arc violet
intérieur, à la distance de 40° 17'; mais il y aura autant de
ces arcs qu'il y a de points dans le cercle C'C''C''', qui
peuvent devenir centres à leur tour; c'est-à-dire qu'il se formera une bande circulaire violette, d'une largeur égale au
diamètre apparent du soleil, et dont le rayon intérieur sera
40° 17'—15' ou 40° 2', l'extérieur 40° 17' + 15' ou 40° 32'.
De même l'arc rouge qui se trouvait à 42° 2' de O C deviendra une bande rouge, dont le bord intérieur aura pour
rayon 41° 47', et l'extérieur 42° 17'; de sorte que la largeur totale de l'iris compris entre ces extrèmes sera 42°
17'—40° 2' ou 2° 15', plus grande de 30' que si le soleil
n'était qu'un point. De même la largeur de l'iris extérieur, que
nous avions trouvée de 5° 10', deviendra 5° 40', son demi-
diamètre intérieur qui était 50° 59' deviendra 50° 44', et
l'extérieur qui était 54° 9' deviendra 54° 24'; enfin la distance
des deux iris, qui était d'abord 8° 57', sera réduite à 8° 27'.
Mais, à cause de la largeur et de la superposition des arcs
partiels qui les composent, leurs couleurs seront beaucoup
moins tranchées que dans la première supposition. Or ces
dimensions, déterminées par le seul calcul, sont exactement
conformes à celles que l'observation indique, du moins quand
les couleurs des arcs sont les plus vives et les mieux marquées. Car Newton, ayant un jour mesuré un arc-en-ciel
par le moyen des instrumens qu'il avait alors, trouva que

le demi-diamètre extérieur de l'iris intérieur était d'environ 42 degrés, et que la largeur du rouge, du jaune et du vert de cet iris, pris ensemble, était d'environ 63 ou 64 minutes, outre trois ou quatre minutes qu'on y pouvait ajouter en considération du rouge extérieur qui était affaibli et obscurci par l'éclat des nuées d'alentour. La largeur du bleu était d'environ 40 minutes au moins, sans compter le violet, qui était si fort obscurci par l'éclat des nuées, qu'il ne put en mesurer la largeur. Mais en supposant que la largeur du bleu et du violet pris ensemble fût égale à celle du rouge, du jaune et du vert réunis, toute la largeur de cet iris intérieur devait être d'environ 2° 15′, comme ci-dessus. La plus petite distance entre cet iris et l'iris extérieur était d'environ 8° 30′. L'iris extérieur était plus large que l'intérieur; mais la teinte en était si faible, sur-tout du côté bleu, qu'il ne fut pas possible d'en mesurer la largeur distinctement. Une autre fois que les deux arcs paraissaient plus distincts, Newton trouva que la largeur de l'iris intérieur était de 2° 10′, et que, dans l'extérieur, la largeur du rouge, du jaune et du vert, était à la largeur des mêmes couleurs dans l'iris intérieur comme 3 à 2.

Newton, dans l'endroit de l'optique où il expose cette admirable théorie, attribue la première idée de l'explication de l'arc-en-ciel à Antoine de Dominis, archevêque de Spalatro, qui, dit-il, la confirma par des observations faites sur une boule de verre remplie d'eau, et placée dans diverses situations par rapport au soleil et à l'œil de l'observateur. Newton ajoute que Descartes a rectifié l'observation de l'arc-en-ciel extérieur. Mais probablement il n'avait point lu, par lui-même, l'ouvrage de Dominis : car il aurait vu que ce prélat, après avoir vaguement conçu que l'arc-en-ciel pouvait être produit par réfraction dans les gouttes d'eau, n'a point cherché à confirmer cette idée par les expériences dont parle Newton; et la manière dont il expose la formation de ce météore n'a aucun rapport avec la vérité. C'est réellement à Descartes, et à Descartes seul, que ces expériences appartiennent. Ce philosophe a fait pour la véritable théorie de l'arc-en-ciel tout ce qui était possible à une époque où l'inégale réfrangibilité des rayons de la lumière

n'était pas connue. En effet, il détermine d'abord, au moyen
du calcul numérique, la marche des rayons lumineux qui pénètrent dans une goutte d'eau, et qui en sortent ensuite après
une ou plusieurs réflexions. Ce calcul lui fait voir que, de tous
les rayons qui peuvent ainsi tomber sur cette goutte, il n'y
a que ceux qui y pénètrent sous un certain angle qui puissent revenir au spectateur sans s'écarter les uns des autres,
et par conséquent sans s'affaiblir. Par-là il reconnaît généralement les véritables circonstances dans lesquelles le phénomène de l'arc-en-ciel peut se produire, et il s'assure par
des expériences directes, qu'elles sont conformes à l'observation. Il restait à assigner la cause des couleurs. Descartes, sans
la connaître, la ramène avec beaucoup de sagacité à un autre
phénomène plus simple ; celui de la décomposition de la lumière par le prisme ; et il montre que la partie de la goutte d'eau
dans laquelle la lumière se réfracte doit disperser la lumière,
comme le ferait un prisme d'eau à faces planes, dont l'angle
réfringent serait égal à celui que forment entr'eux les plans
tangens de la goutte, aux points où les rayons entrent et sortent. Il confirma cette théorie par une expérience très-dé-
taillée que l'on peut voir dans le Traité général.

Outre l'arc-en-ciel, il paraît encore quelquefois dans
l'atmosphère d'autres météores lumineux, tels que de grandes
couronnes blanchâtres qui se montrent autour du soleil et
de la lune à une distance angulaire ordinairement de 45° ;
et les parhélies, et les parasélènes, qui sont des images du
soleil et de la lune ordinairement accompagnées d'un grand
nombre de particularités remarquables. On peut voir, dans
le Traité général, la description détaillée de ces phénomènes,
et les tentatives assez hypothétiques que Huyghens a faites
pour les représenter.

CHAPITRE III.

De l'Achromatisme.

On appelle achromatisme la destruction de toute coloration opérée dans les images des objets vus à travers deux
u plusieurs prismes. Si ces prismes devaient être tous de

même nature, la compensation de leurs réfractions se ferait lorsqu'ils auraient des angles égaux et opposés en direction, de sorte que leur système formât une plaque à faces parallèles. Alors les rayons qui les auraient traversés reprendraient aussi la direction primitive qu'ils avaient avant la réfraction. Mais s'il existait des substances qui pussent produire d'égales dispersions, avec des réfractions absolues inégales, on conçoit qu'en formant avec elles un pareil système de prismes on obtiendrait des images des objets qui seraient à la fois incolores et déviées. On pourrait donc, en transportant la même opposition aux prismes courbes qui forment les bords des lentilles sphériques, obtenir des objectifs composés, qui, avec une distance focale limitée, donneraient derrière eux des images incolores des objets; et l'on pourrait ainsi les employer à la construction des lunettes avec un avantage infini sur les objectifs simples. Existe-t-il, dans la nature, des substances qui se compensent de cette manière, ou, à leur défaut, peut-on y suppléer par une compensation approximative? Et alors, sur quels principes faudra-t-il établir cette approximation? comment faut-il procéder pour l'obtenir avec des substances données? et est-elle plus facile avec quelques-unes qu'avec d'autres? Ce sont là autant de questions importantes qu'il nous faut approfondir.

Pour cela, considérons d'abord un rayon parfaitement homogène SI, fig. 117, qui, après avoir traversé un nombre quelconque de prismes d'une nature et d'un angle quelconque, arrive en O à l'œil d'un observateur. De ce point menons une ligne OS à l'objet dont le rayon émane, et que, pour plus de simplicité, nous supposerons éloigné à l'infini, afin que la ligne OS puisse être censée parallèle à la direction d'incidence SI. Il est clair que, si cette direction est donnée ainsi que les positions des prismes, leur nature, leurs angles, et le lieu de l'observateur, on pourra déterminer par le calcul l'angle de déviation ROS, compris dans l'œil entre la direction primitive OS et le rayon émergent OR. Concevez maintenant que le rayon SI, au lieu d'être simple, soit composé comme la lumière blanche; lorsqu'il aura traversé le système des prismes, fig. 118, il se trouvera disposé en une infinité de rayons émergens, lesquels auront en général des directions différentes uu', oo', rr', depuis le violet jusqu'au rouge ; de sorte que l'observateur placé sur la direction d'un de ces rayons n'apercevrait que celui-là. Mais si vous concevez qu'une infinité de faisceaux blancs, tous émanés du point lumineux, arrivent ensemble à la première surface du prisme, alors l'observateur placé en O pourra recevoir toutes les diverses espèces de rayons simples par des points d'émergence différens; lesquels se trouveront en menant du point O des lignes OR', OO', OU', respectivement parallèles à rr', oo', uu', et terminées de même à la surface d'émergence du dernier prisme ; car ces rayons étant reconduits à travers les prismes successifs, chacun avec le rapport de réfraction qui lui est propre, iront ressortir parallèles à la direction de la lumière incidente, et par conséquent se trouveront réellement dans cette lumière. Maintenant, pour ôter à l'observateur la sensation séparée de ces divers rayons, il n'y a qu'à disposer le système des prismes de manière qu'ils en sortent tous parallèles entr'eux ; car alors les angles $O'OU'$, $O'OR'$, etc., sous lesquels ils se croisent dans l'œil, étant nuls, les points d'incidence U', O', R', coïncideront ; et par conséquent le pinceau introduit dans l'œil sera incolore.

On voit donc, par cette analyse, que la détermination rigoureuse de l'achromatisme introduit pour chaque rayon une condition particulière, à laquelle le système des prismes doit satisfaire ; d'où il suit que, puisqu'il y a une infinité de rayons inégalement réfrangibles, il y aura aussi, à la rigueur, un nombre infini de conditions qui, ne pouvant pas être remplies en général, puisque l'on ne peut employer qu'un nombre limité de prismes, rendront impossible la solution du problème. Mais elle redeviendra possible si, au lieu de vouloir établir le parallélisme pour tous les rayons, nous l'établissons seulement pour deux ou trois ou davantage, auxquels nous pourrons satisfaire au moyen d'autant de prismes disposés convenablement. Et en effet, si nous accordons ainsi deux rayons extrêmes du spectre, le violet et le rouge, par exemple, ou deux extrêmes et un moyen, comme le rouge, le violet et le vert, on conçoit que la destruction des couleurs pourra être encore suffisamment approchée dans les intermédiaires pour ne pas produire sur l'œil un effet sensible, de manière à réaliser ainsi physiquement l'achromatisme, quoiqu'il soit impossible de l'obtenir en toute rigueur.

C'est en effet ainsi que l'on opère ; et le calcul fait voir qu'en employant deux prismes on peut accorder ainsi deux rayons, et généralement autant de rayons que l'on emploie de prismes. Si l'on n'emploie que deux prismes, ils doivent être opposés base à pointe, comme le représente la fig. 119, de manière que leurs réfractions s'opposent l'une à l'autre ; et en effet, si les deux prismes étaient de même substance, nous avons vu que c'est dans cette position, et avec l'égalité d'angles, qu'ils devraient être placés pour s'achromatiser mutuellement.

Mais lorsque la nature des substances n'est pas la même, comment déterminer les rapports des angles réfringens, sous lesquels ils doivent se compenser ? On conçoit que l'on peut en approcher d'abord par la considération de la grandeur du spectre que donnent les prismes de ces deux substances taillés sous des angles égaux. On peut ensuite approcher davantage, en essayant graduellement d'affaiblir celui des deux qui exerce la dispersion la plus forte, et qui, dans la combinaison des deux prismes, colore les images dans le sens suivant lequel il tend à les disperser. Quand on est arrivé ainsi à avoir un commencement de compensation, on peut découvrir la meilleure des compensations possibles au moyen de l'appareil suivant que nous avons appliqué, M. Cauchoix et moi, avec le plus entier succès, à un grand nombre d'expériences précises.

A l'extrémité d'une bonne lunette achromatique, et parallèlement à son axe, on fixe deux tiges métalliques T T, fig. 120, opposées diamétralement ; elles sont percées transversalement de deux trous A, dans lesquels passent les axes de deux châssis de cuivre CC, qui peuvent ainsi tourner librement autour des lignes droites AA, perpendiculairement à l'axe de la lunette, et dont les mouvemens sont mesurés par des cercles gradués. Sur ces châssis on attache les prismes dont on veut établir la compensation, et alors l'appareil est tel que le représente la figure. Pour que l'expérience réussisse complétement, il faut que les angles des prismes soient déjà tels, qu'en les opposant l'un à l'autre, ils soient près de former un système achromatique; ce que l'on obtient, comme je l'ai dit, par des essais. D'après ce que nous avons reconnu plus haut, la dispersion produite par chacun de ces prismes, ne dépend pas seulement de son ouverture et de la nature chimique de la substance qui le compose; elle varie aussi avec l'incidence des rayons sur ses deux surfaces, et cette incidence entre comme élément dans les conditions analytiques auxquelles il faut satisfaire pour rendre les rayons de diverses espèces parallèles entr'eux après leur émergence. On profite de cette variation pour chercher, par l'expérience, la position précise où la compensation est la plus parfaite. A cet effet, supposons que l'on ait disposé la lunette et les deux prismes, de manière que l'on puisse voir à travers ce système un objet blanc très-éloigné. Si l'image de cet objet se trouve pareillement blanche, les prismes sont bien placés, et cette position est réellement celle qui donne l'achromatisme; mais on sent qu'il est très-peu probable que l'on y parvienne ainsi du premier coup. Il arrivera, en général, qu'après avoir opposé les angles réfringens des deux prismes, l'image de l'objet paraîtra encore très-sensiblement colorée; alors on tournera lentement un des prismes, dans le sens que l'on verra être propre à diminuer les couleurs. Si l'un des prismes ne suffit pas, on les fera mouvoir ainsi tous les deux successivement, et l'on trouvera enfin la position dans laquelle la compensation est la plus parfaite; on fixera les prismes dans cette position, et il ne restera plus qu'à mesurer les angles qu'ils font entre eux, et avec les rayons qui les traversent. C'est à quoi servent les cercles gradués qui mesurent les mouvemens des châssis. Seulement il y a quelques précautions préliminaires à prendre pour déterminer le point précis de chaque division qui rend chaque châssis perpendiculaire à l'axe de la lunette, et aussi pour placer les prismes, de manière que leurs angles réfringens soient exactement compris dans un même plan. Dans les expériences que nous faisons, M. Cauchoix et moi, l'objet qui nous sert de mire pour déterminer l'achromatisme, est une bande de papier blanc collée sur un carton noir ; sa largeur est d'environ un décimètre, sa longueur d'un mètre. Nous plaçons le carton verticalement à une distance de cent mètres environ, de manière que la longueur de la bande blanche soit horizontale, et nous disposons les prismes de manière que les plans de leurs angles réfringens dans lesquels la dispersion s'opère soient verticaux, ce que nous obtenons en les dirigeant sur l'arête d'une tour ou d'un édifice éloigné, et les tournant sur leur châssis, jusqu'à ce qu'ils ne donnent point de déviation latérale. Lorsqu'on a trouvé la position convenable, on les y fixe, et l'on fixe aussi le pied de la lunette par un arrêt qui lui interdit tout mouvement horizontal. L'ensemble de ces dispositions facilite extrêmement la manœuvre qui conduit à l'achromatisme. Car lorsqu'on tient l'image de la mire dans la lunette, elle ne peut plus se déplacer que verticalement; ainsi, tandis qu'on fait tourner lentement d'une main un des prismes pour détruire les couleurs, ce qui déplace nécessairement l'image, on peut, de l'autre main, en relevant ou abaissant la lunette, l'y ramener avec beaucoup de facilité. Si les angles réfringens des deux prismes sont trop disproportionnés pour que les couleurs puissent être corrigées par le seul changement d'incidence, on s'en apercevra bien facilement; car, supposant, par exemple, que le second prisme soit trop fort, et que le tranchant de son angle réfringent soit dirigé vers la terre, alors ce prisme, s'il agissait seul sur la lumière, donnerait une image colorée de la mire dans laquelle les rayons rouges, comme les moins réfrangibles, paraîtraient les plus hauts; et les rayons violets, comme étant les plus réfrangibles, paraîtraient les plus bas (1). Maintenant si l'image de la mire, vue à travers les deux prismes opposés, présente constamment cette disposition de couleurs, dans toutes les situations que l'on peut leur donner, c'est une preuve certaine que la dispersion du premier prisme, qui agit en sens contraire de la dispersion produite par l'autre, n'est jamais assez forte pour l'égaler, encore moins pour la surpasser ; par conséquent, la diminu-

---

(1) La démonstration de ces apparences résulte de ce qui a été dit page 119.

tion des couleurs que l'on pourra produire avec ces deux prismes, sera très-loin d'être la meilleure que l'on puisse obtenir. Dans ce cas, il faudra affaiblir un peu l'angle réfringent du second prisme qui est reconnu trop fort; après quoi, on le replacera sur l'appareil. Si on l'a ainsi diminué suffisamment, on trouvera qu'en faisant mouvoir les deux prismes tour à tour, on obtient des images de la mire dans lesquelles les franges rouges sont tournées vers le haut, et d'autres images, dans lesquelles, au contraire, ces mêmes franges sont tournées vers le bas. Dans les premières, le prisme postérieur domine; dans les dernières, c'est le prisme antérieur. Entre ces états opposés on trouve une ou plusieurs situations, où les frang s qui bordent l'image sont les moindres possibles. Ces combinaisons donnent les compensations les plus favorables. On s'arrête à celle qui parait la meilleure, c'est-à-dire dans laquelle les franges colorées sont les plus courtes, et sur-tout les plus sombres; alors on y fixe les prismes et la lunette elle-même par leurs vis de pression. Il faut éviter avec le plus grand soin les franges jaunes ou rouges; car ces deux couleurs étant plus éclatantes que les autres, leur effet se fait bien plus fortement sentir quand on transporte ces résultats dans la construction des lunettes, ce qui est leur principal objet. Par une raison contraire, il faut s'arrêter de préférence aux positions des prismes qui donnent des franges de couleurs obscures et foncées, par exemple, d'un rouge de brique, ou d'un bleu verdâtre; car l'effet de ces couleurs étant moins vif, on les apercevra plus difficilement dans les lunettes, et elles seront tout-à-fait insensibles dans les observations faites de nuit.

Quand on a trouvé la position qui parait la plus favorable, on observe les positions des deux prismes par le moyen des cercles gradués; on en déduit les angles d'incidence et d'émergence des rayons moyens sur leurs surfaces, et ces élémens introduits dans les formules de l'achromatisme déterminent les rapports d'angles réfringens sous lesquels les deux prismes se compenseraient de la même manière, étant superposés et exposés perpendiculairement aux rayons lumineux. Dans les premières expériences de dispersion rapportées page 213 , nous avons remarqué qu'il y a pour chaque prisme une position où l'image réfractée devient stationnaire, et qu'avant comme après cette limite , la réfraction et la dispersion croissent également. D'après cela , dans les expériences d'achromatisme, on doit trouver pour chaque prisme plusieurs positions équivalentes où il produit sur l'image transmise un effet égal. C'est aussi ce qui a lieu; mais en calculant la marche des rayons, pour toutes ces positions diverses, dans la supposition d'un rapport constant de réfraction sous les diverses incidences, on arrive toujours en définitif au même rapport de compensation , et cela avec une exactitude incroyable, comme on peut le voir dans le Traité général. Cet accord est la preuve la plus délicate et la plus sûre de la constance du rapport de réfraction pour chaque rayon simple.

Quelques soins que l'on apporte à ces expériences, si l'on emploie une lunette qui grossisse cinquante ou soixante fois les objets, et si on se sert de prismes dont l'angle réfringent soit au moins de quinze degrés , circonstances essentielles pour rendre les franges colorées bien sensibles, on s'aperçoit bientôt que l'achromatisme rigoureux est tout-à-fait impossible , excepté dans le cas unique où les deux prismes sont composés d'une seule et même substance. Car lorsque les angles réfringens des prismes sont très-près de la proportion qui détermine le meilleur achromatisme, on peut successivement faire passer chaque couleur d'un côté à l'autre de l'image , sans trouver une position intermédiaire dans laquelle les franges colorées disparaissent entièrement. Cette impossibilité prouve de la manière la plus sensible que la dispersion des rayons lumineux ne se fait pas du tout suivant les mêmes lois dans les substances dont la nature chimique n'est pas la même, et elle montre que lorsqu'on a accordé ensemble deux quelconques des rayons homogènes, de manière qu'ils soient parallèles entr'eux à leur sortie des prismes , les autres rayons du spectre se trouvent inclinés par rapport aux autres, et forment des franges sur les bords de l'objet. D'après cela , il est évident que pour obtenir des compensations plus parfaites, il faudrait employer plus de deux prismes. On en emploie jusqu'à trois dans certaines constructions de lunettes achromatiques; un plus grand nombre affaiblirait trop la lumière par les réflexions successives que leurs surfaces lui feraient éprouver, et d'ailleurs lorsque l'achromatisme de ces instrumens est déterminé avec soin par le procédé que je viens d'exposer, leurs imperfections ne viennent plus de l'inégale réfrangibilité des rayons de lumière, mais de la diffusion des foyers dans lesquels les lentilles sphériques, d'une ouverture sensible, réunissent chaque faisceau incident simple, qui couvre leur surface entière.

Enfin la quantité absolue de la dispersion mesurée entre deux couleurs déterminées est aussi variable que la loi même suivant laquelle les divers rayons se suivent dans chaque spectre. C'est ce que notre procédé montre clairement par la diverse nature des franges colorées que l'on obtient quand on compense diverses substances les unes par les autres.

Lorsque l'on compare ainsi des substances dont les forces réfringentes sont très-inégales, on trouve, en général, que leurs forces dispersives le sont aussi, et dans le même sens: les plus réfringentes étant les plus dispersives. Par exemple, l'oxide de plomb, introduit dans la composition du verre, augmente considérablement sa force dispersive; il augmente aussi sa force réfringente, quoique dans une proportion moindre. De toutes les substances que nous avons essayées, M. Cauchoix et moi, celle qui nous a paru avoir la plus grande force dispersive est le liquide connu en chimie sous le nom de *soufre carburé*. La dispersion qu'il produit est décuple de celle de l'eau dans des circonstances égales; aussi la force réfringente du soufre et celle du charbon solide sont-elles l'une et l'autre très-considérables. Cependant cette correspondance entre les accroissemens de la réfraction et ceux de la dispersion est bien loin d'être générale, sur-tout lorsque les rapports de réfraction diffèrent peu. L'huile essentielle de citron et celle de térébenthine, l'acide muriatique, soit pur, soit saturé de muriate ammoniaco-mercuriel, dispersent plus que les crown glass, et cependant réfractent moins, comme nous nous en sommes assurés. Beaucoup d'autres substances présentent la même inversion; ainsi les rapports des forces dispersives des corps avec leur composition chimique paraissent encore bien plus difficiles à prévoir que ceux de leurs forces réfringentes.

C'est Jean Dollond, célèbre opticien anglais, qui a le premier constaté, par l'expérience, l'erreur de Newton, sur la possibilité d'obtenir une compensation achromatique exacte, en conservant un excès de réfraction. Euler avait soupçonné cette possibilité, en considérant qu'elle était réalisée dans la construction de l'œil, qui, en effet, lorsqu'il est bien conformé, réunit au fond de la rétine tous les rayons qu'il réfracte, et y peint les objets avec leurs couleurs propres, comme on peut s'en assurer en dépouillant la partie postérieure d'un œil de ses enveloppes, et observant, par derrière la rétine, les images qui s'y forment. Mais cette remarque sur un organe aussi composé ne suffisait pas pour démêler les véritables principes de la compensation des dispersions ; Euler proposa plusieurs lois hypothétiques qui auraient produit cet effet. Ce fut en éprouvant ces lois que Dollond fut conduit à répéter l'expérience de Newton, sur la compensation par des prismes de différentes substances, et le hasard ou une heureuse conjecture l'ayant porté à en essayer de très-différentes, comme le crownglass et le flintglass, il reconnut que la réfraction produite par le crown restait prédominante, quand les angles des prismes étaient tels que la coloration fût sensiblement compensée. En établissant ce même rapport entre les bords prismatiques de lentilles concaves et convexes, faites de ces deux substances, Dollond obtint des objectifs achromatiques ; ce qui permit d'agrandir extrêmement les ouvertures qu'on avait employées jusqu'alors. Quoiqu'on ait fait depuis un grand usage de cette découverte, on n'a pas mis beaucoup d'art à la perfectionner, car on s'est borné à suivre les rapports de compensation donnés par Dollond, même dans des cas où ils n'étaient plus applicables ; et lorsqu'on a senti l'indispensable besoin de s'en écarter, à cause de la grande différence des substances, on y a suppléé par des tâtonnemens dispendieux et imparfaits. C'est ce qui nous a portés, M. Cauchoix et moi, à chercher pour cela un procédé exact, tel que celui que j'ai expliqué plus haut.

CHAPITRE IV.

*Des Instrumens de dioptrique formés d'un assemblage
de plusieurs verres.*

Les instrumens de dioptrique les plus composés peuvent
être considérés comme étant essentiellement formés de deux
verres. Le premier, que l'on nomme *l'objectif*, reçoit immédiatement la lumière de l'objet, et en forme une image
à son foyer. Le second, qu'on nomme *l'oculaire*, se place
près de l'œil, et sert pour regarder cette image, qui, selon
les distances focales des deux verres et la place qu'on leur
donne, paraît droite ou renversée, diminuée ou agrandie.
On perfectionne cette première disposition, en formant
l'oculaire avec un système de verres convenablement combinés, et en achromatisant l'objectif lorsque la chose est
possible. On obtient alors plus de netteté et d'amplification ;
mais le principe est le même, et par conséquent ce cas
simple est celui auquel on doit ramener tous les autres.
Quel que soit le nombre et la courbure des verres qui composent un instrument de dioptrique, il faut qu'ils soient
exactement disposés sur un même axe, et solidement assujétis dans un tuyau formé de plusieurs pièces qui puissent
glisser les unes dans les autres pour varier la distance de
l'oculaire à l'objectif. Ce tuyau doit être noirci en dedans,
afin d'absorber toute la lumière qui pourrait venir obliquement frapper ses parois. Car celle-là seule qui vient presque dans la direction de l'axe commun des lentilles, peut
être utilement employée à la vision. Aussi, pour l'isoler
plus exactement encore, on place dans l'intérieur du tuyau
des diaphragmes circulaires et noircis, qui, par leur opacité, arrêtent les rayons trop obliques. De sorte, qu'en général, tous ces instrumens peuvent être considérés comme
de véritables chambres noires, dont l'intérieur est très-
petit et le champ très-peu étendu. Cette dernière limitation
est nécessitée par le grossissement que l'on veut faire subir

à l'image; car il la déformerait trop si elle n'avait pas de très-petites dimensions.

Chaque espèce d'instrument est appropriée à un but particulier : les uns servent à faire voir de près de très-petits objets, en grossissant beaucoup leurs images; ce sont les *microscopes*. Les autres sont destinés à faire voir les objets éloignés sous un angle plus grand qu'à la vue simple, et avec une égale netteté; on les appelle *télescopes*. Les mêmes principes théoriques embrassent tous ces cas; il ne faut que les plier au but qu'on se propose, en y introduisant les particularités propres à chaque espèce d'instrument. C'est ce que nous allons faire en considérant successivement les plus usités et les plus utiles.

Du Microscope composé.

L'objectif de cet instrument est une petite lentille A_1, fig. 121, d'un très-court foyer, au-devant de laquelle on place de petits objets $S\,\Sigma$, à une distance $A_1\,P$ ou Δ qui surpasse tant soit peu sa distance focale principale $A_1\,F_1$. Il en résulte derrière cette lentille une image renversée $f_1\,\varphi_1$, qui se forme à une distance $A_1\,P_1$ ou S, beaucoup plus grande que Δ; et si la grandeur de $S\,\Sigma$ est exprimée par I, celle de $f_1\,\varphi_1$, l'est par $I\,\dfrac{S}{\Delta}$; de sorte que cette image est aussi beaucoup plus grande que l'objet. Si l'on voulait se borner à ce degré d'amplification, on pourrait la recevoir sur un verre dépoli placé en $f_1\,\varphi_1$, et la regarder ensuite à l'œil nu. Mais il est clair qu'on augmentera encore le grossissement, si l'œil s'arme pour cela d'une loupe A_2, placée de manière que l'image $f_1\,\varphi_1$, soit un peu en deçà de sa distance focale principale; car il en résultera une seconde image $f_2\,\varphi_2$, également renversée, mais plus grande encore que $f_1\,\varphi_1$. Alors il n'y aura plus besoin du verre dépoli qui absorberait une grande partie de la lumière. Car les foyers particuliers dont la réunion formait l'image $f_1\,\varphi_1$, feront, à l'égard de la loupe, l'effet d'autant de points rayonnans beaucoup plus lumineux. C'est ainsi qu'on dispose l'oculaire A_2 dans le microscope composé. Les deux lentilles sont fixées aux extrémités d'un tuyau dont les diverses parties peuvent glisser les unes dans les autres pour varier l'intervalle qui sépare les verres.

Ici, comme dans le microscope simple, le grossissement apparent est égal au rapport des dimensions absolues de l'objet $S\Sigma$ et de la dernière image $f_2\,\phi_2$. Il croît donc, toutes choses d'ailleurs égales, à mesure que les deux lentilles sont faites d'un plus court foyer. La distance focale $A_1\,F_1$ de l'objectif diminuant, l'image $f_1\,\phi_1$ formée derrière ce verre, devient plus grande à distance égale. Par le raccourcissement de la distance focale $A_2\,F_2$ de l'oculaire, l'image $f_2\,\phi_2$, résultante de $f_1\,\phi_1$, se trouve plus agrandie pour la même portée de la vision distincte. Le premier genre de variation a pour limite, la difficulté de construire régulièrement de très-petites lentilles, le mauvais effet de l'augmentation des incidences et des émergences des rayons à leurs surfaces; enfin l'affaiblissement excessif de la lumière qu'elles peuvent recevoir et transmettre. Mais l'augmentation de grossissement que l'on peut obtenir par le raccourcissement de l'oculaire est encore plus limitée, à cause de la nécessité où l'on est de lui conserver d'assez grandes dimensions. En effet, la surface de l'objectif étant fort petite, le pinceau de lumière réfractée qui provient de chaque point de l'objet est très-mince; de sorte que, lorsqu'il s'est concentré en un des points de l'image $f_1\,\phi_1$, et qu'il rayonne de nouveau à partir de ce foyer, il est bien loin de pouvoir couvrir tout l'oculaire A_2; au contraire, il ne tombe que sur une très-petite partie de sa surface; de sorte que si l'oculaire était assez rétréci pour que le pinceau ne le rencontrât point, il serait entièrement perdu pour l'œil. Le *champ de l'instrument*, c'est-à-dire l'espace que la vision peut embrasser à travers les lentilles qui le composent, se trouve ainsi limité par les derniers rayons qui rencontrent l'extrême bord de l'oculaire, et en conséquence on ne peut pas diminuer celui-ci indéfiniment.

On peut même, à cause de la minceur des pinceaux réfractés, considérer le champ comme limité par ceux de ces pinceaux dont les axes $A_1\,f_1$, $A_1\,\phi_1$, rasent les bords de l'oculaire. Les pinceaux plus obliques dont une petite partie seulement tomberait sur l'oculaire, donneraient trop peu de lumière pour qu'il soit besoin d'en tenir compte dans cette évaluation; d'autant plus qu'on a soin de les exclure par un diaphragme placé entre les verres, à l'endroit où se forme l'image $f_1 \varphi_1$. D'après cela, si SA_1, ΣA_1 représentent les axes des faisceaux extrèmes, l'étendue du champ sera égale à l'angle $SA_1\Sigma$ ou $I_2 A_1 i_2$: il sera donc facile de le calculer; car, si l'on nomme h_1 l'intervalle $A_1 A_2$ des deux lentilles, et z_2 le demi-diamètre $I_2 A_2$ de la seconde, la moitié de cet angle ou $I_2 A_1 A_2$ aura pour tangente trigonométrique le rapport $\frac{z_2}{h_1}$; et de là, par les tables trigonométriques, on déduira l'angle même.

Pour que l'œil puisse embrasser cette étendue toute entière, il faut qu'il soit placé au point O de l'axe où vont concourir les faisceaux émergens extrèmes, et généralement tous les pinceaux très-déliés qui émanent des divers points de la dernière image $f_2 \varphi_2$. Cela exige donc que la distance de cette image au point O égale précisément la distance D où s'opère la vision distincte. Chaque observateur parvient à remplir cette condition selon la portée de sa vue, en variant l'intervalle h_1, des deux lentilles, ou la distance Δ de l'objet, ce qui change aussi le grossissement de l'instrument et le champ qu'il embrasse. Une fois l'œil ainsi placé en O au point convenable, il découvre toute l'étendue du champ, et la découvrirait encore quand même la pupille n'aurait qu'une ouverture infiniment petite. Mais alors, pour peu qu'elle sortit de ce point, elle n'apercevrait presque plus que les rayons venus dans l'axe, et le champ s'évanouirait; au lieu que la grandeur sensible de la pupille rend la vision beaucoup plus facile en permettant à l'œil d'embrasser tout le champ possible, même quand il n'est pas situé précisément au point O.

En introduisant les diverses particularités de cette construction, dans les formules générales qui expriment la marche d'un rayon lumineux à travers plusieurs verres sphériques rangés sur un même axe, on obtient la mesure exacte de tous les phénomènes que nous venons d'indiquer. Mais à défaut du calcul, on peut tirer ces mesures de l'expérience.

D'abord l'étendue du champ se détermine immédiatement en traçant les limites de l'espace visible. Quant au grossissement, sa mesure exige quelques détails de construction que nous allons donner.

On compose généralement le corps du microscope de trois tuyaux qui entrent les uns dans les autres, fig. 122. Le supérieur G E auquel l'oculaire est fixé, et que l'on nomme par cette raison *porte-oculaire*, glisse à frottement ferme dans la pièce F C; celle-ci, à son tour, peut s'enfoncer de même dans la pièce inférieure B A, au bas de laquelle l'objectif A, est fixé à vis, et que l'on appelle pour cette raison *porte-objectif*. Ceci convenu, on enlève le porte-oculaire G E, et l'on introduit en D D, un diaphragme circulaire dont le diamètre est connu; puis replaçant le porte-oculaire, on l'abaisse jusqu'à ce que l'on voie nettement les bords de ce diaphragme. Alors celui-ci se trouve placé précisément au même point où l'image des objets formée par l'objectif devra être amenée, pour être vue distinctement par l'oculaire. Ordinairement la place du diaphragme D D est fixée dans la pièce F C, et c'est, en tirant ou en enfonçant la pièce G E, qu'on établit entre l'oculaire et le diaphragme la distance convenable pour les différentes vues.

Il faut savoir encore qu'il y a au-devant de l'objectif A, un double anneau circulaire de métal, S S, sur lequel on place les petits objets que l'on veut voir avec le microscope, ou, pour parler plus exactement, on les fixe sur une lame de verre que l'on glisse entre les deux portions de cet anneau. La monture de l'instrument est faite de manière qu'on peut approcher ou éloigner l'anneau S S de l'objectif pour mettre les objets à la distance convenable de ce verre. Or, quand on veut mesurer le grossissement, on glisse dans l'anneau, au lieu d'objet, une lame de verre sur laquelle sont tracées, au diamant, des divisions parallèles dont l'intervalle est exactement connu; ce seront, par exemple, des dixièmes de millimètre. Ce verre divisé se nomme le *micromètre objectif*. Quand il est placé, on enfonce la pièce intermédiaire F C jusqu'à un point d'arrêt fixe; et, sans toucher davantage à l'oculaire, on abaisse ou on élève tout le corps G F C de l'instrument, jusqu'à ce que l'image des divisions tracées sur le micromètre objectif se voie par l'oculaire avec la plus grande netteté. Cette image se trouve donc alors contenue dans le diaphragme D.D, puisque c'est là seulement que les objets peuvent être vus distinctement à travers l'oculaire. On compte combien de divisions y sont comprises. Je suppose qu'il y en ait m, et que le véritable diamètre du diaphragme soit M ; il s'ensuivra donc que m divisions grossies par l'objectif sont égales à M en grandeur. Ainsi le grossissement produit par l'objectif, à cette distance du diaphragme, est $\dfrac{M}{m}$. Supposons, par exemple, le micromètre objectif divisé en dixièmes de millimètre, et le diamètre du diaphragme de 10 millimètres. L'instrument étant amené au vrai point de vue, le diamètre D D se trouve contenir, je suppose, 20 divisions parallèles; ce sont donc 20 dixièmes de millimètre, qui, par le pouvoir amplifiant de l'objectif, deviennent 10 millimètres ou 100 dixièmes. Ainsi le grossissement produit par l'objectif, à cette distance du diaphragme, est $\frac{100}{20}$ ou 5, d'où il suit qu'en général la première image f, φ_{1}, formée derrière l'objectif, se trouve 5 fois aussi grande que l'objet dont elle émane.

Maintenant le grossissement produit par l'oculaire sur cette image f, φ_{1}, se calculera selon les principes qui servent pour une simple loupe, d'après sa distance focale et la portée de la vision distincte, en renversant la règle donnée page 145. Ainsi le grossissement total donné par le microscope composé, sera le produit de ces deux grossissemens partiels. Par exemple, si, dans la situation où l'objet est placé, il est grossi 5 fois par l'objectif seul, et que le grossissement produit ensuite sur son image par l'oculaire soit 10, le grossissement composé sera égal au produit de 5 par 10, c'est-à-dire à 50.

Chaque proportion de grossissement, ainsi déterminée, est particulière à la distance Δ où l'on a placé l'objet au-devant de l'objectif. Elle augmentera si on le rapproche du foyer principal F, et elle diminuera si on l'en éloigne; car la première opération rejette l'image f, φ, plus loin de l'objectif A, , et la seconde l'en rapproche. Dans ces deux cas, si l'on ne veut pas toucher à l'oculaire, il faudra faire mouvoir la pièce intermédiaire FC, pour allonger le tuyau ou le raccourcir, afin que la nouvelle image vienne toujours se former entre les bords du diaphragme DD, et se trouve ainsi à la distance constante de l'oculaire qui convient pour la vision distincte. On pourrait répéter, dans chacune de ces positions nouvelles, la détermination du grossissement de l'objectif; mais cela n'est pas nécessaire, car le calcul montre que, pour une même portée de vue, les valeurs du grossissement total sont sensiblement proportionnelles à l'intervalle de l'objectif à l'oculaire, diminué de la distance focale de ce dernier. Il suffira donc de mesurer ces distances dans la première expérience où la pièce intermédiaire FC est enfoncée jusqu'à son repos; et ensuite, traçant sur le tuyau une division de parties égales qui indiquera pour tous les autres cas la quantité dont il s'allonge, on en déduira le grossissement du microscope par la proportion que nous venons d'indiquer; ou, si l'on veut, on pourra graver ces grossissemens sur le tuyau même, à côté d'un certain nombre de divisions suffisamment rapprochées pour que les intermédiaires puissent se calculer par de simples moyennes. Mais ces valeurs étant composées de l'effet de l'objectif et de celui de l'oculaire, elles varieront encore pour les différentes vues proportionnellement aux distances de la vision distincte, de sorte que le même instrument grossira toujours plus pour des presbytes que pour des myopes, ainsi que cela avait lieu aussi dans les microscopes simples.

Quand une fois le microscope est réglé, comme nous venons de le dire, on peut l'employer pour obtenir aussi les dimensions absolues des petits objets, et les résultats qu'il donne ne sont pas dépourvus d'exactitude. On pourrait d'abord placer ces objets sur le micromètre objectif, et regarder avec le microscope combien ils couvrent de ses divisions; mais l'épaisseur de ces objets, quelque petite qu'on la suppose, a une influence extrême sur le lieu de leur image, à cause de la proximité où ils sont du foyer principal de la lentille objective, de sorte qu'on ne peut presque jamais les voir nettement à travers l'oculaire en même temps que les divisions du micromètre. Pour remé dier à cet inconvénient, on place un autre micromètre dans l'intérieur même du microscope, à l'endroit précis où l'on reçoit la première image, c'est-à-dire sur le diaphragme D D qui répond au foyer de l'oculaire. Alors on observe aisément combien l'image de l'objet *occupe de divisions, sur ce micromètre intérieur.* Ce nombre, divisé par le grossissement que produit l'objectif seul, pour sa distance actuelle à l'image f, $\varphi_{,}$, c'est-à-dire au micromètre, donne la grandeur absolue de l'objet.

Tout ceci a été réalisé depuis long-temps par M. Charles. Les bornes de ce précis ne me permettent pas d'exposer tous les détails des autres perfectionnemens également introduits par cet habile observateur; mais j'indiquerai quelques procédés de manipulation sans lesquels l'usage du microscope serait tout-à-fait impraticable.

D'abord il est absolument nécessaire d'éclairer fortement les objets que l'on veut observer. Ces objets n'étant presque jamais lumineux par eux-mêmes, envoient directement très-peu de rayons, dont un très-petit nombre seulement sont admis dans le microscope, à cause du peu d'ouverture qu'on est obligé de donner aux lentilles objectives. Si donc on se bornait à recevoir ce peu de lumière, les images seraient si faibles qu'on pourrait à peine les apercevoir pour peu qu'elles fussent dilatées par le grossissement; c'est pourquoi on éclaire fortement les objets en rassemblant sur eux la lumière ordinaire des nuées par la réflexion d'un miroir légèrement concave, ou celle d'une bougie par le moyen d'un verre convergent. S'ils sont opaques on les éclaire ainsi par-dessus; mais s'ils sont transparens, on fait venir ordinairement le faisceau de lumière par-dessous; je dis ordinairement, car il est des cas où il est plus avantageux de diriger autrement la lumière. Par exemple, lorsqu'on veut observer les divisions du micromètre objectif, pour déterminer le grossissement, on ne les voit jamais mieux qu'en les éclairant par une réflexion oblique; alors elles se dessinent en noir sur la lame de verre où elles sont tracées. Il y a de ces micromètres qui contiennent jusqu'à neuf cents traits visibles dans l'étendue d'une ligne de l'ancien pied de roi.

Une autre précaution indispensable, c'est de placer, dans l'intérieur même de l'instrument, des diaphragmes qui limitent le champ et qui excluent toute la partie des images qui serait trop mal terminée. Car, dans toutes les considérations que nous venons d'établir, nous avons supposé les incidences et les émergences infiniment petites. Elles ne sont pas telles dans la réalité, et d'autant moins qu'on donne plus d'ouverture aux lentilles. Alors la concentration des rayons est un seul foyer, la formation régulière des images, leur similitude parfaite avec l'objet et toutes les autres propriétés qui ont lieu pour les inclinaisons très-petites, ne sont plus que des approximations dont on s'écarte à mesure que les verres sont plus ouverts. Or, il ne faut s'en écarter qu'autant que la vision n'en devient pas trop défectueuse ; et c'est à quoi l'on parvient en limitant le champ par des diaphragmes d'étendues diverses, selon que l'on en reconnaît la nécessité. C'est un moyen simple de retrancher de l'image tout ce qui pourrait altérer la pureté de ses contours.

Introduction du verre intermédiaire. Construction des oculaires achromatiques.

Une grande partie des imperfections du microscope tient au défaut d'achromatisme, qui devient d'autant plus insupportable que l'on veut s'élever à des grossissemens plus forts. Il est malheureusement impossible de le corriger entièrement, puisqu'il ne faut pas songer à achromatiser des lentilles aussi petites que celles que le microscope exige. Mais on peut le diminuer beaucoup par un moyen que l'observation avait indiqué aux praticiens avant que la théorie en eût expliqué l'effet, et eût appris à l'employer de la manière la plus avantageuse.

Ce moyen consiste à placer, dans l'intérieur même du microscope, et après ou avant la première image f, ϕ, un troisième verre convergent, d'un foyer convenablement déterminé. Alors la marche des rayons est telle que la représentent les fig. 123 et 124. La première disposition, fig. 123, a été imaginée par Campani ; l'autre, fig. 124, a été imaginée par Ramsden.

L'emploi de ce verre, que je nommerai *intermédiaire*, est général dans tous les instrumens de dioptrique. Son usage évident est de rassembler les pinceaux séparés par l'objectif, de les concentrer dans un plus petit espace, de rendre ainsi l'image plus nette, plus petite, et de faire par conséquent voir une plus grande partie de l'objet par un oculaire donné. Mais il a encore une autre utilité plus cachée, qui consiste dans l'influence qu'il exerce sur l'achromatisme.

Lorsque les rayons venus d'un objet ont été réfractés par un système quelconque de lentilles sphériques qui en forment des images autour de l'axe AX, fig. 125, l'inégale réfrangibilité de la lumière fait, qu'en général, les foyers des rayons de diverses couleurs ne se forment pas à la même distance, de sorte que si φ_1 est le foyer des rayons violets, φ_2 sera celui des indigos, φ_3 celui des bleus, enfin φ_7 celui des rouges; et, par suite, la même propriété ayant lieu pour les points rayonnans situés hors de l'axe, il se formera en φ_1 une image violette VV, en φ_2 une image bleue BB, en φ_7 une image rouge RR; et la même cause qui les distribue à diverses distances leur donnera aussi des dimensions diverses. Maintenant, si l'œil se place quelque part en O, sur l'axe AX, pour regarder ces images, il éprouvera d'abord l'inconvénient de leur inégal éloignement qui l'empêchera de les voir à la fois à la juste distance qui convient pour la vision distincte. Mais en outre il sera désagréablement affecté par l'inégalité de leur grandeur; car, se dépassant mutuellement les unes les autres, elles montreront les contours des objets bordés de franges colorées, soit rouges, violettes, ou de couleurs intermédiaires, suivant que l'une d'elles dominera, par suite du système de réfractions qu'elles auront subies. On obtiendrait donc un grand avantage, si l'on pouvait régler tellement les grandeurs de ces images qu'elles fussent exactement proportionnelles à leurs distances à l'œil, fig. 126; car alors celui-ci voyant tous leurs bords sur une même ligne droite VRO, il recevrait à la fois par ces bords la sensation de toutes les espèces de rayons, et par conséquent les franges colorées disparaîtraient. Or cette disposition, qui paraît devoir être fort compliquée à établir, se trouve être

la chose du monde la plus simple ; et c'est là précisément l'effet
que le verre intermédiaire produit, lorsque sa distance focale
et sa position, par rapport aux autres, sont convenablement
déterminées. C'est ce qui ne peut se faire que par le calcul ;
et en conséquence je ne puis en donner ici les conditions. Je
ferai seulement remarquer que la possibilité de cette combinaison exige qu'il y ait dans l'instrument au moins deux
verres A_2, A_3, outre l'objectif A_1 ; car, avec l'objectif et un
seul verre, on ne réussirait point à achromatiser les bords de
la dernière image, si ce n'est dans une seule situation particulière de l'objet. Ainsi, dans toutes les applications que
nous ferons par la suite, *les oculaires achromatiques de-*
vront être toujours composés au moins de deux verres.

L'oculaire achromatique de Campani, fig. 125, est celui que
l'on emploie toujours dans les microscopes composés, et
en général dans les instrumens où l'on ne veut pas tendre
de fils fixes sur l'image donnée par l'objectif. Mais quand
ces fils deviennent nécessaires, comme cela a lieu dans les
instrumens astronomiques, afin de fixer précisément la direction des rayons lumineux qui arrivent de l'astre dans l'œil, à
un instant connu, on ne peut plus employer cette combinaison,
parce qu'en tirant ou enfonçant l'oculaire pour l'accommoder aux différentes vues, on ferait nécessairement mouvoir
les fils ; et, pour peu que ce mouvement ne se fît pas rigoureusement dans l'axe de la lunette, ce qui est presque impossible, les passages successifs de l'astre ne seraient plus
comparables entr'eux. Dans ce cas l'oculaire de Ramsden,
fig. 124, devient éminemment applicable, puisqu'étant tout
entier situé au-delà de la première image $f' \varphi,$, il peut s'enfoncer ou se retirer, sans mouvoir les fils qui sont tendus,
à l'endroit où elle se formera. Aussi l'emploie-t-on toujours
dans ces circonstances, et c'est aussi pour cela que ce célèbre artiste l'a imaginé. En étudiant l'effet de l'oculaire de
Campani, dans les microscopes, M. Cauchoix a trouvé qu'il
est avantageux de donner au verre intermédiaire la forme
d'un ménisque convexe vers la lentille objective. Quant au
grossissement produit par cet appareil, j'expliquerai plus loin
le moyen de le déterminer par un procédé très-ingénieux

que M. Arago a imaginé, et qui est applicable à tous les instrumens d'optique. On répétera cette observation pour deux distances différentes de l'objet à l'objectif; ce qui avancera ou reculera l'image, et obligera de faire mouvoir ensemble les deux verres de l'oculaire composé, pour la ramener au vrai point de la vision distincte. On aura donc ainsi deux grossissemens connus, pour un allongement connu du tuyau; leur différence, répartie uniformément sur tous les allongemens intermédiaires, donnera les grossissemens intermédiaires qui y répondent, et on pourra les graver le long du tuyau.

À la seule inspection des fig. 123 et 124, on voit que ces deux oculaires laissent aux objets l'inversion que l'objectif leur a donnée; mais en employant plus de deux verres, on peut les redresser comme nous le verrons plus loin; et c'est aussi ce que l'on fait, dans certains cas, pour les lunettes dont nous allons nous occuper.

Des Télescopes dioptriques.

Agrandissez l'objectif du microscope, et éloignez l'objet à une grande distance, vous aurez le télescope dioptrique que vous pourrez également composer avec deux, trois ou un plus grand nombre de verres. Seulement, la première lentille A, n'ayant plus des dimensions infiniment petites, pourra être formée par un assemblage achromatique de plusieurs verres mis en contact; ce qui donnera une même distance focale à toutes les images colorées qui en proviendront. À la vérité ces images se sépareront ensuite en traversant les oculaires pour arriver vers l'œil. Mais, outre que cette séparation sera fort petite, à cause du peu de trajet qu'elles auront à faire, l'effet en deviendra tout-à-fait insensible si les oculaires sont combinés conformément aux principes du chapitre précédent; car alors, les images colorées qui s'offriront à l'œil, très-rapprochées les unes des autres, auront en même temps des dimensions proportionnelles à leur distance, de sorte que leur achromatisme paraîtra parfait. C'est aussi ce que l'on pratique généralement.

La première et la plus simple espèce de lunettes est celle

que l'on appelle astronomique. Elle est représentée fig. 127. L'objectif A_1 est un verre convergent (et il doit toujours être tel pour jeter des images derrière lui vers l'œil.) L'oculaire A_2 est supposé aussi convergent, et la dernière image $f_2 \varphi_2$ est renversée.

Cette disposition est exactement pareille à celle du microscope à deux verres, fig. 121; il n'y a de différence que dans le diamètre de l'objectif A_1. De là résultent des pinceaux plus larges et une accumulation de lumière plus considérable. Mais, si nous considérons les axes de ces pinceaux qui entrent par le centre de l'objectif, leur marche est absolument la même; et ainsi les conditions qu'ils doivent remplir pour opérer dans l'œil la vision distincte, seront les mêmes que précédemment. Seulement, comme les objets se trouvent ici très-éloignés de l'objectif, leur image se forme derrière lui à une distance presqu'invariable, qui est celle de son foyer principal. En outre, leur éloignement ne permettant plus d'avoir le sentiment distinct de leur distance précise, tandis que leur dernière image $f_2 \varphi_2$ se trouve incomparablement plus rapprochée de l'œil, le grossissement ne se mesure plus d'après les rapports réels de grandeur de l'objet et de son image, mais d'après celui des angles visuels $S A_1 \Sigma$, $f_2 O \varphi_2$, que l'un et l'autre sous-tendent dans l'œil, chacun du lieu où ils sont placés. Lorsque l'instrument n'est composé que de deux verres, ce rapport est sensiblement égal à la distance focale de l'objectif divisée par la distance focale de l'oculaire, du moins lorsque cette dernière peut être supposée très-petite, comparativement à la distance de la vision distincte. Telle est donc aussi alors la valeur du grossissement; mais ici, comme dans le microscope, on n'emploie presque jamais l'oculaire simple, à cause de la coloration qu'il produit sur les bords de la dernière image $f_2 \varphi_2$, même quand l'objectif et l'image $f_1 \varphi_1$ sont achromatiques. Si l'intrument est destiné à des observations astronomiques où la netteté des images et l'abondance de la lumière sont les seules conditions essentielles, on emploie l'oculaire composé de Ramsden ou celui de Campani. A la vérité ils ne redressent point l'image; mais cela est sans inconvénient pour ce genre d'observations.

Il n'en est pas ainsi dans les lunettes qui sont destinées à observer les objets terrestres, et que l'on appelle pour cette raison des *longues-vues*. Alors il est essentiel que la dernière image, située près de l'œil, représente les objets droits. On y parvient en composant l'oculaire de quatre verres séparés, fig. 128, dont les deux premiers, $A_{\prime}$, $A_{\prime}$, les plus voisins de l'objectif $A_{\prime}$, sont uniquement destinés à redresser l'image, tandis que les deux derniers A_4, $A_{\prime}$, situés près de l'œil, complètent l'achromatisme des bords, et ont aussi entr'eux les mêmes rapports que dans l'oculaire de Ramsden ou de Campani. Le grossissement de la lunette dépend des foyers de ces cinq verres et de leurs intervalles. Or, en laissant aux deux derniers, situés près de l'œil, les distances qui conviennent pour l'achromatisme des bords, on pourra faire varier les positions des autres dans certaines limites, sans que l'instrument cesse d'être d'un bon effet. Mais alors le grossissement variera, et l'on pourra, par ce seul mouvement, lui faire parcourir toutes ses périodes. C'est ce que M. Cauchoix a réalisé dans ses lunettes terrestres, qu'il appelle pour cette raison *polyaldes*. Elles donnent ainsi, à volonté, un grossissement faible ou fort; ce qui est souvent avantageux, le premier étant plus convenable dans les temps de brume, et le second dans les temps sereins. Les lunettes ainsi disposées, et que l'on destine à être portatives, varient leur grossissement de 20 à 40 fois, ou de 30 à 50. Celui des grandes lunettes astronomiques va jusqu'à 1200 et davantage, cette évaluation, comme les précédentes, s'appliquant aux diamètres des objets. Mais on n'adapte point à ces instrumens l'appareil polyalde, parce que la multiplicité des réflexions sur les verres affaiblirait trop la lumière, et l'on change l'oculaire quand on veut changer le grossissement.

On construit aussi des lunettes où l'objectif, toujours convergent, est combiné avec un oculaire simple, mais divergent, fig. 129. Cette disposition, imaginée par Galilée, est encore employée aujourd'hui pour les lunettes de spectacle : elle fait voir les objets droits.

Dans ce cas, la première image $f_{\prime}$ $\varphi_{\prime}$, donnée par l'objectif $A_{\prime}$, ne se forme point réellement, quoique, pour la construction des résultats, il faille opérer comme si elle existait. Avant le foyer $P_{\prime}$, où elle devrait se produire, on place l'oculaire divergent A, à une distance telle que la convergence des pinceaux vers les points f_1, ϕ_1, soit changée en divergence à partir d'autres points f_2 ϕ_2 situés au-devant de l'oculaire et placés à la portée de la vision distincte. Ces points forment alors la dernière image que l'œil aperçoit. La déviation imprimée par l'oculaire aux axes des faisceaux qui la composent, fait qu'elle est droite, parce que leurs directions se coupent avant de parvenir à l'œil. Mais, par cela même, l'œil ne peut plus se placer au point O de leur concours qui tombe dans l'intérieur du tuyau de la lunette ; et, forcé de renoncer à cette position favorable, il va se mettre quelque part en dehors sur l'axe des verres, par exemple en O', où il reçoit seulement la portion divergente de chaque pinceau qui passe, en cet endroit-là, assez près de l'axe $A X$, pour pouvoir entrer dans la pupille. Par une conséquence de cette disposition, à mesure que l'œil s'éloigne davantage du point de concours O, il y a un plus grand nombre de pinceaux qui, en s'écartant de l'espace que la pupille embrasse, lui échappent entièrement ; et cette disparition, devant naturellement commencer par ceux qui s'éloignent le plus de l'axe, et qui forment les bords de l'image, il en résulte que le champ diminue à mesure que l'œil s'éloigne. Ainsi, la position de l'œil le plus près possible de l'oculaire est celle qui donne le plus de champ. Malgré ces inconvéniens, l'usage des oculaires divergens convient pour les lunettes de spectacle, à cause de deux avantages qu'ils possèdent, dont l'un est de faire voir les objets droits, et l'autre de raccourcir la longueur totale de la lunette, en se plaçant en deçà du foyer de l'objectif, au lieu que les oculaires convergens l'allongent en se plaçant au-delà. On a aussi conservé à ces lunettes l'oculaire simple, quoiqu'il donne inévitablement des couleurs, même quand l'objectif est achromatique, parce qu'étant destinées à servir le soir dans des lieux toujours moins éclairés que par la lumière du jour, les couleurs qui s'y développent, quand ils sont bien exécutés, ne sont pas très-vives, sur-tout si l'on a soin de placer la pupille sur l'axe, et qu'on affaiblirait trop la lumière en y appliquant des oculaires à plusieurs verres.

*Des instrumens formés par un assemblage de miroirs et
de lentilles sphériques.*

Tous les instrumens de catoptrique imaginables sont des assemblages de miroirs concaves ou convexes arrangés de manière à donner, par réflexion, des images distinctes des objets,
que l'on va regarder ensuite avec un oculaire simple ou composé. On peut faire ainsi des microscopes et des télescopes.
Nous ne considérerons ici que ce dernier genre d'instrument,
les autres n'étant plus en usage ; et même nous nous bornerons
à en expliquer l'effet pour le cas le plus ordinaire où la distance
de l'objet peut être considérée comme infinie. On verra aisément que la méthode serait la même dans tous les autres cas.

Le plus simple de tous les télescopes est celui que représente la fig. 130 ; il est formé d'un seul miroir concave, qui,
recevant les rayons venus d'un objet éloigné $S\Sigma$, en forme
à son foyer une image $f, \varphi,$, que l'on va regarder avec un
oculaire simple pour la grossir. Mais l'observateur étant
alors interposé entre le miroir et l'objet, arrête nécessairement une partie des rayons incidens ; c'est pourquoi on ne
peut employer cette disposition qu'avec de très-grands miroirs ; et, pour éviter le plus possible la perte de lumière, on
dirige l'axe de l'instrument un peu obliquement vers l'objet, de manière que l'image se fasse hors de l'axe, et que
le sommet de la tête seule entre dans le trajet des rayons.
Alors si le miroir est très-grand, la perte de lumière est fort
petite en comparaison de celle que produiraient des réflexions
et des réfractions plus multipliées. M. Herschell a construit
ainsi un grand télescope de 40 pieds de foyer, avec lequel
il a fait une partie de ses découvertes. Il y en a eu un pareil à l'observatoire de Lilienthal, dans les mains de
M. Schroeter. L'embarras de mouvoir de si grandes machines en rend l'usage fort difficile.

Après la construction que nous venons de décrire, la
plus simple est due à Newton, fig. 131. Elle consiste à placer
dans l'intérieur du télescope, et près de son foyer principal
$F,$, un petit miroir plan incliné de 45° sur l'axe, et dont la dimension est justement suffisante pour recevoir tous les rayons

réfléchis. Ce miroir renvoie donc les rayons de côté, et en les renvoyant, il ne change absolument rien à leur convergence. Il ne fait que reporter le foyer perpendiculairement à l'axe, à la même distance où il se serait formé sur son prolongement. En face de cette nouvelle direction, l'on pratique une ouverture latérale dans le tuyau du télescope, pour laisser sortir les rayons, et on regarde l'image avec un oculaire simple ou composé. Cet arrangement évite l'interposition directe de l'observateur, et permet d'employer des miroirs de toutes dimensions. Mais il occasionne une perte de lumière considérable par la seconde réflexion qu'il exige, sur-tout cette réflexion se faisant sur une surface métallique, dont la force d'absorption est toujours très-puissante. Aussi dans les télescopes de ce genre, que Newton construisit lui-même, il employa, pour dévier l'image, la réflexion intérieure sur un prisme de verre rectangulaire, dont un des côtés droits était placé dans le télescope perpendiculairement à l'axe, comme le représente la fig. 152.

La position de l'observateur à côté du télescope, est incommode lorsqu'il a besoin de chercher les astres qu'il veut observer, et il a bien plus d'avantage à se placer dans la direction même de l'axe de l'instrument. C'est ce qu'on obtient par la construction de Gregory, représentée fig. 153. Elle consiste à substituer au miroir plan un petit miroir concave $m\,m$, qui réfléchit les rayons venus du grand miroir, et les renvoie vers son centre, où l'on pratique une ouverture pour les laisser passer. Il se forme donc, derrière cette ouverture, une seconde image des objets, au foyer composé des deux miroirs, et on la regarde avec un oculaire placé dans l'axe. Si l'on suppose les rayons incidens parallèles, la première image se forme en F, au foyer principal du grand miroir, et fait l'office d'un objet par rapport au second. Ainsi, d'après ce qui a été démontré pages 95 et 96, il faut qu'elle se trouve entre son centre de courbure et son foyer principal, pour que la seconde image soit rejetée au-delà de la première, vers l'observateur.

Cassegrain modifia encore cette construction en substituant au petit miroir concave un petit miroir convexe $m\,m$,

fig. 134, afin que les aberrations de sphéricité produites par
les deux miroirs se compensassent mutuellement. Dans ce cas,
pour que la seconde image se forme du côté de l'observateur,
il faut que la première ne se forme point réellement, mais
que son lieu idéal tombe au-delà du petit miroir, entre son
foyer principal et sa surface. Ce résultat, que nous n'avons
pas considéré page 97, parce qu'il supposait des rayons incidens convergens vers le miroir, se démontre aisément par
la méthode générale de la page 95.

Il est presque superflu de dire que, dans ces télescopes, les
miroirs sont ajustés solidement dans l'axe d'un tuyau assez
long pour ne laisser arriver sur leur surface que des rayons
presque perpendiculaires ; encore rétrécit-on souvent cette
ouverture par des diaphragmes, ne fût-ce que pour arrêter
les rayons qui tomberaient sur les bords du miroir, toujours
moins bien travaillés que le centre. Les tuyaux doivent être
noircis en dedans comme ceux des lunettes, pour mieux absorber la lumière irrégulièrement réfléchie par leurs parois.
Enfin, ils doivent être montés sur des pieds tournans qui
permettent de les diriger à volonté vers les diverses parties
de l'espace.

Procédé général de M. Arago, pour déterminer le grossis-
sement dans les instrumens d'optique.

J'ai dit plus haut que, dans les instrumens destinés à voir
des objets éloignés, le grossissement est égal au rapport des
angles visuels sous lesquels le même objet est vu à la vue
simple, et à travers le système des verres dont l'instrument
se compose. Si l'objet est assez voisin de l'œil, pour que sa
distance, dans ces deux cas, puisse être comparée, il faut
combiner le rapport des angles visuels avec le rapport des
distances réelles et apparentes de l'objet, afin d'en conclure
le rapport de ses grandeurs réelles et apparentes, prises l'une
et l'autre à la distance de la vision distincte.

Le procédé de M. Arago donne immédiatement le rapport des angles visuels. Pour cela, prenez un double prisme
de cristal de roche, tel que ceux dont nous avons décrit la
construction, fig. 92, et qui servent pour les micromètres

à doubles images. Mesurez l'angle O *c* E ou C, sous lequel il divise la lumière; ce que l'on peut faire très-simplement, comme nous le verrons tout-à-l'heure; puis, placez-le derrière l'oculaire de l'instrument que vous voulez éprouver, et que nous supposerons d'abord être un télescope dioptrique ou catoptrique. Si vous regardez à travers ce système une mire circulaire, éloignée, d'un diamètre connu, vous la verrez double, et ses deux images seront en général séparées l'une de l'autre. Eloignez-vous d'elle, ou rapprochez-vous-en jusqu'à ce que ces deux images se touchent par leurs bords opposés. Quand cela aura lieu, vous serez sûr que les rayons partis des bords de cette mire, après avoir traversé l'instrument, en sortent en faisant entr'eux un angle précisément égal à C. Or, puisque vous connaissez le diamètre M de la mire et sa distance, que je nommerai Δ, vous pouvez aisément calculer l'angle visuel a sous lequel les mêmes rayons se croisent à leur incidence sur le premier verre, car $\dfrac{M}{\Delta}$ exprime sa tangente trigonométrique. Le rapport de ces angles ou $\dfrac{C}{a}$ exprimera donc le grossissement opéré par l'instrument.

Maintenant, pour déterminer exactement l'angle C, on pourra regarder la mire à la vue simple, à travers le double prisme seul, et s'éloigner ou s'approcher d'elle jusqu'à ce que ses deux images paraissent coïncider, fig. 135. Alors, d'après le diamètre connu de la mire et sa distance actuelle, on calculera l'angle visuel qu'elle embrasse, et ce sera la valeur de C. M. Arago rend cette observation plus exacte, en regardant les deux images à travers une petite lunette, au-devant de laquelle il place le double prisme en contact avec son objectif; ce qui donne plus de netteté, sans altérer la coïncidence des images En outre, au lieu d'une seule mire, il en établit plusieurs de divers diamètres, à la même distance, ou même il leur donne une forme triangulaire, afin de pouvoir, sans se déplacer, choisir dans chaque expérience l'angle visuel qui convient au double prisme dont il veut déterminer l'amplitude.

Le procédé de M. Arago s'applique aussi au microscope, quel que soit le système plus ou moins composé d'oculaire qu'on y ait adapté. Seulement l'observation à travers l'instrument devra se faire sur un objet très-rapproché, et divisé en petites parties, tel, par exemple, que le micromètre objectif décrit page 259. Quand on l'aura placé au-devant de la lentille objective, fig. 136, à une distance convenable pour voir nettement à travers l'oculaire l'image des divisions qui y sont tracées, on placera le double prisme entre l'oculaire et l'œil; et, dirigeant le sens de la double réfraction perpendiculairement à la série R R des traits tracés sur le verre, on regardera quel est le nombre R R′ de divisions que l'écart des deux faisceaux embrasse. Je suppose que ce soit m millimètres. Ce sera donc là la grandeur réelle de l'objet qui, vu à travers l'instrument, et amené par lui à la distance D de la vision distincte, sous-tend dans l'œil l'angle constant C; sa grandeur apparente, telle que l'instrument la fait paraître, sera donc égale à la distance D, multipliée par la tangente trigonométrique de l'angle C; c'est-à-dire à D tang. C, expression que l'on pourra réduire à $\dfrac{D\,C}{206265}$, en supposant l'angle A converti en secondes de degré. Il ne restera donc plus qu'à diviser cette grandeur apparente par la grandeur réelle m de l'objet, comme dans le cas d'une simple loupe, page 143, et le quotient $\dfrac{D\,C}{206265\,m}$ exprimera le grossissement. Il est presque superflu de remarquer que les distances D et m doivent être exprimées toutes deux en unités de même espèce.

De quelques appareils employés pour des expériences d'optique.

Après avoir décrit les instrumens qui servent à agrandir le pouvoir de la vision, je vais dire un mot de quelques appareils d'optique remarquables par la beauté ou la singularité de leurs effets.

La chambre noire.

Un objectif convergent ajusté au volet d'une chambre

obscure rassemble derrière lui les rayons venus des objets extérieurs ; et, si ces objets sont à la fois fort éloignés, comparativement à sa distance focale, et situés à-peu-près dans la direction de son axe, il en donne des images distinctes que l'on peut recevoir sur un carton blanc. Ces images sont renversées ; mais, pour les rendre droites, il suffit de faire arriver à l'objectif, au lieu de la lumière directe des objets, leur image déjà réfléchie, et renversée par un miroir de métal, fig. 157. Ces appareils se nomment des *chambres noires*. On en fait où le carton est remplacé par un verre dépoli, et la chambre par une boîte dans laquelle la tête se place en s'enveloppant d'un rideau, fig. 158. On peut alors les transporter et s'en servir pour le dessin du paysage.

M. Wollaston a remarqué que la forme la plus avantageuse pour les objectifs des chambres noires est celle d'un ménisque convexe vers l'image, et concave vers les objets, ainsi qu'on l'a représenté dans la figure ; et des épreuves heureuses faites par M. Cauchoix semblent indiquer que le rapport des courbures le plus favorable est celui de 5 à 8. La plus courte des deux courbures est celle de la surface tournée vers l'image, puisque la lentille doit être convergente.

Le Mégascope.

Concevez encore un objectif ajusté au volet d'une fenêtre comme pour la chambre noire ; mais au lieu de lui faire produire les images des objets éloignés, placez au-dehors de la chambre, à peu de distance, dans la direction de son axe, un objet éclairé fortement par la lumière du soleil, soit directe, soit réfléchie par plusieurs miroirs. Si cet objet n'est pas d'une dimension trop grande, il s'en formera, dans la chambre, une image distincte, dont l'éloignement et la grandeur dépendront de la longueur focale de l'objectif et de la distance à laquelle on aura placé l'objet au-devant de lui. On pourra donc, en approchant beaucoup l'objet du foyer principal, obtenir des images de plus en plus grandes ; mais comme elles s'éloigneraient aussi davantage, il faudra se borner aux distances que le local où l'on opère comporte, et s'arrêter à celles où les images paraîtront suffisamment grossies, quoiqu'encore bien terminées. Elles seront renversées, mais on les fera paraître droites en renversant l'objet. Tel est le mégascope fig. 139. Au lieu d'une seule lentille objective, on peut en employer plusieurs, et les achromatiser. Alors l'étendue dans laquelle les images sont nettes est assez grande pour que l'on puisse former ainsi des copies agrandies ou réduites d'un tableau, d'une bosse ou même d'une figure naturelle. M. Charles, qui a imaginé cet appareil, le fait grossir ainsi de 2 à 20 fois.

La lanterne magique n'est qu'un mégascope portatif, où des objets transparens sont éclairés par la lumière d'une ou de plusieurs lampes. La fantasmagorie n'est qu'une lanterne magique où l'on fait varier la distance de l'objet au verre convergent, et par suite la grandeur de l'image pour produire l'apparence d'un objet qui s'approche ou qui s'éloigne; mais, afin de favoriser l'illusion, il faudrait faire varier aussi la lumière dont l'objet est illuminé, de manière qu'elle semblât diminuer avec son éloignement. Or, c'est justement le contraire qui a lieu dans les appareils de ce genre, où on laisse à la lumière de l'image la concentration naturelle qui lui est donnée par le verre.

Le Microscope solaire.

Au lieu d'un objectif d'une grande dimension, ajustez dans un tuyau, au volet d'une fenêtre, une loupe A_2, fig. 140, d'un court foyer, au-devant de laquelle vous placerez un petit objet $s\,\sigma$, un peu au-delà de sa distance focale principale. Les rayons partis de cet objet, passant à travers la loupe, iront former derrière elle une image agrandie, dont les dimensions et la distance croîtront d'autant plus qu'on aura placé l'objet plus près du foyer principal. Ainsi, en recevant cette grande image sur un tableau blanc placé dans la chambre obscure, on en pourra examiner tous les détails. Mais, pour que cet examen soit facile, il faut que l'image soit encore suffisamment lumineuse, malgré sa dilatation. Il faut donc éclairer très-fortement l'objet. Pour cela on place au-delà de lui, à l'extérieur, une autre loupe A_1, fig. 141, à une distance telle qu'elle concentre sur lui un gros faisceau de rayons

solaires dirigés par un héliostat. Alors, si l'objet est transparent, l'image projetée sur le tableau devient très-lumi-
neuse. On peut ainsi agrandir de petits objets tels que des
animaux microscopiques, ou des organes d'insectes, dans une
proportion énorme. Mais l'application la plus belle qu'on
en puisse faire, c'est de placer sur la lame de verre qui sert
de porte-objet, une petite goutte de quelque dissolution sa-
line. En peu d'instans le liquide, étant vaporisé par la chaleur qu'il éprouve, la cristallisation s'opère, et l'on en peut
suivre sur le tableau tous les détails, ainsi que la configuration des cristaux formés. Le muriate d'ammoniaque et le
sulfate de soude produisent sur-tout aisément cet effet. C'est
encore à M. Charles que l'on doit le perfectionnement de
cet appareil.

La Camera lucida.

Concevez un prisme quadrangulaire, fig. 142, taillé de
manière que les rayons venus des objets éloignés, tombant
à peu près perpendiculairement sur sa première surface,
subissent deux fois la réflexion totale sur ses faces intérieures,
après quoi ils sortent perpendiculairement par sa dernière
surface, et arrivent à un œil situé en O. Cet œil verra ainsi
une image des objets droite et horizontale, qui lui semble
venir à travers le prisme. Mais supposons qu'il place sa pupille
de manière que les rayons ainsi réfléchis n'en occupent que la
moitié, et que l'autre moitié, rejetée un peu en dehors du
prisme, puisse recevoir les rayons venus directement d'un
carton A B placé au-dessous; il est clair que de cette manière le
spectateur verra à la fois, du même œil, l'image, et le carton
sur lequel elle paraîtra se projeter. Si donc il cherche à en
suivre les contours avec un crayon à pointe fine, il verra en
même temps la pointe de ce crayon et l'image, de sorte que
rien ne l'empêche de la dessiner. Il pourra même s'aider pour
cela d'un verre convergent ou divergent placé au-devant du
prisme, si sa vue réclame ce secours. Cet ingénieux instrument a été imaginé par M. Wollaston. On peut en étendre
l'usage, en plaçant derrière l'oculaire d'un télescope un miroir métallique incliné et très-mince, sur le bord duquel on

regarde aussi avec la moitié de la pupille, ce qui permet de
dessiner des objets éloignés.

De l'Organe de la vision.

L'organe de la vision, dans l'homme, est un instrument
d'optique composé de divers milieux diaphanes, dont les
courbures et les forces réfringentes sont combinées de manière que les aberrations de sphéricité et de réfrangibilité y
sont rendues insensibles. Cet appareil concentre les rayons
lumineux venus des objets, et jette leurs images sur une toile
nerveuse où s'opère la sensation qui se transmet ensuite au
cerveau. Pour donner une idée générale de cet admirable
mécanisme, je m'aiderai principalement du *Traité de Phy-
siologie* de M. Magendie, qui l'a décrit avec beaucoup de
netteté et de précision.

Comme un instrument d'optique, si parfait qu'il soit, concentre toujours avec plus d'avantage les rayons voisins de son
axe, l'œil a été pourvu de muscles soumis à la volonté, qui le
dirigent vers les objets quel'on veut voir. La même prévoyance,
qui l'a si admirablement construit, l'a protégé de mille manières. Placé au-devant de la face pour diriger les actes des
organes du mouvement, il est situé dans une cavité entourée
de parois osseuses qui l'abritent, et il est enveloppé de masses
graisseuses compressibles, qui lui permettent de céder à l'action des muscles qui le dirigent, sans que rien puisse le blesser dans ses mouvemens. Pour se préserver du contact subit
des corps qui auraient pu lui porter atteinte, il a des voiles
mobiles qui s'étendent au-devant de lui avec la rapidité de
la pensée. Ces voiles, appelés *paupières*, sont bordés de cils
qui s'opposent à l'introduction accidentelle de toutes les
petites poussières qui blesseraient ou terniraient sa surface;
et si par hasard quelqu'une y a été portée, aussitôt des organes disposés exprès y versent des larmes abondantes qui
l'entraînent au-dehors. Ces mêmes organes, dans l'état habi-
tuel, ne font qu'entretenir sur le globe de l'œil une légère humidité, qui l'empêche d'être desséché par le contact de l'air,
et qui conserve le poli de sa surface, si nécessaire pour la régularité des réfractions. Enfin, pour que la sueur que la fa-

tique fait couler du front de l'homme, ne vînt pas mouiller et irriter ses yeux, la cavité qui les renferme est garnie par le haut de deux arcs convexes de poils roides appelés *sourcils*, dont la résistance à être mouillés est sans cesse entretenue par une matière grasse qui se sécrète de leur racine.

Ce sont là les enveloppes de l'œil. Quant à cet organe lui-même, si on l'extrait de sa cavité, il présente à peu près la forme d'un globe, auquel sont attachées des veines et des artères qui l'alimentent, des muscles qui le font mouvoir. Si on le fend de l'avant à l'arrière, suivant son axe, après l'avoir fait geler pour en solidifier toutes les parties, sa coupe intérieure offre la disposition représentée fig. 143. On y distingue alors trois milieux différens de forme et de force réfringente. Le premier A A C C, à partir du dehors, est un ménisque convexe concave, rempli d'une liqueur diaphane, semblable, en apparence, à de l'eau, et que l'on nomme par cette raison *l'humeur aqueuse*. Après lui se trouve un corps solide, diaphane, C C, qui a la forme d'une lentille convergente, et que l'on appelle le *cristallin*. Il est plus plat en avant qu'en arrière, et s'applatit de plus en plus avec l'âge. Enfin, dans toute la cavité postérieure se trouve un liquide visqueux, semblable à du verre fondu, et que l'on nomme par cette raison *l'humeur vitrée*. L'enveloppe qui contient tout ce système peut être considérée comme formée par le prolongement et l'extension des tégumens du nerf optique N. Le tégument le plus extérieur donne naissance à l'enveloppe extérieure S A, qui est dure, opaque, mais cependant flexible à la manière de la corne, et que l'on a nommée, pour cette raison, *sclérotique* ou *cornée opaque*. Mais en arrivant en A au-devant de l'œil, cette membrane s'amincit, et devient diaphane comme un verre de montre, ce qui était nécessaire pour qu'elle donnât passage à la lumière ; alors on lui donne le nom de *cornée transparente*. En cet endroit elle est recouverte au-dehors par la peau, devenue d'une extrême minceur. La seconde enveloppe du nerf optique, s'épanouit au-dessous de la précédente, et forme une couche appelée *choroïde*, qui est enduite d'une liqueur noire ; car de même que nous noircissons l'intérieur des tuyaux de nos lunettes, il fallait que l'intérieur de notre œil fût noirci, pour éviter la confusion qui serait résultée des réflexions multipliées des rayons. Enfin, la portion intérieure et médullaire du nerf optique s'épanouissant à son tour, comme les précédentes, forme une membrane nerveuse R R, d'un gris blanchâtre, qui s'applique sur la choroïde, et que l'on appelle la *rétine.* On présume que c'est sur elle que s'opère la sensation.

Le mode général suivant lequel agit cet appareil, est évident de lui-même, d'après la description précédente. Les rayons venus des objets éloignés tombent sur la cornée transparente, traversent l'humeur aqueuse, le cristallin, l'humeur vitrée, et vont se concentrer sur la rétine au foyer de l'instrument, où ils forment une petite image renversée. On peut vérifier ces résultats sur un œil d'homme ou de bœuf, extrait peu de temps après la mort. Car si l'on amincit la partie postérieure de la sclérotique, et qu'on place au-devant de la cornée, à quelque distance, un objet lumineux, par exemple, la flamme d'une bougie, on voit, en regardant par derrière, se former sur le fond de l'œil une petite image bien nette, teinte des mêmes couleurs que l'objet, et qui grandit ou diminue selon qu'il s'approche ou qu'il s'é-s'éloigne, ainsi que M. Magendie l'a remarqué. Ce physiologiste a même indiqué un moyen de rendre l'observation beaucoup plus facile en opérant sur des yeux d'animaux albinos, tels que des lapins blancs ou des souris blanches ; car alors l'enduit noir de la choroïde n'existe point, la partie postérieure de la sclérotique est transparente, et l'on peut immédiatement apercevoir les images tracées au fond de l'œil.

Non-seulement ces images se forment, mais tout est disposé pour en rendre la netteté et la régularité parfaites. On sait que tous nos instrumens d'optique sont sujets à deux imperfections qui en bornent extrêmement le champ et la puissance ; l'une vient de ce que les bords des lentilles ne concentrent pas les rayons tout-à-fait au même foyer que leur centre, c'est ce que l'on nomme *l'aberration de sphéricité ;* l'autre vient de ce que la même lentille concentre plus ou moins loin de son axe les rayons de réfrangibilité diverse, et la diffusion de foyer qui en résulte constitue ce

que l'on appelle *l'aberration de réfrangibilité*. Pour celle-ci,
nous avons vu que l'on est parvenu, sinon à la détruire rigoureusement, du moins à la rendre insensible dans les lunettes, en
composant chaque lentille de plusieurs verres de nature différente, dont les forces de dispersion sont inégales et opposées.
Il parait que l'humeur aqueuse, le cristallin et l'humeur
vitrée sont combinés de manière à produire une compensation pareille, puisque les images qui se forment sur la rétine sont teintes des propres couleurs des objets dont elles
émanent. Mais, en outre, il parait que l'aberration de sphéricité est aussi compensée dans la construction de l'œil,
puisque nous pouvons voir encore assez nettement les objets à une assez grande distance angulaire autour de son axe,
et même en les regardant de côté, auquel cas les rayons
lumineux arrivent très-obliquement à cet organe. Il est possible que cette compensation résulte en partie de la composition du cristallin, que nous voyons être formé d'une infinité
de couches distinctes dont les forces réfringentes sont vraisemblablement inégales. Mais, en outre, on reconnaît dans
la disposition de l'œil diverses particularités qui tendent
évidemment au même but. Telle est, par exemple, l'existence d'un diaphragme P P, placé un peu au-devant du
cristallin, et dont le contour opaque arrête les rayons
qui feraient de trop grands angles avec l'axe. Ce diaphragme, vu du dehors, présente l'apparence d'une cou-
ronne colorée, dont la teinte est variable, même dans
l'homme, et que l'on appelle l'*iris*; le trou circulaire percé
à son centre, et par lequel les rayons entrent dans le reste
de l'œil, s'appelle la *pupille*. La construction intime de
ce diaphragme et sa disposition ne sont pas moins merveil-
leuses que le reste. D'abord sa surface postérieure, recouverte par le prolongement de la choroïde, est teinte du
plus beau noir; de sorte qu'elle absorbe tous les rayons
qui, se réfléchissant de la surface intérieure du cristallin, ou même du fond de l'œil, pourraient y être réper-
cutés, et altérer l'obscurité de l'appareil. En outre, la membrane qui le forme a sur tous nos diaphragmes artificiels
l'admirable avantage d'être expansible, de manière à

pouvoir se dilater et se contracter pour admettre, selon le besoin, plus ou moins de lumière. Enfin, la place même de ce diaphragme dans l'intérieur de l'humeur aqueuse, est encore une circonstance parfaitement bien combinée. En effet, dans la vision, chaque point des objets visibles envoie à l'œil un cône de rayons lumineux qui a son sommet à ce point, et pour base toute la surface extérieure de la cornée transparente. Ce cône, en se réfractant dans l'humeur aqueuse, se change en un cône plus court, qui a son sommet dans l'intérieur de l'œil. Alors, étant forcé de traverser un petit trou circulaire, concentrique à l'axe de cet organe, fig. 144, il perd tous ceux de ses rayons dont l'obliquité primitive d'incidence sur la cornée aurait produit une aberration de sphéricité trop forte, et cette exclusion favorable se faisant ainsi près de la pointe des cônes intérieurs, s'opère avec un succès égal, quelle que soit leur direction d'incidence, comme le montre la figure même. Au lieu de cela, supposez que le diaphragme, ayant toujours la même ouverture, eût été placé au-dehors de l'œil, sur la surface même de la cornée transparente, fig. 145. Alors il aurait encore exercé utilement son effet sur les cônes incidens très-voisins de l'axe; mais pour les cônes obliques, il eût été très-défectueux, car il en aurait admis précisément les rayons les plus éloignés de l'axe et les plus obliques à la surface de la cornée, au lieu que ce sont précisément ceux-là qu'il faut rejeter, et qu'exclut en effet le diaphragme intérieur; de sorte que, pour obtenir la même exclusion, en le laissant en dehors, il n'y aurait eu d'autre remède que de faire le diamètre du trou extrêmement petit. La situation du diaphragme dans l'intérieur du premier milieu qui a réfracté les rayons, est donc un moyen d'admettre une plus grande quantité de lumière avec une aberration de sphéricité moindre. Voilà sans doute pourquoi il est ainsi placé dans un organe dont toutes les parties sont construites avec tant de perfection; et notre art même, tout grossier qu'il est près des œuvres de la nature, notre art a employé aussi le même artifice, probablement sans faire ce rapprochement; car telle est précisément la construction des loupes périscopiques, imaginées par le célèbre M. Wollaston, lesquelles sont composées de deux segmens de lentilles sphériques plano-convexes, apposées par leur côté plan, et séparées par un diaphragme, fig. 146. Aussi trouve-t-on que cette composition de loupe a des avantages non douteux, pour la quantité de la lumière, et la distance de l'axe à laquelle elle permet d'étendre la vision.

Il y a encore dans la construction de l'œil deux dispositions qui paraissent concourir à l'affaiblissement des aberrations de sphéricité pour les pinceaux obliques à l'axe; c'est d'abord la forme particulière de la surface postérieure du cristallin, qui, à en juger par les dessins des anatomistes, n'est pas exactement sphérique, mais plus plate au centre que vers les bords; ce qui fait que les pinceaux obliques la rencontrent sous de plus petites incidences. C'est ensuite la concavité de la rétine qui fait qu'elle va pour ainsi dire se présenter au foyer propre de chaque pinceau.

Enfin, en admettant toute la merveille de ce mécanisme, son action nous offre encore des particularités inexplicables. Nos instrumens d'optique ont des longueurs focales inégales pour les objets éloignés et pour les objets voisins. Nous ne pouvons les appliquer ainsi à des distances variées qu'en allongeant ou raccourcissant les intervalles des verres qui les composent. Il faut donc qu'il existe dans l'œil quelque mécanisme analogue, puisque la vision s'opère avec une extrême netteté à des distances fort diverses, par exemple, à quelques pouces et à quelques pieds; et, même pour les objets très-éloignés, il s'en faut bien que son indétermination soit comparable à celle d'une lunette qui aurait été disposée pour voir dans les petites distances. On peut s'assurer qu'il faut un véritable effort de l'œil pour varier ainsi sa portée; car, si vous placez à peu de distance d'un de vos yeux un petit objet, comme un cheveu, qui se projette sur un autre objet plus grand et plus éloigné, vous ne pourrez jamais les voir nettement tous les deux à la fois, et il vous faudra un véritable effort, et même un peu de temps pour passer de l'un à l'autre. Cependant l'anatomie la plus minutieuse ne fait découvrir dans l'œil aucune cause qui puisse modifier à ce point ses effets. On a supposé que la partie antérieure de la cornée pouvait être rendue à volonté un peu plus concave ou un peu plus convexe; mais des expériences précises de M. Th. Young ont montré qu'elle n'éprouve aucun changement sensible pour des distances de vision extrêmement diverses. On a eu recours à un mouvement du cristallin en avant ou en arrière, à un changement produit dans sa courbure; mais on ne trouve aucun muscle qui puisse produire cet effet. Le cristallin n'est pas adhérent à quelque corps qui puisse le déplacer; il est librement suspendu au centre d'un anneau formé de fibres rayonnantes, auxquelles on a donné le nom de *procès ciliaires*, parce qu'elles ressemblent en effet à des cils de paupières. On ne sait si elles sont partiellement contractiles, ce qui permettrait au cristallin de se déplacer dans un sens perpendiculaire à l'axe de l'œil; mais ce mouvement ne semble pas de nature à varier la distance focale de cet organe. Le parti le plus sage est de convenir que, jusqu'à présent, on ignore comment l'œil peut modifier ainsi son action selon la distance des objets. Serait-ce que le peu de profondeur de cet organe rendrait imperceptibles les changemens de courbure ou les allongemens qu'il éprouve? Ou l'aberration du foyer pour les distances diverses serait-elle compensée, comme les autres, par quelque artifice particulier?

Enfin, pour indiquer par un dernier trait la prévision avec laquelle ce merveilleux appareil est combiné; dans tous nos instrumens d'optique, si vous ôtez, si vous dérangez un des verres, tout effet est à l'instant détruit; mais l'œil, comme les autres organes des sens, n'est pas si aisé à déranger. Si l'on perce l'œil d'un homme vivant pour en faire couler en partie l'humeur aqueuse ou l'humeur vitrée, comme cela est nécessaire dans certaines maladies, ces humeurs se reforment en très-peu de temps; si la pupille vient à se fermer, on peut rouvrir l'iris par une incision, et y reformer ainsi une pupille artificielle. Enfin, si le cristallin lui-même devient opaque, et qu'il faille l'enlever pour rétablir le passage de la lumière, on voit encore sans son secours : seulement la distance de la vision distincte s'allonge extrêmement, comme on devait naturellement s'y attendre, après avoir ôté de l'instrument une lentille convergente ; mais on y supplée en plaçant au-devant de l'œil un verre convergent d'une courbure convenable, et alors on voit encore presqu'aussi nettement que lorsqu'il existait. Cette stabilité paraît être un caractère général de tous les organes des sens.

Jusqu'ici nous n'avons considéré que le mécanisme de la vision. Ses rapports avec la sensation offrent un mystère encore plus inexplicable. Tout ce que nous savons, c'est que l'impression produite sur la rétine se transmet au nerf optique, et de là au cerveau. Quant à ce que nous avons la sensation des objets droits, quoique nous en recevions au fond de l'œil l'image renversée, ce n'est point une chose qui doive surprendre : l'image, cause de la sensation, ne doit pas être confondue avec la sensation même. Les rayons réfractés par les humeurs de l'œil ont, en arrivant sur la rétine, des directions toutes différentes de celles qu'ils avaient en venant des objets à la cornée ; cependant c'est toujours sur le prolongement de cette direction primitive que nous rapportons, par la pensée, les objets. Cela vient de ce que l'expérience de toute notre vie nous a appris à trouver les objets sur cette direction. Ce résultat expérimental se lie à la sensation, comme une conséquence constante que notre esprit tire à l'instant. Aussi, peut-on le tromper, en lui présentant artificiellement les mêmes indices, sans qu'ils viennent d'objets réels. C'est ainsi que les objets, vus par réflexion dans un miroir plan, paraissent au-delà de sa surface, quoique le raisonnement et l'expérience, mais une expérience postérieure à la première éducation de nos sens, nous avertisse de l'erreur. Ce principe donne une explication simple et naturelle de toutes les illusions d'optique que l'on produit par des verres ou par des miroirs.

Lorsque l'on regarde les objets avec un seul œil, et que l'on n'est pas prévenu sur leur distance, on les suppose au sommet du cône lumineux, qui a l'ouverture de la pupille pour base, et pour sommet chaque point de l'objet. Aussi cette évaluation n'a de justesse qu'autant que les objets sont assez peu distans pour que l'angle de divergence des rayons qui forment le cône soit sensible. Quand nous regardons des deux yeux à la fois, le même principe nous fait supposer les objets au point de concours des pinceaux qui arrivent à chaque œil, et qui sont aussi les sommets communs des cônes dont nous venons de parler. Alors la base qui sert à mesurer la distance est l'intervalle des deux yeux. Elle est donc plus considérable que dans le cas précédent. Aussi l'évaluation a-t-elle beaucoup plus de justesse, comme on peut aisément s'en assurer par la difficulté que l'on éprouve à enfiler une aiguille que l'on regarde d'un seul œil, tandis que rien n'est si facile quand on la regarde avec deux. Néanmoins, pour voir les images simples, il faut qu'elles tombent toutes deux sur les points de la rétine où nous sommes habitués à les voir se correspondre, quand elles viennent d'un même objet. Car, si l'on presse un peu le coin de l'œil avec le doigt, on voit aussitôt deux images, dont l'une est à la même place que l'image simple, et l'autre est déviée dans le sens où la pression a porté l'œil. Mais si on laisse subsister quelque temps la pression, cette image secondaire s'affaiblit, disparait enfin, et l'on revoit de nouveau l'image simple, à la même place que précédemment.

L'expérience apprend que de semblables pressions, quand elles sont exercées avec force, excitent dans le nerf optique des ébranlemens d'où résulte la sensation de lumière. Cette sensation peut aussi être excitée ou éteinte par comparaison. Par exemple, si l'œil s'est long-temps fixé sur un espace étendu et coloré d'une teinte uniforme, il semble qu'il fasse ensuite abstraction de cette couleur-là, s'il se porte vers quelqu'autre objet. Alors on voit sur ces objets une tache, dont la couleur est *complémentaire* de celle sur laquelle l'œil s'est fixé d'abord; c'est-à-dire qu'elle se compose de ceux des rayons de l'objet qui ne font point partie de cette couleur-là. Ces apparences produites par contraste, se désignent sous le nom de *couleurs accidentelles*.

On observe aussi quelquefois, sur les objets lumineux, des illusions d'un autre genre : ce sont des bandes colorées des couleurs de l'arc-en-ciel, ou des auréoles radieuses de faisceaux divergens. Ces effets sont produits par la décomposition de la lumière dans les petites gouttelettes humides qui se trouvent par hasard entre les cils des paupières ; et aussi par la diffraction que les cils, à cause de leur finesse, exercent sur les rayons lumineux.

Le mécanisme de la vision, si merveilleux dans l'homme, est loin d'être unique. La nature, en le transportant aux diverses classes d'animaux, en a varié les détails, soit en supprimant des parties qui devenaient inutiles dans les circonstances où ces animaux doivent vivre, soit en y ajoutant d'autres particularités plus appropriées à ces circonstances. D'autres fois, enfin, elle a suivi un plan tout-à-fait nouveau, dont les motifs sont entièrement inexplicables pour nous ; je citerai à ce sujet un petit nombre de résultats généraux que j'extrais des leçons d'anatomie comparée de M. Cuvier.

Tous les animaux à sang rouge ont deux yeux constitués sur le plan général de l'œil de l'homme, mais avec des modifications plus ou moins considérables.

Dans les quadrupèdes, un grand nombre ont, pendant le jour, la pupille en forme de fente longitudinale ; mais pendant la nuit leur iris se contracte ; la pupille s'élargit en devenant circulaire, et elle acquiert une ouverture beaucoup plus considérable. Tels sont le bœuf, le cheval, le chat. Aussi ces animaux, pouvant concentrer proportionnellement beaucoup plus de rayons lumineux que l'homme, voient beaucoup mieux dans l'obscurité.

Il en est de même de ceux des oiseaux qui cherchent leur proie la nuit, comme les hiboux, les chouettes, etc. En général, l'œil des oiseaux occupe une portion considérable du volume de leur tête. Il offre aussi plusieurs autres modifications importantes. Leur cristallin, presque gélatineux, est beaucoup plus applati que celui de l'homme, et en revanche leur cornée est beaucoup plus convexe ; elle est aussi proportionnellement plus petite ; ce qui devait être sans doute pour éviter l'agrandissement de l'aberration de sphéricité produite par l'augmentation de sa courbure. Cette petite cornée, très-convexe, est entée à l'extrémité d'un cône très-court qui saille au-devant du globe de l'œil comme le tube d'une petite lunette, fig. 147. Ici, comme dans l'homme, on ignore par quel moyen la portée de la vue est appropriée aux diverses distances. Pourtant quelle étendue cette variation ne doit-elle pas avoir dans l'œil de l'oiseau de proie, qui, du haut des airs, distinguant le petit animal sur lequel il va fondre, l'enferme dans les vastes cercles de son vol, s'en rapproche peu à peu, puis fondant sur lui avec la rapidité de la foudre, le saisit en même temps de la vue et de ses serres. L'intérieur de l'œil des oiseaux renferme un organe particulier, qui est peut-être destiné à cet usage. Il est représenté fig. 148. C'est une sorte de voile noir, formé par une membrane de même nature que la choroïde, et plissé comme un éventail; avec la différence que ses feuillets, au lieu d'aboutir à un même centre, partent des divers points d'une tige commune, qui est la continuation du nerf optique même, prolongé dans l'intérieur de l'œil, et appliqué sur sa concavité. La direction de cette membrane est oblique à l'axe de l'œil, et elle flotte dans l'intérieur de l'humeur vitrée, en s'étendant presque jusque derrière le cristallin, auquel elle paraît quelquefois attachée comme par un fil, qui lie les extrémités de ses feuillets. D'après sa nature vasculeuse, et le nombre de vaisseaux sanguins qui la tapissent, ne serait-il pas possible qu'elle fût destinée à distendre par son gonflement la cavité postérieure de l'œil, et à la détendre en s'affaiblissant, de manière à changer par pression la courbure du cristallin ou sa distance à la rétine, pour l'accommoder aux diverses distances des objets?

L'œil des poissons, représenté fig. 149, offre des particularités différentes. Ces animaux devant vivre dans un milieu dont la force réfringente est à peu près égale à celle de l'humeur aqueuse de l'œil de l'homme, ce fluide leur aurait été inutile. Aussi est-il suppléé dans leur œil par une liqueur visqueuse, vraisemblablement plus réfringente que l'eau pure, et qui est en très-petite quantité. Par une conséquence nécessaire, leur pupille est extrêmement rapprochée de la cornée; ce qui lui ôte une partie des avantages qu'elle a dans l'homme. Mais aussi ils étaient bien moins nécessaires à cause du peu de réfraction que les rayons éprouvent en pénétrant de l'eau dans les humeurs de l'œil; en outre, la pupille des poissons n'est point dilatable, et leur iris est ordinairement colorée au-dehors des plus vives couleurs, quoiqu'elle soit toujours noire à sa surface postérieure. Le cristallin, appliqué presqu'immédiatement derrière la cornée, est presqu'exactement sphérique. On ignore absolument pourquoi la nature lui a donné cette forme ; mais il parait qu'elle est appropriée à la vision, dans le milieu liquide où les poissons vivent ; car on la retrouve dans la plupart des oiseaux plongeurs, dont le cristallin est pareillement sphérique. Du reste, il est composé de couches concentriques comme celui des autres animaux.

Enfin, pour achever de dérouter notre intelligence, il y a des animaux dont les yeux, en plus ou moins grand nombre, ne sont formés que d'une cornée transparente et lenticulaire, derrière laquelle vont s'épanouir des filets ner-veux : tels sont les insectes. Quelquefois les yeux sont lisses et isolés ; d'autres fois ils sont comme taillés à facettes. Mais la dissection prouve que, dans ce dernier cas, chaque facette est un œil véritable qui a sa cornée et son filament nerveux particulier, provenant d'un tronc commun. D'après cela, cette dernière espèce d'yeux a été nommée composée, et l'autre lisse ; il serait plus naturel de les distinguer en *yeux multiples* et *yeux simples*. Les uns et les autres sont tou-jours fixes dans les insectes, et chacun ne fait voir que les objets qui viennent se porter d'eux-mêmes dans l'étendue de champ qu'il embrasse. Il est impossible de concevoir com-ment un semblable appareil peut produire des images dis-tinctes ; mais pourtant il est bien sûr qu'il sert essentielle-ment à la vision ; car si l'on couvre les yeux des insectes d'un enduit noir, qui cependant ne soit pas de nature à les blesser, ils se conduisent tout-à-fait en aveugles, et ne savent plus éviter aucun des obstacles qui se présentent sur leur chemin. Par opposition à ces yeux multiples, il y a des classes entières d'animaux qui n'en ont pas du tout : ce sont les mol-lusques acéphales, les zoophites et les vers.

Je terminerai ces détails par une dernière réflexion. Il existe beaucoup d'animaux qui voient dans une obscurité qui serait pour nous très-profonde. Il n'y a pas de doute que les chats et les chouettes voient leur proie la nuit, puisqu'ils la chassent alors et l'atteignent. Les poissons qui vivent dans les abîmes de la mer, à deux ou trois mille pieds de profondeur, se trouvent dans une nuit plus profonde encore ; car, à travers l'immense couche d'eau qui les recouvre, ils ne peuvent recevoir que des quantités de lumière infiniment faibles. Cependant il est sûr qu'ils voient leur proie, qu'ils la suivent avec certitude, et l'attaquent avec impétuosité. Aussi ont-ils tous de très-grands yeux, de même que les chats et les oiseaux de nuit. Ne serait-il pas possible que chez ces animaux la vision fût produite par des rayons qui, pour nos yeux, ne seraient que du calorique ? On verra plus loin, quand je traiterai des rapports de la chaleur et de la lumière, que cette idée n'est pas sans vraisemblance.

CHAPITRE V.

Sur les Réflexions, les Réfractions, et les Couleurs des Corps minces transparens.

Dans tous les phénomènes que nous avons jusqu'à présent considérés, l'épaisseur des corps qui agissaient sur la lumière pour la réfracter, la disperser ou la réfléchir, était comme infinie, comparativement à la distance à laquelle cette action s'étendait d'une manière sensible. La réfraction des rayons, par exemple, ne se serait pas faite sous un angle plus considérable, en se servant de prismes plus épais ; et la réflexion produite sur les surfaces des miroirs métalliques ou des glaces de verre, aurait été pareillement la même, quand nous aurions augmenté leur épaisseur. Mais, lorsque ces mêmes corps sont réduits en lames extrêmement minces, les résultats changent ; ils réfléchissent moins de lumière à leur première surface ; et à la seconde, ils réfléchissent ou transmettent de préférence certaines couleurs, selon leur nature chimique et selon leur degré de ténuité. Ce phénomène, très-important par ses conséquences, a été analysé par Newton, à l'aide des expériences que je vais exposer.

Lorsque l'on prend deux prismes de verre poli, et qu'on les pose l'un sur l'autre, sans les presser, la petite couche

d'air qui adhère naturellement à leur surface, a ordinairement déjà toute l'épaisseur nécessaire pour que son action
sur la lumière soit complète; car les phénomènes de la réflexion et de la réfraction à travers ces deux prismes et à
travers cette couche d'air, suivent exactement les lois que
nous avons établies dans les chapitres précédens; et si l'on
écartait davantage les deux surfaces voisines, l'épaisseur
plus grande de la couche d'air n'y apporterait aucune différence. Mais, si l'on frotte les deux prismes l'un contre l'autre,
en les pressant avec force pour exclure une partie de cet
air qui les sépare, on ne tarde pas à sentir entr'eux une adhérence qui est ordinairement plus considérable dans certaines
parties que dans d'autres, soit parce que leurs surfaces sont
presque toujours un peu courbes, soit parce qu'on les flé-
chit toujours en les pressant fortement. On obtient ainsi une
couche d'air plus mince que la précédente, et dont l'épaisseur
va en croissant de tous côtés, depuis le point dans lequel les
surfaces superposées se touchent ou sont le plus près de se
toucher, jusqu'aux endroits où elles sont le plus écartées.
Alors, si l'on présente les prismes au grand jour, en les tournant de telle sorte que l'œil puisse recevoir la lumière réfléchie partiellement dans la lame d'air qui les sépare, on y
aperçoit un nombre plus ou moins considérable d'anneaux
colorés qui, lorsqu'on a pressé suffisamment les prismes, environnent une tache noire correspondante au point de contact.

Pour bien observer l'ordre de ces anneaux, et la succession de leurs couleurs, il faut employer des prismes d'un
petit angle, afin que la lumière qui les traverse, pour former les anneaux, n'éprouve pas de dispersion sensible avant
d'arriver sur la lame d'air. Il est bon de disposer ces prismes
au-dessus d'un corps noir, afin qu'aucune lumière étrangère émanée des objets extérieurs, ne vienne se mêler, par
transmission, à celle des anneaux que l'on veut étudier. Il
faut ensuite se mettre devant une fenêtre ouverte, en tournant le tranchant B du prisme supérieur en dedans, fig. 1,
et plaçant l'œil au-dessus de ce prisme, de manière à recevoir seulement la lumière réfléchie sur la surface inclinée BC, et à laisser passer celle qui se réfléchit sur la sur-

face supérieure A B. La position la plus avantageuse est celle
dans laquelle les rayons réfléchis dans la lame d'air entre les
deux prismes, traversent perpendiculairement la surface A B ;
tandis que la lumière incidente R I, qui se réfléchit partiellement à cette même surface, se dirige en R', sans arriver
à l'œil de l'observateur, que l'on suppose suffisamment élevé
au-dessus du plan A B, pour ne recevoir aucun des rayons
qu'il réfléchit obliquement. Si, en outre, le prisme inférieur
est placé au-dessus d'un corps noir, comme nous l'avons recommandé d'abord, les anneaux réfléchiront les plus vives
couleurs ; et la tache centrale, absolument obscure, paraîtra
comme un trou percé au milieu d'eux ; mais on les distin-
guera plus nettement encore si on les dilate, comme on peut
le faire, en les regardant à travers une lentille simple ou une
lunette d'un court foyer.

Les anneaux, ainsi formés, ne sont point produits par la
lumière réfléchie sur la surface supérieure des prismes, puisque cette lumière ne parvient pas à l'observateur dans la
position que nous avons indiquée. Ils ne se forment pas non
plus, par la même raison, sur la surface inférieure C A' du
second prisme ; et d'ailleurs, on noircirait cette surface avec
de l'encre de Chine, ou avec toute autre substance capable
d'absorber la lumière, que les anneaux n'en éprouveraient
aucun affaiblissement. Il faut donc nécessairement conclure
qu'ils sont formés par la réflexion de la lumière entre les
deux faces contiguës des prismes superposés.

La lumière qui se transmet à travers la lame d'air produit
aussi des anneaux colorés, comme on peut s'en assurer en
regardant les nuées à travers le système des deux prismes
placés un peu loin de l'œil. Cette seconde espèce d'anneaux
affecte les mêmes contours que les précédens ; mais leurs
couleurs sont différentes, et leurs teintes beaucoup plus
faibles. Nous les étudierons dans la suite, quand nous aurons examiné ceux qui sont donnés par la réflexion.

On peut former des anneaux colorés, en pressant ainsi
l'un contre l'autre deux prismes formés de toutes sortes de
substances. On en peut former en posant une surface de verre
sur un plan de résine, de métal, de verre métallique, ou

de tout autre corps poli. Les anneaux subsistent encore dans le vide le plus parfait que nous puissions former avec nos pompes pneumatiques. Ils se maintiennent lorsque l'on chauffe les verres au point de les ramollir et de les souder ensemble. Si l'on pouvait exclure tout l'air par ces procédés, on serait en droit d'en conclure que les anneaux ne sont point produits par l'action propre de la lame d'air interposée; mais, quoiqu'il soit impossible d'atteindre physiquement cette limite, du moins la permanence des phénomènes, à mesure qu'on s'en approche, indique évidemment qu'ils subsisteraient encore, même quand l'air serait tout-à-fait chassé d'entre les deux surfaces. En effet, les lois trouvées par Newton, montrent que, dans ce cas extrême, les dimensions des anneaux éprouveraient seulement un accroissement très-petit, et presque insensible aux expériences les plus délicates.

Il n'est pas non plus nécessaire que la lame mince soit d'air, ni qu'elle soit comprise entre deux corps solides. Une couche d'eau, d'alcool, d'éther, ou de tout autre liquide évaporable, étant étendue sur un verre noir, produit des couleurs pareilles lorsque l'évaporation l'a rendue suffisamment mince; seulement l'épaisseur d'une telle couche variant toujours d'une manière irrégulière, les teintes qui s'y développent suivent toute la bizarrerie de ses ondulations.

En général, quelles que soient les substances employées à former des anneaux, et de quelque manière qu'on les combine, les couleurs qu'elles donnent sont toujours les mêmes, et arrangées dans un ordre exactement pareil, depuis les moindres épaisseurs jusqu'aux plus grandes. On ne trouve de différence que dans l'étendue absolue de l'espace qu'occupent les couleurs de chaque anneau; laquelle change avec la nature de la substance, et avec la dégradation plus ou moins rapide des épaisseurs. D'après cela, l'ordre naturel que nous devons nous proposer dans nos recherches sur ces phénomènes, doit être, 1º de déterminer l'ordre et la succession des couleurs des anneaux dans une lame de nature quelconque, mais dont les épaisseurs varient régulière-

ment suivant une loi connue; 2° de trouver, pour cette substance, le rapport des épaisseurs avec les couleurs; 3° enfin,
de comparer ces rapports dans diverses substances, et de
voir ce qu'ils ont de différent ou de commun.

L'ordre suivant lequel les couleurs sont rangées dans les
différens anneaux, peut déjà être assez bien étudié en observant ceux qui se forment entre deux prismes, sur-tout si
l'on choisit des cas où ces anneaux soient larges, et si on les
dilate encore en les regardant avec une loupe : néanmoins,
ce procédé n'est pas susceptible d'une très-grande précision.
Car l'adhérence des prismes étant ordinairement établie
par une pression violente et irrégulière, les anneaux qui en
résultent sont aussi presque toujours irréguliers; il se forme
quelquefois plusieurs centres de pression, et par conséquent
plusieurs taches noires, à partir desquelles les couleurs se
dégradent continuellement, et composent des séries d'anneaux qui se mêlent les unes dans les autres. Ainsi, pour
aller au-delà de ce que ces premières observations nous font
connaître, il faut employer quelque autre appareil qui fasse
voir les mêmes phénomènes avec plus de régularité. On y
parvient en posant l'un sur l'autre deux verres sphériques
d'inégale courbure. Si les surfaces de ces verres sont bien
exécutées, elles ne peuvent avoir qu'un seul point de contact, à partir duquel l'espace compris entr'elles va toujours
en augmentant d'épaisseur, suivant des lois géométriques
résultantes de la différence de leurs rayons. En outre, le
peu de courbure qu'on donne ordinairement à ces verres
fait que la lumière qui les traverse arrive sur la lame d'air,
sans être sensiblement dispersée. Cette disposition est donc
éminemment favorable pour prendre les mesures exactes
des dimensions des anneaux, et pour comparer leurs teintes
avec les épaisseurs correspondantes. C'est ainsi qu'a opéré
Newton. Parmi toutes les combinaisons possibles de courbures, il a toujours pris l'un de ces verres plan, et l'autre
d'une égale convexité sur ses deux surfaces, parce que cette
disposition est celle qui offre le plus de facilité pour la détermination exacte des courbures. Car on peut aisément,
par la réflexion, s'assurer qu'un verre est plan; et l'on peut

aussi déterminer le rayon d'un verre également convexe, en mesurant la distance à laquelle il concentre les rayons simples qui tombent parallèlement sur une de ses surfaces.

Lorsqu'un verre convexe d'un grand rayon est ainsi posé sur un verre plan, et pressé doucement contre lui pour mieux établir le contact, les anneaux colorés se montrent aussitôt réguliers, distincts, avec la tache noire à leur centre. Alors chaque zone circulaire de la lame d'air réfléchit la couleur propre qui convient à son épaisseur : par conséquent, si l'on augmente peu à peu cette épaisseur, comme on peut le faire en soulevant doucement le verre supérieur, les couleurs réfléchies à une même distance du centre des anneaux doivent changer, et les couleurs, qui formaient d'abord des anneaux éloignés du centre, doivent venir graduellement s'y réfugier, jusqu'à ce que l'épaisseur de l'air, même en ce point, devenant trop grande pour elles, elles disparaissent et cèdent la place à celles qui étaient d'abord plus écartées. Mais comme, dans cette dernière place où elles disparaissent, la distance des verres ne varie que par des nuances presque insensibles, à cause qu'ils sont tangens l'un à l'autre, il s'ensuit que chaque couleur, quand elle s'y trouve amenée, doit s'y étendre toute entière et y devenir fort large, ce qui la rend plus facile à distinguer. Cette succession, dont on peut varier à son gré la lenteur, offre donc un moyen aussi simple qu'exact pour déterminer l'espèce et l'arrangement des teintes qui composent la série des anneaux.

Newton fit cette expérience en se servant d'un verre convexe dont les deux surfaces, travaillées sur une même sphère, avaient 51 pieds anglais de rayon ; et, tant par les résultats qu'elle lui offrit, que par les observations qu'il avait précédemment faites avec les prismes, il fixa, dans les termes qu'on va lire, l'ordre et la série des teintes dont les anneaux circulaires étaient composés :

« Après la tache centrale transparente, formée au contact des verres, venaient le bleu, le blanc, le jaune et le rouge. Le bleu était en si petite quantité, que je ne pouvais pas le discerner dans les anneaux faits par les prismes ;

et je ne pus pas non plus y bien distinguer aucun violet;
mais le jaune et le rouge étaient assez abondans, et ils occupaient ensemble à peu près autant de place que le blanc,
et quatre ou cinq fois plus que le bleu. Immédiatement après
cette première série, il en venait une autre où l'on distin-
guait le violet, le bleu, le vert, le jaune et le rouge : toutes
ces couleurs étaient abondantes et vives, excepté le vert,
qui était en fort petite quantité, et qui paraissait beaucoup
plus pâle et plus faible que le reste. Le violet occupait moins
de place qu'aucune des quatre autres couleurs, et le bleu
moins que le jaune ou le rouge. La troisième série de couleurs était le pourpre, le bleu, le vert, le jaune et le rouge :
ici le pourpre semblait plus rougeâtre que le violet de la
série précédente, et le vert était beaucoup plus visible,
étant aussi vif et en aussi grande quantité qu'aucune des autres couleurs, excepté le jaune ; mais le rouge commençait
à se ternir un peu, tirant extrêmement sur le pourpre. Ensuite venait la quatrième série, composée de vert et de
rouge ; le vert était fort abondant et fort vif, tirant d'un
côté sur le bleu et de l'autre sur le jaune ; mais dans cette
quatrième suite il n'y avait ni violet, ni bleu, ni jaune ; et
le rouge était fort imparfait. Les couleurs qui succédèrent
à celles-ci devinrent de plus en plus faibles et indécises,
jusqu'à ce qu'après trois ou quatre révolutions, elles dégé-
nérèrent insensiblement en blanc. On a indiqué dans la
fig. 2, par la suite des lettres de l'alphabet, les diverses
places qu'occupaient toutes les couleurs, lorsque les verres
étaient pressés l'un contre l'autre de manière à les faire paraître toutes à la fois avec la tache noire à leur centre. Dans
ce cas, leur distribution, à partir de ce centre, en les comptant par ordre, était : NOIR, bleu, blanc, jaune, rouge;
VIOLET, bleu, vert, jaune, rouge; POURPRE, bleu, vert,
jaune, rouge; VERT, rouge; BLEU VERDATRE, rouge; BLEU
VERDATRE, rouge pâle; BLEU VERDATRE, blanc rougeâtre (1). »

____

(1) Les couleurs dont les noms sont écrits en lettres capitales, sont
celles qui forment le commencement de chaque anneau, à partir de la
tache centrale, et les anneaux les plus sombres sont ceux qui sont désignés
par des hachures dans la fig. 2.

Ces observations faites, Newton procéda à la mesure des diamètres des anneaux, en se servant des mêmes verres ; mais cette fois il eut bien soin de les poser seulement l'un sur l'autre, sans produire entr'eux aucune pression qui aurait pu les fléchir et altérer leur courbure naturelle ; puis, plaçant son œil au-dessus des anneaux, aussi perpendiculairement qu'il put le faire, il mesura les diamètres des six premiers dans la partie la plus brillante de leurs orbites, qui, pour le premier et le plus intérieur, se trouvait à peu près sur les confins du blanc et du jaune ; pour le second, entre l'orangé et le jaune ; pour le troisième, au jaune même ; pour le quatrième, entre le vert jaunâtre et le rouge ; pour le cinquième et le sixième, entre le bleu verdâtre et le rouge, toujours presqu'au milieu de l'espace que chaque anneau occupait. Or, la géométrie démontre que l'intervalle de deux sphères, ou d'un plan et d'une sphère, qui se touchent, croît comme le carré des distances au point de contact. Newton forma donc les carrés de tous les diamètres qu'il avait mesurés ; et, en comparant ces carrés les uns aux autres à partir du plus petit d'entr'eux, il trouva qu'ils suivaient la progression des nombres impairs 1, 3, 5, 7, 9......, d'où il dut conclure que les épaisseurs de l'air, à l'endroit où paraissaient les anneaux limités par ces diamètres, suivaient aussi les mêmes rapports.

Pour faire ces observations avec exactitude, il faut placer l'œil le plus près possible de la verticale qui passe par le centre de tous les anneaux, afin d'éviter les dilatations qu'ils éprouvent par l'obliquité des rayons sur la surface des verres. Par la même raison, il faut mesurer les diamètres, non pas dans le plan d'incidence suivant lequel la lumière arrive, ce qui donnerait des obliquités inégales aux rayons qui viendraient à l'œil des extrémités d'un même diamètre, mais transversalement à la direction d'incidence, et perpendiculairement à son plan, ainsi que le représente la fig. 5. Enfin, comme les diamètres sont mesurés sur la surface supérieure du verre, et que les anneaux se forment réellement à sa surface inférieure, il faut tenir compte des réfractions qu'ils éprouvent en le traversant, et en corriger l'effet par le calcul. Newton n'a négligé aucune de ces précautions, comme on peut le voir dans le Traité général ; et l'on sentira qu'elles étaient indispensables, quand on connaîtra quelle est l'excessive petitesse des épaisseurs qu'il s'agissait d'apprécier.

Newton mesura également le diamètre des anneaux dans leurs parties les plus sombres, qui, pour le premier, se trouvait répondre au milieu de la tache centrale ; pour le second, au violet obscur ; pour le troisième, au bleu foncé ; pour le quatrième, le cinquième et le sixième, au commencement du bleu verdâtre. Il forma de même les carrés de ces diamètres pour connaître les épaisseurs correspondantes de la lame d'air, et trouva qu'ils suivaient la progression des nombres pairs 0, 2, 4, 6... en comptant 0 pour la tache centrale. Par conséquent, les épaisseurs de la lame d'air dans les parties les plus obscures des six premiers anneaux suivaient aussi la même progression. « Et, » ajoute Newton, comme c'est une affaire délicate et malaisée » que de prendre ces mesures, je les pris à diverses fois et » sur différentes parties du verre, afin que leur uniformité » me convainquît de leur justesse. J'employai la même méthode pour fixer les résultats de quelques-unes des observations suivantes ». On va voir que cet excellent esprit ne se contentait pas facilement.

Mais déjà la loi précédente nous rend raison d'un phénomène qu'il est bien facile d'observer en formant des anneaux avec des objectifs mêmes dont le rayon est peu considérable. C'est que ces anneaux se rapprochent les uns des autres à mesure qu'ils s'éloignent de la tache centrale, et se serrent d'autant plus qu'ils en sont plus distans. En effet, les carrés de leurs diamètres suivant la progression des nombres impairs 1, 3, 5, 7..., les diamètres mêmes seront proportionnels aux racines carrées de ces nombres ; de sorte qu'ils formeront la série suivante, où le diamètre du premier anneau dans sa partie la plus brillante est représenté par l'unité.

Carrés des diamètres.	Diamètres.	Différences des diamètres consécutifs.
1	1,00000	 0,73205
3	1,73205	 0,50402
5	2,23607	 0,40968
7	2,64575	 0,35425
9	3,00000	 0,31663
11	3,31663	 0,28892
13	3,60555	 0,26743
15	3,87298	
101	10,04988	 0,09902
103	10,14890	

On voit ainsi que la différence des diamètres des anneaux consécutifs va sans cesse en diminuant à partir de la tache centrale ; ce qui est conforme à l'observation.

Nous n'avons parlé jusqu'ici que de la loi suivant laquelle varient les diamètres des anneaux successifs ; pour compléter ces résultats, il faut avoir la grandeur absolue d'un quelconque d'entr'eux. En mesurant cette grandeur avec un soin extrême sur les verres employés aux expériences précédentes, Newton trouva que, pour la partie la plus lucide du sixième anneau, elle était égale à $\frac{55}{100}$ de pouce anglais. Mais quelque temps après, craignant de n'avoir pas déterminé le diamètre du verre convexe avec assez d'exactitude pour une observation aussi délicate, il recommença l'expérience avec un autre objectif doublement convexe, dont les deux côtés avaient été travaillés sur une même sphère. La distance focale moyenne de ce verre était $83,4^{p°}$, et son rapport de réfraction $\frac{17}{11}$; d'où l'on peut conclure par le calcul que chacune de ces deux surfaces avait pour diamètre $182^{p°}$. Newton posa ce verre convexe sur un autre qui était plan, de sorte que la tache noire paraissait au milieu des anneaux colorés sans aucune autre pression que celle du poids du verre. Après cela, mesurant le diamètre du cinquième anneau obscur le plus exactement qu'il lui fut possible, il trouva qu'il était précisément égal à la cinquième partie d'un pouce. Il prit cette mesure avec un compas sur la surface supérieure du verre convexe, en tenant l'œil élevé à environ huit ou neuf pouces de cette surface, et presque perpendiculairement au-dessus du centre du verre, qui avait un sixième de pouce d'épaisseur. D'après cette disposition, le véritable diamètre de l'anneau, à la seconde surface du verre, devait être un peu plus considérable, et le calcul fait voir que, pour l'obtenir, il fallait augmenter le diamètre apparent de sa soixante et dix-neuvième partie; ou, ce qui revient au même, le multiplier par $\frac{80}{79}$; et comme il avait été trouvé de $\frac{1}{5}$ de pouce, cette augmentation le porte à $\frac{1}{5}.\frac{80}{79}$ ou $\frac{16}{79}$ de pouce, d'où il suit que son rayon véritable était égal à la moitié de cette quantité ou à $\frac{8}{79}$ de pouce.

Maintenant, lorsqu'un verre convexe est posé sur un verre plan, l'épaisseur de l'air, ou la distance des verres dans le périmètre d'un anneau quelconque, est égale au carré du demi-diamètre de l'anneau, divisé par le diamètre de la sphère sur laquelle le verre a été travaillé. Ceci se démontre par le calcul. En appliquant cette règle au cas actuel, le demi-diamètre du cinquième anneau obscur étant de $\frac{8}{79}$ de pouce, son carré sera $\frac{64}{6241}$, qui, divisé par 182, valeur du diamètre de la sphère, donnera $\frac{64}{6241 \times 182}$ ou $\frac{64}{1135762}$ parties d'un pouce; fraction qui, étant réduite, devient $\frac{1}{17747.4}$ parties d'un pouce. Or, d'après l'observation précédente, les épaisseurs de l'air dans les périmètres des divers anneaux obscurs suivent la progression o, 2, 4, 6, 8, 10.... où le cinquième est représenté par 10, et la tache centrale par o. On voit donc qu'en prenant le cinquième de l'épaisseur de l'air à l'endroit du cinquième anneau, où elle est comme 10, on aura l'épaisseur à l'endroit du premier anneau où elle est comme 2. Prenant donc le cinquième de la fraction $\frac{1}{17747.4}$, on aura $\frac{1}{88737}$ partie d'un pouce pour l'épaisseur de la lame d'air dans le périmètre du premier des anneaux obscurs. Newton répéta encore les mêmes épreuves sur beaucoup d'autres verres convexes de diverses courbures, et même sur des portions de verres convexes, afin d'exclure les erreurs qu'auraient pu produire les inégalités du travail de ces verres, et il obtint toujours des résultats conformes aux précédens.

Or, il est à présumer que tous ces verres n'étaient pas rigoureusement d'une composition semblable : il devait donc y avoir des différences entre leurs pouvoirs réfringens. Si, malgré ces différences, ils se sont tous accordés pour assigner les mêmes épaisseurs aux mêmes anneaux, il faut en conclure que les couleurs ainsi réfléchies, par chaque épaisseur de la lame d'air, sont propres à cette épaisseur, et ne dépendent point de la nature du milieu environnant. Nous verrons par la suite que cette conséquence est générale. Quelle que soit la substance réfléchissante, la teinte qu'elle réfléchit, sous l'incidence perpendiculaire, à une épaisseur déterminée, est indépendante de la nature du milieu environnant; il n'y a que l'intensité de cette couleur qui soit variable.

Les mesures que nous venons de rapporter furent prises de la manière indiquée fig. 3, perpendiculairement au plan de réflexion mené par la tache centrale; de sorte que les angles d'incidence et de réflexion des rayons sur la lame d'air étaient, à très-peu près, les mêmes pour les différens anneaux : il ne reste donc qu'à savoir quels étaient ces angles, afin de fixer l'incidence sous laquelle l'observation est faite. Car nous avons déjà dit que les anneaux s'agrandissent à mesure que les rayons lumineux qui les forment deviennent plus obliques sur la lame d'air. Or, Newton nous apprend que lorsqu'il faisait ces observations, son œil était élevé de 8 à 9 pouces au-dessus du plan des anneaux, et qu'il était éloigné des rayons incidens de $1^\circ,25$; de là on peut conclure par le calcul que l'incidence des rayons lumineux sur la lame d'air était d'environ 4°. Or, d'après les lois de l'augmentation des anneaux, qui seront exposées tout-à-l'heure, on trouve qu'à cause de la petitesse de cet angle, il suffit, pour les ramener au cas de la perpendicularité, de les diminuer dans la proportion du rayon à la sécante de quatre degrés, c'est-à-dire dans le rapport de 10000 à 10024; ou, ce qui revient au même, il faut les multiplier par la fraction $\frac{10000}{10024}$. Cette opération faite, l'épaisseur de la lame d'air à l'endroit du premier anneau obscur, et sous l'incidence perpendiculaire, se réduit à $\frac{1}{178352}$; une autre expérience, dont nous ne rapportons pas ici les détails, donne $\frac{1}{179061}$. La moyenne arithmétique serait à peu près $\frac{1}{89000}$ de pouce, et c'est aussi le résultat auquel Newton s'est arrêté. Maintenant, puisque le premier anneau obscur est représenté par 2, lorsque le premier anneau dans sa partie la plus brillante est exprimé par 1, il s'ensuit qu'en prenant la moitié de $\frac{1}{89000}$, on aura l'épaisseur de l'air à l'endroit le plus brillant du premier anneau, laquelle sera ainsi $\frac{1}{178000}$ de pouce.

Et comme en général les épaisseurs de l'air, dans les parties les plus brillantes des anneaux, suivent la progression arithmétique 1, 3, 5, 7, 9, tandis que les épaisseurs de cette même lame, dans les endroits les plus obscurs, suivent la proportion intermédiaire 2, 4, 6, 8, 10, on voit que l'épaisseur absolue du premier ou d'un quelconque de ces anneaux étant connue, on aura aussitôt celle de tous les autres ; de sorte que les diverses valeurs de ces épaisseurs exprimées en fractions du pouce anglais, seront,

pour les parties les plus brillantes des anneaux,

$$\frac{1}{178000}, \quad \frac{3}{178000}, \quad \frac{5}{178000}, \quad \frac{7}{178000};$$

pour leurs parties les plus obscures,

$$\frac{2}{178000}, \quad \frac{4}{178000}, \quad \frac{6}{178000}, \quad \frac{8}{178000}.$$

Ces valeurs ne sont relatives qu'à l'incidence perpendiculaire. Pour les rendre générales, il faut déterminer les dilatations que les anneaux subissent par le changement d'inclinaison des rayons sur la lame d'air qui les réfléchit.

Rien n'est plus facile que d'observer ces variations. Il suffit de regarder d'abord les anneaux en plaçant l'œil le plus près possible de la perpendiculaire à leur surface, et ensuite de s'écarter peu à peu de cette position pour les regarder obliquement ; car alors on les voit se dilater circulairement de tous les côtés. Pour connaître la loi de cette augmentation, Newton mesura le diamètre d'un même anneau à différens degrés d'obliquité, en s'attachant à une quelconque des couleurs qui le composaient, mais toujours à la même ; et il en conclut l'épaisseur de l'air qui, dans chaque obliquité, réfléchissait cette couleur. Mais pour étendre ces mesures jusqu'aux plus grandes incidences où les rayons visuels devenaient très-obliques sur la lame d'air, il fut obligé d'abandonner les objectifs et d'y substituer des prismes. Car, à cause du peu de courbure des objectifs, les rayons lumineux qui passent de leur seconde surface dans la lame d'air sont toujours presque parallèles aux rayons incidens. Ainsi, pour qu'ils deviennent très-obliques sur la lame d'air, il faut que les rayons visuels aient à très-peu de chose près la même obliquité sur les surfaces d'incidence. Alors la courbure du verre supérieur déforme les anneaux ; et, autant par cet effet que par la position défavorable de l'œil, les mesures des diamètres deviennent difficiles et incertaines. On se soustrait à ces causes d'erreur en formant les anneaux entre des prismes, au moyen d'une lumière réfractée qui, entrant par une face et sortant par une autre, peut être ainsi amenée dans la lame mince sous les plus grandes incidences. Mais alors, pour éviter les effets de la dispersion, il faut que cette lumière soit simple et homogène. J'ai expliqué le détail de ce procédé dans le Traité général. Ici je me bornerai à dire qu'en réunissant les résultats de cette méthode à ceux que lui avaient donnés les objectifs, il en a composé la table suivante, qui s'étend à tous les angles d'émergence possibles sur la lame d'air, depuis o jusqu'à 90° :

Angle d'incidence sur la seconde surface du verre.	Angle d'émerg. dans l'air.	Diamètre de l'anneau.	Épaisseur de l'air.
$0°\ 00'$	$0°\ 00'$	10	10
6 26	10 00	$10\ \frac{1}{13}$	$10\ \frac{1}{13}$
12 45	20 00	$10\ \frac{1}{3}$	$10\ \frac{3}{4}$
18 49	30 00	$10\ \frac{1}{4}$	$11\ \frac{1}{2}$
24 30	40 00	$12\ \frac{1}{3}$	13
29 37	50 00	$12\ \frac{1}{2}$	$15\ \frac{1}{2}$
33 58	60 00	14	20
35 47	65 00	$15\ \frac{1}{4}$	$23\ \frac{1}{4}$
37 19	70 00	$16\ \frac{4}{5}$	$28\ \frac{1}{4}$
38 33	75 00	$19\ \frac{1}{4}$	37
39 27	80 00	$22\ \frac{6}{7}$	$52\ \frac{1}{4}$
40 00	85 00	29	$84\ \frac{1}{10}$
40 11	90 00	35	$122\ \frac{1}{2}$

Les deux premières colonnes n'ont pas besoin d'explication :

seulement je remarquerai que, d'après la manière dont les observations sont faites, les angles d'incidence et d'émergence
peuvent indifféremment être comptés sur le rayon incident
ou sur le rayon réfracté. Car les mesures des anneaux étant
prises de M en M, fig. 4, sur le diamètre transversal perpendiculaire au plan central d'incidence O C H, les rayons visuels
qui les limitent, à ces extrémités, traversent les deux surfaces
de la lame d'air dans des points où leurs tangentes sont sensiblement parallèles. Il suit de là que les observations de
Newton, quoique faites sur des lames courbes, conviennent
réellement à des lames d'égale épaisseur. Mais on peut encore
en appliquer les résultats à des lames courbes, lorsque les
courbures de leurs surfaces, dans les points où le rayon
lumineux les traverse, sont si peu différentes, que les angles d'incidence et d'émergence, mesurés sur l'une ou sur
l'autre, ne donnent, selon notre table, que des variations
insensibles dans les diamètres des anneaux. C'est ce qui aurait lieu, par exemple, pour les lames minces d'air, comprises entre des objectifs très-peu courbes, quand même les
mesures des anneaux qui s'y forment seraient prises sur le
diamètre situé dans le plan d'incidence; seulement il faudrait appliquer des corrections différentes à ses deux extrémités, pour avoir égard à l'inégale incidence des rayons
en ces points-là.

La troisième colonne de la table exprime les diamètres
successifs que prend un même anneau quelconque vu sous
différentes obliquités, en représentant son diamètre par 10,
sous l'incidence perpendiculaire. Enfin la quatrième colonne, formée des carrés de la troisième divisés par 10,
exprime les épaisseurs successives de la lame d'air où se
réfléchit ce même anneau sous les différentes obliquités, en
représentant par 10 l'épaisseur à laquelle il se réfléchit sous
l'incidence perpendiculaire. Cette table est commune à tous
les anneaux, quelle que soit leur distance à la tache centrale; car, par une propriété bien remarquable, la proportion
que suit l'accroissement du diamètre de chaque anneau est
indépendante du rang qu'il occupe, et de la teinte particulière qu'il réfléchit.

Cette table montre que la même couleur est successivement réfléchie à une épaisseur plus grande, à mesure que les rayons incidens deviennent plus obliques ; par conséquent, si l'on observe un même point de la lame d'air successivement sous différentes obliquités, les couleurs qui passeront par ce point seront celles qui précédemment étaient réfléchies par des épaisseurs moindres. Ainsi l'on peut dire qu'en rendant les rayons incidens plus obliques sur la lame d'air, on produit le même effet que si cette lame devenait plus mince.

Pour pouvoir faire un usage commode et sûr de ces résultats, il faut tâcher de les lier par une loi analytique qui les représente, sinon d'une manière rigoureusement exacte, au moins suffisamment approchée pour l'observation. C'est ce qu'a fait Newton, et l'on peut voir dans le Traité général ses résultats réduits en formule.

Etant ainsi concentrés, on y voit que la dilatation du diamètre de chaque anneau par l'obliquité est d'autant moindre que cet anneau est plus voisin de la tache centrale, de sorte que les anneaux contigus, en se dilatant ainsi, doivent s'étaler et devenir par conséquent plus distincts, comme en effet on s'en aperçoit par l'observation.

Suivant la même loi, la dilatation ne doit être tout-à-fait nulle qu'au milieu même de la tache centrale où les verres se touchent ; en effet, on observe aussi une dilatation peu considérable, mais pourtant sensible, dans le périmètre de la tache centrale quand on la regarde fort obliquement. Or, lorsqu'elle s'étend ainsi, elle envahit les parties de la lame d'air, qui, sous l'incidence perpendiculaire, réfléchissaient la teinte la plus voisine du noir, c'est-à-dire du blanc. Par conséquent la réflexion sur la lame d'air devient alors nulle en ces endroits-là, sans que son épaisseur soit tout-à-fait nulle. D'après cela, quand on regarde les verres dans toute autre inclinaison quelconque, et même sous l'incidence perpendiculaire, on doit concevoir que la transmission totale n'a pas lieu seulement au point précis où les verres se touchent, mais encore à quelque distance autour de ce point. Cela explique pourquoi, lorsque les verres superposés sont très-peu courbes , quelle que soit d'ailleurs la perfection de leur sphéricité , l'étendue de la tache noire excède ordinairement de beaucoup celle que l'on peut raisonnablement attribuer au point de contact. Ce résultat, minutieux en apparence , est en effet très-important ; car il est directement contradictoire au système de la propagation de la lumière par ondulation , la réflexion ne pouvant devenir nulle dans ce système qu'autant que l'épaisseur devient nulle aussi. C'est ce qu'a bien senti Euler, le plus ardent promoteur de ce système. Aussi n'a-t-il trouvé d'autre ressource que d'écarter ce fait , en disant qu'il n'était pas constant, et que Newton s'était peut-être trompé en l'observant.

Jusqu'à présent nous n'avons étudié que les anneaux produits par réflexion ; il devient à présent nécessaire de considérer ceux que la transmission donne. Dans ce cas, la tache centrale est blanche, entourée d'un cercle noirâtre, auquel succède un autre cercle blanc, puis divers autres cercles différemment colorés. Mais ces couleurs sont beaucoup plus faibles que celles qui sont produites par la réflexion , et il est difficile de bien discerner leurs espèces, à moins que l'on n'incline beaucoup les rayons incidens sur la lame d'air, ce qui augmente leur vivacité. Newton les observa à travers ses grands objectifs, et trouva qu'elles étaient dans l'ordre suivant, à partir de la tache blanche centrale : BLANC, rouge jaunâtre, noir, violet, bleu ; BLANC, jaune, rouge , violet, bleu ; VERT, jaune, rouge ; VERT BLEUATRE, rouge ; après quoi la coloration devient insensible. Le premier rouge jaunâtre, intermédiaire entre la tache blanche centrale et l'anneau noirâtre était si pâle et si peu différent de la blancheur, qu'on avait peine à le discerner. Il en est de même du premier bleu qui entoure la tache noire centrale dans les anneaux réfléchis, comme on l'a dit dans les premières observations de ces anneaux.

En comparant l'ordre de ces teintes avec celles qui forment les anneaux réfléchis, on voit qu'elles en sont complémentaires. Par exemple, la tache blanche centrale est complémentaire de la tache noire centrale des anneaux réfléchis, et ainsi elle est formée par la lumière qui traverse l'air dans cet endroit-là, sans subir aucune réflexion à sa seconde surface. De même le cercle noirâtre qui entoure le rouge jaunâtre est la conséquence nécessaire du cercle blanc qui entoure la tache noire dans les anneaux réfléchis ; et l'un de ces cercles doit être opposé à l'autre, comme étant formé de la portion de lumière blanche qui échappe en cet endroit à la réflexion. De sorte que plus la réflexion sur la lame mince sera forte, plus le cercle noirâtre transmis sera sombre ; et enfin si cette réflexion pouvait être totale, il serait tout-à-fait noir. Mais ce cas extrême est bien loin d'avoir lieu ; car, dans tous les corps diaphanes, de quelque milieu qu'on les environne, la réflexion sous l'incidence perpendiculaire est toujours très-faible. L'opposition des cercles suivans est également indiquée par l'ordre des couleurs, qui se trouve complémentaire dans les deux séries. Mais, de plus, cette opposition a été directement constatée par Newton en mesurant les diamètres des anneaux transmis, dans leurs parties les plus brillantes et les plus sombres. Il en retraça l'effet dans la fig. 5, où AB, $A'B'$, sont les surfaces des verres, l'un plan et l'autre sphérique, qui se touchent en C. Les lignes noires tracées entre deux sont les distances de ces surfaces en progression arithmétique ; les couleurs écrites au-dessus sont vues par une lumière réfléchie, et celles qui sont écrites au-dessous, par une lumière transmise.

Jusqu'ici nous n'avons considéré que les anneaux colorés produits sur des lames minces d'air comprises entre deux verres. Nous avons déterminé par des mesures précises les épaisseurs auxquelles ils se forment, tant sous l'incidence perpendiculaire que sous les incidences obliques. Afin d'acquérir des notions plus générales sur ce phénomène, considérons-le dans d'autres substances, par exemple, dans les lames minces d'eau. Pour former ces lames de la manière la plus simple, Newton superposa d'abord deux objectifs, l'un plan, l'autre convexe, comme pour former des anneaux colorés sur une lame mince d'air ; et lorsque les anneaux eurent paru, il mouilla légèrement les bords des

verres sans les déranger. L'eau se glissa aussitôt entr'eux
par un effet de l'attraction capillaire ; et se substituant peu
à peu à la place de l'air, elle dut prendre la forme de l'intervalle qu'il remplissait. Il se produisit donc ainsi une lame
mince d'eau entre deux surfaces de verre, et des anneaux
colorés parurent dans cette lame comme ils avaient paru
dans la lame mince d'air. Leur ordre était le même, ainsi
que l'arrangement de leurs couleurs ; mais leurs teintes
étaient plus faibles et leur étendue moindre. Newton mesura leurs diamètres dans leurs parties les plus brillantes,
et les carrés de ces diamètres suivirent la progression arithmétique des nombres impairs 1, 3, 5, 7... Il les mesura
aussi dans les parties les plus obscures, et alors leurs carrés
suivirent la progression des nombres pairs 0, 2, 4, 6...,
précisément comme pour la lame d'air. Mais les diamètres
des anneaux de même rang étaient plus petits que ceux de
la lame d'air, dans la proportion de 7 à 8 ; d'où il suit que
les épaisseurs correspondantes qui sont proportionnelles aux
carrés des diamètres étaient entr'elles comme 49 à 64, ou, à
très-peu près, comme 3 à 4, c'est-à-dire dans le rapport
du sinus d'incidence au sinus de réfraction, lorsque la lumière passe de l'eau dans l'air ; et peut-être, ajoute Newton,
pourrait-on conclure, comme règle générale, que si d'autres matières de nature quelconque sont interposées entre
les deux verres, les épaisseurs auxquelles les mêmes anneaux se forment sont proportionnelles aux sinus des réfractions que les rayons subissent dans ces matières, en y
pénétrant sous une égale incidence ; de sorte que chaque
anneau exige une épaisseur d'autant plus petite, que la
substance interceptée entre les verres est plus réfringente.

Dans toutes les expériences précédentes, les lames minces
d'eau ou d'air, comprises entre deux surfaces de verre, étaient
environnées d'un milieu plus réfringent que les matières
dont elles étaient formées. Pour compléter ces observations, il reste à examiner les couleurs produites dans la circonstance contraire, c'est-à-dire sur des lames minces plus
réfringentes que le milieu qui les entoure. C'est la marche
qu'a suivie Newton ; et il a particulièrement étudié sous

ce point de vue les couleurs produites sur les bulles légères que l'on forme avec de l'eau savonneuse, faisant ainsi servir à d'importantes découvertes ce qui n'avait été jusqu'alors qu'un jeu d'enfant.

Non-seulement Newton n'a pas dédaigné d'arrêter son attention sur ces bulles, mais il a mis de l'art à les bien faire, à les faire de manière qu'elles pussent devenir le sujet d'une observation exacte. Cela exige quelques précautions; il faut d'abord faire dissoudre dans de l'eau distillée, ou dans de l'eau de pluie, un morceau de bon savon solide, en quantité telle que la dissolution ne soit pas tout-à-fait saturée. Cela fait, on y plonge l'extrémité d'un tuyau de pipe ou d'un tube de verre qui soulève une petite colonne du liquide en vertu de sa capillarité ; on retire le tube, et après l'avoir essuyé à l'extérieur, on souffle doucement par l'autre bout. La colonne liquide, cédant à cette pression, sort du tube, et la viscosité de ses parties les empêchant de se désunir, elle se gonfle en une boule qui adhère à l'extrémité inférieure du tube par un de ses points. Alors, si l'on cesse de souffler, et qu'on laisse le tube ouvert, l'attraction capillaire qu'il exerce sur l'eau de la boule, favorisant la pression que celle-ci exerce elle-même sur sa propre surface, la fait se resserrer peu à peu, et enfin rentrer entièrement dans le tube ; mais on peut empêcher ces variations, soit en fermant le tube avec un peu de cire molle, pour empêcher l'air de sortir, après qu'on a soufflé la bulle, soit en ne suspendant pas celle-ci au tube, mais la faisant naitre sur la surface même de l'eau savonneuse, et l'y laissant nager librement. Lorsqu'on emploie cette dernière méthode, il faut que le vase qui contient la dissolution soit assez large pour que l'action capillaire de ses parois ne donne, à la surface du liquide, qu'une courbure insensible. Il faut en outre que le vase soit rempli jusqu'à ses bords mêmes, sans quoi la bulle y est insensiblement amenée, et va se briser contre eux. Mais toutes ces précautions ne suffiraient pas, si on laissait les bulles exposées à l'air libre; car ce fluide, toujours agité, trouble par ses mouvemens la régularité de leur équilibre, les dessèche bientôt en accélérant l'évaporation de la pellicule d'eau qui les compose, et elles crèvent en peu de temps. Pour leur donner plus de durée, et les observer dans un état constant et calme, il faut, si on veut les laisser pendre au bout du tube, introduire celui-ci, chargé de liquide, dans un flacon de verre mince, fig. 6, dont l'orifice supérieur se ferme par un bouchon percé, fixé autour du tube, et qu'on enlève ou qu'on replace avec lui. Alors on souffle la bulle dans le flacon même ; et, en fermant le tube avec de la cire, elle peut se soutenir pendant des heures entières sans que son volume varie sensiblement. Dans cette disposition, le liquide tendant toujours à s'écouler vers le bas de la bulle, la plus grande épaisseur a lieu en ce point ; à partir de là, la pellicule va toujours en s'amincissant vers le haut jusqu'à une petite distance de son point d'attache où l'action capillaire du tube détermine un nouvel accroissement d'épaisseur. Cette dernière cause d'inégalité n'existe pas dans la première méthode, où on laisse nager la bulle librement sur la dissolution même ; alors elle est parfaitement hémisphérique, et la dégradation de son épaisseur étant déterminée par la pesanteur seule, se continue de sa base jusqu'à son sommet avec la plus parfaite régularité. Aussi est-ce de cette manière que Newton a fait ses bulles, en y joignant toujours la précaution de les couvrir d'une cloche de verre mince et transparente qui les préserve de l'action de l'air. Pour les observer commodément, il faut placer l'appareil devant une fenêtre ouverte, d'où l'on puisse découvrir une grande étendue d'horizon, et recevoir par réflexion, sur la bulle, la lumière blanche des nuées. En outre, pour qu'aucune lumière étrangère ne vienne se mêler à cette réflexion, il faut que l'extérieur du vase qui contient la dissolution soit de quelque couleur sombre ; enfin il faut suspendre un drap noir au-delà de la bulle du côté opposé à l'œil, afin d'intercepter les rayons lumineux qui, envoyés dans cette direction par les objets extérieurs, pourraient traverser la bulle, et arriver à l'œil en même temps que les couleurs réfléchies que l'on veut observer. Quand tout est ainsi disposé, on aperçoit sur la bulle plusieurs anneaux concentriques horizontaux dont les couleurs sont très-vives, et disposées avec une régularité parfaite. Ils se montrent d'abord sur le sommet de la bulle dans la partie où elle est le moins épaisse ; mais à mesure que l'eau, en s'écoulant vers le bas, l'amincit davantage, on voit les anneaux se dilater progressivement, et s'étendre sur toute sa surface. Après que différentes suites de couleurs ont ainsi paru tour à tour au centre des anneaux, il s'y forme une tache noire, d'abord très-petite, qui ensuite se dilate à son tour, jusqu'à ce qu'enfin la bulle crève, et c'est toujours de cette manière qu'elle finit. Comme ces couleurs sont plus vives et plus étendues que celles qui se produisent sur des lames minces d'air, on en peut mieux distinguer l'ordre, la succession et les différentes espèces. Cette observation, une des plus belles que la physique présente, est d'une indispensable nécessité pour se familiariser avec les caractères propres de chaque teinte, pour en bien concevoir la succession, et pour pouvoir suivre les lois que Newton a découvertes, dans la manière dont elles se produisent. En voici la description telle qu'il l'a lui-même donnée :

En partant de la partie la plus basse, par conséquent la plus épaisse de la bulle, et remontant vers sa partie la plus haute qui était aussi la plus mince, on observait simultanément, ou tour à tour, sept séries distinctes de couleurs dans l'ordre suivant : ROUGE bleu ; ROUGE bleu ; ROUGE bleu ; ROUGE vert ; ROUGE jaune, vert, bleu, pourpre ; ROUGE jaune, vert, bleu, violet ; ROUGE jaune, blanc, bleu, noir. Le nombre de ces séries, la manière dont leurs couleurs se succèdent, l'espèce même de ces couleurs, tout est pareil à ce que nous avons déjà observé sur les lames minces d'air et d'eau comprises entre deux surfaces de verre.

« Les trois premières suites de rouge et de bleu étaient, dit Newton, d'une couleur fort faible et fort sale, surtout la première où le rouge paraissait presque blanc. Dans ces trois suites, il y avait à peine aucune autre couleur sensible que le rouge et le bleu ; seulement le bleu (sur-tout dans la seconde suite) tirait un peu sur le vert ».

« Le quatrième rouge était aussi faible et sale ; mais il ne l'était pas tant que les trois précédens. Après cela venait peu ou point de jaune, mais quantité d'un vert qui d'abord

tirait un peu sur le jaune, et se changeait ensuite en un
vert de saule assez vif et bien marqué, lequel, après cela,
dégénérait en une couleur bleuâtre, mais qui n'était suivie
ni de bleu ni de violet ».

« Dans la cinquième suite, d'abord le rouge tirait beaucoup sur le pourpre, et devint ensuite plus éclatant et plus
vif, mais non pas pourtant fort net. A ce rouge succédait
un jaune fort éclatant et très-foncé, mais en petite quantité, et qui se changeait bientôt en un vert abondant, un
peu plus net, plus chargé et plus vif que le vert précédent.
Après cela venait un excellent bleu, un bleu céleste très-
éclatant ; et ensuite un pourpre qui était en moins grande
quantité que le bleu, et fort approchant du rouge ».

« Dans la sixième suite, le rouge fut d'abord d'une couleur ponceau très-belle et très-vive, et bientôt après il devint plus éclatant, étant fort net, fort vif et le plus beau de
tous les rouges. Ensuite vint un vif orangé, et après lui un
jaune foncé brillant et copieux, qui était aussi le meilleur
de tous les jaunes, lequel se changea d'abord en jaune
verdâtre, puis en bleu verdâtre ; mais le vert entre le jaune
et le bleu était en si petite quantité, et si lavé, qu'il res-
semblait plutôt à un blanc verdâtre qu'à un véritable vert.
Le bleu qui parut immédiatement après, devint fort bon
et d'un fort beau bleu céleste très-vif, quoiqu'un peu inférieur au bleu céleste précédent ; et le violet était foncé,
avec peu ou point de rouge, et en plus petite quantité que
le bleu ».

« Dans la dernière suite, le rouge parut d'abord d'une
teinte mordorée approchant du violet, laquelle se changea bientôt en une couleur plus brillante tirant sur l'orangé ;
le jaune qui suivit fut d'abord assez bon et assez vif, mais
dans la suite il devint plus faible, jusqu'à se terminer par
degrés en un blanc parfait ; et, quand l'eau était assez visqueuse pour que la bulle pût se soutenir avec une si petite
épaisseur, ce blanc se répandait et se dilatait lentement sur
la plus grande partie de la bulle, devenant toujours plus
pâle vers le haut, où enfin il se fendait en plusieurs endroits ; et, à mesure que ces fentes se dilataient, elles parais-

saient d'un bleu céleste assez bon, mais obscur et sombre. Pour le blanc qui se trouvait entre les taches bleues, il diminua jusqu'à ce qu'il devint semblable aux mailles d'un réseau irrégulier ; et bientôt après il s'évanouit, en laissant toute la partie supérieure de la bulle d'un bleu obscur tel que celui que je viens de décrire. Ce bleu-là se dilatait vers le bas de la même manière que le blanc mentionné ci-dessus, jusqu'à envelopper quelquefois toute la bulle. Cependant sur le haut, qui était d'un bleu plus obscur que le bas, et qui paraissait aussi plein de plusieurs taches bleues de figure ronde, un peu plus sombres que le reste, il paraissait une ou plusieurs taches extrêmement noires ; et au-dedans de ces taches on en voyait encore d'autres d'un noir plus foncé. Ces dernières se dilataient continuellement jusqu'à ce que la bulle vînt à crever ».

« Lorsque l'eau n'était pas fort visqueuse, il éclatait des taches noires dans le blanc, sans aucun mélange sensible de bleu, et quelquefois elles éclataient dans le jaune ou dans le rouge précédent, ou peut-être dans le bleu du second ordre, avant que les couleurs moyennes eussent eu le temps de se déployer ».

« On voit, par cette description, quelle grande affinité il y a entre ces couleurs et celles qui s'engendrent dans les lames d'air que nous avons décrites précédemment ; car la série des teintes, en passant des plus grandes épaisseurs aux plus petites, est absolument pareille ».

« Regardant en diverses positions obliques de l'œil les anneaux colorés qui venaient paraitre au haut de la bulle, je trouvai qu'ils se dilataient sensiblement, à mesure que l'obliquité de l'œil augmentait, quoiqu'il s'en fallût beaucoup qu'ils se dilatassent autant que ceux qui se produisent sur les lames minces d'air ; car en étudiant ceux-ci, nous avons trouvé que, lorsqu'on les regardait très-obliquement, ils arrivaient à une partie de la lame d'air plus de douze fois plus épaisse que celle où ils paraissaient lorsqu'on les regardait perpendiculairement ; au lieu que, dans le cas présent, les anneaux vus le plus obliquement se trouvaient alors dans un endroit où l'épaisseur de l'eau était à l'épaisseur qu'elle avait dans l'endroit où ils étaient vus par des rayons perpendiculaires, dans une proportion un peu moindre que de 8 à 5. Suivant mes observations les plus exactes, c'était entre 15 et $15\frac{1}{2}$ à 10; de sorte que l'accroissement de ces anneaux est vingt-quatre fois moindre que celui des anneaux qu'on voit dans une lame d'air ».

« Quelquefois la bulle devenait d'une épaisseur uniforme partout, excepté vers le sommet tout près de la tache noire, ce que j'inférai de ce que, dans toutes les positions de l'œil, la bulle présentait la même apparence de couleurs; et alors les couleurs qu'on voyait sur la circonférence apparente par les rayons les plus obliques, étaient différentes de celles qu'on voyait en d'autres endroits par des rayons moins inclinés à la bulle. La même partie de cette bulle paraissait de différentes couleurs à divers spectateurs qui la regardaient selon des obliquités fort différentes ».

En observant ainsi les teintes, en divers endroits de la bulle, sous l'incidence perpendiculaire, et les comparant avec celles de même rang et de même nature que l'on observe sur une lame mince d'eau ou d'air comprise entre deux verres, Newton pouvait conclure les rapports d'épaisseur de la bulle en ses diverses parties; puis, considérant les différentes parties où se réfugiait une même teinte quand on la suivait sous des obliquités diverses, il put conclure l'épaisseur de l'eau qui lui convenait sous diverses obliquités; et, tant par ces observations que par diverses autres épreuves fondées sur les mêmes principes, il construisit la table suivante, analogue à celle qu'il avait formée pour les lames minces d'air.

INCIDENCES des rayons sur l'eau.		LEUR réfraction en passant dans l'eau.		L'ÉPAISSEUR de l'eau.
0°	0′	0°	0′	10
15	0	11	11	10 $\frac{1}{4}$
30	0	22	1	10 $\frac{4}{5}$
45	0	32	2	11 $\frac{4}{5}$
60	0	40	30	13
75	0	46	25	14 $\frac{1}{2}$
90	0	48	35	15 $\frac{1}{3}$

Les deux premières colonnes expriment les obliquités des rayons à la surface de l'eau , c'est-à-dire leurs angles d'incidences et de réfraction : le calcul est fait en supposant que les sinus de ces angles sont entr'eux comme 4 à 3, de même que si l'eau était pure, quoique probablement le savon qui s'y trouve dissous modifie un peu sa force réfringente. Dans la troisième colonne, l'épaisseur de la bulle par laquelle une couleur quelconque est produite , est exprimée en parties, dont dix composent l'épaisseur propre à produire cette couleur, lorsque les rayons sont perpendiculaires. On voit par ce tableau que la même couleur est successivement réfléchie à une épaisseur plus grande , à mesure que les rayons incidens deviennent plus obliques, et par conséquent si l'on observait ainsi les couleurs sur une lame dont l'épaisseur fût constante, à mesure que l'obliquité augmenterait, leurs limites remonteraient vers le centre des anneaux , comme si la lame devenait plus mince.

Non-seulement ces résultats sont analogues à ceux que nous avons trouvés dans la page 503, pour les lames minces d'air , mais ils peuvent être liés entr'eux par la même loi qui nous a servi alors ; il n'y faut changer que le rapport constant du sinus d'incidence au sinus de réfraction , qui était $\frac{11}{17}$ lorsque la lumière passait du verre dans l'air , et qui se trouve égal à $\frac{4}{3}$, suivant l'expérience de Newton , lorsque la lumière passe de l'air dans l'eau , comme nous le supposons ici. Avec ce seul changement on retrouve tous les nombres de la table. Cet accord est une confirmation nouvelle et très-forte de l'identité qui existe entre les phénomènes des couleurs produites sur les lames minces d'eau entourées d'air, et celles qui se forment sur les lames minces d'air ou d'eau entre deux verres objectifs.

Des variations analogues s'observent dans les couleurs que réfléchissent les lames minces de verre soufflées à la lampe jusqu'au point de se rompre, et les feuillets de mica amenés à un extrême degré de ténuité. Car, si l'on place de telles lames horizontalement au-dessus d'un fond noir , et qu'on y observe la réflexion de la lumière blanche des nuées sous des incidences diverses , en haussant ou baissant l'œil , on trouve aussi que leurs couleurs changent, et changent dans le même sens que celles des lames d'air ou d'eau, lorsqu'on observe les ordres d'anneaux qui arrivent successivement à une même distance de la tache centrale, par conséquent à une même épaisseur. Mais, de même que la marche et l'étendue de ces variations sont beaucoup moindres dans les lames d'eau que dans les lames d'air, pour des changemens égaux d'incidence, à cause de la grande différence des réfractions que les rayons y subissent, de même elles sont encore un peu moindres dans le verre et dans le mica que dans les lames d'eau, parce que ces substances réfractent un peu plus fortement que l'eau. Enfin des variations semblables s'observent encore, mais beaucoup plus faibles et presque insensibles, dans les couleurs qui paraissent sur les métaux oxidables, particulièrement sur l'acier poli et le cuivre, lorsqu'on les a chauffés à l'air libre. Et en effet, cela doit être, car ces métaux se couvrent alors d'une petite couche d'oxide qui, ayant moins d'action sur la lumière que le métal pur, d'après le peu de force réfringente que nous avons reconnue à l'oxygène, doit produire une réflexion, quoique appliquée sur sa surface, et par conséquent faire voir des couleurs, si elle est suffisamment mince. De plus, ces couleurs doivent varier très-peu avec l'incidence, comme étant produites par une matière dont l'action sur la lumière est très-énergique. On peut même, quand le rapport de réfraction de la lame est donné, aller jusqu'à calculer les limites de ces variations; et l'observation s'y trouve parfaitement conforme; ou, si le rapport de réfraction n'est pas connu, on peut le déduire de cette comparaison, et en conclure aussi l'épaisseur de la lame mince qui réfléchit telle ou telle couleur. Nous nous occuperons plus tard de ces applications.

Une si parfaite identité de résultats, pour des substances et des réfractions si diverses, montre avec évidence que l'ordre des anneaux, leur arrangement, et la nature de leurs teintes, suivent toujours des lois pareilles dans toutes les espèces de lames. Il n'y a de différence que dans la valeur absolue des épaisseurs auxquelles ils se forment, et dans la marche plus ou moins rapide des variations qu'ils éprouvent par l'obliquité d'incidence des rayons lumineux. Leurs lois générales nous sont ainsi complètement connues; mais ce sont encore des lois composées, parce que les phénomènes eux-mêmes le sont. En effet, toutes les expériences que nous avons jusqu'ici rapportées, ayant été faites avec la lumière blanche des nuées qui contient toutes sortes de rayons inégalement réfrangibles, la variété des teintes qui en résultent à des épaisseurs diverses, montre que la réflexion ne s'opère pas également à chaque épaisseur sur toutes les espèces de rayons. De sorte que pour analyser complètement les phénomènes, il nous faut entrer dans l'examen des anneaux formés par chaque espèce de rayon en particulier. Quand la loi de ces résultats élémentaires nous sera connue, nous pourrons en déduire les effets produits par le mélange de tous les rayons qui composent la lumière blanche, et recomposer ainsi le phénomène après l'avoir décomposé.

C'est ce que fit Newton. Il recommença dans la chambre obscure ses expériences sur les lames minces d'air contenues entre deux verres. Ayant rompu un trait de lumière blanche par le prisme, pour obtenir les divers rayons simples, il les fit tomber les uns après les autres sur une feuille de papier blanc qui les réfléchissait de toutes parts, et il plaça son œil de manière à pouvoir observer le papier coloré, par réflexion sur les verres, et sur la lame d'air intermédiaire. Il découvrit ainsi les phénomènes suivans, dont il constata toutes les particularités avec le plus grand soin, et que nous rapporterons à peu près dans les mêmes termes qu'il a employés.

1°. Chaque rayon simple produisait des anneaux de sa couleur, soit par réflexion, soit par transmission : les anneaux étaient entièrement rouges dans la lumière rouge, jaunes dans la lumière jaune, et ainsi du reste.

2°. Dans chaque espèce de lumière, les anneaux réfléchis étaient séparés par des intervalles obscurs, ce qui les rendait beaucoup plus distincts qu'en plein jour, et faisait qu'on en pouvait discerner un bien plus grand nombre. Ils s'approchaient de plus en plus les uns des autres à mesure qu'ils s'éloignaient davantage de leur centre, qui formait le premier et le plus intérieur des anneaux obscurs.

Remarquez que Newton ne dit point que ces anneaux intermédiaires entre les anneaux lucides, vus par réflexion, fussent *noirs*, mais *obscurs* (*darks*). En effet, pour qu'il eût pu les voir *noirs*, il aurait fallu que la première et la seconde surfaces du verre, situées du côté de l'œil, n'eussent point réfléchi du tout de lumière. Cette complication de réflexion est inévitable ; elle aurait lieu, même quand on emploierait une seule lame mince isolée, puisque la première surface d'une telle lame produirait encore une réflexion partielle dont l'effet parviendrait à l'œil en même temps que la lumière des anneaux. C'est à la raison à séparer ici ce que l'expérience réunit nécessairement ; mais cette remarque peut faire apprécier la fidélité scrupuleuse que l'on retrouve toujours dans les énoncés de Newton.

3°. Les intervalles obscurs qui séparaient les anneaux lumineux réfléchis, formaient à leur tour des anneaux lumineux quand ils étaient vus par transmission ; et il y avait entr'eux des intervalles plus sombres, correspondans aux endroits sur lesquels la lumière se réfléchissait le plus abondamment. Mais ces intervalles sombres n'étaient pourtant pas noirs, parce que la réflexion sur une lame d'air est bien loin d'être totale, même dans la partie la plus brillante des anneaux réfléchis ; et il en est ainsi sur toutes les lames minces diaphanes de nature quelconque, comme nous l'avons déjà remarqué.

4°. En observant les anneaux lumineux réfléchis, Newton trouva qu'ils ne formaient pas de simples lignes mathématiques ; chacun d'eux occupait un certain espace circulaire, dans lequel l'intensité de la lumière allait en se dégradant de part et d'autre indéfiniment.

5°. En mesurant les diamètres des anneaux réfléchis, dans les points les plus lumineux de leurs orbites, il trouva que, pour chaque espèce particulière de rayons, les carrés de ces diamètres suivaient la progression arithmétique des nombres impairs 1 , 3 , 5 , 7....; par conséquent les épaisseurs de l'air, dans les périmètres des anneaux successifs, formaient aussi une progression semblable, car les épaisseurs sont proportionnelles aux carrés des diamètres. Lorsque les verres étaient illuminés par la partie la plus brillante du spectre, qui répond à la limite du jaune et de l'orangé, le diamètre absolu du sixième anneau se trouva le même, à peu de chose près, qu'on l'avait trouvé dans les expériences faites au grand jour, en le mesurant au point le plus brillant de l'anneau composé.

6°. En mesurant aussi les diamètres des anneaux obscurs compris entre ceux dont nous venons de parler, il se trouva que, pour chaque espèce particulière de rayons, les carrés de leurs diamètres suivaient la progression arithmétique des nombres pairs 2, 4, 6, 8...., et par conséquent les épaisseurs de l'air dans le périmètre de ces anneaux suivaient aussi une progression semblable.

7°. Par d'autres mesures, prises sur les anneaux transmis, il se trouva que leurs parties les plus brillantes répondaient aux intervalles les plus obscurs des anneaux réfléchis, et que, au contraire, leurs parties les plus obscures répondaient aux parties les plus brillantes de ces mêmes anneaux. D'où l'on voit que, dans les anneaux transmis, les épaisseurs de l'air suivent, dans les parties brillantes, la progression des nombres pairs 2, 4, 6, 8....; et dans les intervalles obscurs, la progression des nombres impairs 1, 3, 5, 7....

8°. Les dimensions absolues d'un même anneau, ou plutôt d'un anneau du même ordre, étaient différentes dans les différentes couleurs. Ainsi le diamètre extérieur du cinquième anneau, par exemple, lorsqu'il était formé par les premiers degrés du rouge extrême, était plus grand que celui du même anneau formé par les rayons qui composent le milieu du rouge ; et ce dernier était plus grand que lorsque l'anneau était formé par les premiers rayons de l'orangé, et ainsi de suite dans l'ordre de réfrangibilité des couleurs, jusqu'au violet, qui formait les plus petits anneaux. La largeur des anneaux à leur périmètre, c'est-à-dire l'étendue occupée par tous les degrés de leur lumière, différait pareillement selon les diverses couleurs ; elle était plus grande dans les premiers rayons rouges, moindre dans ceux du milieu du rouge, moindre encore dans l'orangé, et ainsi de suite jusqu'au violet, où elle était la moindre de toutes.

9°. Les anneaux simples, formés par chaque couleur, étaient les plus petits possibles quand les rayons traversaient perpendiculairement la lame d'air; et ils s'agrandissaient à mesure que l'incidence devenait plus oblique, conformément à la loi exposée page 3o3.

Les observations précédentes nous expliquent complètement le phénomène composé que présentent les anneaux formés par la lumière naturelle; car cette lumière n'étant qu'un mélange de rayons de couleurs diverses dans des proportions déterminées, lorsqu'un faisceau d'un pareil mélange vient à tomber sur la lame mince d'air interposée entre les verres, chaque rayon simple doit former les anneaux suivant les lois qui lui sont propres; et comme la grandeur absolue de ces anneaux est différente pour les rayons de diverses couleurs, il en doit résulter entr'eux une séparation qui permette de les distinguer. Cette séparation ne sera pas si nette que dans les observations faites avec des rayons simples, parce que les anneaux de diverses couleurs doivent se recouvrir en partie, et empiéter les uns sur les autres d'une manière qui peut être inégale dans leurs différentes successions, de manière à produire cette infinité de teintes diverses que l'expérience nous y fait apercevoir. Mais, quoique cette superposition successive des anneaux simples soit en effet la clé des phénomènes, nous ne pouvons être bien assurés de cette vérité, qu'après avoir mesuré avec exactitude la grandeur absolue des diamètres et des largeurs des différens anneaux formés par ces rayons; car ces résultats une fois connus, ce devra être un simple problème d'arithmétique que de trouver l'espèce et la quantité de chaque couleur simple qui peut être réfléchie ou transmise à chaque épaisseur déterminée; et par conséquent, si nous calculons les effets de la composition de toutes les couleurs par les règles données dans la première partie de l'optique, nous devrons en déduire, avec la dernière rigueur, les expressions numériques des intensités et des teintes

qui doivent exister dans chacun des points des anneaux composés, conséquences qu'il sera ensuite facile de comparer
à l'expérience. En un mot, nous voici parvenus à entrevoir,
à reconnaître même une cause possible des phénomènes
que nous examinons; il faut maintenant des mesures précises pour en constater la réalité, et convertir nos aperçus
en certitude.

C'est aussi ce que fit Newton. Il mesura les diamètres des
anneaux simples *de même ordre*, dans la partie intérieure et
dans la partie extérieure de leur périmètre, et en les considérant successivement aux limites des diverses couleurs du
spectre, à commencer par le violet extrême. Suivant sa méthode constante, il prit soin de lier ces résultats par une loi
mathématique qui les représentât avec une suffisante exactitude. Puis comparant les carrés des diamètres, il en dédui-
sit les proportions d'épaisseur que devait avoir la lame
d'air au commencement et à la fin des anneaux observés.
Des mesures pareilles effectuées sur les différens ordres d'anneaux formés par une même couleur simple lui firent connaître que les intervalles d'épaisseur où s'opérait la réflexion,
égalaient sensiblement ceux où s'opérait la transmission; de
sorte qu'en désignant généralement par e_1 l'épaisseur de l'air
au commencement du premier anneau lucide formé par
une lumière simple quelconque, cet anneau finissait à l'é-
paisseur $3 e_1$, et occupait ainsi un intervalle d'épaisseur égal
à $2 e_1$. Après quoi venait le premier anneau obscur occu-
pant aussi le même intervalle d'épaisseur $2 e_1$; puis à sa
suite, le second anneau lucide commençant à l'épaisseur $5 e_1$,
finissant à l'épaisseur $5 e_1$, et ainsi du reste. En combinant cette loi de succession pour les différens ordres, avec
celle de la distribution des diverses teintes dans un même
ordre, on conçoit qu'une seule épaisseur absolue, mesurée
au commencement, au milieu, ou à la fin, d'un anneau quelconque formé par une certaine couleur simple, suffit pour
qu'on puisse calculer la valeur de la première épaisseur e_1,
relativement à cette couleur, ainsi qu'à toutes les autres,
et pour en déduire ensuite les épaisseurs limites $3 e_1$, $5 e_1$,
$7 e_1 \ldots$, relatives à tous les ordres quelconques d'anneaux.

On peut donc employer à cet usage la valeur très-exacte obtenue par Newton, pour l'épaisseur de l'air, au milieu du premier anneau lucide formé par les rayons limites de l'orangé et du jaune, épaisseur que nous avons vue être égale à $\frac{1}{178000}$ de pouce anglais, ou $\frac{1000}{178}$, en prenant le millionième de pouce pour unité. Ce sera la valeur de $2e_1$ pour cette couleur ; et par conséquent e_1 sera $\frac{500}{178}$ ou 2,80899. C'est sur cette donnée fondamentale combinée avec les rapports trouvés entre les diverses couleurs qu'est fondée la table suivante, où l'on a désigné par e_n, E_n les épaisseurs où commence et finit l'anneau du n^e ordre.

TABLEAU

Des Epaisseurs d'air auxquelles commencent et finissent les différens anneaux, exprimées en millionièmes de pouce anglais.

EXPRESSIONS GÉNÉRALES des Epaisseurs e_1, E_n, où commence et finit chaque anneau de l'ordre n.	VIOLET extrême.	LIMITE du violet et de l'indigo.	LIMITE de l'indigo et du bleu.	LIMITE du bleu et du vert.	LIMITE du vert et du jaune.	LIMITE du jaune et de l'orangé.	LIMITE de l'orangé et du rouge.	ROUGE extrême.
1er anneau e_1	1,99849	2,16154	2,25671	2,42071	2,61866	2,80899	2,93207	3,172206
$E_1 = 3\,e_1$	5,99547	6,48462	6,77013	7,26213	7,85598	8,42697	8,79621	9,516618
2e anneau $e_2 = 5\,e_1$	9,99245	10,80770	11,28355	12,10355	13,09330	14,04495	14,66035	15,861030
$E_2 = 7\,e_1$	13,98943	15,13078	15,79697	16,94497	18,33062	19,66293	20,52449	22,205442
3e anneau $e_3 = 9\,e_1$	17,98641	19,45386	20,31039	21,78639	23,56794	25,28091	26,38863	28,549854
$E_3 = 11\,e_1$	21,98339	23,77694	24,82381	26,62781	28,80526	30,89889	32,25277	34,894266
4e anneau $e_4 = 13\,e_1$ . . . , .	25,98037	28,10002	29,33723	31,46923	34,04258	36,51687	38,11691	41,238678
$E_4 = 15\,e_1$	29,97735	32,42310	33,85065	36,31065	39,27990	42,13485	43,98105	47,583090
5e anneau $e_5 = 17\,e_1$	32,97433	36,74618	38,36407	41,15207	44,51722	47,75283	49,84519	53,927502
$E_5 = 19\,e_1$	37,97131	41,06926	42,87749	45,99349	49,75454	53,37081	55,70923	60,271914
6e anneau $e_6 = 21\,e_1$	41,96829	45,39234	47,39091	50,83491	54,99186	58,98879	61,57347	66,616326
$E_6 = 23\,e_1$	45,96527	49,71542	51,90433	55,67633	60,22918	64,60677	67,43761	72,960738
7e anneau $e_7 = 25\,e_1$	49,96225	54,03850	56,41775	60,51775	65,46650	70,22475	73,30175	79,305150
$E_7 = 27\,e_1$	53,95923	58,36158	60,93117	65,35917	70,70382	75,84273	79,16589	85,649562

Les résultats de cette table peuvent être représentés au moyen d'une construction géométrique qui permet de les embrasser d'un coup d'œil. Nous allons l'expliquer telle que Newton l'a donnée.

Remarquons d'abord que la suite des quantités e_1, E_1, e_2, E_2, e_3, E_3,...., pour chaque couleur, forme une progression arithmétique e_1, $3\,e_1$, $5\,e_1$, $7\,e_1$,...., dont la différence est $2\,e_1$, et qui suit l'ordre des nombres impairs. Si nous voulons représenter géométriquement ce résultat, il n'y a qu'à diviser une droite indéfinie ZZ', fig. 7, en un nombre indéfini de parties égales entr'elles et à e_1, puis marquer les points de division successifs par les nombres 1, 2; 3, 4, 5, 6....; et alors, depuis l'épaisseur o jusqu'à l'épaisseur $Z\,1 = e_1$, les rayons de cette couleur seront transmis, ensuite depuis l'épaisseur $Z\,1$ jusqu'à l'épaisseur $Z\,3$, ils seront réfléchis; puis de $Z\,3$ à $Z\,5$, ils seront de nouveau transmis; et ainsi de suite, ils seront alternativement transmis et réfléchis dans toute l'étendue de la droite ZZ'. Le maximum de réflexion aura lieu dans les épaisseurs $Z\,2$, $Z\,6$, $Z\,10$...., qui suivent la progression arithmétique des nombres impairs 1, 3, 5, 7...., et le maximum de transmission aura lieu dans les épaisseurs $Z\,4$, $Z\,8$, $Z\,12$, qui suivent la progression arithmétique des nombres pairs o, 2, 4, 6....; de sorte que, si l'on veut connaître l'effet produit par une épaisseur quelconque, donnée et représentée par ZX, il n'y a qu'à porter cette longueur sur la droite ZZ', à partir de Z, et le point X où elle aboutira, montrera si elle donne lieu à la réflexion ou à la transmission, et à quel ordre d'anneaux elle appartient.

Mais cette construction sur une seule ligne droite n'est applicable qu'aux rayons d'une seule couleur, et même à ceux de cette couleur qui répondent à un endroit déterminé du spectre. Pour la rendre générale, il suffit de remarquer que les valeurs de e_n et de E_n pour les différentes couleurs, lorsque n est le même, sont proportionnelles aux valeurs de e_1 qui conviennent à ces couleurs : par conséquent on peut les représenter par les ordonnées d'une ligne droite dont les e_1 seraient les abscisses. Tel est le but de la construction suivante donnée par Newton :

Sur un axe indéfini C Z R , fig. 8, prenez, à partir d'un point quelconque C , les abscisses C Z, C U , C I, C B , C V, C J, C O, C R, proportionnelles aux nombres 0,6500, 0,6814, 0,7114, 0,7031, 0,8255, 0,9245 ; 1, lesquels , d'après l'expérience, expriment les rapports des diverses valeurs de $e_{,}$ pour les limites des sept principales couleurs du spectre. Ensuite , par les points Z , U , I.... R , extrémités de ces abscisses , et perpendiculairement à l'axe C Z R , élevez les ordonnées indéfinies Z Z′, U U′... R R′; puis, prenant sur la première une longueur Z 1 , égale à la valeur de $e_{,}$, pour les derniers rayons violets du spectre qui confinent au noir, portez successivement ce même intervalle aux points 2, 3, 4, 5.... de la même ordonnée , et enfin , menez du point C les lignes ponctuées C 1 , C 3 , C 5.... aboutissant à toutes les divisions impaires. Les intersections de ces droites avec les ordonnées relatives à chaque couleur, limiteront les valeurs de e_n et de E_n, auxquelles la réflexion de cette couleur commence et finit dans chaque ordre d'anneaux. Ainsi les espaces 11′ 33′, 33′ 77′.... compris entre C 1 et C 3, C 5 et C 7.... indiquent les intervalles d'épaisseur où quelque réflexion s'opère ; et les espaces intermédiaires 00′ 11′, 33′ 551.... indiquent les intervalles où la lumière incidente est tout-à-fait transmise. Enfin les carreaux trapézoïdes compris dans ces espaces par les ordonnées qui limitent les sept divisions du spectre , indiquent particulièrement les intervalles d'épaisseur propres à la réflexion ou à la transmission de tous les degrés de lumière simple qui produisent la sensation d'une même couleur. Par exemple , les carreaux compris entre les ordonnées Z Z′ et U U′ renferment tous les degrés du violet ; ceux qui sont compris entre U U′ et I I′ renferment tous les degrés de l'indigo , et ainsi du reste. Mais il faut joindre à ces limitations géométriques une modification importante ; c'est que la transmission est totale dans les endroits qui lui sont assignés, au lieu que la réflexion, d'abord insensible aux limites où elle commence, croît ensuite jusqu'à un certain maximum dont l'épaisseur est indiquée par les lignes moyennes C 2, C 6, C 10...., après quoi elle s'affaiblit de nouveau par les mêmes degrés ; et même , dans ces épaisseurs où elle est plus énergique , elle n'est encore que partielle. Nous devons aussi remarquer que les intervalles d'épaisseur , qui correspondent à la réflexion, se trouvent toujours, dans la nature , un peu plus grands que ceux qui conviennent à la transmission , sur-tout dans les premiers ordres d'anneaux. Mais Newton, qui a bien remarqué cette différence, l'a jugée trop petite, et trop peu susceptible d'une évaluation exacte pour qu'on pût y avoir égard.

Quoiqu'en construisant cette figure, ainsi que la table dont elle est l'image , nous n'ayons eu en vue que la réflexion des couleurs par des lames minces d'air, elles sont l'une et l'autre applicables à des lames de nature quelconque, puisque nous avons reconnu que , sur toutes les substances, les anneaux colorés se forment selon les mêmes lois. Il n'y a de changement que dans les valeurs absolues des épaisseurs e, , auxquelles ils se forment, lesquelles sont d'autant moindres , que la substance est plus réfringente. Nous pouvons donc, avec cette seule modification, regarder les conséquences de notre construction comme générales.

Avec son secours, on trouvera tout de suite si telle ou telle couleur est réfléchie ou transmise à une épaisseur assignée ; car en représentant cette épaisseur par ZX, il n'y a qu'à la porter sur l'ordonnée ZZ', puis par le point X, où elle se termine , mener une parallèle XX' à l'axe CZR, et enfin examiner si cette parallèle traverse un des espaces assignés à la transmission ou à la réflexion de la couleur proposée. De même, si l'on demandait quelles sortes de couleurs peuvent être transmises ou réfléchies à cette épaisseur ZX, il n'y aurait qu'à observer s'il y a des parties de cette ligne qui traversent quelque part un des espaces $00'$ $11'$, $33'$ $55'$... où la transmission s'opère ; car ces parties indiqueront réellement la transmission des couleurs correspondantes ; et, au contraire, celles qui passeront dans les espaces intermédiaires $11'$ $33'$, $55'$ $77'$... indiqueront une réflexion , laquelle sera d'autant plus abondante pour chaque section, que la ligne XX' s'approchera davantage de couper ces espaces dans leur milieu, où ils sont traversés par les lignes moyennes C 2, C 6, C 10... etc. Supposons, par exemple, que l'on demande quelle espèce de vert paraîtra, par réflexion, dans le troisième anneau à l'endroit où la réflexion de cette couleur est la plus vive; on marquera sur la ligne transversale 1010′ le milieu du carreau qui convient au vert, et menant par ce point une parallèle *v m v′* à C Z R, on trouvera qu'elle passe sur l'extrémité inférieure de l'espace consacré au jaune, et sur l'extrémité supérieure de l'espace consacré au bleu dans ce même anneau. Mais dans tout le reste de son cours, la ligne *v m v′* passera sur des espaces appartenans à la transmission ; d'où l'on conclura que l'espèce de vert réfléchi à cette épaisseur sera principalement composé de vert simple, mêlé d'un peu de bleu et de jaune, ce qui constituera encore un bon vert.

Nous pouvons ainsi, à l'aide de cette figure, expliquer dans tous ses détails le phénomène des anneaux colorés formés par la lumière naturelle, lorsqu'elle est réfléchie par une lame mince d'air ou de toute autre substance ; car tous les rayons simples qui composent cette lumière, pénétrant ensemble la lame mince avec une égale incidence, chacun d'eux doit y former ses anneaux selon ses propres lois ; et la seconde surface de la lame doit les réfléchir ou les transmettre aux mêmes épaisseurs auxquelles elle les aurait réfléchis ou transmis, s'ils l'eussent traversée isolément ou successivement. Puis donc que la même épaisseur peut réfléchir séparément les rayons de diverses espèces, comme nous venons de le voir, elle les réfléchira encore simultanément, tandis qu'elle laissera passer tous les autres. De là il résulte que, si la lame mince est partout également épaisse, elle réfléchira dans tous ses points un même mélange de rayons, sous chaque obliquité donnée ; et par conséquent, si on la regarde d'assez loin pour que les rayons qu'elle renvoie à l'œil dans ses divers points soient sensiblement parallèles, elle paraîtra d'une couleur uniforme. Mais si l'épaisseur varie, les couleurs varieront aussi dans les différens points de la lame, conformément aux épaisseurs. Ainsi, lorsque la lame sera comprise entre deux objectifs sphériques, dont

l'intervalle ira toujours en croissant circulairement à partir
du point de contact, il devra se former autour de ce point
une infinité d'anneaux circulaires de nuances diverses,
comme en effet on l'observe dans les anneaux colorés formés
à la lumière du jour.

Nous pouvons même déterminer l'ordre suivant lequel
les couleurs de ces anneaux doivent se succéder, à partir
de leur centre commun. Pour cela, il suffit de concevoir une
ligne droite qui, dans l'origine, coïncidant avec CZR, s'en
éloigne peu à peu, en lui restant toujours parallèle, et se
meuve ainsi à travers tous les espaces alternatifs où s'opèrent
la transmission et la réflexion. D'abord, lorsque cette ligne
quittera CZR, elle commencera par traverser un premier
espace dans lequel il ne se fait que peu ou point de réflexion,
à cause de l'extrême minceur des lames, après quoi elle arrivera en 1, c'est-à-dire aux plus faibles commencemens du
violet extrême; mais aussitôt qu'elle aura tant soit peu pénétré dans l'espace qui appartient à cette couleur, elle rencontrera aussi ceux qui contiennent le bleu et le vert, lesquels, avec le violet, composeront un bleu; puis elle pénétrera aussi le jaune et le rouge, qui, avec ce bleu, composeront un blanc. D'après le peu d'inclinaison de la ligne $C_1 1'$
sur l'axe CZR, on voit que ce passage à la blancheur devra
toujours se faire avec beaucoup de rapidité; pour les lames
d'air, par exemple, le commencement du violet dans le
premier anneau répond à l'épaisseur 1,99849, comme le
montre la table de la page 323; et le commencement du
rouge, dans ce même anneau, se trouvant sur la limite du
rouge et de l'orangé, répond à l'épaisseur 2,93207; d'où il
suit que la séparation des couleurs n'a lieu que dans un intervalle d'épaisseur égal à 2,93207 — 1,99849; ou 0,99358;
et par conséquent elle sera fort difficile à reconnaître, à
moins que les épaisseurs ne varient avec une extrême lenteur. Le blanc étant une fois formé dans le premier anneau,
il continuera de se réfléchir plus ou moins parfaitement
pendant que la ligne mobile passe de 1 en 3; après quoi
les couleurs qui le composent venant à manquer successivement, il se changera premièrement en un jaune com-

posé, puis en rouge, et ce rouge enfin disparaît en 5'. C'est alors que commencent les couleurs du second anneau, et il y a entr'elles et celles du premier un petit intervalle noir, du moins en adoptant comme rigoureuses les limites de réflexion que Newton a fixées ; car l'épaisseur extrême où *finit* le rouge du premier anneau est 9,516618, selon notre table, et l'épaisseur où *commence* le violet du second anneau est 9,99245 ; d'où il suit qu'entre ces deux limites, il y a un intervalle égal à 9,99245 — 9,516618, ou 0,473832, dans lequel aucune couleur n'est réfléchie ; conséquemment il devra se former, par transmission, en cet endroit, un anneau blanc très-mince. Mais l'existence de ces deux anneaux pourra être modifiée par l'extension plus ou moins considérable des limites sensibles de la réflexion ; car si la lame mince d'air, sur laquelle les limites précédentes sont prises, devenait tout à coup plus réfléchissante, sans déranger d'ailleurs en rien ses autres propriétés, on pourrait observer des quantités de lumière sensibles, aux mêmes endroits où précédemment on n'en apercevait point ; et les intervalles d'épaisseur occupés par les anneaux réfléchis lucides, devenant plus considérables, les deux premiers anneaux pourront s'élargir assez pour faire disparaître le mince anneau noir qui les séparait dans les déterminations de Newton. En effet, nous trouverons par la suite des substances qui nous offriront cette superposition d'une manière assez distincte pour être observée, non pas, à la vérité, dans le phénomène même des anneaux, mais dans une autre série de faits qui suit absolument les mêmes lois de périodicité, sur une échelle d'épaisseurs bien plus dilatée. Quoi qu'il en soit, en revenant aux expériences de Newton, nous voyons qu'au-delà du mince anneau noir, dont nous venons de reconnaître l'existence, commencent les couleurs du second anneau qui se succèdent par ordre, tandis que la ligne mobile passe de 5 en 7 : celles-ci sont plus vives que dans le premier anneau, parce qu'elles sont plus dilatées et plus séparées les unes des autres, comme la figure même l'indique, par l'inclinaison plus grande de la ligne 77' sur l'axe C Z R. En vertu de cette séparation, il intervient entre le bleu et le jaune de cet an-

neau , non plus du blanc , comme dans le premier anneau ,
mais un mélange d'orangé, de jaune , de vert, de bleu et
d'indigo , toutes lesquelles couleurs , jointes ensemble, doivent composer un vert lavé et imparfait. De même, les couleurs du troisième anneau se succèdent par ordre ; premièrement vient le violet, qui se mêle un peu avec le rouge du
second ordre, car il commence à l'épaisseur 17,9864 , et finit
à 21,98339 , au lieu que le rouge du second ordre ne finit
qu'à l'épaisseur 22,205442 ; d'où il suit que ces deux couleurs sont réfléchies ensemble pendant toute la durée du
violet du dernier anneau. C'est pourquoi ce violet n'est
point aperçu séparément, et il se change en un pourpre
rougeâtre. Ensuite viennent le bleu et le vert, qui sont
moins mêlés avec d'autres couleurs, et par cela même plus
vifs qu'auparavant, sur-tout le vert ; après, suit le jaune,
dont une partie, du côté du vert, est distincte et bonne ;
mais l'autre partie, du côté du rouge, qui vient immédiatement après, fait un jaune qui, aussi bien que le rouge,
est mêlé avec le violet et le bleu du quatrième anneau , d'où
résultent différens degrés d'un rouge tirant extrêmement sur
le pourpre. Ce violet et ce bleu, qui devraient succéder à
ce rouge, se trouvent mêlés et confondus avec lui , d'où il
arrive qu'à leur place il succède un vert. Ce vert d'abord
tire sur le bleu, mais il devient bientôt un bon vert ; et c'est
la seule couleur non mêlée et vive qui paraisse dans ce quatrième anneau, car à mesure qu'il tire sur le jaune, il commence à se mêler avec les couleurs du cinquième anneau,
par lequel mélange le jaune et le rouge, qui succèdent immédiatement après, deviennent fort faibles et sales, sur-
tout le jaune, qui, étant la plus faible couleur, ne peut
qu'à peine être aperçue. Après cela, les différens anneaux
et les couleurs s'entremêlent et se confondent de plus en
plus, jusqu'à ce que, après trois ou quatre successions, où le
rouge et le bleu dominent partout, toutes les espèces de
couleurs, se trouvant partout mêlées assez également ensemble, composent un blanc uniforme.

Comme nous avons observé que les rayons d'une couleur
sont transmis dans le même endroit où ceux d'un autre sont

réfléchis, on voit qu'en prenant le complément des couleurs réfléchies, dont nous venons de donner la succession, on aura l'ordre et la succession des couleurs transmises. Ainsi, en faisant mouvoir la ligne mobile parallèlement à Z R, et depuis Z jusqu'en 1, nous avons trouvé que, dans cet espace, la réflexion était nulle ou insensible; donc la transmission y sera totale, et cela produira la tache blanche centrale qui s'observe dans les anneaux transmis. La ligne mobile arrivant en 1, les rayons violets et bleus commenceront à être réfléchis, par conséquent leur complément dans les anneaux transmis formera un blanc jaunâtre, et ensuite un rouge jaunâtre ; mais ces couleurs seront extrêmement faibles et difficiles à voir, parce que les premiers rayons violets ne sont pas d'abord réfléchis en grande abondance, à cause de l'éloignement où la règle se trouve de 22′ ; et, dès qu'elle commence à s'en approcher davantage, elle arrive presqu'aussitôt en 1′ au commencement du rouge; de sorte que la lumière blanche transmise, perdant ainsi une partie de toutes ses couleurs, et dans une proportion peu différente de celle qui produit la blancheur, reste blanche comme auparavant, ou du moins n'éprouve qu'une coloration peu marquée. Mais en même temps son intensité s'affaiblit, et elle est la moindre possible dans les épaisseurs où la réflexion est la plus vive, ce qui répond au milieu du blanc dans le premier des anneaux réfléchis. C'est là la cause de l'anneau noir, ou plutôt gris obscur, qui succède au premier rouge jaunâtre dans les anneaux vus par transmission.

La ligne mobile, s'éloignant toujours de l'axe Z R, arrive en 3. Alors les rayons violets commencent à échapper tout-à-fait à la réflexion, puis les bleus, les verts, les jaunes, et enfin les rouges échappent à leur tour; mais parce que la ligne 33′ est encore très-peu inclinée sur Z R, il arrive ici la même chose que dans le passage de la ligne 1 en 1′; c'est-à-dire que l'on ne peut pas distinguer la succession de ces diverses couleurs, à cause du peu de différence des épaisseurs qui les donnent, et aussi à cause de leur faiblesse ; de sorte que l'on distingue tout au plus un peu de violet et de bleu, qui se change bientôt en blanc , lorsque la règle arrive en

3′; car nous avons vu qu'alors elle n'atteint pas encore 5 , parce que Z 5 surpasse R 3′ d'une quantité égale à 0,473832 millionièmes de pouce; cela produit le second anneau blanc par transmission, et cet anneau subsiste pendant que la ligne mobile passe de 3′ en 5. Alors la réflexion commençant à s'opérer sur les couleurs du second anneau, les diverses parties composantes de ce blanc s'en séparent successivement; d'abord le violet, puis le violet et le bleu, puis le violet, le bleu et le vert, et ainsi de suite, ce qui le change successivement dans les couleurs complémentaires des précédentes, c'est-à-dire en jaune, rouge, violet et bleu. Ce sont là les couleurs du second anneau transmis, et elles sont plus distinctes que celles du premier, parce que la ligne qui les limite est plus inclinée sur Z R que ne l'était 11′; ce qui les sépare davantage les unes des autres. En continuant ainsi à s'éloigner de Z R , et prenant toujours la couleur complémentaire de l'anneau réfléchi, on retrouvera successivement les couleurs des anneaux transmis dans l'ordre que nous avons indiqué pag. 306 , d'après l'observation.

On peut, d'après cet examen, concevoir pourquoi les anneaux transmis sont toujours beaucoup plus pâles que les anneaux réfléchis ; c'est que, dans la transmission, les anneaux formés par chaque espèce de lumière simple ne sont point séparés par des intervalles noirs, puisque la réflexion n'est jamais totale en aucun endroit de la lame mince ; de sorte que leur succession n'offre que des alternatives d'intensités périodiquement croissantes et décroissantes; au lieu que les anneaux simples, vus par réflexion, sont séparés entr'eux par des intervalles absolument noirs, ce qui les empêche d'empiéter autant les uns sur les autres quand ils se réfléchissent tous à la fois. Par cette raison, les anneaux transmis devront devenir plus distincts, si l'on augmente le pouvoir réflecteur de la lame mince ; puisque les variations d'intensités seront plus considérables dans les diverses parties des anneaux simples qui les composent, ce qui rendra leur mélange moins uniforme. C'est ce que l'on fait quand on incline beaucoup les rayons sur la lame mince, en la regardant très-obliquement ; car alors la réflexion devient jusqu'à quinze et vingt fois plus forte que sous l'incidence perpendiculaire. Aussi observe-t-on alors que les couleurs des anneaux transmis deviennent beaucoup plus sensibles qu'auparavant ; et, au contraire, celles des anneaux réfléchis le sont un peu moins, parce que les anneaux simples qui les composent, s'élargissent et empiètent davantage les uns sur les autres.

On peut vérifier avec la plus grande facilité toutes ces indications de la théorie, en observant les couleurs qui se développent dans les bulles d'eau savonneuse, tant par réflexion que par transmission ; mais pour pouvoir les suivre dans tous leurs détails, il faut former ces bulles comme je l'ai expliqué page 309, en les soufflant dans un vase fermé, et les laissant pendre au bout du tube avec lequel on les a soufflées. Cette disposition les faisant subsister des heures entières, leur permet de passer progressivement par toutes les variétés d'épaisseur et toutes les diversités de coloration. Même on peut encore améliorer le procédé en soufflant l'une au-dessus de l'autre deux bulles séparées par une lame d'eau très-mince, comme le représente la fig. 9. Pour cela, quand on a formé une première bulle, on porte avec le doigt, à l'orifice supérieur du tube, une petite goutte d'eau, qui descend bientôt jusqu'à l'autre orifice. On souffle doucement cette eau, et il en résulte une seconde bulle adhérente à la première. La cloison aqueuse qui les sépare est pour l'ordinaire presque plane, et plus ou moins inclinée à l'horizon. Cette obliquité déterminant l'écoulement de l'eau qui la forme, la face s'amincit de plus en plus avec le temps, et s'amincit davantage dans sa partie la plus haute. De là résulte une succession de larges bandes colorées de toutes les teintes des anneaux, qui, paraissant d'abord dans le haut de la lame, descendent graduellement vers le bas, en développant de plus en plus la richesse de leurs teintes, et, dans leur formation successive aussi bien que dans leurs changemens divers, présentent toutes les variétés de coloration que la théorie nous a tout-à-l'heure indiquées.

Jusqu'ici, nous n'avons considéré que l'ordre et l'espèce des couleurs simples qui sont réfléchies ou transmises à

chaque épaisseur. Pour recomposer pleinement le phénomène, il faut déterminer la nature des teintes qui résultent
de ces mélanges. Cela exige que l'on connaisse la loi suivant laquelle l'intensité de la réflexion varie dans l'é-
tendue de chaque anneau simple ; car ces intensités étant
connues, la composition des couleurs peut s'en déduire
par le procédé expliqué page 234. On pourrait donc assigner ainsi avec précision les épaisseurs auxquelles doivent
paraître les nuances les plus distinctes de chaque anneau.
C'est ce qu'a fait Newton, et il a dressé une table de ses
résultats pour les sept ordres d'anneaux dont la coloration
est sensible. La voici telle qu'il l'a donnée dans son optique.
On peut voir, dans le Traité général, tous les détails numériques de sa construction. Nous dirons seulement ici que
l'ayant d'abord calculée seulement pour les lames d'air, il
l'a étendue à celles d'eau et de verre, d'après cette remarque faite plus haut que dans des substances diverses la
même teinte se réfléchit à des épaisseurs réciproques au rapport de réfraction. De sorte, par exemple, que si le rapport
en est $\frac{3}{4}$ pour les rayons qui passent de l'air dans l'eau, les
lames d'eau qui réfléchissent une certaine teinte, devront
avoir aussi les $\frac{3}{4}$ de l'épaisseur qu'auraient des lames d'air.
On peut observer ce rapport dans la table de Newton, et
des expériences que nous rapporterons bientôt prouvent la
généralité de la règle.

	COULEURS RÉFLÉCHIES.	ÉPAISSEURS DES LAMES, en millionièmes de pouce anglais,		
		d'air.	d'eau.	de verre.
1er ORDRE.	Très-noir	1/2	3/8	1/3
	Noir	1	3/4	2/3
	Commenc. du noir	2	1 1/2	1 3/7
	Bleu	2 2/5	1 4/5	1 3/5
	Blanc	5 1/4	3 3/4	3 2/3
	Jaune	7 1/5	5 1/3	4 3/5
	Orangé	8	6	5 1/3
	Rouge	9	6 3/4	5 4/5
2e ORDRE.	Violet	11 1/2	8 1/3	7 1/3
	Indigo	12 2/5	9 1/3	8 2/11
	Bleu	14	10 1/2	9
	Vert	15 1/8	11 1/3	9 5/7
	Jaune	16 2/7	12 1/3	10 2/5
	Orangé	17 2/7	13	11 1/9
	Rouge éclatant	18 1/3	13 3/4	11 5/6
	Rouge ponceau	19 1/7	14 1/4	12 2/7
3e ORDRE.	Pourpre	21	15 3/4	13 11/13
	Indigo	22 1/10	16 4/7	14 1/4
	Bleu	23 2/5	17 11/13	15 1/13
	Vert	25 1/3	18 1/13	16 1/4
	Jaune	27 1/7	20 1/7	17 1/2
	Rouge	29	21 1/4	18 5/7
	Rouge bleuâtre	32	24	20 2/7
4e ORDRE.	Vert bleuâtre	34	25 1/2	22
	Vert	35 2/7	26 1/2	22 1/4
	Vert jaunâtre	36	27	23 2/7
	Rouge	40 1/3	30 1/4	26
5e ORDRE.	Bleu verdâtre	46	34 1/2	29 2/7
	Rouge	52 1/2	39 1/3	34
6e ORDRE.	Bleu verdâtre	58 1/4	44	38
	Rouge	65	48 1/4	42
7e ORDRE.	Bleu verdâtre	71	53 1/4	45 4/5
	Blanc rougeâtre	77	57 3/4	49 2/7

En comparant cette table avec la fig. 8 , on connaîtra la manière dont chacune des couleurs qu'elle renferme est composée en fonction de ses élémens simples. Elle a encore beaucoup d'autres usages que nous expliquerons par la suite ; mais dès ce moment, il en est plusieurs que nous pouvons exposer.

Le premier et le plus simple , c'est de trouver l'épaisseur d'une lame mince d'après la couleur qu'elle réfléchit sous l'incidence perpendiculaire , lorsque son rapport de réfraction est connu. En effet, cette couleur étant connue, la table détermine l'épaisseur d'air qui y correspond , laquelle, divisée par le rapport de réfraction de la substance , donne son épaisseur. Par exemple , d'après des expériences que j'indiquerai tout-à-l'heure , le rapport de réfraction du mica peut être évalué à 1,55 , celui de l'air étant 1. Supposons qu'on en détache un feuillet de cette substance , assez mince pour réfléchir le bleu du troisième ordre , sous l'incidence perpendiculaire. L'épaisseur de la lame d'air qui réfléchirait aussi ce bleu en 23,4, suivant la table de Newton ; celle de la lame de mica sera donc $\frac{23,4}{1,53}$ ou 15,3 , c'est-à-dire cent cinquante-trois dix millionièmes de pouce anglais ; cette épaisseur diffère très-peu de celle qu'aurait une lame de verre qui réfléchirait la même teinte. Cela tient au peu de différence qui existe entre les rapports de réfraction du mica et du verre.

Un autre usage de la table , c'est de déterminer à-la-fois le rapport de réfraction des lames à leur épaisseur, quand on a observé les teintes qu'elles réfléchissent sous deux incidences connues , par exemple, quand les rayons incidens sont successivement parallèles ou perpendiculaires à leur surface. Il ne faut que combiner les indications de la table avec la loi générale donnée par Newton, pour les variations des teintes sous diverses incidences. On peut voir dans le Traité général les formules qui expriment cette combinaison, et leur application à une lame de mica ainsi observée. C'est de là que j'ai tiré le rapport en réfraction indiqué tout-à-l'heure pour cette substance. Il reste toutefois à dire comment on reconnait qu'une teinte observée est de tel ou tel ordre. C'est ce que j'expliquerai plus tard.

La théorie des anneaux colorés que nous venons d'exposer d'après Newton, ne fait pas connaître la cause physique qui opère la décomposition de la lumière dans les lames très-minces des corps; mais cette décomposition étant admise comme un fait, elle réduit ce fait à ses élémens les plus simples; elle montre pourquoi les anneaux de diverses couleurs se superposent, elle assigne les lois de leur superposition, et elle en conclut toute la diversité des teintes qui résultent de leur mélange. Ces propriétés, combinées avec les autres lois de l'optique, c'est-à-dire avec celles de la réfraction et de la réflexion, doivent nécessairement suffire, et suffisent en effet pour expliquer complètement toutes les modifications que les teintes des anneaux peuvent éprouver lorsqu'on leur fait subir l'action réfringente ou réfléchissante des corps. Si quelques phénomènes nouvellement découverts ont paru échapper à ces lois, c'est que l'on n'a pas assez distingué les causes qui modifient l'intensité de la lumière, d'avec les causes qui opèrent sa décomposition en anneaux. Cette distinction est très-importante; car nous avons déjà remarqué que l'on peut affaiblir l'intensité des anneaux sans changer la nature de leurs teintes, et nous verrons par la suite que cet affaiblissement peut aller au point de les faire complètement et rigoureusement disparaître. Mais les lois que nous avons établies sur la formation des anneaux ne sont pas infirmées par ces phénomènes, car elles portent uniquement sur le mode de séparation, de distribution des couleurs, et non pas sur la quantité absolue de lumière réfléchie, laquelle peut varier par des causes absolument étrangères et indifférentes à ces lois.

Newton, voulant confirmer ses découvertes sur les anneaux par toutes les épreuves possibles, a rapporté dans son ouvrage un grand nombre de faits, en apparence très-bizarres, qui, analysés par sa théorie, se résolvent avec la plus grande facilité. Nous ne le suivrons point dans tous ces détails; il nous suffit d'avoir fait comprendre que toutes les expériences qui porteront sur la seule combinaison des teintes, seront nécessairement renfermées dans sa théorie; mais nous rapporterons cependant deux de ses expériences, parce qu'elles offrent, pour ainsi dire, la réunion de tous les faits que la théorie embrasse, et qu'elles montrent comment il faut l'appliquer.

Lorsqu'on forme des anneaux colorés entre les surfaces de deux prismes superposés, comme le montre la fig. 10, si l'on fait tourner les prismes autour de leur arête commune, perpendiculairement au plan A C B, de manière à rendre les rayons incidens plus obliques à la lame d'air, on voit les anneaux s'élargir de plus en plus autour de la tache centrale, comme cela doit arriver, puisque l'incidence des rayons sur la lame d'air B C augmente. Or, si la longueur du plan C B permet de les suivre ainsi jusqu'à la réflexion totale, ils finissent par disparaître entièrement : mais en les observant avec soin pendant les changemens d'inclinaison, on remarque que leurs teintes varient. Elles se rapprochent peu à peu les unes des autres dans chaque anneau, de manière à devenir moins distinctes; on arrive ainsi à un terme où les couleurs ont tout-à-fait disparu, on ne voit plus que des anneaux blancs très-déliés, séparés par des anneaux noirs. Enfin, en continuant toujours le mouvement des prismes dans le même sens, ces anneaux blancs se résolvent de nouveau en anneaux colorés ; mais la manière dont les couleurs en sortent est contraire à l'ordre qu'elles suivaient dans les incidences voisines de la perpendiculaire ; c'est-à-dire que le violet et le bleu, par exemple, sortent les premiers dans le périmètre extérieur de chaque anneau, au lieu d'être les plus intérieurs, comme ils l'étaient d'abord ; et, au contraire, le rouge est devenu intérieur, lui qui, auparavant, faisait la bordure extérieure de l'anneau ; en un mot, l'ordre des couleurs est absolument interverti.

Tout cela est une conséquence nécessaire de la théorie. Nous avons vu que, sous des incidences égales, les rayons rouges forment des anneaux plus grands que les orangés, les orangés plus grands que les jaunes, et ainsi de suite jusqu'aux rayons violets, qui forment les plus petits de tous les anneaux. Quand donc les rayons incidens tombent perpendiculairement sur la lame d'air, les anneaux rouges, dans chaque ordre, doivent être les plus extérieurs, ensuite les orangés, les jaunes.... et enfin les violets, qui forment le bord intérieur de chaque succession. Si l'on inclinait tous les rayons également sur la lame d'air, le même ordre subsisterait encore, parce que les anneaux de diverses couleurs, sous des inclinaisons égales, se dilatent proportionnellement au carré de leur diamètre primitif, et ainsi ils ne font que s'étendre au lieu de se concentrer. Cela arrive, par exemple, lorsque l'on observe des anneaux formés entre deux verres objectifs, dont l'épaisseur et la convexité sont peu considérables ; car alors les rayons émergens sur la lame d'air entre les deux verres sont toujours presque parallèles aux rayons incidens, et par conséquent ils restent aussi parallèles entr'eux. Mais lorsque les rayons incidens, avant de rencontrer la lame d'air, traversent les deux surfaces d'un prisme, comme cela arrive dans l'expérience que nous examinons, ils sont réfractés et dispersés par le prisme avant d'arriver à cette lame, et ils le sont inégalement à cause de leur inégale réfrangibilité, d'où résultent des incidences inégales.

Soit, fig. 11, S I le rayon incident, I N la perpendiculaire à la surface réfringente, et C B la surface contiguë à la lame d'air, sur laquelle se forment les anneaux. Les rayons violets étant les plus réfrangibles, s'approchent davantage de la perpendiculaire I N, et vont, par exemple, en V sur la seconde surface ; les rayons rouges, au contraire, étant moins réfractés, vont moins loin, et arrivent, par exemple, en R. Il résulte clairement de cette disposition, que les rayons les plus réfrangibles, c'est-à-dire les violets et les bleus, arrivent à la lame d'air plus obliquement que les rouges. Or, nous avons trouvé par expérience que les anneaux formés par une seule et même couleur se dilatent et s'étendent de tous côtés, à mesure que l'incidence devient plus oblique. Donc, dans le cas actuel, où l'inclinaison des rayons violets sur la lame d'air est devenue plus grande par la réfraction, leurs anneaux doivent se dilater, et dans une proportion plus grande que les anneaux rouges, puisque les rayons rouges ont moins gagné en inclinaison. Cette différence ayant lieu aussi pour les couleurs intermédiaires, doit rapprocher les franges qui forment chaque anneau composé, et les concentrer, pour ainsi dire, en un même anneau, jusqu'à produire enfin du blanc, si l'incidence des rayons est telle que les rayons violets compensent, par leur excès d'obliquité, la petitesse primitive de leurs anneaux. Alors on ne doit plus observer que des anneaux blancs séparés par des intervalles obscurs. Mais, en continuant à tourner les prismes dans le même sens, si l'incidence augmente encore, l'excès d'obliquité que les rayons violets acquièrent par la réfraction donne à leurs anneaux une dilatation plus que suffisante pour les égaler aux anneaux rouges; ils doivent donc alors se séparer du blanc en dehors des anneaux, et un pareil effet se produisant progressivement sur toutes les autres couleurs jusqu'au rouge, celle-ci doit rester en arrière, et, dégagée des autres, former le périmètre intérieur de l'anneau composé. Il serait même facile de calculer toutes les successions de ces changemens, d'après les lois suivant lesquelles les anneaux s'étendent sous des inclinaisons diverses, en les combinant avec celles de la dispersion de la lumière produite par la réfraction du prisme : et, réciproquement, on pourrait, par des observations de ce genre, déterminer l'accroissement que l'étendue des anneaux éprouve par les accroissemens d'obliquité. Ce procédé paraît être un de ceux qu'a employés Newton, pour calculer les derniers nombres de la table rapportée dans la page 303.

En développant l'expérience que nous venons de détailler, Newton fait remarquer une circonstance qui dénote bien l'observateur ingénieux et attentif; c'est que, pour voir nettement les anneaux blancs et noirs, il faut ne pas les regarder de près, mais à une certaine distance; car, lorsqu'on les regarde de trop près, non-seulement ils deviennent confus; mais encore on voit paraître du violet au périmètre extérieur de chaque anneau blanc, et du rouge à son périmètre intérieur. La raison de cela, dit-il, c'est que les rayons qui arrivent dans l'œil par différens endroits de la prunelle, ont différentes obliquités par rapport aux verres, et que les plus obliques, s'ils étaient considérés à part, feraient paraître les plus grands anneaux; cette expansion est

d'autant plus grande, que la différence d'obliquité est plus
grande, c'est-à-dire que la prunelle est plus ouverte, ou
l'œil plus près des verres. Or, la largeur du violet doit
avoir le plus d'étendue, parce que les rayons propres à
exciter la sensation de cette couleur sont les plus inclinés à
la seconde surface de la lame d'air où ils sont réfléchis, et
aussi parce qu'ils ont une plus grande variation d'obliquité ;
ce qui fait que cette couleur sort plus promptement qu'aucune autre des bords du blanc ; et à mesure que la largeur
de chaque anneau s'augmente ainsi, les intervalles obscurs
doivent diminuer jusqu'à ce que les anneaux voisins viennent à se toucher et à se mêler ensemble, les extrêmes premièrement, et puis ceux qui sont les plus proches du centre,
de sorte qu'ils ne peuvent plus être distingués à part, et
semblent composer un blanc uniforme.

Une autre observation également remarquable, et qui
s'explique également bien par la théorie, c'est que lorsqu'on
regarde des lames minces d'air, d'eau ou de verre, à travers un prisme, on y découvre beaucoup plus d'anneaux
qu'en les regardant à la vue simple ; de sorte qu'au lieu de
huit ou neuf anneaux tout au plus que l'on parvient ordinairement à découvrir, on en peut compter de cette manière plus de trente ou quarante très-minces, et rapprochés les uns des autres ; et, à en juger par leur proximité et
l'espace qu'ils occupent, on peut estimer qu'ils se suivent
ainsi, en nombre bien plus considérable, et jusqu'à des
centaines de fois. Pour comprendre la raison de ce phénomène, revenons d'abord au cas le plus simple, à celui où
les anneaux seraient formés par des rayons d'une seule et
même couleur ; par exemple, par des rayons rouges. Alors,
en les considérant sur une plaque dont l'épaisseur va graduellement en augmentant du centre à la circonférence,
comme sont les lames d'eau et d'air comprises entre deux
surfaces sphériques, nous voyons que les premiers anneaux
sont les plus séparés les uns des autres ; les différences de
leurs diamètres vont en diminuant de plus en plus, à mesure qu'ils s'éloignent de la tache centrale ; enfin, à une
certaine distance de cette tache, ils se rapprochent tellement

les uns des autres, que l'œil ne peut plus discerner leurs
intervalles, et qu'ils semblent composer une couleur continue. Si nous regardons ces anneaux à travers un prisme,
ils n'éprouveront aucune séparation notable, parce que les
rayons qui les composent étant réfractés également par le
prisme, toutes leurs images se trouvent déplacées également, du moins en négligeant les petites différences qui
proviennent de l'inégale incidence de ces rayons sur les faces
du prisme. Faisons maintenant tomber sur ces mêmes lames
l'ensemble de toutes les couleurs qui forment la lumière
blanche; aussitôt, si nous continuons de les regarder à la
vue simple, nous y verrons beaucoup moins d'anneaux distincts qu'auparavant; ce qui tient à la superposition de ces
anneaux, et à leur empiétement les uns sur les autres, comme
nous l'avons expliqué page 320 et 328. Maintenant, si nous regardons les lames à travers un prisme, la réfraction transportera les images de tous les anneaux dans le même sens,
mais d'une quantité inégale, et plus grande pour les rayons
violets, qui sont les plus réfrangibles, que pour les rayons
rouges, qui le sont le moins. Alors, si nous supposons le
prisme placé comme le représente la fig. 12, il arrivera que,
dans toute la partie des anneaux située au-delà du centre C,
les anneaux violets, qui auparavant étaient par leur nature
plus petits dans chaque ordre que les anneaux rouges, s'en
trouveront rapprochés; et si la différence de dispersion est
assez forte pour compenser entièrement leur infériorité primitive, ils pourront finir par les rejoindre; et comme il en
sera de même, à très-peu près pour les couleurs intermédiaires comprises entre les anneaux violets et les rouges, il
arrivera que tous ces anneaux, étant ainsi concentrés ensemble, paraîtront blancs et séparés par des intervalles obscurs. On se trouvera donc alors dans le même cas que s'ils
étaient formés par des rayons d'une seule couleur, et par
conséquent on en pourra découvrir un bien plus grand nombre qu'avant que le prisme fût interposé. Mais, dans la position que nous avons supposée au prisme, cet accroissement
de netteté n'aura lieu que pour les parties des anneaux situées
au-delà de leur centre relativement au prisme; et au con-

traire, pour les parties situées en deçà du centre, le prisme ne fera qu'augmenter leur confusion, car son effet, dans cette partie, sera de rapprocher du centre les anneaux violets qui en étaient déjà les plus voisins, ce qui les éloignera encore davantage des anneaux rouges ; et cette extension des franges colorées augmentant leur empiétement les unes sur les autres, contribuera davantage à les mêler, et en composera plutôt une teine blanche uniforme, dans laquelle aucune couleur ne sera plus assez distincte pour pouvoir être aperçue. D'après cela, on conçoit que si l'on voulait séparer cette partie des anneaux, il faudrait retourner le prisme en sens inverse. C'est en effet ce qui a lieu, fig. 13. Mais alors, par réciprocité, les parties situées au-delà du centre doivent se mêler davantage et devenir indistinctes, ce qui est en effet conforme à l'observation.

Or, puisque de cette manière on parvient à apercevoir des anneaux dans la partie de la lame d'air où l'on n'en voyait point à la vue simple, il s'ensuit qu'une telle lame peut paraître à l'œil d'un blanc continu et uniforme, quoique, dans la réalité, la lumière y forme des anneaux que le prisme rendra sensibles en les séparant. C'est aussi ce que l'on peut observer, non-seulement sur les lames d'air comprises entre deux objectifs, mais aussi sur les bulles d'eau savonneuse ; car, avant qu'elles aient atteint le degré de minceur nécessaire pour réfléchir des couleurs sensibles, le prisme y découvre déjà des anneaux concentriques. Et de même, des lames minces de mica, ou d'eau, ou de verre soufflé à la lampe, quoique n'étant pas assez minces pour paraître colorées à l'œil nu, montrent, lorsqu'on les regarde avec le prisme, une infinité de petits anneaux irréguliers qui ondulent sur leur surface de mille manières, en suivant les inégalités insensibles de leur épaisseur. Et, dit Newton, on comprendra aisément la raison de ces phénomènes, si l'on considère que tous ces anneaux, en nombre infini, existent déjà dans les lames quand on les regarde à la simple vue, quoique, à cause de la largeur de leurs circonférences et de l'ordre élevé auxquels ils répondent, ils soient si fort mêlés et confondus ensemble, qu'ils semblent composer un blanc uniforme; confusion que le prisme fait disparaître en les séparant. Pour bien faire cette expérience, il faut placer les petites lames au-dessus d'un corps noir, et les regarder à travers le prisme, disposé comme le représente la fig. 14.

Enfin, tous les phénomènes décrits dans la théorie de Newton, sur les anneaux colorés, confirment les conséquences auxquelles nous étions déjà parvenus précédemment sur la nature des rayons lumineux eux-mêmes, savoir, que les propriétés colorifiques de ces rayons ne dépendent point de quelqu'altération ou modification qui leur serait communiquée par les milieux qu'ils traversent, mais qu'elles leur sont inhérentes, congénères, qu'ils les possèdent déjà en émanant des corps lumineux, qu'ils les transportent ensuite avec eux à toutes les distances sans fin et sans bornes, et qu'ils les conservent sans altération dans tous les milieux qu'on leur fait traverser.

Sur les accès de facile transmission et de facile réflexion.

Après avoir établi, par l'expérience, les lois fondamentales de la distribution et de la succession des anneaux colorés formés sur les lames minces, Newton a tiré de cet ensemble la connaissance d'une nouvelle propriété physique des molécules lumineuses ; propriété qui, non-seulement reproduit tous les détails observés par Newton, mais encore explique une multitude d'autres faits d'une nature en apparence toute différente, et qui lui étaient entièrement inconnus. Pour qu'on voie bien que cette propriété résulte nécessairement des phénomènes, sans mélange d'aucune hypothèse, je rapporterai l'une après l'autre les propositions de Newton, en y ajoutant seulement les développemens nécessaires pour qu'on en saisisse la généralité ; et je ferai voir ensuite, pour chacune d'elles, comment elle est l'expression fidèle de tel ou tel phénomène observé dans les anneaux.

Rappelons-nous d'abord que la transmission de la lumière est progressive. C'est un fait que les éclipses des satellites de Jupiter ont fait connaître, et que l'aberration des fixes a depuis confirmé. On déduit également de ces deux phénomênes, que les molécules lumineuses emploient 8′ 13″ de temps sexagésimal pour parcourir la moyenne distance du soleil à la terre; leur mouvement est uniforme dans tout cet intervalle, et même dans toute l'étendue de l'orbe de Jupiter. On ne trouve pas de différences sensibles entre les vitesses des molécules lumineuses de réfrangibilité diverse, car, s'il en existait de telles, lorsqu'un satellite entre dans l'ombre ou en sort, son disque devrait paraître successivement teint des diverses couleurs prismatiques, ce qui n'arrive pas. La vitesse commune ainsi déterminée est celle que la lumière a dans le vide; car les espaces célestes peuvent être considérés comme vides de toute matière pondérable et réfringente. Lorsque les molécules lumineuses traversent des milieux dont les parties agissent sur elles par des attractions à petite distance, leur vitesse dans ces milieux est à leur vitesse dans le vide, comme le sinus d'incidence dans le vide est au sinus de réfraction dans le milieu matériel. D'où il résulte que la vitesse de la lumière dans les corps est toujours plus grande que dans le vide, et croît avec leur pouvoir réfringent.

Voici maintenant les nouvelles propriétés de la lumière que Newton établit comme des conséquences de ses observations sur les lames minces.

PREMIÈRE PROPOSITION. Toute molécule lumineuse qui a traversé une surface réfringente quelconque, a acquis dans cet acte même une certaine disposition transitoire, qui, dès-lors, pendant toute la marche de la molécule dans le même milieu, se reproduit périodiquement à intervalles égaux; et il en résulte qu'à chaque retour de cette disposition, la molécule lumineuse est transmise *aisément* à travers une seconde surface réfringente, s'il s'en trouve alors une qui se présente; tandis que, au contraire, à chaque intermission de cet état, elle est réfléchie *aisément, quoique non pas nécessairement*, par une telle surface. Ces successions d'état ou de dispositions diverses, Newton les nomme *accès de facile transmission*, *accès de facile réflexion*; et la distance parcourue par la molécule entre les retours de deux accès de même nature, il l'appelle *l'intervalle des accès*. De sorte que la *longueur de chaque accès* est la moitié de ces intervalles. En traduisant ces définitions en analyse, on peut assigner l'espèce et la phase d'accès où se trouvera une molécule lumineuse, à un instant quelconque, dans un milieu donné, lorsqu'on connaîtra ces élémens pour l'instant de son entrée dans le milieu, et qu'on saura aussi quelle est la longueur des accès pour cette molécule. J'ai donné dans le Traité général, les formules qui expriment cette dépendance.

Ceci n'est qu'une manière générale d'énoncer le fait et la loi des transmissions et des réflexions alternatives qui s'opèrent à différentes épaisseurs, dans un même lieu, sous chaque incidence donnée. Seulement Newton présente ces alternatives comme indéfinies, et il les attribue à une propriété physique des particules lumineuses qui les rend susceptibles d'être ainsi modifiées par les surfaces réfringentes des corps ; ce sont là deux points qu'il nous faut examiner.

Lorsque nous avons observé, à la vue simple, les anneaux composés, nous n'avons pu y découvrir que sept ou huit successions ou alternatives bien distinctes ; et je puis d'avance annoncer que, dans toute autre série de phénomènes qui suit des lois semblables, on n'en aperçoit jamais davantage. Mais l'analyse, et, si l'on peut ainsi parler, la dissection que nous avons faite du phénomène, nous a appris que cette limitation tenait uniquement à l'empiétement et à la superposition des anneaux de toutes couleurs formés par les divers rayons simples dont la lumière blanche se compose. Aussi avons-nous découvert un beaucoup plus grand nombre d'anneaux, quand nous les avons formés avec un faisceau de lumière simple ; et nous sommes encore parvenus au même but d'une manière plus facile sur les anneaux composés eux-mêmes, en les séparant par le prisme, en vertu de leur inégale réfrangibilité. Ces observations nous ont prouvé que les alternatives de réflexion et de transmission s'étendaient à des épaisseurs beaucoup plus grandes que nous ne l'avions soupçonné d'abord ; et, par la manière dont les anneaux se serrent à mesure que l'épaisseur augmente, nous devons bien juger qu'il s'en produit encore à des épaisseurs beaucoup plus grandes que celles auxquelles nous cessons, même avec le prisme, de pouvoir les distinguer. Eu effet, d'autres expériences de Newton, que l'on peut voir dans le Traité général, montrent que ces alternatives existent encore dans le verre à des épaisseurs qui vont jusqu'à un quart de pouce; et le même procédé peut en faire reconnaître l'existence beaucoup plus loin. Or, comme de pareilles épaisseurs surpassent plusieurs milliers de fois la distance à laquelle la variabilité des forces attractives ou répulsives des milieux sur la lumière peut être sensible, il en faut conclure que les alternatives de réflexion et de transmission, s'étant continuées jusque-là, doivent se continuer indéfiniment.

De là il devient évident que ces alternatives dépendent de quelque modification physique qui est imprimée aux molécules lumineuses dans leur passage à travers la première surface réfringente, et qu'elles emportent ensuite avec elles dans toute l'étendue du milieu qu'on leur fait parcourir. Car autrement, lorsque les molécules lumineuses parviendraient à la seconde surface de ce milieu, leur réflexion ou leur transmission ne dépendraient plus de leur distance à la première surface, sur-tout à des épaisseurs où l'on sait qu'elles n'en peuvent plus ressentir immédiatement l'action. La dépendance où les molécules se trouvent encore de cette première surface, sous le rapport de la réflexibilité et de la transmissibilité, lorsqu'elles n'en sont plus actuellement influencées, prouve nécessairement l'existence d'une modification durable qu'elles en ont reçue, conformément à l'énoncé de Newton.

Il importe beaucoup de remarquer que ces modifications n'impriment pas aux molécules lumineuses une nécessité *absolue* de se réfléchir ou de se transmettre à tel ou tel intervalle, mais leur donnent seulement une disposition ou *facilité* à l'une ou à l'autre de ces conditions. Car des lames très-minces de mica ou de verre, qui dans l'air donnent par réflexion des couleurs très-vives, étant mouillées à leur seconde surface, présentent les mêmes couleurs, mais beaucoup plus faibles; de sorte qu'un certain nombre de molécules lumineuses, qui d'abord étaient réfléchies par cette seconde surface, se transmettent lorsque sa force répulsive est affaiblie ou combattue par la présence du milieu extérieur. Ce phénomène ne se produit pas seulement à la seconde surface des corps minces; il a lieu de même à la seconde surface des corps épais, puisque l'intensité de la réflexion s'y affaiblit également quand on les met en contact avec un milieu dont la puissance réfringente, plus forte ou plus faible, diffère moins de la leur que l'air ou le vide. Et, dans ce cas comme dans le précédent, la réflexion, quelle qu'en soit l'intensité, s'opère toujours sur le système de couleurs plus ou moins composé que le corps peut réfléchir à sa seconde surface, selon qu'il est mince ou épais. De même, lorsqu'un rayon de lumière blanche, après avoir traversé un certain espace d'air, rencontre la surface d'un autre milieu, tel que l'eau, une partie des molécules lumineuses qui composent ce rayon est disposée à se réfléchir à la surface commune de l'eau et de l'air; et si l'épaisseur d'air a été fort grande comparativement à celles qui donnent des anneaux colorés, il y a, comme nous le prouverons par la suite, à peu près une égale quantité de molécules dans chacune de ces deux dispositions. Aussi la réflexion s'opère-t-elle abondamment, si la seconde surface de l'air est limitée par une lame d'eau épaisse; mais elle devient très-faible, et presqu'insensible, si cette lame est tellement mince que son épaisseur n'excède pas un millionième de pouce anglais. Car, d'après ce que nous avons observé sur les bulles d'eau, une pareille lame ne réfléchit point du tout de lumière à sa seconde surface, et n'en réfléchit presque point à la première. Ainsi, dans ce cas, la disposition que les molécules incidentes peuvent avoir à se réfléchir en arrivant à cette première surface, reste sans effet, et par conséquent elle n'entraîne que la facilité, non la nécessité, de la réflexion. Pour que celle-ci s'opère, ce n'est point assez que la molécule lumineuse se trouve favorablement disposée à la subir, il faut encore que la force réfléchissante ait une énergie telle qu'elle puisse, dans cet état favorable de la molécule, détruire complètement sa vitesse, et lui faire rebrousser chemin en sens contraire. De même, la tendance à la transmission cesse d'être efficace, lorsque la force réfléchissante est assez énergique pour repousser même des particules qui en sont douées; et c'est ce qui arrive dans la réflexion très-oblique sur la plupart des corps polis, particulièrement des métaux, puisqu'ils réfléchissent alors plus de la moitié de la lumière incidente, comme nous le prouverons dans la suite. On voit, par ces exemples, que Newton a très-fidèlement suivi les phénomènes, en donnant aux accès des dénominations qui indiquassent, non une nécessité de réflexion ou de transmission *absolue*, mais une disposition *conditionnelle*, telle que l'indiquent les mots mêmes d'accès de *facile transmission* et de *facile réflexion*.

Je dis de plus, que lorsqu'un rayon de lumière simple, naturellement émané d'un corps lumineux, tombe directement ou par réfraction sur un milieu réfringent, dans lequel il pénètre, les molécules lumineuses transmises, qui, en traversant la surface réfringente, sont toutes actuellement amenées à l'état de facile transmission, ne possèdent pas toutes cet état d'une manière également complète. En effet, si cette égalité avait lieu, comme ensuite les accès de toutes les particules sont d'égales longueurs et leurs vitesses égales, puisqu'on suppose le rayon homogène, il est clair qu'à toute distance elles devraient encore se retrouver toutes modifiées exactement de la même manière ; et conséquemment lorsqu'elles parviendraient à la seconde surface du corps réfringent dans lequel elles se meuvent, elles devraient ou se réfléchir, ou se transmettre toutes à la fois. Or, c'est ce qui n'arrive pas ; car même en choisissant la lumière la plus homogène, il ne s'en réfléchit jamais qu'une certaine proportion dépendante de la nature du corps réfringent et de celle du milieu qui l'environne (1). Puis donc que deux milieux ambians de force réfringente inégale, étant successivement appliqués à la seconde surface d'un même corps, déterminent la réflexion plus ou moins abondante d'un même rayon

-----

(1) Ce partage n'a pas lieu seulement dans les corps épais, il se produit aussi dans les lames minces ; car en observant les anneaux colorés qui se forment par réflexion à leur seconde surface, nous avons remarqué que la réflexion est bien loin d'être totale, même au milieu de chaque anneau simple.

homogène qui arrive à cette surface, il faut bien qu'une
cause quelconque décide le choix des molécules lumineuses
qui cèdent d'abord à la plus faible des deux réflexions ; et
puisque ce choix s'opère même entre des molécules parfaitement homogènes, il faut qu'il tienne à quelqu'inégalité
dans les dispositions physiques que les molécules apportent
à la réflexion ou à la transmission sur une même surface.
Donc, puisque ces molécules ont des vitesses égales et des
accès d'égale longueur, il faut de toute nécessité que leur
inégalité remonte jusqu'à la première surface réfringente,
et de là, dans son principe, jusqu'à leur première émission
par les corps lumineux.

Pour découvrir en quoi cette inégalité consiste, il faut
considérer que, lorsque les molécules lumineuses passent
d'un accès de facile transmission à un accès de facile réflexion, quelle que soit d'ailleurs la nature de ces accès, il
est extrêmement vraisemblable qu'elles ne le font pas d'une
manière brusque et subite, mais successive et graduée, perdant peu à peu de leur disposition à se transmettre, puis la
perdant tout-à-fait, et bientôt acquérant une disposition
contraire, c'est-à-dire une tendance à se réfléchir, laquelle
d'abord très-faible, croît peu à peu jusqu'à un certain maximum, après quoi elle s'affaiblit par les mêmes degrés. Or,
concevons qu'une infinité de molécules lumineuses, homogènes, émanées simultanément, ou presque simultanément,
d'un corps lumineux, se trouvent, en partant de sa surface,
dans toutes les périodes diverses des deux espèces d'accès,
soit en vertu de l'acte même de l'émission, soit comme
étant parties des divers points de la couche incandescente
infiniment mince à travers laquelle le rayonnement peut
toujours s'opérer ; cela suffira pour produire, sur toute la
route de ces molécules, les différences de disposition que
l'expérience nous a fait connaître. En effet, lorsqu'elles arriveront ensemble à la première surface d'un corps réflecteur, qui en réfléchira une partie et réfractera le reste, la
réflexion devra sans doute s'opérer de préférence sur celles
des molécules incidentes qui se trouveront les plus disposées à la subir. De sorte, par exemple, qu'avec une force

réfléchissante infiniment énergique, toutes les molécules seraient réfléchies, quelle que fût l'espèce d'accès où elles se trouvassent. Avec une force réfléchissante moindre, les molécules qui se trouvent dans un accès de facile transmission, au moment de leur incidence, seront les premières à se transmettre ; et l'on peut concevoir tel degré d'énergie où elles seraient toutes transmises, tandis que les molécules qui se trouveraient dans un accès de facile réflexion, seraient toutes réfléchies, soit qu'elles se trouvassent au commencement, ou au milieu, ou vers l'extrémité de cet accès. Enfin, avec une force réfléchissante plus faible encore, celles qui se trouveront vers le commencement ou vers la fin d'un tel accès, seront transmises, et celles-là seules qui se trouvent dans une partie plus énergique de ce même accès, seront réfléchies ; le nombre de ces dernières ira ainsi en diminuant avec l'intensité de la force réfléchissante jusqu'aux derniers degrés de cette force, où il n'y aura de réfléchies que les seules particules, en infiniment petit nombre, qui se trouveront précisément au milieu et dans le fort de leur accès. Dans tous les cas, du moment où un certain nombre de molécules lumineuses se seront transmises à travers la première surface réfringente d'un corps, elles se trouveront alors toutes amenées, par cet acte même, à l'état de facile transmission, mais elles prendront cet état d'une manière plus ou moins complète, selon les dispositions plus ou moins favorables où elles se trouvaient au moment de leur incidence ; et cette inégalité primitive se perpétuant dans toute l'étendue du corps réfringent, qu'elles traversent jusqu'à sa seconde surface, déterminera le choix des molécules qui y seront réfléchies de préférence par une force répulsive donnée.

Pour mettre ceci dans une entière évidence, représentons par A B, fig. 15, la longueur des accès d'une certaine espèce de molécules lumineuses dans un milieu donné, et désignons l'énergie variable de chaque accès à ses différentes périodes, par les ordonnées d'une courbe A D B, dont nous laisserons la nature entièrement arbitraire. Il faudra que cette courbe passe par les points A et B, extrémités de l'accès, que ses ordonnées y soient nulles, et que de là elles aillent en croissant continuellement d'une manière égale jusqu'au milieu O de l'accès, où elles atteindront leur maximum O M. Si nous voulons étendre cette construction à tous les accès alternatifs que la molécule lumineuse éprouve dans tout le cours de son trajet à travers le milieu donné, il n'y a qu'à prendre sur sa direction, à partir du point B, une suite de longueurs B C, C D.... égales entr'elles et à la longueur A B du premier accès. Puis, construisant sur chacune d'elles la courbe d'intensité A M B, alternativement d'un côté et de l'autre de l'axe A B C D; la ligne sinueuse A M B M' C.... qui en résultera, donnera l'espèce et l'intensité de l'accès qui anime la molécule en un point quelconque de sa route. Maintenant, concevons qu'un rayon entièrement formé de molécules lumineuses, pareilles à celles-là, tombe sur la première surface du milieu, et s'y transmette en partie, toutes les molécules transmises seront amenées par la surface réfringente dans un état de facile transmisssion; mais, d'après ce que nous avons reconnu de leurs inégalités primitives, elles ne prendront pas toutes cet état de la même manière; et, dans l'infinité de leur nombre, elles pourront en offrir toutes les périodes imaginables, depuis le commencement jusqu'à la fin. Construisons donc, pour chacune d'elles, la série des accès suivans, tels qu'ils se continuent, à partir de la surface réfringente S S, fig. 16, et examinons ce qui devra arriver lorsqu'une seconde surface se présentera successivement à diverses distances de la première.

Pour commencer par un cas extrême, je supposerai d'abord que le milieu contigu à cette seconde surface soit tel que la réflexion s'opère sur *toutes* les molécules lumineuses qui se présentent à elles dans une partie quelconque d'un accès de facile réflexion. Cette possibilité, comme on l'a vu plus haut, ne dépend que du rapport qui existe entre les forces réfringentes du corps et du milieu contigu. Alors si, dans notre construction, l'on fait mouvoir une ligne S' S', parallèlement à S S, pour représenter la limite de la seconde surface, il est évident que la réflexion ne sera jamais totalement nulle, quelque petite épaisseur que l'on donne au corps réfringent, à moins que cette épaisseur ne soit tout-à-fait nulle elle-même. Car du moment où la ligne $S'S'$ s'écartera de SS, il y aura un certain nombre de molécules lumineuses qui seront en état d'être réfléchies. Ce nombre, d'abord fort petit, augmentera progressivement à mesure que $S'S'$ s'éloignera de SS, jusqu'à ce qu'enfin cette ligne, étant arrivée en I, à une distance de la surface égale à la longueur i d'un accès, toute la lumière transmise se trouvera à l'état de facile réflexion, et par conséquent la réflexion sera totale. Mais cela n'aura lieu qu'à cette distance précise ; car du moment où $S'S'$ s'éloignera davantage de SS, il y aura un certain nombre de particules qui passeront à l'état de facile transmission, et qui échapperont dèslors aux forces réfléchissantes, puisque nous avons limité la possibilité de la réflexion à celles qui se trouvent dans une phase quelconque de l'état contraire. Ainsi, la proportion de lumière réfléchie diminuera graduellement, à mesure que $S'S'$ s'éloignera de I_4, et enfin elle deviendra nulle en I_2, à une distance $2i$ de la première surface. Depuis ce terme, la réflexion commencera de nouveau à augmenter suivant les mêmes périodes ; elle sera totale en I_3, nulle en I_4, et ainsi de suite dans toute l'étendue du corps réfringent ; de sorte que tous les phénomènes, tant de transmission que de réflexion, seront limités par les termes successifs des deux séries suivantes :

Transmission totale   o $2i$ $4i$ $6i$....

Réflexion totale i $3i$ $5i$ $7i$....

La première indique les épaisseurs précises auxquelles la réflexion est tout-à-fait nulle, et la seconde, celles où elle devient totale.

Si, au lieu de supposer les deux surfaces d'entrée et de sortie exactement parallèles, on les suppose inclinées l'une à l'autre, d'un angle si petit, que l'intensité des forces réfléchissantes n'en soit pas sensiblement changée, la seule variabilité d'épaisseur résultante de cette inclinaison, produira, entre la première et la seconde surface, toutes les variétés de distance que nous venons de supposer, ainsi que toutes les alternatives de réflexion et de transmission qui en résultent ; c'est-à-dire que la lumière transmise perpendiculairement à travers la première surface se réfléchira ou se transmettra à la seconde, selon l'épaisseur après laquelle elle la rencontrera. Ainsi, cette seconde surface, vue par réflexion ou par transmission, offrira, dans ses différens points, des alternatives lumineuses exactement analogues aux différens ordres d'anneaux formés par une lumière homogène sur des lames d'eau ou d'air comprises entre deux objectifs. Seulement, d'après l'énergie que nous avons ici attribuée aux forces réfléchissantes, il se trouvera que les zones lumineuses transmises et réfléchies auront des largeurs égales, et seront séparées dans chaque série par des lignes noires infiniment minces ; deux circonstances qui n'ont pas lieu dans les anneaux colorés que nous pouvons produire avec les corps réfringens que nous offre la nature.

C'est que ces corps, eu égard aux milieux qui les environnent, n'ont pas une force répulsive aussi énergique que nous venons de le supposer. Car, quelque proportion que l'on donne à leur épaisseur, la réflexion à leur seconde surface n'est jamais totale, du moins sous l'incidence perpendiculaire, la seule qui fasse ici l'objet de nos considérations. Par conséquent, lorsque cette seconde surface se trouve à une des distances convenables pour produire la réflexion la plus abondante, comme en $I_1 I_3 I_5 \ldots$ auquel cas toute la lumière incidente est dans une période de facile réflexion, il y a encore un certain nombre de molécules lumineuses qui échappent aux forces réfléchissantes, malgré la disposition favorable où elles se trouvent ; d'où l'on voit que cette disposition n'est efficace qu'au-delà d'un certain degré d'énergie. Par exemple, en supposant la totalité de la lumière incidente uniformément répartie entre toutes les phases de l'accès, s'il y en a la moitié qui échappe, ce sera une preuve que la réflexion ne s'opère que sur les molécules qui ont subi plus du quart, et moins des trois quarts de leur accès ; s'il y en a le quart, les limites de la réflexion seront $\frac{i}{8}$ et $\frac{7i}{8}$, et ainsi du reste. En général, si l'on désigne la première de ces limites par e, la seconde sera $i-e$, puisqu'elles doivent toujours être également distantes du milieu de l'accès. Cela posé, en appliquant à ces nouvelles conditions la construction géométrique dont nous avons fait tout-à-l'heure usage, il est évident que l'intensité de la réflexion ne sera plus nulle seulement quand la seconde surface $S'S'$ coïncidera avec la première SS, mais encore dans tout l'intervalle d'épaisseur où elle en sera éloignée d'une quantité moindre que e. A cette épaisseur précise, une seule des molécules réfractées commencera de pouvoir être réfléchie ; ce sera celle qui, dans son entrée, s'est trouvée terminer un accès de facile transmission. Car, ayant dès-lors commencé un accès de facile réflexion, lorsqu'elle parvient ensuite à l'épaisseur e, elle se trouve pareillement avancée de la quantité e dans la période de cet accès, ce qui la rend susceptible d'être réfléchie réellement ; et, depuis cette époque, elle continuera de l'être jusqu'à l'épaisseur $i-e$, où elle se trouve à égale distance de la fin de son accès. Les autres molécules, qui étaient originairement moins avancées dans leur accès de transmission initial, devront arriver successivement à des épaisseurs plus grandes que e, pour commencer à être réfléchies ; en sorte qu'à partir de e, l'intensité de la réflexion ira toujours en croissant jusqu'à l'épaisseur $i-e$, où la première molécule commence à dépasser la partie efficace de son accès. Au-delà de $i-e$, cette molécule sera transmise ; mais puisque nous supposons toutes les molécules uniformément réparties à leur entrée dans les diverses périodes de la transmission, il y aura, à l'instant même, une autre molécule, originairement moins avancée dans son état de transmission initial, qui commencera d'atteindre la réflexibilité convenable, et qui sera réfléchie en remplacement de la première ; l'intensité de la lumière réfléchie deviendra donc constante à cette épaisseur, et elle demeurera telle jusqu'à l'épaisseur $i+e$, où la réflexion commence même pour la molécule lumineuse, qui, dès son entrée dans le corps, a commencé un accès de facile transmission. Mais au-delà de cette limite, il ne se présentera plus de nouvelles molécules pour remplacer celles qui échapperont successivement à la réflexion; de sorte que l'intensité de la lumière réfléchie commencera à décroître, et décroîtra ainsi jusqu'à l'épaisseur $2i-e$, où elle deviendra tout-à-fait nulle, aucune des molécules réfractées ne se trouvant plus alors dans la partie efficace d'un accès de facile réflexion. Alors donc la transmission sera totale; et elle restera telle jusqu'à l'épaisseur $2i+e$, où recommencera une nouvelle période de réflexions, et ainsi de suite dans toute l'étendue du milieu.

Si l'on veut réaliser ces alternatives sur une seule et même plaque d'un corps réfringent, il suffira de donner aux deux surfaces une très-petite inclinaison l'une sur l'autre; et, faisant tomber perpendiculairement sur la première un faisceau de lumière simple, on observera, par réflexion sur la seconde, une succession alternative de bandes lumineuses et de bandes noires, limitées aux diverses épaisseurs que nos calculs assignent. C'est exactement le phénomène des anneaux réfléchis formés par une lumière homogène. On observera aussi par transmission des alternatives lumineuses et sombres, analogues aux anneaux transmis; mais les zones sombres ne seront nulle part entièrement noires, puisqu'il y aura encore une certaine portion de lumière transmise même dans les épaisseurs moyennes i, $3i$, $5i$.... auxquelles la réflexion est la plus abondante.

On peut calculer la proportion de la lumière qui se transmet dans ces endroits mêmes, quand on connait l'état initial de chacune des molécules réfractées, et la distance à laquelle la réflexion commence ou finit vers les extrémités de chaque accès. On trouve ainsi qu'à mesure que les forces réfléchissantes s'affaiblissent, les intervalles d'épaisseur occupés par les anneaux lucides diminuent, et deviennent moins différens des intervalles de transmission, auxquels ils deviennent tout-à-fait égaux lorsque les forces réfléchissantes deviennent infiniment faibles. Ce cas est la limite de ceux que peuvent présenter les expériences; mais la faiblesse du pouvoir réflecteur de la plupart des corps diaphanes sous l'incidence perpendiculaire, le réalise presque exactement. C'est la cause de l'égalité remarquée par Newton, et qui lui a paru assez rapprochée pour s'y arrêter.

Dans toute la discussion que nous venons d'établir, nous avons considéré la lumière réfractée comme étant, à son entrée dans le corps, uniformément répartie entre tous les degrés possibles d'un accès de facile transmission. Il est possible que cette uniformité n'ait pas rigoureusement lieu, et j'ajoute même que cela est très-vraisemblable. Car la réfraction ne s'opère jamais qu'à la suite d'une réflexion extérieure, qui doit rejeter spécialement celles des molécules incidentes qui se trouvent alors dans les phases les plus énergiques d'un accès de facile réfraction, et qui, par conséquent, si elles s'étaient réfractées, auraient été les moins disposées à prendre l'état contraire; d'où il est présumable que la lumière transmise, à l'instant de son entrée dans le corps qui la réfracte, contient une proportion dominante de molécules dans les périodes les plus énergiques d'un accès de transmission, et peut-être fort peu, ou point du tout, qui soient seulement amenées aux phases les plus faibles du commencement ou de la fin d'un tel accès. Cette circonstance très-vraisemblable tendrait encore à égaliser les intervalles d'épaisseurs e, $2i - e$, dans lesquels s'opère la transmission et la réflexion. Du reste, elle n'apporte à toutes les autres conséquences que nous avons établies, d'autre modification que celle qui résulte d'une autre loi d'intensité dans les proportions de la réflexion aux différentes périodes de chaque anneau lucide.

Jusqu'ici nous avons supposé que la lumière, soit réfléchie, soit réfractée, était composée d'une seule espèce de molécules lumineuses; maintenant, si l'on suppose qu'elle en contienne de nature diverse, chaque espèce de molécules se conduira par des lois exactement pareilles, seulement les accès ne seront pas pour toutes de la même longueur. Il ne nous reste donc qu'à les définir. Tel est l'objet des propositions suivantes établies par Newton :

Lorsque les molécules lumineuses qui forment les huit limites des couleurs du spectre, après avoir traversé une même surface réfringente, entrent dans un même milieu sous l'incidence perpendiculaire, ou en général sous une incidence commune, les intervalles des accès suivans, de facile transmission et de facile réflexion, sont entr'eux exactement, ou à peu de choses près, comme les racines cubiques des carrés des nombres 1, $\frac{8}{9}$, $\frac{5}{6}$, $\frac{3}{4}$, $\frac{2}{3}$, $\frac{3}{5}$, $\frac{9}{16}$, $\frac{1}{2}$; et les molécules lumineuses, dont la nature est comprise entre ces limites, ont aussi leurs intervalles d'accès compris entre les nombres ainsi calculés. Ceci est la conséquence mathématique des rapports trouvés plus haut, par l'expérience, entre les épaisseurs des lames qui réfléchissent ou qui transmettent les diverses couleurs d'un même anneau, sous une obliquité commune.

Nous n'avons encore considéré qu'un seul et même milieu : pour étendre les définitions des accès d'un milieu à un autre, Newton établit la proposition suivante :

Lorsque des molécules lumineuses, de quelque nature qu'elles soient, passent *perpendiculairement* dans différens milieux, les intervalles des accès de facile transmission et de facile réflexion dans deux quelconques de ces milieux, sont entr'eux comme le sinus d'incidence est au sinus de réfraction, quand les molécules que l'on considère passent de l'un dans l'autre. Ceci est la généralisation mathématique des rapports observés précédemment entre les épaisseurs d'eau et d'air qui réfléchissent ou qui transmettent une même teinte sous l'incidence perpendiculaire. Il en résulte que, pour chaque espèce de molécules lumineuses, la longueur des accès, *sous l'incidence perpend culaire*, est toujours la même dans le même milieu, quels que soient les corps que la lumière ait traversés avant d'y parvenir.

D'après cette règle, si l'on prend pour unité l'épaisseur d'air qui, vue perpendiculairement, réfléchit une certaine teinte, l'épaisseur de vide qui réfléchit cette même teinte serait plus grande dans la proportion du rapport de réfraction de l'air, c'est-à-dire comme 3388 est à 3389 ; de sorte qu'il faudrait des moyens d'une précision incroyable pour y apercevoir quelque différence ; aussi, lorsque l'on a formé des anneaux colorés en comprimant une lame d'air entre deux objectifs, la grandeur et la couleur de ces anneaux ne semblent éprouver aucun changement, si l'on met les objectifs dans le vide, ou si on les chauffe fortement pour chasser l'air d'entre-deux. Mazéas, qui fit le premier ces épreuves, fut fort étonné de les trouver infructueuses, et on n'avait pas manqué de les présenter comme une grande objection à la théorie de Newton. Elles en sont, comme on voit, une conséquence.

Au moyen des deux dernières propositions que nous venons de rapporter, la longueur des accès sous l'incidence perpendiculaire sera définie généralement pour toute espèce de milieu réfringent et de molécules lumineuses, si l'on donne leur valeur pour un seul cas connu. C'est ce que nous pouvons aisément faire, d'après les observations de Newton, sur les épaisseurs d'air qui réfléchissent ou transmettent une couleur quelconque sous l'incidence perpendiculaire. Choisissons, par exemple, les molécules lumineuses qui forment, sur le spectre, la limite du jaune et de l'orangé : nous avons trouvé que les alternatives de leur transmission et de leur réflexion, exprimées en parties du pouce anglais, se succèdent aux épaisseurs moyennes ci-après désignés :

$$\text{Transmission.....} \quad 0 \qquad \frac{2}{178000} \qquad \frac{4}{178000}$$

$$\text{Réflexion......} \quad \frac{1}{178000} \qquad \frac{3}{178000} \qquad \frac{5}{178000}.$$

D'après cela, *la longueur d'un accès* pour cette espèce de lumière sera $\frac{1}{178000}$ de pouce anglais; et le double de cette quantité ou $\frac{2}{178000}$, qui revient à $\frac{1}{87000}$, sera *l'intervalle* de deux accès de même nature, soit transmission, soit réflexion. En combinant ce résultat avec une des propositions précédentes, on en déduit les intervalles des accès pour les diverses espèces de molécules qui forment les huit limites des couleurs du spectre. En voici les valeurs en millionièmes de pouce anglais :

Longueurs des accès des diverses molécules lumineuses.				
	dans le vide.	dans l'air.	dans l'eau.	dans le verre.
Violet extrême.	3,99816	3,99698	2,99773	2,57870
Limite du violet et de l'indigo.	4,32436	4,32308	3,24231	2,78908
de l'indigo et du bleu. .	4,51475	4,51342	3,38507	2,91188
du bleu et du vert. . .	4,84284	4,84142	3,63107	3,12350
du vert et du jaune. .	5,23886	5,23732	3,92799	3,37891
du jaune et de l'orangé.	5,61963	5,61798	4,21349	3,62430
de l'orangé et du rouge.	5,86386	5,86414	4,39811	3,78331
Rouge extrême.	6,34628	6,34441	4,75831	4,09317

Les nombres qui expriment les accès dans l'air sont déduits de la table de la page 303, en doublant toutes les valeurs de c' relatives aux limites des diverses couleurs. Ensuite on a obtenu les nombres des autres colonnes, en multipliant ces premiers résultats par $\frac{3732}{3733}$ pour le vide, $\frac{3}{4}$ pour l'eau, et $\frac{20}{31}$ pour le verre dont Newton faisait usage.

Il faut maintenant lier entr'elles les réflexions et les transmissions opérées pour un même anneau sous diverses obliquités. Pour cela, Newton modifie les intervalles des accès d'après la table de la page 303, et conformément à la loi générale qu'il en avait déduite.

Quoique ces rapports aient été établis par des observations sur des lames courbes, l'application que Newton en fait ici à des lames parallèles n'en est pas moins légitime, parce que les épaisseurs comparées étaient toutes déduites de mesures prises sur le diamètre transversal des anneaux; de sorte que les rayons lumineux qui limitaient chaque diamètre, traversaient la lame mince dans des points où les tangentes de ses deux surfaces étaient sensiblement parallèles, ce qui rendait constante l'épaisseur qui les séparait.

Mais les valeurs des accès obliques, conclues de ces observations, ne pourraient plus être employées, si les deux surfaces que le rayon traverse étaient assez inclinées l'une à l'autre pour que les longueurs des accès dussent être sensiblement différentes à l'entrée et à la sortie. Les expériences de Newton ne décident pas comment les accès changeraient alors près de la seconde surface, et c'est un point qui reste à étudier.

Les définitions précédentes, tirées de l'expérience même, caractérisent toutes les modifications que les accès éprouvent dans l'acte de la réfraction. Il faut à présent déterminer celles qu'ils reçoivent de la réflexion; mais les observations que nous avons rapportées jusqu'ici ne peuvent pas servir à résoudre ce problème, puisque la minceur des lames employées empêche d'observer séparément les influences que les rayons y subissent avant et après s'être réfléchis à leur seconde surface; ou du moins les indices que l'on peut tirer de pareilles expériences ne peuvent être saisis qu'après que l'on a déjà démêlé, par quelqu'autre méthode, les diverses actions qui s'y produisent. C'est ce que Newton a fait, d'après une nouvelle série d'observations, dans lesquelles il a rendu les anneaux sensibles sur des lames épaisses, où les deux trajets des rayons, avant et après la réflexion intérieure, pouvaient ainsi être distingués. L'ensemble de ces nouveaux phénomènes l'a conduit à la proposition suivante :

Lorsque des molécules lumineuses, de quelqu'espèce qu'elles soient, arrivant à la seconde surface du corps où elles se meuvent, y sont réfléchies régulièrement, ou irrégulièrement disséminées, elles reprennent, après la réflexion, de nouveaux accès à partir de la surface réfléchissante; et les longueurs de ces accès sont les mêmes qu'elles auraient été, si les molécules, venant du milieu extérieur au corps où elles se trouvent, étaient entrées dans celui-ci avec l'obliquité que leur imprime la réflexion. Cette dernière proposition complète les caractères des accès.

CHAPITRE VI.

Application de la théorie précédente à la réflexion des rayons de lumière qui ont traversé des milieux épais.

Les accès des molécules lumineuses étant complètement définis par ce qui précède, nous allons développer par le raisonnement les conséquences qui en résultent pour la réflexion et la réfraction de la lumière à la seconde surface des corps épais, afin de voir si ces conséquences sont conformes aux observations.

Pour prendre ces phénomènes dans leur source, considérons d'abord un corps lumineux placé dans un milieu indéfini, tel que l'air, et suivant par la pensée les diverses molécules lumineuses qui en émanent, voyons quelle doit être, à toute distance, leur tendance à la réflexion ou à la réfraction. Pour résoudre ce problème, il faut qu'on donne la nature du milieu, celle des particules lumineuses émises, le sens de leur introduction, et l'état initial de chacune d'elles à l'instant où elle échappe à l'action du corps rayonnant. Avec les deux premières données, on calculera la longueur des accès de chaque particule, et ajoutant bout à bout cette longueur à elle-même, en partant de la position et de l'état primitif, on connaîtra tous les retours suivans du même état, ou de l'état opposé. Alors, si l'on place, en quelque point que ce soit, une surface dont la force réfléchissante soit donnée, eu égard au milieu qui l'environne, on pourra, d'après l'état de chaque molécule lumineuse, prononcer si elle cédera ou ne cédera pas à la réflexion. Ce seront là les modifications propres à chaque molécule. Si l'on veut ensuite prévoir les phénomènes de coloration qui pourront naître de leur mélange, on y parviendra en composant leurs facultés colorifiques par la méthode de Newton, que nous avons déjà employée pour un usage pareil.

Mais cette composition ne sera nécessaire que si le milieu traversé par la lumière est extrêmement mince ; car s'il offre assez d'étendue pour que les molécules lumineuses les moins réfrangibles y subissent seulement douze ou quinze accès, l'effet de la réflexion deviendra sensiblement constant, au moins pour nos sens, et le rayon réfléchi paraîtra toujours de même couleur que la lumière incidente. C'est le cas de la réflexion à la seconde surface des corps épais.

Pour en concevoir la cause, il faut se rappeler que, dans la division générale du spectre, une certaine étendue est occupée par le violet, une autre par l'indigo, une autre par le bleu, et ainsi de suite pour les sept couleurs principales ; c'est-à-dire que la sensation de chacune de ces couleurs n'est pas rigoureusement affectée à une seule espèce de rayons d'une réfrangibilité mathématiquement fixe, mais peut être excitée par des rayons de réfrangibilité tant soit peu différente, avec une similitude suffisante pour que nous les confondions. D'après cela, nous pouvons, dans les phénomènes de coloration, considérer en masse les effets de ces divers groupes. Commençons donc par choisir un quelconque d'entr'eux, le violet, par exemple, et supposons que la lumière émise contienne uniquement les variétés de particules qui peuvent produire la sensation de cette couleur ; puis concevons que toutes ces particules s'échappent du corps lumineux simultanément et dans la même période d'un accès de même nature. Dès-lors leur réfrangibilité inégale donnera à leurs accès d'inégales longueurs ; et d'après la table de la page 360, si celle des plus réfrangibles est 3,99698, celle des moins réfrangibles sera 4,32308 ; ce qui fait pour chaque accès une différence de trajet égale à 0,3261. Par conséquent, à une même distance du corps lumineux, les molécules violettes les plus réfrangibles auront éprouvé plus d'alternatives que les autres, et il est facile de conclure qu'après 13 accès et un quart environ, la différence 0,3241, continuellement répétée, sera devenue égale à 4,32308 ; c'est-à-dire à une alternative entière ; de sorte que les unes se trouvant dans un accès de facile transmission, les autres seront dans un accès de facile réflexion. Ainsi, à cette distance du corps rayonnant, il y aura des particules violettes intermédiaires entre les précédentes, qui se trouveront dans toutes les phases possibles des deux genres d'accès. Si donc une surface réfléchissante se rencontre sur leur passage à cette distance, pourvu que sa force répulsive ne soit pas tout-à-fait nulle, il y aura un certain nombre de particules violettes qui subiront la réflexion, les autres subissant la transmission.

Ce résultat peut être rendu sensible par la même construction que Newton a employée pour représenter les rapports des épaisseurs des corps avec les couleurs qu'ils réfléchissent, fig. 13. Il suffit d'y considérer les divisions 13, 55 de chaque ligne verticale, comme représentant les longueurs des accès des particules lumineuses auxquelles cette verticale appartient. Dans le cas particulier que la figure représente, le point commun de départ des particules lumineuses se trouve fixé en ZR, au milieu d'un accès de transmission, et chacune des divisions égales comprises entre deux lignes transversales oo' 11', 11' 22'; 22' 33'.... représente la longueur d'un demi-accès. Alors la valeur assignée tout-à-l'heure pour le nombre d'accès qui produit l'inversion complète, tombe entre la 26ᵉ et la 27ᵉ division de la première colonne. Or, si par ce point on mène une ligne parallèle à l'axe ZR, on voit qu'en effet elle coupe la verticale UU' presqu'exactement sur la transversale 24, 2'4'; c'est-à-dire qu'à cette distance du point de départ, les molécules violettes les plus réfrangibles sont revenues presqu'au milieu d'un accès de facile réflexion, tandis que les moins réfrangibles, ayant éprouvé une alternative de moins, se trouvent encore vers le milieu de l'accès de facile transmission qui précède immédiatement.

Si l'on répète la même construction pour toute autre épaisseur plus considérable, on trouvera toujours des molécules violettes qui seront ainsi dans les mêmes phases de deux accès consécutifs, et par conséquent dans des états tout-à-fait opposés; mais, à cause de l'allongement des carreaux que chaque couleur occupe, l'opposition portera sur des molécules comprises entre les réfrangibilités extrêmes.

Il arrivera en outre qu'au-delà de ces limites, la même

parallèle pourra passer sur des carreaux de différens ordres, appartenans à la même couleur; de sorte que, pour une même épaisseur, il y aura, dans ces différens ordres, des molécules de couleur pareille qui pourront être réfléchies, et d'autres qui pourront être transmises. Enfin, en augmentant toujours l'épaisseur, le nombre des ordres de chaque couleur qui se mêleront ainsi, deviendra tellement considérable, et l'allongement de leurs carreaux sera tel, qu'ils offriront toujours aux forces réfléchissantes une quantité sensiblement constante de lumière, dont les particules seront dans toutes les phases possibles des deux sortes d'accès. Dès-lors, pour chaque valeur donnée de ces forces, l'intensité de la réflexion deviendra constante à toutes les épaisseurs plus grandes, et les molécules qui s'y présentent étant réparties entre toutes les phases possibles des accès de différens ordres, la quantité totale de lumière réfléchie sera égale à celle que la même surface, des mêmes milieux, réfléchirait dans toute l'étendue d'un seul ordre, c'est-à-dire dans la largeur entière d'un seul anneau simple.

Ce que nous venons de dire pour les particules violettes, s'appliquera de même à chacune des couleurs qui occupent les autres divisions du spectre. Il y aura donc, relativement à chacune d'elles, des limites d'épaisseur au-delà desquelles le nombre des particules réfléchies deviendra constant pour chaque valeur donnée des forces réfléchissantes, et égal au nombre total de celles que ces mêmes forces réfléchiraient dans toute la largeur d'un seul anneau simple.

Or, si l'on rassemblait toutes les quantités des sept espèces de lumière qui se réfléchissent ainsi dans chaque anneau simple, on en formerait du blanc; donc ce sera aussi du blanc qui sera réfléchi par toutes les surfaces réfléchissantes, quelle que soit leur nature lorsqu'elles seront placées à des distances du corps lumineux suffisamment considérables pour que toute la diversité des accès ait eu le temps de se déployer. De plus, l'intensité de ce blanc deviendra dès-lors constante pour chaque espèce de corps réfléchissant, quelle que soit la distance où on le place; mais elle sera différente pour les différens corps, selon l'énergie plus ou moins puissante que leur nature, et celle du milieu qui les environne, donneront à leur pouvoir réflecteur.

Ces résultats sont complètement confirmés par l'observation; lorsqu'un rayon de lumière a traversé un grand espace d'air, si on le reçoit sur un corps poli, de couleur quelconque, qu'il soit blanc, noir, gris, vert, jaune, rouge, la portion qui se réfléchit régulièrement en faisant l'angle de réflexion égal à l'angle d'incidence, est toujours blanche. A la vérité, si le corps réflecteur est suffisamment dense, il réfléchit aussi une portion de lumière colorée, qu'il dissémine de tous côtés dans l'espace; mais cette dispersion même annonce un mode de réflexion différent du premier; et en effet, nous montrerons plus loin, par des caractères indubitables, que la portion de lumière ainsi réfléchie a pénétré dans le corps réflecteur, et se réfléchit d'une certaine profondeur dans sa substance. On ne peut donc plus lui appliquer les seules considérations tirées de la succession des accès dans le premier milieu, lesquelles ne peuvent en effet convenir qu'aux particules lumineuses, dont la réflexion s'opère dans ce milieu même, par la seule influence à distance du corps réflecteur. Or, il est de fait que cette première réflexion donne toujours un rayon de même couleur que la lumière incidente, conformément à la théorie; et cela, quelle que soit la nature du corps réflecteur par lequel le premier milieu est terminé.

Pour mettre dans une évidence complète les caractères distincts de ces deux sortes de réflexions, versez l'eau la plus limpide et l'encre la plus noire dans deux vases opaques, et noircis à l'intérieur, afin qu'ils ne renvoient point à l'œil de lumière colorée; puis, regardez par réflexion sur ces deux liquides les images des objets extérieurs : vous les verrez avec leurs couleurs ordinaires, et vous ne pourrez apercevoir entr'elles, sur les deux liquides, aucune différence de coloration appréciable. Voilà donc deux corps, dont l'un paraît transparent, et l'autre paraît noir, et qui néanmoins réfléchissent l'un et l'autre toutes les couleurs. L'acte

par lequel cette première espèce de réflexion s'opère est
donc indépendant de la propriété que le corps peut avoir
de nous paraître coloré. Il en sera de même si, au lieu
d'encre, vous versez dans l'un des vases des dissolutions de
carmin, d'indigo, ou de toute autre substance colorante ;
tous ces liquides réfléchiront des images semblables. Cependant, si vous les considériez en masse, ils auraient des couleurs bien différentes ; la dissolution de carmin paraîtrait
rouge, celle d'indigo bleue. Il est vrai que si ces dissolutions étaient très-chargées, elles finiraient peut-être par
teindre les images des objets de leurs couleurs propres, et
d'autant plus, qu'elles seraient plus concentrées ; mais cette
addition ne ferait tout au plus qu'affaiblir un peu la blancheur produite par la première espèce de réflexion, sans la
détruire, et, pour l'ordinaire, elle ne l'altère pas sensiblement. C'est ainsi qu'un bâton cylindrique de cire d'Espagne,
du rouge le plus vif, étant exposé à la lumière blanche des
nuées, ne laisse pas de réfléchir dans toute sa longueur une
ligne de lumière blanche, laquelle paraît toujours sur les
parties de sa surface où les rayons peuvent être renvoyés
vers l'œil, en faisant l'angle de réflexion égal à l'angle d'incidence ; et le brillant de cette ligne est tel, qu'aux endroits
où elle s'observe, on peut à peine distinguer la couleur
propre de la cire, qui se fait sentir si vivement partout
ailleurs.

Dans ces divers exemples, les portions de la lumière incidente qui donnent les sept couleurs principales, ayant traversé une épaisseur suffisante d'un même milieu, qui est
l'air, sont également disposées à la réflexion ; ce qui produit
l'identité des couleurs réfléchies *à distance* par toutes sortes
de corps. Mais chaque corps, étant appliqué au même milieu, renvoie un nombre plus ou moins grand de molécules de chaque couleur, selon les phases de leurs accès
auxquels il est alors capable de les réfléchir. De là, l'intensité inégale de la réflexion avec différens corps, la couleur
réfléchie restant la même. Cette variation d'intensité peut
encore s'obtenir avec un même corps appliqué à la seconde

surface du même milieu épais. Il suffit, pour cela , d'amincir ce corps jusqu'à ce que son épaisseur devienne moindre que la distance à laquelle les forces réfléchissantes sont sensibles ; car alors les couches qu'on lui ôte diminuant son pouvoir réflecteur , une partie des molécules qu'il réfléchissait d'abord devront lui échapper, comme étant trop éloignées du milieu de leur accès de facile réflexion , pour céder au degré de force qui lui reste. L'intensité de la réflexion qu'il peut produire ira donc toujours en s'affaiblissant, à mesure qu'on l'amincira davantage. C'est aussi ce que nous avons observé sur les bulles d'eau. Lorsqu'elles sont assez amincies pour ne plus réfléchir sensiblement de lumière à leur seconde surface, auquel cas elles paraissent absolument noires, on observe encore à leur première surface une faible réflexion qui produit un rayon blanc , si la lumière incidente est blanche, et qui, en général, n'altère point les couleurs naturelles des objets.

Ces règles constantes, par lesquelles la réflexion se détermine, dans tous les cas possibles, d'après l'état où les molécules lumineuses se trouvent en arrivant aux surfaces réfléchissantes ; ces règles, dis-je , fournissent des argumens démonstratifs pour prouver que la réflexion n'est point opérée par le choc des molécules lumineuses sur la matière même des corps. Car , si cette rencontre immédiate était la cause du phénomène, elle deviendrait plus facile et plus fréquente à mesure que l'épaisseur des corps augmenterait jusqu'aux termes où ils atteindraient l'opacité. Et alors , s'il arrivait qu'à une certaine épaisseur toutes les molécules lumineuses fussent transmises , il ne se pourrait pas faire qu'à des épaisseurs moindres il y en eût de réfléchies. Cependant nous avons vu que cela a lieu quand on éclaire une lame mince d'un corps quelconque, avec une seule espèce de lumière simple ; car, si l'épaisseur de cette lame est variable, il s'y forme alors, par réflexion, des anneaux lumineux séparés les uns des autres par des intervalles obscurs. De même, dans l'hypothèse du choc, on ne concevrait pas comment une même épaisseur d'eau, d'huile ou d'air, ou

de verre, étant exposée à la lumière sous une certaine incidence, présenterait assez de molécules matérielles pour réfléchir certaines espèces de rayons, tandis que sous une
autre obliquité, elle les transmettrait et en réfléchirait d'autres espèces. Enfin, on ne verrait pas davantage comment,
lorsque deux lames de verre se touchent, ou sont fort près
l'une de l'autre, il n'y aurait pas, au point de contact et à
quelque distance autour de ce point, assez de molécules vi-
treuses pour réfléchir une quantité de lumière sensible;
tandis qu'il s'en trouverait tout de suite assez dans un autre
endroit voisin, où les surfaces des lames seraient seulement
un peu plus distantes l'une de l'autre. Tous ces phénomènes,
qui se lient parfaitement avec la réflexion à distance, et qui
en sont des conséquences nécessaires, deviennent autant
d'impossibilités physiques dans l'hypothèse d'un contact immédiat entre les particules de la lumière et celles des corps
réflecteurs.

CHAPITRE VII.

Explication des couleurs propres et permanentes des Corps.

Ayant ainsi complétement analysé la réflexion que tous
les corps polis opèrent hors de leur première surface, et
montré pourquoi elle ne change pas la couleur des images,
lorsqu'elle s'exerce sur des rayons qui viennent de traverser
un milieu épais, il nous faut examiner cette autre réflexion
par laquelle les corps, s'appropriant toujours une certaine
portion de la lumière incidente, la renvoient ensuite de
tous côtés dans l'espace par un véritable rayonnement. Cette
portion, d'une teinte particulière, constitue la couleur
propre des corps, quand on les observe par réflexion. Le
reste les traverse, s'ils sont transparens, mais une partie
s'éteint toujours dans leur substance, et tout s'y éteint s'ils
sont opaques. Essayons de concevoir comment ces divers
phénomènes peuvent s'opérer.

Pour cela, il faut nous faire une idée juste de la constitution des corps, du moins autant que l'observation de leurs

propriétés physiques peut nous l'indiquer. D'abord une foule d'expériences nous ont déjà montré qu'aucun corps n'est un assemblage continu de matière, mais qu'ils sont tous composés de particules matérielles placées à distance, et maintenues dans cet état par les forces opposées de l'attraction et de la chaleur. Ces distances, invisibles à nos sens, et inappréciables par nos plus forts microscopes, deviennent, pour ainsi dire, évidentes par la transmission de la lumière à travers les corps; car tous, excepté peut-être les métaux blancs, se laissent traverser par elle, quand ils sont suffisamment amincis. C'est ce que l'on peut vérifier en mettant des lames minces, de quelque substance que ce soit, au-devant d'un petit trou percé dans le volet d'une chambre obscure, et dirigeant sur elles un trait de lumière solaire réfléchi du dehors; car toutes paraîtront translucides, si elles sont suffisamment amincies. On observe la même chose quand on regarde de pareilles lames au microscope, en les éclairant par-dessous d'une vive lumière. Si nous ne pouvons pas, par ces procédés, amener les métaux blancs à la transparence, c'est sans doute parce que nos moyens mécaniques sont trop grossiers pour leur donner le degré de ténuité convenable; mais du moins nous y parvenons en les dissolvant, même en grande abondance, dans des acides; et cela suffit pour montrer que leur opacité, dans l'état solide, ne tient pas à une propriété élémentaire et essentielle de leurs particules, mais plutôt à leur discontiguité et au grand excès de leur force réfringente sur celle du milieu quelconque, qui existe entr'elles. Car nous avons déjà plusieurs fois remarqué que la réunion de ces deux circonstances suffit pour produire rapidement l'opacité en multipliant les réflexions.

Il se pourrait même que, dans les corps qui nous paraissent les plus denses, la capacité des interstices surpassât plusieurs milliers de fois le volume des particules matérielles. En effet, supposez que les dernières particules élémentaires et impénétrables, qui constituent les principes des corps, soient réunies en groupes deux à deux, trois à trois, quatre à quatre, ou davantage, de manière que, dans chaque groupe, il y ait entr'elles de certains intervalles, et que les différens groupes aient entr'eux des intervalles beaucoup plus grands : ces groupes eux-mêmes pourront à leur tour être considérés ensemble deux à deux, trois à trois, quatre à quatre, de manière à former encore des groupes plus grands et séparés les uns des autres par de plus grandes distances. Or, si l'on conçoit les molécules élémentaires très-denses, on pourra, en multipliant ainsi les ordres de groupes successifs, composer des systèmes qui offrent tous les degrés de densité et de rareté que l'on voudra. En supposant, par exemple, que dans chaque ordre la somme des espaces compris entre les groupes fût seulement égale à leur volume total, un corps qui aurait un seul ordre de pareils groupes ne contiendrait que $\frac{1}{2}$ de son volume de matière ; avec deux ordres, il n'en contiendrait que $\frac{1}{4}$; avec trois, $\frac{1}{8}$; avec quatre, $\frac{1}{16}$; avec cinq, $\frac{1}{32}$. C'est ainsi que, dans les espaces célestes, les molécules d'une planète, quoique séparées les unes des autres, forment un groupe d'une certaine densité, qui constitue le corps de la planète. Plusieurs planètes, infiniment éloignées les unes des autres comparativement aux intervalles de leurs molécules, mais infiniment voisines comparativement aux distances des autres corps de l'univers, forment un système plus rare, un groupe d'un ordre plus composé. L'assemblage de pareils systèmes, séparés les uns des autres par d'autres intervalles infinis relativement aux orbites de chaque planète, formeront un autre système plus rare encore, et tel que les nébuleuses nous en offrent l'exemple. Enfin, l'on peut encore concevoir de pareils assemblages de nébuleuses, et ainsi de suite, sans aucune limitation.

Une fois reconnu que les particules des corps sont placées à distance les unes des autres, ce mode de constitution est évidemment le plus général que l'on puisse concevoir. Maintenant, pour expliquer comment de pareils systèmes peuvent avoir des couleurs propres qui demeurent les mêmes sous tous les aspects, il suffit d'admettre que les groupes de particules les plus composées y sont fort petits, et que, soit par leur densité, soit par leur nature, ils réfractent la lumière beaucoup plus fortement que le milieu, ou les milieux quelconques qui sont interposés entr'eux. La première condition est autorisée par l'impossibilité où nous sommes de distinguer, avec les meilleurs microscopes, ces groupes élémentaires ; la seconde, comme on le sentira tout-à-l'heure, est nécessaire pour que leurs couleurs soient permanentes sous toutes les inclinaisons.

Lorsqu'un faisceau lumineux pénètre dans un pareil système, on doit d'abord concevoir qu'un certain nombre de rayons peuvent passer parmi tous les groupes sans les traverser, et de là ressortir de nouveau dans l'espace. Ce sera la portion de lumière que le corps peut transmettre sans altération. Les particules lumineuses qui la composent n'éprouvant dans l'intérieur du corps aucunes modifications nouvelles, doivent y suivre sans obstacle la progression uniforme des accès qu'elles avaient pris en y pénétrant. Or, sans qu'il soit besoin d'exagérer la rareté de la matière dans les corps, il y a une cause physique qui doit faciliter considérablement ce mode de transmission de la lumière ; c'est que toutes les parties très-petites de la matière ont, comme nous le prouverons par la suite, la propriété d'infléchir latéralement, et à distance, les molécules lumineuses qui les approchent. De sorte que celles-ci, en serpentant de cette manière, peuvent passer librement parmi des séries de particules matérielles, qui les eussent infailliblement arrêtées, si elles s'étaient propagées directement.

Néanmoins on doit aussi concevoir qu'un certain nombre de rayons rencontrent les groupes mêmes qui forment la substance des corps, et sont contraints de les traverser. Dans ce cas, à leur incidence sur la première surface de chaque groupe, ils y éprouveront d'abord une réflexion partielle ; mais l'effet en pourra être très-faible, et presqu'insensible, si le groupe est fort mince, comme nous l'avons supposé. Dès-lors les molécules, pénétrant le groupe, et ressentant son action supposée très-énergique, prendront des accès beaucoup plus courts et d'une succession bien plus rapide qu'elles n'en avaient dans le milieu environnant. C'est pourquoi, lorsqu'elles arriveront à la seconde surface du groupe, il

y en aura parmi elles qui se trouveront disposées à être
réfléchies, et d'autres à être transmises. Celles qui subiront
réellement la réflexion, formeront la couleur propre du
groupe, laquelle pourra, dans bien des cas, n'avoir qu'une
très-faible intensité, à cause de l'attraction des groupes
environnans, qui pourra être fort sensible. Du reste, cette
couleur sera la même sous toutes les incidences, si, comme
nous l'avons supposé, le pouvoir réfringent du groupe est
très-énergique (1), et si, de plus, il ne peut être traversé
que par son centre de gravité, les transmissions latérales
étant empêchées et détournées par les forces infléchissantes.
La portion de lumière qui aura ainsi traversé un premier
groupe, et aura échappé à la réflexion de sa seconde surface,
continuera de se transmettre jusqu'à ce qu'elle en rencontre
un autre qui produise sur elle des effets pareils. Alors, si le
premier groupe n'a pas réfléchi tous les rayons qui, dans
la lumière incidente, étaient propres à composer sa couleur, le second groupe réfléchira une partie du reste, et
ainsi de suite de groupe en groupe, jusqu'à ce que l'ensemble des rayons qui peuvent former cette couleur dans la
lumière incidente, soit complétement épuisé. La somme
de ces réflexions composera donc la couleur totale du corps
entier, laquelle ira ainsi en croissant d'intensité avec l'épaisseur, tant que les groupes qui reçoivent les derniers la lumière, auront quelque chose à réfléchir.

Considérons maintenant la portion de lumière qui,
échappée à toutes les forces réfléchissantes des groupes successifs, se transmet à travers l'épaisseur entière du corps. Si
elle contenait tous les rayons non réfléchis par les groupes,
elle serait complémentaire de leur couleur; sa teinte serait
seulement affaiblie par la portion de lumière blanche qui peut
traverser le corps en serpentant parmi les groupes sans se
décomposer. Mais cette opposition exacte ne s'observe jamais rigoureusement dans aucun corps; il y a toujours une
certaine portion de lumière colorée qui ne se trouve ni dans

---

(1) Ce qui n'empêche pas que celui du corps entier ne puisse être
très-faible.

la couleur réfléchie , ni dans la couleur transmise, et qui , en conséquence , est absorbée par le corps ou éteinte dans sa substance. Par exemple , l'or réduit en feuilles très-minces est jaune lorsqu'on le regarde par réflexion , et vert lorsqu'on le regarde par transmission. Pourtant, dans les anneaux réfléchis, il n'y a point de jaune qui ait pour complément du vert. La couleur transmise est toujours un bleu, et ce résultat est conforme à la construction que Newton a donnée pour la composition des couleurs. Mais de ce bleu, nécessairement composé, ôtez un certain nombre de rayons violets et bleus que l'or absorbera dans sa substance, il vous restera du vert. Ici le progrès de l'absorption est très-rapide, à cause de la grande densité de la substance. Dans d'autres cas , elle est plus lente, et ordinairement graduelle. Alors, en faisant varier l'épaisseur du corps par une progression insensible, on voit la lumière transmise changer successivement de teinte, perdant d'abord une certaine espèce de couleur, puis une seconde, une troisième, jusqu'à ce qu'enfin son intensité devenant trop faible pour être aperçue, le corps paraisse tout-à-fait opaque. L'ordre suivant lequel cette déperdition successive s'opère, est déterminé pour chaque substance, mais il varie dans les substances diverses. Par exemple (1), si l'on verse dans un verre conique une dissolution de certains bois colorés, et qu'en l'exposant à la lumière des nuées, on la regarde par réflexion, elle paraîtra bleue; mais si on la regarde par transmission, elle paraîtra jaune dans le bas du verre, près de la pointe du cône, orangée un peu plus haut, et enfin rouge dans les parties où l'épaisseur traversée par les rayons est plus grande. Dans ce cas, les rayons violets et bleus sont très-abondamment réfléchis par la liqueur, puisque les plus petites gouttes que l'on en peut séparer paraissent de cette teinte, et par conséquent très-peu d'entr'eux y pénétreront à quelque

---

(1) Newton cite particulièrement une espèce de bois , qu'il appelle *néphrétique*. Je n'ai pas pu m'en procurer qui offrît précisément les couleurs qu'il indique, mais un grand nombre produisent des effets analogues.

profondeur ; mais les verts y entreront plus facilement, et encore plus les jaunes, les orangés et les rouges, toutes lesquelles couleurs, prises ensemble, composeront le jaune pâle que l'on observe, par transmission, dans le fond du verre, où l'épaisseur est la plus petite. Un peu plus haut, c'est-à-dire à travers une épaisseur plus forte, les rayons verts seront aussi absorbés, et le reste composera un orangé. Enfin, à une épaisseur plus grande encore, les jaunes seront absorbés à leur tour, puis les orangés, et enfin les rouges, si l'épaisseur est suffisante ; d'où résulterait successivement l'orangé transmis, et ensuite un rouge graduellement de plus en plus sombre, jusqu'à ce qu'il se termine en opacité. Newton a encore cité comme exemple un phénomène observé par Halley, dans l'eau de la mer, où il était descendu à la profondeur de quelques brasses, un jour qu'il faisait un fort beau soleil. Le dessus de sa main, sur laquelle le soleil donnait directement au travers de l'eau et d'une petite fenêtre fermée par une glace, lui paraissait d'un rouge-rose ; et, au contraire, l'eau de dessous, ainsi que la partie inférieure de sa main, éclairée uniquement de la lumière réfléchie par cette eau, lui paraissait verte. Le premier fait nous indique d'abord que l'eau de mer laisse passer les rayons rouges plus aisément que tous les autres. On sait d'ailleurs qu'elle réfléchit en plus grande abondance les rayons violets et bleus ; car elle paraît bleue par réflexion quand elle est calme ; et c'est de là que lui est venue l'épithète de *cœruleum* que les anciens lui avaient donnée. Maintenant, un objet placé dans cette eau à quelque profondeur, et éclairé uniquement par la lumière qu'elle transmet, doit paraître rouge comme le dessus de la main de Halley, et ce rouge doit être d'autant plus foncé et plus sombre, que la profondeur est plus grande. Or, à une certaine profondeur où les rayons violets et une partie des bleus sont déjà rejetés par la réflexion, si vous supprimez aussi ce rouge de la lumière transmise, comme Halley le faisait en observant le dessous de sa main, éclairée seulement par la lumière que réfléchissait l'eau inférieure, le reste des rayons bleus, avec les verts et les jaunes, réfléchis d'en bas en plus grande abondance, doivent nécessairement former du vert. On voit, par cette théorie, qu'il peut exister des corps qui paraissent de même couleur par transmission et par réflexion; car il suffit pour cela que l'espèce de lumière qu'ils réfléchissent en plus grande abondance soit aussi celle qui les traverse le plus aisément; et il paraît qu'un grand nombre de liqueurs rouges offrent cette particularité. On l'observe aussi dans certains verres rouges. Enfin, si l'on fait successivement passer le même faisceau lumineux à travers deux liquides, dont le second réfléchit la portion que le premier a transmise, il est évident que l'on doit obtenir une complète opacité; et c'est ce que Hook a observé le premier avec surprise, en ayant placé l'un derrière l'autre deux prismes égaux et opposés, dont l'un était rempli d'une liqueur rouge, et l'autre d'une liqueur bleue, toutes deux d'une teinte très-chargée. Il n'est pas impossible que, dans les corps composés, l'opacité soit souvent produite par une disposition semblable. Au reste, pour avoir une idée exacte des teintes réfléchies et transmises par une substance quelconque, la marche la plus sûre est de la faire traverser successivement, à diverses épaisseurs, par des rayons simples, de couleur diverse, et de mesurer comparativement les quantités réfléchies et absorbées de chacun d'eux. Nous donnerons, par la suite, des procédés pour cet objet; alors il ne restera plus qu'à composer, par le calcul, ces élémens simples, selon la méthode de Newton; mais il faut, en faisant ces épreuves, se servir de rayons parfaitement simples; car, pour peu qu'ils soient encore composés, l'absorption inégale que leurs parties subiront en traversant la substance colorée, fera changer la teinte de la lumière incidente. Ceci, comme Newton le remarque, a été cause de l'erreur de plusieurs physiciens, qui ont cru avoir changé les couleurs primitives des rayons simples, en leur faisant traverser des milieux colorés.

Toute cette théorie des couleurs permanentes des corps repose, comme on voit, sur trois principes fondamentaux : 1° la matière dans les corps est distribuée par groupes placés à distance les uns des autres; 2° le pouvoir réfringent de ces

groupes est beaucoup plus énergique que celui du milieu
ou des milieux qui les séparent; 5°. la réflexion et la transmission de la lumière s'opèrent dans chaque groupe, selon
les mêmes lois que dans les lames minces; la couleur qu'ils
renvoient provient de leur seconde surface, et dépend de
leur force réfringente et de leur épaisseur.

Ces trois propriétés sont tellement liées entr'elles, que si
la dernière était accordée, les deux autres s'ensuivraient
nécessairement. Car si le mode de la réflexion est le même
pour les groupes matériels que pour les lames minces, il
faudra admettre qu'ils sont séparés les uns des autres, sans
quoi il ne se ferait pas plus de réflexion entr'eux qu'entre
deux verres de même nature qui se touchent. Il faudra, de
plus, que le milieu qui les sépare soit moins réfringent
qu'eux; car s'il l'était autant, le cas serait le même que
tout-à-l'heure, et il ne se produirait aucune réflexion dans
l'intérieur du corps; si, au contraire, il l'était davantage,
on pourrait lui appliquer ce que nous disons ici des groupes,
et regarder les interstices du milieu, comme la partie réfléchissante du corps. Enfin, il faudra que chaque groupe
forme un système très-réfringent, et beaucoup plus réfringent que le milieu qui l'entoure; car les couleurs des corps
colorés épais restent les mêmes sous toutes les obliquités des
rayons visuels, et nous avons reconnu que les teintes réfléchies par une même lame mince sous diverses incidences,
changent d'autant moins que sa réfraction est plus forte comparativement à celle du milieu environnant.

C'est une grande induction en faveur de cette théorie,
que de voir tous les effets des particules insensibles dont les
corps se composent, exactement assimilés à ceux que nous
observons évidemment dans les lames minces sur une échelle
assez grande pour pouvoir en mesurer tous les détails. Sans
doute on pourrait, comme l'ont essayé des savans célèbres,
expliquer les couleurs propres des corps par des attractions
et des répulsions chimiques qui détermineraient de préférence l'absorption ou la réflexion de certaines teintes; mais
alors il faudrait attribuer à ces forces toutes les variétés
d'effets qui s'opèrent par les accès avec tant de simplicité;

c'est-à-dire qu'il faudrait, dans certains ordres de couleurs, une action qui s'étendît seulement à certaines particules lumineuses, et même à une certaine proportion déterminée de ces particules; car les couleurs des corps naturels ne sont jamais simples, et la théorie de Newton fait seule voir pourquoi elles ne peuvent pas l'être. D'ailleurs, rien ne prouve que l'affinité soit réellement capable de produire ces choix de particules lumineuses; au lieu que, par l'exemple des plaques minces, nous sommes certains qu'ils peuvent être et qu'ils sont réellement opérés à leur seconde surface, par la seule conséquence du changement d'épaisseur; et, ce qui est bien remarquable, pour tous les corps solides ou liquides que l'on a pu réduire à de telles lames minces, l'ordre et la succession des couleurs se sont toujours trouvés pareilles, indépendamment de l'affinité. Il y a toujours sept ordres d'anneaux sensiblement distincts; après quoi, le mélange se confond avec une blancheur uniforme. Le passage des premières teintes aux dernières se fait toujours par les mêmes gradations d'épaisseur, quelle que soit la nature chimique des substances réfléchissantes, que ce soit de l'eau ou de l'huile, ou du métal, ou du verre ou de l'air. Les couleurs produites dans tous ces cas sont si exactement les mêmes, que personne ne saurait les distinguer. Quelles analogies pour penser que les mêmes lois s'étendent aussi à la réflexion opérée dans les groupes matériels qui composent les corps! Si l'on voulait expliquer par l'affinité les couleurs de ces groupes, il ne suffirait pas de supposer à cette force toute la graduation d'intensité que ces effets exigent, il faudrait encore que, dans tous ses changemens par la chaleur, la lumière, ou la diverse nature des substances, elle suivît encore fidèlement les périodes assignées par la table de Newton; car lorsqu'un corps change graduellement de couleur par l'effet d'une action chimique quelconque, assez lente pour qu'on en puisse observer les diverses périodes, les teintes par lesquelles il passe suivent toujours exactement l'ordre consigné dans cette table, et qui dérive de celui des anneaux.

Cette importante loi s'observe dans presque tous les progrès de la végétation, qui aussi, pour la plupart, peuvent être considérés comme le produit d'actions chimiques lentes et graduelles. Par exemple, Newton a remarqué que le vert vif des plantes appartient au troisième ordre; et, en effet, celui du troisième ordre lui est parfaitement comparable pour la force et la netteté de la teinte. C'est le seul qui possède ces propriétés à un si haut degré dans l'ordre des anneaux. Maintenant supposons que, par suite d'un changement chimique quelconque, ce vert vienne à descendre au rouge, on voit tout de suite qu'il a descendu dans l'ordre des anneaux; et ainsi, selon la théorie de Newton, cela n'a pu se faire sans que la couleur de la feuille ait passé successivement par le jaune, l'orange et l'orangé rougeâtre. Or, c'est précisément ce qui arrive aux feuilles des plantes lorsqu'elles se flétrissent, comme Newton l'a bien observé. J'ajouterai quelque chose de plus général : c'est qu'en examinant les variations des teintes d'un grand nombre de feuilles et de fleurs dans les diverses périodes de leur végétation, il m'a paru que tant que la force végétative se développe, les couleurs montent dans l'ordre des anneaux, et, au contraire, quand cette force s'affaiblit, elles descendent. Ainsi, les jeunes pousses du chêne et du peuplier sont d'abord d'un rouge tirant sur l'orangé; de là elles passent à un orangé rougeâtre; et bientôt au vert, en passant par une sorte de jaune rougeâtre extrêmement fugitif. Or, c'est aussi là précisément le progrès des nuances que l'on observe dans les anneaux lorsqu'on remonte du rouge au vert du troisième ordre, comme on peut s'en convaincre par les expressions mêmes que Newton a employées en décrivant les couleurs des bulles d'eau. Voici d'autres exemples analogues. Quand la fleur du chèvre-feuille s'épanouit, sa couleur est un blanc pur du premier ordre; à mesure qu'elle se fane, elle passe au jaune pâle, au jaune, à l'orangé, et à l'orangé foncé. Telle est, en effet, la marche des teintes en descendant le premier ordre de la table de Newton. La fleur du géranium sanguineum, dont la couleur est un rouge violacé, intermédiaire entre le premier et le second ordre, devient bleue en se fanant, après qu'on l'a coupée. Des œillets d'un rouge si vif qu'on avait peine à en soutenir la vue, et qui était par conséquent celui du second ordre, sont descendus ainsi au rouge ponceau et au pourpre violacé. La même chose arrive à certaines espèces de roses; mais il en est d'autres dont la couleur paraît être le rouge du troisième ordre. Celles-ci, en vieillissant sur leur tige, perdent peu à peu la vivacité de leur rouge, et le bleu et le violet du quatrième anneau, acquérant plus d'influence sur leur teinte, elles descendent au rouge bleuâtre, dont la couleur la plus voisine dans la table, en descendant toujours, est un vert bleuâtre; de sorte qu'à mesure qu'elles s'en approchent, elles tirent sur une teinte intermédiaire, qui est un blanc rougeâtre et imparfait (1). Un blanc semblable, intermédiaire entre le quatrième et le cinquième ordres, forme la teinte ordinaire d'une certaine campanule nouvellement connue des botanistes français. On y reconnaît même, dans l'état de développement le plus parfait, un léger mélange de rose pâle qui décèle son origine; aussi, en laissant vieillir cette campanule sur sa tige, ou desséchant ses pétales entre deux papiers, on la voit passer à un bleu pâle, dont la nuance fugitive précède le bleu verdâtre du cinquième ordre, consigné dans la table de Newton. Enfin, la tigridie, cette belle fleur qui se développe et se flétrit en quelques heures, paraît, lorsqu'elle n'est pas encore tout-à-fait ouverte, d'un orangé rougeâtre très-vif : de là elle descend au rouge mordoré du premier ordre, et enfin, en se flétrissant, elle passe au rouge violacé du second, toujours en suivant la marche des anneaux (2).

---

(1) Les variations d'épaisseur dans les expériences de Newton, quoique ménagées avec beaucoup d'art, étaient encore trop rapides pour qu'il pût apercevoir ce blanc imparfait entre le troisième et le quatrième ordres. Il y a aussi une blancheur analogue dans les intermédiaires des trois ordres suivans. Nous aurons bientôt l'occasion de vérifier tous ces résultats dans une autre classe de phénomènes, où nous pourrons faire naître successivement, avec toute la lenteur imaginable, les nuances consécutives des anneaux.

(2) La fin rapide de cette belle fleur ressemble à une véritable putréfaction. J'ai essayé de prolonger sa vie en la tenant dans l'obscurité;

Les mêmes périodes s'observent dans les combinaisons chimiques artificielles, lorsqu'elles s'opèrent avec assez de lenteur pour qu'on puisse saisir les nuances successives de leur coloration. On en trouve un grand nombre de preuves dans l'ouvrage de Delaval, sur les couleurs, quoiqu'il n'ait pas toujours bien interprété les exemples qu'il a choisis. J'en citerai ici quelques autres. La teinture de tournesol, lorsqu'elle a été long-temps enfermée dans un flacon bouché, devient souvent orangée, ce que l'on croit venir de ce qu'elle se désoxide. Ouvrez ce flacon, et agitez la liqueur pour la combiner avec l'oxygène de l'air ; en peu d'instans elle passe au rouge, puis au bleu violacé, c'est-à-dire du premier ordre au second. L'oxide de manganèse solide et pur est brun maron. Si on le chauffe avec de la potasse, il en résulte une combinaison solide, dont la couleur est le vert vif du troisième ordre, ce que les chimistes nomment *caméléon minéral*. Cette combinaison est très-peu stable ; car il suffit de la dissoudre dans une grande quantité d'eau chaude pour la désunir rapidement et séparer l'oxide ; mais si l'on emploie peu d'eau, et que la combinaison soit bien faite, cette séparation devient progressive ; alors la dissolution change successivement de couleur, passant du vert au vert bleuâtre, au bleu, au pourpre et à un pourpre rouge, c'est-à-dire que sa teinte monte dans l'ordre des anneaux, comme si ses particules devenaient plus minces. En effet, il me paraît que, dans cette circonstance, la proportion de potasse unie à l'oxide est successivement dissoute par l'action de l'eau, jusqu'à ce qu'enfin elle soit tout-à-fait enlevée à l'oxide, qui reste seul en suspension dans la liqueur ; et de là on peut aussi conclure que la couleur brun marron de cet oxide est un orangé rougeâtre du second ordre, rendu excessivement sombre par l'absorption d'une grande quantité

en l'empêchant de s'ouvrir, en coupant ses étamines et ses pistils avant qu'elle fût ouverte, afin d'y empêcher la fécondation ; toutes ces tentatives ont été inutiles. Le jour qu'elle devait fleurir, elle s'est toujours ouverte à son heure fixe, qui est environ cinq heures du matin, et elle était fanée à deux heures après-midi.

de lumière. En général, il faut toujours soigneusement distinguer les périodes de l'intensité d'avec la marche des teintes; car ces deux classes de phénomènes sont absolument indépendantes l'une de l'autre, et suivent des lois toutes différentes; au point que quelquefois la série des teintes, déterminée par la table de Newton, est brusquement interrompue par une absorption totale de lumière, qui rend l'intensité nulle, et fait passer la couleur sensiblement au noir. Nous verrons des exemples de ceci dans une série de phénomènes purement optiques; mais, pour ne point sortir de la chimie, mêlez, comme l'a fait M. de Claubry, de l'huile d'amandes douces avec de l'amidon et de l'acide sulfurique; vous aurez une combinaison qui d'abord sera jaune, et qui bientôt passera au jaune orangé, à l'orangé foncé, et de là au rouge et au violet; ce qui est précisément la série des couleurs des anneaux, en allant du premier ordre au second. Or, dans le passage de l'orangé au rouge, il arrive un moment où l'absorption des rayons incidens devient si forte, que le mélange paraît presque noir. On observe la même interruption en substituant à l'huile d'amandes douces l'huile qu'on retire de l'alcool traité par le chlore; alors les nuances successives par lesquelles les couleurs passent, sont le jaune pâle du premier ordre, l'orangé, le noir, le rouge, le violet, et enfin le beau bleu du second ordre : d'où l'on voit que l'extinction à laquelle l'intensité est accidentellement sujette n'empêche pas l'ordre des teintes de suivre celui des anneaux. La fleur de la cobée présente aussi un phénomène analogue. Lorsqu'elle s'ouvre, elle est d'abord d'un vert jaunâtre lavé et imparfait, qui est évidemment celui du second ordre; mais bientôt elle se tache par places de violet, et en peu d'heures elle devient toute violette, sans passer par le bleu intermédiaire : néanmoins en se fanant, elle redescend du violet au bleu, conformément à la règle générale établie plus haut. M. Decandolle croit que la cause de sa variation subite dans la première période est la fécondation, qui lui a paru souvent modifier ainsi en peu de temps les couleurs d'un grand nombre de fleurs.

Les mêmes périodes de coloration s'observent encore dans

toutes les substances réduites par la précipitation en poudres
très-fines et en lames très-minces, dont l'épaisseur varie
lentement, soit par l'addition de nouvelles couches de même
nature, soit plus simplement encore par une expansion mo-
mentanée. Ce dernier cas a été remarqué par M. Gay-Lussac, dans un grand nombre d'oxides métalliques qui changent momentanément de couleur lorsqu'on les chauffe, et
qui reprennent leur teinte primitive par le refroidissement.
Or, les variations de ces teintes que M. Gay-Lussac a décrites dans les *Annales de Chimie*, sont exactement conformes à l'ordre des anneaux. On observe le phénomène inverse, comme M. Chevreul me l'a fait voir, quand on vola-
tilise de l'indigo pur, étendu sur un papier; car, en se vapo-
risant, il passe à un rouge-ponceau très-vif; ce qui indique
que les groupes matériels qui le composent s'amincissent,
et peut-être se subdivisent dans l'acte de la vaporisation. Le
même chimiste a bien voulu me rendre témoin des curieux
phénomènes qu'il a découverts dans la nouvelle substance à
laquelle il a donné le nom d'hématine. Cette substance,
lorsqu'elle est pure et solide, a une teinte grisâtre dont il
est difficile d'assigner la place, à cause de l'aspect métallique des petites particules qui la composent, et qui peut-
être répandent sur elle cette couleur grise, par la quantité
de lumière blanche qu'elles renvoient directement par une
première réflexion. Quoi qu'il en soit, l'hématine dissoute
dans l'eau, à laquelle on a ajouté quelques atômes d'acide
acétique, produit une liqueur dont la teinte est un jaune du
second ordre, légèrement verdâtre. Si l'on introduit cette
liqueur sous un tube rempli de mercure, et qu'on le chauffe
par dehors, comme on peut le faire en l'enveloppant d'un
fer chaud, elle devient successivement jaune, orangé brillant, rouge brillant, rouge-ponceau, pourpre, enfin pourpre
très-chargé de bleu; et, ce qui est bien remarquable, si on la
laisse ensuite se refroidir, elle revient peu à peu à sa première teinte; mais il lui faut pour cela un certain temps:
par exemple, quelques jours, si l'on fait l'expérience sur un
volume d'environ un demi-centilitre; ce qui peut faire
penser que l'hématine dissoute absorbe un peu plus d'eau

à mesure qu'on l'échauffe, et ne s'en sépare ensuite que graduellement. Enfin, si l'on veut, en quelque sorte, constater par ses propres yeux le mode progressif par lequel les molécules des corps atteignent leurs couleurs définitives, il n'y a qu'à former à chaud une dissolution saturée de chlorate de potasse, et la laisser refroidir avec lenteur. A mesure que la température baisse, le sel se précipite en paillettes rectangulaires très-minces, qui s'apposent et s'unissent les unes aux autres. Or, leur minceur est d'abord telle, qu'elles paraissent colorées, et colorées diversement, selon l'incidence où on les regarde et l'épaisseur où elles sont parvenues; ce fait m'a été communiqué par M. Gay-Lussac. Les plus épaisses sont déjà d'un blanc uniforme; les plus minces, en s'unissant les unes aux autres, deviennent blanches à leur tour : quelquefois elles ne s'appliquent pas exactement les unes sur les autres; alors elles ne cessent pas de réfléchir leur propre teinte, même quand elles font partie d'une lame beaucoup trop épaisse pour donner des couleurs. Je me suis assuré aussi que leurs couleurs varient avec l'incidence, à peu près comme celle du mica, quoique d'une manière un peu plus rapide, mais toujours selon l'ordre des anneaux. On observe des variations de couleurs pareilles, et soumises aux mêmes lois, dans les petites paillettes de tartrite acidule de potasse qui se précipitent d'une dissolution de ce sel saturée à chaud; ce fait m'a été communiqué par M. Chevreul. Or, si l'on a fait attention que dans tous ces cas, et dans ceux que nous avons rapportés plus haut, les teintes par lesquelles les substances passent ne sont jamais simples, mais composées, et composées comme celles des anneaux, qu'elles varient précisément par les mêmes gradations et les mêmes périodes, on reconnaîtra qu'il y a une analogie extrêmement forte, si ce n'est une identité évidente entre les couleurs propres des corps et celles que les lames minces réfléchissent à leur seconde surface. On concevra que la seule différence de grosseur et de force réfringente par lesquelles ces molécules passent dans leurs dilatations, leurs condensations ou leurs combinaisons diverses, suffit pour produire tous ces chan-

gemens; et quoique les mêmes résultats pussent être représentés aussi par des variations correspondantes dans l'affinité des corps pour la lumière, on conviendra que cette
dernière cause, qu'il faudrait varier dans ses lois tout autant que la première, n'a pas comme elle, en sa faveur,
l'exemple concluant des lames minces, et l'analogie qui résulte de l'identité des lois.

Cette analogie se manifeste également par d'autres caractères dans tous les cas où on peut l'éprouver. Nous avons reconnu que l'espèce des couleurs réfléchies par une lame
mince, sous l'incidence perpendiculaire, et sous toutes
les incidences, si elle est très-réfringente comparativement au milieu qui l'environne, ne dépend que de la
nature et de l'épaisseur de cette plaque, mais nullement
de la nature du milieu ambiant, lequel influe seulement
sur l'intensité de la teinte réfléchie. Si donc les couleurs
permanentes des corps dépendent de la même cause que
celles des plaques minces, l'espèce de leur teinte ne doit
pas changer quand on les environnera d'un milieu quelconque qui n'aura pas assez d'action sur elles pour les décomposer et changer leurs dimensions. Cela s'observe, en
effet, lorsque les soies, les draps ou d'autres substances sont
imbibées d'eau ou d'huile. Leurs couleurs deviennent seulement plus sombres, mais ne changent pas de nature; et
elles reprennent leur vivacité lorsqu'on a fait évaporer, par
la chaleur, le fluide interposé. La même chose arrive à l'indigo et au carmin dissous dans l'eau. Quelqu'étendue que
soit la dissolution, la nature de la couleur ne varie pas;
son intensité seule est différente : mais cela prouve uniquement que l'action de l'eau sur ces substances ne fait que séparer les groupes matériels qui les composent, sans être assez
puissante pour désunir les parties constituantes de ces groupes.
Alors, en augmentant la quantité d'eau dans laquelle ils
sont disséminés, on ne fait que les écarter davantage, et
diminuer ainsi la quantité de lumière colorée réfléchie dans
une épaisseur assignée; mais cela n'influe en rien sur la
teinte, qui ne peut varier que par le changement de dimension ou de composition des groupes.

D'une autre part, nous avons reconnu que les couleurs
réfléchies par les lames minces, dans un même milieu,
deviennent de plus en plus changeantes et mobiles sous
les incidences diverses, à mesure que la force réfringente de ces lames est moindre. Nous devons donc nous
attendre à des changemens pareils dans les couleurs propres
des corps dont la force réfringente sera peu intense. C'est,
en effet, ce que l'on observe dans les couleurs changeantes
qu'offrent les plumes du paon, du pigeon, du colibri (1). On
peut même remarquer que, pour produire ce chatoyement,
il n'est pas nécessaire que les barbes des plumes soient
d'une ténuité extrême; car si les couleurs qui s'y développent
sont réfléchies par une couche très-mince de substance hui-
leuse, étendue sous une membrane fine et transparente, comme
le pense M. Chevreul, il suffit que cette couche ait une
force réfringente différente de ses enveloppes, et probablement elle en a une plus énergique dans les cas que nous
examinons. C'est ainsi que des lames épaisses de muriate
suroxygéné de potasse présentent aussi des couleurs graduellement changeantes sous les inclinaisons diverses, lorsque
quelqu'une des lames élémentaires qui les composent est
séparée du reste par une petite couche d'air ou d'eau.

Tous les faits que nous avons rapportés dans cette discussion, quoique si divers dans leurs détails et dans les circonstances où ils se produisent, peuvent, comme on voit,
être réduits au phénomène unique des couleurs que réfléchissent les lames minces. L'idée de ramener les couleurs
permanentes des corps au même principe, en les faisant dépendre de la grosseur et de la force réfringente des groupes
matériels qui les composent, est donc entièrement conforme
aux analogies; et, quand on vient à considérer que cette
théorie explique parfaitement toutes les apparences de coloration que les corps présentent, sans avoir besoin de sup-

______

(1) Les couleurs que font voir les fils du ver-à-soie et de l'araignée,
quand ils sont éclairés d'une vive lumière, ont été attribués par Newton
à la même cause; mais il est plus vraisemblable qu'elles sont produites
par la diffraction que ces fils, à cause de leur finesse, exercent sur la lumière en la réfléchissant.

poser une seule propriété nouvelle de la matière, on ne peut guère douter qu'elle ne soit vraie.

En l'adoptant, nous sommes conduits à voir que les premières expériences de Newton, sur les couleurs des corps épais exposés à une lumière simple dans la chambre obscure, offrent toutes des résultats composés, puisque la portion de lumière renvoyée par le corps était réellement le produit des deux réflexions extérieures et intérieures. Sans cela, on ne concevrait pas comment tous les corps, quels qu'ils fussent, paraissaient toujours entièrement de la couleur des rayons dans lesquels on les plongeait; car si l'on choisit, par exemple, l'indigo le plus pur, ou le vert le plus vif des plantes, ou le vermillon le plus sombre, il est clair, d'après la table de Newton, que la première de ces teintes ne contiendra presque que de l'indigo simple, avec du violet et du bleu; la seconde, du vert simple, mêlé avec un peu de bleu et de jaune; enfin, la dernière, du rouge, presque sans mélange d'aucune autre couleur. Si donc un corps d'une de ces teintes est exposé à un des rayons simples qui n'en font pas partie, ses molécules ne pourront rien réfléchir; et ainsi, en vertu de ce mode de réflexion seul, le corps paraîtrait noir. Si cependant il est encore visible, c'est en vertu de la réflexion extérieure qui s'exerce indifféremment sur tous les rayons à sa première surface. Cette analyse des deux effets ne détruit d'ailleurs aucune des conséquences que Newton a tirées de ses expériences; car la réflexion de chaque corps devait toujours, comme il le dit, être la plus brillante, lorsqu'on l'exposait à l'espèce de rayons simples qui dominaient dans sa couleur; et, au contraire, elle devait être la plus faible quand ces rayons lui étaient le plus étrangers. Enfin, l'immutabilité de couleur des rayons, quelle que fût la nature ou la teinte du corps réflecteur, montrait toujours que leurs facultés colorifiques étaient inhérentes à leur substance. On voit que, dans ces expériences, pour que la lumière réfléchie fût absolument nulle, il aurait fallu pouvoir anéantir l'effet de la réflexion extérieure. C'est ce que nous trouverons le moyen de faire par la suite; et alors les corps polis, plongés dans des rayons tout-à-fait étrangers à leur couleur propre, devront paraître absolument noirs.

En admettant comme véritable la théorie précédente, on peut déterminer la grosseur des particules colorées des corps, quand on connaît l'espèce de teinte qu'ils réfléchissent, et le rapport de réfraction pour les rayons qui y pénètrent. Le calcul est exactement le même que nous avons indiqué, page 336, pour déterminer l'épaisseur des lames minces d'après leur couleur.

La difficulté est de savoir à quel ordre on doit rapporter une couleur observée. Voici pour cela quelques renseignemens, au moyen desquels on pourra presque toujours y parvenir.

Il faut d'abord examiner si la couleur proposée change sous les diverses inclinaisons. Si elle change, il faut remarquer la progression des nuances qu'elle parcourt, et en comparer l'ordre aux diverses parties de la table de Newton.

Je suppose, par exemple, que la teinte proposée soit d'un beau bleu sous l'incidence perpendiculaire, et qu'elle passe au pourpre en abaissant l'œil : nul doute alors que ce bleu ne soit du troisième ordre; car cet ordre est le seul où le bleu avoisine un pourpre.

De même, si la teinte proposée était, sous l'incidence perpendiculaire, un orangé vif, dégénérant en un jaune pâle sous des inclinaisons plus obliques, on en conclurait que sa couleur est du premier ordre; car cet ordre est le seul où le jaune soit pâle, et tendant au blanc.

Il y a ainsi, dans les trois premiers ordres, des teintes que l'on ne peut méconnaître lorsqu'on les a vues une fois. Pour s'en former une idée exacte, il faut les observer sur les lames minces d'eau, en employant les procédés expliqués pages 309 et 335, pour leur donner beaucoup de durée. On peut aussi les étudier sur les lames minces du mica, en s'aidant des variations qu'elles subissent sous des inclinaisons diverses, pour les placer dans la table de Newton. Par-là on acquerra en peu de temps la connaissance parfaite d'un certain nombre de couleurs de chaque ordre, qui serviront ensuite d'indices pour classer toutes les autres à mesure qu'elles se présenteront; ce qui est d'autant plus facile, que si l'on se rappelle bien les caractères de chaque ordre, on n'a jamais à choisir qu'entre deux ou trois solutions.

Par exemple, si la teinte proposée est un vert, il n'y a de choix qu'entre le second, le troisième et le quatrième ordre, puisque ce sont les seuls qui contiennent des verts; mais le vert du second ordre est parfaitement reconnaissable, parce que, tenant lieu du blanc qui se trouve dans le premier ordre, il est nécessairement pâle, lavé et imparfait; au contraire, ceux du troisième et du quatrième ordre sont vifs et décidés, sur-tout ceux du troisième. Il n'y aura donc d'indétermination que dans le cas où la couleur proposée appartiendrait à un de ceux-ci : alors il faudra se décider par l'observation des nuances voisines dans lesquelles elle dégénère, soit par des changemens chimiques, soit en variant l'inclinaison; car, si le vert proposé est du troisième ordre, il devra, par l'amincissement des particules qui le réfléchissent, se changer en un beau bleu, ou, par leur dilatation, passer au jaune verdâtre, puis au jaune, à l'orangé, et de là au rouge; tandis que s'il est du quatrième ordre, il ne pourra se changer qu'en vert bleuâtre ou en vert jaunâtre, sans que l'orangé ni le jaune puissent jamais s'y montrer isolément. C'est pour cela que Newton a placé le vert des plantes, le beau vert-pré, dans le troisième ordre, d'après l'observation des nuances dans lesquelles il se change quand les plantes viennent à se flétrir. De même, si la teinte proposée est un beau bleu, il n'y aura de choix qu'entre le second ordre et le troisième; car ce sont les seuls où le bleu soit assez séparé des autres couleurs pour être net et intense. Les changemens chimiques décideront ensuite entre ces deux ordres-là. Prenons pour exemple les couleurs du sirop de violette que les acides changent en un beau rouge, et les alcalis en un beau vert. Il est clair que cette série de nuances convient parfaitement au troisième ordre, mais nullement au second; car si le bleu de celui-ci remonte au rouge, ce ne peut être qu'au rouge du premier ordre, qui est sombre et mordoré, parce que c'est presque le pur rouge extrême du spectre; et, s'il descend au vert, ce vert appartenant au second ordre, doit être blafard et imparfait. Or, ce dernier caractère sur-tout est bien loin d'être conforme à ce que présente la couleur bleue du sirop de violette : on doit donc le placer dans le troisième ordre, comme l'a fait Newton.

On doit aussi rapporter aux rouges de cet ordre ceux des diverses espèces de roses. Celui des roses ordinaires a beaucoup de rapport avec la teinte que Newton a désignée par le nom de rouge bleuâtre. On trouve toutefois des couleurs végétales dans d'autres ordres. Par exemple, la couleur de la paille sèche est évidemment le jaune du premier ordre, et celle des lis en est le blanc. La couleur que Newton appelle violet dans le second ordre, ressemble beaucoup à la partie la plus foncée et la plus sombre de la pensée. Cette teinte est la seule de ce genre dans toute la série des anneaux.

Le bleu du premier ordre est toujours très-faible et très-léger, parce que, dès qu'il commence à être sensible, il tend à se pâlir par le mélange de toutes les autres couleurs. « Il semble, dit Newton, que l'azur des cieux doit être de cet ordre ; car telle est la nature de toutes les vapeurs, que lorsqu'elles commencent à se condenser et à s'unir en petites parcelles, elles acquièrent la grosseur qui est propre à réfléchir un tel azur, avant que de pouvoir composer des nuées d'aucune autre couleur. Ainsi, comme c'est la première couleur que les vapeurs commencent à réfléchir, ce doit être la couleur du ciel le plus pur et le plus transparent, puisque les vapeurs n'y sont pas encore parvenues à la grosseur qu'elles doivent avoir pour pouvoir réfléchir d'autres couleurs, comme cela se trouve confirmé par l'expérience. »

« Pour le blanc, s'il est vif et lumineux au suprême degré, c'est le blanc du premier ordre ; et s'il est moins vif et moins lumineux, c'est un mélange des couleurs des différens ordres. De cette dernière espèce est le blanc d'écume, celui du papier, du linge et de la plupart des corps blancs. Je compte que les métaux blancs sont de la première espèce ; car, puisque l'or, le plus dense de tous les métaux, devient transparent étant réduit en feuilles, et que tous les métaux le deviennent aussi s'ils sont dissous dans des menstrues, il s'ensuit de là que l'opacité des métaux blancs ne procède point de leur seule densité. Comme ils sont moins denses que l'or, ils seraient aussi plus transparens si quelqu'autre cause ne concourait avec leur densité pour les rendre opaques ; et cette cause, c'est, je pense, une telle grosseur de leurs particules qui les rend propres à réfléchir le blanc du premier ordre ; car, si ces particules sont d'une autre épaisseur, elles pourront réfléchir d'autres couleurs, comme cela paraît évidemment par les couleurs qu'on voit sur l'acier rougi au feu en le trempant, et quelquefois sur la surface des métaux fondus, c'est-à-dire sur la scorie qui se forme par-dessus à mesure qu'ils se refroidissent ; et, comme le blanc du premier ordre est le plus vif qui puisse être produit par des lames de substances transparentes. il doit aussi être plus vif dans la matière plus dense des métaux, que dans la matière plus rare de l'air, de l'eau et du verre ; et je ne vois rien qui empêche que les substances métalliques d'une épaisseur qui les rende propres à réfléchir le blanc du premier ordre, ne pussent, en conséquence de leur grande densité, réfléchir toute la lumière qui tombe sur elles, et être par conséquent aussi opaques et aussi brillantes qu'aucun autre corps. L'or, ou le cuivre, mêlé avec un peu moins d'argent que la moitié de son poids, ou avec de l'étain, ou du régule d'antimoine en fusion amalgamé avec fort peu de mercure, devient blanc : ce qui fait voir que les particules des métaux blancs ont beaucoup plus de surface, et sont par conséquent plus petites que celles de l'or et du cuivre, et d'ailleurs qu'elles sont si opaques, que les particules de l'or ou du cuivre ne sauraient briller à travers. Au reste, on ne peut guère douter que les couleurs de l'or et du cuivre ne soient du second et du troisième ordre ; et par conséquent, les particules métaux blancs ne sauraient être beaucoup plus grosses qu'il ne faut pour faire qu'elles réfléchissent le blanc du premier ordre : la volatilité du mercure prouve qu'elles ne sont pas beaucoup trop grosses pour cela ; elles ne peuvent pas être non plus beaucoup trop petites : si cela était, elles perdraient leur opacité, et deviendraient ou transparentes, comme lorsqu'elles sont atténuées par la vitrification ou par une

dissolution dans certains menstrues, ou noires, comme lorsqu'on les rapetisse, en frottant, par exemple, de l'argent,
de l'étain ou du plomb contre quelqu'autre corps pour y
tracer des lignes noires. La première et l'unique couleur
que les métaux blancs contractent par l'attriction de leurs
particules, c'est le noir; et par conséquent leur blanc doit
être celui qui confine à la tache noire dans le centre des
anneaux colorés, c'est-à-dire que ce doit être le blanc du
premier ordre. Mais si l'on veut déduire de là la grosseur des
particules métalliques, il faut mettre en ligne de compte
leur densité (1); car si le mercure était transparent, sa densité est telle que, selon mon calcul, le sinus d'incidence sur
ce corps-là serait au sinus de sa réfraction, comme 71 à 20
ou 7 à 2; et par conséquent, afin que ses particules pussent produire les mêmes couleurs que les particules des bulles
d'eau, leur épaisseur devrait être moindre que celle de la
pellicule de ces bulles, selon la proportion de 2 à 7 : d'où
il s'ensuit que les particules du mercure peuvent être aussi
petites que celles de quelques fluides transparens et volatils,
et ne laisser pourtant pas de réfléchir le blanc du premier
ordre (2).

« Enfin, pour la production du noir, les corpuscules
doivent être plus petits qu'aucun de ceux qui produisent
d'autres couleurs; car toutes les particules plus grosses réfléchissent trop de lumière pour former le noir. Mais si vous
supposez les corpuscules un peu plus petits qu'il ne faut pour
réfléchir le blanc, et le bleu le plus languissant du premier
ordre, il arrivera, selon les remarques précédemment faites,
qu'ils réfléchiront si peu de lumière qu'ils paraîtront extrêmement noirs; mais que cependant ils pourront peut-être la
rompre diversement çà et là au-dedans d'eux-mêmes, jus-

---

(1) Ou, pour parler plus exactement, leur pouvoir réfringent.

(2) Ce calcul supposerait que l'action de l'eau et celle du mercure sur
la lumière ne diffèrent qu'en vertu de l'inégale densité de ces deux substances; or, on a vu qu'il n'en est pas ainsi, et que la nature chimique
y influe pareillement. Au reste, cette supposition a peu d'inconvénient,
l'usage que Newton en fait n'étant qu'une simple estimation.

qu'à ce qu'elle soit éteinte et perdue; moyennant quoi, ces corpuscules paraîtront noirs, sans aucune transparence, dans toutes les positions de l'œil. On peut comprendre par-là pourquoi le feu et la putréfaction, le plus subtil de tous les dissolvans, donnent une couleur noire aux particules des corps en les divisant; pourquoi de petites quantités de corps noirs communiquent leur couleur aisément, et jusqu'à un fort grand degré, à d'autres corps auxquels on les applique, les petites parcelles de ces corps noirs se répandant sans peine, à cause de leur grand nombre, sur les particules grossières des autres corps; pourquoi les corps noirs sont plutôt échauffés et consumés par le feu du soleil qu'aucun autre corps; ce qui peut venir en partie du grand nombre de réfractions faites dans un petit espace; et en partie de l'ébranlement qui est facilement excité dans de si petites parties; et pourquoi les corps noirs tirent ordinairement un peu sur le bleuâtre, de quoi l'on peut s'assurer en faisant tomber sur du papier blanc une lumière réfléchie par des corps noirs : car, pour l'ordinaire, le papier paraîtra d'un blanc bleuâtre ; et la raison, c'est que le noir confine au bleu obscur du premier ordre, et réfléchit par conséquent plus de rayons de cette couleur que d'aucune autre. »

A ces belles observations de Newton, j'en ajouterai une de M. Thénard, qui semble faite exprès pour les confirmer. Ce chimiste ayant distillé avec soin du phosphore à sept à huit reprises, dans la vue de l'obtenir extrêmement pur, trouva qu'il avait acquis, après ces opérations, une propriété nouvelle et inattendue. Si on le fondait dans de l'eau chaude, il devenait transparent et d'un blanc jaunâtre, comme c'est l'ordinaire. Le laissait-on refroidir lentement, il se solidifiait en conservant cette couleur, et restait à demi-transparent; mais si, dans le temps qu'il était fondu, on le jetait dans de l'eau froide, en l'agitant avec un tube de verre, pour lui imprimer un refroidissement brusque, il devenait subitement opaque et absolument noir. Cependant il n'avait point changé de nature; car, en le faisant de nouveau fondre, il reprenait sa couleur jaune et sa transparence, et les gardait en se solidifiant, si on le laissait re-

froidir avec lenteur : de sorte que le même morceau solide
de phosphore pouvait, à volonté, être rendu successivement
jaune ou noir, transparent ou opaque. Cette observation
remarquable montre bien, de la manière la plus palpable,
que la transparence ou l'opacité, la coloration ou la privation de toute couleur ne sont que des modifications résultantes de l'arrangement et des dimensions des groupes matériels dont les corps se composent. En répétant cette expérience avec M. Clément, sur une certaine quantité de ce
phosphore que M. Thénard nous avait donnée, nous eûmes
occasion d'observer un phénomène qui rend cette transition
d'état encore plus frappante. Ayant jeté notre phosphore
fondu dans de l'eau froide, un certain nombre de petits
globules, dix ou douze peut-être, restèrent disséminés de
divers côtés, sans perdre leur liquidité ni leur transparence. Il paraît que, soit par le peu de froideur de l'eau,
soit par toute autre cause, leurs molécules s'arrangeaient
peu à peu comme par l'effet d'un refroidissement lent;
mais, si l'on touchait seulement un d'entr'eux avec l'extrémité d'un tube de verre, ce léger mouvement, ou peut-être
le seul effet d'attraction de la matière solide du verre, dé-
terminait aussitôt la solidification du globule, et il devenait
en même temps absolument noir. Cette épreuve, répétée
successivement sur tous, fut toujours suivie du même succès. Le plus léger ébranlement suffisait donc alors pour déterminer les particules à s'arranger de l'une ou de l'autre
manière. C'est ainsi que, lorsque l'eau a été abaissée de quelques degrés au-dessous du point de la glace fondante, sans
cesser d'être liquide, l'injection du plus petit cristal de glace,
ou je crois même d'un petit corps solide quelconque qui
peut être mouillé par l'eau encore liquide, y détermine à
l'instant la congélation.

Je terminerai ce chapitre par une belle expérience de
M. Brewster, qui me paraît des plus propres à confirmer
l'influence que l'arrangement des parties matérielles peut
avoir en une infinité de circonstances sur la coloration.
Tout le monde connaît les couleurs vives et brillantes que
présente la nacre de perle. Il semble bien qu'elles sont pro-

pres à cette substance, autant que celles de tout autre corps
naturel ; cependant elles résultent uniquement de la constitution de sa surface, et des petites rides imperceptibles qui
la sillonnent, sans aucun rapport avec la nature de ses particules. Car si l'on prend l'empreinte de la nacre, comme
celle d'un cachet sur de la cire noire bien fine, sur de l'alliage de Darcet en fusion, ou enfin sur toute autre substance
susceptible de se mouler dans ses ondulations, les surfaces
de ces substances acquièrent la même faculté que celle de
la nacre, et font voir les mêmes couleurs.

Pour compléter ces indications sur les caractères qui distinguent les diverses teintes de la série des anneaux, je décrirai plus loin un appareil qui permettra de les reproduire
toutes successivement d'une manière extrêmement distincte,
et sur échelle fort étendue. Cet instrument offrira donc un
colorigrade, avec lequel on pourra fixer d'une manière précise et comparable les couleurs des corps naturels.

CHAPITRE VIII.

Du retour des rayons réfléchis intérieurement, à la
seconde surface des milieux diaphanes épais.

Lorsqu'un rayon de lumière, après avoir pénétré obliquement dans une plaque à faces parallèles, d'une épaisseur
quelconque, est réfléchi régulièrement à sa seconde surface, et retourne pour sortir de nouveau par la première,
l'égalité de son trajet dans la plaque, avant et après la réflexion, donne lieu à certaines conditions qui déterminent
la possibilité ou l'impossibilité de son émergence. On peut
établir ces conditions d'une manière abstraite, d'après les
caractères que Newton a attribués aux accès; et en comparer
les résultats à l'expérience. Par-là, les effets de la réflexion
sur les accès, se trouvent constatés conformément aux définitions de Newton ; et, en les appliquant aux plaques minces
presque parallèles, où les anneaux colorés se forment, on
parvient à démêler nettement ce qui s'y passe avant ou
après la réflexion intérieure par laquelle ils sont produits.

Cette discussion délicate ne pouvant être ici qu'indiquée, je renverrai au Traité général ceux qui voudront l'approfondir.

Jusqu'ici nous avons considéré des rayons réfléchis régulièrement sous un angle de réflexion égal à leur angle d'incidence ; mais nous savons qu'à la surface des corps, même les plus polis, il se produit aussi une autre espèce de réflexion qui éparpille les molécules lumineuses dans tous les sens, et rend les points d'incidence visibles de toutes parts dans la chambre obscure. Lorsque les molécules lumineuses subissent cette sorte de réflexion à la seconde surface d'une plaque épaisse, elles traversent une seconde fois cette plaque avec des inclinaisons différentes de celles sous lesquelles elles y étaient entrées : conséquemment, d'après la théorie de Newton, les longueurs de leurs accès doivent changer, et changer inégalement selon les nouvelles directions qu'elles suivent ; de sorte que si les unes, en revenant à la première surface de la plaque, se trouvent disposées à se transmettre, d'autres seront disposées à s'y réfléchir ; et la manière dont elles se répartissent entre ces deux états, dans les directions de réflexion diverses, fera connaître les modifications que les longueurs de leurs accès subissent. Il ne s'agit donc plus que de réaliser ce genre de phénomène, et de lui donner une forme observable ; c'est ce qu'a fait Newton, avec un soin proportionné à l'importance de l'objet ; et la partie de l'optique où il a exposé ces nouvelles découvertes est une des plus belles, comme une des moins connues, de son admirable ouvrage. Mais comme il serait impossible d'en donner même une idée sans le secours du calcul, je suis encore obligé de renvoyer pour cela le lecteur au Traité général, où j'ai exposé cette théorie avec détail, en l'appuyant d'expériences nouvelles, et la soumettant à des vérifications très-décisives.

FIN DU LIVRE SIXIÈME.

LIVRE SEPTIEME.

DE LA POLARISATION DE LA LUMIÈRE.

CONSIDÉRATIONS GÉNÉRALES.

Lorsque les molécules lumineuses traversent des corps cristallisés doués de la double réfraction, elles éprouvent autour de leur centre de gravité divers mouvemens dépendans de la nature des forces que les particules du cristal exercent sur elles. Quelquefois l'effet de ces forces se borne à disposer toutes les molécules d'un même rayon parallèlement les unes aux autres, de manière que leurs faces homologues soient tournées vers les mêmes côtés de l'espace. C'est le phénomène que Malus a désigné sous le nom de *polarisation*, en assimilant l'effet des forces à celui d'un aimant qui tournerait les pôles d'une série d'aiguilles magnétiques, tous dans la même direction. Quand cette disposition a lieu, les molécules lumineuses la conservent dans toute l'étendue du cristal, et n'éprouvent plus de mouvement autour de leur centre de gravité. Mais il existe d'autres cas où les molécules qui traversent le cristal ne se fixent point à une position constante. Pendant tout le temps de leur trajet, elles oscillent autour de leur centre de gravité avec des vitesses et selon des périodes calculables. Quelquefois enfin elles tournent sur elles-mêmes avec un mouvement de rotation continu. Les recherches contenues dans ce livre ont pour objet d'établir par des expériences directes l'existence des mouvemens divers que je viens d'indiquer, de prouver qu'ils se continuent réellement à des profondeurs très-sensibles dans l'intérieur même des corps, et d'en faire connaître les principales lois.

Ce genre de recherches doit son origine aux travaux de Malus : c'est lui qui a ouvert aux physiciens une carrière nouvelle si riche et si féconde, qu'une fois qu'on y est entré, et qu'on a saisi le fil des phénomènes, les découvertes se présentent d'elles-mêmes à chaque pas. Ainsi, avant tout, j'exposerai les propriétés fondamentales qu'il a reconnues dans les actions des corps sur la lumière ; je décrirai les appareils nécessaires pour les observer, pour les mesurer avec exactitude. Je ferai connaître ensuite ce qu'on y a ajouté.

CHAPITRE PREMIER.

Procédés généraux par lesquels on produit la Polarisation fixe.

La principale découverte de Malus consiste à donner aux rayons lumineux une modification telle, que les molécules qui composent un même rayon échappent ensemble à la réflexion lorsqu'on les présente aux surfaces réfléchissantes par de certains côtés et sous de certaines incidences déterminées.

Pour en donner un exemple, supposons qu'un rayon solaire S I, fig. 1, tombe sur la première surface L L d'un plan de verre poli et non étamé, en formant avec ce plan un angle de 35° 25′ : ce rayon se réfléchira suivant une ligne droite I I′, en faisant l'angle de réflexion égal à l'angle d'incidence. Dans un point quelconque de son trajet, recevez-le sur un autre plan de verre L′ L′ qui soit pareillement poli et non étamé, il y subira encore en général une seconde réflexion partielle. Mais cette réflexion deviendra nulle, si le second plan de verre forme aussi un angle de 35° 25′ avec la droite I I′ ; et si, de plus, il est tourné de manière que la seconde réflexion se fasse dans un plan I I′ L′ perpendiculaire au plan S I L dans lequel la première réflexion s'est opérée.

Afin de faire mieux comprendre cette disposition des deux glaces, imaginons que I I′ soit une ligne verticale, et que

le premier plan de réflexion S I L soit le méridien, alors le
second plan de réflexion I I′ L′ sera le vertical qui passe par
les points d'est et ouest.

Avant d'entrer dans les conséquences de cette remarquable
expérience, je vais donner quelques détails sur la manière
de la faire commodément et avec exactitude.

On peut imaginer bien des appareils propres à atteindre
ce but. Celui que j'ai coutume d'employer est représenté
dans la fig. 2. Il est très-simple, et suffit à toutes les expériences de la polarisation. Il est composé d'un tuyau T T′
aux deux bouts duquel on ajuste deux tambours qui peuvent
y tourner à frottement ferme. Chacun d'eux porte une division circulaire qui marque les degrés. De deux points opposés de leur circonférence partent deux branches de cuivre
T V, T′ V′, parallèles à l'axe du tuyau, et entre lesquelles
est suspendu un anneau de cuivre A A, qui peut tourner
autour d'un axe X X perpendiculaire à la direction commune des deux branches. Le mouvement de cet anneau est
également mesuré par une division circulaire, et on peut
l'arrêter par des vis de pression. Lorsqu'on veut exposer une
lame quelconque aux rayons lumineux, on l'applique sur la
surface de l'anneau, et on l'y fixe; ensuite on peut lui donner toutes les situations imaginables relativement au rayon
lumineux qui passe par l'axe du tuyau; car le tambour, en
tournant circulairement autour du tuyau, amène le plan de
réflexion dans tous les azimuts possibles; et le mouvement
de l'anneau autour de son axe X X lui permet de présenter
la lame au rayon incident sous toutes les inclinaisons. La
division qui régle ce mouvement doit marquer zéro quand
le plan de l'anneau est perpendiculaire à l'axe de la lunette,
et les divisions des tambours doivent avoir leur zéro sur une
même ligne droite parallèle à l'axe du tuyau. Il faudrait
donc, avant d'employer l'appareil, s'assurer que ces conditions sont satisfaites.

Si l'on veut, par exemple, répéter l'expérience de Malus,
que nous avons rapportée tout-à-l'heure, on placera une
glace sur chaque anneau, et on les disposera de manière
qu'elles fassent chacune un angle de 35° 25′ avec l'axe du
tuyau. Puis on amènera la division d'un des tambours sur

zéro, et l'autre sur 90°, afin que les plans de réflexion sur les deux glaces soient rectangulaires. Cela fait, on rendra le tuyau fixe, et on placera à quelque distance une bougie allumée dont on variera la position jusqu'à ce qu'un des rayons qui en émanent se réfléchissent suivant l'axe T T'. Cela arrivera lorsqu'en regardant à travers le tuyau, l'on y verra l'image de la bougie par réflexion sur la première glace. Les choses étant ainsi disposées, le rayon réfléchi rencontrera aussi la seconde glace sous le même angle de 35° 25'; alors, selon les diverses positions qu'on donnera au tambour T'T' qui porte cette glace, le rayon provenant de la seconde réflexion aura des degrés différens d'intensité, et il existera deux positions opposées du tambour où cette intensité deviendra tout-à-fait nulle, du moins en n'ayant égard qu'à la portion de lumière que les glaces réfléchissent régulièrement. Il faut avoir soin de placer un corps noir derrière la glace L'L' du côté opposé à la lumière réfléchie, afin d'intercepter les rayons étrangers qui pourraient être envoyés de ce côté par les objets extérieurs, et qui, traversant la glace et arrivant à l'œil, se mêleraient avec les rayons réfléchis que l'on peut observer. Il faut prendre la même précaution pour la première glace réfléchissante LL; et même, comme celle-ci n'est jamais employée que pour la réflexion qui s'opère à sa première surface, on peut noircir pour toujours sa surface postérieure avec de l'encre de Chine, ou en l'exposant à la fumée d'une lampe; mais il ne faut pas recouvrir cette surface d'un enduit métallique : on en verra plus tard la raison.

Au-lieu d'employer la flamme d'une bougie pour corps lumineux, on peut employer la lumière des nuées, que l'on reçoit dans le tuyau de la lunette après qu'elle s'est réfléchie sur la première glace L L; mais alors il faut limiter le champ que le tuyau embrasse, en plaçant dans son intérieur quelques diaphragmes d'une très-petite ouverture. Il faut aussi, de même que tout-à-l'heure, placer un drap noir sous la glace réfléchissante, ou mieux encore, recouvrir sa face inférieure avec une couche d'encre de Chine, pour arrêter les rayons qui pourraient venir par réfraction des objets situés au-dessous. De cette manière, lorsqu'on regardera dans le tuyau de la lunette, la glace L L étant tournée vers les nuées, on verra un petit espace parfaitement blanc et brillant, sur lequel on pourra faire toutes les expériences. Cette blancheur parfaite est un grand avantage ; elle est même indispensable dans un grand nombre de cas où il faut observer et comparer des teintes diverses : on ne peut jamais y réussir aussi bien en se servant de la flamme d'une bougie ou de toute autre substance embrâsée, aucune de ces flammes n'étant blanche. Enfin, il faut, en général, modérer la vivacité du rayon incident, de manière que la portion irrégulièrement réfléchie sur les deux glaces ne soit pas sensible. Car cette portion se trouvant, après la réflexion, à l'état de lumière rayonnante, ne peut pas être polarisée ; l'autre portion, qui a été réfléchie régulièrement, est la seule qui subit la polarisation, et, par conséquent, elle seule échappe à la réflexion sur la seconde glace.

Au reste, quel que soit l'appareil que l'on adopte, le procédé sera toujours le même, et l'on observera les mêmes phénomènes de réflexion sur la seconde glace. Pour les exposer d'une manière méthodique qui permette d'en saisir facilement l'ensemble, je supposerai que le plan d'incidence S I L du rayon sur la première glace coïncide avec le plan du méridien, et que le rayon réfléchi I I' est vertical. Alors si l'on fait tourner le tambour T'T' qui porte la seconde glace, cette glace tournera aussi autour du rayon réfléchi, en formant toujours avec lui le même angle ; et le plan dans lequel s'opère la seconde réflexion se trouvera nécessairement dirigé vers les divers points de l'horizon dans les différens *azimuts*. Cela posé, voici les phénomènes que l'on observera :

Lorsque le second plan de réflexion est dirigé dans le méridien, et par conséquent coïncide avec le premier, l'intensité de la lumière réfléchie par la seconde glace est à son maximum.

A mesure que le second plan, en tournant, s'éloigne d'être parallèle au premier, l'intensité de la lumière réfléchie diminue.

Enfin, lorsque le second plan de réflexion est dirigé dans le vertical d'est et ouest, par conséquent perpendiculaire au premier, l'intensité de la lumière réfléchie est absolument nulle sur les deux surfaces de la seconde glace : la lumière la traverse en totalité.

Si l'on continue à tourner le tambour au-delà du premier quart de la circonférence, les phénomènes se reproduisent dans un ordre inverse, c'est-à-dire que l'intensité de la lumière croît précisément comme elle avait diminué, et elle redevient la même à une même distance du vertical d'est et ouest. Par conséquent, lorsque le second plan de réflexion revient de nouveau dans le méridien, on arrive à un second maximum d'intensité pareil au premier. Alors la face réfléchissante de la seconde glace a décrit autour du rayon une demi-circonférence, et il se présente à elle par une face opposée à celle qu'il offrait d'abord. Au-delà de ce terme, si l'on continue à tourner le tambour, l'intensité de la lumière réfléchie varie précisément comme de l'autre côté du méridien. Elle diminue continuellement à mesure que le plan de la seconde réflexion s'éloigne du méridien; elle devient tout-à-fait nulle dans le vertical d'est et ouest, et augmente ensuite de nouveau jusqu'au méridien, où elle atteint son dernier maximum comme la première fois.

On voit ainsi que, dans la rotation complète de la glace, l'intensité de la lumière réfléchie a deux *maxima* correspondans aux azimuts 0 et 180°, et deux *minima* répondans aux azimuts 90° et 270°. De plus, autour de ces diverses limites, les variations sont les mêmes dans les différens quadrans. On satisfait à toutes ces conditions, en supposant que l'intensité est proportionnelle au carré du cosinus de l'angle que le second plan de réflexion forme avec le premier.

Les résultats de cette belle observation étant ainsi rassemblés sous un seul aspect, nous en tirons cette conséquence générale, que le rayon réfléchi par la première glace n'est point réfléchi par la seconde, sous cette incidence, quand il se présente à elle par ses pans est et ouest; mais qu'il l'est, au moins en partie, quand il se présente à elle par deux autres quelconques de ses pans opposés. Or, en considérant le rayon comme la succession infiniment rapide d'une série de molécules lumineuses, ses pans ne sont que la suite des pans des molécules. Il faut donc nécessairement conclure que celles-ci ont des faces douées de propriétés physiques différentes, et que dans la circonstance présente, la première réflexion a tourné, vers les mêmes côtés de l'espace, des faces, sinon semblables, du moins également douées de la propriété dont il s'agit. C'est cet arrangement des molécules que Malus a nommé *polarisation de la lumière*, assimilant l'effet de la première glace à celui d'un aimant qui tournerait les pôles d'une série d'aiguilles magnétiques, tous dans la même direction.

Jusqu'ici, nous avons supposé que le rayon, soit incident, soit réfléchi, faisait avec les deux glaces un angle de 55° 25' : c'est en effet seulement sous cet angle que le phénomène a lieu complètement. Si, sans changer l'inclinaison du rayon sur la première glace, on fait d'abord varier tant soit peu l'inclinaison de la seconde, l'intensité de la lumière réfléchie n'est plus nulle dans aucun azimut, mais elle devient la plus faible possible dans le vertical d'est et ouest, où elle était nulle auparavant. Si, au contraire, sans changer l'inclinaison du rayon réfléchi sur la seconde glace, on fait seulement varier son incidence sur la première, on trouvera encore que ce rayon, en tombant sur la seconde glace, ne la traverse pas totalement; il éprouve à sa première et à sa seconde surface une réflexion partielle, qui, si l'on a peu dérangé la première glace, atteindra son minimum dans le vertical d'est et ouest.

On produit encore des phénomènes pareils, en substituant aux glaces des lames polies formées avec la plupart des substances diaphanes. Pour cela, les deux plans de réflexion successifs doivent toujours rester rectangulaires, mais il faut présenter les lames aux rayons lumineux sous des angles divers, selon leur nature, et celle du milieu ambiant, à travers lequel la lumière leur arrive. Si la substance de la lame réfracte *plus* fortement que ce milieu, ou *autant*, ou *moins*, l'angle de polarisation compté de la surface commune en *moindre* que 45°, ou *égal* ou *plus grand;* et il se rapproche de la première ou de la dernière limite, d'autant plus que la différence des rapports de réfraction est plus forte dans la

sens qui convient à chacune d'elles. Par exemple, lorsque la réflexion s'opère sur la première surface d'un morceau de verre poli, environnée d'air, nous avons vu que l'angle de polarisation, compté de la surface, est de 35° 25′; il serait seulement de 32°, si le verre était remplacé par un morceau de baryte sulfatée, et se réduirait à 25° sur le diamant. Maintenant substituez à l'air de l'huile de thérébentine, qui réfracte presqu'exactement comme le verre; alors l'angle de polarisation, soit à la première surface du verre, soit à la seconde, différera extrèmement peu de 45°. A la seconde surface la réflexion est censée se faire sur le milieu qui limite le verre. Supposez que ce milieu soit de l'air, alors l'incidence intérieure dans le verre, toujours comptée de la surface, devra, pour la polarisation complète, surpasser 45°. Aussi est-elle de 57° 25′ 30″; et elle serait de 72° 21′ 50″ à l'émergence du diamant. En général, d'après une remarque très-curieuse de M. Brewster, l'incidence de la polarisation complète est toujours exactement, ou à très-peu de chose près, telle que le rayon réfléchi soit perpendiculaire au rayon réfracté. Les angles déterminés d'après cette condition s'accordent singulièrement bien avec l'expérience, et satisfont aussi aux limites que nous avons plus haut fixées; car, en représentant par S I, I R, L A′, fig. 3, 4, 5, les rayons incidens, réfléchis et réfractés qui s'en déduisent dans les trois cas que nous avons distingués, on voit bien que l'angle de polarisation S I A aura avec 45° les rapports de différence ou d'égalité que nous avons annoncés d'après l'expérience; la loi s'applique même aux substances qui, ainsi que le diamant et le soufre, ne produisent jamais qu'une polarisation incomplète. Alors l'angle indiqué par la construction est celui sous lequel il reste le moins de lumière non polarisée dans le rayon réfléchi.

Le mode d'observation que nous avons appliqué aux glaces polies, étant employé généralement, peut servir à prouver que la polarisation, lorsqu'elle est complète, est toujours une modification parfaitement identique, sur quelque substance qu'elle ait été déterminée. Car, lorsqu'on a disposé deux lames d'une substance, de manière que le rayon réfléchi par la première échappe à la réflexion sur la seconde, auquel cas cette substance polarise complètement la lumière, on peut substituer à la seconde lame une glace polie ; et, en la plaçant par rapport au rayon réfléchi, comme dans nos premières expériences, ce rayon la traversera encore. Réciproquement on peut remplacer la première lame par une glace polie qui reçoive les rayons incidens sous un angle de 35° 25' avec sa surface, et le rayon réfléchi qu'elle produira échappera encore à la réflexion de la seconde lame, dans les circonstances propres à la substance dont cette lame est faite. Enfin, les variations d'intensité du rayon réfléchi aux divers azimuts de la seconde lame sont toujours assujétis aux mêmes lois.

Lorsqu'un rayon lumineux a reçu la polarisation dans un certain sens, par les procédés que nous venons de décrire, il transporte avec lui cette propriété dans l'espace, et la conserve sans altération sensible, quand on lui fait traverser perpendiculairement des épaisseurs, même considérables, d'air, d'eau, et, en général, des substances qui exercent la réfraction simple (1) ; mais celles qui exercent la double réfraction altèrent, en général, la polarisation du rayon, et d'une manière en apparence subite, pour lui en communiquer une nouvelle de même nature dans un autre sens. Ce n'est que dans certaines directions de la section principale que le rayon peut échapper à cette influence perturbatrice. Cherchons à comparer de plus près ces deux genres d'actions.

Lorsqu'un rayon naturellement émané d'un corps lumineux tombe perpendiculairement sur un rhomboïde de spath d'Islande, il se divise toujours en deux rayons émergens, d'une intensité à peu près égale, dont l'un est soumis à la réfraction ordinaire, l'autre à la réfraction extraordinaire. Mais ces deux rayons, après leur sortie, se trouvent jouir d'une propriété qui les distingue essentiellement de la

---

(1) Je dis, *en général,* parce qu'il existe des substances non cristallisées, et même des liquides qui troublent la polarisation en vertu de certaines forces propres à leurs particules, et indépendantes de leur mode d'aggrégation. Nous reviendrons plus tard sur ce phénomène.

lumière directe : s'ils tombent perpendiculairement sur la surface d'un autre rhomboïde, ils se divisent de nouveau, ou restent simples selon l'angle que sa section principale forme avec celle du premier (1). Lorsqu'ils se divisent, le partage de leur intensité se fait en proportion diverse, selon les valeurs diverses de ces angles. Nous avons déjà indiqué ces phénomènes, en traitant de la double réfraction. Pour en exprimer nettement les lois, désignons par F_o le rayon ordinaire émergent du premier cristal, par F_e le rayon émergent-extraordinaire, et considérons les périodes de leur séparation dans le second cristal, en faisant abstraction de la lumière perdue par la réflexion partielle qui s'opère aux deux surfaces de chaque cristal. Commençons par le rayon F_o. Celui-ci se divisera généralement en deux, l'un F_{oo} soumis à la réfraction ordinaire du second cristal, l'autre F_{oe} soumis à la réfraction extraordinaire. Le premier F_{oo} sera égal à F_o, quand l'angle des sections principales sera nul, et alors il contiendra à lui seul toute la lumière transmise. En partant de ce terme, son intensité diminuera à mesure que l'angle des deux sections principales augmentera, et enfin elle deviendra nulle quand cet angle sera droit. Au contraire, le rayon F_{oe} sera nul quand les deux sections principales seront parallèles : de là il ira en augmentant, à mesure que les deux sections s'écarteront l'une de l'autre ; enfin il atteindra son maximum lorsqu'elles seront perpendiculaires, et alors l'autre rayon F_{oo} étant nul, il deviendra égal à F_o ; enfin les mêmes phénomènes se reproduiront suivant le même ordre dans les différens cadrans. La vérification de ces résultats par l'expérience est très-facile. Il suffit d'avoir deux rhomboïdes de spath d'Islande, assez purs pour que la marche des rayons qui les traversent puisse se faire

---

(1) Comme j'emploierai souvent l'expression de section principale, je crois devoir rappeler que, dans la théorie de la double réfraction, l'on appelle ainsi le plan mené par l'axe d'un cristal perpendiculairement à la face naturelle ou artificielle par laquelle le rayon entre, ou par laquelle il sort. Dans les rhomboïdes de spath d'Islande, ce plan coupe les faces naturelles, suivant une ligne droite qui divise les angles obtus de ces faces en deux parties égales.

régulièrement. et assez polis pour que l'intensité de la lumière ne soit pas trop affaiblie par leurs surfaces. On forme
sur un papier blanc un point rond avec de l'encre bien
noire, et quand ce point est sec, on pose dessus l'un des
deux rhomboïdes. Alors, en plaçant l'œil verticalement,
on voit deux images du point noir dirigées sur une même
ligne droite parallèle à la grande diagonale du rhomboïde,
comme on le démontre dans la théorie de la double réfraction. Ces deux images sont sensiblement d'égale intensité,
et la ligne qui les joint tourne à mesure qu'on fait tourner
le cristal. Maintenant sur celui-ci posez l'autre rhomboïde,
de façon que toutes ses surfaces soient parallèles à celles du
premier, vous n'observerez encore que deux images du point
noir, seulement elles seront plus écartées qu'auparavant.
Mais si vous tournez lentement le rhomboïde supérieur, afin
d'écarter les deux sections principales l'une de l'autre, chacune de ces deux images se divisera en deux autres, et s'affaiblira par cette division. Cet affaiblissement deviendra
plus sensible à mesure que vous augmenterez l'angle des
deux sections principales; et enfin, lorsqu'elles seront perpendiculaires, les premières images seront complètement
éteintes. En continuant à tourner le rhomboïde supérieur,
à partir de la position perpendiculaire, les mêmes phénomènes se reproduiront dans tous les quadrans, conformément
aux indications exposées plus haut. Maintenant, si l'on
compare ces phénomènes à ceux que présentent les glaces
croisées, sous l'inclinaison de $35°\,25'$, on voit que le rayon
réfléchi par la seconde glace est entièrement analogue au
rayon F_{oo}, car ces deux rayons varient précisément par les
mêmes périodes, l'angle dièdre des deux plans de réflexion
successifs produisant absolument le même effet que celui
des deux sections principales. L'analogie est même encore
bien plus intime qu'elle ne le paraît par ces formules; elle
ne consiste pas seulement dans les périodes des variations
d'intensité; la nature même des modifications imprimées
aux rayons par ces deux opérations diverses, est tout-à-fait
identique. Cette belle découverte, également due à Malus,
se prouve par les expériences que nous allons rapporter.

Lorsqu'un rayon de lumière a été polarisé par la réflexion
en tombant sur une glace polie, sous une inclinaison de
35° 25', si on lui fait traverser perpendiculairement un
rhomboïde de spath d'Islande, il se comporte précisément
comme s'il avait subi la réfraction ordinaire à travers un
premier rhomboïde dont la section principale serait parallèle au plan de réflexion. Si la section principale du rhomboïde qu'on lui présente est parallèle à ce plan, le rayon ne
se divise point; et toutes les molécules qui le composent subissent dans ce rhomboïde la réfraction ordinaire. Si la section principale s'écarte du plan de réflexion, le rayon, en
pénétrant le rhomboïde, se divise en deux, analogues à F_{oo}
et à F_{oe}, car l'un subit la réfraction ordinaire, l'autre la réfraction extraordinaire. Ce dernier, d'abord très-faible,
augmente d'intensité à mesure que la section principale du
rhomboïde fait un plus grand angle avec le plan de réflexion :
en même temps l'intensité du rayon ordinaire diminue; enfin
elle devient nulle quand la section principale du rhomboïde
devient perpendiculaire au plan de réflexion. Alors le rayon
extraordinaire contient toutes les molécules transmises. En
un mot, lorsqu'un rayon lumineux a été ainsi modifié par
une première réflexion sur une glace, il a tous les caractères
d'un rayon ordinaire F_o formé par transmission à travers un
premier rhomboïde, dont la section principale serait parallèle au plan de réflexion, et il est impossible de l'en distinguer. Si l'on voulait vérifier ceci par l'expérience, il faudrait avoir soin d'employer un rhomboïde assez épais pour
que les deux faisceaux dans lesquels le rayon polarisé se divise, fussent bien distincts, et pussent être observés séparément; ou, ce qui revient au même, il faudrait diminuer le
diamètre du faisceau réfléchi, jusqu'à ce que cette séparation eût lieu dans le rhomboïde dont on pourrait disposer.
Mais, comme un pareil amincissement diminue la vivacité
du rayon réfléchi, et que, d'un autre côté, il est fort difficile de trouver de gros rhomboïdes bien purs, on évite tous
ces inconvéniens en employant un prisme de spath calcaire
d'un petit nombre de degrés, dont la face antérieure est une
des faces naturelles d'un rhomboïde. Par ce moyen, l'écar-

tement des deux faisceaux émergens devient plus considérable; et, à cause de la petitesse de l'angle réfringent du
prisme, leurs intensités sont à peu près les mêmes que si
l'on eût employé un rhomboïde parfait. Pour faire les expériences de la manière la plus exacte et la plus commode,
j'achromatise ce prisme en appliquant derrière lui un autre
prisme de crown-glass d'un angle convenable, et opposé de
la base au sommet; je fixe le tout au centre d'un anneau circulaire adapté à une alidade qui tourne sur un cercle de
cuivre gradué, et je place cet appareil perpendiculairement
à la direction du rayon réfléchi, dont je veux observer la
décomposition, par exemple, perpendiculairement au tuyau
TT de la fig. 2. Alors, si l'on reçoit la lumière blanche des
nuées sur la première glace A A, supposée inclinée de 35° 25′
à l'axe du tube, et qu'on supprime la seconde glace, il suffit de faire tourner l'alidade qui porte le prisme cristallisé
pour observer de la manière la plus nette et la plus commode la division du rayon réfléchi, ainsi que les diverses
périodes de l'intensité des faisceaux dans lesquels il se résout
en traversant le prisme. Ces périodes sont les mêmes, si
l'on substitue à la première glace toute autre lame capable
de polariser complètement la lumière, pourvu qu'on la dispose sous l'angle où elle produit ce phénomène; et ce résultat est une conséquence évidente de ce que les propriétés
imprimées aux rayons réfléchis sont les mêmes dans tous ces
cas.

Nous venons d'analyser par la réfraction d'un cristal la
lumière que la réflexion avait polarisée : réciproquement
on peut analyser la lumière modifiée par un cristal, en la
soumettant à la réflexion; c'est encore ce qu'a fait Malus. Il
a disposé verticalement la section principale d'un rhomboïde de spath calcaire; et après avoir divisé un rayon lumineux à l'aide de la double réfraction dans ce rhomboïde,
il a fait tomber les deux faisceaux qui en provenaient sur
une glace polie, de manière qu'ils formassent un angle de
35° 25′ avec sa surface, et que le plan d'incidence fût parallèle à la section principale du rhomboïde. Le rayon ordinaire a subi la réflexion partielle, comme l'eût fait un fais-

ceau de lumière directe ; mais le rayon extraordinaire a
pénétré tout entier dans la glace et l'a traversée, comme il
eût fait s'il eût été préalablement polarisé par la réflexion,
dans un plan perpendiculaire à la section principale du
rhomboïde.

Ces expériences prouvent qu'un rayon de lumière, polarisé par la réflexion sur une glace, est modifié précisément
comme il le serait s'il avait été réfracté *ordinairement* dans
un rhomboïde de spath d'Islande, dont la section principale serait *parallèle* au plan de réflexion ; ou encore comme
s'il avait été réfracté *extraordinairement* dans un rhomboïde dont la section principale serait *perpendiculaire* à ce
même plan : de sorte que l'on ne peut reconnaître aucune
différence entre les dispositions imprimées aux molécules
lumineuses par l'un ou l'autre de ces procédés.

Il y a plus : ces mêmes dispositions peuvent également
être produites par tous les cristaux doués de la double réfraction. Tous ces corps, quelle que soit leur nature chimique, peuvent ainsi donner à la lumière la faculté de se
réfracter dans un autre cristal, en deux faisceaux ou en un
seul, suivant la position de sa section principale. il n'est pas
même nécessaire pour cela, que les cristaux soient de même
espèce : l'un d'eux pourrait être, par exemple, de carbonate
de plomb ou de sulfate de baryte, et l'autre de spath d'Islande ; le premier pourrait être un cristal de roche, et le second un cristal de soufre. Toutes ces substances se comportent entr'elles, relativement à la division ou à la non-
division des rayons, comme le feraient deux rhomboïdes de
spath d'Islande ; et la condition qui détermine chaque rayon
à se réfracter, dans le second cristal, en deux faisceaux ou
en un seul, ne dépend que des positions respectives des axes
des cristaux qu'on emploie, quels que soient d'ailleurs leurs
principes chimiques et les faces naturelles ou artificielles sur
lesquelles s'opère la réfraction. Tous ces beaux résultats sont
des découvertes de Malus, quoique, à la vérité, il n'ait pu
les annoncer que par induction, puisque, ne connaissant pas
la distinction des deux sortes de double réfraction, attractive et répulsive, il ne pouvait pas assigner avec certi-

tude quel faisceau était ordinaire et quel extraordinaire.

Pour rendre sensible ces conditions de divisibilité, Malus faisait observer la flamme d'une bougie à travers deux prismes d'un petit nombre de degrés formés de matières différentes donnant la double réfraction, et posés l'un sur l'autre. On a ainsi, en général, quatre images de la flamme; mais si l'on fait tourner lentement un des prismes autour du rayon visuel comme axe, les quatre images se réduisent à deux toutes les fois que les sections principales des deux faces contiguës sont parallèles ou rectangulaires. Les deux images qui disparaissent ne viennent pas se confondre avec les autres : on les voit s'éteindre peu à peu, tandis que les autres augmentent d'intensité. Lorsque les deux sections principales sont parallèles, une des images est formée par des rayons réfractés ordinairement dans les deux prismes, et la seconde par des rayons réfractés extraordinairement. Lorsque les deux sections principales sont rectangulaires, une des images est formée par des rayons réfractés ordinairement dans le premier cristal, et extraordinairement dans le second; tandis que l'autre image, au contraire, est formée par des rayons réfractés extraordinairement par le premier cristal, et ordinairement dans le second. Je me suis assuré que ces propriétés avaient toujours lieu, soit que la double réfraction des cristaux combinés fût de même, ou de différente nature.

Les phénomènes nous conduisent donc à reconnaître une identité parfaite entre la modification que la réflexion imprime aux rayons sous une certaine incidence, et celle que leur donnent les corps cristallisés doués de la double réfraction. Nous voyons, en outre, que cette modification se rapporte aux côtés des rayons, lesquels se montrent inégalement attaquables par les forces réfléchissantes et par celles qui produisent la double réfraction. Pour fixer ces propriétés par des caractères géométriques, considérons un rayon II', fig. 6, polarisé par réflexion sur une glace LL; et, dans chacune des molécules qui le composent, menons trois axes rectangulaires cz, cx, cy, dont le premier cz soit dirigé dans le sens du mouvement de translation des molécules,

le second $c\,x$ dans le plan de réflexion SIC perpendiculairement au premier, et le troisième perpendiculaire aux
deux autres. Alors, quand le rayon II' rencontrera une seconde glace $L'L'$, disposée de manière à ne pas le réfléchir,
les forces réfléchissantes qui émaneront perpendiculairement
de cette glace, se trouveront aussi perpendiculaires à l'axe
$c\,x$; de plus, elles agiront également sur la partie des molécules situées vers $c\,x$, et sur la partie située vers $c\,x'$, puisqu'en détournant un peu la glace de la position où la réflexion est nulle, ses effets sont symétriques de part et
d'autre de cette position. Ainsi, l'action des forces réfléchissantes, *sous cette incidence*, ne pourra faire tourner l'axe
$x\,c\,x'$ ni à droite, ni à gauche, pas plus que la pesanteur ne
peut faire tourner un levier horizontal, dont les deux bras
sont égaux. Elles ne pourront donc pas amener cet axe dans
leur propre plan, comme nous voyons qu'il s'y trouvait
dans la première réflexion, par laquelle la polarisation s'est
opérée sur la glace LL. Ceci nous montre que c'est de cet
axe que les propriétés des molécules lumineuses dépendent.
Nous le nommerons en conséquence *l'axe de polarisation*,
et nous concevrons sa direction semblablement et invariablement déterminée dans chaque molécule. En outre, pour
abréger, nous appellerons $c\,z$ *l'axe de translation;* mais
nous ne supposerons pas celui-ci invariable dans chaque
molécule, et nous le considérerons seulement comme relatif
à sa direction actuelle, afin de laisser à la molécule la liberté de tourner autour de son axe de polarisation. D'après
ces définitions, tous les résultats que nous avons jusqu'à
présent obtenus pourront s'énoncer très-simplement et très-
clairement de la manière suivante :

*Lorsqu'un rayon de lumière est réfléchi par une surface
polie, sous l'incidence qui produit la polarisation complète, l'axe de polarisation de toutes les molécules réfléchies est situé dans le plan de réflexion, et perpendiculaire à l'axe actuel de translation de ces particules.*

Si les molécules incidentes sont tournées de manière que
cette condition soit impossible à remplir, elles ne se réfléchiront point, *du moins sous l'incidence qui détermine la*

polarisation complète. Cela arrive quand l'axe de polarisation des molécules incidentes est perpendiculaire au plan d'incidence, l'angle d'incidence étant d'ailleurs convenablement déterminé.

Généralement, lorsqu'une surface polie reçoit un rayon polarisé, sous l'incidence où elle produirait elle-même la polarisation complète, et qu'on la fait tourner ainsi autour de ce rayon sans changer son inclinaison sur lui, la quantité de lumière qu'elle réfléchit dans les diverses positions est proportionnelle au carré du cosinus de l'angle que le plan d'incidence, sur sa surface, forme avec l'axe de polarisation.

Lorsque la lumière traverse des rhomboïdes de spath d'Islande qui la divisent, les molécules lumineuses sont polarisées diversement. Celles qui composent le rayon extraordinaire ont leur axe de polarisation dans un plan mené par l'axe de translation de ce rayon, et par une droite parallèle à l'axe du cristal. Celles qui composent le rayon extraordinaire ont leur axe de polarisation perpendiculaire au plan mené de la même manière par leur axe de translation, et par une droite parallèle à l'axe du cristal.

D'après cela, quand nous dirons qu'un rayon de lumière se trouve *polarisé ordinairement par rapport à un plan*, cela voudra dire que les molécules qui le composent ont leur axe de polarisation situé dans ce plan ; ou bien, pour abréger, nous pourrons dire encore que ce plan est le *plan de polarisation :* et au contraire, quand nous dirons que le rayon se trouve polarisé *extraordinairement par rapport à un plan*, cela voudra dire que les molécules lumineuses qui le composent ont leur axe de polarisation perpendiculaire à ce plan.

Lorsqu'un rayon de lumière déjà polarisé traverse perpendiculairement un rhomboïde de spath d'Islande, la quantité de lumière qui passe à l'état de rayon ordinaire est proportionnelle au cosinus de l'angle formé par la section principale du rhomboïde avec l'axe de polarisation du rayon ; et la quantité de lumière qui passe à l'état de rayon extraordinaire est proportionnelle au carré du sinus du même angle. L'un et l'autre genre de polarisation se rapportent au plan de la section principale.

La réflexion et la double réfraction ne sont pas les seules circonstances propres à déterminer la polarisation fixe. Elle se produit aussi dans la réfraction exercée par les corps non cristallisés. Ce phénomène a été découvert et décrit en même temps par Malus et moi (1) ; mais lui seul en a trouvé la loi et donné l'analyse. Je l'exposerai ici d'après les expériences qui me l'ont fait connaître, parce qu'elles le rendent très-apparent et facile à observer.

Voici d'abord en quoi il consiste. Si l'on forme une pile de plusieurs lames de verre parallèles, séparées les unes des autres par des intervalles d'air, et que l'on présente obliquement cette pile à un rayon de lumière naturelle, la lumière transmise se trouve modifiée en tout ou en partie comme si elle avait traversé un corps cristallisé ; car, si on l'analyse à sa sortie en lui faisant traverser un rhomboïde de spath d'Islande, elle se divise généralement en deux faisceaux d'inégale intensité ; et même, si l'on augmente suffisamment le nombre des glaces superposées, il y a quatre positions rectangulaires du rhomboïde, dans lesquelles elle ne se divise point, et alors la lumière transmise se comporte comme si elle était complètement polarisée en un seul sens.

Ce phénomène n'a pas lieu seulement pour une incidence particulière du rayon sur les lames de verre ; il commence dès que l'incidence cesse d'être perpendiculaire : la portion de lumière transmise, qui conserve les caractères de la lumière directe, diminue à mesure que le rayon incident devient plus oblique sur les lames ; enfin, si celles-ci sont suffisamment nombreuses, comparativement à l'intensité du rayon incident, il arrive un terme où, comme nous l'avons dit, toute la lumière transmise est polarisée dans un seul sens ; et ce terme une fois atteint, la même propriété subsiste ensuite pour toutes les autres obliquités, à mesure que

____

(1) Les expériences de Malus et les miennes ont été lues à l'Institut, le 11 mars 1811, et publiées peu de jours après dans le *Moniteur*.

le rayon incident s'approche davantage d'être parallèle aux glaces.

La quantité de lames nécessaires pour obtenir ainsi la polarisation complète dépend de l'intensité de la lumière incidente et de la nature de la substance dont les lames sont formées. Dix lames de verre suffisent pour polariser complètement la lumière du soleil couchant ; mais deux feuilles d'or battu suffisent pour produire le même effet à toutes les hauteurs du soleil. Il faut avoir soin que ces feuilles et ces lames soient placées à distance et parallèlement l'une à l'autre. On polarise aussi la lumière de cette manière avec des lames fluides, telles que celles que l'on peut former avec de l'eau savonneuse en y plongeant un carton découpé intérieurement ; mais il est assez difficile d'en produire simultanément un assez grand nombre pour que la polarisation soit totale.

Quand on emploie un grand nombre de lames de verre, par exemple, quarante ou cinquante, et qu'on les fait agir sur la lumière produite par la flamme d'une bougie, on remarque de très-grandes différences dans l'intensité de la lumière transmise sous diverses obliquités. Cette intensité, d'abord très-faible sous l'incidence perpendiculaire, augmente à mesure que le rayon incident devient plus oblique aux lames. Elle est à son maximum lorsqu'il fait un angle de 55° 25′ avec leur surface. C'est l'angle où la réflexion sur le verre polarise complètement la lumière. Au-delà de ce terme, si l'obliquité augmente toujours, l'intensité diminue de nouveau, et même plus rapidement qu'elle n'avait d'abord augmenté.

Arrêtons-nous un moment à ce maximum. Alors toute la lumière réfléchie par les lames successives est entièrement polarisée ; et, d'après ce que nous avons vu plus haut en analysant le phénomène de la réflexion, elle est polarisée de manière que l'axe de polarisation des molécules lumineuses se trouve dans le plan de réflexion. Or, sous cette incidence, si l'on double ou triple le nombre des lames dont la pile se compose, une fois que la lumière transmise se trouve complètement polarisée, son intensité ne varie plus du tout ; elle conserve absolument le même éclat, quel que

soit ce nombre : il faut donc qu'alors elle se trouve polarisée
de manière à échapper à la réflexion continuelle et successive que les lames tendent à exercer sur elle. En effet, si l'on
écarte la dernière lame à une distance assez grande pour
pouvoir observer la réflexion qu'elle produit, on voit qu'elle
est absolument nulle. Ceci nous découvre le sens dans lequel
la lumière transmise se trouve alors polarisée. Puisqu'elle
se transmet librement à travers les lames suivantes, il faut
qu'elle soit polarisée perpendiculairement au plan dans
lequel s'opère la réfraction. Quoique cette conséquence se
présente d'elle-même, après ce qui précède, je ne l'avais
pas déduite alors des phénomènes, et elle appartient à
Malus, qui l'a découverte par une autre route, en analysant d'abord séparément l'effet d'une simple lame, et ensuite
celui de plusieurs lames successives. J'ai exposé cette méthode dans le Traité général, ainsi que les inductions que
l'on peut tirer du phénomène même relativement à la nature et au mode d'action des forces réfléchissantes et réfringentes.

On observe aussi des phénomènes de polarisation fixe dans
les corps lamelleux, même cristallisés, lorsque la lumière
les traverse suivant le sens de leurs couches. Les forces qui
produisent ces phénomènes sont alors indépendantes de la
cristallisation élémentaire, et en modifient les effets.

Par exemple, tout le monde sait que la pierre appelée
agate est formée de couches quartzeuses successivement dé-
posées par infiltration. Si l'on taille une plaque de cette
substance perpendiculairement à ses couches, on trouve
qu'elle polarise parallèlement à leur surface une grande
partie de la lumière qui la traverse, et même la totalité,
si elle est suffisamment épaisse, ou si le rayon auquel
on l'expose n'est pas trop intense. Cette observation est due
à M. Brewster. De là il résulte que, si l'on expose la plaque
à un rayon polarisé perpendiculairement à la direction de
ses veines, elle ne peut tourner aucune des molécules lumineuses dans le sens nécessaire pour le transmettre, et par
conséquent elle l'arrête en totalité. Au contraire, si le plan
de polarisation est parallèle aux veines de l'agate, les mo-

lécules lumineuses se trouvent naturellement disposées comme l'action de l'agate les rangerait, et par conséquent le rayon se transmet, en s'affaiblissant toutefois par suite de la transparence imparfaite. Si l'on tourne l'agate de manière à passer d'une de ces positions à l'autre, l'intensité de la lumière transmise diminue graduellement; mais je me suis assuré que ces phénomènes n'ont lieu qu'au-delà de certaines limites d'épaisseur. Quand l'agate est suffisamment amincie, elle admet, avec une facilité sensiblement égale, toutes les molécules lumineuses, quel que soit leur sens de polarisation, et elle reprend toutes les propriétés des cristaux doués de la double réfraction. Je donnerai plus loin les preuves de ce fait. En l'admettant, on voit qu'il faut distinguer dans l'agate deux sortes de forces polarisantes distinctes, l'une dépendante du mode de cristallisation de ses particules, l'autre de l'arrangement et de l'hétérogénéité des couches dont elle est formée (1).

J'ai découvert des propriétés analogues dans la tourmaline, et même elles y sont beaucoup plus singulières; car, lorsque la tourmaline est pure, l'œil n'y découvre aucune apparence de couches hétérogènes; elle est même alors fort limpide, et sa couleur seule, qui est le plus souvent un vert sombre, paraît mettre obstacle à sa diaphanéité. Or, si vous taillez une telle aiguille de tourmaline, de manière à en former un prisme dont les arêtes soient parallèles à son axe, et si vous regardez un objet mince, une aiguille, par exemple, à travers ce prisme, en l'achromatisant avec un prisme de verre pour plus de facilité, vous trouverez que la partie la plus mince de la tourmaline transmet deux images réfractées de l'aiguille, lesquelles peuvent même, en tournant convenablement la surface d'incidence, être amenées à une intensité à peu près égale; mais, si l'on déplace peu à peu l'œil pour amener le rayon visuel vers la partie la plus épaisse,

---

(1) Nous verrons plus loin qu'il existe une semblable combinaison dans la chaux sulfatée, qui est aussi une substance lamelleuse, quoique ses couches soient assez souvent serrées pour lui donner une limpidité parfaite.

on voit l'une des deux images graduellement s'affaiblir, et
enfin s'évanouir entièrement. L'autre image continue à se
transmettre avec la seule diminution d'intensité qui doit résulter du défaut de transparence ; et, si l'on étudie les molécules lumineuses qui la composent, on les trouve polarisées
perpendiculairement aux arêtes de l'aiguille, qui sont elles-
mêmes parallèles à l'axe de cristallisation. Ainsi, la tourmaline, taillée dans ce sens, exerce la réfraction double,
quand elle est mince, et la réfraction simple quand elle est
épaisse ; mais celle qu'elle conserve est la réfraction extraordinaire, comme on peut s'en assurer par un moyen que nous
indiquerons plus bas.

Cette propriété donne lieu à plusieurs autres phénomènes,
qu'il est facile de prévoir quand on les connaît, mais qui
sembleraient très-bizarres, s'ils étaient isolés.

Supposons que l'on ait poli les deux faces opposées d'une
aiguille de tourmaline, de manière à en former une plaque
à faces parallèles, dont l'épaisseur excède quelques cen-
tièmes de millimètre : si l'on expose perpendiculairement
une pareille plaque à des rayons naturellement émanés d'un
corps lumineux, sans polarisation préalable, à la flamme
d'une bougie, par exemple, toute la lumière transmise se
trouve polarisée en un seul sens, perpendiculairement à
l'axe de l'aiguille. La plaque de tourmaline agit donc sur
les molécules lumineuses qui la traversent, de manière à
les tourner dans cette direction. Aussi, lorsqu'on présente
ces plaques à un rayon polarisé, dont le plan de polarisation est perpendiculaire à leur axe, elles le transmettent ;
mais si ce plan est parallèle à leur axe, elles arrêtent le rayon
en totalité. En allant de la première position à la seconde,
la transmission s'affaiblit graduellement à mesure qu'on
tourne la plaque, l'incidence restant toujours perpendiculaire. De là il résulte que, si l'on superpose deux de ces
plaques de manière que leurs axes soient croisés à angles
droits, le point de croisement est toujours opaque, quelle
que soit l'espèce de la lumière incidente et les modifications
qu'on lui ait préalablement imprimées ; car la seconde plaque
arrête nécessairement les rayons que la première a transmis.

Ces phénomènes n'ont lieu qu'autant que l'épaisseur des plaques excède certaines limites d'épaisseur, qui diffèrent selon leur limpidité et l'intensité de la lumière à laquelle on les expose. En les amincissant davantage, elles commencent à transmettre quelques rayons polarisés suivant leur axe; enfin, à des épaisseurs moindres encore, elles transmettent ces rayons presqu'aussi bien que les autres, et elles rentrent alors dans les lois ordinaires des autres cristaux doués de la double réfraction.

En reprenant le prisme de tourmaline achromatisé qui nous a servi dans nos premières expériences, on y découvre une autre propriété fort remarquable; c'est que les deux images d'un objet blanc, vues à travers sa partie la plus mince, ne sont pas de même couleur. L'ordinaire, celle qui doit disparaître à de plus grandes épaisseurs, est vert jaunâtre, et l'extraordinaire, qui doit persister, est sensiblement blanche. On peut faire cette expérience sur la lumière blanche des nuées, polarisée par réflexion sur un verre noir, ou sur la lumière rayonnante d'une épingle blanche: l'effet est toujours le même. La blancheur de l'image persistante, quand l'autre est déjà colorée, montre que ce phénomène ne provient pas d'une inégale répartition des molécules lumineuses entre les deux réfractions, ordinaire, extraordinaire, comme on pourrait être tenté de le croire au premier coup d'œil; car alors l'image persistante devrait avoir une couleur complémentaire de l'autre. L'altération de celle-ci est donc postérieure au partage de la lumière entre les deux réfractions; et il en résulte que les molécules violettes et bleues, qui manquent les premières dans cette image, sont bien plus aisément absorbées par la substance de la tourmaline, lorsqu'elles sont polarisées parallèlement à son axe, que lorsqu'elles le sont perpendiculairement.

En général, le mode d'action que les plaques de tourmaline exercent sur la lumière les rend extrêmement commodes pour déterminer facilement, et sans équivoque, dans quel sens un rayon est polarisé; car il n'y a qu'à chercher le sens dans lequel elles le rejettent, et l'axe de la plaque sera alors parallèle à l'axe de polarisation. On peut aisément faire cette épreuve sur un rayon que l'on aura exprès polarisé par réflexion, dans un sens connu.

Si l'on analyse ainsi les deux images d'un objet vu à travers un prisme de spath d'Islande taillé parallèlement à l'axe de cristallisation, l'image la plus déviée se trouve polarisée parallèlement à cet axe, et l'image la moins déviée l'est perpendiculairement. On observe précisément le contraire avec un prisme de cristal de roche taillé dans le même sens. L'image la plus déviée est polarisée perpendiculairement à l'axe, et la moins déviée parallèlement. C'est que la double réfraction du spath d'Islande est répulsive, et celle du cristal de roche attractive. En vertu de cette circonstance, l'image ordinaire subit dans le prisme de spath la plus forte des deux réfractions, et dans le prisme de cristal de roche, la plus faible. Nous voyons donc que, dans l'un comme dans l'autre, cette image se trouve polarisée parallèlement à l'axe du cristal, et l'image extraordinaire l'est toujours perpendiculairement. Il en est de même jusqu'ici dans tous les cristaux, quelle que soit la nature attractive ou répulsive de la double réfraction qu'ils exercent. Nous pouvons donc en faire un caractère pour reconnaître quelle image est ordinaire, et quelle autre extraordinaire, d'après le seul examen de sa polarisation; et ce caractère pourra aussi nous servir à décider si un cristal donné est attractif ou répulsif, sans qu'il soit besoin d'en construire un micromètre à double image. Car il suffira de couper un prisme parallèle à l'axe, et d'observer le sens de polarisation des images vues à travers. Si la plus déviée est polarisée parallèlement à l'axe du prisme, la réfraction ordinaire est la plus forte, et le cristal est répulsif; si cette même image est polarisée perpendiculairement à l'axe, le cristal est attractif. La plaque de tourmaline sera très-commode pour cet objet.

Au moyen d'une pareille plaque, on peut aisément constater un fait que M. Arago a découvert par d'autres procédés : c'est que, dans le phénomène de la réflexion, la portion de lumière qui est renvoyée indistinctement dans tous les sens, se trouve en grande partie polarisée perpendiculairement au plan d'émergence. Pour s'en assurer, il n'y a qu'à introduire un rayon solaire dans la chambre obscure, le faire tomber sur la surface d'un corps quelconque, opaque ou diaphane; puis, se plaçant arbitrairement, mais hors de la direction de la réflexion régulière, on regardera le point d'incidence à travers une plaque de tourmaline. Alors, en tournant peu à peu cette plaque autour des rayons irrégulièrement réfléchis, on apercevra dans l'intensité de l'image une variation extrêmement sensible. Elle sera la plus brillante, quand la tourmaline laissera passer les rayons polarisés parallèlement à la surface d'incidence; et la plus sombre, quand ces rayons seront rejetés. La chose aura lieu ainsi de quelqu'endroit qu'on regarde le point d'incidence, par conséquent dans quelque plan d'émergence que l'on se place. D'où l'on voit que la lumière irrégulièrement réfléchie dans chacun de ces plans, contient une proportion dominante de particules polarisées dans le sens qui leur est perpendiculaire, de même que si la dissémination de cette lumière était produite par une réfraction très-oblique exercée suivant chaque plan d'émergence.

J'ai répété cette expérience sur la surface extérieure de plusieurs rhomboïdes de spath d'Islande, en plaçant le plan d'incidence du rayon dans différens sens relativement à la section principale; ce qui se faisait en tournant le cristal sur lui-même. La proportion de lumière polarisée dans le sens de la surface, en vertu de la réflexion irrégulière, est toujours restée la même. De là je conclus que ce genre de réflexion, quoique s'exerçant sur des molécules lumineuses qui ont pénétré les premières couches du cristal, s'opère cependant à des profondeurs où les forces résultantes de la cristallisation ne sont pas encore sensibles. Nous avons déjà vu qu'il en est de même de la réflexion régulière; mais comme celle-ci s'opère en dehors du cristal, on avait moins lieu d'en être surpris.

CHAPITRE II.

Des périodes par lesquelles la Polarisation s'opère et s'achève dans les Corps cristallisés doués de la double réfraction.

Dans toutes les expériences de double réfraction que nous avons jusqu'à présent rapportées, les deux rayons, ordinaire, extraordinaire, se sont toujours trouvés polarisés suivant deux directions rectangulaires que Malus nous a appris à déterminer. Ce sont là, en effet, les dispositions définitives que les axes des molécules lumineuses prennent dans l'intérieur des cristaux ; et lorsqu'elles les possèdent, elles les conservent à toute autre profondeur plus considérable. Mais j'ai découvert depuis qu'elles ne s'y rangent pas subitement dès leur entrée dans le cristal : elles y parviennent progressivement à des profondeurs d'autant plus grandes, que la force attractive ou répulsive qui les sollicite est moindre ; de sorte qu'en variant convenablement la direction du rayon incident, par rapport à l'axe dont la force émane, on peut toujours rendre cette profondeur sensible et appréciable à nos mesures. Jusque-là le sens de polarisation, quoique régulier, n'est point fixe. Les molécules lumineuses, à mesure qu'elles avancent, tournent alternativement leurs axes comme par une sorte d'oscillation de part et d'autre des plans, où elles doivent définitivement se diriger. Je désignerai cet état par le nom de *polarisation mobile*, et j'appliquerai celui de *polarisation fixe* à l'état définitif des particules.

J'ai été conduit à ces résultats par une belle observation de M. Arago, sur les lames minces de mica et de chaux sulfatée. Ce physicien, ayant exposé de telles lames à un rayon polarisé, et ayant regardé, à travers un prisme de spath d'Islande, l'image transmise qui en résultait, s'aperçut qu'elle se résolvait en deux faisceaux diversement colorés, dont les teintes, quelquefois régulièrement, quelquefois bizarrement changeantes, variaient avec l'épaisseur des

lames, et avec leur situation relativement aux axes des molécules lumineuses qui les traversaient. C'étaient les effets
de la polarisation mobile, comme on le verra plus loin.
M. Arago trouva aussi qu'il se produisait des couleurs analogues, quand la lumière polarisée avait traversé certaines
plaques épaisses de cristal de roche, et même de flint-glass.
C'étaient encore des effets pareils ; seulement les forces qui
les produisaient étaient assez faibles pour que la polarisation
mobile se soutînt dans toute l'épaisseur des plaques ; et cette
faiblesse tenait dans le cristal, au sens de la coupe, dans
le flint-glass, à un commencement de cristallisation.

Pour découvrir les lois de ces phénomènes, il est indispensable de les observer avec un appareil qui permette de
présenter les lames cristallisées dans toutes sortes de positions
connues relativement aux axes des molécules lumineuses.
Tel est celui que j'ai décrit plus haut, page 409, fig. 2. Un
rayon polarisé par réflexion sur une première glace tombe
perpendiculairement sur un prisme rhomboïdal de spath
d'Islande achromatisé, et mobile sur un cercle divisé. On
tourne d'abord le prisme de manière que la lumière transmise ne donne exactement qu'une seule image ordinaire,
auquel cas la section principale du prisme devient parallèle
au plan de polarisation du rayon (1), puis on interpose la
lame cristallisée en la fixant dans une position connue sur
le second anneau A′A′ de l'appareil. Alors son action,
comme cristal, dévie en général les axes d'un certain nombre
de particules lumineuses, fait naître dans le prisme rhomboïdal une image extraordinaire, et, en observant les cir-

---

(1) Pour distinguer aisément cette position de celle qui donne aussi
une seule image, mais extraordinaire, il est bon d'employer un prisme
dont les pans latéraux conservent encore la forme du rhomboïde dont
ils sont tirés. Car, dans un rhomboïde de spath d'Islande, on sait que la
section principale est parallèle à la petite diagonale. Ainsi elle conservera
cette direction, si, pour tailler le prisme, on se borne à incliner un peu
la face postérieure du rhomboïde. Quand on aura observé avec un pareil prisme la division des deux images, on verra bien quelle est celle
qui persiste quand la petite diagonale est parallèle au plan primitif de
polarisation. Ce sera l'image ordinaire.

constances où disparait cette image, ainsi que les périodes
d'intensités par lesquelles elle passe dans les diverses situations de la lame et du rhomboïde, on parvient à déterminer
le nouveau sens de polarisation imprimé au rayon lumineux.
On peut encore substituer au rhomboïde une seconde glace
tellement dirigée, que le rayon polarisé par la première
échappe à la réflexion sur sa surface. Ce sera l'appareil décrit page 399. Alors, si l'on interpose la lame cristallisée
entre les deux glaces, la réflexion reparaîtra sur la seconde,
et l'observation des phases qu'elle éprouve fera connaître,
comme précédemment, le nouveau sens de polarisation imprimé par la lame aux axes des molécules lumineuses. Dans
ce cas, il faudra ajouter à l'appareil un troisième anneau
divisé, sur lequel la lame puisse être fixée dans des positions connues.

Enfin, comme tous les phénomènes de polarisation qu'un
cristal peut produire sont liés à la force, soit attractive, soit
répulsive, par laquelle la double réfraction s'opère, il est
indispensablement nécessaire de connaître la direction de
l'axe dans les lames que l'on veut employer. Les lois de la
polarisation mobile nous fourniront pour cela, dans la suite,
des méthodes très-promptes et très-simples ; mais jusque-là
nous devons nous borner à celles qui nous sont données par
les seuls phénomènes de la polarisation fixe. Or, d'après ces
phénomènes, lorsqu'un rayon polarisé traverse une plaque
cristallisée épaisse, et à surfaces parallèles, il y a deux positions seulement dans lesquelles il conserve tout entier sa
polarisation primitive, savoir : 1° quand la section principale de la plaque est parallèle au plan de polarisation primitif du rayon, auquel cas celui-ci traverse entièrement la
plaque à l'état ordinaire ; 2° quand la section principale est
perpendiculaire au plan de polarisation, auquel cas le rayon
passe tout entier extraordinaire. Si donc, ayant fait cette
double expérience sur une plaque cristallisée, on y pratique
deux sections suivant ces deux sens, l'une d'elles sera nécessairement la section principale, et par conséquent contiendra l'axe de double réfraction. Alors, parallèlement à ces
deux sections, construisez dans la plaque deux faces nou-

velles, et déterminez-y de même les sens où le rayon réfracté conserve sa polarisation primitive; une de ces directions sera nécessairement l'axe du cristal. Pour vous décider entr'elles, il n'y aura qu'à tailler des prismes dont une des faces leur soit perpendiculaire, et examiner parmi tous ces prismes quels sont ceux qui donnent des images simples; car c'est là le caractère de l'axe, comme nous l'avons vu en traitant de la double réfraction.

Cette méthode a été imaginée par Malus. Je l'ai d'abord appliquée à la détermination de l'axe de la chaux sulfatée. La facilité que l'on a de se procurer cette substance; sa structure feuilletée, qui permet d'en tirer des lames d'une finesse extrême, d'un poli parfait, d'une cristallisation régulière et homogène, et enfin d'une épaisseur bien plus égale qu'il ne serait possible à l'art de l'atteindre, tous ces avantages concouraient éminemment au but que je m'étais proposé de soumettre l'action progressive des lames cristallisées à des mesures précises. C'est pourquoi je m'en suis occupé d'abord.

La forme primitive assignée par M. Haüy, pour la chaux sulfatée, est un prisme droit quadrangulaire, dont les bases, situées dans le plan des lames, sont des parallélogrammes obliquangles, ayant leurs angles de $115^\circ 7' 48''$, et $66^\circ 52' 12''$. La théorie de la cristallisation ne détermine point le rapport de longueur des côtés opposés à ces angles. En le choisissant de manière à représenter les formes secondaires avec le plus de simplicité qu'il est possible, ce qui est le but du minéralogiste, M. Haüy a choisi pour ce rapport celui de 12 à 13. Je me suis assuré que l'axe de double réfraction de la chaux sulfatée n'a aucun rapport de symétrie avec ce parallélogramme; mais si l'on triple le côté 12, en laissant l'autre constant, de manière à former un nouveau parallélogramme, dont les côtés soient entr'eux comme 36 à 13, l'axe de double réfraction coïncide avec sa plus grande diagonale; de sorte qu'il fait avec le côté 36 un angle de $16^\circ 13'$: ce qui suffit pour retrouver sa position dans une lame quelconque de chaux sulfatée, d'après celle des côtés du parallélogramme, lesquels sont facilement reconnaissables, puisque la lame se brise naturellement suivant leurs directions. Les moyens que j'ai employés pour découvrir la position de cet axe étant purement graphiques, et tels que la théorie de la double réfraction les indique, je n'ai pas pu parvenir d'abord à la précision que je viens d'assigner; mais les valeurs que j'obtenais se trouvant entre 16 et 17°, je les ai rendues rigoureuses en les assujétissant à la condition que l'axe de double réfraction se trouvât symétriquement placé, sinon dans le parallélogramme assigné par M. Haüy, du moins dans un de ses multiples.

Pour vérifier ces résultats, j'ai taillé des prismes de chaux sulfatée dans lesquels une des faces était perpendiculaire à la direction de l'axe, déterminée comme je viens de le dire, l'autre face lui étant oblique : lorsqu'on regardait une aiguille très-fine à travers un pareil prisme, la face perpendiculaire à l'axe étant tournée vers l'œil, on voyait une image unique de l'aiguille, irisée par la dispersion ; au lieu qu'en taillant des prismes dans toute autre direction, on voit généralement deux images irisées. Cette propriété de donner des images simples à travers des faces prismatiques est, comme on sait, le caractère de l'axe de double réfraction ; et la direction ainsi trouvée dans les cristaux de chaux sulfatée est parfaitement confirmée par les sens des sections principales indiquées sur des faces quelconques par la polarisation de la lumière.

Mais, par une singularité qui tient vraisemblablement à la structure lamelleuse de cette substance, lorsque des rayons polarisés la traversent dans le sens de son axe, qui est aussi celui de ses lames, ils en éprouvent encore une action. Nous déterminerons plus loin les lois de ce phénomène. Ici, je me bornerai à remarquer que l'agate et la tourmaline nous ont déjà offert quelque chose d'analogue. Mais ces substances polarisaient fixement la lumière qui les traversait dans le sens de leurs veines, au lieu que les lames de la chaux sulfatée ne produisent pas cet effet ; car leur influence ne peut être aperçue qu'en les faisant agir sur de la lumière déjà polarisée.

La situation de l'axe de double réfraction de la chaux sulfatée dans le plan de ses lames est une circonstance très-favorable à la régularité des expériences que l'on peut faire avec les lames minces de cette substance. Chacune de ces lames, n'eût-elle qu'un centième de millimètre d'épaisseur, est un cristal aussi parfait que le cristal entier. Si l'on joint à cette disposition naturelle la précaution de n'employer que des cristaux parfaitement nets et réguliers, on parviendra facilement à enlever, les unes après les autres, les lames qui les composent, sans altérer en rien leur régularité. Il ne faut qu'indiquer avec un instrument très-fin, par exemple, avec une lancette, le commencement de la séparation des lames, après quoi on peut les enlever à la main, comme on enleverait un morceau de baudruche appliqué sur un marbre poli. Je suis obligé d'entrer dans tous ces détails, car les précautions que je viens d'indiquer sont indispensables pour déterminer avec précision, et même pour apercevoir les lois auxquelles les phénomènes des couleurs sont assujétis.

Ayant donc enlevé une pareille lame, portons-la sur l'anneau de notre appareil à deux glaces. Pour fixer les idées, concevons que le rayon auquel on la présente soit blanc, vertical, et polarisé suivant le méridien. Alors, d'après la page 401, le plan de réflexion sur la seconde glace devra être dirigé dans le vertical d'est et ouest. La lame étant ainsi interposée et placée, par exemple, sous l'incidence perpendiculaire, la lumière qui l'aura traversée sera encore blanche, et continuera de paraître telle, soit qu'on la reçoive dans l'œil, soit qu'on la fasse tomber perpendiculairement sur un carton blanc qui en réfléchisse indistinctement les diverses parties, sans égard au sens de leur polarisation. Mais si, au lieu de l'intercepter, on la laisse parvenir à la seconde glace, qui précédemment la transmettait toute entière, il s'en réfléchira une certaine portion qui aura une teinte particulière : c'est l'expérience de M. Arago. Si l'on tourne la lame dans son plan, l'incidence restant toujours perpendiculaire, cette teinte ne changera pas de nature, mais son intensité variera. Elle deviendra nulle quand l'axe de double réfraction de la lame sera dirigé vers un des quatre points cardinaux; et elle atteindra son *maximum* dans les points intermédiaires, c'est-à-dire, quand l'axe sera dirigé dans les azimuts de 45°, 135°, 225°, 315°. Tout ceci suppose que la lame est partout d'une épaisseur parfaitement égale, et qu'elle est cristallisée régulièrement.

Quel que soit le nombre et l'épaisseur des lames que l'on extrait ainsi d'un même morceau de chaux sulfatée, si la cristallisation en est régulière, les phénomènes de coloration qu'elles produiront sur la seconde glace seront limités de même, et suivront les mêmes périodes d'intensité dans tous les azimuts : en un mot, il n'y aura de différence entre ces lames et le cristal total, que dans la nature des teintes qu'elles donneront, laquelle variera avec leur épaisseur, jusqu'à dégénérer en une blancheur parfaite, à une certaine limite d'épaisseur qui, dans les morceaux les plus purs, peut être fixée à $\frac{45}{100}$ de millimètre, comme on le verra plus loin.

Puisque chaque lame mince et homogène de chaux sulfatée ne colore la seconde glace que d'une seule teinte dans tous les azimuts, il s'ensuit qu'elle laisse passer librement tous les rayons qui composent la teinte complémentaire de celle-là, ou du moins qu'elle ne change pas leur polarisation primitive. On peut donc considérer la lumière totale comme composée de ces deux teintes, dont l'une, passant librement, reste polarisée par rapport au plan du méridien, et l'autre, qui est celle sur laquelle agit la lame, éprouve de sa part une polarisation nouvelle, dont il nous faudra déterminer le sens. On arriverait également à cette conclusion, si, au lieu d'analyser la lumière transmise en se servant d'une glace, on y employait un prisme rhomboïdal achromatisé, dont la section principale serait dirigée parallèlement au plan de polarisation primitif. Alors l'interposition de la lame déterminerait dans le prisme une image extraordinaire, colorée, exactement identique avec celle que la glace réfléchit. On pourrait encore employer, comme moyen d'analyse, une plaque de tourmaline incolore, ou une pile de glaces. Les indications que l'on en tirera s'accorderont avec celles que nous avons déduites de la réflexion.

Maintenant, pour déterminer le sens de la nouvelle polarisation, supposons d'abord qu'il soit unique, c'est-à-dire, que toutes les particules lumineuses qui perdent leur polarisation primitive tournent leurs axes sur une même ligne droite, qui, dans une position donnée de la lame, forme un angle inconnu $2x$ avec le plan de polarisation primitif. Cette supposition est au moins la plus simple qu'on puisse essayer, et l'on verra qu'elle satisfait pleinement à tous les phénomènes. Pour fixer les idées, nommons O l'ensemble de toutes les molécules qui conservent leur polarisation primitive, E l'ensemble de celles qui sont déviées. Nous savons que le mélange complet $O + E$ de ces deux teintes doit former du blanc, puisque le faisceau transmis ne présente aucune trace de coloration, quand on le reçoit tout entier dans l'œil ou sur un carton blanc, qui ne sépare point ses parties diversement polarisées. Si donc les directions des axes des deux teintes O, E, forment entr'elles un angle $2x$, il n'y a qu'à tourner le plan de réflexion de la seconde glace dans l'azimut x, exactement intermédiaire, et alors la réflexion s'opérant en même proportion sur les deux teintes O, E, le faisceau total réfléchi par la glace devra encore être blanc, comme l'est le mélange $O + E$ de toutes les particules transmises. Voilà donc un caractère auquel on peut reconnaître la direction x, dans chaque position donnée de la lame autour du rayon polarisé. En cherchant à y satisfaire par l'expérience, on trouve que cette direction coïncide exactement avec l'axe de la lame cristallisée ; c'est-à-dire que, si cet axe forme un angle i avec le plan de polarisation primitif, l'image réfléchie par la seconde glace est blanche, quand le plan de réflexion sur sa surface est dirigé dans l'azimut i ; par conséquent $2i$ est l'azimut de la polarisation nouvelle que la teinte E acquiert en traversant la lame cristallisée. Le même phénomène d'une réflexion incolore se reproduit également dans les azimuts $90° + i$, $180° + i$, $270° + i$, c'est-à-dire une fois dans chaque quadrans ; et cela, comme on le verra dans la suite, est une conséquence de la division de polarisation que nous trouvons ici aux deux teintes transmises à travers la lame.

On arrive au même résultat sur le sens de la polarisation nouvelle, si l'on analyse la lumière transmise avec un prisme rhomboïdal de spath d'Islande, avec une plaque de tourmaline incolore, ou avec une pile de glace. L'axe de la lame étant supposé dirigé dans l'azimut i, le prisme donne deux images blanches, quand on dirige sa section principale dans l'azimut i. On en obtient une seule, mais pareillement blanche, quand on y dirige l'axe de la plaque de tourmaline ou le plan de réflexion de la pile de glace. Cet accord est une conséquence nécessaire de l'identité que nous avons reconnue entre les modifications imprimées à la lumière par ces divers procédés.

Nous sommes ainsi conduits, par l'expérience, à reconnaître cette propriété fondamentale de la polarisation mobile : lorsqu'un rayon blanc, polarisé suivant CX, fig. 7, tombe perpendiculairement sur une lame de chaux sulfatée, dont l'épaisseur n'excède pas $\frac{45}{100}$ de millimètre, et dont l'axe CA forme un angle quelconque i avec la direction CX de la polarisation primitive, le rayon transmis se trouve composé de deux faisceaux diversement polarisés, l'un dans l'azimut zéro, c'est-à-dire, suivant la direction CX de la polarisation primitive ; l'autre dans l'azimut $2i$, c'est-à-dire, suivant la direction CX', également éloignée de l'axe CA.

Déjà ceci nous explique pourquoi, dans notre première expérience avec l'appareil à deux glaces, page 427, la teinte E, réfléchie par la seconde atteignait son maximum dans le premier quadrans, quand l'axe de la lame formait un angle de 45° avec le plan primitif de polarisation. C'est que la teinte E, toujours polarisée dans l'azimut double, tournait alors ses axes de polarisation suivant CY, à angles droits sur CX. Or, la seconde glace ayant aussi son plan de réflexion dirigé suivant CY, dans le vertical d'est et ouest, se trouvait alors placée le plus favorablement possible pour réfléchir E en abondance, en laissant toujours passer O. Le même raisonnement explique les trois autres maxima qui ont lieu dans les quadrans suivans, aux azimuts 135°, 225°, 315° ; car les doubles de ces nombres étant tous des multiples simplement pairs de 45°, placent toujours les axes de polarisation de la teinte E sur C Y ou C Y′, à angles droits sur C X. Enfin, si la lumière transmise, au lieu d'être analysée par une glace, l'était par un prisme rhomboïdal, dont la section principale fût dirigée dans l'azimut zéro, les mêmes maxima auraient encore lieu aux mêmes azimuts, dans l'image extraordinaire observée à travers le prisme, et la démonstration en est pareille. De plus, dans chacune de ces positions, les teintes O, E seraient complètement séparées par le rhomboïde, la première étant réfractée par lui *toute entière* ordinairement, la seconde *toute entière* extraordinairement : les azimuts de 45°, 135°, 225°, 315°, sont donc ceux dans lesquels il faut tourner les axes des lames, pour que la réfraction sépare le mieux possible les deux teintes O, E, quand le prisme est dirigé comme nous l'avons dit tout-à-l'heure ; c'est aussi ce que l'expérience confirme.

Pour prévoir quel sera le degré de séparation de ces teintes dans les autres azimuts intermédiaires, commençons par placer l'axe des lames dans l'azimut zéro, c'est-à-dire, suivant la direction même de la polarisation primitive ; alors les deux teintes O, E seront polarisées de la même manière par la lame, et rien ne pourra ensuite les séparer. Ce cas donnera toujours des images blanches. Mais si vous faites tourner l'axe C A d'un petit angle quelconque i, si petit qu'il puisse être, la séparation deviendra possible, puisque les deux directions de polarisation C X, C X′ ne seront plus coïncidentes. Si l'on employe, comme moyen d'analyse, un prisme rhomboïdal dont la section principale soit fixée dans l'azimut zéro, il réfractera O tout entier ordinairement, mais il réfractera aussi ordinairement une très-grande partie de E, à cause du peu de différence des directions C X′, C X ; par conséquent, l'image ordinaire sera presque blanche ; et l'image extraordinaire, composée uniquement des parties de E que l'autre abandonne, sera très-faible. Mais cette image augmentera d'intensité à mesure que l'angle i augmentera, parce qu'alors les directions C X, C X′ s'écarteront davantage ; et conséquemment l'image ordinaire, dégagée de mélange, se colorera de plus en plus de la teinte O. Le maximum de séparation aura lieu, comme nous l'avons dit, quand i sera égal à 45°, ce qui rend l'angle XCX' droit. Au-delà de ce terme, i augmentant toujours, l'amplitude de la déviation surpassera un angle droit ; CX' se rapprochera de Cx, et enfin l'atteindra quand i sera infiniment peu différent de 90°. Alors les molécules lumineuses seront diamétralement retournées ; et, comme leurs pans opposés sont également modifiables, le mélange des teintes, en partant de cet état inverse, sera le même qu'en partant de CX.

On peut même exprimer rigoureusement, par le calcul, les proportions de ces divers mélanges dans chaque position donnée de la lame et du cristal, qui sert pour analyser la lumière. Il ne faut qu'appliquer à chacune des teintes O, E les principes généraux qui règlent la division des rayons dans un rhomboïde. On arrive ainsi à des formules qui expriment la composition de teintes des deux images, ordinaire, extraordinaire, pour toutes les directions possibles de l'axe de la lame et de la section principale du prisme rhomboïdal qui sert pour analyser les rayons transmis. Ces formules s'accordent avec les phénomènes dans toutes leurs conséquences ; et il est facile de prouver que le mode de polarisation qu'elles indiquent, est le seul qui puisse avoir cette propriété.

Une des conséquences les plus curieuses qui se tirent de ces formules, c'est que si, au lieu de transmettre un seul rayon polarisé à travers les lames, on en transmettait deux d'intensités égales, et polarisés dans des sens rectangulaires, les quatre faisceaux colorés qui en résulteraient auraient leurs axes de polarisation tournés dans des sens tels que le prisme rhomboïdal, en les réfractant, rassemblerait les teintes complémentaires, et ne donnerait ainsi que deux images blanches égales en intensité. Cette recomposition a lieu, quel que soit l'angle formé par l'axe de cristallisation de la lame avec le plan de polarisation primitif des rayons. Elle s'opérerait donc encore si, au lieu de transmettre à travers la lame un seul couple de rayons, on y transmettait un nombre quelconque de couples pareils polarisés dans tous les sens possibles. Tel est précisément le cas des rayons directement émanés des corps lumineux ; car les axes de polarisation des molécules qu'ils contiennent étant distribués indifféremment dans tous les sens autour de l'axe de translation, on peut les concevoir par la pensée comme composés d'une infinité de couples de rayons infiniment peu intenses, polarisés à angles droits dans tous les sens possibles. Un pareil ensemble, transmis à travers nos lames, ne doit donc donner que des images blanches d'intensités égales, de quelque manière qu'on l'analyse, et c'est en effet ce que l'expérience fait voir.

Mais ces résultats ne déterminent encore que le sens de polarisation des deux teintes O et E, et leur combinaison dans les images observées à travers le prisme rhomboïdal ; il nous faut maintenant chercher quelle est, pour chaque lame donnée, la nature de ces teintes, et comment elles changent avec l'épaisseur. Or, on trouve ainsi qu'elles sont tout-à-fait pareilles à celles des anneaux colorés, formés par une lumière blanche entre deux objectifs superposés. La teinte E est toujours celle d'un anneau réfléchi, et la teinte O celle de l'anneau transmis correspondant. Les épaisseurs auxquelles les diverses teintes E se forment dans les lames d'un même cristal bien pur, sont exactement proportionnelles à celles qui sont marquées dans la table de Newton, page 335, pour les lames minces d'une même substance non cristallisée ; mais les valeurs absolues des épaisseurs sont beaucoup plus grandes que dans cette table, la densité étant la même. J'ai établi ces rapports par un grand nombre d'expériences, dans lesquelles j'ai à la fois mesuré les épaisseurs des lames avec le sphéromètre, et déterminé comparativement leurs teintes par des procédés très-précis. On peut voir le détail de ces procédés dans le Traité général ; ils offrent un des plus beaux spectacles que la physique puisse présenter.

Dans les lames de chaux sulfatée, tirées des cristaux les plus purs, l'épaisseur qui enlevait à la polarisation primitive le bleu du second ordre, était de 36° ½ de mon sphéromètre ; ce qui réduit en millièmes de millimètre, équivaut à 82,44030. Or, l'épaisseur à laquelle ce bleu se réfléchit dans les lames

de verre par l'effet de la réflexion ordinaire, est exprimée par
le nombre 9 dans la table de Newton. Ainsi, pour réduire à
cette même échelle toute autre épaisseur de chaux sulfatée exprimée en millièmes de millimètre, comme la précédente,
il faut la multiplier par le rapport de ces deux évaluations
correspondantes, c'est-à-dire par $\frac{9}{1,44017}$, ou $0,10917$; ce qui
revient à peu près à $\frac{1}{7}$. En faisant cette réduction sur les
épaisseurs de toutes les lames minces de chaux sulfatée bien
pures, on peut voir que la teinte que la table de Newton
leur assigne est toujours exactement celle qu'elles enlèvent
à la polarisation primitive, sous l'incidence perpendiculaire.

Je me suis assuré par un grand nombre d'expériences,
que cet accord remarquable n'est pas particulier à la chaux
sulfatée. Tous les autres cristaux à réfraction double, quand
ils sont réduits en lames minces parallèles à leur axe, offrent
les mêmes périodes de couleur, et suivent les mêmes lois
de polarisation. Mais la valeur absolue de leurs épaisseurs,
pour des teintes pareilles, est inégale; et, à ce qu'il m'a
paru, elle est réciproquement proportionnelle à la variation que la force attractive ou répulsive de chaque cristal
produit dans le carré de la vitesse d'un rayon réfracté situé
semblablement. Dans la chaux sulfatée et le cristal de roche,
les épaisseurs qui donnent les mêmes teintes E sont absolument égales entr'elles; la variation du carré de la vitesse
est donc la même aussi dans ces deux substances. Elle est
environ dix-huit fois plus forte dans le spath d'Islande, d'après
les observations de Malus. Ainsi, les épaisseurs qui donnent les mêmes teintes E doivent être dix-huit fois moindres
dans les lames de spath d'Islande que dans celles de cristal
de roche ou de chaux sulfatée, le sens de la coupe étant le
même. Puis donc que, dans ces derniers cristaux, qui ont si
peu de force, le phénomène des teintes ne se montre, avec les
lames parallèles à l'axe, que jusqu'à de très-petites épaisseurs,
on conçoit qu'il doit être à peu près impossible de le rendre
sensible par le même procédé dans un cristal dix-huit fois plus
énergique, qui, de plus, ne se laisse pas naturellement diviser en feuillets. Aussi sera-ce par d'autres méthodes, en

atténuant ou en combattant la force répulsive du spath d'Islande, que nous parviendrons à l'y manifester.

Après avoir fixé généralement ces résultats, je dois revenir sur quelques particularités qu'offre l'intensité des teintes E dans les différens ordres d'anneaux ; car ces particularités, très-singulières, et même en apparence bizarres, s'accordent parfaitement avec notre théorie, et la confirment. Lorsque l'on compare entr'elles, par transmission, un grand nombre de lames d'épaisseurs diverses, en analysant la lumière transmise à l'aide d'un prisme rhomboïdal achromatique, on s'aperçoit bientôt que, dans la position où la séparation des deux rayons ordinaire et extraordinaire est la plus complète, l'intensité du rayon E varie d'une lame à une autre, tout autant que sa couleur. La raison de ces variétés est évidente d'après ce qu'on vient d'établir. Si le rayon E répond à la lumière des anneaux réfléchis, le rayon O, qui en est complémentaire, répond précisément à la lumière des anneaux transmis. Or, le rapport d'intensité des anneaux transmis et réfléchis, à une même épaisseur, est très-inégal, même en ne comparant que la portion de la lumière qui est réellement colorée. Cette inégalité se fait moins sentir dans les derniers ordres d'anneaux, où les deux teintes convergent également vers le blanc composé qu'elles atteignent dans l'infini ; mais, dans les couleurs des premiers ordres, où les limites ne sont pas les mêmes, les intensités sont très-différentes. Ainsi, par exemple, le blanc réfléchi du premier ordre étant opposé au noir, il en résulte qu'une lame mince de chaux sulfatée qui, observée par transmission, donnerait pour E le blanc parfait du premier ordre, donnerait aussi un rayon O tout-à-fait nul, dans la position où la séparation des deux teintes est la plus complète. Ce serait le hasard seul, et un hasard bien extraordinaire, qui ferait tomber exactement sur cette limite ; mais on a vu, dans les expériences rapportées ci-dessus, que l'on peut en approcher de très-près ; et, en effet, j'ai obtenu souvent des lames qui ne donnaient plus que des rayons O extrêmement faibles, dont la teinte était bleue ou rouge jaunâtre, suivant que l'épaisseur de la lame observée était un peu plus

grande ou moindre que celle qui convient au blanc le plus
parfait. lequel, d'ailleurs, d'après les lois mêmes des accès,
ne peut jamais embrasser rigoureusement toute la lumière
transmise. Si l'on veut calculer les valeurs moyennes des
épaisseurs qui limitent ces phénomènes, il n'y a qu'à partir
de l'épaisseur 82,44036, trouvée plus haut pour le bleu nu
second ordre, et en la comparant au nombre 9 que la table
de Newton assigne à la même teinte, on aura proportionnellement les limites suivantes en fraction du millimètre :

Épaisseur à laquelle la pola-⎫0^{mm},011777 *commencement du*
   risation mobile n'existe⎬   *noir,* dans la table
   pas encore. . . . .⎭   de Newton.
Blanc du premier ordre. . . 0^{mm},031144.
Blanc composé d'un mélange⎫
   de couleurs de divers an-⎬
   neaux. . . . .⎭0^{mm},45493.

Ces limites varieront d'un cristal à un autre, selon la
valeur du facteur constant qui sert à les ramener à la table
de Newton, et dont j'ai expliqué la détermination, page 434.
C'est sans doute un phénomène très-digne de remarque,
qu'une lame d'une épaisseur égale à 0^{mm},031144 puisse,
dans une position déterminée, polariser complètement,
en un seul sens, toutes ou presque toutes les molécules
d'un rayon polarisé qui la traverse, tandis qu'une lame de
même nature, mais plus épaisse, placée dans une situation
exactement semblable, n'exerce plus cette action que sur
une certaine classe de ces molécules. Rien ne montre mieux
qu'il existe un rapport intime entre la cause de la réfraction
extraordinaire et celle des anneaux colorés; et l'on voit aussi,
par ce rapprochement, que l'on ne peut pas dire de ce genre
d'action, non plus que de la réflexion ordinaire, qu'elle
s'affaiblit à mesure que les lames deviennent plus minces,
puisqu'au contraire elle devient plus grande à certaines
épaisseurs plus petites.

La fragilité des lames minces de chaux sulfatée ne m'a pas
permis de les atténuer assez pour y observer ainsi le violet
du premier ordre, par lequel la polarisation commence;
cette teinte doit toujours être la plus difficile à découvrir,

par sa faiblesse, et par sa position à l'origine des anneaux. Newton n'avait fait que la soupçonner lorsqu'il étudia les anneaux colorés formés entre deux objectifs ; il ne réussit à la voir nettement que sur les bulles d'eau. Si je n'ai pu arriver jusqu'à ce terme, sous l'incidence perpendiculaire, du moins cette teinte est la seule, sous cette incidence, qui manque à mes observations ; car j'ai amené souvent des lames jusqu'au bleu du premier ordre qui précède le blanc, et qui suit le violet dont je viens de parler. J'avais espéré pouvoir atteindre un plus grand degré de ténuité en amincissant des lames de chaux sulfatée, par leur dissolution lente dans une grande quantité d'eau ; en effet, par cette action qui les rendait plus minces, leurs couleurs ont remonté dans la série des anneaux. J'ai obtenu ainsi des bleus du premier ordre très-intenses ; mais alors la fragilité des lames était telle, que l'on pouvait à peine les toucher, et elles se séparaient entre les doigts comme de la poussière ; leur épaisseur devait être alors d'environ $0^{mm},01476$. Ces épreuves, qui vont presque jusqu'à la dernière limite indiquée par les lois précédentes, nous en attestent la réalité, et elles nous autorisent à conclure que, si l'on pouvait amincir les lames de chaux sulfatée et de cristal de roche, parallèles à l'axe, de manière à leur donner une épaisseur moindre que $0^{mm},01777$, elles auraient alors presqu'entièrement perdu l'action polarisante résultante de leur structure comme cristal. On verra par la suite que les lames taillées dans tout autre sens ont des limites analogues, mais plus étendues, à mesure que leur obliquité sur l'axe de cristallisation y rend la force attractive ou répulsive plus faible ; de sorte qu'en choisissant convenablement les coupes, on peut arriver à des limites d'épaisseur que l'art serait capable d'atteindre. Ce résultat, en confirmant matériellement les analogies précédentes, me semble indiquer, avec une vraisemblance extrême, que les molécules intégrantes des cristaux ne doivent pas nécessairement posséder la double réfraction, quand leur ensemble la possède. D'où il suit qu'il ne faut pas regarder cette simultanéité comme un caractère auquel la forme primitive des particules doive être assujétie.

CHAPITRE III.

Mouvement oscillatoire de l'axe de polarisation, déduit des Phénomènes précédens.

En résumant les phénomènes de réflexion et de transmission observés dans les lames minces, Newton en a tiré la propriété des accès qui les renferme tous. De même, en résumant les lois de la polarisation mobile, nous allons voir qu'elles se réduisent toutes à un mouvement oscillatoire de l'axe de polarisation.

La première de ces lois concerne le sens suivant lequel la polarisation s'opère. Lorsqu'un rayon polarisé a traversé perpendiculairement une lame mince de chaux sulfatée, de quartz, ou de tout autre cristal taillé parallèlement à l'axe de double réfraction, il se trouve composé de deux faisceaux colorés O, E, polarisés diversement. Si CX, fig. 8, est la direction de la polarisation primitive, et CA l'axe de la lame mince, formant avec elle un angle i, le faisceau que nous avons désigné par O se retrouve polarisé suivant CX, et le faisceau complémentaire E est polarisé tout entier de l'autre côté de l'axe CA, à une distance angulaire exactement égale, représentée par $X'\,x'$ dans la figure.

La seconde loi que nous avons établie concerne la nature des teintes O, E. Nous avons vu qu'elles sont les mêmes que celles des anneaux colorés observés par Newton, O répondant toujours à un anneau transmis, E à l'anneau réfléchi correspondant. Ainsi, cette dernière teinte suit, aux diverses épaisseurs, les proportions assignées par la table de Newton, pour les couleurs des lames minces. A cet égard, les cristaux de diverse nature n'offrent de différence que dans le coefficient absolu de leur proportionnalité, qui, au reste, est toujours beaucoup plus grand que pour les anneaux colorés considérés par Newton.

Ce parfait accord des couleurs dans les deux phénomènes, quand la lumière incidente est blanche, et la proportionnalité soutenue des épaisseurs qui leur correspondent, exigent nécessairement que la même correspondance existe en particulier pour chaque espèce de couleur simple. Or, en analysant les phénomènes des anneaux composés, Newton a prouvé que chaque espèce de lumière simple d'une réfrangibilité fixe, qui contribue à les produire, est alternativement transmise et réfléchie aux intervalles d'épaisseur compris entre les termes de la série suivante o, e, $2\,e$, $3\,e$, $4\,e$, $5\,e\ldots\ldots$; donc, lorsque cette même lumière simple traverse des lames minces d'un même cristal, taillé parallèlement à l'axe, les alternatives de polarisation qu'elle présente après sa sortie doivent suivre des périodes exactement pareilles. Ainsi, depuis l'épaisseur o jusqu'à une certaine épaisseur fondamentale e', les molécules homogènes qui la composent se comportent, après leur émergence, comme si elles n'avaient pas quitté leur polarisation primitive. Depuis e' jusqu'à $2\,e'$, elles se comportent comme si elles l'avaient quittée pour en prendre une nouvelle dans l'azimut $2\,i$; et enfin, elles paraissent alternativement polarisées dans l'azimut o ou dans l'azimut $2\,i$, selon que les degrés d'épaisseur, après lesquels on les observe, correspondent à une transmission ou à une réflexion; de sorte que l'axe de polarisation du faisceau semble alternativement transporté, comme par oscillation, d'une de ces limites à l'autre. Ce mouvement peut s'exécuter de deux manières, en allant dans le sens XX', de o à $2\,i$, ou dans le sens $X\,x'$, de o à $-2\,(90-i)$. Dans le premier cas, l'oscillation s'opérera autour de l'axe CA de la lame; dans le second, autour de la ligne perpendiculaire BB. Il est vraisemblable que les molécules lumineuses se partagent entre ces deux directions, puisqu'elles se trouvent définitivement réparties sur l'une et sur l'autre, quand elles ont atteint la polarisation fixe.

Mais ce changement périodique n'est encore ici qu'un effet total et absolu, résultant de toutes les actions que les molécules lumineuses ont subies en traversant les lames cristallisées. Il faut maintenant savoir si ces molécules, à mesure qu'elles s'enfoncent dans une seule et même lame, y subissent réellement ces alternatives, et si les divers rayons dont la lumière blanche se compose éprouvent successivement, dans son intérieur, les mêmes séparations de teintes que nous y découvrons quand ils sortent ensemble de diverses lames à des épaisseurs pareilles. Tel est le but de l'expérience suivante :

Prenez une lame mince de chaux sulfatée ; et, après avoir observé avec soin, au moyen de notre appareil, les couleurs O, E qu'elle donne sous l'incidence perpendiculaire, fendez-la avec adresse dans une partie de sa longueur, de manière à diviser cette seule partie en plusieurs lames minces que vous tiendrez à distance les unes des autres, en introduisant entr'elles de petites bandes de papier noir. Si ensuite vous présentez de nouveau la lame à un rayon polarisé, en la replaçant sous l'incidence perpendiculaire, vous trouverez qu'elle redonne toujours les mêmes teintes O, E, que dans la première expérience ; et, à cet égard, il n'y aura aucune différence entre la partie découpée et celle qui est restée entière ; seulement la première vous paraîtra moins transparente, à cause de la multiplicité des réflexions que la lumière y éprouve. Puis donc que la teinte définitive des faisceaux est indépendante de la contiguïté ou de la séparation des lames élémentaires, il faut en conclure que le rayon, en arrivant aux épaisseurs successives de la substance cristallisée, y éprouve, dans les deux cas, des modifications équivalentes qui se suivent par les mêmes degrés, et qui font passer chaque espèce de molécules lumineuses par les mêmes états de polarisation alternatifs que l'ordre des teintes lui assigne dans les lames séparées. Il suit de là que l'état définitif de chaque molécule, à une profondeur déterminée, doit dépendre uniquement de la quantité de matière cristallisée qu'elle a traversée pour arriver à cette profondeur, et de l'intensité des forces dont cette matière était douée, mais nullement du mode de sa distribution sur le trajet de la molécule. Aussi, lorsqu'on a partagé une lame dans toute sa longueur en un certain nombre de lames plus minces, on peut mêler celles-ci dans un ordre quelconque, et les alterner de toutes les manières imaginables, pourvu que l'on maintienne toujours leurs axes exactement parallèles, les teintes définitives O, E, données par leur somme sous l'incidence perpendiculaire, ne changent pas, et sont toujours les mêmes que la même épaisseur donnait avant d'être divisée (1); or, qu'a-t-on fait par ces divers arrangemens des lames, sinon de varier arbitrairement le mode de division d'une même épaisseur?

D'après cela, tous les phénomènes que présentent nos lames peuvent être rassemblés dans l'énoncé suivant, qui en est l'expression la plus générale :

1°. Lorsqu'un rayon de lumière simple, polarisé suivant une direction fixe, traverse perpendiculairement une lame cristallisée parallèle à l'axe de double réfraction, les molécules lumineuses commencent par pénétrer jusqu'à une certaine profondeur, sans perdre leur polarisation primitive; après quoi, leur mouvement de translation continuant toujours, elles se mettent à osciller périodiquement sur elles-mêmes, autour de leur axe de translation, de manière que leur axe de polarisation se transporte alternativement de part et d'autre de l'axe du cristal ou de la ligne perpendiculaire, dans des amplitudes égales, comme un pendule autour de la verticale dont on l'a écarté. Chacune de ces oscillations s'exécute dans une épaisseur $2e'$, double de celle que la molécule avait parcourue d'abord avant d'entrer en oscillation.

2°. Dans un même cristal, les valeurs de e' sont différentes pour les diverses sortes de molécules lumineuses, et proportionnelles aux longueurs de leurs accès de facile transmission ou de facile réflexion. Mais les limites des oscillations sont les mêmes pour toutes les particules qui suivent une même direction de mouvemens, quand leurs axes de polarisation partent d'une direction primitive commune.

3°. Ce mouvement oscillatoire s'arrête lorsque les molécules lumineuses, parvenues à la seconde surface de la

---

(1) Je borne ici l'épreuve à l'incidence perpendiculaire, pour éviter l'effet de la polarisation par réfraction.

lame, sortent dans l'air ou dans tout autre milieu qui ne possède point la double réfraction. Alors, si l'on soumet le rayon émergent à l'action d'un prisme de spath d'Islande ou d'une glace inclinée, ou de tout autre système qui produise la polarisation fixe, les molécules lumineuses se comportent comme si elles possédaient complètement le sens de polarisation vers lequel leur dernière oscillation les conduisait, soit qu'elles l'aient entièrement achevée, ou seulement commencée à l'instant où elles sont sorties du cristal.

Ce sont là les lois théoriques de la polarisation mobile. J'ai fait voir, dans le Traité général, qu'elles s'appliquent également à toutes les autres coupes des cristaux, en considérant les oscillations comme s'exécutant autour des plans menés par l'axe du cristal et par la direction définitive de chaque rayon réfracté. Mais, dès à présent, il est clair que ce mouvement oscillatoire doit cesser à une certaine profondeur dans chaque cristal, selon sa nature et le sens dans lequel on le taille; car, en augmentant assez l'épaisseur des plaques obliques à l'axe, pour que le rayon émergent se sépare en deux faisceaux distincts après les avoir traversées, on trouve, comme nous l'avons vu dans la première partie de ces recherches, que le faisceau qui a subi la réfraction ordinaire est polarisé fixement dans le plan mené par sa direction et l'axe du cristal; tandis que le rayon extraordinaire est polarisé d'une manière également fixe perpendiculairement au plan mené de même par sa direction et l'axe du cristal. Il est extrêmement vraisemblable que les molécules qui forment chaque faisceau passent progressivement du mouvement oscillatoire à cet état fixe; du moins, nous verrons, par d'autres exemples analogues, qu'il s'opère un semblable partage quand les molécules lumineuses sont exposées simultanément à plusieurs forces qui les sollicitent suivant diverses directions. Pour le moment, je me bornerai à annoncer que, dans tous les cristaux, quel que soit le sens suivant lequel on les taille, le mouvement oscillatoire s'étend à des profondeurs beaucoup plus grandes que celles où l'on cesse d'apercevoir immédiatement des couleurs par la succession des oscillations.

Les trois propositions énoncées ci-dessus n'étant en effet que l'expression simple, mais complète des phénomènes, il est évident qu'elles doivent les reproduire par leur développement; néanmoins, comme cette déduction en éclaircit l'usage et en fait sentir la fidélité, je crois devoir l'exposer ici.

Considérons donc un rayon polarisé, composé ou simple, qui pénètre perpendiculairement une lame mince d'un cristal quelconque, taillée parallèlement à l'axe de double réfraction; et supposons la lame tournée de manière que cet axe fasse un angle quelconque i avec le plan de polarisation primitif; puis cherchons quel devra être l'état du rayon après son émergence.

D'abord, en vertu du mouvement oscillatoire, les axes de polarisation de toutes les molécules lumineuses seront répartis sur les deux limites de l'oscillation, c'est-à-dire dans les deux azimuts o et $2i$, soit effectivement pour celles qui auront achevé un nombre entier d'oscillations en sortant de la lame, soit virtuellement pour celles qui n'auront pas alors complétement terminé leur dernière oscillation. Nommons O, E, l'ensemble des molécules qui forment chacun de ces deux groupes, le premier comprenant toutes celles qui achèvent, en sortant de la lame, un nombre d'oscillation pair; et le second toutes celles qui achèvent un nombre d'oscillations impair. Alors, si l'on analyse le rayon émergent avec un prisme de spath d'Islande, dont la section principale soit dirigée dans un azimut quelconque, il suffit, pour calculer les teintes résultantes, d'appliquer à chacun des faisceaux les lois générales de la double réfraction. On retombe ainsi exactement sur les mêmes formules que l'expérience avait données pour la combinaison des teintes, O, E; il ne reste donc plus qu'à déterminer leur nature : pour cela, il suffit d'appliquer au rayon incident la construction que Newton a donnée pour déterminer les teintes transmises ou réfléchies aux diverses épaisseurs des lames minces, en substituant seulement aux longueurs des accès que cette construction emploie les épaisseurs, beaucoup plus grandes, mais proportionnelles, que les molécules lumineuses traversent dans nos lames pendant la durée d'une oscillation. Ainsi, dans le phénomène de la réflexion, les molécules pénètrent ensemble jusqu'à une petite profondeur, sans éprouver aucune tendance à se réfléchir; et, si l'épaisseur du corps est moindre que cette profondeur, elles se transmettent librement: de même, dans les phénomènes de la polarisation, toutes les molécules pénètrent ensemble jusqu'à une petite profondeur, sans éprouver aucun dérangement dans leurs axes de polarisation; et, si l'épaisseur des lames est moindre que cette limite, elles conservent toutes leur polarisation primitive. Dans la réflexion, ce premier intervalle est égal à la moitié de la longueur d'un accès. Dans les phénomènes de la polarisation, ce sera la moitié de l'épaisseur que chaque espèce de lumière simple traverse pendant la durée d'une oscillation entière. Dans la réflexion, au-delà de cette limite, les molécules violettes commencent à se réfléchir; puis ensuite les violettes et les bleues; puis les violettes, les bleues et les vertes, et ainsi de suite, jusqu'aux rouges, qui se réfléchissent les dernières, mais cependant à très-peu de distance des autres. Alors le rayon réfléchi devient successivement violet, bleu, et presque tout de suite blanc, par le concours de la réflexion de toutes les couleurs. De même, dans nos lames, le premier rayon E qu'elles enlèvent à la polarisation primitive, est violet; puis, à une épaisseur un peu plus grande, ce violet se mêle à l'indigo, et forme un bleu, lequel se change presqu'aussitôt en blanc, par le mélange de toutes les autres couleurs: c'est le blanc que Newton a nommé du premier ordre; et comme, dans les anneaux, il arrive une épaisseur où ce blanc est le plus abondant qu'il est possible, en sorte qu'il ne se transmet plus rien, ou presque rien, de la portion de lumière incidente qui est employée à former les anneaux; de même, dans nos lames, il y a une certaine épaisseur à laquelle le rayon blanc qu'elles polarisent contient toute, ou presque toute la lumière incidente; de sorte qu'il n'y a aucune, ou presqu'aucune portion de cette lumière qui conserve sa polarisation primitive.

Dans la réflexion, lorsque l'épaisseur devient un peu plus grande, les diverses couleurs qui composaient le blanc du premier ordre, s'en séparent tour à tour, suivant l'ordre avec lequel elles y étaient entrées; c'est-à-dire, d'abord les rayons violets les plus réfrangibles, parce que leurs accès sont les plus courts; puis les violets et les bleus; puis les bleus, les verts, et enfin les rouges; ce qui change successivement ce blanc en jaune pâle, en orangé, en orangé rougeâtre, et en un rouge qui se terminerait enfin par la privation absolue de lumière, c'est-à-dire par le noir, si, presqu'à la même épaisseur ne commençait le second accès des rayons violets; ce qui fait suivre immédiatement ce rouge sombre par un pourpre très-faible, auquel succède de nouveau un violet, un bleu, un vert, et toutes les couleurs du second anneau, lesquelles dominent tour à tour dans le mélange, et y sont plus séparées que dans le premier anneau, parce que la différence d'étendue de leurs accès a eu plus d'espace pour s'y manifester : de même, et absolument de même, dans nos lames, les épaisseurs qui répondent aux oscillations des diverses molécules étant inégales et proportionnelles aux longueurs de leurs accès, on conçoit que de parcilles modifications de teintes doivent s'y reproduire, et elles s'y reproduisent en effet avec la plus grande fidélité; c'est-à-dire qu'après l'épaisseur où les molécules lumineuses se trouvent toutes ensemble dans leur première oscillation, il arrive que les molécules violettes les plus réfrangibles se séparent des autres, les devancent, et commencent une seconde oscillation qui les ramène vers la polarisation primitive, lorsque les molécules bleues, les orangées et les rouges n'ont pas encore tout-à-fait terminé leur première oscillation. Alors, si on coupe la lame à cette épaisseur, on trouve que le faisceau qui a perdu sa polarisation primitive est un blanc légèrement jaunâtre; puis, à une épaisseur un peu plus grande, ce jaune se change en orangé; il a alors perdu des molécules violettes, bleues et vertes, qui sont déjà dans leur seconde oscillation; bientôt après il ne conserve plus qu'un petit nombre de rayons d'un rouge sombre : toutes les autres molécules sont déjà entrées dans leur seconde oscillation, et par conséquent la portion de lumière qui, en traversant le rhomboïde, se dirige vers la polarisation primitive, forme l'espèce de teinte qui résulte du mélange de toutes les couleurs, privé d'un petit nombre de rayons rouges, c'est-à-dire un blanc bleuâtre ; au-delà de ce terme, un certain nombre des molécules violettes les plus réfrangibles commencent déjà leur troisième oscillation, quand les molécules rouges les moins réfrangibles n'ont pas encore fini la première. Alors la teinte que la lame polarise à cette épaisseur est un violet, ou plutôt un pourpre extrêmement faible et sombre, qui bientôt passe au bleu, au vert, et à toutes les couleurs du second anneau. En poursuivant toujours par la pensée cette suite de mouvemens oscillatoires, dont les vitesses sont inégales pour les molécules lumineuses de différentes espèces, on conçoit que les diverses couleurs, dont chacune occupe une certaine étendue dans le spectre, doivent se mêler de plus en plus, dans leurs limites, aux deux extrémités de l'oscillation, et y produire enfin deux images blanches, comme cela arrive dans les anneaux réfléchis et transmis, en vertu de l'inégale longueur des accès, lorsque l'épaisseur du corps est devenue assez considérable pour que toutes les couleurs fournissent en même temps, par des anneaux de différens ordres, à la transmission et à la réflexion. Cette parfaite identité dans la succession des teintes, dans leurs mélanges progressifs, dans les périodes de leurs intensités, enfin dans les plus petites circonstances des changemens de leurs nuances, suffirait pour montrer l'accord qui existe entre les lois de périodicité qui lient ces deux classes de phénomènes, quand même les mesures des épaisseurs, prises de part et d'autre avec un soin extrême, et scrupuleusement comparées, n'auraient pas déjà établi d'une manière rigoureuse et directe l'existence de leurs rapports.

Remarquons toutefois entr'eux une différence essentielle : la construction que Newton a imaginée pour représenter les alternatives de transmission et de réflexion, aussi bien que

la table qu'il en a déduite, suppose des forces réfléchissantes très-faibles, et s'applique seulement à la faible portion de lumière incidente qui est alors employée dans la
formation des anneaux. Nous avons montré, page 356, que
si cette portion devait être plus considérable, par l'effet de
forces réfléchissantes plus énergiques, les intervalles d'épaisseur propres à la transmission et à la réflexion ne seraient
plus égaux, comme cette construction le suppose. Les derniers s'étendraient davantage, et finiraient même par occuper tout l'espace, si la réflexion devenait totale au milieu de
chaque anneau. Il n'en est pas ainsi dans les phénomènes de
la polarisation mobile que nos lames produisent; car toutes
les molécules qui les pénètrent subissent le mouvement oscillatoire, et néanmoins leur distribution entre les allées et
les retours est encore exprimée par la construction de Newton, sans aucun changement. Ceci paraît constituer une distinction fondamentale entre les deux classes de phénomènes;
et en effet, une loi de périodicité pareille et la proportionnalité d'épaisseur pour les diverses couleurs simples, suffit,
sans autre liaison plus intime, pour produire tous les rapports que nous avons observés.

Dans nos définitions, nous avons établi que l'amplitude
des oscillations de même sens est la même pour toutes les
molécules lumineuses, et égale à $2i$, ou à $-2(90-i)$,
c'est-à-dire, au double de l'angle que l'axe de la lame ou la
ligne perpendiculaire forme avec la direction primitive de
polarisation. Cela est en effet conforme à l'expérience; car,
si l'on expose une de nos lames perpendiculairement à un
rayon polarisé, en tournant son axe dans tous les azimuts,
depuis o jusqu'à 360°, on trouve que la teinte E, qui perd
sa polarisation primitive, et la teinte O, qui la conserve,
sont l'une et l'autre rigoureusement constantes. Or, cette
constance ne pourrait avoir lieu, si les divers rayons simples dont E se compose étaient polarisés dans des sens différens. Les temps des oscillations des molécules lumineuses
sont donc aussi égaux dans tous ces cas, puisque leur durée
seule détermine la nature des teintes qui doivent être polarisées dans un sens ou dans l'autre. Ainsi, la force qui

produit les oscillations est telle, que leur durée est absolument indépendante de leur amplitude. Cette condition exige
que l'action de la force soit, à chaque instant, proportionnelle à l'arc que les molécules ont à décrire pour arriver au milieu de leur oscillation, c'est-à-dire, sur la direction de l'axe duquel les forces émanent, ou sur la ligne
perpendiculaire.

CHAPITRE IV.

*Examen des modifications éprouvées par les molécules
lumineuses, quand elles traversent successivement plusieurs plaques qui produisent la polarisation mobile.
Procédés qui en résultent pour développer les images
colorées dans des plaques épaisses, par le croisement
de leurs axes.*

Par les propositions établies plus haut, nous avons défini
ce qui arrive aux molécules lumineuses, lorsqu'elles passent de la polarisation fixe à la polarisation mobile, et réciproquement. Il faut maintenant les étudier quand, après
avoir subi la polarisation mobile dans une première lame,
elles la subissent encore dans une seconde, de même ou de
différente nature. On trouve ainsi que les oscillations re-
commencent dans la seconde lame, avec les mêmes durées,
les mêmes limites, les mêmes amplitudes qu'elles auraient
eues si chaque faisceau sorti de la première possédait la polarisation fixe; mais les profondeurs auxquelles ces oscillations commencent varient avec la nature de la seconde lame
et avec la direction de son axe relativement aux axes de
polarisation des faisceaux.

Il suit de là que le mode de polarisation définitif du faisceau émergent peut encore se déterminer par les seuls principes du mouvement oscillatoire. Mais la nature des teintes
dépend de la profondeur à laquelle les oscillations recom-
mencent et se renouent d'une lame à l'autre. C'est l'expérience seule qui peut nous éclairer à cet égard. On peut
voir dans le Traité général, la discussion détaillée de cette

question, ainsi que les conséquences importantes qui s'en déduisent pour les propriétés mêmes de la lumière. Ici, je me bornerai à exposer deux lois expérimentales qui ont lieu dans ces phénomènes, et dont les applications sont propres à éclairer et à généraliser tout ce que nous avons dit jusqu'à présent.

La première loi se rapporte aux lames ou plaques cristallisées, dont les actions sont de même nature, toutes deux attractives ou toutes deux répulsives. Lorsqu'un rayon polarisé traverse successivement, et perpendiculairement, deux pareilles plaques, ayant leurs axes parallèles, la teinte E'' que le système des deux plaques enlève à la polarisation primitive, a pour valeur numérique, dans la table de Newton, la somme $E+E'$ des nombres correspondans aux teintes particulières E, E', sur lesquelles chacune des deux plaques aurait produit isolément le même effet. Mais si les axes des plaques sont croisés à angles droits, la valeur numérique de E'' sera égale à la différence $E-E'$ des nombres qui représentent les teintes partielles.

Supposons, par exemple, que l'une des deux lames étant réduite à l'échelle de Newton, ait pour épaisseur 14,25; en sorte, qu'agissant seule sur le rayon polarisé, la teinte E qu'elle enlève à la polarisation primitive soit l'indigo du troisième ordre; combinons-la avec une autre lame dont l'épaisseur ainsi réduite soit 9,35, de sorte qu'en agissant seule elle enlève à la polarisation primitive une teinte E', intermédiaire entre le bleu et le vert du second ordre. Si vous rendez les axes de ces lames parallèles, la teinte E' que leur système enlevera à la polarisation primitive, aura pour valeur numérique 14,25+9,35 ou 23,6, qui répond au rouge du quatrième ordre; mais si vous croisez les axes des deux lames à angles droits, la teinte E'' aura pour valeur 14,25 — 9,35 ou 4,90, qui répond un peu au-dessus de l'orangé du premier ordre, entre cet orangé et le jaune pâle. Dans ce dernier cas, si les deux lames avaient des épaisseurs exactement égales, leurs effets s'entredétruiraient exactement, et le rayon transmis se trouverait avoir entièrement recouvré sa polarisation primitive. On obtient cette égalité parfaite, en détachant une lame mince de chaux sulfatée d'un cristal bien pur, et la rompant par ses joints naturels en deux fragmens, que l'on superpose en croisant leurs axes.

La seconde loi se rapporte aux plaques ou lames dont les actions polarisantes sont de différente nature, l'une répulsive, l'autre attractive. Alors les phénomènes résultans de leur combinaison sont inverses. Si leurs axes sont parallèles, la teinte E'', enlevée par ce système à la polarisation primitive, est la différence des valeurs des teintes partielles ou $E-E'$; si les axes sont croisés à angles droits, la valeur de E'' est égale à la somme des valeurs partielles ou $E+E'$.

Ces lois, que l'on peut aisément vérifier par l'expérience, ont lieu sans qu'il soit nécessaire que les lames se touchent; elles se maintiennent en les plaçant l'une après l'autre, à toute distance; enfin elles subsistent dans tous les ordres d'anneaux.

Ce dernier résultat fournit une conséquence bien remarquable, qui pourra servir d'épreuve à tout ce qui précède. En effet, si la loi subsiste dans tous les ordres d'anneaux, elle doit s'étendre à toutes les épaisseurs où la polarisation mobile subsiste, quoique l'on ne puisse plus y apercevoir de couleurs; car, en quoi ces épaisseurs diffèrent-elles, sinon en ce qu'elles correspondent à des anneaux plus composés ? Ainsi, en croisant de pareilles lames à angles droits, si elles sont de même nature, ou en rendant leurs axes parallèles, si elles sont de nature contraire, elles doivent donner également des faisceaux colorés, lorsque la différence de leurs épaisseurs est plus petite que l'épaisseur qui donne des images blanches. C'est en effet ce qui a lieu; et cette expérience, à laquelle j'ai été directement conduit par les résultats précédens, m'a servi à établir complètement les lois que j'ai exposées page 441. Je les ai vérifiées sur toutes sortes de cristaux.

J'ai vu ainsi que la polarisation mobile s'étend à des profondeurs beaucoup plus considérables que la simple observation des lames minces n'aurait pu le faire croire; car j'ai développé les couleurs des faisceaux par le croisement, dans des morceaux de cristal de roche parallèles à l'axe, qui

avaient plus de quatre centimètres d'épaisseur, et qui seuls
ne donnaient que des images parfaitement blanches, et égales
en intensité ; mais combinés à angles droits, ils faisaient paraître à volonté toutes les teintes dans le rayon extraordinaire. Ces teintes, comparées dans leur succession et leurs
changemens avec les anneaux formés sur les corps minces,
ont toujours confirmé le résultat établi par nos premières
recherches, savoir, que la partie du rayon incident, qui
perd sa polarisation primitive, suit l'ordre des anneaux réfléchis, tandis que la partie du même rayon qui la conserve suit les périodes d'intensité et de teinte des anneaux
transmis ; mais ici ce résultat se trouve établi pour des plaques d'une grande épaisseur, au lieu que mes premières
expériences n'en démontraient matériellement l'existence
que pour des lames d'une épaisseur limitée, et nécessairement fort petite. Pour indiquer ici une analogie qui me
servira d'autorité aussi bien que d'exemple, c'est ainsi que
Newton, dans son Optique, a commencé par fonder la
théorie des accès sur les réflexions et les transmissions de la
lumière à travers les lames minces, et l'a ensuite confirmée
en l'appliquant à des plaques épaisses d'un quart de pouce,
et davantage, dans lesquelles il trouva le moyen de rendre
les différences des anneaux sensibles, et de la grandeur indiquée par le calcul, quoique les molécules lumineuses,
en traversant ces plaques, éprouvassent leurs accès alternatifs plusieurs centaines de fois, et même plusieurs milliers
de fois.

L'opération du croisement des axes est la plus directe et
la plus simple que l'on puisse employer pour reconnaître si
un cristal est attractif ou répulsif. Il ne faut qu'en tailler
une plaque à faces parallèles, l'exposer perpendiculairement
à un rayon polarisé, la croiser avec une plaque de chaux
sulfatée, de cristal de roche, ou de toute autre substance
dont la nature d'action est connue, et enfin, analyser le
faisceau transmis au moyen d'un prisme de spath d'Islande
achromatique. Si l'on obtient des couleurs en croisant les
axes à angles droits, les deux cristaux superposés exercent
des actions de même nature ; si l'on en obtient en rendant

leurs axes parallèles, leurs actions sont de nature opposée. Cette épreuve, comme on le verra tout-à-l'heure, n'exige pas que les deux plaques soient taillées parallèlement à l'axe de leur cristal, ni même qu'elles le soient dans une direction semblable. Il suffit que l'on connaisse, dans chacune d'elles, la direction de la section principale, afin de savoir dans quel sens l'axe est placé.

Pour obtenir cette indication d'une manière commode, j'ai fait tailler plusieurs petites lames de cristal de roche, d'épaisseurs diverses, parallèlement à l'axe, dont la direction dans cette substance est indiquée par celle des aiguilles mêmes. Je me sers de ces lames pour produire des couleurs dans les autres cristaux que je veux éprouver; si je trouve qu'elles n'ont pas l'épaisseur convenable, je les croise avec quelqu'autre plaque de chaux sulfatée, dont je découvre ainsi l'axe; et, après avoir marqué sa direction sur cette plaque par un trait d'encre, ou de quelqu'autre manière, j'en extrais toutes les lames dont j'ai besoin.

CHAPITRE V.

Des Variations opérées dans les Forces polarisantes par l'inclinaison des rayons réfractés sur l'axe des cristaux.

Les lois que nous venons d'établir embrassent tous les phénomènes de coloration que les lames cristallisées, parallèles à l'axe, peuvent produire sous l'incidence perpendiculaire. Mais, quand on incline ces lames sur les rayons qui les traversent, les teintes qui en résultent dans le prisme rhomboïdal éprouvent, en général, des variations produites par le changement d'intensité de la force répulsive ou attractive émanée de l'axe, et par l'accroissement du trajet pendant lequel le rayon transmis se trouve exposé à son action.

Deux exemples suffiront pour rendre cela sensible : supposons d'abord, fig. 9, qu'ayant exposé une de nos lames perpendiculairement à un rayon polarisé, comme dans les expériences précédentes, nous tournions son axe C A, de manière qu'il fasse un angle de 45° avec le sens C X de la polarisation primitive ; ce qui décomposera le rayon en deux faisceaux colorés O, E, polarisés à angles droits, l'un suivant C X, l'autre suivant C Y. Analysons la lumière transmise au moyen d'un prisme rhomboïdal achromatisé, dont la section principale soit dirigée suivant C X. Alors le faisceau coloré O subira tout entier la réfraction ordinaire dans ce prisme, et le faisceau E y subira tout entier la réfraction extraordinaire, comme nous l'avons déjà souvent éprouvé. Cela posé, si, sans toucher au prisme, vous inclinez la lame dans le sens C A, de manière que son axe C A s'approche du rayon polarisé en restant dans le plan d'incidence, la teinte E, observée à travers le prisme, *montera* dans l'ordre des anneaux, comme si la lame devenait plus mince ; et, au contraire, si vous inclinez la lame dans un sens C B, perpendiculaire à C A, de manière que C A reste perpendiculaire au plan d'incidence, la teinte E *baissera* dans l'ordre des anneaux, comme si la lame devenait plus épaisse.

Examinons d'abord ce second cas qui est le plus simple. Puisque l'axe C A demeure toujours perpendiculaire au plan dans lequel la lame s'incline, le rayon réfracté dans la lame fait toujours avec lui un angle droit. Ainsi, la force, soit répulsive, soit attractive, qui émane de cet axe, agit sur le rayon avec la même intensité que sous l'incidence perpendiculaire. Mais elle agit plus long-temps, parce que le trajet du rayon s'allonge par l'obliquité ; ainsi, les particules lumineuses font, dans la lame, des oscillations aussi rapides et plus nombreuses ; les teintes E doivent donc baisser dans l'ordre des anneaux, comme si la lame devenait plus épaisse.

Dans l'autre cas où l'on incline la lame suivant son axe, il se produit deux effets. Le trajet augmente comme tout-à-l'heure, mais la force émanée de l'axe s'affaiblit, parce qu'il forme un angle moindre avec le rayon incident, et par suite avec le rayon réfracté. Ces deux causes se combattent donc, l'une pour augmenter, l'autre pour diminuer l'action de la lame. Mais l'expérience prouve que la dernière l'emporte ;

de sorte que le nombre total des oscillations devient moindre
que sous l'incidence perpendiculaire. Les teintes E doivent
donc monter dans l'ordre des anneaux, comme si la lame
devenait plus mince; et la loi de ce changement, comparée
à celui qui se fait en vertu de l'épaisseur seule, dans le sens
perpendiculaire, détermine la durée des oscillations pour
les divers angles que l'axe du cristal forme avec le rayon
réfracté. Il en résulte que la force qui produit les oscillations
est proportionnelle à la quatrième puissance du sinus de
cet angle; et, qu'en général, la valeur numérique de la
teinte E qu'une lame donnée enlève à la polarisation primitive, est presqu'exactement proportionnelle au trajet que
la lumière parcourt dans sa substance, multiplié par le carré
de ce même sinus.

Ces changemens d'action se produisent également dans les
plaques épaisses, lorsqu'on les présente au rayon polarisé
sous des incidences diverses, et elles y suivent les mêmes
lois. Mais, pour les y reconnaître, il faut modifier la lumière
polarisée qui arrive à ces plaques, de manière que, malgré
leur épaisseur, elles donnent des faisceaux colorés en traversant le prisme rhomboïdal. C'est à quoi l'on parvient en transmettant d'abord cette lumière à travers une première plaque
dont l'action totale diffère peu de celle qu'on veut étudier,
et qui soit disposée de manière que les sections principales des
deux plaques se trouvent parallèles, si leurs actions sont de nature contraire, l'une répulsive, l'autre attractive, ou croisées à angles droits, si elles sont de même nature. Ceci n'est
qu'une extension des expériences rapportées page 449.

L'exemple suivant montrera l'application de cette méthode. J'avais deux plaques de chaux sulfatée, dont les
épaisseurs mesurées au sphéromètre, et réduites à l'échelle
de Newton (1), valaient, l'une 249 parties, l'autre 266.
Pour abréger, je nommerai la première A, la seconde B. La
différence B—A était donc égale à 17 parties, qui, dans la

---

(1) Nous avons expliqué, page 434, la manière d'opérer cette réduction.

troisième colonne de la table de Newton , répondent à une teinte intermédiaire entre le vert vif du troisième ordre et le jaune blanchâtre qui le suit. C'était en effet là la teinte E, que le système des deux plaques enlevait à la polarisation primitive, lorsqu'elles étaient exposées à un rayon polarisé sous l'incidence perpendiculaire avec leurs axes croisés à angles droits. Nous avons vu que, pour observer ce phénomène de la manière la plus nette , il faut diriger les axes des plaques à 45° du plan de la polarisation primitive, et tourner dans ce plan la section principale du prisme rhomboïdal achromatique qui sert pour analyser la lumière transmise.

Les choses étant ainsi disposées, je laisse A, la plus mince des deux plaques, sous l'incidence perpendiculaire ; mais j'incline la plus épaisse B sur le rayon incident , dans le sens de son axe, c'est-à-dire de manière que cet axe reste dans le plan d'incidence. Alors l'action totale de B s'affaiblit, celle de A restant la même ; la différence B—A doit donc diminuer ; ainsi la teinte E , que le système enlève à la polarisation primitive doit *monter* dans l'ordre des anneaux , comme si elle provenait d'une lame plus mince. Dans ce mouvement, s'il arrive une incidence où la valeur de B ainsi affaiblie ne fasse plus qu'égaler celle de A, les actions des deux plaques doivent se compenser : le rayon, après les avoir traversées toutes deux, se trouvera donc entièrement ramené à sa polarisation primitive , comme si le système n'avait exercé aucune action sur lui ; au-delà de ce terme, si l'on continue d'affaiblir B, en inclinant davantage son axe, l'action totale de la plaque A deviendra la plus forte, et les teintes recommenceront à descendre dans l'ordre des anneaux, comme elles avaient remonté précédemment. Or, pour juger avec quelle exactitude ces considérations sont confirmées par l'expérience, il n'y a qu'à jeter les yeux sur le tableau suivant, qui est construit sur des observations réelles :

INCIDENCE observée. θ.	ANGLE de réfract. θ'.	Teinte du rayon ordinaire observée. O	Teinte du rayon extraordinaire, observée. E	Valeur de E, d'après la teinte observ.	ORDRE des teintes.
0° 0′ 0″	0 0 0	Violacé.	Vert jaunât.	17,00	
12 30 40	8 18 10	Rouge.	Vert vif.	16,25	3ᵉ ordre.
17 35 40	11 37 30	Jaune.	Bleu.	15,10	
19 38 20	12 56 50	Jaune orangé.	Indigo.	14,25	
24 18 0	15 55 20	Vert.	Rouge vif.	12,25	
26 37 20	17 22 50	Bleu.	Orangé.	11,11	
33 22 20	21 30 50	Orangé.	Bleu.	9,00	2ᵉ ordre.
36 4 50	23 7 0	Jaune pâle.	Indigo	8,17	
37 19 20	23 50 30	Blanc bleu. tr.	Violacé.	7,10	
37 50 40	24 8 30	Blanc verdâtre.	Rouge mordoré.	5,80	
39 24 40	25 2 30	Blanc un peu bleuâtre.	Orangé.	5,11	1ᵉʳ ordre.
41 8 50	26 1 10	Blanc un peu blanchâtre.	Jaune pâle.	4,60	
44 7 40	27 39 20	Noir.	Blanc brillant.	3,40	
51 25 0	31 24 30	Blanc brillant.	Noir ou bleu très-sombre.	0	
58 18 10	34 33 20	Violet très-sombre.	Blanc un peu jaunâtre.	3 40	1ᵉʳ ordre.
63 13 20	36 31 30	Bleu.	Orangé.	5,10	
66 11 40	37 35 0	Vert blanchâtre.	Rouge mordoré.	5,80	
70 56 20	39 3 30	Jaune.	Indigo.	8,20	2ᵉ ordre
75 24 10	40 10 40	Rouge.	Vert blanch.	9,71	

Tournons maintenant le système de manière que l'axe de la plaque la plus épaisse B devienne perpendiculaire au plan d'incidence, et inclinons B. Alors la force émanée de son axe restera la même, tandis que le trajet du rayon dans son intérieur augmentera; l'action totale résultante de ces deux élémens deviendra donc plus forte; et comme celle de A reste constante, la teinte enlevée à la polarisation primitive baissera dans l'ordre des anneaux. C'est ce que montre en effet le tableau suivant, où sont consignées les observations faites sur les mêmes plaques que j'ai tout-à-l'heure prises pour exemple :

INCIDENCE observée.	ANGLE de réfract.	Teinte du rayon ordinaire, observée.	Teinte du rayon extraordinaire, observée.	Valeur de E, d'après la teinte observ.	ORDRE des teintes.
0° 0′ 0″	0° 0′ 0″	rouge violacé	vert jaunâtre	17,00	
7 12 0		bleu.	jaune paille.	17,50	} 3ᵉ ordre.
15 51 0		vert.	rouge.	19,67	
22 50 0	10 59 30	rouge.	vert vif.	22,75	
30 29 0	19 46 0	vert.	rouge.	26,00	} 4ᵉ ordre.
36 22 10		rouge.	bleu verdâtre	29,67	
42 11 30	26 35 50	bleu verdâtre	rouge	34,00	} 5ᵉ ordre.
46 7 30		rouge.	bleu verdâtre	38,00	
50 6 40	30 45 50	bleu verdâtre	rouge.	42,00	} 6ᵉ ordre.
55 15 50		blanc rougeatr	bleu verdâtre	45,80	
59 20 10	34 59 30	bleu verdâtre	blanc rougeatr.	49,67	} 7ᵉ ordre.

Dans ces expériences, les deux plaques croisées avaient leurs axes dirigés dans le plan de leur surface ; mais cette direction n'est pas nécessaire pour qu'il se produise des couleurs par le croisement ; puisque, d'après ce que nous venons d'observer, les effets éprouvés par la lumière dans chaque plaque ne dépendent que de la longueur du trajet qu'elle y parcourt, et de la direction de sa route relativement à l'axe du cristal, indépendamment des faces naturelles ou artificielles par lesquelles elle entre ou sort. Nous pouvons donc, en général, énoncer le résultat de la manière suivante : pour que le croisement de deux plaques produise des couleurs, il suffit que la différence de leurs actions entre dans les limites de la table de Newton. Cette action, sous l'incidence perpendiculaire, est égale à l'épaisseur de la plaque réduite à l'échelle de Newton, multipliée par le carré du sinus de l'angle que l'axe forme avec le plan des surfaces. Cette règle est si exacte qu'elle peut servir à déterminer la direction précise de l'axe dans les plaques dont la nature est connue. J'en ai rapporté divers exemples dans le Traité général, où j'ai donné aussi l'évaluation comparée des intensités absolues des forces dans divers cristaux, obtenues par le même procédé.

L'effet de l'inclinaison ne se fait pas seulement sentir dans les plaques taillées parallèlement à l'axe ; il a lieu de même

dans toute autre coupe de lames ou de plaques. En général,
la direction du rayon réfracté relativement à l'axe du cristal,
et la longueur de son trajet dans la substance cristallisée,
sont les seuls élémens qui déterminent les effets qu'il éprouve,
et les propriétés qu'il manifeste après son émergence, sous
chaque incidence donnée. Le sens des faces naturelles ou artificielles par lesquelles il entre et sort n'y a aucune influence.

Ceci offre un moyen simple et direct pour trouver la direction de l'axe dans une lame ou plaque cristallisée quelconque : on placera la section principale qui contient son
axe, de manière qu'elle forme un angle de 45° avec le plan
primitif de polarisation, et on l'inclinera graduellement
dans ce sens, afin d'atteindre la position où le rayon réfracté
vienne traverser la plaque exactement suivant son axe. Car
alors la force, soit attractive, soit répulsive, qui émane de
cet axe, étant nulle, la polarisation qu'elle opère sera nulle
aussi; de même que si le cristal avait perdu la double réfraction; et un peu avant, comme un peu après cette incidence
précise, on verra dans le rhomboïde des images colorées; la
faiblesse de l'action émanée de l'axe, compensant la longueur du trajet que les molécules lumineuses ont à parcourir.

Mais comment découvrir la direction de la section principale de la plaque? C'est en l'exposant d'abord perpendiculairement au rayon polarisé, la faisant tourner sur son propre
plan, et déterminant sur sa surface les deux directions rectangulaires dans lesquelles elle ne trouble point la polarisation primitive. L'une de ces directions est nécessairement la section principale. Il n'y aura donc qu'à les essayer toutes deux successivement, et s'arrêter à celle qui,
sous une inclinaison convenable, produit des couleurs.

Cette méthode, pour être sûre, exige que l'on puisse introduire le rayon dans la plaque cristallisée sous tous les
angles possibles, relativement à ses surfaces. Pour cela, il
ne suffirait pas toujours de faire les expériences dans l'air,
parce que, à cause du peu de réfraction de ce fluide, les rayons
qui en sortent pour entrer dans un cristal, se rapprochent
toujours beaucoup, après la réfraction, de la normale à la
surface réfringente. On supplée à cet inconvénient en enfer-

mant la plaque dans un tube T T, fig. 10, fermé à ses deux
bouts par des glaces, et que l'on remplit d'un liquide d'une
réfraction considérable, tel, par exemple, que l'huile de thérébentine. Ce tube est traversé latéralement par une tige que
l'on peut faire mouvoir de dehors, et dont l'extrémité intérieure porte une pince à laquelle on fixe la plaque, de manière que son plan soit dans le prolongement de la tige.
Alors un rayon polarisé étant transmis à travers le liquide
et la plaque, on peut, en tournant la tige, amener celle-ci
sous toutes les inclinaisons possibles, et introduire, par
conséquent, le rayon sous tous les angles dans son intérieur,
du moins si le liquide réfracte autant ou plus qu'elle. On
doit donc nécessairement découvrir l'axe parmi toutes ces
inclinaisons. Pour faire commodément l'expérience, il faut,
lorsque la plaque est fixée dans le tube vitré, porter celui-ci
encore ouvert sur l'appareil universel de polarisation, l'y
disposer perpendiculairement au rayon polarisé; le faire
ensuite tourner sur son plan, jusqu'à ce que la plaque arrive
dans une position où elle ne trouble plus la polarisation
primitive; essayer alors si cette condition se soutient dans
toute la rotation de la pince, et y ramener la plaque s'il est
nécessaire; ensuite, sans enlever le tube, le redresser, le
remplir, le fermer, tourner la section principale de la plaque
à 45° de la polarisation primitive, et commencer les o servations. Quand on aura trouvé la position de la plaque où
le rayon passe dans l'axe, on lira l'incidence sur la division
de la pince; et, d'après le rapport réfringent du cristal et
du liquide, on en concluera la direction du rayon réfracté,
et par conséquent celle du cristal dans la plaque soumise à
l'expérience. J'ai appliqué cette méthode même à des plaques de spath d'Islande, qui avaient plusieurs millimètres
d'épaisseur. Quand on est parvenu aux inclinaisons qui produisent des couleurs, on peut déterminer aussitôt si le
cristal est attractif ou répulsif; car, avant que le rayon transmis arrive au prisme rhomboïdal, il n'y a qu'à lui faire
une petite plaque de cristal de roche, d'un ou deux millimètres d'épaisseur, taillée parallèlement à l'axe, et que l'on
dirigera successivement dans le sens du plan d'incidence et

dans le sens perpendiculaire. Cette petite plaque seule ne donnerait pas d'images colorées. Mais on lui en fait produire en inclinant convenablement, par rapport à elle, la plaque cristallisée que l'on veut étudier. Si ces couleurs se montrent quand l'axe de la petite lame d'épreuve est parallèle à la section principale de la plaque cristallisée, celle-ci sera opposée au cristal de roche, par conséquent, répulsive; mais elle sera attractive s'il faut tourner l'axe du cristal de roche perpendiculairement au sien.

Toutes les considérations précédentes supposent que la plaque ne possède qu'un seul genre de forces polarisantes, celui qui dépend de sa cristallisation. Mais cela n'est pas toujours ainsi : dans la chaux sulfatée, par exemple, la constitution lamelleuse développe des forces polarisantes qui deviennent sensibles à mesure que les rayons réfractés s'approchent d'être parallèles aux lames; ces forces, agissant suivant d'autres lois que les forces principales, et n'émanant pas de l'axe comme elles, modifient leurs effets; de sorte, par exemple, que si l'on incline une lame de chaux sulfatée dans le sens de son axe, ce qui affaiblit continuellement la force polarisante principale, les teintes E ne montent pas pour cela continuellement dans l'ordre des anneaux; cela n'a lieu ainsi que jusqu'à un certain terme, à partir de l'incidence perpendiculaire, après quoi les teintes sont un moment stationnaires, et ensuite l'influence croissante des forces secondaires, les fait redescendre dans l'ordre des anneaux, comme si la lame devenait plus épaisse. C'est ce que montre la table suivante, où j'ai exprimé la série des valeurs par lesquelles passe la teinte E d'une même lame exposée successivement à un rayon polarisé sous diverses inclinaisons, et de manière que son axe forme avec la trace du plan d'incidence sur sa surface divers angles que j'ai désignés par i dans chaque colonne. On a pris pour unité la valeur numérique assignée par la table de Newton à la teinte E, que la lame enlève à la polarisation mobile sous l'incidence perpendiculaire.

ANGLE de réfract. l'.	$i = o$	$i = 22°\,3o'.$	$i = 45°.$	$i = 67°\,3o'.$	$i = 9o°.$
0	1,00000	1,00000	1,00000	1,00000	1,00000
10	0,99182	0,99337	0,99848	1,00553	1,00934
20	0,96891	0,97496	0,99502	1,02289	1,03802
30	0,93570	0,94858	0,99329	1,05303	1,08957
40	0,89842	0,91970	1,00025	1,11224	1,17473
50	0,86497	0,89492	1,02808	1,21280	1,31994
60	0,84815	0,88192	1,09665	1,39642	1,58769
70	0,88511	0,88974	1.20503	1.73927	2,14554
80	1,19644	0,92074	1.41033	2,33812	3.56163
90	infinie.	0,94307	1,57079	2,82360	6,17153

On voit par cette table, que pour peu qu'une plaque de chaux sulfatée fût épaisse, il ne faudrait pas chercher à découvrir son axe en l'inclinant sur un rayon polarisé, parce que l'influence des forces secondaires compensant la diminution de ses forces principales empêcherait les oscillations de se rallentir assez pour produire des faisceaux colorés. Mais on évitera cet inconvénient en rendant la plaque plus mince, ce qui permettra aux couleurs de se développer sous des inclinaisons où les forces secondaires ne seront pas encore sensibles.

De la polarisation par rotation, produite dans le cristal de roche et dans certains fluides.

Le cristal de roche n'étant pas feuilleté comme la chaux sulfatée, n'a pas de forces secondaires de la même nature qu'elle. Mais il en possède d'un autre genre qui deviennent sur-tout sensibles dans le cas où la force principale est nulle, c'est-à-dire quand les rayons réfractés traversent les plaques parallèlement à l'axe. Dans cette position, où toute polarisation devrait cesser, le rayon transmis est encore modifié de manière à donner des images colorées dans le prisme rhomboïdal qui sert pour analyser la lumière transmise. Mais les teintes de ces images suivent de tout autres lois que celles qui sont produites par les forces polarisantes principales. Car, d'abord elles n'éprouvent aucune variation d'intensité ni de couleur quand on tourne la plaque de cristal de roche sur son propre plan, le prisme rhomboïdal restant fixe ; ensuite elles varient dans l'ordre des anneaux à mesure que l'on tourne le prisme rhomboïdal de droite à gauche, ou de gauche à droite; et, ce qui est bien remarquable, elles ne varient pas dans le même sens pour toutes les aiguilles de cristal de roche, les unes présentant, lorsqu'on tourne le prisme de droite à gauche, les mêmes variations que les autres, quand on le tourne de gauche à droite, sans que l'on puisse reconnaître dans la cristallisation, ou dans la pureté des plaques, aucun indice extérieur de cette différence. En étudiant ces phénomènes dans un grand nombre de plaques perpendiculaires à l'axe, j'ai trouvé qu'ils sont progressifs, et qu'ils se passent comme si les axes de polarisation des molécules lumineuses étaient mis, non pas en *oscillation*, mais en *rotation* continue autour de l'axe, dans certaines plaques de droite à gauche, dans d'autres de gauche à droite; en outre, le mode de variation des teintes à mesure que l'on tourne le prisme rhomboïdal, indique que les molécules lumineuses ainsi modifiées sont détournées vers la réfraction ordinaire, ou vers l'extraordinaire, suivant d'autres lois que les molécules simplement polarisées par réflexion, ou par l'action des forces polarisantes générales; d'où il suit qu'en passant dans ce sens à travers le cristal, elles y ont reçu une impression physique qu'elles conservent ensuite après leur émergence, et emportent avec elles dans l'espace. Ces impressions sont contraires dans les plaques qui font tourner les molécules en sens opposés; et un rayon qui a successivement traversé deux de ces plaques à rotations inverses, ne conserve que la modification due à leur différence. Enfin, si le rayon, d'abord dirigé suivant l'axe, s'incline peu à peu sur lui, la force oscillatoire qui émane de cet axe n'étant plus nulle, commence à enlever aux forces rotatoires un certain nombre de molécules lumineuses, et ce nombre augmente avec l'inclinaison du rayon sur l'axe, jusqu'à ce que toute ou presque toute la lumière transmise échappe à la rotation.

L'existence des forces rotatoires, quand les forces émanées de l'axe sont nulles, indiquait avec évidence qu'elles n'étaient point un résultat de la cristallisation. Aussi je les ai retrouvées dans des substances, non-seulement sans cristallisation régulière, mais même parfaitement fluides, telles que l'huile de thérébentine , l'huile essentielle de citron , les dissolutions de camphre dans l'alcool, la dissolution de sucre dans l'eau, etc. Les caractères imprimés aux rayons lumineux par ces fluides sont exactement les mêmes que ceux des plaques de cristal de roche perpendiculaires à l'axe, et on peut les observer de même en formant les plaques liquides, au moyen de tubes vitrés à leurs deux bouts, et remplis de ces substances, à travers lesquelles on transmet un rayon polarisé. On reconnaît également entre ces actions la même opposition qui existe entre celles des diverses aiguilles de cristal de roche ; car la thérébentine, par exemple , fait tourner la lumière dans un sens, et la dissolution de camphre dans un autre , avec des énergies inégales ; de sorte que si l'on évalue ces énergies par des méthodes que j'indique dans le Traité général , et que l'on forme des mélanges où la masse de chaque substance entre en raison inverse de sa force , les effets opposés s'entredétruisent, et la polarisation n'est point troublée, ou plutôt elle l'est successivement et individuellement par chaque particule de mélange , mais de manière que les résultats de toutes ces actions s'entredétruisent mutuellement dans le trajet total parcouru par le rayon lumineux.

Des deux Axes de Mica.

Le mica est un cristal feuilleté qui jouit de cette propriété jusqu'à présent unique de contenir deux axes, desquels il émane des forces polarisantes, l'un normal à ses lames, l'autre situé dans leur plan. Ces deux axes sont tous deux répulsifs ; mais les intensités de leurs actions sont inégales. Celle de l'axe normal est la plus forte, étant à l'autre comme 677 à 100. On conçoit tout ce que cette combinaison doit jeter de variétés dans les teintes que présentent les lames minces de mica, lorsqu'on les expose à un rayon polarisé sous diverses incidences. Néanmoins leurs changemens, en apparence les plus bizarres, suivent avec une fidélité parfaite l'ordre des anneaux de Newton, et ils sont assujétis à toutes les autres lois de la polarisation mobile, comme on peut le voir dans le Traité général.

Les deux axes du mica ne sont bien développés que dans les échantillons cristallisés régulièrement. On ne les trouve plus dans certaines lames jaunâtres de mica, dont la coloration, et l'imparfaite transparence indiquent une cristallisation imparfaite. Alors les actions dirigées dans le plan des lames sont nulles, comme si les axes qui les produisent s'étaient croisés dans tous les sens, de manière à se compenser.

On peut imiter la plupart des effets optiques du mica, en formant artificiellement des combinaisons de forces polarisantes analogues aux siennes, par exemple, en superposant une lame mince de chaux sulfatée parallèle à l'axe, avec une plaque de cristal de roche perpendiculaire à l'axe, et faisant abstraction toutefois des forces rotatoires de cette dernière. Lorsqu'on incline un pareil système en divers sens sur un rayon polarisé, il se fait des réunions et des oppositions de forces, analogues à ce que le mica présente. Seulement les actions de ces forces sont successives, au lieu que dans le mica elles sont simultanées, étant inhérentes à la fois à chaque particule. Mais cette différence ne change que les intensités absolues des phénomènes, et non le progrès de leurs changemens.

Des anneaux formés par la polarisation mobile dans les plaques de spath d'Islande perpendiculaires à l'axe.

Les lois de la polarisation mobile ne se réalisent dans aucune substance avec plus d'évidence et de rigueur que dans le spath d'Islande bien pur. Ce beau cristal étant alors tout-à-fait exempt de forces secondaires, on peut y rechercher les conséquences de la théorie dans leurs particularités les plus minutieuses, et l'expérience s'y montre toujours fidèle. Seulement la grande énergie des forces polarisantes qu'il exerce exige qu'on prenne les dispositions nécessaires pour en atténuer les effets sur les oscillations des particules lumineuses, afin de pouvoir ramener les teintes dans les limites de coloration que la table de Newton indique. On y doit évidemment parvenir en coupant le cristal par deux sections perpendiculaires à son axe, et transmettant les rayons polarisés dans le sens de cet axe même, ou suivant des directions qui lui soient peu inclinées. On réalisera en même temps les différens cas, si l'on dirige à travers une pareille plaque un faisceau conique de rayons, polarisés dans un même sens, et ayant pour axe commun celui de la plaque même; car alors le rayon infiniment mince qui suivra cet axe, n'en ressentant aucune influence, devra conserver sa polarisation primitive; mais ceux qui l'avoisineront, faisant déjà avec l'axe un petit angle, commenceront à se diviser en deux faisceaux colorés, polarisés diversement, conformément aux lois des oscillations; et les teintes dans lesquelles chacun d'eux se résoudra ainsi varieront à diverses distances de l'axe, mais de tous les côtés de la même manière; de sorte que, si l'on analyse la lumière transmise au moyen d'un prisme rhomboïdal, ayant sa section principale parallèle au plan de polarisation primitif, ou, si on l'aime mieux, au moyen d'une glace convenablement inclinée et disposée de manière à ne pas réfléchir la portion des teintes qui a conservé sa polarisation primitive, on devra voir autour de l'axe une suite d'anneaux colorés concentriques avec lui, et offrant toutes les couleurs que la table de Newton indique, puisque ce sont aussi celles par lesquelles la polarisation mobile fait passer les faisceaux à divers degrés de neige des forces polarisantes. Toutes ces inductions se trouvent en effet parfaitement confirmées. La disposition la plus convenable pour observer le phénomène est représentée fig. 11. MM est un grand disque de verre, horizontal, noirci par derrière, et sur lequel on polarise par réflexion un large faisceau de la lumière blanche des nuées. On reçoit ensuite ce faisceau sur un verre noir V V, disposé de manière à n'en rien réfléchir. On reconnaît que cette condition est remplie, lorsque l'œil placé en O, et regardant dans le verre V V, voit la surface du disque M tout-à-fait obscure. Les choses étant ainsi disposées, on introduit dans le trajet des rayons une plaque de spath d'Islande LL, taillée perpendiculairement à l'axe de cristallisation, et on la tourne de manière qu'elle reçoive le faisceau polarisé, sous l'incidence perpendiculaire. Alors l'œil, toujours fixe en O, aperçoit, dans le verre V V, une multitude d'anneaux colorés concentriques, séparés en quatre quadrans par une grande croix noire, dont les branches vont en s'évasant comme les queues des comètes, à mesure qu'elles s'éloignent du centre ; le tout ensemble forme l'arrangement représenté fig. 12. On produit les mêmes effets, et avec plus de vivacité encore, en substituant à la lumière des nuées la flamme d'une lampe à courant d'air, entourée d'un globe de verre dépoli, ou d'une simple enveloppe sphérique de papier très-blanc, pour avoir un large faisceau de lumière, fig. 13. Dans ce cas, il est commode de rendre le disque M vertical, et de le placer à la hauteur du centre de la flamme. Alors le faisceau réfléchi est horizontal, et l'on peut y introduire la plaque de spath d'Islande, en la plaçant sur un support à la même hauteur. Le plan de polarisation primitive se trouvant ainsi horizontal, le plan d'incidence sur le verre V V doit être vertical, et le faisceau polarisé doit faire un angle de 35° 25′ avec sa surface.

Si l'on examine d'abord les couleurs des anneaux, surtout lorsqu'ils sont formés par la lumière des nuées qui est parfaitement blanche, on trouve au centre une tache noire bordée d'un bleu sombre, qui bientôt se change en un blanc bleuâtre, puis en blanc parfait, et de là en jaune pâle, en orangé et en rouge mordoré, exactement comme dans le premier des anneaux réfléchis de Newton. Les couleurs des autres anneaux suivent pareillement, dans le même ordre, aussi loin qu'on peut les apercevoir. La croix noire, étendant ses branches rectangulaires tout au travers, ne participe point à leurs nuances, qui viennent successivement s'y perdre avec une dégradation rapide d'intensité.

La grandeur de ces anneaux paraît changer avec la distance de l'œil à la plaque cristallisée, augmentant quand il s'éloigne, diminuant quand il s'approche. Mais si l'on promène l'œil parallèlement à la plaque, ils restent les mêmes, et de même grandeur, quel que soit le point de ses surfaces par lequel les rayons sont transmis.

On peut voir dans le Traité général, que tous ces résultats sont des conséquences nécessaires de la polarisation mobile ; on peut aller jusqu'à calculer, d'après cette théorie,

quels doivent être les diamètres des anneaux en millimètres
pour chaque plaque d'une épaisseur donnée , et les mesures
tirées de l'expérience y sont toujours rigoureusement con‑
formes.

On produit des effets analogues en transmettant un large
faisceau de lumière polarisée à travers un double prisme
de spath d'Islande , construit sur les principes expliqués
page 195. En présentant, aux molécules lumineuses, celui
des deux prismes qui est perpendiculaire à l'axe, il forme
les anneaux, et le second prisme les analyse. Seulement ,
à cause de l'inégale épaisseur , ils ne sont plus exacte‑
ment circulaires. C'est ainsi que je les ai découverts ; mais
la théorie m'en ayant fait connaître la cause , je les pro‑
duisis bientôt avec des plaques également épaisses, et je
le fis voir à l'Institut, le 20 novembre 1815. On les observe
encore en regardant le ciel à travers le double prisme ,
lorsque le temps est serein , à cause de la polarisation que
la lumière reçoit par réflexion dans les couches d'air.

CHAPITRE VI.

*Phénomènes de polarisation qui s'observent dans les corps
imparfaitement cristallisés.*

Jusqu'ici nous n'avons étudié que des substances dont la
cristallisation était régulière , et de même nature dans toute
leur épaisseur. Cette uniformité était en effet nécessaire pour
que nous pussions découvrir et fixer les lois suivant lesquelles
la polarisation s'opère progressivement ; mais maintenant
que nous les connaissons, il devient très-utile de les appli‑
quer aux corps imparfaitement cristallisés, afin de décou‑
vrir, par les phénomènes qu'ils produisent, comment le
mode d'arrangement des molécules matérielles et leur ré‑
gularité plus ou moins parfaite peuvent influer sur la nature
et sur l'énergie de la polarisation que leur masse totale im‑
prime aux rayons lumineux.

Les premières recherches que nous ayons sur cet objet
sont celles que Malus a faites sur les substances organiques

animales et végétales, et qu'il a publiées dans le Bulletin de la Société philomatique. En exposant, sous des incidences diverses, des lames minces de ces substances à **un** rayon polarisé, et analysant la lumière transmise au moyen d'un prisme rhomboïdal, il trouva que toutes indiquaient des axes, qui enlevaient à la polarisation primitive une partie du rayon. C'est en effet ce que l'on peut vérifier sur des lames minces de corne, d'ivoire, sur les parties transparentes des plumes, sur les cheveux, et en général sur tout ce qui est transparent et régulièrement organisé. Mais, soit à cause du peu de densité de ces substances, soit que le mode d'apposition déterminé par les forces organiques, soit moins serré et moins régulier que dans les minéraux, on n'aperçoit presque jamais d'indices d'axes sans observer en même temps les phénomènes de coloration propres à la polarisation mobile; ce qui doit en effet arriver d'après la manière progressive dont elle s'opère dans tous les corps. Il faut donc, pour compléter les résultats de Malus, y joindre cette particularité de coloration dont il n'a rien dit, quoiqu'il l'ait aperçue sans doute, d'autant plus qu'à cette époque M. Arago lui avait communiqué son observation; et l'on doit encore y ajouter que l'existence des axes ne peut pas toujours être aperçue sous l'incidence perpendiculaire, mais seulement en inclinant les lames sur le rayon polarisé. Il paraît que, dans la construction des substances organiques, chaque système de molécules matérielles, qui forme un tout à part, agit aussi à part sur les rayons lumineux, en vertu de son arrangement propre. Car, en observant ainsi des lames minces de gélatine provenant de lames minces d'ivoire, dont M. Darcet avait enlevé les parties minérales par l'acide hydro-chlorique, j'y ai reconnu des zones colorées, parallèles et régulières, correspondantes à des directions symétriques de particules, qui subsistaient encore dans une intégrité parfaite après que le phosphate de chaux et les autres sels, qui formaient aussi divers systèmes intercalés parmi elles, en eussent été enlevés.

En considérant ainsi les corps imparfaitement cristallisés comme composés de plusieurs systèmes réguliers, inter-

posés les uns parmi les autres, on peut, d'après les lois de
la polarisation que nous avons établies, rendre clairement
et facilement raison de tous leurs effets. Concevez, par
exemple, deux systèmes pareils qui, exerçant des forces
de même nature et d'intensités égales, aient leurs axes
croisés à angles droits; leurs actions se compenseront mutuellement dans chaque élément matériel formé de leur
assemblage, et il en résultera un corps neutre, c'est-à-dire,
qui ne produira aucune déviation dans les axes des rayons
lumineux. Il en sera de même si, au lieu de deux systèmes
pareils, vous en concevez un nombre quelconque se neutra-
lisant deux à deux. Enfin, pour que le corps soit neutre, il
n'est pas même nécessaire que la compensation soit rigoureuse; il suffit que l'excès définitif, dans quelque sens qu'il
se trouve, soit moindre que l'action d'une seule lame correspondante à l'épaisseur e', à laquelle les phénomènes de
la polarisation commencent à être sensibles, selon la table de
Newton; et cela sert à concevoir l'état neutre des substances
telles que les liquides, dont les molécules peuvent être censées
réparties uniformément dans toutes sortes de direction. Les
phénomènes de polarisation que nous avons observés, p. 465,
dans quelques-uns de ces corps, ne sont point en opposition
avec cette idée, car ils étaient produits par des forces individuellement propres aux particules matérielles, indépendamment des positions où elles peuvent être placées, au lieu que
les phénomènes qui maintenant nous occupent dépendent de
l'état d'agrégation.

De même que nous venons de former des états neutres
par le croisement de systèmes dont les forces sont de même
nature, on pourrait en former avec des systèmes de nature
opposée, dont les axes seraient dirigés parallèlement. Concevez maintenant qu'un corps constitué de l'une ou de l'autre
de ces manières, ou à la fois de toutes deux, soit contraint
par une cause quelconque de changer son mode d'agrégation, et que ce changement fasse naître une inégalité sensible entre l'énergie des actions des systèmes qui le composent. Aussitôt ce corps produira les phénomènes de la polarisation mobile, et donnera des faisceaux colorés, si vous

le faites traverser par un rayon polarisé fixement. Si le changement opéré dans son état d'agrégation est uniforme et constant dans toute son étendue, ce corps produira aussi partout des effets pareils ; et, en quelque point que le rayon le traverse, on n'apercevra, entre les teintes, que les seules différences déterminées par les variations de l'épaisseur. Mais si certaines parties sont plus modifiées que d'autres, ou le sont diversement, les couleurs varieront aussi à épaisseur égale, et cette variation pourra même s'étendre au sens et à la nature attractive ou répulsive de la polarisation. On observe des phénomènes tout-à-fait pareils dans le verre et les autres corps fondus que l'on fait refroidir rapidement. Ces phénomènes, d'abord découverts par M. Seebeck, ont été ensuite développés et analysés par M. Brewster.

Pour les produire, il faut faire rougir des plaques de verre, et les refroidir brusquement, soit dans l'air libre, soit en les posant, par la tranche, sur une masse de métal froid. Ensuite on se procure un large faisceau de lumière polarisée, en faisant réfléchir convenablement sur une grande glace noircie la lumière des nuées, ou celle d'une lampe à courant d'air entourée d'un globe de verre dépoli, fig. 11 et 13. On reçoit le faisceau polarisé sur une seconde glace noire, disposée de manière à n'en réfléchir aucune partie ; précisément comme dans les expériences que nous avons faites, page 466, sur les anneaux colorés, qui s'observent dans les plaques de spath d'Islande perpendiculaires à l'axe. Ici de même, si l'on interpose entre les deux réflexions une lame cristallisée quelconque, ou en général un corps capable de produire la polarisation mobile, la réflexion redevient possible sur la seconde glace, et l'on y revoit, soit une seule teinte uniforme, si l'action de la plaque interposée est constante dans toute son étendue, soit plusieurs teintes différentes, si la force de polarisation est différente en diverses parties de la plaque, supposée partout d'une égale épaisseur. Or, en opérant ainsi avec des plaques de verre à faces parallèles, préparées comme nous venons de le dire, on observe sur la seconde glace des images colorées, dont les teintes, différentes aux différens endroits de chaque plaque, affectent presque toujours des dispositions régulières, déterminées, et dépendantes de la forme de la plaque, ainsi que du mode de refroidissement plus ou moins brusque qu'on lui a fait subir. Une plaque carrée produit à ses quatre angles comme quatre yeux de paon séparés par une grande croix noire, fig. 14; une plaque rectangulaire oblongue donne aussi quatre yeux semblables, à ses quatre coins, fig. 15; mais elle offre, en outre, des bandes colorées, chacune d'une teinte uniforme, qui s'étendent sur toute sa longueur parallèlement à ses plus grands côtés. Si la plaque est ronde, ou y voit des anneaux circulaires concentriques à ses bords, et séparés en quatre quadrans par une grande croix noire, comme ceux que nous avons découverts, fig. 12, dans les plaques de spath d'Islande taillées perpendiculairement à l'axe; mais pourtant avec cette différence, que, dans le spath, les anneaux se déplaçaient en même temps que l'œil, et offraient toujours les mêmes apparences, quel que fût le point de la plaque où s'opérait le trajet des rayons lumineux; au lieu que, dans les plaques de verre circulaires, le point de la plaque où chaque anneau se montre est fixe, et reste le même dans toutes les positions de l'œil; ce qui indique que l'état de la plaque n'est point uniforme comme l'était notre cristal. Enfin, ce qui est bien digne de remarque, les images produites par chaque plaque changent quand elle est taillée diversement; car, si l'on enlève, par exemple, un des coins d'une plaque carrée telle que A B, fig. 14, on voit d'abord toute la figure se déformer, et des anneaux très-minces s'allonger le long de la courbure qui limite la partie enlevée, comme le représente la figure 16. Si vous faites la même opération aux quatre angles, et que vous arrondissiez le contour de la plaque en l'usant sur un grès par ses bords, elle reproduit plus ou moins régulièrement la figure 12, qui est propre à une plaque ronde; et si, de nouveau, en la taillant, vous lui rendez sa forme rectangulaire, elle reprend les apparences qu'une plaque rectangulaire produit.

Tels sont les principaux phénomènes découverts par M. Seebeck. En les étudiant depuis, M. Brewster a reconnu que les teintes étaient celles des anneaux de Newton, et que, si l'on fait tourner les plaques de l'angle i dans leur propre plan, à partir de la position où le rayon transmis conserve sa polarisation primitive, le sens de la polarisation nouvelle est dans l'azimut $2\,i$, comme dans les plaques minces cristallisées ; résultats en effet nécessaires, puisqu'ils sont communs à tous les systèmes qui produisent la polarisation mobile, et que leur liaison dérive de ses lois. M. Brewster a également constaté que, si l'on superpose plusieurs plaques semblables dont les teintes soient E, E′, en les tournant de manière que leurs côtés analogues soient parallèles, la teinte E″, dont le système dévie les axes, est exprimée par la somme des nombres qui représentent E, E′ dans la table de Newton ; et au contraire, si on croise de pareilles plaques de manière que leurs côtés analogues soient rectangulaires, la teinte E″ est égale à leur différence. Ces phénomènes sont encore des conséquences nécessaires des lois générales établies plus haut, page 449, pour les lames croisées dont les actions sont de même nature. Mais les apparences qui en résultent, dans le cas actuel, méritent d'être remarquées par la fidélité avec laquelle elles se conforment à la théorie. Pour faire l'expérience avec exactitude, il est bon de prendre des plaques exactement de même contour ; alors, si elles sont carrées, vous voyez, en les superposant, se multiplier sur leur surface les lignes colorées, correspondantes aux divers ordres d'anneaux, la croix noire restant toujours au milieu, avec la seule différence que ses bras deviennent plus minces. Dans ce cas, quel que soit le nombre des plaques superposées, et le sens des côtés que l'on superpose, les anneaux se multiplient toujours, et les teintes extrêmes descendent dans la table de Newton : il en est de même, lorsque des plaques rectangulaires égales ont leurs côtés analogues superposés ; mais lorsqu'elles sont croisées à angles droits, l'opposition de leurs actions produit la fig. 17, où les lignes d'égales teintes sont des hyperboles.

Tous ces phénomènes se comprendront aisément, si l'on considère que le verre est une substance très-élastique, susceptible de se tremper, comme l'acier, par un refroidissement rapide, ainsi que les larmes bataviques nous en offrent l'exemple, et qui, dans ce cas, offre tous les symptômes d'un état d'agrégation forcé, où toutes les positions des molécules sont dépendantes les unes des autres, tellement qu'en dérangeant quelquefois une seule d'entr'elles, toutes les autres se désunissent aussitôt avec explosion. Ce phénomène, si connu dans les larmes bataviques, est encore très-sensible dans les plaques de verre qui, après avoir été chauffées jusqu'au rouge, ont été posées par la tranche sur une masse métallique froide ; car elles se trempent tellement par cette opération, qu'elles en deviennent dures, cassantes, et qu'on ne peut presque plus parvenir à les travailler sans qu'elles se brisent avec explosion. Si donc, dans l'état ordinaire d'agrégation qu'un refroidissement lent peut produire, les actions polarisantes successives de toutes les particules du verre se compensent sur un rayon qui traverse leur système, elles pourront ne plus se compenser quand on y substituera l'état forcé dont nous venons de parler ; et alors il devra en résulter tous les phénomènes de la polarisation mobile, avec une intensité plus ou moins vive, selon la régularité plus ou moins parfaite de l'agrégation. Aussi observe-t-on ces phénomènes dans les larmes bataviques, lorsqu'on peut réussir à polir leur panse sans les rompre, de même qu'on les voit aussi dans les autres plaques de verre refroidies rapidement. Au contraire, on les fait complètement disparaître, même dans les masses qui les produisaient le plus fortement, en les chauffant de nouveau jusqu'au rouge, puis les faisant refroidir, avec une extrême lenteur, et avec toutes les précautions nécessaires pour que la déperdition de la chaleur soit aussi uniforme qu'il se peut dans toutes leurs parties. C'est ce qu'a trouvé M. Seebeck ; et ce que j'ai vérifié après lui.

En général, on conçoit que toute cause qui déterminera un état forcé des particules sera également propre à donner ces phénomènes. Aussi M. Seebeck les a-t-il obtenus avec des plaques de borax fondu et refroidi rapidement, avec des plaques de muriate de soude rapidement desséchées, avec des plaques de gomme arabique obtenues par une prompte évaporation. C'est, je crois, à cela qu'il faut attri-

buer les indices de polarisation observées par M. Brewster,
dans certains échantillons de cristaux, qui, par leur nature, ne possèdent point la double réfraction. Enfin, ce
qui achève de confirmer cette manière de voir, M. Brewster a encore imprimé les mêmes propriétés à des plaques
de gelée animale, et même à des plaques de verre, en exerçant sur elles extérieurement une pression passagère ;
de sorte que les couleurs paraissent tant que la pression
dure, varient avec elle, et s'évanouissent quand elle cesse.
M. Seebeck avait été aussi conduit, de son côté, mais plus
tard à ce dernier phénomène. Des variations rapides et inégales de températures ont une influence pareille sur les
plaques de verre. Ces plaques, présentées au rayon polarisé lorsqu'elles sont encore complètement et uniformément rouges, n'agissent point sur lui ; mais on voit les couleurs paraître à mesure qu'elles commencent à se refroidir,
comme M. Seebeck l'a observé le premier ; et elles naissent
d'abord dans les endroits qui sont les premiers refroidis.
L'introduction de la chaleur agit de même. On le reconnaît
en plaçant une plaque métallique très-chaude parallèlement
au rayon lumineux polarisé, fig. 18, et posant sur cette plaque, par la tranche, une plaque de verre bien recuit. Car
cette plaque, qui, froide, ne produisait aucune couleur sur
le verre noir, en fera voir aussitôt que la chaleur du métal
commencera à s'y propager sensiblement. Cette curieuse
expérience est due à M. Brewster.

Ce même physicien a eu l'idée ingénieuse d'examiner
l'influence de la pression et de l'inégalité de température sur
des plaques cristallisées, taillées parallèlement à l'axe de
cristallisation, et exposées à un rayon polarisé, de manière
qu'il les traversât suivant cet axe même, ou du moins en
faisant avec lui un très-petit angle. Il a vu alors des phénomènes de coloration pareils à ceux qui ont lieu dans le verre,
et il a trouvé qu'en inclinant les plaques cristallisées, pour
développer leur force polarisante propre, les couleurs développées par la pression étaient modifiées. Elles doivent l'être
en effet comme elles le seraient par l'action de tout autre
force polarisante assez faible pour ne pas les faire sortir

de la table de Newton. Car si elles sortaient de cette table, il ne se produirait plus que des images blanches, et l'influence de la pression ne pourrait plus être aperçue. C'est pour cela que les physiciens n'avaient pas pu développer de couleurs de cette manière dans les plaques cristallisées, taillées dans d'autres sens; mais pour leur en faire produire, il suffit, comme je l'ai fait voir, de croiser ces plaques avec quelqu'autre dont l'action soit peu différente, de manière que l'effet total du système donne des teintes colorées qui rentrent dans la table de Newton. Alors, si l'on comprime une des deux plaques, l'influence de la presion se manifeste sur les teintes, et l'effet en devient sensible comme dans les plaques non cristallisées. J'ai publié ces expériences dans les *Annales de Chimie et de Physique,* décemb. 1816.

CHAPITRE VII.

Détermination des lois suivant lesquelles la lumière se polarise à la surface des métaux.

Lorsque Malus eut découvert la polarisation que la lumière éprouve, en se réfléchissant à la surface des corps diaphanes, il reconnut aussi que ce phénomène ne se produisait pas, au moins de la même manière, à la surface des métaux. Depuis cette époque, mémorable pour les sciences, il revint deux fois sur cette exception singulière; mais sans doute, si le temps ne lui eût pas manqué, il eût senti le besoin de modifier les premières idées qu'il avait émises, et les véritables lois de la polarisation métallique ne lui auraient pas échappé.

Avant de chercher à les découvrir, rappelons-nous qu'il s'opère en général deux sortes de réflexion à la surface des corps : l'une, qui paraît avoir lieu hors de leur substance, agit indistinctement sur toutes les molécules lumineuses, et produit un rayon blanc, si la lumière incidente est blanche ; l'autre, plus intérieure, agit seulement sur les molécules lumineuses qui composent la teinte propre du corps. La première, sous une certaine incidence, polarise toujours en

grande partie la lumière dans le sens du plan de réflexion,
à la manière des corps diaphanes; la seconde, au contraire,
ne produit point cet effet, ou au moins ne le produit qu'avec
une intensité beaucoup moindre. De là il est facile de conclure que, si l'on dispose une glace de manière qu'elle
transmette ou qu'elle absorbe la première espèce de lumière, elle réfléchira l'autre, et l'on pourra voir le corps
avec sa couleur propre, sans aucun mélange de blancheur
étrangère. Ce procédé, que j'ai appliqué dans le Traité général, à l'observation des teintes réfléchies par les lames de
chaux sulfatée, m'avait servi également pour mettre à nu les
couleurs propres de l'or, du fer et du cuivre; mais je croyais
alors que la portion de lumière dont ces couleurs se composent sortait des corps avec une polarisation tout-à-fait
confuse; au lieu que M. Arago a remarqué qu'une portion
fort considérable sortait, de tous côtés, polarisée parallèlement à la surface des corps, et perpendiculairement au plan
d'émergence, ce que l'on peut, en effet, vérifier avec facilité
en analysant cette lumière avec une plaque de tourmaline dans
la chambre obscure. Nous ne connaissions rien de plus sur le
mode de polarisation que les métaux exercent, lorsque
M. Brewster m'écrivit qu'en faisant réfléchir plusieurs fois sur
des lames d'argent ou d'or un trait de lumière primitivement
polarisé, cette lumière se modifiait de manière qu'en l'analysant avec un prisme de spath d'Islande, elle se divisait en
deux faisceaux colorés différemment. Je m'empressai de
vérifier cette observation remarquable, à l'aide de mon
appareil général, fig. 2, en introduisant de pareilles lames
dans le trajet du rayon polarisé; et, pour mieux distinguer la
nature des teintes, je fis tomber, sur la première glace, la
lumière blanche des nuées. Alors, en variant les incidences
des rayons sur les lames, il me fut facile de reconnaître que
les teintes dans lesquelles le faisceau réfléchi se divisait,
étaient précisément celles des anneaux colorés réfléchis et
transmis; et que, sous ce rapport, autant que par le sens de
la polarisation, ces phénomènes suivaient absolument les
lois de la polarisation mobile, qui s'observent dans les lames
minces cristallisées. Ces effets analysés me conduisirent à

voir que l'argent, ainsi que les autres métaux, modifient la lumière qu'ils réfléchissent, exactement comme les cristaux doués de la double réfraction modifient celles qu'ils réfractent, le nombre des réflexions successives répondant à des épaisseurs plus ou moins grandes du cristal. Mais la manière de préparer la surface métallique a une grande influence sur les résultats.

On peut donner le poli à un métal de deux manières, par le marteau et par l'usure. Le premier mode consiste à battre la lame métallique sur une enclume polie, avec un marteau poli ; après quoi on achève de donner du brillant à la surface, en la frottant avec une peau de gant, imprégnée d'un rouge à polir très-fin. Ce procédé, appliqué à l'argent, lui donne une très-grande blancheur ; mais les images réfléchies sont toujours un peu onduleuses et comme émoussées sur leurs bords. Dans la réflexion abondante de lumière qui s'opère, on ne reconnait pas le poli vif et brillant des miroirs.

Le poli par le frottement est celui que l'on donne aux miroirs de télescope. On les use d'abord sur une pierre bleue d'un grain très-doux, et on achève de donner le brillant à leur surface, en les frottant sur de la poix enduite de potée d'étain ; alors, si le travail a été bien suivi, les images sont nettes, vives, et la réflexion a toute l'apparence spéculaire.

Or, par une propriété bien remarquable, ces deux natures de poli n'agissent pas de la même manière sur la lumière incidente. Je ne parle pas de la quantité plus ou moins considérable que les surfaces en réfléchissent, mais du mode même par lequel elles agissent sur les molécules lumineuses, et du sens suivant lequel elles les polarisent. Quand la surface de l'argent, ou de tout autre métal, a reçu le poli spéculaire, elle produit par la réflexion régulière deux effets distincts. Elle imprime d'abord à une partie de la lumière incidente la polarisation mobile autour du plan d'incidence, c'est-à-dire qu'elle fait osciller les particules de part et d'autre de ce plan, de même qu'une lame cristallisée peu épaisse, ou dont la force polarisante est

faible, les fait osciller de part et d'autre de sa section principale; et, dans un cas comme dans l'autre, les teintes passent par toute la série des anneaux réfléchis et transmis de
Newton. Mais en outre la surface métallique imprime à une
portion blanche de la lumière incidente la polarisation fixe,
dans le plan d'incidence; de même qu'une lame cristallisée épaisse, ou dont la force polarisante est énergique,
donne à la lumière qui la traverse, la polarisation fixe dans
deux sens rectangulaires; et, de même que, dans tous les
corps cristallisés, j'ai fait voir que les molécules lumineuses
passent progressivement de la polarisation mobile à la polarisation fixe, lorsqu'elles ont pénétré à une certaine profondeur; de même, dans chaque réflexion, entre des lames
métalliques, on observe qu'une partie de la lumière qui
avait subi la polarisation mobile dans les réflexions précédentes, prend la polarisation fixe qu'elle ne peut plus ensuite jamais quitter, si les réflexions suivantes continuent à
se faire dans le même plan; de sorte que dans ce cas, après
un nombre de réflexions plus ou moins considérable, selon
la nature du métal et celle du poli qu'on lui a donné, on
doit trouver, et on trouve en effet presque toute la lumière
polarisée fixement suivant le plan de réflexion. Dans la réflexion sur l'acier, et probablement sur les autres métaux
qui prennent un poli spéculaire très-vif, la portion de lumière blanche qui est ainsi enlevée à la polarisation mobile
est incomparablement la plus forte; de sorte que le phénomène des couleurs, que la polarisation mobile peut seule
produire, devient insensible ou ne peut être aperçu que
dans certaines positions particulières, que la théorie seule
peut indiquer. Aussi M. Brewster m'avait-il d'abord annoncé que ce phénomène n'avait pas lieu sur l'acier, ni sur
l'alliage qui sert à faire des miroirs; mais en me guidant
sur les indications de la théorie, je suis parvenu à l'observer d'une manière non douteuse, même sur l'acier le mieux
poli; et M. Brewster m'a écrit depuis qu'il y était parvenu
également; comme aussi à reconnaître la polarisation dans
l'azimut double. Lorsqu'on emploie des lames d'argent qui
ont reçu le poli spéculaire, la portion de lumière qui prend

la polarisation fixe, à chaque réflexion, est encore fort considérable ; mais elle est cependant beaucoup moindre que sur les deux métaux que je viens de citer. Par une compensation nécessaire, la portion qui prend la polarisation mobile est plus grande, et le phénomène des teintes y devient fort beau et facile à observer. Mais le sens de polarisation du faisceau blanc étant précisément intermédiaire entre ceux des faisceaux colorés, il en résulte qu'il se mêle encore avec eux dans la réfraction opérée par le rhomboïde, et ce n'est qu'en les réfractant dans des directions particulières, que la théorie indique, que l'on peut mettre la loi de leurs teintes dans une entière évidence. Enfin, cette difficulté disparaît presqu'entièrement dans les lames d'argent polies au marteau ; alors la portion de lumière qui prend la polarisation fixe à chaque réflexion devient extrêmement faible, comparativement à celle qui conserve la polarisation mobile, du moins lorsqu'on ne présente pas les lames aux rayons incidens sous une extrême obliquité ; car on sait que, dans ce cas, toutes les surfaces planes, même celles que l'on a dépolies à dessein, prennent le poli spéculaire. Aussi, en évitant les dernières inclinaisons, et en se bornant à des réflexions peu nombreuses, les lois de la polarisation mobile se laissent seules apercevoir ; et les teintes des faisceaux, que rien n'altère, se développent avec la plus grande régularité en suivant la série des anneaux. Ce cas est heureusement celui qui s'est offert d'abord à mes observations ; et il m'a servi de guide pour passer au cas plus composé, où la polarisation mobile devient moins sensible, et la polarisation fixe plus considérable. Or, puisque la seule différence d'un poli plus ou moins lisse détermine plus abondamment le passage de la lumière réfléchie, d'un de ces états à l'autre, ne doit-on pas en conclure qu'ici, comme dans les cristaux doués de la double réfraction, la polarisation mobile est encore la première qui s'exerce lorsque les molécules lumineuses sont assez éloignées de la surface réfléchissante pour que les aspérités de celle-ci soient insensibles, à la distance où elles se trouvent ? Mais la distance diminuant toujours, et l'effet des inégalités de la surface devenant plus sensible, il arrive, si elles sont fort petites, que la force réfléchissante devient assez énergique pour faire prendre à une grande partie des molécules lumineuses la polarisation fixe; au lieu que, si ces aspérités sont plus fortes, et par conséquent la force réfléchissante plus faible, un plus grand nombre de ces particules continue ses oscillations, sans se fixer. On a donc ici, dans l'action des corps sur la lumière, l'exemple d'un effet analogue à ceux de la capillarité. Car si, comme l'a montré M. Laplace, ces derniers sont produits par l'attraction plus ou moins forte qu'un corps exerce à sa surface, selon qu'elle est plane, ou concave, ou convexe, de même dans les nouveaux phénomènes que j'annonce, la configuration différente des surfaces réfléchissantes exerce sur les molécules lumineuses un mode de polarisation différent. Mais les phénomènes de la capillarité sont produits par des différences de courbures appréciables à nos sens, et même à nos mesures; au lieu que, pour changer le mode d'action des corps sur la lumière, il faut produire des ondulations presque imperceptibles, telles que nous les donne l'inégale nature du poli : encore n'aurait-on probablement jamais pu obtenir des effets pareils dans les phénomènes ordinaires de la réfraction, parce qu'ils s'opèrent à des distances trop petites ; au lieu qu'ils deviennent possibles dans les phénomènes de la polarisation, qui, dépendant des forces réfléchissantes, s'exercent à des distances beaucoup plus considérables, comme je l'ai prouvé dans plusieurs expériences précédemment rapportées.

Application des principes précédens à la construction d'un colorigrade comparable.

On rencontre dans les sciences physiques des occasions fréquentes où il devient nécessaire de désigner des couleurs. L'histoire naturelle, par exemple, a souvent besoin de spécifier de cette manière les animaux, les plantes ou les minéraux qu'elle décrit; la chimie, les produits qu'elle forme; la physique, les particularités des phénomènes qu'elle observe. Aussi les naturalistes auxquels ce genre d'indication est sur-

tout d'une utilité spéciale, ont depuis long-temps senti la
nécessité de lui donner de l'exactitude, et d'en rendre les
résultats comparables entr'eux, quelque part qu'ils soient
observés. Parmi nos compatriotes, M. de Lamarck, et plus
récemment M. Mirbel, ont essayé de réaliser cette condition par des procédés divers, fondés sur la définition systé-
matique d'un certain nombre de nuances, assez rapprochées
les unes des autres, pour qu'on pût y rapporter avec une
approximation suffisante toutes les couleurs des corps naturels. M. Mirbel a même donné, dans son intéressant ouvrage
de botanique, un tableau colorié de ces nuances; et l'on
trouve de pareils tableaux, quoique fondés sur d'autres
principes, dans tous les ouvrages minéralogiques de l'école
de Werner. Mais, quoique ces procédés offrissent déjà d'utiles
secours pour limiter jusqu'à un certain point l'arbitraire des
définitions, néanmoins leurs ingénieux auteurs ne les ont
présentés eux-mêmes que comme des approximations qui
laissaient encore à désirer une détermination plus précise.
M. Latreille m'ayant invité à m'occuper de cette recherche,
j'ai cherché à répondre à ses désirs, et j'ai construit pour
cet objet un instrument que j'appelle *le colorigrade*, parce
qu'il réalise et qu'il fixe d'une manière invariablement
constante et comparable, toutes les nuances de couleurs que
les couleurs naturelles peuvent présenter.

Pour concevoir le principe de cet instrument, il faut se
rappeler que, d'après les principes de Newton, toutes les
couleurs réfléchies par les corps naturels sont et doivent
être nécessairement une de celles que présente la série des
anneaux colorés formés par réflexion dans les lames minces
des corps : cette identité n'est pas fondée, comme on l'a
cru trop long-temps, sur une assimilation hypothétique,
mais sur une analyse fidèle et rigoureuse des propriétés
physiques de la lumière, et des conditions qui déterminent
sa transmission et sa réflexion. Aussi l'expérience confirme-
t-elle avec la plus minutieuse précision toutes les conséquences qui découlent de cette analogie relativement aux
modifications que les couleurs des corps doivent subir, soit
par la plus ou moins grande obliquité des rayons incidens

sur leur surface, soit par le changement lent et graduel des dimensions, ou de la composition chimique des particules qui les composent : c'est ce dont Newton nous avait donné plusieurs exemples, et l'on a pu voir dans le chapitre VII du sixième Livre, tout ce qu'en offre à chaque instant la chimie de la nature et celle de nos laboratoires. Il suit de-là que, pour reproduire à volonté toutes les couleurs réfléchies par les corps naturels, il suffit de reproduire successivement, et par une gradation lente et toujours la même, toutes les couleurs qui composent la série des anneaux colorés réfléchis. Or, le problème, une fois réduit à ce point, est bien facile à résoudre ; car toutes les expériences que nous venons de faire prouvent que les molécules lumineuses, lorsqu'elles sont exposées à l'action des forces polarisantes des corps cristallisés, éprouvent, en pénétrant dans ces corps des alternatives de polarisation exactement correspondantes aux intermittences de la réflexion et de la transmission, périodiques comme elles, et qui varient avec la réfrangibilité pour les diverses molécules lumineuses précisément suivant la même proportion ; d'après cela il devait arriver, et il arrive en effet que, si la lumière incidente est blanche, les systèmes de particules qui prendront l'une ou l'autre polarisation à chaque profondeur, formeront une teinte exactement pareille à celles qui, dans la transmission ou la réflexion, se trouveraient à une phase correspondante ; c'est-à-dire que les teintes de faisceaux polarisés devront être identiques avec celle des anneaux réfléchis et transmis. Il ne s'agit donc plus que de réaliser cette succession de résultats sur une échelle assez agrandie pour les rendre facilement observables ; c'est-à-dire en employant des forces polarisantes, d'abord très-faibles, et dont l'action puisse s'accroître graduellement. Or, on peut parvenir à ce but, soit en transmettant un même rayon polarisé à travers deux plaques cristallisées, dont les actions presqu'égales soient dirigées de manière à s'entre-détruire, soit, ce qui est plus simple, en taillant dans un cristal une plaque perpendiculaire à l'axe de double réfraction, puis exposant perpendiculairement cette plaque à un rayon polarisé, et l'inclinant graduellement sur sa direction. Car, d'abord, dans la position perpendiculaire, le rayon lumineux traversant la plaque parallèlement à son axe, l'action polarisante qui émane de cet axe sera nulle sur lui, et en conséquence il conservera la polarisation primitive; mais pour peu qu'on incline la plaque, le rayon réfracté devenant oblique à l'axe, il naîtra une force polarisante dont l'effet sur les molécules lumineuses dépendra de la grandeur de l'angle formé par ces deux lignes, et aussi de la longueur du trajet pendant lequel elles resteront exposées à cette action. Les deux sens de polarisation qui en résultent, et qui offrent en conséquence deux des teintes des anneaux, s'observeront donc, si l'on analyse la lumière après sa sortie de la plaque, à l'aide d'un cristal doué de la double réfraction. Pour voir ces deux teintes dans tout leur éclat, et parfaitement séparées l'une de l'autre, il faut, d'après la théorie, placer fixement le prisme cristallisé dans une des positions où il ne divise point le rayon polarisé incident, et incliner la plaque cristallisée dans un plan d'incidence qui forme un angle de 45° avec le plan primitif de polarisation de ce rayon. Alors la teinte qui aura perdu sa polarisation primitive en traversant la plaque, sera celle d'un des anneaux réfléchi, et l'autre qui aura conservé sa polarisation, sera celle de l'anneau transmis correspondant. Si l'on a pris pour lumière incidente la lumière blanche des nuées, principalement lorsqu'elles sont éclairées du soleil, on verra ainsi les deux teintes dans toute leur beauté, et en inclinant graduellement la plaque, on leur fera produire toute la série indiquée par la table de Newton, page 535.

On obtient précisément cet effet, avec l'appareil universel de polarisation, représenté fig. 2. Quiconque possédera cet appareil, pourra produire aisément, à volonté, toutes les variations de teintes, et fixer par une comparaison directe, la nuance qui lui paraîtra semblable à celle des corps qu'il aura sous les yeux. L'indication de cette nuance dans la table donnée par Newton, ou dans des termes intermédiaires, la désignera d'une manière parfaitement définie, et telle qu'on pourra toujours en reproduire l'équivalent.

Un instrument de ce genre est donc réellement un colorigrade parfait; mais comme il est cher et volumineux, j'ai cherché à le simplifier, en limitant son usage. Tel est l'appareil portatif que représente la fig. 19.

Celui-ci est composé d'abord d'un verre noir placé au-devant d'un tuyau de lunette, et qui, par le moyen d'une vis, s'incline de manière que les rayons réfléchis par sa surface se réfléchissent polarisés dans le tuyau. On s'aperçoit que cette condition est remplie, lorsqu'en analysant le faisceau réfléchi, à l'aide d'un prisme de spath d'Islande acromatisé qui tient lieu d'oculaire, on trouve quatre positions du prisme où le rayon ne se divise plus, mais se réfracte tout entier en un seul sens. Cela fait, pour produire les couleurs, il y a entre le verre noir et le prisme une plaque cristallisée, taillée perpendiculairement à l'axe, et qu'un mouvement rotatoire permet d'incliner sous divers angles, mais toujours dans un plan d'incidence qui forme un angle de 45° avec le plan de la réflexion sur le verre noir. Alors les couleurs des anneaux paraissent; et elles varient à mesure que la plaque s'incline, comme dans l'expérience décrite plus haut.

Pour avoir des variations lentes de teintes, il faut employer des plaques peu épaisses, et prises dans des cristaux dont les forces polarisantes soient faibles. Le cristal de roche est très-convenable pour cet objet, et M. Cauchois, qui a construit ce petit instrument, avec son habileté ordinaire, y a adapté plusieurs plaques de ce genre qui ont parfaitement réussi. Mais pour cela une condition indispensable, c'est que les plaques soient partout d'une épaisseur exactement égale; car les teintes dépendent à la fois de l'intensité de la force polarisante et de la longueur du tuyau pendant lequel elle s'exerce. On conçoit que si l'épaisseur de la plaque est variable en divers points de sa surface, la nature des teintes le sera aussi; et, au lieu d'un disque d'une couleur partout homogène, on observera une variation de nuances voisines qui nuiront à la netteté des déterminations.

Comme il serait possible qu'on n'eût pas partout à sa disposition un artiste assez habile pour exécuter ainsi des plaques bien parallèles, j'ai cherché à y suppléer d'après la connaissance des lois que suivent les forces polarisantes, et j'ai trouvé le moyen de produire les mêmes effets avec des lames minces de mica, que la nature nous présente dans un état feuilleté, où la division est toujours très-facile. J'ai annoncé précédemment, page 463, que le mica offre cette particularité, jusqu'à présent unique, d'avoir deux axes desquels il émane des forces polarisantes, l'une perpendiculaire au plan des lames, l'autre située dans leur plan. J'ai dit que ces deux axes sont tous deux répulsifs, et que l'axe normal est plus énergique que l'autre dans le rapport de 677 à 100. Cette combinaison de forces occasionne des phénomènes très-composés; mais on peut les simplifier, et les réduire au cas ordinaire des cristaux qui n'ont qu'un axe situé dans le plan des lames à l'aide des procédés que les lois de la polarisation indiquent. Pour cela il faut choisir une lame de mica bien diaphane et uniformément épaisse, ce qui se découvre par l'uniformité des teintes dans lesquelles elle sépare les rayons polarisés qui la traversent en ses différens points; cette uniformité reconnue, on découpera une portion de la lame en forme de rectangle dont le long côté soit double du petit, fig. 20; puis on divisera ce rectangle en deux carrés égaux que l'on superposera l'un sur l'autre, en ayant soin que les limites de leur commune section soient tournées à angle droit, et on les collera ensemble avec une petite couche d'huile de thérébentine épaissie au feu. Alors, en vertu du mode par lequel la polarisation mobile s'opère, il se trouvera que le rayon transmis n'éprouvera absolument aucune dépolarisation de la part des axes croisés, celui de la seconde lame ramenant à la polarisation primitive les molécules lumineuses que le premier en avait écartées. Il ne restera donc plus en définitif que les effets produits par les actions de l'axe normal de chacune des deux lames, lesquelles étant de même nature et agissant dans le même sens, s'ajouteront l'un à l'autre dans les résultats, comme si le système ne formait qu'une simple lame plus épaisse, qui n'aurait qu'un seul axe normal : aussi, sous l'incidence perpendiculaire et même jusqu'à une obliquité de quelques degrés, ce système n'enlèvera aucune des molécules lumineuses à leur polarisation primitive. En l'inclinant davantage, il commencera à donner un faisceau extraordinaire d'un bleu léger et blanchâtre, tel que l'est celui du premier ordre des anneaux ; ce bleu blanchissant de plus en plus à mesure que le système s'in-cline passera au blanc du premier ordre, de là au jaune pâle, à l'orangé, au rouge sombre, et ainsi de suite en parcourant toute la série des teintes désignées dans la table de Newton.

Non-seulement les teintes principales de cette table se trouvent par là réalisées, mais leurs intermédiaires mêmes le sont, ainsi que le passage graduel de l'une à l'autre. En même temps le faisceau qui conserve sa polarisation pri-mitive offre à chaque instant la teinte de l'anneau transmis correspondant ; et, pour peu que la lumière incidente soit unie, chacune des deux séries offre un éclat si vif, que l'œil ne peut sans fatigue les fixer long-temps.

D'après le peu d'épaisseur qu'ont ordinairement les lames de mica, leur système seul ne fera descendre les teintes que jusqu'à un certain terme de la table de Newton. Mais, en ajoutant dans le trajet du rayon une petite lame de chaux sulfatée qui donne la teinte immédiatement consécutive, on continue la série dans tous les termes de la table donnée, et par conséquent l'on obtient tous les degrés de coloration.

Pour que l'action normale des lames de mica s'ajoute ainsi à celle de la lame de chaux sulfatée, il faut que l'axe de cette dernière soit tourné perpendiculairement au plan d'incidence dans lequel les lames de mica s'inclinent ; car l'action des axes du mica est, comme je l'ai dit, repul-sive ; au contraire, celle de la chaux sulfatée est attractive, de sorte que la somme des actions s'obtient par le croise-ment des sections principales. Au contraire, le parallélisme de ces sections donne la différence des actions ; et, pour l'ob-tenir il ne faut que présenter la lame de chaux sulfatée dans une direction perpendiculaire à celle que nous avons sup-posée d'abord. Alors l'inclinaison progressive de la lame de mica diminuant l'effet de la lame de chaux sulfatée, fait remonter continuellement les teintes dans l'ordre des an-neaux, et reproduit ainsi dans un ordre inverse, les mêmes teintes que le système seul du mica aurait données. Dans l'appareil, ces deux directions de la lame de chaux sulfatée peuvent être indiquées sur le diaphragme qui la porte, au moyen des signes + et —.

Ainsi, outre son usage pour produire successivement toutes les teintes des anneaux, cet appareil peut encore servir pour vérifier tous les phénomènes que j'ai annoncés comme résultant de la combinaison ou de l'opposition des forces polarisantes exercées par les diverses lames cristallisées que l'on fait traverser successivement à un même rayon lumineux polarisé; et, en général, il peut servir à faire un grand nombre des expériences les plus curieuses que la polarisation présente. Cette étude aura l'avantage de familiariser en peu de temps les observateurs avec la connaissance des diverses teintes qui composent la table de Newton, lesquelles, en vertu de leur composition même et de l'ordre suivant lequel elles se succèdent, offrent des caractères qui en rendent la distinction extrêmement facile, de sorte qu'à l'apect seul, on peut dire que tel jaune ou tel vert est de tel ou tel ordre, sans aucun risque d'erreur; mais soit qu'on parvienne ou non à acquérir cette faculté de reconnaître les teintes, il sera toujours possible de les définir rigoureusement à l'aide du colorigrade, en énonçant la teinte de Newton à laquelle elles se rapportent, et caractérisant la nuance de cette teinte par celle de l'anneau transmis, qui se trouve simultanément donnée. Enfin, si l'on aspirait à une précision encore plus rigoureuse, il n'y aurait qu'à énoncer l'incidence précise où paraît la teinte dont il s'agit, en ayant soin d'indiquer aussi celles où se montrent le plus nettement quelques teintes distinctes de la table de Newton; car, au moyen de ces données, on pourrait calculer exactement l'incidence qui reproduirait la même teinte précise dans tout autre appareil, ce qui rend ce mode d'observation comparable en toute rigueur.

Enfin, à l'aide d'une modification extrêmement simple, le colorigrade peut servir à fixer particulièrement le degré plus ou moins foncé du bleu du ciel, lequel diffère selon l'état de l'air et selon le climat. Pour cela, on tourne le bouton qui porte le système des lames de mica, jusqu'à ce qu'elles cessent de s'interposer dans le trajet du rayon

polarisé; ensuite on introduit à leur place une plaque de
cristal de roche taillée perpendiculairement à l'axe et épaisse
d'environ trois millimètres. Cette plaque, présentée sous
l'incidence perpendiculaire, n'exerce pas d'actions polarisantes émanées de son axe, mais il s'y développe alors d'autres
forces indépendantes de la cristallisation, et qui sont les
mêmes que j'ai retrouvées depuis dans certains fluides. Au
degré d'épaisseur que j'ai fixé, l'effet de ces forces produit
dans le rayon transmis un changement de polarisation qui
donne une image extraordinaire blanche, lorsqu'on l'analyse avec un prisme cristallisé ayant sa section principale parallèle au plan de polarisation primitif. En
tournant ce prisme de droite à gauche ou de gauche à
droite, selon la nature de la force que possède la plaque
dont on fait usage, l'image blanche perd graduellement ses
rayons les moins réfrangibles, et passe ainsi du blanc
bleuâtre à diverses nuances de bleu, d'indigo, et presque jusqu'au violet. Une division circulaire adaptée autour du
tuyau du colorigrade, sert à mesurer le nombre de degrés
qu'il faut parcourir pour arriver à ce dernier terme, et tous
les degrés intermédiaires servent à fixer autant de nuances
de bleu plus ou moins sombre, lesquelles se reproduiraient
précisément dans un autre appareil au même degré de rotation, si l'arc total parcouru jusqu'au violet était le même,
ou à des nombres de degrés proportionnels, si l'arc total
était différent.

Les deux instrumens que je viens de décrire auront donc
pour la détermination des couleurs les mêmes avantages
qu'offre le thermomètre pour la détermination des températures, c'est-à-dire que, par leur moyen, les couleurs
vues et désignées par un observateur, pourront être exactement reproduites pour tous les autres, d'après le seul
énoncé des indications, sans qu'il y ait d'autre erreur possible dans ce transport, que celles que le premier observateur aurait lui-même commises dans la comparaison des
teintes données par le colorigrade, avec celles des objets
qu'il aura voulu caractériser; mais c'est là malheureusement
la limite inévitable de l'exactitude dans les évaluations qui

sont de nature à n'être obtenues que par le témoignage des sens.

Je m'étais d'abord proposé de joindre ici quelques exemples de déterminations de teintes généralement connues; mais, autant ces déterminations sont faciles quand on a la table de Newton sous les yeux, et qu'on s'est familiarisé avec elle, autant il serait long et pénible de vouloir les expliquer sans ce secours; c'est pourquoi je me bornerai à renvoyer aux renseignemens que j'ai donnés sur ce sujet dans le chapitre VII du sixième Livre. J'ajouterai seulement que je me suis servi du colorigrade pour vérifier la série des teintes données par le caméléon minéral, dont j'ai parlé page 381, et que M. Chevreul est parvenu à préparer d'une manière constante. J'ai reconnu ainsi, et j'ai fait observer à M. Chevreul, l'identité parfaite des teintes avec celles de la table de Newton, auxquelles je les avais rapportées.

M. Arago, a construit avant moi un cyanomètre, où la lumière polarisée est ainsi employée, mais sur un autre principe. Dans son appareil, une nuance fixe de bleu se mêle avec des quantités de blanc successivement croissantes et connues, d'où résultent toutes les nuances successives d'un bleu graduellement plus pâles. M. Arago a fait aussi une application ingénieuse du même principe de mélange des teintes à la mesure, de l'intensité de la lumière, sur divers points du disque du soleil. Il est fort à désirer qu'il publie le détail de ses curieuses applications.

CHAPITRE VIII.

Sur la diffraction de la Lumière.

La diffraction est une modification que les rayons lumineux subissent quand ils passent près des extrémités des corps; ils sont alors pliés et déviés de leur route directe, et le sont inégalement, selon leur diverse réfrangibilité. Ce phénomène peut être rendu évident par l'expérience suivante. Introduisons dans la chambre obscure un trait solaire fixe, réfléchi horizontalement par un héliostat, et recevons-le perpendiculairement sur un tableau blanc, vertical, éloigné de la fenêtre d'environ 5 ou 6 mètres. Dans ce cas, si le trou par lequel le rayon est introduit est circulaire, et a un millimètre au moins de diamètre, l'image circulaire du soleil, projetée sur le tableau, n'éprouvera pas d'altération bien sensible dans sa blancheur. Mais maintenant, placez dans l'axe du trait lumineux, à deux ou trois mètres de distance de la fenêtre, une plaque circulaire de métal, percée d'un petit trou fait avec une aiguille très-fine ; et, interceptant toute autre lumière que celle qui passe par ce trou, recevez celle-ci sur le même tableau blanc, ou, mieux encore, sur une lame de verre légèrement dépolie d'un côté, placée à la même distance, et derrière laquelle vous placerez votre œil. Alors vous ne verrez plus seulement une tache circulaire et unique de lumière blanche ; cette tache sera environnée de plusieurs anneaux colorés, concentriques avec elle, et dont l'étendue totale excédera beaucoup celle que le trait solaire aurait dû prendre, si les rayons qui le composent eussent suivi leur direction rectiligne ; car, d'après les dispositions que nous venons d'admettre, ces rayons ne formaient les uns avec les autres que des angles extrêmement petits. Il faut donc en conclure qu'en passant par le petit trou, ils y ont éprouvé une modification qui les a dilatés en un cône beaucoup plus ouvert, et même en plusieurs cônes, selon leur diverse réfrangibilité. Et, pour une preuve que l'inflexion s'est opérée dans le trou même, ou à une distance presque imperceptible, vous n'avez qu'à en rapprocher peu à peu le verre dépoli sur lequel tombaient les anneaux ; vous les verrez ainsi se serrer et se concentrer de plus en plus, comme si les cônes qui les forment émanaient du trou. Et déjà, après s'en être éloignés à une très-petite distance, les rayons ont pris toute l'inflexion qu'ils doivent acquérir ; car, si vous placez l'œil tout près du trou, et que vous regardiez au travers, vous verrez la première ouverture bordée de pareils anneaux colorés, qui ne sont que les images tracées dans votre œil par les rayons infléchis qui vous arrivent. En outre, si le petit trou est percé d'une manière tant soit peu irrégulière, de sorte qu'il soit resté quelque arrachure sur ses bords, vous verrez ces petites parcelles de métal briller de mille couleurs, résultantes des diffractions inégales qu'elles impriment aux divers rayons lumineux.

Maintenant, reculez de nouveau le verre dépoli, à une distance convenable pour que les anneaux soient bien sensibles, et examinons attentivement l'ordre de leurs couleurs : nous verrons que, dans chaque anneau, le bleu et le violet sont en dedans, l'orangé et le rouge en dehors, précisément comme dans les anneaux réfléchis entre deux objectifs sphériques ; de sorte que les mêmes molécules lumineuses, dont la réflexion, dans chaque ordre, se faisait alors à de plus grandes épaisseurs, sont encore celles qui subissent ici, à distance égale, de plus grandes déviations.

Pour examiner de plus près cette analogie, il faut briser, comme l'a fait Newton, le trait solaire au moyen d'un prisme, et jeter successivement sur le petit trou les diverses couleurs simples, en maintenant toujours leur incidence perpendiculaire à la plaque dans laquelle le trou est percé. Alors on n'a plus que des anneaux formés de chacune de ces couleurs, lesquels sont séparés par des intervalles absolument noirs. De là il suit que, non-seulement l'inflexion dévie chaque espèce de lumière simple, mais qu'il y a dans cette déviation divers degrés séparés les uns des autres, et non une progression continuelle ; en sorte que chaque espèce de lumière, déviée par l'influence du petit trou, est portée en partie sur le premier anneau de cette couleur, ou sur le second, ou sur le troisième, mais jamais dans les intervalles qui les séparent. Ceci est encore analogue aux intermittences périodiques que la réflexion présente dans les lames, soit minces, soit épaisses ; et de même aussi, l'on observe que les anneaux diffractés simples sont plus grands dans le bleu que dans le violet, plus grands dans le vert que dans le bleu, et ainsi de suite jusqu'au rouge, qui forme les plus grands anneaux.

J'indiquerai plus loin les rapports de grandeur de ces

anneaux dans les différens ordres et dans les diverses couleurs; mais déjà ce qui précède suffit pour nous apprendre à varier le phénomène. Car, de même que, dans les phénomènes capillaires, l'action exercée par le contour intérieur des tubes circulaires se reproduit aux surfaces intérieures de tous les autres tubes, quelle que soit leur forme, à cause des petites distances où elle est sensible, de même l'action infléchissante exercée au périmètre d'un trou circulaire sur les molécules lumineuses qui passent très-près de ses bords, doit se reproduire et s'exercer suivant des lois pareilles, quoique peut-être avec des intensités inégales, à toutes les extrémités des corps, quelles que soient les lignes droites ou courbes par lesquelles ils sont terminés : et en effet, il se forme toujours autour de ces lignes des franges lumineuses, dont les couleurs sont arrangées comme l'étaient tout-à-l'heure les anneaux diffractés à travers un trou circulaire.

Plaçons, par exemple, parallèlement l'une à l'autre, à une petite distance, les extrémités rectilignes de deux lames de même nature, taillées en biseau; et, pour faire varier plus minutieusement la distance des deux bords opposés de ces lames, rendons l'une d'elles fixe, et plaçons l'autre sur un châssis mobile à l'aide d'un mouvement de vis qui permette de la rapprocher graduellement de la première, comme le fil mobile d'un micromètre se rapproche graduellement des fils fixes : vous aurez l'appareil représenté fig. 21, et qui a été imaginé par 'sGravezande. Substituez-le donc aux simples plaques percées d'un trou circulaire, qui nous avaient servi d'abord; et faites de même tomber perpendiculairement, entre les tranchans des lames, les parties les plus centrales d'un faisceau lumineux composé. Alors, si vous écartez d'abord les biseaux à une grande distance l'un de l'autre, par exemple, à dix ou douze millimètres, l'éloignement du tableau ou du verre dépoli, sur lequel on reçoit les images, étant toujours le même que nous l'avions supposé d'abord, vous n'observerez pas dans le faisceau transmis de traces bien sensibles de coloration, et il formera seulement sur le tableau une

image blanche rectangulaire, comme l'intervalle des deux
lames. Mais, peu à peu, en rapprochant lentement celles-ci
parallèlement l'une à l'autre, vous verrez les longs côtés
de l'image se border en dedans de plusieurs lignes blanches
très-fines, plus lumineuses que le reste ; puis, en rapprochant toujours les lames, ces lignes lumineuses deviendront
des franges colorées, séparées les unes des autres, qui se
rejetteront des deux côtés de l'ombre à de grandes distances,
en laissant encore entr'elles une image blanche rectangulaire, plus large, plus dilatée que précédemment. Si vous
examinez les couleurs de ces franges, lorsqu'elles sont bien
développées, vous y reconnaîtrez exactement le même ordre
que nous avons observé dans les anneaux circulaires ; c'est-
à-dire, le violet en dedans, le rouge en dehors, et les couleurs intermédiaires dans les zones intermédiaires de chaque
bande. Cette observation faite, si vous continuez à rapprocher les lames, vous verrez successivement les franges se
reculer davantage dans l'ombre ; ce qui annonce que les inflexions qui produisent ces franges s'agrandissent, et cet
agrandissement se continuera tant que les biseaux se rap-
procheront.

Cette description suppose que les bords opposés des lames
sont maintenus dans un état constant de parallélisme. Lorsque le châssis qui conduit la lame mobile ne satisfait pas à
cette condition, les franges ne sont plus des bandes parallèles ; mais, suivant la direction des biseaux qui les produisent, elles prennent une forme trapézoïde, fig. 22, étant
plus larges du côté où les lames sont plus rapprochées, et
plus étroites dans les endroits où elles s'écartent le plus.
Pour pouvoir produire à volonté ces degrés divers d'inclinaison, on donne à la lame fixe un mouvement de rotation
à frottement ferme autour d'un de ses points, tel que C,
fig. 23, au moyen d'une tige métallique fixée à son support,
et qui la traverse en ce point. En pressant sur la queue M de
la lame, ou la poussant par un mouvement de vis, on donne
à son biseau l'obliquité que l'on désire ; et cela sert aussi
pour établir le parfait parallélisme ; car, si l'on amène la
lame mobile jusqu'au contact, en rendant le mouvement de

l'axe C assez libre pour que l'autre lame **L'** puisse être aisément tournée, les deux biseaux s'appliqueront nécessairement l'un sur l'autre dans toute leur étendue ; et, en fixant **L'** dans cette position, puis retirant L par son mouvement de vis, le parallélisme subsistera, comme on pourra le reconnaître par celui des franges mêmes; ce qui est un indice très-sensible. Toutefois, en opérant le contact des biseaux, il faut avoir bien soin de ne pas les presser fortement l'un contre l'autre par le mouvement de la vis mobile ; car, s'ils sont amincis comme ils doivent l'être, pour que leur tranchant soit bien rectiligne, cette pression les déformerait, et par suite produirait des irrégularités dans la configuration des franges.

Si l'on ramène les biseaux à l'état de parallélisme, et qu'on place le verre dépoli à une grande distance, comparativement à leur écart mutuel, de sorte que le nombre des franges n'augmente point en l'éloignant davantage; on trouve ce résultat remarquable, que nous avons établi, M. Pouillet et moi, à l'aide d'un grand nombre d'expériences: *les déviations éprouvées par chaque espèce de molécules lumineuses dans des milieux quelconques, sous l'incidence perpendiculaire, et pour un écartement donné des biseaux, sont déterminées par les longueurs des accès des molécules lumineuses dans ces milieux-là, et leur sont proportionnelles.* D'où il suit qu'elles varient d'un milieu à un autre, comme les accès mêmes, c'est-à-dire en raison inverse des rapports de réfraction. Les fig. 24 et 25 représentent les proportions et la distribution des franges parallèles de couleur diverse, construites d'après la loi précédente.

Il reste maintenant à expliquer comment la lumière se plie entre les biseaux pour aller former les diverses franges: pour cela, il n'y a pas de moyen plus sûr que de suivre graphiquement la route de chaque rayon. C'est ce que nous avons tâché de faire, M. Pouillet et moi, dans un travail que j'ai exposé dans le Traité général, et nous avons obtenu ainsi la marche des faisceaux représentés fig. 26.

Cette construction géométrique des résultats de l'expérience nous fait donc connaître que toute la lumière qui passe entre les biseaux se partage en deux moitiés, qui sont

déviées en sens contraire, et chacune vers le biseau le plus
éloigné. De là il résulte que les faisceaux qui s'éloignent ainsi
d'un des biseaux sont rencontrés et pénétrés par les faisceaux qui viennent de l'autre biseau ; et cette pénétration
produit des alternatives de bandes lumineuses et noires qui
s'observent dans le rectangle lumineux terminé par les bords
des biseaux, lorsqu'on reçoit la lumière transmise à diverses
distances sur un verre dépoli.

En écartant progressivement l'un de l'autre les deux biseaux entre lesquels la lumière passe, les franges se resserrent
de plus en plus, jusqu'à une certaine limite, après laquelle
leur déviation demeure constante, même quand l'autre biseau est tout-à-fait enlevé. Ceci prouve qu'un seul biseau
peut encore former des franges dans la lumière qui passe près
de lui ; d'où l'on doit conclure que le même effet peut se produire par toutes les extrémités des corps qui limitent le milieu où se transmet la lumière. Aussi, en introduisant un trait
de lumière simple dans la chambre obscure, et le recevant
à de grandes distances sur un verre dépoli, on voit que les
extrémités de tous les corps près desquels ce trait passe sont
bordées de franges lumineuses pareilles à celles que donneraient deux biseaux très-éloignés, exposés perpendiculairement au rayon lumineux. Cette dernière condition est nécessaire à l'énoncé précis du phénomène ; car on peut observer
de très-larges franges entre deux faisceaux éloignés, si on
les incline beaucoup sur la lumière incidente ; et, par la
même raison, il se forme aussi de pareilles franges par réflexion, quand le rayon incident rase les bords des surfaces
sous une très-grande obliquité.

Mais si le corps unique qui forme les franges a des dimensions très-petites ; si c'est, par exemple, une lame opaque,
large de moins de cinq millimètres, ou une lame plus large,
mais mince, et inclinée sur le faisceau incident de manière
à n'en intercepter qu'une très-petite largeur, alors le voisinage de ses bords produit de nouveaux phénomènes. Outre
les franges extérieures, formées de part et d'autre vers la
lumière, comme si le corps était indéfini, il se forme d'autres franges en dedans de l'ombre. Lorsque la lumière inci-

dente est simple, ces franges sont de la même couleur qu'elle, et sont séparées les unes des autres par des intervalles absolument noirs. Leur nombre est toujours impair, de sorte qu'il y en a toujours une au centre de l'ombre. En les recevant à des distances d'abord très-petites, et ensuite graduellement plus grandes, on les voit d'abord très-fines et presqu'imperceptibles ; peu à peu elles s'étendent, deviennent plus distinctes, et leurs intervalles se dilatent avec elles. Mais, ce qui est bien essentiel à remarquer, à quelque distance qu'on les observe, on n'y voit point ces coïncidences et ces superpositions successives de brillans et de noirs qui s'opèrent dans les franges formées entre deux biseaux, à mesure qu'elles se pénétrent. Cela prouve que les nouvelles franges, formées ainsi intérieurement dans l'ombre d'une lame étroite, ou ne se coupent point, ou se coupent derrière la lame, à une distance insensible de sa seconde surface, d'où elles vont ensuite en divergeant de part et d'autre de l'axe, et même plus rapidement que les franges extérieures ; car elles les rejoignent bientôt, les coupent, se superposent avec elles, et ensuite les dépassent. Ces franges, découvertes par Grimaldi, et observées après lui par le docteur Young et par M. Flaugergues, viennent d'être récemment étudiées avec détail par M. Fresnel, ingénieur des ponts et chaussées, qui, ayant mesuré les déviations des diverses franges par des moyens nouveaux d'une précision extrême, a trouvé le moyen de les lier numériquement avec celles que le simple bord d'un biseau produit ; et a de plus reconnu des rapports intimes entr'elles et les longueurs des accès. Ces résultats se sont accordés d'une manière remarquable avec les idées que M. Thomas Young avait depuis long-temps émises sur ce genre de phénomènes, dans les *Transactions philosophiques*, d'après les inductions tirées du mouvement ondulatoire.

Lorsqu'une lame étroite et opaque forme ainsi des franges intérieures à son ombre, on peut les faire disparaître en plaçant un écran opaque en contact avec *un seul* des bords de la lame, ou en plongeant cet écran à une certaine profondeur dans le faisceau des rayons, soit avant la lame opaque, soit après. Ce phénomène a été découvert par

M. Young. M. Arago y a ajouté cette particularité que la disparition peut être également opérée par l'approche d'un écran opaque suffisamment épais, et qu'elle est progressive avec l'épaisseur, de sorte que les écrans minces ne font d'abord que transporter les franges du côté où ils se trouvent. Il est remarquable que la quantité de ce transport peut se calculer d'après les considérations tirées du mouvement ondulatoire, quand on connaît l'épaisseur de la plaque interposée et sa réfraction. Si deux écrans sont placés des deux côtés de la lame opaque, l'effet est égal à la différence des transports que chacun d'eux aurait produit séparément. MM. Arago et Fresnel ont employé ce procédé pour mesurer la réfraction des substances gazeuses, avec une exactitude qu'aucun autre moyen n'égale. (Voyez les *Annales de Chimie et de Physique,* pour 1816 et 1817.)

CHAPITRE IX.

Mesure des intensités de la Lumière.

Il arrive souvent dans les recherches d'optique, que l'on a besoin de comparer les intensités de deux lumières, visibles en même temps, ou successivement. Dans le premier cas, qui est le plus simple, on éclairera isolément, avec chacune de ces deux lumières, des disques égaux d'un papier très-blanc, ou de quelqu'autre corps mat, bon réflecteur : puis, regardant à la fois les deux disques, on éloignera la plus forte des deux lumières jusqu'à ce que l'un et l'autre paraissent également éclairés. Alors les intensités seront comme les carrés des distances des lumières aux disques. Cette illumination partielle peut s'obtenir en éclairant un espace blanc avec les deux lumières, et interposant au-devant un petit disque opaque, dont les ombres indiquent les points isolément éclairés. Il suffit donc de rendre ces ombres également intenses, en variant les distances des corps lumineux au tableau. On peut aussi admettre séparément les deux lumières à travers deux tuyaux coniques réunis à leurs pointes, fig. 27, et terminés en cet endroit par deux disques de papier blanc égaux. Alors, en regardant les disques à la fois, ayant la tête enveloppée pour exclure toute autre lumière, on indique à un autre observateur celui des deux objets lumineux qu'il faut éloigner ou rapprocher jusqu'à ce que les intensités des deux disques paraissent égales. Lorsque l'on a atteint cette égalité, les forces des deux lumières sont encore proportionnelles aux carrés de leurs distances à chaque disque. Maintenant s'il s'agit de comparer ainsi deux lumières qui ne sont pas visibles en même temps, il n'y a qu'à en choisir une troisième, dont l'éclat soit de nature à se soutenir sans variation, et la comparer successivement avec chacune des deux autres. En employant ces procédés, et divers autres du même genre, Bouguer a obtenu un grand nombre de résultats curieux qu'il a publiés dans un ouvrage séparé, et dont nous allons extraire quelques applications des plus usuelles.

Table des quantités de Lumière réfléchies par la surface de l'eau sous diverses obliquités.

1000 *exprime le nombre des rayons incidens.*							
Obliquités comptées de la surf.	Nombre de rayons réfléchis.	Obliquit. comptées de la surf.	Nombre de rayons réfléchis.	Obliquit. comptées de la surf.	Nombre de rayons réfléchis.	Obliquit. comptées de la surf.	Nombre de rayons réfléchis.
0° 30′	721	5° 0′	501	17° 30′	178	50°	22
1	692	7 30	409	20	145	60	19
1 30	669	10	333	25	97	70	18
2	639	12 30	271	30	65	80	18
2 30	614	15	211	40	34	90	18

Table des quantités de Lumière réfléchies par la première surface du verre qui sert à faire les glaces.

1000 *exprime le nombre des rayons incidens.*					
OBLIQUITÉS d'incidence comptées de la surface.	NOMBRE de rayons réfléchis.	OBLIQUITÉS d'incidence comptées de la surface.	NOMBRE de rayons réfléchis.	OBLIQUITÉS d'incidence comptées de la surface.	NOMBRE de rayons réfléchis.
2° 30′	584	15°	299	50°	34
5	543	20	222	60	27
7 30	474	25	157	70	25
10	412	30	112	80	25
12 30	356	40	57	90	25

Table des quantités de Lumière réfléchies par le marbre noir poli.

ANGLE des rayons incidens avec la surface du marbre.	NOMBRE des rayons réfléchis sur 1000.
3° 35′	600
15 00	156
30 00	51
80 00	23

La première réflexion sous l'angle de 3° 35′ approchait d'être aussi vive sur le marbre que sur le mercure même. Il en est ainsi de tous les corps plans, quels qu'ils soient. Ils deviennent tous de très-bons réflecteurs, quand les rayons incidens font de très-petits angles avec leur surface ; mais leur force réfléchissante s'affaiblit rapidement à mesure que l'incidence des rayons s'élève et se rapproche de la perpendicularité. En cela ils diffèrent des corps dont la force réfléchissante est énergique ; car, pour ceux-ci, l'intensité de la lumière réfléchie n'éprouve sous les diverses incidences que des variations très-faibles. Sur le mercure, par exemple,

et sur les miroirs de télescope, l'étendue totale de cette variation n'est guère que de $\frac{1}{8}$ ou $\frac{1}{9}$ depuis o jusqu'à 90° d'incidence. Or, pour l'incidence de 21° comptée de la surface,
le mercure réfléchit à peu près 637 rayons sur 1000. Ainsi,
la réflexion sur sa surface, pour tous les autres angles, peut
s'élever environ jusqu'à 700, et descendre jusqu'à 600. Ce
métal, qui, peut-être, est le meilleur réflecteur de tous les
corps, éteint donc encore dans sa substance plus du quart
de la lumière qui le frappe ; et cette absorption est bien plus
grande pour les corps qui sont moins bons réflecteurs.

M. Arago a fait servir les propriétés de la polarisation
mobile à la mesure comparative des intensités de la lumière ; mais il n'a pas encore publié le détail de ses procédés.
Toutefois il a bien voulu m'assurer que les résultats de Bouguer, rapportés plus haut, lui avaient paru exacts.

FIN DU LIVRE SEPTIÈME.

LIVRE HUITIÈME.

DU CALORIQUE,
SOIT RAYONNANT, SOIT LATENT.

CHAPITRE PREMIER.

Sur les rapports de la Lumière et du Calorique.

Jusqu'ici nous n'avons étudié dans la lumière que les propriétés qui se manifestent à nous par la vision ; ce seul mode d'examen nous a fait découvrir un grand nombre de caractères physiques que les molécules lumineuses possèdent. Nous allons maintenant, par d'autres épreuves, étudier la faculté que la lumière possède d'échauffer les corps exposés à son action ; et nous chercherons à démêler si ce phénomène tient à l'identité de la lumière et du calorique, ou simplement à la coexistence de l'un et l'autre principe dans les rayons lumineux.

Voici à cet égard un fait capital découvert par M. Herchel ; ce savant célèbre, s'étant proposé de mesurer l'énergie calorifique des divers rayons du spectre solaire, plaça divers thermomètres fort sensibles dans chacune des sept divisions de couleurs tracées par Newton (1) ; puis il observa à quel degré ces thermomètres s'élevaient dans chacune d'elles au-dessus du point où ils se tenaient dans l'air environnant.

---

(1) La première idée de cette expérience est due à M. Rochon, qui l'a publiée dans ses Opuscules imprimés en 1783 : mais les thermomètres dont il fit usage étaient probablement inexacts, ou trop peu sensibles pour donner avec exactitude de si petites différences, car il trouva le maximum de chaleur dans le jaune, au lieu qu'il est réellement dans le rouge, et il ne découvrit point de chaleur sensible au-delà de la partie visible du spectre.

Il trouva ainsi que ce degré était plus élevé dans le bleu que dans le violet, plus dans le vert que dans le bleu, et ainsi de suite jusqu'au rouge, qui produisait une température plus élevée que toutes les autres couleurs ; mais, ce qui est le point remarquable, ce n'était pas encore là qu'existait le maximum de la température ; il avait lieu un peu au-delà du rouge extrême, et hors de toute la partie visible du spectre. De là, M. Herchel dut conclure que la propriété calorifique n'était pas inhérente aux seuls rayons qui produisent en nous la sensation de la lumière ; et que, parmi ces rayons, il en existait d'autres moins réfrangibles qu'eux, qui ne jouissaient que de la faculté d'échauffer.

Ces expériences délicates furent répétées par les physiciens avec des succès divers ; les uns découvrirent, comme M. Herchel, des traces de chaleur sensible au-delà de la partie visible du spectre, et les autres n'y reconnurent que des effets nuls ou trop faibles pour être bien appréciés. A cette occasion, trois d'entr'eux, MM. Wollaston, Ritter et Beckman, s'attachèrent à étudier particulièrement l'extrémité opposée du spectre, celle qui donne la sensation du violet extrême ; et ils trouvèrent que cette extrémité, dont la faculté calorifique était insensible, jouissait d'autres propriétés particulières, que l'on peut appeler chimiques, puisqu'elles déterminent par leur influence des combinaisons que l'extrémité rouge du spectre ne détermine pas ; et, de même que, dans cette dernière, le maximum de chaleur s'observe un peu au-delà du rouge extrême ; de même, à l'autre extrémité, le maximum de l'action chimique se manifestait un peu au-delà des limites sensibles du dernier violet. De là les physiciens furent portés à conclure que la lumière solaire était un mélange de trois sortes de rayons, que l'on pouvait appeler colorifiques, calorifiques et chimiques, d'après les effets particuliers qu'ils produisaient.

Nous examinerons tout-à-l'heure jusqu'à quel point cette conclusion est rigoureuse, ou même vraisemblable ; mais auparavant je dois dire que les faits dont je viens de parler ont été vérifiés récemment avec beaucoup de soin, et mis tout-à-fait hors de doute par M. Berard. Pour rendre les expériences plus sûres et leurs effets plus sensibles, ce physicien sentit la nécessité d'en prolonger la durée; il se servit donc d'un trait solaire réfléchi par un héliostat; et, l'ayant rompu par un prisme réfringent, il obtint ainsi un spectre très-dispersé et parfaitement fixe. Pour déterminer les propriétés calorifiques, il plaça des thermomètres fort sensibles dans les sept espaces occupés par les diverses couleurs; et, pour déterminer les propriétés chimiques, il plaça dans ces mêmes espaces, soit à nu, soit dans des fioles transparentes, diverses combinaisons chimiques faciles à altérer.

En opérant ainsi, M. Berard a obtenu les mêmes résultats que M. Herchel, relativement à l'augmentation de la faculté calorique, depuis le violet jusqu'au rouge; mais il a trouvé le maximum de chaleur à l'extrémité même du spectre, et non en dehors. Il le fixe au point où la boule de son thermomètre était encore entièrement couverte par les derniers rayons rouges, et il a vu décroître progressivement la température à mesure que la boule du thermomètre est entrée dans l'obscurité; enfin, en plaçant le thermomètre tout-à-fait hors du spectre visible, où M. Herchel fixe le maximum de chaleur, l'élévation de la température au-dessus de l'air ambiant n'a été que le cinquième de ce qu'elle était dans les rayons rouges extrêmes. L'intensité absolue de la chaleur produite a été également moindre dans les expériences de M. Berard que dans celles de M. Herchel. Ces différences dépendent-elles de la matière des prismes et de la diversité des appareils, ou de quelqu'autre circonstance physique inhérente au phénomène lui-même? C'est ce qu'il nous est impossible de décider.

M. Berard a voulu voir si ces propriétés auraient lieu séparément dans chacun des faisceaux suivant lesquels la lumière se divise, lorsqu'elle traverse un corps doué de la double réfraction. Il a donc fait passer le trait solaire à travers un prisme de spath d'Islande. La division du rayon a formé deux spectres qui ont présenté les mêmes propriétés: dans tous les deux la faculté calorifique a été en diminuant, depuis le violet jusqu'au rouge, et elle subsistait encore au-delà des derniers rayons rouges sensibles. Ainsi, lorsque le rayon se divise en traversant le cristal, la faculté calorifique se partage aussi entre les deux faisceaux lumineux.

Dans cette opération, les molécules lumineuses sont polarisées par le cristal. Les molécules *calorifiques obscures* éprouvent-elles un effet pareil ? Pour le savoir, M. Berard a reçu le rayon solaire sur une glace polie et transparente, formant avec lui un angle de 35° 25′, afin que la portion réfléchie fût complètement polarisée. Le trait réfléchi fut reçu ensuite sur une autre glace formant avec lui le même angle de 35° 25′, et disposée de manière à pouvoir tourner coniquement sous cette incidence constante. C'était précisément l'appareil à deux glaces de Malus, que nous avons tant de fois employé. On sait qu'en faisant tourner la seconde glace, on trouve deux positions où elle ne réfléchit plus de lumière. Il ne restait qu'à essayer si elle y réfléchirait de la chaleur. Pour cela, M. Berard disposa un miroir métallique concave, de manière à recueillir les rayons réfléchis par cette glace, et à les concentrer sur un thermomètre qu'il plaça à son foyer. Mais, afin de pouvoir suivre aisément les diverses périodes du phénomène, il lia fixement le thermomètre au miroir, et le miroir à la glace, de manière que, celle-ci tournant, les deux autres pièces tournaient aussi en conservant toujours, par rapport à elle, la même position. Les choses ainsi disposées, M. Berard amena successivement la seconde glace dans tous les azimuts possibles autour du rayon, et il trouva que, dans les positions où elle ne réfléchissait plus de lumière, elle ne réfléchissait pas non plus de calorique ; car le thermomètre placé au foyer du miroir ne montait pas ; au lieu qu'il montait, et d'une quantité fort sensible, lorsque la glace était tournée dans les azimuts où la réflexion de la lumière sur sa surface pouvait s'opérer. Ainsi, dans cette expérience, de même que dans la précédente, à travers le prisme de spath d'Islande, le principe calorifique obscur accompagne les molécules lumineuses, et se prête aux mêmes actions.

Toutefois, il faut convenir que ce principe se trouve ici peu séparé de la lumière même, puisqu'il n'est libre que dans un très-petit espace au-delà de l'extrémité rouge du

spectre; mais il existe une infinité d'autres circonstances où
nous l'obtenons en grande abondance, et presqu'isolément:
ce sont celles où nous observons des corps très-chauds sans
aucune apparition sensible de lumière. Tel est, par exemple,
l'état d'un boulet de fer, chauffé au-dessous du terme où le
fer devient rouge, ou mieux encore celui d'un matras d'étain
ou de verre rempli d'eau bouillante. La chaleur que ces
corps excitent à distance, dans nos organes ou sur le thermomètre, ne peut pas être attribuée généralement à une
transmission par contact, au moyen des molécules d'air ou
de vapeurs qui nous séparent d'eux. Car l'impression calorifique qui en émane se fait très-bien sentir dans le sens horizontal, et même de haut en bas, ce qui est tout-à-fait
contraire à la direction de mouvement que prennent les molécules d'air, de vapeurs ou de tout autre fluide quelconque,
à mesure qu'elles se réchauffent; la dilatation qu'elles éprouvent les forçant à s'élever de bas en haut, comme nous
l'avons prouvé par l'expérience, et comme le démontre le
raisonnement. Il faut donc nécessairement conclure que,
dans ces circonstances et dans toutes les analogues, il s'opère
une transmission immédiate de calorique obscur; soit que
ce calorique ait une existence matérielle et rayonne à la
manière de la lumière, soit qu'il consiste uniquement dans
des vibrations propagées à travers un milieu impondérable;
deux modes qui, si ce milieu est très-élastique, donnent à
peu près les mêmes effets. Or, en substituant ainsi des corps
chauds et obscurs au spectre dont il avait fait d'abord usage.
M. Berard a trouvé que les effets produits sur le thermomètre suivaient encore des lois pareilles; mais avant de tirer
quelque conclusion de cette expérience, il faut exposer les
lois suivant lesquelles le calorique se réfléchit.

Si un des corps chauds et obscurs dont je viens de parler
est placé au-devant d'un miroir concave de métal, on trouve
qu'il donne, par réflexion, un foyer de chaleur; et ce foyer
se forme précisément au même point que si le corps était
lumineux. Ceci nous apprend que l'émanation calorifique
se réfléchit comme la lumière, en faisant l'angle de réflexion
égal à l'angle d'incidence; et, de même que la réflexion

régulière de la lumière est nulle, ou presque nulle sur les corps bruts, quand elle ne tombe pas très-obliquement sur leur surface, de même il y a certaines surfaces qui réfléchissent plus ou moins bien le calorique obscur. Il se réfléchit très-bien, par exemple, sur la surface des métaux polis, mais beaucoup moins bien sur celle du verre, quelque poli qu'on lui ait donné. C'est pour cela que M. Berard a employé un miroir métallique dans l'expérience de réflexion que j'ai rapportée plus haut. Je ne fais qu'indiquer ici ces modifications que nous examinerons plus loin en détail.

La meilleure manière pour rendre sensibles les effets de la réflexion du calorique, c'est de placer l'un au-devant de l'autre, sur le même axe, à une certaine distance, deux miroirs métalliques concaves qui se regardent, fig. 1. Au foyer principal du premier A, on place un corps chaud et obscur; par exemple, un matras M rempli d'eau bouillante. Les rayons calorifiques qui en émanent et qui tombent sur le miroir A, sont réfléchis comme des rayons lumineux parallèlement à l'axe; et, se propageant ainsi jusqu'au miroir B, ils sont concentrés de nouveau par lui à son foyer principal. Si donc on place en ce point un thermomètre sensible, il monte par leur influence, et d'autant plus que le corps placé au foyer de A produit une plus grande quantité de chaleur. Afin que l'expérience soit concluante, il faut éloigner assez les deux miroirs l'un de l'autre pour que le matras M ne puisse exercer directement aucune influence sensible sur le thermomètre placé au foyer du miroir B. C'est ce dont on peut s'assurer, en répétant d'abord l'expérience à la même distance, sans les miroirs, ou en couvrant une partie ou la totalité de la surface de l'un d'eux. Car, si les miroirs sont bien construits et disposés exactement, l'élévation du thermomètre sera sensiblement proportionnelle à la portion de leur surface qui reste à découvert. Lorsque l'appareil est complètement disposé, on peut, si l'on veut, intercepter subitement la transmission du calorique par l'interposition d'un écran opaque, et l'on peut de nouveau la permettre en retirant l'écran. On s'est assuré, de cette manière, qu'elle est excessivement rapide; car, quelque distance que l'on mette entre les deux miroirs, si l'on emploie un thermomètre d'air fort sensible, on voit l'effet thermométrique reparaître subitement dès que l'écran est ôté. Cette expérience, ainsi que la disposition des miroirs conjugués, est due à MM. de Saussure et Pictet de Genève. Mais la première observation sur la réflexion du calorique est due à Mariotte, qui a indiqué aussi la nécessité de distinguer le calorique obscur et le calorique lumineux. (*Traité des Couleurs*, page 288. 1717.)

C'est ici le lieu de décrire deux instrumens thermométriques très-ingénieux et très-appropriés à ce genre de recherches. Pour sentir ce qu'ils ont d'utile, il faut considérer que l'emploi du thermomètre simple, quelque sensible qu'on le fasse, est toujours sujet ici à quelqu'incertitude ; car, lorsqu'on le voit monter d'une quantité, qui est parfois fort petite, on ne peut jamais être sûr que son mouvement soit uniquement produit par la cause calorifique que l'on observe, plutôt que par un très-petit changement de température dans le milieu ambiant. On conçoit que cette incertitude n'existerait pas si l'on avait un instrument qui ne pût être affecté que par l'influence de cette source ou plutôt par l'excès de son influence sur celle de l'air environnant. Tel est l'avantage du thermomètre différentiel de M. Leslie, et du thermoscope de Rumford.

Le premier de ces instrumens est représenté fig. 2. Pour le former, on prend deux tubes de verre de longueurs inégales, terminés l'un et l'autre par une boule creuse, et dont le calibre va en s'élargissant un peu à l'extrémité opposée : on introduit dans la boule du plus long tube une petite quantité d'acide sulfurique coloré avec du carmin. On joint ensuite ces tubes à la flamme du chalumeau, et on les courbe de manière à faire prendre à leur assemblage la forme de la lettre U. Maintenant si les deux branches de l'instrument, situées de part et d'autre de la bulle liquide, sont exposées à une même température, l'air contenu dans chacune de ces branches étant également échauffé, fera sur la bulle un effort égal, et ainsi ne la déplacera pas ; mais, si l'une des branches s'échauffe plus que l'autre, l'air qu'elle renferme deviendra plus élastique, et poussera la bulle du côté opposé. L'instrument sera donc ainsi uniquement sensible aux différences de température qui affecteront ses deux boules, et c'est ce qui lui mérite le nom de thermomètre différentiel.

Le thermoscope de Rumford, fig. 3, n'est que le thermomètre différentiel de M. Leslie, dont la tige est rendue horizontale, et dont les deux boules sont plus écartées. Cette disposition donne plus de facilité pour agir séparément sur chacune d'elles, en les séparant par des écrans de carton revêtus de papier doré.

La sensibilité de cet instrument dépend de la grosseur des boules et de la petitesse du tube, ainsi que de la minceur du verre : elle peut être telle que la seule chaleur de la main nue, présentée à deux ou trois mètres de distance de l'une des deux boules, suffise pour faire marcher la bulle vers l'autre boule d'une quantité très-notable. Si, au contraire, le corps que l'on présente est plus froid que la boule dont on l'approche, la bulle revient vers celle-ci, comme l'analogie des dispositions pouvait le faire prévoir, quoiqu'il soit peut-être un peu moins facile de s'en rendre raison au premier coup-d'œil.

Nous examinerons plus tard les conséquences qui résultent de cette influence inverse. Pour le moment, nous nous bornerons à la considérer comme un fait qui constate l'extrême sensibilité du thermoscope, et qui montre l'espèce particulière de recherches auxquelles il est approprié.

Ayant ainsi la possibilité de développer isolément les rayonnemens calorifiques, au moyen de corps chauds, mais obscurs, et possédant des instrumens assez sensibles pour en manisfester les moindres effets, nous pouvons reprendre avec beaucoup d'avantage l'expérience tentée plus haut sur le spectre, pour étudier la polarisation du calorique obscur. C'est aussi ce qu'a fait M. Bérard. Il a fait réfléchir sur la première glace de l'appareil de Malus, non plus un rayon solaire, mais les émanations calorifiques d'un corps très-chaud, à peine rouge, ou même tout-à-fait obscur. Elles se sont polarisées comme la lumière ; car la seconde glace a réfléchi de la chaleur dans les positions où la réflexion de la lumière aurait été possible, et elle a cessé d'en réfléchir dans les positions où la réflexion de la lumière n'aurait pas eu lieu. Ainsi, en supposant que les émanations calorifiques obscures soient produites, comme la lumière, par des molécules matérielles, mues avec une grande vitesse, on voit que ces molécules seront modifiées par la réflexion de la même manière que la lumière ; et, en conséquence, on pourra leur appliquer toutes les considérations géométriques et physiques que nous avons établies, d'après les phénomènes de la polarisation, pour les molécules lumineuses.

Cette analogie, déjà très-intime, est appuyée par une autre bien remarquable, qui a été découverte par De Laroche, jeune et habile observateur, qu'une mort prématurée a enlevé aux sciences, dont il aurait été l'un des soutiens. Depuis long-temps les physiciens avaient remarqué que le verre transmet très-imparfaitement les émanations calorifiques obscures, ou même les intercepte en totalité, tandis qu'il transmet abondamment les rayons lumineux, surtout ceux du soleil, avec les propriétés calorifiques qui les accompagnent. De Laroche a cherché à déterminer la cause de cette différence ; et, par une nombreuse suite d'expériences, dont je rendrai bientôt compte, il a trouvé que, tant que la source de chaleur a une température inférieure à celle de l'eau bouillante, les rayons calorifiques qui en émanent se transmettent fort peu ou point du tout à travers une lame de verre, quelque mince qu'elle soit ; mais au-dessus de ce terme, elles commencent à se transmettre sensiblement, et en proportion d'autant plus grande, que la température de la source est plus élevée ; jusqu'à ce qu'enfin, lorsque cette source approche de l'état lumineux, la transmission devient encore plus abondante et plus facile. Mais, dans cet état même, il y a encore des différences ; car, selon l'observation de Mariotte, si l'on fait réfléchir la lumière du soleil au foyer d'un miroir concave de métal, et qu'ensuite on mette au devant de ce miroir un écran de verre, il n'en résultera,

dans la température du foyer, qu'une faible diminution,
telle que $\frac{1}{7}$ ou $\frac{1}{8}$: mais, si l'on fait la même expérience
sur le feu d'un foyer ou d'un fourneau, on trouvera que
la réflexion directe sur le miroir sans écran, produira
une chaleur très-vive, et n'en produira qu'une très-faible,
ou insensible, si l'on interpose la lame du verre, même
en se rapprochant assez du feu pour que l'image lumineuse
formée au foyer soit plus vive qu'auparavant. Or ce résultat, que je ne fais qu'énoncer, est de la plus haute importance; car, d'abord, l'inégalité de la transmission à
diverses températures de la source rayonnante montre que
les émanations calorifiques qui en partent dans les diverses
circonstances sont différemment modifiées; et, en second
lieu, la transmission plus abondante à mesure que le
rayonnement calorifique s'approche de l'état de lumière,
semble indiquer le progrès d'un même phénomène qui,
dans ses modifications diverses, agit sur nous inégalement,
comme si les émanations calorifiques n'étaient que de la
lumière obscure, et la lumière du calorique lumineux.

Nous reviendrons tout-à-l'heure sur ce rapprochement;
mais, avant de le faire, il est bon de compléter l'étude
des propriétés particulières que présentent les différentes
parties du spectre solaire. Nous n'avons considéré jusqu'ici
que les facultés colorifiques et calorifiques; occupons-nous
maintenant de l'action chimique. Ce dernier point a été
encore parfaitement discuté par M. Berard. Les chimistes
avaient depuis long-temps trouvé que, lorsqu'on expose le
muriate d'argent et divers autres sels blancs à la lumière,
ils noircissent en très-peu de temps. La gomme gayac,
exposée ainsi à la lumière passe du jaune au vert, comme
l'a observé M. Wollaston. Enfin, MM. Gay-Lussac et
Thenard ont fait connaître une action de ce genre plus
prompte encore et plus énergique; car, en exposant à
un trait de lumière solaire un mélange de gaz hydrogène
et de chlore en volumes égaux, il se fait à l'instant même
une détonation dont le produit est l'acide hydrochlorique,
précédemment appelé acide muriatique. Ces divers phénomènes ont servi à M. Berard comme de réactifs pour

étudier et mettre en évidence les facultés chimiques des différens rayons du spectre ; car, en plaçant dans les espaces occupés par les diverses couleurs, de petits morceaux de carton imprégnés de muriate d'argent, ou de petits flacons remplis d'un mélange des deux gaz, il a pu juger de l'énergie de la cause par l'intensité et la rapidité des changemens chimiques qu'éprouvaient les substances ainsi exposées aux différens rayons. Il a reconnu, de cette manière, qu'en effet les propriétés chimiques étaient les plus intenses vers l'extrémité violette du spectre, et qu'elles s'étendaient même, comme l'avaient annoncé MM. Ritter et Wollaston, un peu au-delà de cette extrémité. Mais, de plus, en laissant les substances exposées un certain temps à l'action de chaque rayon, ce que l'immobilité de son spectre lui permettait de faire, il parvint à observer des effets sensibles, quoique d'une intensité continuellement décroissante, dans les rayons indigo et bleus ; d'où l'on doit regarder comme vraisemblable que, s'il eût pu employer des réactifs encore plus sensibles, il aurait pu observer des effets analogues, mais plus faibles, même dans les autres rayons. Pour montrer évidemment l'extrême disproportion qui existe à cet égard entre les énergies des différens rayons, M. Bérard a concentré par une lentille toute la partie du spectre qui s'étend depuis le vert jusqu'au violet extrême, et il a rassemblé de même, par une autre lentille, toute la portion qui s'étend depuis le vert jusqu'au-delà de l'extrémité du rouge. Ce dernier faisceau se réunissait en un seul point sensiblement blanc, dont les yeux avaient peine à soutenir l'éclat ; néanmoins le muriate d'argent est resté exposé plus de deux heures à cette vive lumière, sans éprouver aucune altération sensible. Au contraire, en l'exposant à l'autre faisceau dont la lumière était beaucoup moins vive et la chaleur beaucoup moins forte, en moins de dix minutes il s'est trouvé noirci. M. Berard conclut de cette expérience que les effets chimiques produits par la lumière ne sont pas uniquement dus à la chaleur qu'elle développe dans les corps en se combinant avec leur substance, puisque, dans cette supposition, la faculté de produire des combinaisons chimiques semblerait devoir être la plus intense dans les rayons qui jouissent au plus haut point de la faculté d'échauffer. Mais peut-être trouvera-t-on moins d'opposition entre ces deux manières de voir, si l'on fait attention que, d'après les expériences de De Laroche, il peut exister des différences essentielles entre le calorique obscur employé par les chimistes pour altérer certaines combinaisons, particulièrement les couleurs végétales, et le calorique du spectre dans la partie qui ne produit pas ces effets. Par exemple, la difficulté cesserait, si le calorique obscur obtenu par une chaleur artificielle était en tout ou en partie analogue aux émanations également obscures qui ont lieu vers l'extrémité violette du spectre, et ce rapprochement n'a rien qui doive nous paraître impossible.

Ces expériences de M. Berard achèvent de prouver que les diverses portions d'un rayon solaire, dispersé par le prisme, possèdent des énergies très-inégales pour produire la vision, la chaleur et les combinaisons chimiques. Maintenant, attribuerons-nous ces trois facultés à trois espèces de rayons distinctes, existantes indépendamment les unes des autres, et dont chacune ne serait capable que de produire un seul effet ? S'il en est ainsi, il faudra encore que chacune de ces espèces soit séparable par le prisme en une infinité de modifications différentes, comme la lumière elle-même, puisque l'on trouve par expérience que chacune des trois propriétés, chimique, illuminante et calorifique, est répartie, quoique dans des proportions très-inégales, sur une certaine étendue du spectre. Ainsi on devra concevoir, dans cette hypothèse, qu'il existe réellement trois spectres superposés l'un sur l'autre; savoir un spectre calorifique, un spectre chimique, et un spectre lumineux. Il faudra encore admettre que chacune des substances qui composent les spectres, et même chacune des molécules de réfrangibilité inégale qui composent ces substances, sont douées, comme les molécules de la lumière visible, de la propriété d'être polarisées par la réflexion, d'échapper ensuite à la force réfléchissante dans les mêmes

cas que les molécules lumineuses, et ainsi du reste. Au
lieu de cette complication d'idées, bornons-nous à concevoir,
conformément aux phénomènes, que la lumière solaire
soit composée d'un ensemble de rayons inégalement réfrangibles, et en conséquence inégalement modifiables par
les corps, ce qui suppose des différences originelles dans
leurs masses et leurs vitesses, ou leurs affinités. Pourquoi
ces rayons, qui diffèrent déjà en tant de choses, produi-
raient-il tous, sur les thermomètres et sur nos organes,
les mêmes sensations de chaleur et de lumière ? Pourquoi
auraient-ils la même énergie pour former ou désunir les
combinaisons ? Ne serait-il pas tout naturel que la vision
ne pût s'opérer dans nos yeux qu'entre certaines limites de
réfrangibilité, et que le trop ou le trop peu, rendit les rayons
également inhabiles à produire cet effet ? Peut-être ces
rayons seraient-ils visibles pour d'autres yeux que les nôtres :
peut-être le sont-ils même pour certains animaux ; et alors le
merveilleux de leur action disparaît, ou plutôt rentre dans le
mode d'action générale de la lumière. En un mot, on peut
concevoir que la faculté calorifique et chimique varie dans
toute l'étendue du spectre en même temps que la réfrangibilité, mais suivant des fonctions différentes ; de manière
que la faculté calorifique soit dans son *minimum* à l'extrémité violette du spectre, et dans son *maximum*, à l'extrémité rouge ; tandis qu'au contraire la faculté chimique,
exprimée par une autre fonction, aurait son minimum à
l'extrémité rouge, et son maximum à l'extrémité violette,
ou même un peu au-delà. Cette seule supposition, qui
n'est que l'expression la plus simple des phénomènes, satisfait parfaitement à tous ceux que nous venons de rapporter
dans ce Chapitre, et même elle permet d'en prévoir la plupart, d'après les seules analogies. En effet, si tous les
rayons qui produisent la vision, la chaleur et les combinaisons chimiques, sont également de la lumière, il faut
bien qu'ils se réfléchissent tous sur des corps polis, et qu'ils
s'y réfléchissent suivant la même loi, en formant l'angle
de réflexion égale à l'angle d'incidence ; d'où il résulte
qu'ils seront concentrés de même, ou dispersés par les mi-

roirs concaves ou convexes. Il faudra encore qu'ils se polarisent tous en traversant un cristal doué de la double réfraction, ou en se réfléchissant sur une glace avec une incidence
déterminée; et, quand ils auront reçu ces modifications, il
faudra bien qu'ils se réfléchissent sur une autre glace, si elle
est placée convenablement pour que sa force réfléchissante
sur les molécules lumineuses soit efficace. Au contraire,
si cette force ne produit aucun effet sur les molécules lumineuses visibles, la lumière invisible ne se réfléchira pas
davantage; car la cause qui fait que la réflexion s'opère ou
ne s'opère pas, paraît s'exercer également sur toutes les molécules, quelle que soit leur réfrangibilité; et ainsi elle
doit s'exercer encore sur les molécules de lumière invisible,
la condition d'invisibilité ou de visibilité n'étant relative
qu'à la constitution de nos yeux, et non pas à la nature
des molécules mêmes qui produisent en nous ces sensations.
Enfin, puisque, selon les observations de De Laroche, le
calorique obscur, émané d'un corps que l'on échauffe graduellement, approche aussi graduellement des conditions
et des propriétés que possède le calorique lumineux, on
conçoit que, lorsque l'émanation commence à devenir
visible, elle doit être d'abord analogue à la partie la moins
calorifique du spectre, qui se trouve à l'extrémité violette.
Aussi observe-t-on que toutes les flammes, lorsqu'elles
commencent à naître, sont d'abord violettes ou bleues, et
n'atteignent la blancheur que lorsqu'elles ont acquis un
plus haut degré d'intensité (1). Toutefois ces rapprochemens, par cela même qu'ils nous indiquent un état progressif, n'excluent point les propriétés particulières qui
peuvent appartenir exclusivement à telle ou telle phase de
la progerssion. Ainsi les émanations calorifiques de températures diverses, et les émanations lumineuses de diverses couleurs, pourront différer entr'elles dans la fa-

---

(1) Cette progression de teintes a même lieu pour la lumière que
l'étincelle électrique excite dans l'air. Je m'en suis assuré en tirant ces
étincelles à diverses distances, entr'une pointe mousse et une sphère
métallique; disposition qui permettait d'obtenir un jet continu, dont on
modérait à volonté l'intensité par l'éloignement.

culté de produire la vision, la chaleur, l'action chimique, dans la transmissibilité à travers les substances diaphanes, et peut-être dans beaucoup d'autres caractères que les physiciens n'ont pas encore étudiés. Si cette induction ne doit pas être mise au rang des vérités démontrées, du moins on voit qu'on peut s'en servir comme d'un guide assez fidèle pour découvrir les rapports des faits; aussi l'emploierons-nous à cet usage. Mais, afin de ne pas donner à nos recherches d'autre base que l'expérience, nous n'y introduirons point d'abord cette identité présumable, et nous désignerons par une dénomination particulière les émanations calorifiques obscures qui se font sentir à distance. Ce sera le *calorique rayonnant*, dont nous allons étudier les principales lois.

CHAPITRE II.

Lois du refroidissement et du réchauffement des Corps dans des milieux indéfinis.

Presque toutes les notions que l'on peut acquérir sur le rayonnement du calorique s'obtiennent en observant le refroidissement et le réchauffement progressif des corps dans divers milieux d'une température uniforme, soit que ces modifications résultent uniquement de l'émission libre du calorique et du contact du milieu; soit qu'elles aient aussi pour cause l'influence prochaine d'un autre corps. Le premier cas étant le plus simple, nous devons d'abord le considérer.

Pour le réaliser, il faut prendre un corps dont nous puissions connaître à chaque instant la température moyenne, puis, après l'avoir échauffé à un certain degré, nous le suspendrons dans un air calme, et nous observerons avec une montre à secondes le progrès de son refroidissement. Rien ne convient mieux à ce but qu'un vase cylindrique A B, fig. 4, de métal mince, traversé dans toute sa longueur par le réservoir, également cylindrique, d'un thermomètre, dont la tige divisée est saillante au-dehors. Un petit tuyau pratiqué dans la partie supérieure du vase, sert à le remplir d'eau bouillante ou de tout autre liquide, après quoi on le ferme avec un bouchon exact, pour prévenir le refroidissement qui résulterait de l'évaporation. Cela fait, on porte l'appareil dans une chambre assez vaste pour qu'il ne puisse pas en faire varier sensiblement la température ; on l'y suspend par trois cordons minces, où on le pose sur un pied de bois qui le touche par très-peu de points, de manière à ne lui enlever qu'une portion insensible de sa chaleur. Alors on voit le thermomètre intérieur baisser graduellement, et l'on observe avec une bonne montre les instans auxquels il atteint les divers degrés de son échelle. On observe aussi la température de la chambre par le moyen d'un thermomètre fixe, placé hors de l'influence du vase. Enfin, pour que l'expérience soit tout-à-fait exacte, il ne faut pas rester dans la chambre pendant l'intervalle des observations, ce qui modifierait nécessairement la température de l'air et le refroidissement du vase ; il suffit d'entrer de temps en temps pour observer l'état du thermomètre, ce que l'on peut faire de loin avec une lunette fixe ; et même il convient que les volets soient fermés entre les intervalles des observations, afin d'éviter les agitations que l'action de la lumière extérieure pourrait produire dans l'air.

Voici les détails d'une expérience faite de cette manière par Rumford, avec deux vases de laiton en feuilles, qui avaient quatre pouces de diamètre et quatre de hauteur. Les surfaces de leurs bases étaient parfaitement semblables ; mais les parois latérales du n° 1 étaient *nues*, et celles du n° 2 étaient *vêtues* d'une toile blanche fine, que l'on avait exactement serrée contre la surface métallique. Les temps sont exprimés en heures et minutes sexagésimales, les températures le sont en degrés de Fareinheit.

TEMPS.		TEMPÉRATURE.		TEMPÉRATURE de l'air.
H.	M.	N° 1 nu.	N° 2 revêtu.	
10	10	126½	126	43½
—	30	109½	106½	43½
—	45	105	100	43¾
11	—	101⅙	94¼	44
—	2½	—	94	—
—	15	97½	90¼	—
—	30	94	86¼	—
—	39	—	84	—
—	45	91¼	82½	—
12	—	88½	79½	—
—	15	85½	76	—
—	25	84	—	—
—	30	—	71½	—
—	45	80	70	—
1	—	78	68½	—
—	30	74¼	64½	—
2	—	71	61	43½
—	30	68¾	58¾	43½
3	—	65	56	—
—	30	63½	54¼	—

TEMPS.		TEMPÉRATURE.		TEMPÉRATURE de l'air.
H.	M.	N° 1 nu.	N° 2 revêtu.	
4	—	61¾	53½	34½
—	30	59½	52	—
5	30	57	49¾	42½
6	—	55½	49	—
—	30	54¼	48	—
7	—	53	47½	42
8	—	51½	46	—
9	—	50	45¼	—
10	—	49	45	—
8	12 mars.	43	42	40
On transporte les instrumens dans une chambre réchauffée.				
8	2	43	42	62
—	32	44¾	44¼	62½
—	47	46	46½	63
9	24	48	49½	—
10	—	50	52	—
—	41	51½	53	—
12	—	54	56½	—
12	26	54½	57	—
On termine l'expérience.				

Le seul aspect de ce tableau annonce une grande différence entre la marche des deux instrumens. Celui qui était
enveloppé de toile s'est refroidi beaucoup plus rapidement
que l'autre. Nous reviendrons tout-à-l'heure sur ce fait,
qui tient à une des lois les plus remarquables du rayonnement du calorique. Pour le moment, bornons-nous à considérer la marche propre de chaque appareil, et commençons par le n° 1.

La première considération qui se présente, c'est que la
température de l'appareil a d'abord baissé rapidement dans
les premiers instans où elle était beaucoup plus haute que
celle de l'atmosphère environnante; puis sa marche s'est
ralentie à mesure que cet excès est devenu moindre; de
sorte que l'égalité rigoureuse des températures semble être
une limite qui ne peut être atteinte que dans l'infini. Ceci
est tout-à-fait analogue à ce que nous avons déjà observé sur
la déperdition de l'électricité par le contact de l'air; aussi

la loi est-elle la même : l'abaissement du thermomètre de l'appareil, dans un temps infiniment petit, est sensiblement proportionnel à l'excès actuel de sa température sur celle de l'air environnant. Cette loi s'observe aussi dans le réchauffement des corps, lorsque leur température est plus basse que celle du milieu qui les environne. En la réduisant en formule elle permet de prévoir le degré où se trouvera le thermomètre de l'appareil à une époque quelconque, d'après la seule observation des degrés qu'il a marqués à deux époques connues. Cette détermination s'obtient par un simple calcul de logarithmes, comme on peut le voir dans le Traité général, ou la méthode est numériquement appliquée aux expériences précédentes et à beaucoup d'autres, faites dans l'air et dans divers liquides. Car la nature de la progression est la même dans tous les milieux; il n'y a que sa vitesse absolue qui change.

La découverte de ces beaux résultats est due à Newton, qui, considérant la température comme l'effet de toute la chaleur libre d'un corps, jugea que deux corps qui se touchent devaient, dans chaque instant infiniment petit, s'en communiquer mutuellement des quantités proportionnelles à celles que chacun d'eux possède. Newton confirma cette loi par des expériences directes; mais il paraît qu'il l'étendit trop loin, en voulant suivre ses conséquences indéfiniment dans toute l'échelle des températures. Une suite nombreuse d'expériences faites par De Laroche prouve, d'une manière incontestable, que la proportionnalité supposée par Newton n'est qu'une approximation dont l'usage est, à la vérité, suffisant quand la différence de température des corps en contact est fort petite, mais qui s'écarte de la vérité à mesure que cette différence devient plus considérable. Dans ce cas les quantités de calorique perdues par le corps le plus chaud croissent suivant une progression beaucoup plus rapide que la simple proportionnalité ne le supposerait. L'écart est insensible pour les différences de température au-dessous de 100°, et voilà pourquoi il a échappé à Newton et aux autres observateurs dont les expériences restaient pour l'ordinaire renfermées dans ces limites. Une accélération pareille a lieu également lorsque la

communication de la chaleur au lieu de s'opérer par contact
s'opère à distance, par le rayonnement d'un corps sur un
autre , soit direct soit réfléchi. La loi de Newton s'applique
encore à ce cas tant que la différence de température des
corps qui s'influencent est peu considérable , mais elle est
en défaut quand cette différence s'élève au-delà de 100°.
On peut voir dans le traité général les observations origi-
nales de De Laroche, avec leurs résultats, construits graphiquement, et représentés par des formules qui permettent d'en
suivre et d'en constater l'accélération.

C'est dans cette même série d'expériences que De Laroche découvrit ce beau fait dont j'ai déjà parlé plus
haut; savoir : que la proportion de calorique rayonnant, qui passe à travers une lame de verre , augmente à
mesure que le calorique émane d'un corps plus chaud.
D'abord insensible quand le corps n'a qu'une température
basse, elle s'élève progressivement jusqu'à l'état où il devient
lumineux, et même alors elle croît à mesure que sa lumière
devient plus vive. N'est-ce pas là, comme nous l'avons remarqué, une indication très-vraisemblable de l'identité de
nature entre le calorique et la lumière , celle-ci n'étant
que du calorique rayonnant émané d'une source assez chaude
pour devenir sensible à nos yeux ?

Pour établir ces résultats remarquables, De Laroche avait
commencé par se procurer des moyens sûrs pour élever successivement un même corps à diverses températures fixes.
Ensuite, pour chacune de ces températures, il observait l'influence calorifique exercée par le corps, à distance, sur un
thermomètre fixe, ou sur des cubes de glace fondante d'un
volume connu, en opérant d'abord directement à travers
l'air seul , puis à travers l'air et un écran de verre interposé. Mais, pour corriger dans ce dernier effet, ce qui pouvait être dû au réchauffement et au rayonnement propre
de la lame de verre, il recommençait une troisième fois
l'expérience, en noircissant la première face de cette lame,
ce qui rendait toute transmission directe impossible; et,
prenant l'effet thermométrique observé dans cette circonstance comme équivalent au moins à celui du réchauffe-

ment propre dans le verre nu, il le retranchait de l'effet total observé. Cette soustraction lui donnait un reste certainement inférieur, plutôt que supérieur, à l'effet de la transmission seule; et pourtant c'est ce reste qui, comparé à la différence totale des températures du corps chaud et du thermomètre, s'est accru dans une si rapide proportion. De toutes les expériences que De Laroche fit ainsi, la plus évidente et la plus sûre, est la suivante. Il modifia par des diaphragmes le nombre des rayons calorifiques qui pouvaient arriver au thermomètre, de manière que l'effet éprouvé par cet instrument, à travers l'air seul, fut égal pour diverses températures du corps chaud: il établissait cette égalité par expérience, et l'on conçoit qu'il doit être toujours possible de l'atteindre. Alors si la proportion de calorique transmise à travers le verre eût été constante, la même égalité d'effets aurait dû aussi s'observer en interposant un écran de verre dans le trajet des rayons, après avoir dépouillé comme tout-à-l'heure le résultat de la petite partie de l'effet dû au réchauffement propre de cette lame. Or, au contraire, la proportion de chaleur transmise à travers l'écran a augmenté avec rapidité, en même temps que la température de la source, quoique l'effet direct, à travers l'air seul, fût le même dans tous les cas. Si quelque physicien reprend un jour ces expériences, il sera intéressant qu'il examine si la progression ne serait pas différente, à températures égales, selon la substance dont est fait le corps rayonnant, et selon l'état de la surface. Car, puisqu'il est ainsi prouvé que les molécules calorifiques émanées d'un corps chaud ne sont pas modifiées de la même manière à toute température, les unes traversant plus aisément le verre que les autres, il serait possible que certains corps émissent plus abondamment telle espèce de ces molécules, de même que certaines flammes émettent plus de rayons bleus, et d'autres plus de rayons verts, ce qui les fait paraître bleues ou vertes par comparaison; et alors il se pourrait que l'influence calorifique de tel corps fût plus propre que celle de tel autre à produire certains phénomènes, par exemple, les combinaisons chimiques, que le

calorique obscur de l'extrémité violette du spectre parait
sur-tout avoir la faculté de déterminer. L'augmentation de
transmissibilité des rayons calorifiques à travers le verre, et
probablement à travers les autres substances diaphanes, peut
aussi être la cause, ou au moins une des causes de l'augmentation rapide qu'on observe dans l'influence calorifique des
corps à mesure que leur température s'élève. Car si, comme
tout l'indique, le rayonnement n'émane pas seulement de la
surface, mais aussi d'une petite profondeur dans l'intérieur
des corps, cette profondeur devra augmenter à mesure que
la température s'élevera, puisque la matière qui forme le
corps deviendra plus perméable aux rayons calorifiques; et
cette double circonstance devra produire un rayonnement
plus abondant.

A cet égard, De Laroche a encore établi une autre proposition importante, c'est que les rayons calorifiques qui
ont traversé perpendiculairement une première lame de
verre sont proportionnellement plus propres à en traverser
une seconde; car le faisceau transmis par la première lame
éprouve dans la seconde une déperdition beaucoup moindre.
Les preuves de ce fait s'obtiennent précisément par les
mêmes méthodes employées pour une seule lame, et elles
sont aussi certaines. Il en résulte que les rayons calorifiques
transmis à travers la première glace, ou sont d'une certaine
nature particulière, ou sont mis par elle dans un certain
état analogue à la polarisation, ce qui les rend plus propres
à traverser une autre lame.

Enfin, à l'aide des mêmes procédés, De Laroche a mesuré comparativement les quantités de calorique rayonnant
qui se transmettent à travers des lames de verre d'épaisseurs
diverses lorsqu'elles sont exposées, dans des circonstances
semblables, à l'influence d'un même corps chaud; et il a
trouvé que l'augmentation d'épaisseur affaiblissait la transmission dans une proportion considérable, au point de ba-
lancer et de rendre nuls les avantages d'une transparence
plus parfaite. Une lame de verre commun épaisse de $1^{mm},7$,
transmettait beaucoup plus de calorique qu'un plateau de
très-beau verre de 9^{uim} d'épaisseur.

Tels sont les résultats dus à la sagacité et à l'infatigable patience de De Laroche. Ils sont du plus haut intérêt, non-seulement par ce qu'ils prouvent, mais par ce qu'ils font prévoir. Les physiciens qui les poursuivront, y trouveront un sujet abondant de recherches importantes; mais, quelque perfection qu'ils y apportent, ils restera toujours à De Laroche, l'honneur de leur avoir ouvert le chemin.

CHAPITRE III.

Influence de l'état et de la nature des surfaces sur le rayon-nement du calorique. Théorie de son équilibre par échanges.

Dans la première expérience que nous avons faite sur le réchauffement et le refroidissement des corps, nous avons trouvé que deux vases métalliques de même nature, de même forme, remplis d'eau à une température égale, mais différens par ce seul point, que l'un était nu, et l'autre vêtu d'une fine enveloppe de toile de Hollande, se sont refroidis et réchauffés dans les mêmes circonstances avec des vitesses inégales, le vase vêtu plus rapidement que l'autre. Cette inégalité a été évidemment produite par l'enveloppe, puisque c'est-là l'unique différence qui existât entre les deux appareils. Mais comment en est-il résulté un pareil effet? C'est ce que font connaître les belles expériences de M. Leslie et celles de Rumford, que nous allons rapporter, en les combinant de manière à rendre la démonstration plus sensible.

Prenez deux vases métalliques polis, pareils à ceux dont s'est servi Rumford dans l'expérience citée. Tâchez d'établir dans tous les détails de leur construction, la plus parfaite similitude; puis, les ayant remplis tous deux d'eau à la même température, assurez-vous que leur refroidissement et leur réchauffement, dans les mêmes circonstances, s'opèrent avec des vitesses parfaitement égales. Alors, modifiez la surface de l'un d'eux d'une manière quelconque; par exemple, en la revêtant de quelque enveloppe animale ou végétale, ou en l'enduisant de quelques vernis, ou même en la noircissant à la flamme d'une lampe, ce qui la couvrira d'une couche de noir de fumée d'une épaisseur presque insensible. Aussitôt l'égalité sera troublée; et, en général, le vase vêtu se réchauffera et se refroidira plus vite que celui dont la surface métallique aura conservé son poli naturel. Or, les quantités de matières employées pour modifier la surface de l'autre vase étant, pour ainsi dire, inappréciables, et leur épaisseur infiniment petite ne pouvant influer d'une manière sensible sur la transmission de la chaleur par communication, il faut nécessairement en conclure que la seule modification qu'elles ont produite dans l'état des surfaces, a changé la vitesse de déperdition par voie de rayonnement, et l'a en général accélérée. On peut encore prouver cette influence des surfaces d'une autre manière, qui est due à M. Leslie. Prenez un cylindre métallique creux, pareil au vase dont s'est servi Rumford, mais avec cette seule différence, que ses parois latérales, au lieu d'être circulaires, soient formées de quatre rectangles parfaitement égaux, que nous distinguerons par les lettres a, b, c, d. Couvrez le rectangle a avec une enveloppe animale, par exemple, avec une peau de baudruche, ou une feuille de papier à écrire : couvrez de même le rectangle b avec une plaque de verre poli, le rectangle c avec une couche de noir de fumée, et enfin laissez à la quatrième face métallique son brillant et son poli naturel. Remplissez ensuite le vase avec de l'eau à une température assez élevée, telle que 60°. Puis, après avoir attendu quelques minutes pour que toutes les parties de l'appareil aient eu le temps de se mettre à la même température, portez-le dans une chambre, à la température ordinaire de 10°, par exemple, et présentez-le, par une de ses faces, à quelque distance d'un thermoscope fort sensible qui se sera mis depuis long-temps à la température du lieu, fig. 5 ; aussitôt la bulle du thermoscope sera repoussée, par l'effet du réchauffement et de la dilatation de l'air contenu dans la boule la plus voisine du vase chaud. Mais, ce qui est le point capital, la quantité dont elle s'éloignera ainsi sera inégale, selon celle des surfaces

que vous aurez présentée ; la répulsion sera la plus grande
possible, quand ce sera la surface couverte de noir de fumée qui regardera le thermoscope ; elle sera un peu moindre
quand ce sera la face couverte de baudruche ou de verre ;
et la plus faible de toutes, quand on présentera la face
métallique polie et nue. De cette inégalité d'influence produite par les diverses parties d'un même corps, constamment entretenues à une température commune, on est
évidemment forcé de conclure que les quantités de calorique rayonnant émises par un corps en un temps donné,
ne dépendent pas seulement de la forme de ce corps, de
son étendue et de sa température, mais encore de l'état de
sa surface ; et alors les expériences précédentes, considérées
sous ce point de vue, montrent que, parmi toutes les surfaces, celles qui ont le poli métallique rayonnent le moins
à température égale, et celles qui sont formées de substances
végétales, de noir de fumée, par exemple, rayonnent le
plus. Enfin, puisque nous avons trouvé que chaque corps
qui se refroidit plus vite qu'un autre, se réchauffe aussi de
même, il faut encore en conclure cette autre propriété
générale : les surfaces qui, dans des circonstances égales,
rayonnent le calorique plus abondamment que d'autres,
l'absorbent aussi en plus grande abondance par rayonnement.
Voici un tableau des facultés rayonnantes et réfléchissantes
de diverses substances, donné par M. Leslie :

Pouvoir rayonnant.		Pouvoir réflecteur.	
Noir de fumée.	100	Cuivre jaune	100
Eau.	100	Argent.	90
Papier à écrire.	98	Etain en feuilles.	80
Crown glass.	90	Acier.	70
Encre de Chine.	88	Plomb.	60
Eau glacée.	85	Etain mouillé de mercure.	10
Mercure.	20	Verre.	10
Plomb brillant.	19	Verre huilé.	5
Fer poli.	15		
Etain, argent, cuivre, or.	12		

Nota. Il ne faut pas considérer ces évaluations comme absolues,
mais seulement comme indiquant des différences.

Les observations qui nous font reconnaître ces différences dans l'intensité des facultés rayonnantes, ne nous indiquent point de corps dans lequel cette faculté soit absolument nulle. La glace même, qui nous parait si froide au contact, deviendrait réchauffante, si nous la transportions dans une chambre où la température de l'air fût à 20° au-dessous de zéro ; et une masse de glace fondante, présentée alors à la bou'e d'un thermoscope, repousserait la bulle, comme le faisait le vase rempli d'eau chaude dans les expériences citées plus haut. Un mélange de neige et de sel, refroidi jusqu'à 20° au-dessous de zéro, deviendrait de même un corps chaud, si on le transportait dans une atmosphère qui fût à — 40°. Dans tout cela, comme dans nos sensations mêmes, il ne faut rien voir d'absolu, mais seulement de simples différences. Nous sommes ainsi conduits à considérer tous les corps comme rayonnant le calorique à toute température, mais avec des intensités inégales, selon leur nature, selon l'état de leurs surfaces, et selon la température à laquelle ils sont amenés. Alors la constance de la température d'un corps consistera dans l'égalité des quantités de calorique rayonnant qu'il émet et qu'il reçoit en temps égal ; et l'égalité de température entre plusieurs corps qui s'influencent les uns les autres par leur rayonnement mutuel, consistera dans la compensation parfaite des échanges instantanés qui s'opéreront entre tous et chacun d'eux. Tel est le principe ingénieux de *l'équilibre mobile* imaginé par le professeur Prevost de Genève, principe dont l'application, dirigée avec justesse, et combinée avec les propriétés particulières aux diverses surfaces, explique tous les phénomènes que l'on observe dans la distribution du calorique rayonnant.

Obligé de renoncer ici au secours du calcul qui seul peut conduire cette explication dans tous ses détails, je me bornerai à quelques exemples qui en offriront les conséquences les plus générales. Commençons par l'équilibre de température. Imaginons un thermoscope, placé dans une chambre dont toutes les parties aient une température égale, et supposons qu'on l'y ait laissé assez long-temps pour la partager. Ayons dans la même chambre un disque opaque de nature et de forme quelconque, qui soit aussi à cette température. Si vous le présentez de loin ou de près à une des boules du thermoscope, la bulle ne se déplacera pas. La raison en est simple. Avant que vous eussiez approché le disque, la boule recevait à chaque instant, des parois et de l'air de la chambre, une certaine quantité de filets calorifiques, tant rayonnés que réfléchis, et elle en renvoyait par ce double mode, une quantité exactement égale, puisque sa température restait constante. Maintenant, lorsque vous lui présentez le disque opaque, vous interceptez pour chaque point de la boule, tous les rayons calorifiques qui se trouvent compris dans le cône sous lequel ce point-là voit le disque. Mais, en échange, le même point reçoit du disque un certain nombre de rayons compris dans le cône que nous venons de considérer; et, à cause de l'égalité supposée de la température, ce nombre est exactement égal à celui qui venait de la portion des parois sur laquelle le disque se projette. Ainsi, après l'interposition du disque, chaque point de la boule reçoit encore autant de chaleur en temps égal, qu'il en recevait précédemment; et comme la quantité qu'il en émet n'est point changée, il est évident que sa température et celle de la boule doivent rester constantes.

Il n'en sera plus de même si vous présentez au thermoscope un disque dont la température soit plus haute ou plus basse que celle du milieu; car alors le nombre de rayons calorifiques rayonnés ou réfléchis par ce disque en un temps donné sera, dans le premier cas, plus grand, dans le second, moindre que ce qui venait de la portion des parois qu'il cache. Ainsi, en supposant que son influence calorifique s'exerce sur une seule des boules du thermoscope, l'autre étant préservée par un écran opaque, tel qu'un papier doré, par exemple, la boule qui voit le disque recevra de lui plus ou moins qu'elle n'émet, et par conséquent sa température devra s'élever ou s'abaisser, ce qui fera marcher l'index. L'effet sera d'autant plus sensible, que la température du disque différera plus de celle du thermoscope, et que la faculté rayonnante de sa surface sera plus énergique.

Le raisonnement sera encore pareil, si vous transmettez l'action calorifique par l'intermédiaire de l'appareil à miroirs métalliques conjugués. Placez par exemple, un thermomètre à boule noircie au foyer d'un des miroirs; et, lorsqu'il aura pris, ainsi que les miroirs mêmes, la température du milieu ambiant, placez à l'autre foyer un corps quelconque qui soit aussi à cette même température. Le thermomètre ne bougera pas. En effet, quand le passage était encore libre par l'autre foyer, il arrivait à ce point, de tous les côtés de l'espace, un certain nombre de rayons calorifiques qui, après s'y être croisés, tombaient sur le second miroir, étaient réfléchis par lui vers le premier, et de là se concentraient sur le thermomètre. Ces rayons sont, à la vérité, interceptés par le corps opaque que vous avez placé au foyer; mais comme il est supposé à la même température que l'espace, il envoye, tant par rayonnement que par réflexion, un nombre de rayons exactement éga¹, qui tombent de même sur le second miroir, vont de là au premier, et se réfléchissent sur le thermomètre; de sorte que celui-ci n'éprouve, dans l'influence qui l'affecte, aucune espèce de changement. Mais il n'en serait plus de même, si le corps placé au foyer avait une température plus haute ou plus basse que celle de l'espace et du thermomètre ; car alors celui-ci, après l'interposition, recevrait, par l'intermédiaire des miroirs, plus ou moins qu'il ne recevait auparavant, et aussi plus ou moins qu'il ne perd en temps égal, soit par réflexion, soit par émission ; d'où il suit que sa température devrait s'élever dans le premier cas, et s'abaisser dans le second. C'est aussi ce que l'expérience confirme. Par exemple, la chambre étant à la température de $+$ 20°, si l'on met au second foyer un matras rempli d'eau bouillante, on verra à l'instant monter le thermomètre placé au premier foyer. Au contraire, il baissera, si l'on place au second foyer un morceau de glace, et il baissera, davantage encore, si l'on substitue à la glace un mélange de sel et de neige d'une température plus basse. Tous ces phénomènes sont, comme on voit, des conséquences nécessaires de l'égalité des échanges, et ils en offrent une confirmation frappante, comme l'ingénieux auteur de cette théorie l'a le premier fait voir. Seulement, pour les comprendre, il faut admettre que tous les corps, dans les températures les plus basses où nous puissions les placer, émettent encore des rayons calorifiques ; mais il n'y a rien à cela qui doive surprendre, et même qui ne soit conforme à la plus évidente analogie. Car les idées de chaud et de froid n'ont en elles rien d'absolu ; elles n'expriment que de simples différences. La glace est froide pour un thermomètre qui sort de l'eau bouillante ; elle est au contraire très-chaude pour celui qui sort d'un mélange de sel ammoniaque et de neige à — 20°. Toutes les influences relatives de ces corps les uns sur les autres s'expliquent ainsi avec la plus grande simplicité par la seule considération des différentes quantités de calorique qu'ils émettent, sans qu'il soit besoin pour cela de recourir, comme l'ont fait quelques physiciens, à l'hypothèse d'un prétendu rayonnement frigorifique, qui n'est ni nécessité, ni même indiqué par les faits.

Une circonstance éminemment propre à établir cette inégalité d'échanges, et à en rendre les conséquences évidentes, c'est d'exposer un corps, la nuit, à l'aspect libre d'un ciel serein, en l'isolant d'ailleurs, aussi bien que possible, de toute cause terrestre de réchauffement. Car alors, tout ce que ce corps rayonnera de chaleur vers les espaces célestes sera perdu pour lui ; et, si ce qu'il reçoit du contact de l'air et des corps environnans ne suffit pas pour compenser cette perte, sa température devra s'abaisser. C'est en effet ce qu'a constaté le premier, M. Ch. Weels, en appliquant immédiatement des thermomètres à réservoir plan sur des corps ainsi exposés. On conçoit que la pureté du ciel est nécessaire pour que la déperdition du calorique rayonnant s'opère ; car les nuages, comme tous les autres corps diaphanes, doivent, d'après les expériences de De Laroche, arrêter le calorique qui n'émane pas d'un corps très-chaud. Le meilleur moyen de faire l'expérience, consiste à placer un thermomètre au foyer d'un miroir métallique concave, que l'on tourne vers le ciel. Le métal, rayonnant peu de chaleur par lui-même, réchauffe peu le thermomètre ; et comme il est bon réflecteur, il le met en communication rapide avec une plus grande partie de l'espace, et accélère ainsi le refroidissement. Cette disposition a été imaginée par M. Wollaston. On conçoit que l'expérience doit mieux réussir dans un temps calme, que si l'air est agité, parce que, dans ce dernier cas, le contact de ce fluide, perpendiculairement renouvelé, doit réparer en plus grande partie les pertes que le thermomètre éprouve. Mais ce qui précède suffit pour indiquer les nombreuses conséquences du principe.

Telle est, comme M. C. Weels l'a fait voir, la cause de la rosée et de la gelée blanche. Lorsque les corps exposés à l'aspect d'un ciel serein se sont refroidis par cet aspect à un degré assez bas au-dessous de la température de l'air ambiant, ils déterminent sur leur surface une précipitation d'eau, qui est la rosée même; et, si leur refroidissement est assez énergique, ou s'ils sont assez isolés de toute communication avec d'autres corps, ils gèlent cette eau. On fait ainsi, en grand, de la glace au Bengale, depuis un temps immémorial. D'après cela, on conçoit que la rosée se déposera plus difficilement sur les corps dont le rayonnement est moindre, comme les métaux polis, parce qu'alors l'air a plus d'avantage pour les réchauffer. Aussi en sont-ils atteints très-rarement, au lieu qu'on en voit en abondance sur le verre, qui est une substance fort rayonnante. On conçoit de même pourquoi la rosée ne s'observe que dans les temps où le ciel est serein, et où l'air n'est point agité. J'ai donné dans le Traité général plus de détails sur cet objet intéressant.

CHAPITRE IV.

Lois de la propagation de la Chaleur dans les Corps solides.

Lorsqu'une barre métallique est plongée par un de ses bouts dans un milieu plus chaud que l'air qui l'environne, par exemple, dans le feu d'une forge ou dans un métal en fusion, tout le monde sait que la chaleur ne se transmet pas instantanément à son autre extrémité; elle ne s'y fait sentir qu'après un temps plus ou moins long, qui dépend de la nature et de dimensions de la barre. Essayons d'analyser cet effet.

Pour cela, considérons, fig. 6, une barre cylindrique indéfinie A B, assez mince pour que tous les points d'une quelconque de ses sections transversales puissent être censés avoir à chaque instant une température commune; et supposons le bout A en contact avec une source constante de chaleur qui agisse immédiatement sur lui seul, le reste de la barre étant préservé de son rayonnement par des écrans polis. Ces dispositions faites, la chaleur commencera à se propager progressivement de A vers B, à travers la matière de la barre; et, si l'on distribue en diverses parties de sa longueur des thermomètres dont la boule soit logée dans des trous percés dans le métal même, et remplis de mercure, pour rendre le contact plus intime, on verra ces thermomètres monter successivement, à commencer par ceux qui sont les plus voisins de la source. Pendant ce mouvement, considérons dans la barre trois élémens cylindriques contigus, 'M, M, M', assez minces pour pouvoir être considérés comme de simples points. L'élément intermédiaire M recevra à chaque instant de la chaleur de celui qui le précède, et en communiquera à celui qui le suit. Ainsi, en supposant les températures assez peu élevées pour que la loi observée par Newton soit encore admissible, le thermomètre M devra, en vertu de cette seule cause, éprouver à la fois une petite élévation proportionnelle à l'excès de la température de 'M sur la sienne, et un petit abaissement proportionnel à l'excès de sa température sur celle de M'; de sorte que la différence seule lui restera. En conséquence, s'il ne se faisait aucune autre déperdition de chaleur, il est évident que chaque thermomètre monterait continuellement jusqu'à ce qu'il atteignît la température même de la source; ce qui n'aurait lieu, à la rigueur, qu'après un temps infini. Mais, dans toutes les expériences, le rayonnement modifie ce résultat; car, dès que chaque élément de la barre est échauffé au-dessus de la température de l'air qui l'environne, il émet dans cet air, par tous les points de sa surface, plus de calorique rayonnant qu'il n'en reçoit du dehors, en temps égal; et, dans les limites de températures que nous avons supposées, cette cause produit à chaque instant, dans chaque thermomètre M, un petit abaissement proportionnel à l'excès de sa température actuelle sur celle de l'air. De là il résulte que les thermomètres montent moins vite que dans la supposition précédente, et n'atteignent jamais la température de la source, même après un temps infini ; car ils doivent évidemment s'arrêter lorsque l'excès de température qui leur est communiqué à chaque instant par l'élément précédent 'M, ne fait plus que compenser exactement ce qu'ils perdent par le contact de l'élément suivant M', et par le rayonnement dans l'air. Alors l'état thermométrique de la barre devient stationnaire, et la température de ses divers points va en diminuant à mesure qu'ils sont plus éloignés de la source constante de chaleur.

L'énoncé algébrique des conditions précédentes conduit à une formule qui détermine, pour un temps quelconque, la température de chaque thermomètre, en fonction, de sa distance à la source, et de la température de celle-ci ; mais en cherchant à l'établir, on trouve que les règles du calcul ne peuvent pas être satisfaites, si l'on suppose que chaque point matériel et infiniment petit de la barre ne reçoit de chaleur que par le contact du point qui le précède, et n'en communique qu'au point qui le suit. Cette difficulté ne peut être levée qu'en admettant, comme l'a fait M. Laplace, qu'un même point est influencé, non-seulement par ceux qui le touchent, mais par ceux qui l'avoisinent à une petite distance, en avant et en arrière. Alors l'homogénéité se trouve rétablie, et toutes les règles du calcul différentiel sont observées. Or, pour que l'influence calorifique se fasse sentir ainsi à distance, dans l'intérieur de la barre, il faut qu'il s'y opère, à travers la substance même des élémens solides, un véritable rayonnement, analogue à celui que nous avons observé à travers les substances diaphanes, mais dont l'influence sensible est bornée à des distances incomparablement plus petites. Ce résultat n'a rien qui doive surprendre. En effet, Newton nous a appris que tous les corps, même les plus opaques, deviennent transparens lorsqu'ils sont suffisamment amincis ; et toutes les observations sur le calorique rayonnant nous ont déjà indiqué qu'il n'é-

mane pas seulement de la surface externe des corps, mais
aussi des molécules matérielles situées sous cette surface,
en s'affaiblissant de plus en plus, jusqu'à devenir insensible
à une profondeur très-petite, qui est probablement variable dans un même corps avec sa température. Toutes ces
considérations, si différentes dans les circonstances auxquelles
elles s'appliquent, conduisent, comme on voit, au même
but; et le mécanisme même du calcul achève de nous en
montrer la nécessité. On peut voir dans le Traité général,
que la formule déduite de ces principes satisfait parfaitement aux observations, non-seulement dans le cas où l'état
de la barre est devenu stationnaire, mais encore dans les
différentes phases par lesquelles la chaleur se communique
entre ses différens points.

La propagation de la chaleur dans les corps solides dont
toutes les dimensions sont sensibles, dépend encore des
mêmes principes. Alors chaque point de l'intérieur du corps
communique de la chaleur à tous ceux qui l'environnent à
une petite distance, et en reçoit d'eux. L'excès de cette
seconde quantité sur la première constitue ce qu'il garde,
et détermine proportionnellement la quantité dont sa température propre s'accroît à chaque instant. Mais, pour les
points qui sont situés à la surface du corps, cette différence
ne leur reste pas toute entière; elle est affaiblie par le
rayonnement, proportionnellement à l'excès de la température de la surface sur celle du milieu qui l'environne, ce
qui forme pour ces points-là une condition de plus à joindre
à l'équation générale de la propagation. M. Fourier avait
le premier formé cette condition pour une sphère, pour un
cylindre, et il l'avait étendue par analogie à un corps de
figure quelconque. M. Poisson l'a démontrée généralement
de la manière suivante. Considérant le corps échauffé comme
une masse indéfinie, il établit par la pensée, dans son intérieur, une cloison idéale, de forme quelconque, qui le divise
en deux parties distinctes; puis, il évalue la quantité totale de
chaleur qui passe à chaque instant d'une de ces parties dans
l'autre, à travers la surface de séparation. Maintenant, si l'on
supprime un des deux segmens, et qu'on enlève à l'autre, par

le rayonnement, les mêmes quantités de chaleur qu'il communiquait à la partie enlevée, il est clair que l'équilibre de la chaleur n'éprouvera aucune altération dans la portion conservée; et sa distribution, ainsi que son mouvement, y demeureront les mêmes qu'auparavant. De là on voit qu'on obtiendra la condition analytique relative aux points de la surface, supposée rayonnante, en évaluant l'élévation de température qui se transmet à chaque instant du dedans à chacun de ces points, et égalant cette quantité à l'abaissement instantané que le rayonnement doit produire. Cette méthode a en effet conduit M. Poisson à l'équation déjà obtenue par M. Fourier.

Toutes les considérations précédentes sont établies sur la loi de communication de la chaleur que Newton a adoptée. Elles doivent donc cesser d'être applicables à de hautes températures où cette loi n'a plus lieu. Les formules supposent en outre que les qualités physiques d'où dépendent la conductibilité et le rayonnement sont les mêmes dans toute l'étendue de la barre. Or, je me suis assuré par l'expérience que cette constance n'a pas lieu, même dans les barres homogènes, lorsque leurs diverses parties ont des températures inégales qui, sans être fort élevées, sont cependant comparables à celle qui peut déterminer leur fusion.

L'expérience prouve que différentes barres, même métalliques, plongées par un bout, dans une température constante, propagent la chaleur avec plus ou moins de rapidité. Suivant les expériences d'Ingenhouse, l'argent et l'or sont les métaux les plus conducteurs; ensuite viennent le cuivre, l'étain, le platine, à peu près égaux entr'eux; enfin le fer, l'acier et le plomb, qui sont très-inférieurs aux autres. Le verre, la porcelaine, la terre à poterie, conduisent moins qu'aucun métal. Le charbon, et les diverses espèces de bois, quand ils sont secs, conduisent peut-être plus mal encore. Mais, d'après une observation très-utile de Rumford, rien ne transmet moins la chaleur, à poids égal, que les substances composées de filamens très-fins, ou de petites parcelles qui se touchent par très-peu de points, comme le cuir, la laine en flocons, la soie en brins, le duvet, le son, etc. Cela peut tenir à ce que les parcelles qui composent ces substances étant fort petites et séparées, il se fait de nombreuses réflexions entre elles; et aussi à ce qu'elles retiennent l'air comme emprisonné dans leurs contours, soit par une affinité propre qui leur permet de fixer, sur leur surface, une mince couche de ce fluide, soit par le seul obstacle mécanique qu'elles opposent à son déplacement; deux causes qui doivent également l'empêcher de se renouveler et d'emporter avec lui la chaleur.

CHAPITRE V.

De la capacité des Corps pour le Calorique.

DANS toutes les expériences que nous avons rapportées jusqu'à présent, sur la propagation et la communication de la chaleur, nous n'avons considéré que des accroissemens ou des diminutions de température. Il faut maintenant chercher à connaître quels rapports existent entre ces variations et les quantités absolues de chaleur absorbées ou dégagées par les corps. Cette recherche sera en effet particulièrement propre à former les idées que nous devons avoir sur la nature du principe qui produit la chaleur.

Le moyen le plus direct de découvrir ces rapports consiste à faire refroidir un même corps, successivement de plusieurs nombres de degrés connus, et d'employer le calorique qui s'en dégage à produire un même effet toujours identique, dont la répétition puisse lui servir de mesure. On a cet avantage dans la fusion de la glace. Nous avons reconnu que la glace fondante a une température fixe, et que toute la chaleur qu'on lui communique est uniquement employée à la fondre. Si donc on enlève à chaque instant l'eau qui en résulte, et qu'on présente incessamment à l'action du calorique une nouvelle quantité de glace, l'effet sera toujours identiquement semblable à lui-même, et une quantité double ou triple de glace fondue exigera évidemment une quantité double ou triple de chaleur; de sorte qu'on évaluera la proportion de cette dernière, qu'on ne peut voir, par la quantité de glace fondue qu'on peut peser. Il ne reste plus qu'à réaliser cette conception ; tel est l'objet de l'instrument que MM. Lavoisier et Laplace ont imaginé et ont appelé *calorimètre*.

Il est composé de deux vases métalliques semblables, $ABCD$, $A'B'C'D'$, fig. 7, contenus l'un dans l'autre, et maintenus séparés par de petites tringles de métal, qu'il serait mieux de faire en bois ou en verre. L'intervalle de ces deux vases est rempli de glace pilée en petits morceaux, et tassée de manière à former une enveloppe continue. Pour l'y introduire, on enlève le couvercle AB, et quand l'appareil est rempli on le replace. Il est clair qu'en prenant soin de renouveler constamment cette glace, à mesure qu'elle vient à fondre par l'effet de la température de l'atmosphère, supposée plus haute que $0°$, le vase intérieur $A'B'C'D'$, et la capacité qu'il renferme seront maintenus constamment à zéro. Mais, pour pouvoir effectuer ce renouvellement, il faut soustraire l'eau qui se forme par cette fusion progressive ; tel est le but d'un robinet latéral placé à la partie inférieure de l'intervalle des deux vases.

Maintenant, dans le vase intérieur on en suspend un autre plus petit $A''B''C''D''$, formé d'un simple treillage de fil de fer, et destiné à renfermer les corps que l'on veut faire refroidir. L'intervalle entre ce troisième vase et $A'B'C'D'$ est également rempli de glace pilée en très-petits morceaux, qu'on y introduit de même en levant le couvercle $A'B'$; et l'eau qu'elle produit, à mesure qu'elle vient à se fondre, s'écoule par un robinet inférieur R' dans un vase où on la recueille pour la peser exactement. Cela posé, admettons pour un moment que l'air extérieur n'ait aucun accès dans l'intérieur du calorimètre. Alors, après un temps plus ou moins considérable, la glace intérieure arrivera à la température de l'intervalle extérieur, c'est-à-dire, à $0°$; et elle se maintiendra à ce degré invariablement, tant que l'enveloppe extérieure de la glace ne sera pas tout-à-fait fondue. Mais, introduisez dans le vase $A''B''C''D''$, un corps dont la température soit élevée au-dessus de zéro : ce corps se refroidira graduellement; et, en se refroidissant, il fondra la glace environnante, ce qui produira une certaine quantité d'eau qui s'écoulera par le robinet inférieur R′. Si l'on recueille cette eau et qu'on la pèse, elle sera évidemment la mesure de la quantité de chaleur dégagée par le corps en se refroidissant jusqu'à o°.

L'expérience, pour être bien faite, exige quelques précautions. D'abord il faut bien se garder d'employer de la glace plus froide que o°; car toute la chaleur dégagée par le corps intérieur, s'emploierait à l'amener à cette température avant de la fondre, et l'effet en serait ainsi dissimulé. On évite cet inconvénient en employant de la glace fondante ou prête à fondre, et en opérant dans une atmosphère plutôt élevée d'un ou deux degrés, au-dessus de o°, qu'abaissée au-dessous. Car alors on sera sûr que la température de la glace sur laquelle on opère, est réellement o° comme on le desire, puisqu'elle se maintient à ce degré fixe tant qu'elle n'est pas tout-à-fait fondue. Cela a encore un autre avantage. On ne peut jamais éviter absolument l'introduction de l'air extérieur dans le calorimètre; s'il était beaucoup plus chaud que la glace intérieure, il en fondrait une quantité qui pourrait être sensible, et qui, en se mêlant aux résultats, les altérerait; si, au contraire, il était plus froid que o, il abaisserait la température de la glace et l'empêcherait de fondre. A cause du peu de densité de l'air, deux ou trois degrés, en plus, sont à cet égard de peu d'influence, ce qui multiplie les occasions où l'expérience peut se faire. Mais, on la rendra beaucoup plus exacte, si, en opérant toujours dans des températures un peu supérieures à o°, on prend soin d'avoir un second calorimètre en tout semblable au premier et chargé de même; avec cette seule différence qu'on ne mette point de corps chaud dans l'intérieur. Alors la quantité de glace fondue dans celui-ci donnera immédiatement l'effet de la température de l'air. Il ne reste qu'à rendre ces deux calorimètres bien comparables. Pour cela, après les avoir chargés, on les laissera égoutter quelque temps, par exemple, une heure. On jettera l'eau que l'un et l'autre auront donnée; et, ayant introduit le corps

chaud dans l'un d'eux, on recommencera à les observer tous
deux de nouveau. Quand le refroidissement sera terminé,
ce que l'on jugera par la lenteur de la fusion, on pesera les
quantités d'eau formées dans les deux calorimètres, et, retranchant l'une de l'autre, la différence exprimera ce qui
est produit par la seule action du corps chaud introduit dans
l'un d'eux; enfin, pour plus de sûreté, on pourra alterner
l'expérience.

Ici une difficulté se présente. Lorsqu'on retire ce corps,
chaque morceau de glace solide qui reste dans l'appareil retient à sa surface une petite couche de l'eau qu'il a formée.
Cette couche, quoique très-mince sur chaque morceau,
doit, pour la masse totale de la glace contenue dans le calorimètre, former une quantité considérable. Cela est vrai.
Mais, si l'on a opéré avec les précautions que nous avons
prescrites, c'est-à-dire à quelques degrés au-dessus de la
glace fondante, une petite couche d'eau exactement pareille
adhérait déjà à la surface de chaque morceau de glace,
lorsque l'on a introduit le corps échauffé. Cette couche,
qui a dû la première s'écouler, compense donc exactement celle que la glace conserve quand le refroidissement
est fini.

Il importe encore de faire remarquer que l'esprit de cet
appareil consiste principalement dans l'influence de l'enveloppe extérieure de glace, comprise entre les deux vases
métalliques A B C D, A′ B′ C′ D′; car c'est cette enveloppe qui, par sa présence, maintient à zéro la température de la glace intérieure, et l'empêche de se fondre autrement que par l'action du corps introduit dans l'espace qu'elle
contient.

Supposons que ce corps soit solide, et de nature à ne
point changer d'état depuis la température de la glace fondante jusqu'à celle de l'ébullition de l'eau; alors, l'ayant
porté à une température quelconque, comprise entre ces
limites, et mesurée en degrés du thermomètre à mercure,
plaçons-le dans le calorimètre, et laissons-le se refroidir
jusqu'à o. Quand il y sera revenu, nous trouverons que la
quantité de glace qu'il a fondue, est proportionnelle au

nombre de degrés dont sa température était élevée au-dessus de celle du calorimètre ; de sorte que, s'il en a fondu un kilogramme en se refroidissant de 10° à o, il en fondra deux kilogrammes en se refroidissant de 20° à o, trois en se refroidissant de 30° à o, et ainsi de suite dans toute l'étendue de l'échelle thermométrique. Mais la constante de cette proportionnalité sera différente pour différens corps, à masse égale. Par exemple, si un certain poids de tôle ou de fer battu, porté à 30° de température, a fondu 11 kilogrammes d'eau, le même poids de mercure, porté à la même température, n'en fondra que 3 kilogrammes. La fixation de la masse est ici un élément essentiel ; car une masse double ou triple d'un même corps fond une quantité de glace double ou triple, dans des circonstances pareilles.

Pour nous former une idée nette de ces résultats, et en développer sûrement les conséquences, prenons pour unité de calorique la quantité inconnue de ce principe, qui est nécessaire pour fondre un kilogramme de glace à o° ; puis représentons par x le nombre total et inconnu d'unités pareilles qui, à la température de la glace fondante, sont contenues dans chaque kilogramme d'un corps A, de quelque manière que ce calorique y subsiste, qu'il s'y trouve combiné et fixe, ou mobile et échangeable par rayonnement avec les autres corps de l'espace, ou enfin, partiellement dans ces divers états. Si nous élevons la température de A jusqu'à T degrés du thermomètre à mercure, et que nous le laissions ensuite refroidir jusqu'à zéro dans le calorimètre, il y fondra un certain nombre de kilogrammes de glace, que nous pouvons représenter par N ; donc, selon nos précédentes conventions, N exprimera aussi la nouvelle quantité de calorique qu'il a fallu introduire dans le corps pour élever à sa température de o° à T°. Or, l'expérience montre qu'entre o et 100°, le nombre N est proportionnel au nombre T de degrés, du moins lorsque le corps ne change pas d'état. Conséquemment, si nous divisons N par T, le quotient $\frac{N}{T}$, que nous nommerons c, exprimera, entre ces limites, le nombre de kilogrammes de glace que le corps peut fondre en abaissant d'un degré sa température ; et ce même quotient exprimera aussi, en fonction de notre unité primitive, la quantité de calorique nécessaire pour élever ou abaisser sa température d'un degré. D'après cela, pour toute autre température t, comprise aussi entre les limites de l'échelle thermométrique, $x + c\,t$ exprimera la quantité totale de calorique contenue dans A, et $c\,t$ sera le nombre de kilogrammes de glace à 0° qu'il peut fondre, en se refroidissant jusqu'à 0°. Si la masse du corps, au lieu d'être un kilogramme, était m, sa nature restant la même, il faudrait la considérer comme composée de m kilogrammes exactement pareils au précédent. Alors la quantité primitive de calorique qu'il contiendrait à 0° serait $m\,x$, celle qu'il contiendrait à t degrés serait $m\,x + m\,c\,t$, et $m\,c\,t$ exprimerait le nombre de kilogrammes de glace à 0° qu'il pourrait fondre, en se refroidissant depuis t degrés jusqu'à 0°, dans le calorimètre. On voit qu'il suffit de raisonner sur l'unité de masse, sauf à multiplier les résultats par le nombre de ces unités que contient le corps que l'on considère.

D'après ce que j'ai annoncé tout-à-l'heure sur la comparaison de la tôle avec le mercure, on voit que le nombre c varie d'une substance à une autre. Il varie même pour chaque substance, quand elle change d'état, c'est-à-dire quand elle devient de solide liquide, de liquide aériforme, ou réciproquement. Il est même vraisemblable que ces variations commencent à être sensibles avant que le changement d'état s'effectue. Il faut donc déterminer le nombre c par observation dans ces diverses circonstances. C'est ce que l'on fait, et on le nomme *la chaleur spécifique des corps*.

Si le corps est solide, on en prend une masse connue, on l'élève à une température connue ; et, le plaçant dans le calorimètre, on mesure par des pesées le nombre de kilogrammes de glace à 0°, qu'il a fondue en se refroidissant jusqu'à 0°. On divise ce nombre par le produit de la masse du corps et du nombre de degrés qui exprimait primitivement sa température, c'est-à-dire par $m\,t$; le quotient est la chaleur spécifique du corps, pour l'unité de masse.

Par exemple, on a introduit dans le calorimètre une masse

de tôle ou fer battu pesant, en kilogrammes, $3^k,772640$; et dont la température, au moyen d'un bain d'eau bouillante, avait été portée à $97^o,5$ du thermomètre centésimal. Au bout de onze heures, toute la masse était refroidie jusqu'à 0°, et le calorimètre bien égoutté a fourni $0^k,542004$ de glace fondue. Ainsi la chaleur spécifique c de la tôle, conformément à nos définitions, sera

$$\frac{0,542004}{3,77264.\ 97,5}, \quad \text{ou} \quad 0,0014735.$$

Cette expérience a été réellement faite par MM. Lavoisier et Laplace, mais avec d'autres unités de poids et de température. Ils mesuraient les poids en livres, et les températures en degrés du thermomètre de Réaumur. Ils avaient employé $7^l,7070319$ de tôle qui, portée à 78° R. de température, leur avait donné $1^l,109795$ de glace fondue. Ainsi la chaleur spécifique de la tôle, dans ce système d'unités, est

$$\frac{1,109795}{7,7070319.\ 78}, \quad \text{ou} \quad 0,001841875.$$

On voit, par cet exemple, que la valeur numérique de c est indépendante de l'unité de poids que l'on a choisie, parce que la même unité se retrouve au numérateur et au dénominateur de la fraction qui l'exprime. Mais il n'en est pas ainsi de la division thermométrique dont on fait usage ; celle-ci influe sur c, dont elle est seulement diviseur. D'après cette remarque, il est facile de convertir les résultats les uns dans les autres, en multipliant chaque valeur de c, obtenue avec un certain mode de division, par le rapport de ce mode à celui dans lequel on veut la transporter. Par exemple, si l'on multiplie notre première valeur de c par $\frac{100}{80}$, on trouvera la seconde, parce que cela revient à remplacer, au dénominateur, le facteur $97,5$ qui exprime la température centésimale, par le facteur $\frac{97,5.80}{100}$, ou 78, qui exprime la température octogésimale.

On peut même encore rendre les valeurs numériques de c indépendantes de cette réduction, en les exprimant toutes au moyen d'une d'entr'elles prise pour unité. Alors le mode de division employé pour la température disparaît aussi ; et les résultats deviennent communs à tous les modes. C'est ainsi qu'en ont usé généralement les physiciens. Mais, pour pouvoir déduire aussi de ces résultats les quantités absolues de glace que chaque substance peut fondre en se refroidissant dans des limites données, il faut que l'on énonce encore la valeur absolue de c pour la substance à laquelle ou rapporte toutes les autres, et alors il devient nécessaire de spécifier le mode de division adopté pour exprimer la température.

Pour connaître la chaleur spécifique des liquides, on les introduit dans le calorimètre, en les plaçant dans des vases dont le refroidissement a été préalablement observé, et dont on a ainsi déterminé la chaleur spécifique. Quand tout le système est revenu à 0°, on observe le poids total de la glace fondue, on en retranche ce que le vase aurait dû fondre à lui seul, et l'on divise le reste par le produit de la masse et de la température du liquide.

Par exemple, MM. Lavoisier et Laplace, voulant déterminer la chaleur spécifique de l'acide nitreux, mirent quatre livres de cet acide dans un matras de verre sans plomb, pesant $0^l,53125$, et dont la chaleur spécifique c, rapportée à la division octogésimale, pour l'unité de masse, était $0,003215$. Le système fut porté dans un bain d'eau bouillante, à la température de 80° R., et on le plaça ensuite dans le calorimètre. Au bout de vingt heures, le refroidissement était achevé, et la machine, bien égouttée, donna $3^l,66406$ de glace fondue. Or, le vase seul aurait dû fondre un nombre de kilogrammes exprimé par $0^l,53125.0,003215.80$, c'est-à-dire $0,1366$, qui, retranchés de 3^l66406, donnent 3^l5274 pour la quantité de glace fondue par le liquide seul ; et cette quantité étant divisée par 320, produit de la masse du liquide et de sa température, donne, pour sa chaleur spécifique, $0,0110232$. Cette évaluation est calculée, en prenant la division de Réaumur. Si l'on veut adopter la division centésimale, il faudra la multiplier par $\frac{80}{100}$, et elle deviendra $0,00881856$.

En opérant sur l'eau liquide de la même manière,

MM. Lavoisier et Laplace ont trouvé qu'une livre d'eau liquide, élevée à la température de 60° R., ou 75° centésimaux, fondait précisément une livre de glace en se refroidissant jusqu'à 0°. Conséquemment la chaleur spécifique absolue de l'eau, en adoptant la division octogésimale, sera $\frac{1}{60}$, ou 0,0166666 $\frac{2}{3}$; et si l'on veut adopter la division centésimale, ce sera $\frac{1}{75}$, ou 0,0133333 $\frac{1}{3}$.

Si l'on divise par l'une ou l'autre de ces quantités les chaleurs spécifiques absolues, évaluées dans l'un et l'autre système, on aura les chaleurs spécifiques *relatives*, c'est-à-dire, rapportées à celle de l'eau, prise pour unité. Mais pour qu'on puisse revenir de ces valeurs aux résultats absolus, il faut toujours y joindre la chaleur spécifique absolue de l'eau. Voici quelques résultats de ce genre donnés par MM. Lavoisier et Laplace :

Désignation des substances.	Chaleur spécif. relat.
Eau commune.	1,00000
Tôle ou fer battu.	0,11051
Verre sans plomb.	0,19299
Mercure.	0,02900
Oxyde rouge de mercure.	0,05011
Plomb.	0,02819
Oxide rouge de plomb.	0,06227
Etain.	0,04734
Soufre.	0,20850
Huile d'olive.	0,30961
Chaux vive du commerce.	0,21689
Mélange d'eau et de chaux vive, dans le rapport de 9 à 16.	0,43912
Acide sulfurique, pesant spécifiquement 1,87058	0,33460
Acide nitreux non fumant, pesant spécifiquement 1,29895.	0,66139

D'après la signification que nous avons attribuée au coefficiant c, les rapports contenus dans cette table peuvent immédiatement servir pour transporter numériquement le calorique de l'une à l'autre des substances qui y sont désignées. Ainsi le nombre 0,029 correspondant au mercure, indique qu'une masse de mercure qui se refroidit d'un degré abandonne une quantité de calorique suffisante pour élever de 0°,029 la température d'une masse égale d'eau. Une masse de chaux vive qui se refroidirait pareillement d'un degré éleverait la température d'une masse égale d'eau de 0°,21689. De là il suit que le calorique, dégagé d'une masse de mercure qui se refroidit d'un degré, éleverait la température d'une masse égale de chaux vive de $\frac{0,029}{0,21689}$, ou 0°,134. Ici l'échelle sur laquelle on compte les degrés est arbitraire, parce qu'elle est la même dans les deux évaluations.

En outre, si l'on multiplie les nombres de cette table par $\frac{1}{60}$, qui exprime la chaleur spécifique absolue de l'eau en degrés de Réaumur, on aura les quantités pondérables de glace qu'un poids 1 de ces substances peut fondre en se refroidissant d'un degré de cette même division. Si on faisait la multiplication par $\frac{1}{75}$ ou $\frac{4}{500}$, on aurait le résultat analogue pour un degré centésimal. Ce seraient donc les chaleurs spécifiques *absolues* des substances désignées dans la table. Par exemple, divisant ainsi par 60 le nombre 0,66139 qui convient à l'acide nitreux, on retrouvera le nombre 0,0110252 que nous avions obtenu tout-à-l'heure, pour la valeur absolue de sa chaleur spécifique.

On voit que le mercure a une chaleur spécifique très-faible. Pour élever de 1° la température de ce liquide, il faut seulement les $\frac{29}{1000}$ de ce qu'exigerait une masse d'eau égale en poids. La constance de la valeur de c pour le mercure, dans toute l'étendue de l'échelle thermométrique, est encore une chose très-digne de remarque; car il en résulte qu'entre ces limites, les quantités de chaleur introduites dans cette substance sont proportionnelles aux nombres de degrés dont sa température s'élève. Or, ces degrés eux-mêmes sont mesurés par les dilatations du mercure, et leur sont proportionnels; donc les dilatations du mercure dans l'étendue de l'échelle thermométrique sont proportionnelles aux accroissemens du calorique qu'il contient.

Plusieurs physiciens, particulièrement Deluc et Crawford, ont cherché à mettre cette vérité en évidence d'une autre manière. Ils prenaient des masses égales a et b d'un même liquide, élevées à d'inégales températures; et, en les mêlant rapidement, ils voyaient si la température définitive du système était la moyenne arithmétique entre celles des deux masses. Cela doit être ainsi en effet dans l'idée de proportionnalité que nous examinons; et l'expérience montre que le résultat s'approche d'autant plus d'y être conforme, que l'on a pris plus de soin pour éviter les pertes de chaleur dans la formation du mélange et l'évaluation de sa température.

Cette méthode a été encore employée fréquemment pour mesurer des chaleurs spécifiques, et pour évaluer des températures que les thermomètres ordinaires ne pouvaient atteindre. Alors on suppose toujours que le coefficient c est constant, pour chacun des corps du mélange, dans toutes les températures qu'on leur fait parcourir, et l'on cherche à démêler, dans la température moyenne, l'influence qu'il a dû exercer. Concevons, par exemple, qu'ayant chauffé 1 kilogramme de verre ordinaire jusqu'à 86° centésimaux, on le jette dans 10 kilogrammes d'eau à la température de la glace fondante, et que la température de cette eau s'élève de 1° 470; il en résultera que, si l'on suppose les chaleurs spécifiques constantes, le même dégagement de chaleur aurait élevé 1 seul kilogramme d'eau de 0 à 14°,70. Maintenant cette élévation répond à un abaissement de 86°—1°,470 ou 84°,53 dans la température d'une masse de verre pareillement égale à un kilogramme; ainsi la chaleur spécifique du verre immergé devra être $\frac{14.70}{84.53}$ ou 0,1739 celle de l'eau étant 1.

Réciproquement si l'on connaissait, par d'autres expériences le rapport 0,1739 des chaleurs spécifiques, on pourrait par calcul inverse remonter jusqu'à la température du verre. Car lorsqu'on aurait, comme tout-à-l'heure, réduit l'élévation de température 1°,470 au cas de l'égalité de masse, ce qui la change en 14°,70, il n'y aurait qu'à diviser ce nombre par la chaleur spécifique du corps immergé qui était 0,1739; et le quotient 84°,53 exprimera en général le nombre de degrés dont la température de ce corps se sera abaissé par l'immersion. Ainsi en lui ajoutant la température définitive du système 1°,47, on aura sa température initiale qui sera ici 86°.

Nous avons supposé que la température de l'eau avant l'immersion était o°. Mais on pourrait opérer également à toute autre température, le calcul serait le même. Seulement il faudrait, dans l'opération, compter toutes les autres indications thermométriques à partir de cette température-là, sauf à les ramener ensuite à être comptées de o° comme à l'ordinaire.

C'est ainsi que Coulomb, dans ses expériences sur le magnétisme, a déterminé les températures de la trempe qu'il donnait à ses barreaux ; et De Laroche employait le même procédé dans ses expériences sur le calorique rayonnant pour déterminer les températures des lingots de cuivre qu'il mettait aux foyers de ses miroirs.

Néanmoins cette méthode, pour être exacte, exige deux précautions indispensables. Comme le liquide où se fait l'immersion est toujours contenu dans un vase, il faut avoir égard à la portion de calorique que la substance de ce vase enlève au mélange, ou lui communique. Il faut aussi tenir compte du refroidissement et du réchauffement progressif que le mélange éprouve, par voie de rayonnement, entre l'instant où l'on opère l'immersion et celui où l'on mesure la température commune. On peut voir dans le Traité général la manière de calculer ces deux corrections. Dans tous les cas il faut s'efforcer de les rendre aussi légères que possible ; à quoi l'on parvient en employant des vases qui aient très-peu de masse, et faisant les mélanges très-rapidement. Il faut de plus avoir soin d'estimer les températures des liquides, avant et après l'immersion, avec des thermomètres dont le réservoir cylindrique occupe toute la hauteur du vase, afin d'obtenir une moyenne entre les températures de toutes les autres, lesquelles sont ordinairement différentes.

Après tout, si l'on compare les avantages et les inconvéniens de cette méthode, avec ceux que présente le calorimètre de glace, cet instrument, quoique d'un usage difficile, semblera, je crois, encore préférable pour l'exactitude. Il est d'ailleurs susceptible de plusieurs autres applications que la méthode des mélanges ne comporte pas.

Par exemple, on sait qu'un grand nombre de substances, lorsqu'elles se combinent les unes avec les autres, dégagent de la chaleur. Veut-on en mesurer la quantité ? il n'y a qu'à refroidir ces substances séparément jusqu'à 0°, puis opérer leur combinaison dans le calorimètre, et laisser le système se refroidir de nouveau jusqu'à zéro. La quantité de glace fondue mesurera la quantité de calorique dégagé.

Au contraire, les substances, en se combinant, absorbent-elles du calorique au lieu d'en dégager; alors, avant de les combiner, il faudra les élever à une température commune, assez haute pour qu'après leur combinaison même, elles se trouvent encore plus chaudes que la glace. Cela fait, on les mêlera dans l'intérieur du calorimètre, et l'on mesurera la quantité de glace que la combinaison, après s'être formée, aura fondue en se refroidissant jusqu'à 0°. On mesurera aussi à part la chaleur spécifique propre de la combinaison déjà formée; ce qui se fera par une expérience subséquente, en observant le nombre de kilogrammes de glace qu'elle peut fondre en se refroidissant d'un nombre de degrés connu; et de là on concluera proportionnellement le nombre de kilogrammes qu'elle aura dû fondre en se refroidissant de même depuis le point où se trouvaient les principes constituans au moment où on les a introduits séparés dans le calorimètre. Alors, en retranchant ce résultat de la quantité totale de glace fondue dans la première expérience, par les effets réunis du refroidissement et de la chaleur absorbée ou dégagée, le reste sera le nombre de kilogrammes que l'acte de la combinaison aura fondu ou empêché de fondre. On peut évaluer ainsi les quantités de calorique que les corps abandonnent en passant de l'état fluide à l'état solide, du moins pour ceux qui se gèlent au-dessus de la température du calorimètre, c'est-à-dire au-dessus de 0°. Enfin le calorimètre peut servir à déterminer les quantités de calorique développées par la combustion et la respiration; il ne faut que brûler des corps, ou faire respirer des animaux dans le calorimètre, et mesurer les quantités de glace fondue. J'ai donné dans le Traité général des exemples de toutes ces applications.

Cet important phénomène du dégagement et de l'absorption du calorique par les corps, au moment où ils changent d'état, a été remarqué pour la première fois par **Black**, vers 1760. Il fut conduit à cette grande découverte par l'observation de la lenteur avec laquelle la glace et la neige se fondent, sans changer de température, dans une atmosphère où des masses égales d'eau liquide, primitivement aussi froides qu'elles, se réchauffent rapidement. En effet, puisque les quantités de chaleur communiquées à chaque instant par le milieu ambiant sont, dans les deux cas, les mêmes à égalité de température, il faut bien que celles qui entrent dans la neige ou dans la glace soient employées à la fondre, puisque sa température, mesurée au thermomètre, reste stationnaire tant qu'elle n'est pas fondue entièrement. Black essaya même de mesurer cette quantité de chaleur absorbée, d'après la comparaison des vitesses de réchauffement relatives de l'eau et de la neige. Mais il parvint bientôt au même but, d'une manière infiniment plus exacte, par la méthode des mélanges qu'il imagina, et dans laquelle il eut soin d'avoir égard à la quantité de calorique que les vases absorbaient; ce qui le conduisit nécessairement à découvrir l'inégalité des chaleurs spécifiques des substances diverses. Il doit donc à juste titre être considéré comme le créateur de cette nouvelle branche de la physique, si belle en elle-même, et si utile par son application aux arts.

Black, dans une de ses expériences, trouva que 143 parties en poids d'eau liquide, à la température de $87°, 777$ du thermomètre centésimal, étant mélées avec 119 de glace à $0°$, formaient 262 parties d'eau liquide à $11°, 666$. Ceci équivaut à $262.11\frac{2}{3}$ ou $3036\frac{2}{3}$ d'eau liquide élevée à la température de $1°$; or, l'eau employée équivalait à $143. 8_{7,777}$ ou $12552^{p}\frac{2}{7}$, élevées aussi à $1°$. La différence $9495,556$ a donc été absorbée par les 119^{p} de glace, ce qui donne $79^{p},79$ d'eau à $1°$, ou 1^{p} d'eau à $79°,79$ pour chaque partie de glace fondue. Par une suite d'essais de ce genre, Black établit qu'une masse d'eau liquide, en se refroidissant de $80°$ centés., fond un poids égal de glace à o. Selon MM. Lavoisier et Laplace, un refroidissement de $75°$ suffit pour produire cet effet. La différence n'est pas bien considérable.

Black mesura ainsi, par des mélanges, les quantités de calorique absorbées et rendues latentes dans la fusion de différens corps ; et il les nomma *calorique de fluidité*, comme complétant la somme totale de calorique nécessaire à l'existence de chaque corps dans l'état fluide. Il les exprima en fonction du nombre de degrés auxquels elles pouvaient porter la température d'une masse d'eau d'un poids égal à celui du corps. Il trouva ainsi les résultats suivans, auxquels j'ai joint l'évaluation de MM. Lavoisier et Laplace, relativement à l'eau.

DÉSIGNATION des substances.	TEMPÉRATURE centésimale à laquelle elles fondent.	CALORIQUE de fluidité.
Eau.	0	75,°00
Spermaceti.	56	82,222
Cire d'abeilles.	60	97,22
Etain.	219	277,777

On voit que la quantité de calorique absorbé paraît croître à mesure que le degré de fusion s'élève.

Si l'on voulait énoncer ces quantités de calorique absorbées, conformément à nos conventions précédentes, c'est-à-dire en kilogrammes de glace fondue, rien ne serait plus facile ; car, puisque les masses employées, d'eau et de chaque substance, sont rendues égales par le calcul, si l'on nomme c la chaleur spécifique de l'eau, et t la température consignée dans la dernière colonne, ct sera la quantité de glace que fondrait le calorique de fluidité absorbé par une masse égale à 1. Si l'on effectue ce calcul en substituant à c la valeur $\frac{1}{75}$ trouvée par MM. Lavoisier et Laplace pour la division centésimale, l'eau donnera pour résultat 1 ; le spermaceti donnera $\frac{1}{75} . 82,22$, ou 1,0963 ; et de même on aura pour la cire 1,2963, pour l'étain 3,7037 ; ce sont là les nombres des kilogrammes de glace qui pourrait être fondue par le calorique de fluidité propre à chaque kilogramme de ces substances.

Black reconnut également que les corps liquides absorbent du calorique en devenant gazeux, et qu'ils le restituent tout entier quand ils retournent de l'état gazeux à l'état liquide. Il mit ce phénomène en évidence par des expériences incontestables. Il essaya même de mesurer la quantité absolue de calorique dégagée dans la conversion de la vapeur aqueuse en eau. Mais, ne se croyant pas assez sûr des procédés qu'il avait mis en usage, il pria M. Watt, son élève, de refaire l'expérience. Celui-ci, à qui elle importait fort pour la conduite et la théorie de ses machines à vapeur, y mit beaucoup de soin; et il trouva que le calorique dégagé par la vapeur, en devenant fluide, pouvait élever une masse égale d'eau à la température de 950° de Fareinheit; ou, ce qui revient au même, pouvait élever d'un degré de Fareinheit une masse d'eau 950 fois plus grande.

Rumford est parvenu à des résultats à peu près pareils par un procédé extrêmement ingénieux, et dont il est d'autant plus nécessaire de rendre compte, qu'il s'applique aussi très-exactement et très-facilement à la mesure des quantités de calorique dégagées par la combustion. Il emploie pour calorimètre un vase métallique rempli d'eau à une température connue. Ce vase, construit en feuilles très-minces de cuivre rouge, a 8 pouces de long sur 4 pouces ½ de large, et 4 pouces ¾ de hauteur, fig. 8. Son intérieur renferme un serpentin de même matière qui y fait trois révolutions horizontales, et qui est destiné à recevoir les produits gazeux par lesquels l'eau doit être chauffée. Ce serpentin a la forme d'un tuyau plat, dont la hauteur ou l'épaisseur est partout ½ pouce, la largeur à l'entrée 1 ½ pouce, et à la sortie 1 pouce. Sa bouche est un tuyau circulaire de 1 pouce de diamètre et de 1 pouce de hauteur, par où les produits entrent, et elle s'élève verticalement dans l'intérieur du serpentin même, jusqu'à une hauteur de ¾ de pouce au-dessus de son fond. L'autre extrémité du serpentin sort verticalement près de la paroi du vase opposée à celle par laquelle les produits entrent. Un thermomètre à réservoir cylindrique, d'une hauteur égale au calorimètre, indique à chaque instant la température moyenne de toute l'eau dont il est rempli. Enfin, tout l'appareil est soutenu par quatre baguettes minces de bois sec.

Maintenant, il est clair que, si l'on brûle des substances sous la bouche du serpentin, les produits gazeux qui en résulteront, et l'air même qui s'échauffera par leur contact, s'élèveront dans les replis de cet appareil; et, y déposant l'excès de leur température sur celle de l'eau environnante, élèveront celle-ci d'un certain nombre de degrés. Pour que l'opération soit exacte, il faut que les combustions ainsi opérées soient parfaites, ce que l'on connaîtra, si la substance brûlée se consomme toute entière, avec une belle flamme, sans fumée ni odeur sensible. Si l'on emploie ainsi des bougies ou des chandelles, il faut les peser avant l'opération, les peser après, et avoir grand soin d'arranger la flamme et la mèche de manière qu'il n'en résulte point de fumée. Pour les bois, on les réduira en copeaux très-minces, de cinq ou six lignes de largeur, que l'on enflammera sous la bouche du serpentin, en les tenant à la main ou avec une pince : ils brûleront ainsi avec la plus grande facilité. Quant à la combustion des liqueurs spiritueuses, telles que l'alchool et l'éther, il faut, pour qu'elle soit parfaite, employer des précautions particulières, dont nous parlerons plus loin.

Ce n'est pas tout : pour pouvoir évaluer toute la chaleur dégagée, il faut connaître la température à laquelle les produits sortent quand ils ont parcouru tous les replis du serpentin. Pour le savoir, Rumford a fait communiquer la sortie de celui-ci avec la bouche d'un autre appareil semblable ; et il a trouvé qu'en se bornant à opérer dans le premier calorimètre des changemens de température peu considérables, comme la méthode que nous allons décrire l'exige, l'eau contenue dans le second calorimètre n'était pas échauffée sensiblement. Il a conclu de là que, dans ces limites, l'usage du second calorimètre était inutile, et il s'est dispensé de l'employer.

Ce procédé est évidemment la méthode des mélanges perfectionnée. Il exige donc aussi que l'on tienne compte des quantités de calorique absorbées par le serpentin et par les parois du calorimètre. Cela peut se faire, soit par des expériences directes, en cherchant combien une masse d'eau donnée se refroidit ou se réchauffe lorsqu'on l'introduit dans l'appareil, soit par le calcul, en partant du poids et de la chaleur spécifique des feuilles de cuivre employées à la construction de l'appareil. Rumford, après avoir fait cette correction à son calorimètre, trouva que sa masse, et celle de l'eau qu'il contenait, équivalaient en somme à 2781 grammes d'eau; et il a employé constamment ce nombre dans tous ses résultats.

Mais nous avons vu qu'il faut encore écarter ou corriger une autre cause d'erreur, qui est celle que produit le réchauffement ou le refroidissement progressif de l'appareil, par rayonnement et par contact, dans l'atmosphère environnante. C'est à quoi Rumford a remédié d'une manière aussi sûre qu'ingénieuse. Il amène d'abord la température de son appareil à quelques degrés, 5 ou 6, par exemple, au-dessous de celle de l'atmosphère environnante; puis il commence à y introduire les produits qu'il veut soumettre à l'expérience. Ceux-ci, en se refroidissant dans le serpentin, lui communiquent de la chaleur, qu'il partage avec l'eau dans laquelle ses replis s'étendent. Tant que cette eau n'a pas atteint la température de l'air extérieur, elle reçoit des corps environnans plus de calorique qu'elle ne leur en envoie; elle est réellement chauffée par eux. Mais le contraire a lieu quand elle a dépassé cette température; alors elle envoie plus de calorique qu'elle n'en reçoit en temps égal, et c'est elle qui chauffe les corps environnans. Donc, si l'on suppose l'opération conduite de manière qu'il se passe autant de temps dans un de ces états que dans l'autre, il y aura compensation dans les échanges, et la quantité de calorique retenue par le calorimètre, sera exactement la même que s'il n'eût ni reçu du dehors, ni émis de la chaleur. C'est ainsi que Rumford a opéré, et le succès de ses expériences est dû, sans doute en très-grande partie, à cette ingénieuse précaution.

Pour appliquer ceci à la condensation de la vapeur

aqueuse, Rumford fit bouillir une quantité connue d'eau dans un matras à long col, qui se recourbait sous la bouche du serpentin. L'extrémité de ce col communiquait au serpentin par l'intermédiaire d'un bouchon de liége très-juste, percé dans sa partie supérieure de quatre petits trous horizontaux, qui s'élevaient un peu au-dessus du fond plat du serpentin. De cette manière, la vapeur, qui se condensait en sortant des trous, tombait sur ce fond, et n'empêchait pas de nouvelle vapeur d'arriver par les trous. Le matras était chauffé par un petit fourneau portatif assez éloigné du calorimètre, et masqué par divers écrans. Le poids de la vapeur condensée fut déduit de celui du matras, observé avant et après l'opération, qui durait en général 10 ou 11 minutes. Néanmoins, avant de commencer, on faisait toujours bouillir l'eau dans le matras pour en chasser l'air qui pouvait y être contenu.

En combinant ce résultat par des formules que j'ai données dans le Traité général, on en déduit qu'un gramme de vapeur aqueuse, en se condensant à 100° du thermomètre centésimal, dégage une quantité de calorique 567 fois et $\frac{195}{1000}$ aussi grande que celle qui est nécessaire pour élever de 1° la température d'un gramme d'eau liquide; ou bien encore, ce calorique pourrait échauffer d'un degré centésimal 567,195 grammes d'eau. On conçoit que ce nombre de grammes n'est point absolu, mais varie avec l'échelle thermométrique dont on fait usage. De sorte que si l'on voulait le rapporter à une autre échelle, il faudrait le multiplier par la valeur d'un degré centésimal en fonction des nouveaux degrés. Par exemple, pour l'exprimer en degrés de Farenheit, il faudrait le multiplier par $\frac{180}{100}$, ou 1,8, ce qui changerait le facteur 567,195 en 1020,951. Ainsi, la quantité de calorique dégagée par un gramme de vapeur condensée à 212° du thermomètre de Farenheit, échaufferait un gramme d'eau liquide de 1021° du même thermomètre; ou, ce qui revient au même, elle échaufferait 1021 grammes, de 1° de ces degrés. Pour énoncer ce résultat à la manière des physiciens anglais, il faudrait dire que la vapeur aqueuse condensée à 212° de Farenheit, dégage

1021° de chaleur. Les expériences faites par M. Watt dans les chaudières des machines à vapeur, lui donnent de 900 à 950 ; mais la méthode de Rumford semble comporter plus de précision. Le résultat en est encore confirmé par des expériences de M. Gay-Lussac, ainsi que par d'autres de MM. Clément et Desormes, dont la moyenne donne 550° centésimaux, au lieu de 567 que trouvait Rumford ; de sorte qu'il ne peut rester que de très-légères incertitudes sur la détermination de ce point important.

Si l'on voulait savoir combien cette quantité de calorique pourrait faire bouillir de grammes d'eau à 0°, il n'y aurait qu'à reprendre notre première valeur 567^g,195, et la diviser par le nombre de degrés centésimaux qui exprime la température de l'eau bouillante, c'est-à-dire par 100. Elle se réduirait ainsi à 5,67195. C'est-à-dire, que le calorique dégagé par 1 gramme de vapeur condensée à 100°, porterait 59,67195 d'eau liquide, depuis la température de la glace fondante, jusqu'à celle de l'ébullition.

Enfin, si l'on voulait énoncer le même résultat en grammes de glace fondue, il n'y aurait qu'à multiplier 567^g,195 par la fraction $\frac{1}{75}$, qui exprime en fraction de gramme la quantité de glace qu'un gramme d'eau liquide peut fondre, en se refroidissant de 1° centésimal. Alors, le résultat serait 7,5626 ; c'est-à-dire que le calorique dégagé par la condensation d'un gramme de vapeur fondrait 7^g,5626 de glace, à la température de 0°.

On peut aussi, par le calorimètre de Rumford, évaluer la chaleur dégagée par la combustion, et lui-même en a donné des exemples que j'ai rapportés dans le Traité général. Il suffit pour cela de faire brûler pendant quelque temps, sous la bouche du serpentin, la substance que l'on veut soumettre à l'expérience, de la peser avant et après la combustion, et d'observer le nombre de degrés dont la masse brûlée a élevé la température du calorimètre. Il faut d'ailleurs employer les mêmes précautions que dans l'expérience sur la vapeur d'eau, et calculer les résultats par les mêmes formules.

La table suivante présente les divers résultats de combustion obtenus par Rumford, à l'aide de son appareil. J'y ai joint ceux qui se déduisent des expériences de MM. Lavoisier et Laplace. J'ai exprimé le tout en degrés du thermomètre centésimal, en prenant pour unité la valeur de *c* relative à l'eau.

Désignation des substances.	Elévation de températ. que la combus. de 1 gr. communiquerait à 1 gram. d'eau.		Remarques.
Gaz hydrogène. . . .	234000	L L.	
Huile d'olive.	11166	L.L.	
	9044	R.	
Cire blanche.	10500	L.L.	
	9479	R.	
Huile de colsa épurée.	9307	R.	
Suif.	8369	R.	
	7186	L.L.	
Ether sulphurique. .	8030	R.	pes. spécifiq. 0,72834 à 20°
Phosphore.	7500	L.L.	
Charbon.	7226	L.L.	
Naphte.	7338	R.	. . . . 0,82731 à 13 ⅓
Alchool à 42° de l'ar.	6195	R.	. . . . 0,81762 ⎱
Idem plus aqueux. .	5422	R.	. . . . 0,84714 ⎰ à 15,5
Idem à 33° de l'ar. .	5261	R.	 0,85324
Bois de chêne.	3146	R.	

Les résultats de MM. Lavoisier et Laplace sont désignés par L L. Ceux de Rumford par R. Ceux-ci sont en général un peu plus faibles. Cela ne viendrait-il pas de ce que le calorimètre de glace absorbe toute la chaleur, dégagée même par rayonnement, tandis que cette dernière portion échappe à tous les autres procédés?

MM. Clément et Desormes ont trouvé que les bois ne chauffent qu'en raison de la quantité de charbon qu'ils contiennent, laquelle étant, dans tous, égale à la moitié de leur poids, donne aussi à peu près la moitié de 7296 ou 3600° de chaleur. Si Rumford trouve moins pour le bois de chêne, la différence n'est-elle pas due encore à la déperdition de la chaleur rayonnante?

Si l'on divise les nombres de cette table par 100, on aura le nombre de grammes d'eau à 0°, qu'un gramme de chaque substance pourrait faire bouillir par sa combustion; et si on les divise par 75, on aura le nombre de grammes de glace à 0° que cette combustion ferait fondre.

Pour compléter les résultats exposés dans ce chapitre, il nous reste à faire connaître les chaleurs spécifiques des substances gazeuses le plus fréquemment employées. Mais le peu de densité de ces substances, et par conséquent le peu de calorique qu'elles dégagent en se refroidissant, même d'un nombre de degrés considérable, rendait cette détermination très-difficile ; aussi les tentatives faites à ce sujet par divers physiciens avaient donné des résultats très-peu d'accord entre eux. Cette divergence engagea la première classe de l'Institut à proposer la recherche de la chaleur spécifique des gaz pour sujet d'un prix, qui fut remporté par MM. De Laroche et Berard, dans un Mémoire dont j'ai donné l'extrait dans le Traité général. Je me bornerai ici à en rapporter les résultats :

Chaleurs spécifiques des différens gaz sous une même pression, celle de l'air atmosphérique étant l'unité.

	A volumes égaux.	A poids égaux.
Air atmosphérique.	1,0000	1,0000
Hydrogène.	0,9033	12,3401
Acide carbonique.	1,2583	0,8280
Oxigène. . . . . : .	0,9765	0,8848
Azote. . . . . : . .	1,0000	1,0318
Oxide d'azote.	1,3503	0,8873
Gaz oléfiant.	1,5530	1,5763
Oxide de carbone.	1,0340	1,0805
Vapeur aqueuse.	1,9600	3,1360

On voit par cette table, que la chaleur spécifique du gaz hydrogène est, à poids égal, beaucoup plus forte que celle de l'air atmosphérique. La même quantité de calorique qui éleverait la température d'une masse de cet air de 12°,3401, n'éleverait que de 1° celle d'une masse égale d'hydrogène. On peut remarquer qu'en général le gaz hydrogène s'écarte toujours considérablement des valeurs qui conviennent aux autres substances gazeuses dans tous les genres d'épreuves qu'on peut leur faire subir.

Voici maintenant les mêmes résultats rapportés à la chaleur spécifique de l'eau, d'après une expérience immédiate dans laquelle De Laroche et Berard ont comparé les réchauffemens produits dans un calorimètre par des masses égales d'eau et d'air atmosphériques :

	Chaleur spécifique.
Eau. . . . . :	1,0000
Air atmosphérique.	0,2669
Gaz hydrogène.	3,2936
Acide carbonique. . . . :	0,2210
Oxygène.	0,2361
Azote.	0,2754
Oxide d'azote. :	0,2369
Oléfiant.	0,4207
Oxide de carbone.	0,2884
Vapeur aqueuse.	0,8470

Chacun de ces résultats exprime l'élévation de température qu'un gramme de chaque gaz produirait dans un gramme d'eau liquide, en se refroidissant de 1° centésimal. En les divisant par 75, on aura le nombre de grammes de glace à 0° que ce même refroidissement pourrait fondre, et en les divisant par 100, on aura le nombre de grammes d'eau liquide qu'il pourrait amener de la température de la glace fondante à celle de l'ébullition.

Au reste, il faut remarquer que ces résultats sont l'expression d'un phénomène très-composé. Par la manière dont les expériences sont faites, les gaz se contractent en même temps qu'ils se refroidissent, puisqu'ils doivent faire toujours équilibre à la même pression; et ainsi leur densité, quand ils entrent dans le calorimètre, est moindre que quand ils en sortent. Le réchauffement qu'ils produisent sur cet appareil est donc l'effet composé de la chaleur qu'ils dégagent, en se refroidissant et en se contractant tout à la fois, au lieu que, pour avoir des résultats simples, il faudrait pouvoir observer ces effets séparément; il faudrait déterminer d'abord la quantité de chaleur que chaque gaz dégage en se refroidissant dans un espace donné, par conséquent avec un volume constant, et ensuite la quantité qu'il dégage quand son volume change, la température extérieure restait la même. La séparation de ces deux phénomènes paraît extrêmement difficile; mais elle est indispensable pour obtenir des résultats simples, et pour mettre en évidence les vraies lois qui peuvent régir ces effets. On est bien sujet à un inconvénient du même genre dans les expériences que l'on fait sur les chaleurs spécifiques des corps liquides et solides, puisqu'ils se contractent nécessairement à mesure qu'ils se refroidissent ; mais comme la variation de leur volume est beaucoup moindre, on suppose que le dégagement de chaleur qu'elle produit est aussi très-faible, comparativement à celui qui provient de l'abaissement de température. Cependant, à dire vrai, rien ne prouve qu'il en soit ainsi ; on pourrait même plutôt croire le contraire, en considérant les énormes quantités de chaleur que l'on dégage des corps, lorsqu'on sépare simplement leurs parties les unes des autres, comme on peut le faire par le frottement, la torsion, ou le forage, qui n'est autre chose qu'un frottement assez rude pour arracher les molécules de la surface de celles qui sont au-dessous. Car, en éprouvant, sous ce point de vue, la limaille qui sort de l'âme des canons de bronze lorsqu'on les fore, Rumford a trouvé qu'elle avait sensiblement la même chaleur spécifique que le bronze même, quoiqu'il se fût dégagé pendant sa formation une quantité énorme de chaleur ; d'où l'on doit conclure que cette chaleur existait uniquement entre les molécules solides du bronze, c'est-a-dire entre les petits groupes de ces particules que l'outil avait séparés. Or, s'il en est ainsi, cette quantité de chaleur doit varier également toutes les fois que le corps se dilate ou se resserre ; et cet effet, qui se combine avec la chaleur dégagée par le seul changement de température, peut fort bien n'être pas aussi faible qu'on l'imagine communément. Tant que ces deux effets ne seront pas séparés par l'expérience, les chaleurs spécifiques, telles qu'on les observe, seront des résultats composés ; et peut-être est-ce cette composition qui a jusqu'à présent empêché d'y découvrir aucune relation apparente avec la nature chimique des corps.

Ces considérations, évidentes surtout pour les vapeurs et les gaz, ont conduit M. Dulong à chercher des procédés qui donnassent des effets simples, et il y est parvenu pour les vapeurs au moyen d'un appareil extrêmement ingénieux, dont j'ai donné la description dans le Traité général.

CHAPITRE VI.

Des Machines à vapeur.

Tout le jeu des machines à vapeur est fondé sur deux principes, le développement de la force élastique de la vapeur aqueuse par la chaleur, et sa précipitation subite par le refroidissement. L'utilité universelle de ces machines dans les arts, et les applications multipliées qu'elles offrent des principes les plus délicats de la théorie de la chaleur, m'imposent l'obligation d'en parler ici avec quelques détails.

Quoiqu'en général, en mécanique, il suffise de créer une force ou un moteur quelconque pour pouvoir ensuite en déduire toutes sortes de mouvemens, néanmoins, pour fixer les idées, je supposerai que l'on se propose d'épuiser l'eau d'une mine par le moyen d'une pompe aspirante TT', fig. 9, dont il s'agira par conséquent d'élever le piston P''. Pour cela, attachons la tige de ce piston à une chaîne qui s'enroule à l'une des extrémités A' d'un levier arqué, mobile autour de son centre C; il est clair qu'en attachant au bras opposé du levier une chaîne pareille représentée par A D dans la figure, il suffira de tirer cette chaîne pour faire monter le piston P', et aspirer l'eau dans le corps de pompe par la pression extérieure de l'atmosphère; après quoi les soupapes, placées au bas du corps de pompe, se fermant, et le piston étant abandonné à lui-même, il descendra dans cette eau par son propre poids, la forcera de soulever la soupape percée à son centre, et, arrivé au fond du corps de pompe, il isolera entièrement cette eau de l'eau inférieure; de sorte qu'en tirant de nouveau la chaîne A D, on soulèvera cette eau avec le piston; en même temps on en aspirera d'autre dans le corps de pompe, après quoi le piston redescendra par son propre poids de la même manière, et ainsi de suite indéfiniment. Reste donc à donner le mouvement à la chaîne A D. Pour cela, attachons son extrémité inférieure D à un autre piston P, se mouvant, comme le premier, dans un corps de pompe TT, pareillement cylindrique; mais supposons que le bas de ce corps de pompe, au lieu d'être plongé dans l'eau par sa base, communique avec une machine pneumatique, par le moyen de laquelle nous puissions le vide d'air : il est clair que, le vide étant fait, la pression de l'atmosphère sur la surface supérieure du piston P tendra à le faire descendre, et le fera descendre en effet, s'il est assez large pour que la pression totale exercée sur sa surface excède le poids P', plus celui de la colonne d'eau qu'il doit soulever. Maintenant le piston P étant ainsi descendu jusqu'au bas de son corps de pompe, imaginez qu'on laisse rentrer l'air par-dessous; alors la pression de l'atmosphère sur ses deux surfaces se contre-balancera d'elle-même, et l'excès de poids du piston P' recommençant à agir, remontera P dans son tuyau; après quoi, si l'on fait de nouveau le vide sous P, on fera descendre P et monter P', et on répétera ces alternatives autant de fois que l'on voudra. Mais on conçoit que l'emploi d'une machine pneumatique serait en grand une chose impossible; voilà justement à quoi l'on supplée par l'introduction de la vapeur dans le corps de pompe TT. Pour cela, il y a sous ce corps de pompe une chaudière F, fig. 10, en partie remplie d'eau bouillante, dont la vapeur, égale ou supérieure en élasticité au poids de l'atmosphère, peut être introduite à volonté dans le cylindre TT, en ouvrant le robinet R, placé au bas du tube de communication FQ. Il y a aussi au bas du corps de pompe un petit canal VS, fermé par une soupape S qui s'ouvre de dedans en dehors Cela posé, le piston P étant au haut du corps de pompe, et celui-ci rempli d'air, ouvrez le robinet R qui communique avec la chaudière, la vapeur se précipitera dans le corps de pompe; et, par son impulsion autant que par la force élastique qu'elle possède, elle chassera en partie l'air du corps de pompe, en le forçant de soulever la soupape S. Dans cette opération, une grande quantité de vapeur est d'abord condensée par la surface froide du cylindre et du piston, d'où résulte de l'eau liquide, à laquelle on donne issue par un tube EGS', dont le bout inférieur est recourbé, et terminé par une soupape S', qui se soulève de dedans en dehors. Cette

condensation , et cette perte de vapeur produite par le refroidissement , se continuent jusqu'à ce que le piston et le
cylindre soient amenés à la température de la vapeur
même. Quand ce terme est atteint, la vapeur soulève la
soupape S et s'échappe , lentement d'abord , et très-nua-
geuse, parce qu'elle est entremêlée avec beaucoup d'air et
de gouttes d'eau. Cependant peu à peu ce soufle devient
plus fort et plus transparent, à mesure que l'air est en grande
partie chassé. Lorsque l'ouvrier qui conduit la machine
reconnaît que ce terme est arrivé, il ferme le robinet R ;
et alors tout l'intérieur du corps de pompe se trouve rempli de pure vapeur, qu'il ne s'agit plus que de condenser
par un refroidissement rapide , pour avoir le vide sous le
piston P. Cette condensation est opérée par l'introduction
d'un jet d'eau froide que l'on fait descendre d'un réservoir
élevé Z, à travers le tube ZR'I, fermé en R' par un robinet que l'on appelle le robinet d'injection. En le tournant, l'eau froide s'injecte dans le corps de pompe, précipite en tout ou en partie la vapeur qui s'y trouve, et s'é-
coule par le tube E G S', avec l'eau qui résulte de cette condensation ; alors le vide étant opéré sous le piston P, la pression de l'atmosphère le fait descendre. On le relève de nouveau par l'introduction d'un jet de vapeur ; car si, comme
nous l'avons supposé, l'eau est entretenue bouillante dans la
chaudière, la vapeur a une force élastique au moins égale
à celle de l'air : son introduction sous le P suffit donc pour
compenser la pression de l'atmosphère ; et ensuite l'excès
de poids du piston P' relève P en haut, comme dans nos
premières suppositions. Mais, d'un autre côté, la vapeur,
si elle était trop chaude, pourrait, par sa force élastique,
faire crever la chaudière ; c'est pourquoi on adapte au haut
de celle-ci une soupape de sûreté S'', qui s'ouvre de dedans
en dehors avec un effort connu et déterminé. Quand la
force élastique de la vapeur est égale à celle de l'air extérieur, ou plus faible, la soupape reste fermée ; mais dès
que cette force devient égale à celle de l'atmosphère, plus
la résistance que la soupape oppose, la vapeur s'échappe, et
il n'y a point d'explosion à craindre. Malgré cela , il est en-

core nécessaire que les parois de la chaudière aient une
certaine force ; car, lorsque la vapeur se précipite dans le
cylindre froid et s'y condense, cet effet est si rapide, que
la nouvelle vapeur qui se forme dans la chaudière ne suffit
pas toujours pour y suppléer instantanément. Il se fait un
moment de vide dans la chaudière ; et la pression de l'atmosphère extérieure, n'étant plus contre-balancée, pourrait
la crever, si elle n'y était pas suffisamment solide ; c'est ce
qui est quelquefois arrivé.

D'après cet exposé, il semble qu'une fois que la machine est en jeu, il n'y a jamais plus, dans le piston et dans
le corps de pompe, que le vide, ou de la pure vapeur. Mais
il faut remarquer que l'eau d'injection que l'on introduit
contient aussi de l'air combiné, qu'elle laisse échapper dans le
corps de pompe, parce qu'elle s'y trouve presqu' comme dans
le vide, et, en outre, parce qu'elle s'y réchauffe considérablement par la grande quantité de chaleur que la vapeur
dégage en devenant liquide. Heureusement, cet air étant
en petite quantité, et contenu dans un petit espace, il est
aisément chassé à travers la soupape S, par le premier
choc de la vapeur que l'on y introduit.

La disposition que nous venons de décrire n'est pas précisément la première que l'on ait imaginée. Il paraît que,
dans l'origine, on avait seulement pensé à employer le ressort
de la vapeur comme moteur ; mais l'idée plus ingénieuse de
condenser la vapeur par le refroidissement, pour opérer le
vide, ne remonte qu'à 1696 ; et les Anglais l'attribuent au
capitaine Savary, qui la publia dans un traité intitulé :
l'Ami du Mineur. L'application qu'il en fit était encore fort
imparfaite. Ce fut en 1705 qu'un autre Anglais, nommé
Newcommen, lui donna la disposition que nous avons décrite, et avec laquelle, sous le nom de *machine atmosphérique*, elle fut long-temps et utilement employée.

Néanmoins, d'après les connaissances de physique et de
mécanique que nous possédons aujourd'hui, il est facile
de juger que cet appareil avait de nombreux défauts. C'en
était un grand d'abord que l'emploi nécessaire d'un ouvrier, et d'un ouvrier intelligent, pour ouvrir et fermer

à propos le robinet d'injection et le robinet à vapeur, chaque fois que le piston avait fini sa course. Une bonne mécanique doit toujours mettre elle-même en mouvement toutes ses pièces, par la seule action de son premier moteur, sans aucun secours étranger. Ensuite l'introduction de la vapeur dans le cylindre froid était un autre inconvénient grave, par la grande destruction de vapeur qui en résultait, et qui se répétait à chaque coup de piston, puisque le cylindre était continuellement refroidi par le jet d'eau froide, au moyen duquel la condensation était opérée. Mais ces défauts qui, dans l'état actuel de la physique, sont faciles à reconnaître, l'étaient beaucoup moins alors. Ils furent aperçus et corrigés, en 1764, par M. Watt, élève et ami de Black. Se trouvant alors à Glasgow, où il était constructeur d'instrumens de mathématiques, il fut chargé de réparer un petit modèle de la machine de Newcommen, qui appartenait à l'université de cette ville ; et, dans le cours des essais qu'il fit pour en rendre la marche satisfaisante, il s'aperçut qu'il dépensait proportionnellement plus de charbon que les grands appareils. Curieux de reconnaître la cause de cette différence, et voulant remédier à un si grand défaut, M. Watt fit de nombreuses expériences sur la meilleure manière de fabriquer les cylindres, sur les moyens les plus propres à faire un vide parfait, sur la chaleur à laquelle l'eau entrait en ébullition sous diverses pressions, et sur la quantité d'eau nécessaire pour produire un volume donné de vapeur, sous la pression ordinaire de l'atmosphère. Il détermina également la quantité de charbon rigoureusement nécessaire pour évaporer un poids d'eau connu, et la quantité d'eau froide nécessaire pour précipiter un poids donné de vapeur. Ces divers points une fois exactement déterminés, les défauts de l'appareil de Newcommen se montrèrent à lui dans la plus parfaite évidence, et il put assigner la cause de chacun d'eux. Il vit que la vapeur ne pouvait être condensée jusqu'à produire même un vide approché, à moins que le cylindre et l'eau qu'il contenait, tant d'injection que de précipitation, ne fussent refroidis au moins jusqu'à la température de 37

ou 38° centésimaux; et, qu'à une température plus haute,
la vapeur subsistante avait encore une élasticité assez forte
pour opposer une résistance très-notable au poids de l'atmosphère. D'un autre côté, quand on voulait atteindre des degrés plus parfaits d'exhaustion, la quantité d'eau d'injection
nécessaire pour les obtenir augmentait suivant une proportion très-rapide, d'où résultait ensuite une plus grande destruction de vapeur, quand on remplissait de nouveau le
cylindre. Ces observations conduisirent M. Watt à conclure
que, pour obtenir le vide le plus parfait possible, avec la
moindre dépense possible de vapeur, il fallait que le cylindre fût maintenu constamment aussi chaud que la vapeur
même, et que l'injection d'eau froide s'opérât dans un vase
séparé, qu'il appela le *condenseur*, et dont la communication avec le cylindre fût ouverte subitement à l'instant de
l'injection. En effet, d'après ce que nous savons aujourd'hui
sur l'équilibre des vapeurs, il est clair que, si le condenseur
est vide d'air, la vapeur du cylindre y entrera, par son
élasticité propre, au moment où l'on ouvrira la communication; et une injection d'eau froide qui y sera opérée à
cet instant, précipitera non-seulement la vapeur introduite,
mais encore, par la même cause, toute la vapeur contenue
dans le cylindre, laquelle, sollicitée par le vide que la précipitation forme dans le condenseur successivement, quoique
dans un instant presqu'indivisible, s'y rend et s'y conver-
tit en eau. Il ne reste donc qu'à enlever cette eau et l'air
dégagé, afin de maintenir toujours le condenseur vide.
M. Watt chargea de cette fonction une petite pompe à air,
que la machine même fait mouvoir, et qui joue continuellement dans le condenseur. Enfin la condition de tenir le
cylindre chaud ne pouvait s'accorder avec la libre admission
de l'air atmosphérique sur sa surface supérieure, laquelle,
dans l'appareil de Newcommen, servait à le faire descendre;
d'autant plus que, pour empêcher le passage de la vapeur
entre le cylindre et le piston, on couvrait ordinairement
celui-ci d'une couche d'eau froide, qui mouillait l'intérieur
du cylindre. M. Watt eut l'idée ingénieuse et hardie de
supprimer tout-à-fait l'usage de la pression atmosphérique

et de faire mouvoir le piston par la force de la vapeur seule,
en l'introduisant tour à tour sur l'une et l'autre de ses surfaces, et faisant au même instant le vide sur la face opposée.
Il enferma donc la tige de son piston dans une boîte à cuir,
pour ôter tout accès à l'air dans l'intérieur du cylindre, et
employant une vapeur d'une élasticité égale, ou même un
peu supérieure au poids de l'atmosphère, il obtint tour à
tour une force égale ou même supérieure à celle du vide,
de bas en haut, et de haut en bas. Il put donc, en commu-
niquant ce mouvement par des tiges rigides, produire une
force dans chacun de ces deux sens, au lieu que, dans l'appareil de Newcommen, le temps de l'ascension du piston
était entièrement perdu pour l'effet, puisqu'il était alors simplement soulevé par l'excès de poids de l'autre bras du
grand levier. Il y eut économie de temps, et aussi d'argent,
puisque chaque course du piston devint active, et que la
quantité de chaleur employée à le maintenir chaud pendant
son ascension ne fut pas perdue inutilement. M. Watt eut
également soin d'entourer le cylindre d'une enveloppe de
bois ou de toute autre substance peu conductrice du calorique, dans l'intérieur de laquelle il introduisit même quelquefois la vapeur, comme moyen de réchauffement. Il fit
aussi, dans la construction des diverses pièces de l'appareil,
des améliorations considérables, et il parvint ainsi à éco-
nomiser plus des deux tiers de la vapeur que la machine de
Newcommen exigeait. La machine à vapeur, ainsi perfectionnée, est représentée dans la figure 11, dont l'explication sera maintenant comprise sans difficulté.

F D est la chaudière dans laquelle l'eau est convertie en
vapeur par la chaleur du fourneau placé au-dessous. Cette
chaudière est quelquefois faite en cuivre ; mais plus fréquemment en fer. Son fond est concave, et la flamme circule
autour ; elle a, vers son sommet, une soupape de sûreté que
l'on charge plus ou moins, selon le degré de force élastique
que l'on veut obtenir. Pour que la marche de l'évaporation
soit constante, il est nécessaire que l'eau de la chaudière soit
toujours maintenue au même niveau, et conséquemment
qu'on lui en fournisse de nouvelle à mesure que la vapeur

est enlevée. Cela se fait par un tube *v v* qui porte dans la
chaudière l'eau d'un petit réservoir *z* , lequel est rempli
avec l'eau déjà chaude que l'on retire du condenseur par la
pompe *t t*. Mais pour que cette introduction se fasse dans la
chaudière, seulement lorsqu'elle devient nécessaire, l'o-
rifice supérieur du tube *v v* est fermée par un bouchon qui
s'élève ou s'abaisse au moyen du petit levier *a b* ; et à l'autre
bras de ce levier *b* pend un fil métallique *b m*, tiré en bas
par un poids *m*, qui s'ajuste dans la chaudière de manière
à effleurer précisément le niveau supérieur de l'eau. Alors,
si l'eau vient à baisser au-dessous de ce niveau, le poids *m*,
qu'elle supporte en partie, descend avec elle ; le levier *a b*
tourne, et, soulevant le bouchon, permet l'introduction
de l'eau dans la chaudière ; mais dès que le niveau est ré-
tabli, le levier *a b* redevient horizontal, et remet le bouchon en place. Du sommet de la chaudière part le tube à
vapeur V V, qui conduit la vapeur au haut du cylindre par
la soupape S, au bas, par la soupape S′ ; le tube de communication, qui va de S en S′, est coupé dans la fig. 11, pour
laisser voir deux autres soupapes S′ S″, dont nous parlerons
tout à l'heure ; mais on le voit tout entier dans la fig. 12, où
il est représenté de profil. Les soupapes S′, S₁′, sont celles
par lesquelles la vapeur du cylindre est mise en communication avec le condenseur, d'un côté et de l'autre du piston ;
et elles sont ouvertes ou fermées aux instans convenables
par la machine même, au moyen de deux chevilles 1, 2,
attachées à la tige *t t* de la pompe qui sert à vider le condenseur C. Ce mouvement s'opère un peu avant que le piston
ait complètement achevé sa course, et la communication
s'établit alors entre ces deux surfaces, afin que l'égalité de
pression qui en résulte, amortisse l'effort qui se faisait d'un
seul côté, et prévienne ainsi le choc brusque qui se produirait, si le piston courait jusqu'au fond du cylindre.
Voilà les principales conditions relatives au jeu de la vapeur ; mais il y en a d'autres relativement à la manière de
la faire agir. En effet, la seule inspection de la figure montre
que la tige du grand piston, et celle de la pompe qui vide
le condenseur, étant inflexibles, ne peuvent pas être atta-

chées immédiatement aux bras du grand levier A B; car chaque point de ce levier, décrivant un arc de cercle autour de son centre de rotation, tendrait à détourner le point d'attache de la verticale, et cet effort casserait la machine. C'est pourquoi, dans l'appareil de Newcommen, où le piston n'était actif que dans la descente, sa communication avec le grand levier était établie par une chaîne enroulée sur un arc de cercle. Mais, dans la machine actuelle, la rigidité des tiges exige un autre mode de communication. C'est à quoi M. Watt est parvenu par un assemblage particulier de tringles métalliques mobiles les unes sur les autres, et combinées de manière à compenser par leur jeu le défaut de verticalité parfaite du mouvement du grand levier. La figure représente encore plusieurs autres pièces très-utiles à la bonne disposition de l'appareil, telles que des volans pour régulariser le mouvement, et des roues pour le transmettre ; mais ces détails appartenant à la mécanique, je dois les passer sous silence pour pouvoir indiquer d'autres points qui tiennent à la physique, et qui ne sont pas moins essentiels.

Le plus important, est la détermination de la température à laquelle il est le plus convenable d'employer la vapeur. En effet, plus elle est chaude, plus sa force élastique est considérable, et par conséquent plus elle produit d'effort sur la surface du piston qu'elle presse, le vide étant toujours de l'autre côté. Mais aussi il faut consommer plus de charbon pour produire une vapeur plus chaude ; en sorte que le profit ou le désavantage de la température est un élément à déterminer.

Déjà quelques manufacturiers de France ont trouvé du profit à opérer ainsi à des températures un peu plus élevées que 100°, ce que l'on peut faire en chargeant davantage la soupape de sûreté de la chaudière. Mais comme toutes les machines actuelles sont construites pour travailler à une pression peu différente de celle de l'atmosphère, on n'a pas pu porter à cet égard les essais bien loin; car il est évident que pour le faire, il faudrait que les parois des chaudières fussent renforcées. On a fait en Angleterre des épreuves plus étendues. On y possède de nouvelles machines imaginées par M. Woolf, dans lesquelles, dit-on, la vapeur est employée avec une force élastique très-supérieure à celle de l'atmosphère, et avec une grande économie de combustible. Mais il existe en outre, dans ces machines, une particularité qui semble aussi devoir être fort avantageuse ; c'est que le piston, au lieu d'être immédiatement en contact avec la vapeur aqueuse, qui fond et dissout les graisses dont on l'imprègne, reçoit le mouvement par l'intermédiaire d'une colonne d'huile ou de tout autre corps gras, peu évaporable, sur lequel la vapeur agit par pression. Pour cela, le cylindre où le piston se meut, est enveloppé d'un cylindre plus gros, avec lequel il communique, et dans lequel on met l'huile, qui, montant et descendant sans cesse dans le cylindre intérieur, le tient toujours lubrifié. Quoi qu'il en soit, l'avantage ou le désavantage des hautes températures ne tardera pas à être décidé d'une manière infaillible, car on construit en ce moment, à Cornouailles, des machines qui doivent employer la vapeur sous la pression de sept atmosphères. Dans ce cas, la déperdition de calorique par le rayonnement deviendra aussi plus considérable ; et il faudra probablement y avoir égard dans l'appréciation des résultats.

Pour nous faire une idée de l'abaissement de produit qui résulte de ces diverses circonstances, rappelons-nous qu'un gramme de charbon développe en brûlant 7226 degrés de chaleur, suivant les expériences de MM. Lavoisier et Laplace. Or, un gramme d'eau à 100°, pour se réduire en vapeur, absorbe 567° ; donc un gramme de charbon devrait réduire en vapeur près de 13 grammes d'eau, en supposant que sa chaleur fût toute employée, et que l'eau fût déjà portée à la température de 100°. Mais, d'après un grand nombre d'essais faits sur les machines les plus parfaites, et avec les fourneaux les mieux construits, M. Clément a trouvé qu'un kilogramme de charbon de bois ne produit que 6 ou 7 kilogrammes de vapeur, et un kilogramme du meilleur charbon de terre n'en donne jamais plus de 6 ; d'où l'on voit que la moitié à peu près de la chaleur est perdue par le rayonnement et la communication de la chaudière aux corps environnans.

Quand on connaît la force élastique avec laquelle on travaille à la surface du piston , il est facile d'évaluer la pression totale qui en résulte ; mais , dans cette évaluation , il faut faire entrer la tension de la vapeur qui reste sur l'autre surface , quand le vide n'est pas parfait. Ordinairement on compare le travail de la machine à celui que l'on obtiendrait d'un certain nombre de chevaux d'une force moyenne , et l'on évalue sa puissance d'après ce nombre. Par un grand nombre d'épreuves de ce genre , MM. Watt et Boulton admettent qu'un cheval d'une force moyenne , travaillant huit heures par jour , peut en une heure élever à la hauteur d'un mètre un poids de 265630 kilogrammes , ce qui fait environ 265 mètres cubes d'eau. M. Smeathon n'évalue cette force qu'à 190 mètres cubes ; et M. Clément, plus bas encore , seulement à 100. Prenant donc pour unité de force , un mètre cube d'eau ainsi élevée d'un mètre , nous dirons , dans le système d'évaluation de M. Watt, qu'un cheval donne par heure , 265 unités de force. Si une machine à vapeur est capable d'élever par heure 2650 mètres cubes d'eau à la hauteur d'un mètre , ou , ce qui revient au même , 265 à la hauteur de 10 mètres , ou 26,5 à la hauteur de 100 mètres , nous dirons qu'elle a la force de 10 chevaux. Il y a ainsi des machines qui ont la force de 20 , de 30 chevaux , etc. La plus forte que l'on connaisse existe , à ce qu'on assure , dans les mines de Cornouailles. Elle a une puissance de 1010 chevaux , et elle sert à épuiser , par des pompes , une mine de 180 mètres de profondeur. Il est clair que cette puissance est la seule chose à évaluer ; car on peut ensuite l'appliquer à élever de l'eau, à faire tourner des bobines dans des filatures , à mouvoir des rames , ou à tel autre usage qui exige une force active. La transmission du premier mouvement, peut toujours se faire par des procédés que la mécanique enseigne , et qu'il n'est point de mon ressort d'exposer.

CHAPITRE VII.

Quelques Notions sur la Météorologie.

La météorologie est l'application de la physique aux phénomènes constans ou passagers, opérés dans la masse de l'atmosphère, ou à la surface terrestre, par l'action générale des agens naturels, tels que la chaleur, l'électricité, le magnétisme. On y comprend la distribution inégale de la chaleur sur la terre, les lois de ses variations dans les diverses saisons de l'année, le décroissement de densité, et l'abaissement de température des couches atmosphériques à diverses hauteurs, les vents, les nuages, les brouillards, la pluie, la neige, la grêle, le tonnerre, les trombes; on y a aussi rapporté pendant long-temps toutes les apparitions lumineuses, tels que les halos, les arcs-en-ciel, aujourd'hui expliqués par l'optique; les comètes maintenant reconnues pour de véritables astres; les bolides ou globes de feu, que l'on sait aujourd'hui être de vrais corps solides, doués d'un mouvement propre très-rapide, et qui tombent quelquefois sur la terre lorsqu'ils ont usé leur vitesse propre en traversant l'atmosphère. Ces phénomènes ont été retirés de la météorologie à mesure qu'ils ont été mieux connus; mais on y en a laissé d'autres qui n'ont peut-être pas beaucoup plus de rapports avec elle, parce que leur cause était encore ignorée : telles sont les aurores boréales, et les relations de ce phénomène avec la direction de l'aiguille aimantée.

On voit, d'après cet exposé, que la plupart des faits qui appartiennent à la météorologie proprement dite ont été traités séparément en divers endroits de cet ouvrage ; il me suffira donc de les rappeler sous le point de vue commun où nous les envisageons en ce moment. Je donnerai plus de détails sur les autres, dont nous n'avons pas encore fait spécialement mention.

Commençons par ceux qui tiennent à l'état général du globe. La distribution de la chaleur à la surface de la terre, et au-dessous de cette surface, aux petites profondeurs où nous pouvons pénétrer, paraît dépendre uniquement de la hauteur moyenne annuelle du soleil sur l'horizon, c'est-à-dire de la latitude des lieux. La température des souterrains en chaque lieu est sensiblement constante; elle est la plus élevée sous l'équateur même, où elle va jusqu'à 27°,5 du thermomètre centésimal; et elle décroît de là jusqu'aux pôles où elle descend jusqu'à zéro, et peut-être au-dessous.

La température de l'atmosphère près de la surface de la terre éprouve dans chaque lieu des variations beaucoup plus grandes qui produisent les alternatives des saisons. Mais ces oscillations périodiques disparaissent à une petite profondeur; de sorte que, dans chaque lieu, la moyenne de toutes les températures annuelles est généralement égale à la température des souterrains; ce qui permet de déduire l'un de ces résultats de l'autre. Il paraît aussi que, dans chaque lieu, la moyenne des températures les plus élevées et les plus basses est encore la même que les précédentes. Mais, à latitude égale, le degré absolu de la température moyenne varie avec la hauteur.

Les lois générales de l'équilibre des masses gazeuses étant appliquées à l'atmosphère, montrent que la densité des couches qui la composent doit diminuer à mesure qu'elles sont situées plus haut. Nous avons vu que la loi de ce décroissement dépend de la température des couches, lequel ne peut se conclure que de l'observation. Dans l'état le plus ordinaire de l'atmosphère, on trouve que la température décroît également avec la hauteur, dans tous les climats, lorsqu'on part d'une même température inférieure; mais la loi de la progression change avec ce point de départ; de sorte que, dans les zones tempérées, par exemple, d'après les observations de Saussure, elle est, en hiver, de 230 mètres par chaque degré du thermomètre centésimal, et de 160 en été. Il y a donc une hauteur où ce refroidissement progressif atteint le terme de la glace; de là l'existence des neiges éternelles sur les hautes montagnes et l'inégale élévation du point où elles commencent dans les différens climats. Le décroissement vertical de la température varie encore avec les saisons, l'exposition des lieux, et même avec l'état plus ou moins transparent du ciel, de sorte que le seul moyen de le connaître avec exactitude, c'est de l'observer directement. Cette opération n'est possible que pour les petites hauteurs que l'homme peut atteindre; mais, dans ces limites, lorsqu'on est parvenu à le déterminer, on peut, d'après les lois de l'équilibre des gaz, calculer le décroissement de densité des couches aériennes ; et de là on peut déduire une formule qui permette de calculer les différences de niveau, d'après les hauteurs barométriques, et les températures, observées aux deux extrémités d'une colonne d'air.

Nous avons vu, en parlant du baromètre, qu'il varie très-peu dans chaque lieu entre les tropiques, et seulement suivant une période diurne régulière, tandis que ses oscillations deviennent de plus en plus grandes, à mesure que l'on s'éloigne de l'équateur. Ce fait démontre qu'il s'opère des variations considérables dans la pression atmosphérique que la colonne de mercure mesure ; mais on ne saurait assigner avec certitude la cause de ces variations.

On observe dans les lacs de Genève et de Neuchâtel, et, en général, dans les grands lacs, un phénomène qui paraît avoir du rapport avec le précédent : c'est que, quelquefois, les eaux de ces lacs s'élèvent tout-à-coup de plusieurs pieds sur certains points de leurs rives, et restent pendant un temps plus ou moins considérable dans cet état extraordinaire d'élévation. Ce phénomène est connu en Suisse, sous le nom de *sèches*. Il est présumable qu'il est le résultat accidentel d'une inégalité subite de pression atmosphérique dans les divers points de la surface du lac ; mais si sa cause est telle, elle doit manifester aussi son influence sur le baromètre, et le faire monter inégalement dans les parties du lac où les eaux ont un niveau inégal. M. Vaucher a fait un grand nombre d'observations qui paraissent confirmer cette conséquence.

En général on conçoit que dans une masse aussi vaste et aussi mobile que l'atmosphère, les causes d'agitation les plus légères peuvent produire les plus grandes et les plus durables perturbations. On conçoit donc qu'il doit fréquemment résulter des effets pareils des petites variations locales qui surviennent dans la température, et qu'il doit en résulter de plus grands et de plus constans du mouvement annuel du soleil de part et d'autre de l'équateur, ainsi que de l'influence plus ou moins énergique exercée par cet astre sur la terre et sur l'atmosphère dans les différentes saisons. Telles sont probablement les causes les plus ordinaires de ces agitations sou-

vent long-temps durables, qui se produisent dans l'atmosphère, et qu'on appelle les vents. La plus grande vitesse du
vent que l'on ait observée est d'environ 40 ou 50 mètres par
seconde : quand il se soutient avec cette furie, il renverse les
maisons, déracine les arbres, soulève les eaux des mers,
excite les tempêtes, et prend le nom d'ouragan.

On observe entre les tropiques des vents réguliers qui
soufflent de l'est vers l'ouest, et que l'on appelle *vents
alisés*. Ils sont une conséquence mécanique de la constante
présence du soleil au-dessus des régions équatoriales. Cet
astre échauffant les couches d'air situées dans la zone tor-
ride, les dilate à mesure qu'elles se présentent à son
influence par le mouvement de la terre. Il se forme ainsi
comme une sorte d'équateur d'air plus élevé que le reste
de l'atmosphère, et dont les couches supérieures n'étant
plus soutenues latéralement, doivent retomber au nord et
au sud vers les pôles. Par compensation, les couches d'air
froid situées près de la surface des glaces polaires, doivent
affluer vers l'équateur pour remplacer celles qui se sont
ainsi élevées; ce qui doit, en définitif, produire deux cou-
rans contraires dirigés dans le sens des méridiens, l'un, supérieur, de l'équateur vers chaque pôle ; l'autre, inférieur,
de chaque pôle vers l'équateur. Maintenant les particules
d'air qui composent le dernier courant n'ont, en venant des
pôles, qu'une vitesse de rotation extrêmement petite, et qui
est celle du parallèle terrestre qu'elles abandonnent. Dans
leur marche vers l'équateur, elles arrivent successivement
au-dessus d'autres parallèles, dont la vitesse de rotation de
l'ouest à l'est est beaucoup plus rapide; elles ne peuvent donc
pas tourner aussi vîte que les points de ces parallèles; et, en
conséquence, lorsqu'un vaisseau, un arbre, une montagne,
ou tout autre obstacle situé dans ces parages, et tournant
avec la terre de l'ouest à l'est, les rencontre, elles doivent
le choquer en sens contraire, c'est-à-dire de l'est à l'ouest,
avec tout ce qui leur manque de vitesse. Telle est l'explication simple et naturelle des vents alisés. On conçoit que le
transport annuel du soleil, de part et d'autre de l'équateur,
doit empêcher qu'ils ne soient rigoureusement dirigés dans
ce plan à toutes les époques de l'année : aussi observe-t-on que

le sens dans lequel ils soufflent dévie d'environ quatre degrés
de part et d'autre de l'équateur. La cause qui les produit
doit évidemment agir aussi hors des tropiques, et jusque
dans nos climats ; mais son effet doit y être beaucoup plus
faible à cause de la moindre chaleur du soleil, et de la
moindre différence des vitesses de rotation. Aussi cet effet
est-il généralement masqué par les variations accidentelles. Il
disparaît pareillement dans certaines mers, quoique situées sous
les tropiques, à cause des vents qu'excite la chaleur du soleil sur les terres environnantes. Tels sont les vents locaux et
réguliers, que l'on appelle *moussons* dans les mers de l'Inde.

En étudiant les lois de la vaporisation, nous avons vu
qu'un espace limité, soit vide, soit rempli d'un gaz quelconque, ne peut contenir, à chaque température, qu'une
quantité déterminée d'eau sous forme de vapeur invisible,
et nous avons donné les moyens de découvrir par les indications de l'hygromètre ce qui s'y en trouve en effet dans cet état.
Mais l'eau peut encore exister dans l'air, dans un autre état
sous lequel elle nous devient visible en formant les brouillards
et les nuages. Alors, d'après les observations de de Saussure,
il paraît qu'elle se dispose en petites vésicules creuses, assez
légères pour flotter librement dans l'air ; et en effet, comme l'a
for bien remarqué M. Laplace, si l'envelope aqueuse est réduite à une extrême minceur, l'attraction capillaire qu'elle
exerce sur elle-même à sa surface peut être infiniment plus
faible que dans l'état ordinaire, et par conséquent il se peut
qu'étant ainsi moins comprimé, elle ait une densité beaucoup
moindre. Mais il est très-difficile de concevoir quel pouvoir
peut réunir et former ainsi, quelquefois tout-à-coup, dans certaines parties de l'espace, des agglomérations de ces particules
aussi nettement limitées que souvent les nuages paraissent
l'être, et comment il est possible que les vents les transportent
ensemble sans les désunir. Lorsque les vapeurs aqueuses, après
avoir pris cette forme, viennent à se rapprocher davantage,
et à se réunir en gouttes liquides, elles tombent et forment la
pluie. Si cette précipitation se fait à une assez basse température, la vapeur, en se précipitant, se gèle, et devient de la
neige. Un assez grand nombre d'observations et d'inductions
très-plausibles ont conduit Volta à penser que la grêle n'est

autre chose que des grains de pluie long-temps balottés à une basse température entre deux nuages électrisés en sens contraire. En général, le développement de l'électricité paraît dans un grand nombre de circonstances, accompagner, sinon déterminer la précipitation des vapeurs aqueuses. On ignore absolument comment ce dégagement s'opère ; on a prétendu qu'il ne grêlait jamais l'hiver, et qu'il ne tonne point lorsqu'il neige ; mais tout le monde a bien pu voir cette année que l'expérience dément la généralité de ces assertions.

D'après une remarque faite en Angleterre, si l'on expose à diverses hauteurs deux vases d'égale étendue, et que l'on mesure la quantité d'eau qui y tombe pendant un temps considérable, par exemple, pendant une année, on trouve que le plus élevé est celui qui en reçoit le moins. Cela semble indiquer que les gouttes de pluie grossissent en tombant par la précipitation des vapeurs aqueuses qu'elles rencontrent, ou qu'en abaissant la température de l'espace qu'elles traversent, elles déterminent ces vapeurs à se précipiter plus abondamment. Cette expérience répétée à l'Observatoire de Paris a donné le même résultat. Une conséquence nécessaire, c'est qu'en général il tombe plus de pluie, à surfaces égales, dans les vallées que sur les collines. Je dis, en général, parce que l'expérience a offert quelquefois des résultats opposés.

La distribution de la pluie dans les différens temps de l'année est variable selon les lieux et selon les climats. La loi des périodes moyennes que suit ce phénomène dans chaque lieu est importante à observer pour ceux qui l'habitent, parce qu'il peut leur donner d'utiles lumières pour leur agriculture.

On observe quelquefois des lambeaux de nuages qui semblent descendre en forme d'entonnoir jusqu'à la surface de la terre ou de la mer. Ordinairement ce phénomène est déterminé par une colonne d'air tourbillonnant sur elle-même avec assez de vîtesse, pour enlever, comme par la succion d'une vis d'Archimède, de l'eau, et même des corps solides. Souvent on observe des éclairs et du tonnerre qui sortent du sein de ces colonnes. Si elles viennent à passer sur un navire, elles tortillent ses voiles et ses mâts, et le font pirouetter sur lui-même. Quelquefois elles se rompent, et l'inondent d'un déluge d'eau. Aussi les marins re-

doutent beaucoup ces météores ; et quand ils en aperçoivent
de loin sur la mer, ils tentent de les rompre à coups de
canon. Il est bien difficile, pour ne pas dire impossible, de
déterminer précisément, par les seules lois de la mécanique,
comment ces terribles tourbillons peuvent être formés.

Il me reste à donner quelques détails sur un phénomène,
qui, ainsi que je l'ai dit, n'a peut-être pas le moindre rapport avec les précédens, quoiqu'on le classe ordinairement
dans la météorologie, je veux parler des *aurores boréales.*
Lorsque ce météore est complet, il paraît sous la forme d'un
arc lumineux, ou plutôt d'un segment de cercle, situé du
côté du pôle, et duquel émanent par intervalles des faisceaux et des gerbes rayonnantes, qui, lorsqu'elles durent
assez de temps pour être observées plusieurs ensemble,
semblent des arcs de grands cercles qui vont concourir en
un même point du ciel. La cause de ce phénomène est tout-à-
fait inconnue, et l'on ne peut pas même la soupçonner. Il
paraît seulement qu'elle a un rapport direct ou indirect
avec le magnétisme du globe ; car on observe généralement
que lorsqu'il a lieu, l'aiguille aimantée éprouve des agitations subites et irrégulières, auxquelles on a donné le nom
d'affollemens. En outre, d'après une remarque très-curieuse
de M. Dalton, le sommet de l'arc, vu de chaque lieu, semble
dirigé dans le méridien magnétique de ce lieu-là. Car
M. Dalton a remarqué cet accord dans toutes les aurores
boréales dont il a observé un arc complet ; et l'on voit, par
d'anciennes observations de Maraldi, qu'il en était de même
de son temps, quoique la direction du méridien magnétique
ait considérablement changée depuis cette époque. Enfin une
aurore boréale récemment observée à Paris, le 1er février 1817,
a présenté à M. Arago, exactement ce même accord. Selon
M. Dalton, la position du point de concours des faisceaux aurait aussi un rapport constant avec la direction des forces magnétiques ; car il répondrait dans chaque lieu à la direction de
la résultante de ces forces, déterminée par l'aiguille d'inclinaison. On n'a pas eu occasion d'observer à Paris cette particularité sur la dernière aurore, parce que ses faisceaux ne
se sont pas réunis. Quoi qu'il en soit, la seule coïncidence
de la direction est bien remarquable ; et ainsi que l'observe

judicieusement M. Arago, il faut bien, d'après cela, que l'aurore boréale soit un phénomène de position, comme l'arc-en-ciel, dont chacun voit le sien à part, parce qu'autrement la direction du méridien magnétique étant différente dans les divers lieux, et ne convergeant pas, commé les méridiens célestes, vers un point unique, il ne serait pas possible qu'un objet unique s'offrît à chaque observateur, suivant la direction de son propre méridien. Ainsi cette particularité devra être considérée comme une des conditions fondamentales auxquelles il faudra satisfaire, quand on entreprendra d'expliquer la cause physique par laquelle les aurores boréales sont produites. C'est ce qu'a essayé M. Dalton, dans un ouvrage intitulé : *Observations météorologiques ;* mais quelle que soit l'habileté de ce physicien ingénieux, il nous semble que les détails de ce phénomène n'ont pas encore été jusqu'ici fixés avec assez de soin pour qu'on puisse remonter jusqu'à sa cause. Un voyage de six mois dans les régions polaires nous donnerait peut-être toutes les notions qui nous manquent sur ce sujet si curieux.

Le pôle boréal n'est pas le seul qui offre ces apparences lumineuses ; on les observe aussi vers le pôle austral, quand on s'avance dans l'hémisphère opposé de la terre. Il y a donc des aurores australes, comme des aurores boréales ; et Cook a plusieurs fois observé ce phénomène dans ses voyages.

Je terminerai ce précis de météorologie, en recommandant une application importante que l'on a faite des lois de la géographie des plantes à la mesure de la température moyenne des lieux. Chaque végétal ne peut vivre qu'entre certaines limites déterminées de température ; et la proximité de ces limites est indiquée par sa végétation plus ou moins chétive. L'aspect des végétaux qui subsistent dans chaque contrée offre donc comme une sorte de thermomètre vivant qui indique au voyageur la moyenne des températures annuelles et leurs extrêmes. On peut voir les principes de cette utile application dans l'ouvrage de M. de Humboldt, intitulé : *De Distributione geographicâ Plantarum*, et M. de Buch en a fait un bel usage dans son *Voyage en Laponie*.

F I N.

TABLE ALPHABÉTIQUE
DES MATIERES

CONTENUES DANS CET OUVRAGE.

Nota. Les chiffres romains indiquent les Tomes, et les chiffres arabes les Pages.

A

au périmètre de chaque anneau, avec des exemples, 299. Valeur des épaisseurs absolues dans les lames d'air, 3o1, 3o2. Variations des diamètres des anneaux quand on les regarde obliquement, 3o3. Manière de la mesurer, et tableau des résultats pour toutes les incidences, *ibid.* Conséquence importante qu'on en déduit sur la cessation absolue de toute réflexion, dans des points où l'épaisseur de la lame mince n'est pas nulle, 3o5.

Anneaux colorés observés par transmission à travers les lames minces, II, 3o6. Ordre de leurs couleurs ; mesures de leurs diamètres et des épaisseurs auxquelles ils se forment, *ibid.* Sont complémentaires des anneaux réfléchis de même diamètre, 3o7. Réfléchis par une lame mince d'eau comprise entre deux objectifs sphériques d'un grand rayon, *ibid.* L'ordre de leurs couleurs, et les proportions de leurs diamètres sont les mêmes que pour les lames d'air. Mais les épaisseurs où ils se forment sont moindres, dans la proportion du sinus d'incidence au sinus de réfraction, lorsque la lumière passe de l'air dans l'eau, 3o8. Voyez *Diffraction.*

Anneaux colorés réfléchis par les bulles d'eau savonneuses, II, 3o9. Manière de les rendre réguliers, durables et faciles à observer, *ibid.* Description de leurs couleurs. Elles sont exactement les mêmes que celles des lames d'air, 311. Tableau de leurs variations par l'obliquité, 314. Elles sont moindres que celles des anneaux formés sur les lames d'air ; mais elles suivent la même loi, 315. Extension de cette analogie, 316.

Anneaux colorés réfléchis et transmis, formés dans les lames minces d'air par une lumière homogène, II, 317. Description des apparences qu'ils présentent, et des

lois que leurs diamètres suivent, *ibid.* Mesures comparées de ces diamètres dans les différentes couleurs, 321. Épaisseurs conclues de la lame mince dans les endroits où ils se forment, 321. Table numérique de ces épaisseurs pour les sept premiers ordres d'anneaux formés par les diverses couleurs simples, 323. Construction géométrique des résultats qui y sont exprimés, 324. Usage de cette construction pour découvrir si une couleur assignée est réfléchie ou transmise à telle épaisseur, et réciproquement, 326. Analyse complète de la formation et de l'ordre des couleurs composées, quand les anneaux sont formés par une lumière blanche, 327. Analyse semblable par les anneaux transmis, 33o. Pourquoi ils sont toujours plus pâles que les autres, et dans quel rapport, 332. Evaluation numérique des teintes qui doivent paraître à chaque épaisseur donnée d'un milieu quelconque, avec des exemples pour les divers ordres d'anneaux, tant réfléchis que transmis, 334. Réunion de ces résultats en une table qui présente les épaisseurs où chaque couleur se réfléchit le plus abondamment dans les divers ordres d'anneaux composés, formés sur l'air, l'eau ou le verre, 335. Usages de cette table : 1° pour trouver l'épaisseur d'une lame mince d'après sa couleur, quand on connaît son rapport de réfraction, 336 ; 2° pour déterminer à la fois l'épaisseur de la lame et son rapport de réfraction par les observations des couleurs qu'elle réfléchit sous deux incidences diverses. Application au mica, *ibid.*

Anneaux colorés. Explication de quelques apparences singulières qu'ils présentent, quand ils sont vus à travers des prismes, II, 338. Ce procédé, rassemblant les couleurs d'un côté de la tache cen-

B

C

Calorimètre de glace, II, 535, d'eau, II, 549.

Calorique. Ce qu'on doit entendre par ce mot, I, 120.

Calorique. Ses rapports avec la lumière, II, 501 *et suiv.* Obscur, est sensible à l'extrémité rouge du spectre solaire, et même au-delà. 502. Rayonne comme la lumière, et se réfléchit suivant les mêmes lois, 505. Se polarise comme elle par réflexion, sur les corps diaphanes, et par transmission dans les cristaux, 504. Se rapproche graduellement de l'état de lumière, à mesure qu'il émane d'un corps plus chaud, 509. Traverse mal le verre à de basses températures, et d'autant plus mal que le verre est plus épais, 524.

Calorique (émission du), est modifiée par l'état des surfaces d'émergences, II, 522. Tableau de ces différences pour un certain nombre de corps; 524.

Calorique rayonnant. Lois de son équilibre par échange, dans la réflexion et dans l'émission, II, 525. Applications à quelques phénomènes, 527. A la formation de la rosée, 529.

Calorique. Sa propagation dans une barre solide, 529. Lois de ce phénomène déduites de la théorie du rayonnement, 530. Extension de ces principes à des corps de trois dimensions, 532.

Calorique latent, dégagé par les corps qui se refroidissent, ou absorbé par ceux qui se réchauffent, II, 534. Manière d'en mesurer la quantité par la fusion de la glace, *ibid.* Par le réchauffement de l'eau, 543. Usages de ces procédés pour mesurer de même le calorique dégagé ou absorbé, dans la formation des combinaisons, 545. Dans la combustion, 551, 553. Tableau des quantités ainsi obtenues par la combustion de diverses substances, 554.

Caméléon minéral. Périodes de coloration, dans cette substance, analogues aux anneaux colorés, II, 381.

Caméra lucida. Sa construction et ses effets, II, 277.

Capillaires (phénomènes), I, 293. Adhérence de plaques de verre, de marbre, de métal, etc., à des liquides, 293. Tubes capillaires, 294. Théorie physique et mathématique de ces phénomènes, 296. Cause de l'élévation ou de l'abaissement des liquides dans les tubes capillaires, 297. Exemples singuliers, 298.

Capillarité des tubes barométriques. Son influence, et moyen de la corriger: I, 166.

Carillon électrique, I, 518.

Carreaux. Electricités contraires de deux carreaux de verre, frottés l'un contre l'autre, I, 415.

Cascade (charge par), I, 508.

Catoptrique, II, 84.

Caustiques (courbes), II, 129.

Centrage d'une aiguille aimantée, II, 25, 27.

Centre de forces magnétiques, est absolument analogue au centre de gravité dans les corps pesans, II, 16. Le centre est unique dans les aiguilles aimantées par la méthode de la double touche, quand elles ont été préalablement amenées à l'état de recuit, 52, 58: mais si elles sont trempées roides avant d'être aimantées, il s'y développe plusieurs centres, 58. Le globe terrestre paraît avoir un centre magnétique principal et plusieurs centres secondaires, 67, 73.

Centre des forces parallèles, I, 25, appliqué à la pesanteur, il devient le centre de gravité, 27.

Cerf-volant électrique, I, 518. Précautions indispensables à

D

Dilatations des corps, I, 124 *et suiv.*; de l'air, 178; Apparente du mercure dans le verre, 145; vraie, *ibid.* Mesure de la dilatation des solides, 204 *et suiv.* Tableau de la dilatation linéaire du verre et des métaux, 209. Distinctions entre les dilatations linéaires, superficielles et cubiques; manières dont ces dernières doivent être calculées, 209 *et suiv.* Inégale dilatation des différens métaux employés à la construction de thermomètres métalliques, pour mesurer les dilatations de règles de métal, 212 *et suiv.* Appliquée à la compensation des horloges à pendule, 213; à celle des montres de poche, 215. Mesure de la dilatation des gaz, 217 *et suiv.*; des vapeurs, 222. Proportionnalité des dilatations des corps solides, du mercure et des gaz dans l'étendue de l'échelle thermométrique, 217. Dilatation des liquides, 224 *et suiv.* Substances qui se dilatent ou se contractent en se gelant, 227. Voy. *Eau.*

Dioptrique, II, 112 *et suiv.* Principe fondamental de la dioptrique, 115.

Direction, ou *Propriété directrice de l'aimant.* Epoque vraisemblable de sa découverte, et son usage dans la navigation, II, 8.

Direction de la résultante des forces magnétiques sur la surface d'une lame aimantée, II, 16; sur les aiguilles de boussole, 17.

Directrice. Propriété directrice de l'aimant, II, 8. Altération de la force directrice dans les barreaux qui ont des points conséquens, 29.

Dispersion de la lumière, II, 115, 207. Sa mesure et ses lois, 267 *et suiv.*; subsiste dans la réflexion intérieure produite par la réfraction, 219. Son effet sur la vision, 273 *et suiv.*

Dissimulés (*magnétismes*), II, 12.

Dissimulées (*électricités*), I, 489 *et suiv.*

Dissolutions salines. Leur influence sur la transmission de l'électricité voltaïque, II, 475.

Divisibilité de la matière, I, 4.

Double-touche (*méthode de la*), II, 41.

Ductilité. Son influence sur l'aimantation du fer, du nickel, du cobalt, II, 14.

E

Eau distillée. Rapport du degré de son ébullition avec la hauteur du mercure dans le baromètre, I, 177. Sa dilatation déterminée par des pesées, 225. Son maximum de condensation prouvé par des pesées, *ib.*; par les expériences d'aréométrie, 286. Température de ce maximum d'après l'ensemble de toutes les observations, 226. Dilatations absolues de l'eau, 285. Eau successivement liquide, solide et gazeuse, 249. Eau refroidie au-dessous de zéro sans cesser d'être liquide, 226, 253, 257. Table des volumes et densité de l'eau, depuis 0° jusqu'à 80° R., 285.

Eau et tubes capillaires, 293.

Eau. Sa faculté pour conduire l'électricité, I, 407. Formation de l'eau, 515. Décomposition de l'eau par l'électricité ordinaire, *ib.*; par l'électricité voltaïque, 553. Eau pure presque isolante pour l'électricité voltaïque, *ibid.*

Ebullition de l'eau (*variations dans la température de l'*), produite par la nature des vases, I, 141; par la pression atmosphérique, 177.

Echo, I, 320.

Eclipses des satellites de Jupiter, II, 80.

F

G

H

I

Lames d'or volatilisées par l'électricité, I, 515.

Lames élastiques. Lois de leurs vibrations, I, 350.

Lames minces des corps. Réfléchissent et transmettent différentes couleurs, II, 290.

Lanterne magique. Sa définition, II, 276.

Larmes bataviques, I, 306; II, 473.

Larynx. Portion de l'organe de la voix, II, 314.

Latitude magnétique, II, 66.

Lentilles. Lentilles sphériques, II, 126. Forme diverse des lentilles sphériques, leur axe, leur profil, *ibid.* Distance focale principale d'une lentille, 131. Emploi des lentilles dans les lunettes, ou télescopes dioptriques, 145. Réfrangibilité des rayons lumineux dans les lentilles, 218.

Leviers, I, 30. Leurs diverses espèces, et conditions de leur équilibre, 31, 32.

Lèvres des tuyaux d'orgue, I, 362.

Lin (*fils de*). Appareil formé de fils de lin pour l'attraction et la répulsion de l'électricité, I, 411.

Liquides. Conditions de leur équilibre, I, 37; lois de leurs mouvemens, 85; de leur écoulement par de très-petits orifices; manière d'observer ces phénomènes, 91; modifications qu'ils éprouvent, 92. Méthodes diverses pour observer l'expansion des liquides par la chaleur, I, *et suiv.* 224. Comment les liquides propagent la chaleur, 228. Leur conversion en vapeurs, 230. Refroidis par l'évaporation, 259. Leurs pesanteurs spécifiques, 283. Électricité excitée par le frottement des liquides contre les solides, 416. Liquides spiritueux enflammés par l'électricité, 515. Liquides employés comme conducteurs de l'électricité voltaïque, 537. Réfraction de la lumière dans les liquides, II, 112 *et suiv.* Détermination de la chaleur spécifique des liquides, 541; et de leur calorique de fluidité, 548, 549.

Liquidité (*cause de la*), I, 250, 300.

Loupes. Leurs usages pour grossir les images des objets, II, 142. Mesure des grossissemens qu'elles produisent, 143.

Lumière (terme d'acoustique). Lumière des tuyaux d'orgue, I, 360.

Lumière électrique, I, 527; vue à travers un prisme, *ibid.* Se produit dans le vide, *ibid.* Intensité de la lumière électrique, *ibid.* Cause probable de cette lumière, 528.

Lumière (en général). Mode par lequel elle se manifeste à nos yeux, II, 79. Sa transmission en ligne droite dans les milieux indéfinis homogènes, 80. Rayon de lumière, *ib.* Divers systêmes sur la nature de la lumière, 81 *et suiv.* Phénomènes qu'elle éprouve à la rencontre des surfaces des corps, réflexion, réfraction, 84. Lois de la réflexion simple, 84. *et suiv.*; de la réfraction simple, 112 *et suiv.* Dispersion de la lumière, 115. Mouvement de la lumière dans des milieux composés de couches diverses, 172; dans les cristaux doués de la double réfraction, 179. Vîtesse de la lumière réfractée ordinairement, 185; extraordinairement, *ibid.* La lumière est composée de rayons qui diffèrent en réfrangibilité et en réflectibilité, 220. Séparer les rayons de lumière, pour étudier leurs propriétés individuelles, *ibid.* Inaltérabilité de la lumière simple, en traversant un ou plusieurs prismes, 221. Désignation des rayons de lumière simple, par les couleurs dont ils donnent la sensation, 224. Ces propriétés colorifiques ne sont point altérées par la réflexion, *ibid.* Erreur de Newton sur la dispersion de la lumière, 226. Recomposition de la lumière, 227. Effet de la

M

P

magnétiques, 45. Les pôles de même nom se repoussent, et les pôles de nom contraire s'attirent réciproquement au carré de la distance, 52. Pôles de l'équateur magnétique, 67.

Pompes. Elévation limitée de l'eau dans les pompes aspirantes, I, 153. Pompe aspirante, 187. Pompe foulante, 189. Pompe aspirante et foulante, *ibid.* Pompe à air ou machine pneumatique, 190. Pompe pour condenser l'air, 199.

Porosité. Sa définition, I, 4.

Potasse. Décomposition de la potasse par l'électricité voltaïque, I, 554.

Pouce d'eau. Sa définition et manière de le mesurer, I, 95; ses subdivisions, *ibid.*

Poulies, fixes, mobiles. Leur définition et conditions de leur équilibre, I, 33.

Pouvoir des pointes, I, 463, 520.

Pouvoir réfringent. Sa détermination et son expression analytique, II, 153. Moyen de le déterminer même dans les corps opaques, 157 *et suiv.* Tableau du pouvoir réfringent de plusieurs substances, d'après Newton, 164. Pouvoir réfringent remarquable dans les substances inflammables, 165. Tableau pour l'air et plusieurs gaz, 166. Pouvoir réfringent remarquable dans le gaz hydrogène et dans les substances qui en sont composées, *ibid.* Pouvoir réfringent conclu de la composition chimique des corps, 167 *et suiv.* Le pouvoir réfringent de l'air et des gaz se maintient sensiblement le même dans les changemens de température, 171, 153 *et suiv.*

Presbyte (vue). Moyens d'y remédier, II, 141.

Pression (principe de l'égalité de), I, 40. Pression sur les parois et sur le fond des vases, analysée, 41, 43.

Pression de l'air, I, 153 *et suiv.*

Volumes des gaz réciproques aux pressions, 187.

Pression électrique, I, 463, 466.

Principes électriques, I, 412 leurs caractères, 458.

Principes magnétiques. Deux principes magnétiques, II, 5, 12. Comment ils existent dans le fer, dissimulé l'un par l'autre; analogues aux deux principes électriques, etc., *ibid.* Comment l'influence d'un aimant les sépare l'un de l'autre, dans chaque particule de fer, 13.

Prismatiques. Vases prismatiques pour la réfraction des liquides, II, 120; pour celle des gaz, 122. Couleurs prismatiques. Voyez *Couleurs.*

Prisme. Prisme pour déterminer le rapport de réfraction dans les substances solides, II, 116. Angle réfringent d'un prisme, 117. Désignation des sept couleurs principales de la lumière réfractée par un prisme, 119. Ordre des couleurs d'un point lumineux vu au travers d'un prisme réfringent, 119. 207. Prisme à liquide, 120. Prisme pour la réfraction des gaz, 122. Prisme pour la réflexion intérieure, 155. Prisme pour la réflexion intérieure de deux milieux contigus, 161. Prisme pour la double réfraction, 184. Doubles prismes pour les micromètres à doubles images, 195 Leur usage pour déterminer le grossissement produit par les lunettes, les télescopes et les microscopes, 272. Lieu des images des objets, vus à travers un prisme réfringent, 207. Dilatation de ces images dans le sens de l'angle réfringent du prisme, 208. Décomposition de la lumière réfléchie en passant à travers un prisme, *ib.* Lumière propre des corps enflammés, décomposée par le prisme, 211. Analyse de la lumière solaire au moyen d'un prisme, 212. Effet de la dispersion de lumière sur la vision , à travers un prisme , 237 *et suiv.* Combinaison de deux ou plusieurs prismes , pour obtenir une compensation achromatique , 246 *et suiv.*

Procès ciliaires , II , 284.

Pupille. Sa disposition dans l'homme , II , 281; dans les animaux , 287.

Pyromètres , I , 205.

Q

Quantité de mouvement. Sa définition , I , 63.

R

Raréfraction de l'air. Voyez *Machine pneumatique.*

Rasette. Appareil pour régler le ton des anches , I , 366.

Rayons lumineux , II , 80 , 83.

Rayons lumineux , Leur faculté calorifique croit du violet au rouge , et leur action chimique du rouge au violet , II , 502 , 513. L'une et l'autre s'étendent au-delà du spectre visible, 502.

Rayons réfléchis , II , 86 *et suiv.* Dans la réflexion ordinaire , le rayon incident et le rayon réfléchi sont dans un même plan normal à la surface d'incidence, 87. Le rayon incident et le rayon réfléchi forment des angles égaux avec la surface réfléchissante, *ibid.* Cône formé par les rayons réfléchis qui partant d'un point lumineux arrivent à une pupille d'une étendue sensible , 88. Rayons doublement réfléchis à la seconde surface des cristaux, 189.

Rayon réfracté, II , 112.

Rayons de courbure des verres sphériques, II , 141.

Rayon réfracté ordinaire, et rayon réfracté extraordinaire, dans la double réfraction , II , 147.

Réaction électrique , I , 427, 466 , *Réaction de torsion* , I , 303.

Réchauffement et refroidissement des corps dans des milieux indéfinis, d'une température uniforme , II , 515. Peuvent se calculer par une logarithmique , quand la température du milieu diffère peu de celle du corps plongé , 518. Cette loi s'écarte de la vérité à mesure que la différence des températures augmente , *ibid.*

Récipiens. Voyez *Machine pneumatique.*

Réciprocité des volumes des gaz aux pressions qu'ils supportent, I, 187.

Recomposition des couleurs , II , 227.

Recomposition des magnétismes décomposés , II , 15.

Recuit (*le*) , I , 304. Développement du magnétisme , facilité par le recuit , II , 47. Degré de recuit convenable pour les aiguilles, selon leur longueur, 61.

Réfléchissantes (*surfaces*). Voy. *Réflexion de la lumière* , II , 84.

Réflexibilité. La réflexibilité qui dépend de la réfrangibilité est inégale dans les rayons lumineux , II , 220.

Réflexion du calorique. Ses lois, II , 505. Se fait mal sur le verre , et bien sur des métaux polis, 506. S'opère sur le calorique qui tend à sortir des corps , comme sur celui qui tend à y pénétrer, 524.

Réflexion du froid. N'est qu'apparente , II , 527.

Réflexion de la lumière , II , 84. Réflexion produite par les surfaces planes , 85. Réflexion régulière , 86. Réflexion irrégulière , 86, 104, 396. S'opère à une petite profondeur dans l'intérieur des corps , 420. Angle d'incidence; angle de réflexion; leur situation dans un même plan ; et leur égalité quand la réflexion est simple, 87 *et suiv.* Réflexion de la lumière par des

S

T

189. Diamètres successifs des anneaux colorés formés entre deux verres sphériques, II, 299. Epaisseurs de la lame d'air qui réfléchissent une même couleur, sous les incidences diverses, 303. Epaisseurs analogues pour les bulles d'eau savonneuses, 314. Epaisseurs d'air auxquelles commencent et finissent les différens anneaux, 323. Epaisseurs d'air, d'eau, de verre, exprimées en millionièmes de pouces anglais, qui font voir chaque couleur dans le degré le plus distinct, sous l'incidence perpendiculaire, 335. Longueurs des accès des diverses molécules lumineuses, dans le vide, dans l'air, dans l'eau, dans le verre, pour l'incidence perpendiculaire, 360. Tableau des teintes qu'une même lame de chaux sulfatée peut enlever à la polarisation primitive sous toutes les incidences et dans toutes les positions où on peut la mettre, 461. Tableau des teintes correspondantes des anneaux réfléchis et transmis, déduit de la théorie de la polarisation, 456. Pouvoir rayonnant et réflecteur de diverses substances, 524. Chaleurs spécifiques de différens corps solides et liquides, 542; de différens gaz, 555. Leur chaleur spécifique absolue, 556. Mesure des quantités de calorique dégagées par la combustion, la détonation ou la solidification de diverses substances, 554.

Tabouret électrique ou isoloir, I, 406.

Tache. Tache noire au centre des anneaux colorés, II, 291. Cas de plusieurs taches noires, 294. Dilatation de la tache centrale, et conséquence remarquable de cette dilatation, 303. Tache blanche au centre des anneaux, produits par la lumière transmise, 306.

Tamtams. Effet singulier de la trempe sur le métal des tamtams, I, 305.

Télescopes catoptriques. Leur définition générale, II, 270; à un seul miroir, Télescope d'Herschell, 270; à deux miroirs, dont l'un plan, Télescope de Newton, 271; à deux miroirs, tous deux concaves, Télescopes de Grégory, *ibid.*; à deux miroirs, dont l'un convexe, 272. Procédé général pour mesurer le grossissement de ces instrumens, *ibid.*

Télescopes dioptriques. Leur définition et leur théorie, II, 266; à deux verres et à images renversées, 267; à cinq verres et à images droites, 268; polyaldes, *ibid.*; à deux verres et à images droites, 269. Procédé général pour mesurer leur grossissement, 272.

Tempérament (en musique), I, 350. A quels instrumens le tempérament est particulier, *ibid.*

Température. Définition de la température, et moyens de la mesurer, I, 121. Celle des souterrains, 123. Celle de la glace fondante, 135. Celle de l'eau bouillante, 136. Celle d'un corps qui se fond ou qui se vaporise, est constante, 148. Variation qu'éprouve la température de l'ébullition de l'eau, 175. Abaissement de la température par l'évaporation, 260.

Température de l'atmosphère. Décroit avec la hauteur; suivant quelles lois, II, 570.

Températures élevées. Méthode pour mesurer celles qui excèdent les limites des thermomètres ordinaires, II, 544.

Température moyenne des lieux. Elémens dont elle dépend, II, 570; est la même que celle des souterrains, *ibid.* Peut se déterminer d'après l'aspect de la végétation, 576.

Temps. Sa définition, I, 50; sa mesure, 52.

Tension des vapeurs, I, 232, 237.

Tension électrique, I, 477.

Thermomètre. Objet de cet instrument, I, 119. Préférence accordée au mercure, 127. Con-

V

FIN DE LA TABLE.

DE L'IMPRIMERIE DE LEBLANC.

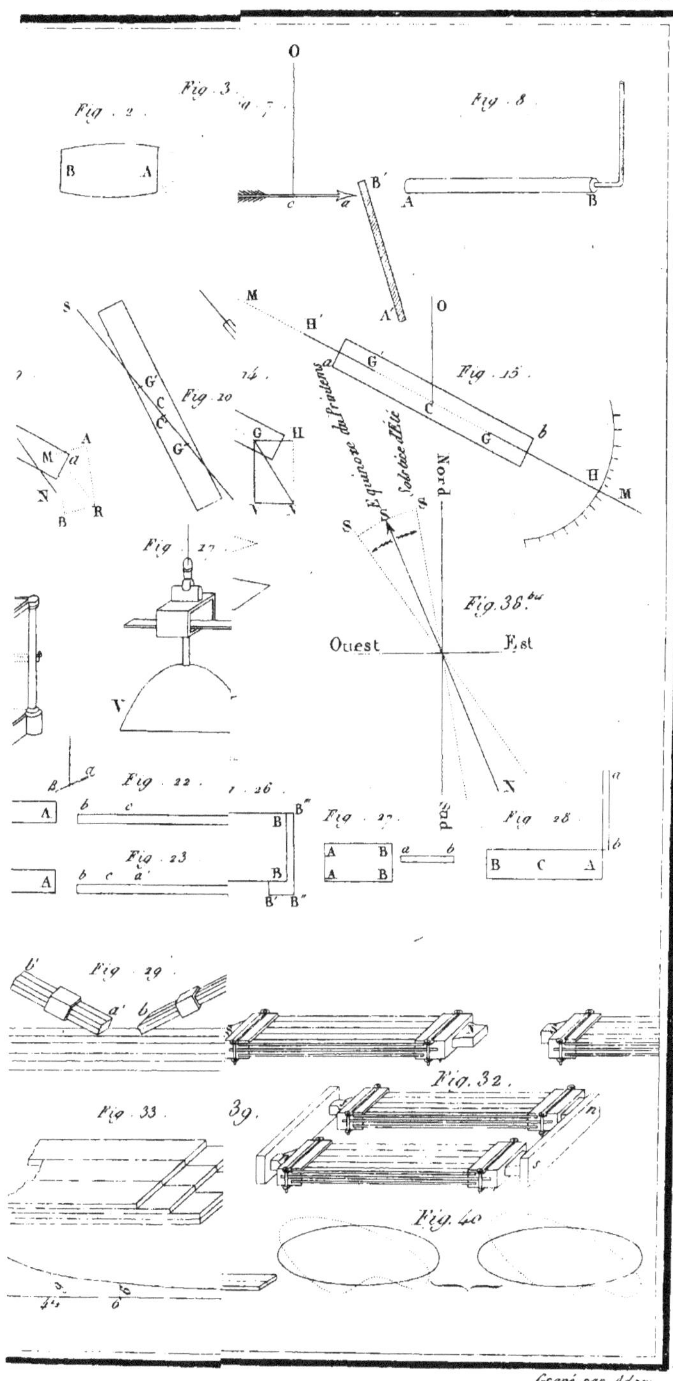
O
Fig. 3
Fig. 2
Fig. 8
B   A
B'
c   a
A
B
S
M
H'
O
G'
Fig. 10
C
C
G'
G
G
H
A
a
M
N
B   R
Fig. 15
a
G'
C
G
b
en Equinoxe du Printems
Solstice d'Ete
P.r N.
H
M
Fig. 17
Fig. 36.bis
S
V
Ouest   Est
B   a
Fig. 22
Fig. 26
N
A   b   c
B''
pas
Fig. 27
Fig. 28
a
B   B
A   B   a   b
B   C   A
b
A   Fig. 23
B
A   b   c   a'
B'   B''
b'   Fig. 29
a'   b
Fig. 32
Fig. 33   39.
Fig. 40

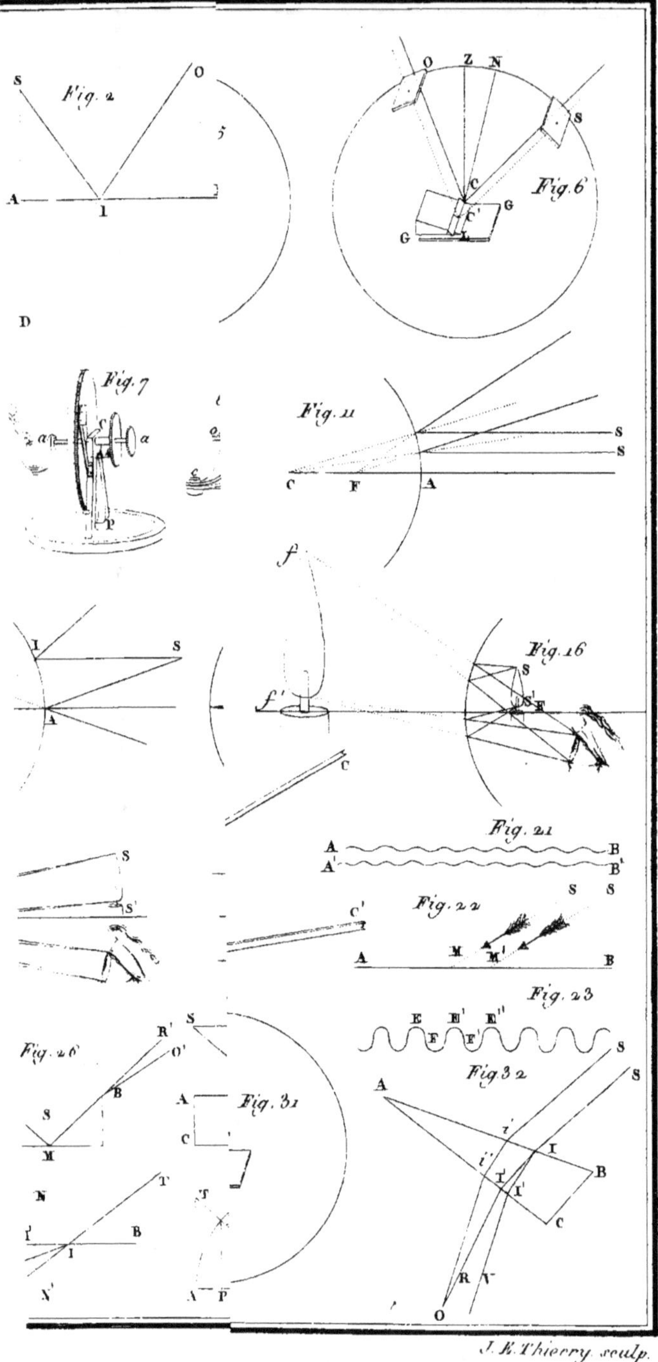

Fig. 2
Fig. 6
Fig. 7
Fig. 11
Fig. 16
Fig. 21
Fig. 22
Fig. 23
Fig. 26
Fig. 31
Fig. 32

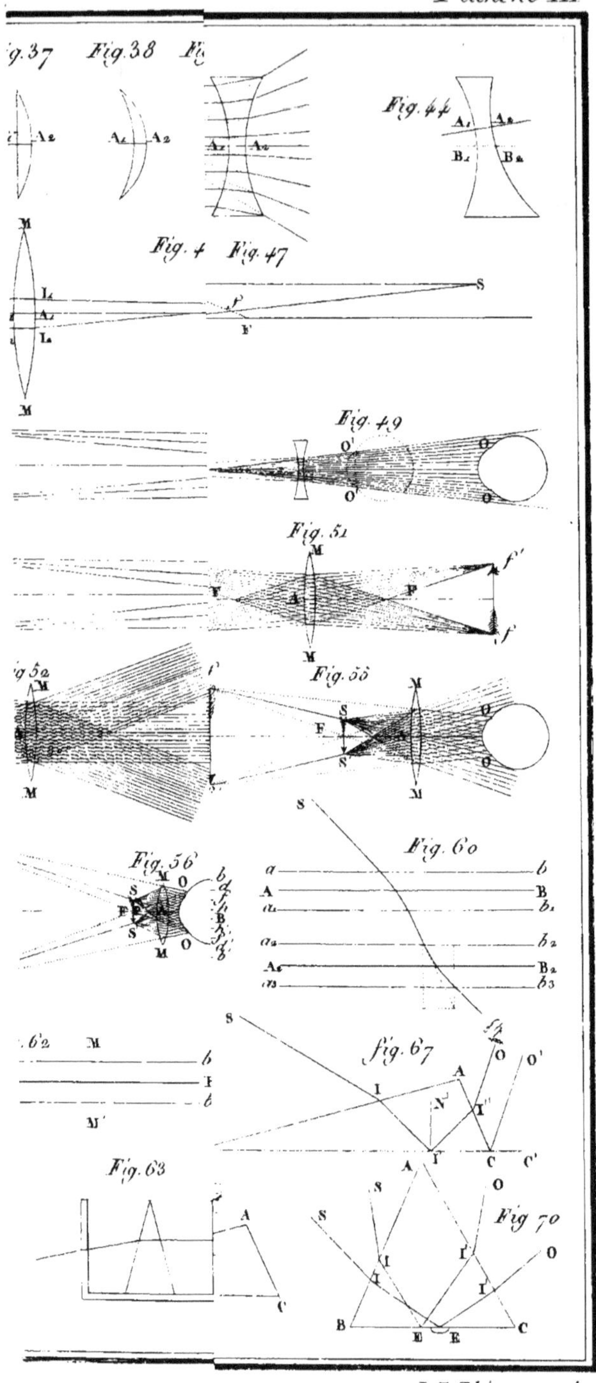

J. E. Thierry. sculp.

Fig. 75.

Fig. 77.

Fig. 82.

Fig. 83.

Fig. 86.

Fig. 91.

Fig. 92.

Fig. 93.

Fig. 94.

Fig. 95.

Fig. 96.

Fig. 101.

Fig. 104.

Fig. 110.

Fig. 113.

Fig. 114.

Fig. 115.

Fig. 119.

Fig. 120.

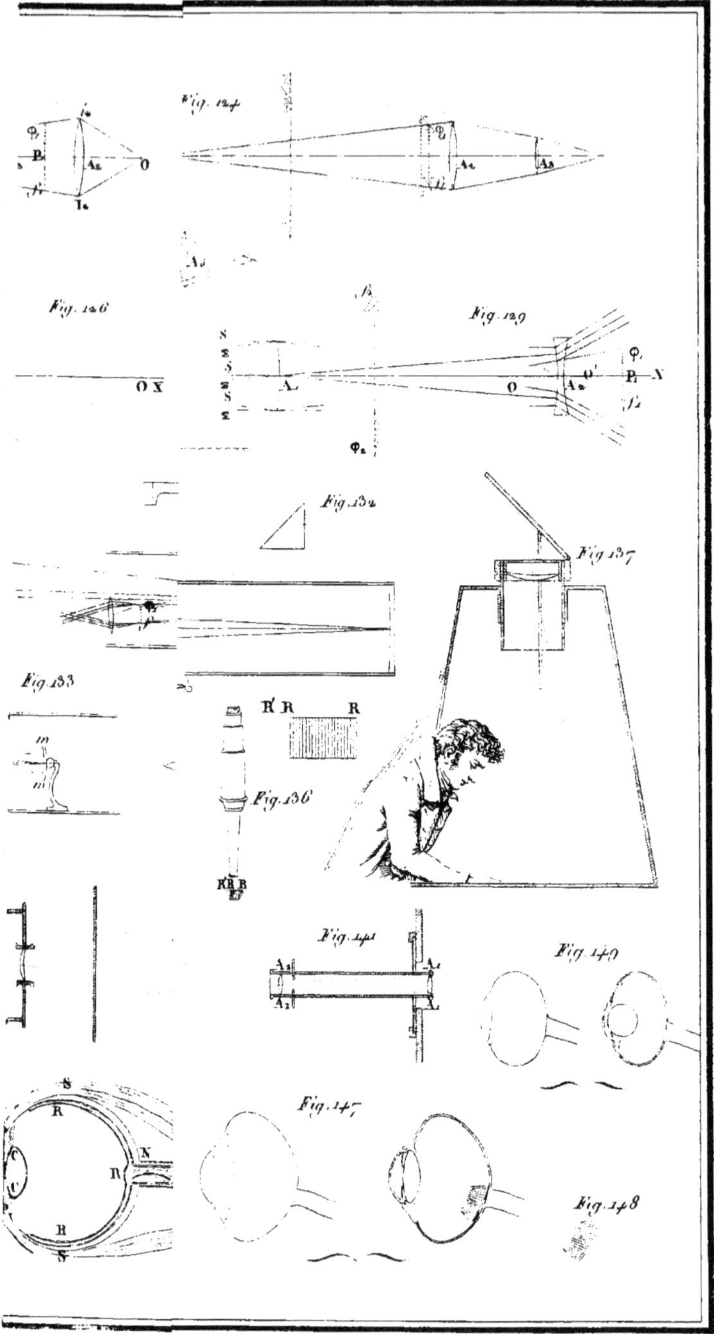
Fig. 124
Fig. 126
Fig. 129
Fig. 132
Fig. 133
Fig. 136
Fig. 137
Fig. 141
Fig. 147
Fig. 148
Fig. 149

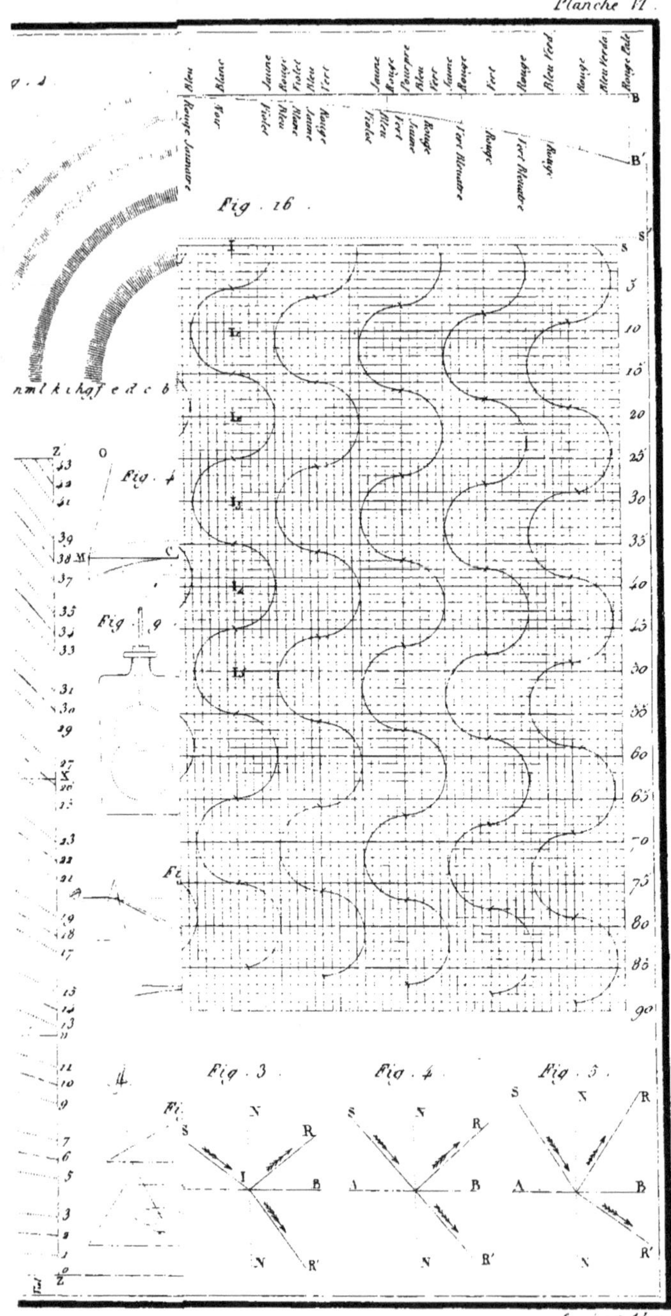

Gravé par Adam.

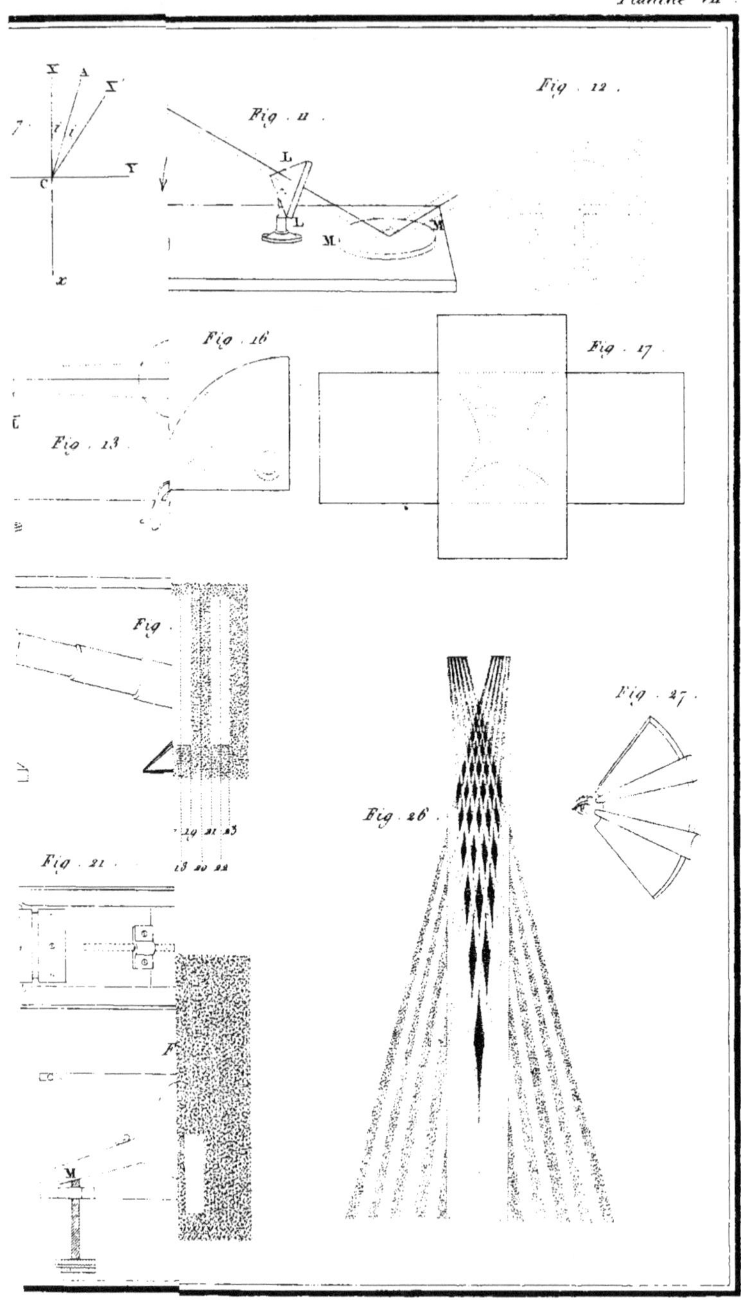
Fig. 11.
Fig. 12.
Fig. 16.
Fig. 13.
Fig. 17.
Fig. 21.
Fig. 26.
Fig. 27.

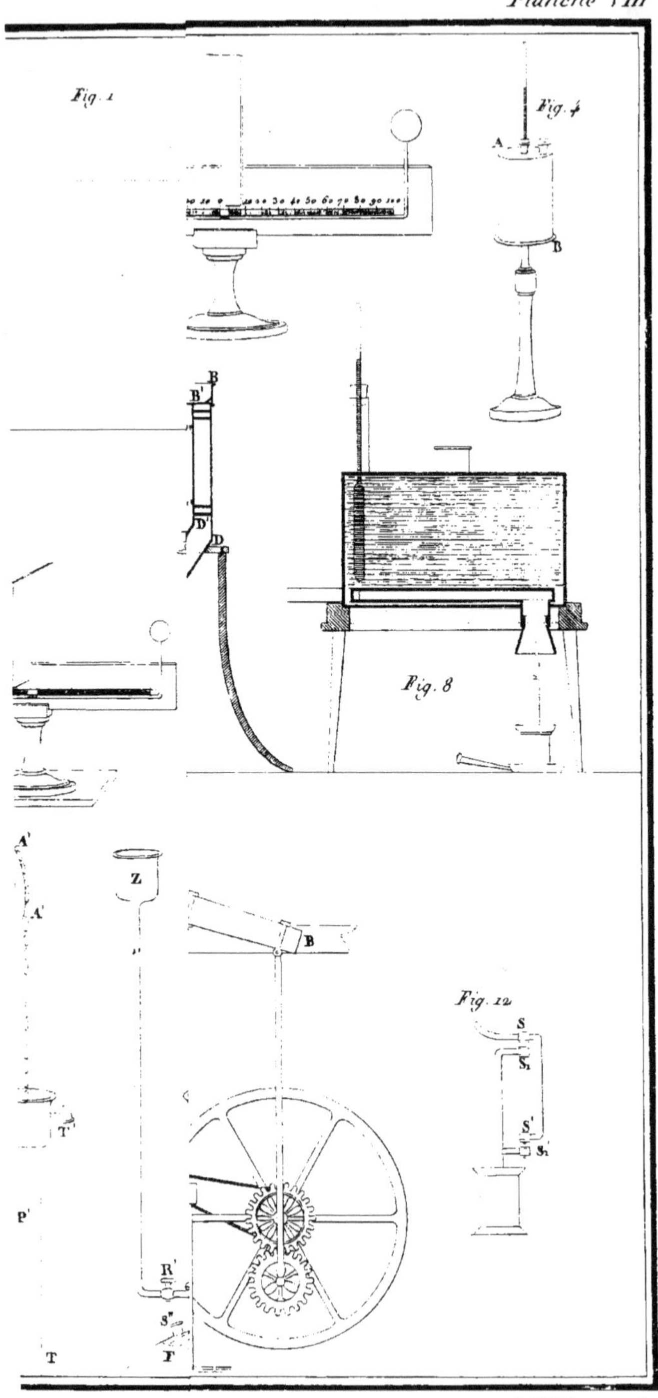

J. E. Thierry sculp